印永嘉　教授

　　印永嘉，江苏常州人，1931年9月生，中共党员，山东大学教授。1952年毕业于上海交通大学化学系，随后一直在山东大学任教，历任物理化学教研室主任、化学系主任、化学学院院长等职，长期从事物理化学教学、教学研究和激光化学科研工作。1980年以后，曾先后被国家教委等聘为高等学校理科化学教材编审委员会委员、高等学校理科化学教学指导委员会委员、《化学物理学报》编委等。

"十二五"普通高等教育本科国家级规划教材

物理化学简明教程

（第五版）

印永嘉　奚正楷　张树永　等编

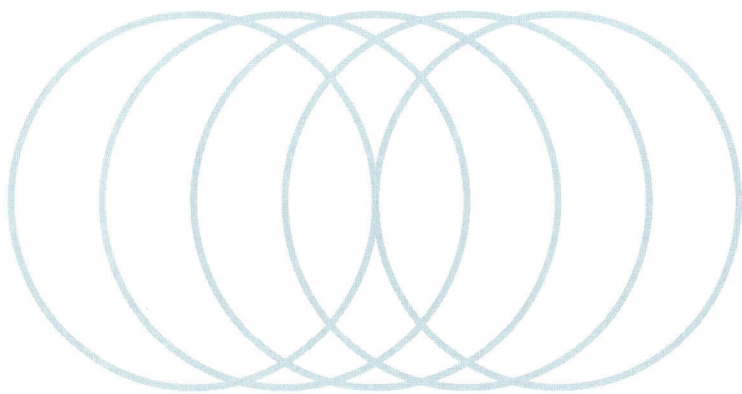

中国教育出版传媒集团

高等教育出版社·北京

内容提要

本书为"十二五"普通高等教育本科国家级规划教材。

本书基本保持了原有的框架、风格和"简明"特色，着重阐述物理化学基本原理和方法，同时以"开窗口"的方法适当增加了一些学科发展中有重大应用前景的新内容，但不片面追求"高、深、新"。全书内容包括：热力学第一定律、热力学第二定律、化学势、化学平衡、多相平衡、统计热力学初步、电化学、表面现象与分散系统、化学动力学基本原理、复合反应动力学共十章。书中编入了较多的例题和习题，题末附有参考答案。

本书可作为高等学校化学化工类专业物理化学课程的教材，也可供其他相关专业师生参考使用。

图书在版编目（CIP）数据

物理化学简明教程 / 印永嘉等编. -- 5 版. -- 北京：高等教育出版社，2023.11（2025.2重印）

ISBN 978-7-04-060628-7

Ⅰ. ①物… Ⅱ. ①印… Ⅲ. ①物理化学-高等学校-教材 Ⅳ. ①O64

中国国家版本馆 CIP 数据核字（2023）第 099646 号

WULI HUAXUE JIANMING JIAOCHENG

策划编辑	李 颖	责任编辑	李 颖	封面设计	李小璐	版式设计	杜微言
责任绘图	黄云燕	责任校对	刘丽娴	责任印制	高 峰		

出版发行	高等教育出版社	网　址	http://www.hep.edu.cn
社　址	北京市西城区德外大街 4 号		http://www.hep.com.cn
邮政编码	100120	网上订购	http://www.hepmall.com.cn
印　刷	廊坊十环印刷有限公司		http://www.hepmall.com
开　本	787 mm×960 mm　1/16		http://www.hepmall.cn
印　张	31		
字　数	570 千字	版　次	1965 年 12 月第 1 版
插　页	1		2023 年 11 月第 5 版
购书热线	010-58581118	印　次	2025 年 2 月第 4 次印刷
咨询电话	400-810-0598	定　价	65.00 元

第五版出版说明

本书第一版于 1965 年出版，前后历经三次修订。五十余年来，本书被多所高校化学类专业及相关专业选为课程主讲教材或教学参考书，深受好评。2012年，本书第四版被评为"十二五"普通高等教育本科国家级规划教材。读者们对本书的关注热度始终如一，通过多种渠道向我们提出了宝贵的意见和建议。本着对读者负责的态度，更是为了保证本书内容"不落伍"，我们面向部分用书院校进行了调研，较为系统地征集了若干"教与学"的相关信息。在此基础上，修订出版了本书第五版。

第五版保持了上一版"简明"的特色，以及概念清晰、推理严谨、文字流畅的风格。在结构不变的前提下，修订工作主要涉及：规范化学名词；更新部分数据；更新部分化学学科进展；修正习题答案；对全书正文和图、表进行双色设计，提升读者的阅读舒适度；各章新增数字化拓展学习资源——教学课件和拓展例题，读者可通过扫描二维码注册后查看相关学习内容。

希望以新面貌展现在读者面前的新版《物理化学简明教程》，能一如既往助力高等学校物理化学的课程教学！期待每位读者的批评指正。

第四版前言

印永嘉编《物理化学简明教程》1965 年问世,中间经过两次修订,前后历时40 余年,至今仍有许多院校化学类及相关专业继续用作基本教材,总印数已超过 70 万册,是国内最有影响和最受师生欢迎的物理化学教材之一。由于科学技术的发展和我国高等学校教学改革的深入进行,再次修订是非常必要的。为了做好修订,我们走访了长期使用本教材的部分教师,同时邀请国内长期从事物理化学课程教学的部分教师召开"修订研讨会",出席会议的有姚天扬教授(南京大学)、高盘良教授(北京大学)、朱志昂教授(南开大学)、陆靖教授(复旦大学),万洪文教授(华中师范大学)等。综合大家的意见,确定如下原则:

(1) 修订后继续保持"简明"特色,即保持原书内容简明,概念清晰,推理严谨,文字流畅的风格;

(2) 根据教育部化学教学指导委员会制定的《化学专业教学基本内容》的要求,主要阐明物理化学的基本原理和方法,不片面追求"高、深、新";

(3) 适当减少化学热力学和统计热力学部分篇幅,以"开窗口"的方式适当增加一些学科发展的新内容,特别是有重大应用前景的新内容,以便拓宽学生的知识面;

(4) 按照最新国家标准的要求,进一步规范全书的单位、符号、术语和标准。

依照上述原则,本次修订增加的内容主要有:标准态(第一章)、非平衡态热力学简介(第二章)、pH-电势图、锂离子电池(第七章)、LB 膜、微乳技术制备纳米粒子和高分子溶液(第八章),化学动力学研究简史(第九章)、分子反应动力学的研究技术简介(第十章)等;删减或简化的内容主要有:赫斯定律(第一章)、判断过程方向及平衡条件的总结(第二章)、平衡混合物组成的计算示例(第四章)、理想气体反应的平衡常数(第六章)、溶胶的光学及力学性质(第八章)等。第三章化学势,由于国家标准的原因,作了较多的改写。其余部分均有不同程度的简化。各章的例题、习题和思考题亦作了相应的调整。增加的新内容随后附了部分参考文献供读者查阅。随着高等学校教学改革的深入,各院校、各专业物理化学课程授课学时数不尽相同,书中带"＊"号的部分可依据学时多少选用,若不讲也能符合《化学专业教学基本内容》的要求。

参与修订的几位老师都想尽可能兑现上述原则,但效果如何,还有待出版后经受使用实践的检验。

承担修订任务的有山东大学张忠诚(第一、三、五章及附录)、苑世领(第六章)、张树永(第七、九、十章)和济南大学奚正楷(第二、四、八章),全书由奚正楷教授统稿,最后由山东大学印永嘉教授审定。本次修订得到高等教育出版社和山东大学校院两级领导的高度重视和大力支持。修订过程中得到山东大学和济南大学多位老师的具体帮助,更得到物化界多位同仁的关爱、指导和帮助,借此一并致谢。期望各位同仁和读者今后能够继续关爱本书,并给予指导和帮助。

编　者

2007 年 2 月济南

第三版前言

本书自 1965 年出版上册以来,下册直到 1979 年将原稿重新修改后方才出版,在 1985 年又根据当时的情况对上册进行了修订,方能勉强配套使用。这次修订是根据理科高等学校化学教材编审委员会物理化学编审小组 1987 年广州会议和 1988 年济南会议的精神进行的。在上述两次会议上,编委们讨论本书的修订方针时,一致的意见是"一定要保持简明的特色",对书中一些不够简明之处提出了中肯的意见,并提出不要受教学大纲的束缚,更不要追求内容的新、高、深,而要面向更广大的读者,使本书能适应多种学校参考使用。

根据上述精神,这次修订是上、下册同时进行,合并成一册。在绪论中撤销了"气体"部分,增写了"物理化学学习方法"一节;对原书修订版中热力学第二定律部分,分散改写为热力学第二定律、化学势两章;对化学平衡这一章则突出了用热力学方法的处理;对统计热力学这一章作了较大的删减,只重点介绍了基本概念和配分函数的求算;对动力学部分考虑到是目前物理化学中迅猛发展的一分支,将其分为"化学动力学基本原理"和"复合反应动力学"两章,原书中"催化作用原理"一章删减改写为一节,增写了"光化学概要"一节;其他各章亦均作了一定的精简。全书所有物理量的符号和单位一律采用我国国家标准局 1986-05-19 发布的《国家标准》即国际单位制(SI)。名称则尽可能与全国自然科学名词审定委员会所公布的《化学名词》一致。

这次修订是由印永嘉、奚正楷(山东大学)和李大珍(北京师范大学)合作进行的。参加本书审稿工作的有:杨文治教授(北京大学)、傅献彩教授、沈文霞教授(南京大学)、邓景发教授(复旦大学)、屈松生教授(武汉大学)、苏文煅副教授(厦门大学)、金世勋教授(河北师范大学)。本书中例题和习题中的单位换算和大量的抄写工作,得到王雪琳同志和山东大学物理化学教研室一些同志的帮助,在此一并向他们表示谢意。

　　本书自初版以来,即受到不少教师和广大读者的关怀,历年来他们对本书提出不少建设性意见,编者对他们表示衷心的感谢,希望广大使用本书的读者能继续提出意见。

编　者

1990 年 9 月

目　录

绪论 ·· 1

　§0.1　物理化学的研究对象及其重要意义 ················· 1

　§0.2　物理化学的研究方法 ·································· 2

　§0.3　学习物理化学的方法 ·································· 3

第一章　热力学第一定律 ··································· 6

　（一）热力学概论 ·· 6

　§1.1　热力学的研究对象 ···································· 6

　§1.2　几个基本概念 ··· 7

　（二）热力学第一定律 ·· 10

　§1.3　能量守恒——热力学第一定律 ······················ 10

　§1.4　体积功 ··· 13

　§1.5　定容及定压下的热 ····································· 19

　§1.6　理想气体的热力学能和焓 ···························· 20

　§1.7　热容 ·· 23

　§1.8　理想气体的绝热过程 ································· 28

　§1.9　实际气体的节流膨胀 ································· 33

　（三）热化学 ·· 36

　§1.10　化学反应的热效应 ···································· 36

　§1.11　生成焓及燃烧焓 ······································ 42

　§1.12　反应焓与温度的关系——Kirchhoff 方程 ·········· 46

　　思考题 ·· 52

第二章　热力学第二定律 ··································· 55

　§2.1　自发过程的共同特征 ································· 55

§ 2.2　热力学第二定律的经典表述 ·················· 57

§ 2.3　Carnot 循环与 Carnot 定理 ·················· 58

§ 2.4　熵的概念 ·················· 63

§ 2.5　熵变的计算及其应用 ·················· 67

§ 2.6　熵的物理意义及规定熵的计算 ·················· 74

§ 2.7　Helmholtz 函数与 Gibbs 函数 ·················· 77

§ 2.8　热力学函数的一些重要关系式 ·················· 80

§ 2.9　ΔG 的计算 ·················· 85

*§ 2.10　非平衡态热力学简介 ·················· 92

思考题 ·················· 96

第三章　化学势 ·················· 98

§ 3.1　偏摩尔量 ·················· 98

§ 3.2　化学势 ·················· 101

§ 3.3　气体物质的化学势 ·················· 104

§ 3.4　理想液态混合物中物质的化学势 ·················· 106

§ 3.5　理想稀溶液中物质的化学势 ·················· 110

§ 3.6　不挥发性溶质理想稀溶液的依数性 ·················· 113

§ 3.7　非理想多组分系统中物质的化学势 ·················· 119

思考题 ·················· 123

第四章　化学平衡 ·················· 125

§ 4.1　化学反应的方向和限度 ·················· 125

§ 4.2　反应的标准 Gibbs 函数变化 ·················· 130

§ 4.3　平衡常数的各种表示法 ·················· 135

§ 4.4　平衡常数的实验测定 ·················· 142

§ 4.5　温度对平衡常数的影响 ·················· 145

§ 4.6　其他因素对化学平衡的影响 ·················· 152

思考题 ·················· 156

第五章　多相平衡 ·················· 158

§ 5.1　相律 ·················· 158

（一）单组分系统 ·················· 164

§ 5.2　Clausius-Clapeyron 方程 ·················· 164

§ 5.3　水的相图 ··· 168

（二）二组分系统 ··· 170

§ 5.4　完全互溶的双液系统 ································ 170

*§ 5.5　部分互溶的双液系统 ································ 179

*§ 5.6　完全不互溶的双液系统 ····························· 181

§ 5.7　简单低共熔混合物的固-液系统 ··················· 184

§ 5.8　有化合物生成的固-液系统 ························· 189

*§ 5.9　有固溶体生成的固-液系统 ························ 194

（三）三组分系统 ··· 201

§ 5.10　三角坐标图组成表示法 ····························· 201

*§ 5.11　二盐一水系统 ······································· 203

*§ 5.12　部分互溶的三组分系统 ··························· 206

思考题 ·· 207

第六章　统计热力学初步 ·· 210

§ 6.1　引言 ·· 210

§ 6.2　Boltzmann 分布 ··· 213

§ 6.3　分子配分函数 ··· 216

§ 6.4　分子配分函数的求算及应用 ·························· 223

思考题 ·· 234

第七章　电化学 ·· 236

（一）电解质溶液 ··· 236

§ 7.1　离子的迁移 ·· 236

§ 7.2　电解质溶液的电导 ······································ 242

§ 7.3　电导测定的应用示例 ···································· 248

§ 7.4　强电解质的活度和活度系数 ·························· 251

*§ 7.5　强电解质溶液理论简介 ······························ 254

（二）可逆电池电动势 ·· 258

§ 7.6　可逆电池 ··· 258

§ 7.7　可逆电池热力学 ··· 266

§ 7.8　电极电势 ··· 274

§ 7.9　由电极电势计算电池电动势 ·························· 281

§ 7.10　电极电势及电池电动势的应用 ······················ 285

（三）不可逆电极过程 ･････････････････････････････ 293

　　§7.11　电极的极化 ････････････････････････ 293

　　§7.12　电解时的电极反应 ･･･････････････････ 299

　　§7.13　金属的腐蚀与防护 ･･･････････････････ 303

　　*§7.14　化学电源简介 ･･･････････････････････ 307

　　思考题 ･････････････････････････････････････ 310

第八章　表面现象与分散系统 ･･････････････････････ 313

（一）表面现象 ･･･････････････････････････････････ 313

　　§8.1　表面 Gibbs 函数与表面张力 ･･･････････ 313

　　§8.2　纯液体的表面现象 ･･･････････････････ 316

　　§8.3　气体在固体表面上的吸附 ･････････････ 321

　　§8.4　溶液的表面吸附 ･････････････････････ 330

　　§8.5　表面活性剂及其作用 ･････････････････ 336

（二）分散系统 ･･･････････････････････････････････ 341

　　§8.6　分散系统的分类 ･････････････････････ 341

　　§8.7　溶胶的光学及动力学性质 ･････････････ 342

　　§8.8　溶胶的电性质 ･･･････････････････････ 344

　　§8.9　溶胶的聚沉和絮凝 ･･･････････････････ 348

　　§8.10　溶胶的制备与净化 ･･･････････････････ 351

　　*§8.11　高分子溶液 ･･･････････････････････ 352

　　思考题 ･････････････････････････････････････ 356

第九章　化学动力学基本原理 ･･････････････････････ 358

　　§9.1　引言 ･･･････････････････････････････ 358

　　§9.2　反应速率和速率方程 ･････････････････ 361

　　§9.3　简单级数反应的动力学规律 ･･･････････ 366

　　§9.4　反应级数的测定 ･････････････････････ 374

　　§9.5　温度对反应速率的影响 ･･･････････････ 382

　　§9.6　双分子反应的简单碰撞理论 ･･･････････ 391

　　§9.7　基元反应的过渡态理论大意 ･･･････････ 397

　　*§9.8　单分子反应理论简介 ･････････････････ 403

　　思考题 ･････････････････････････････････････ 406

第十章　复合反应动力学 ································· 408

§10.1　典型复合反应动力学 ····························· 408

§10.2　复合反应近似处理方法 ··························· 419

§10.3　链反应 ··· 422

*§10.4　反应机理的探索和确定示例 ····················· 430

§10.5　催化反应 ······································· 436

§10.6　光化学概要 ····································· 448

*§10.7　快速反应与分子反应动力学研究方法简介 ·········· 453

思考题 ··· 458

附录 ··· 460

Ⅰ.某些单质、化合物的摩尔热容、标准摩尔生成焓、标准摩尔生成
　Gibbs 函数及标准摩尔熵 ····························· 460

Ⅱ.某些有机化合物的标准摩尔燃烧焓(298 K) ·············· 474

Ⅲ.不同能量单位的换算关系 ···························· 475

Ⅳ.元素的相对原子质量表 ······························ 475

Ⅴ.常用数学公式 ····································· 477

Ⅵ.常见物理和化学常数 ······························· 479

绪　论

§0.1　物理化学的研究对象及其重要意义

　　任何一个化学反应总是与各种物理过程相联系着的。例如,发生一个化学反应时,总是有热量的吸收或释放;蓄电池中电极和溶液之间进行的化学反应是电流产生的原因;光照射照相底片所引起的化学反应可使图像显示出来;双原子分子中两个原子之间的振动强度增加将减弱原子间的键力,当振动强度超过一定的界限时,此分子就分解——亦即发生化学反应;两种物质之间的化学反应,一定要经过两种物质的分子之间的碰撞方能发生……这样的例子还可举出很多。这一切均说明化学现象和物理现象总是紧密地联系着的。所以,物理化学就是从研究化学现象和物理现象之间的相互联系入手,从而找出化学运动中最具有普遍性的基本规律的一门学科。

　　物理化学又称为理论化学。研究物理化学的目的,是解决生产实际和科学实验向化学提出的理论问题,从而使化学能更好地为生产实际服务。那么,生产实际和科学实验不断地向化学提出了哪些理论问题呢? 大体说来,主要有以下三个方面的问题:

　　(1) **化学反应的方向和限度问题**。在指定的条件下一个化学反应能否进行,向什么方向进行,进行到什么程度为止,反应进行时的能量变化究竟是多少,外界条件的改变对反应的方向和限度(即平衡的位置)有什么影响,等等。这些问题的研究,属于物理化学的一个分支,叫做化学热力学。

　　(2) **化学反应的速率和机理问题**。一化学反应的速率有多快,反应究竟是如何进行的(即反应的机理),外界条件(如浓度、温度、催化剂等)对反应速率有何影响,如何能控制反应进行的速率,等等。这些问题的研究,属于物理化学的另一个分支,叫做化学动力学。

　　(3) **物质的性质与其结构之间的关系问题**。现代生产和科学技术的发展,不断向化学提出新的要求,要求化学能提供各种具有特殊性能(如耐高温、耐低温、耐高压、耐腐蚀、耐辐射等)的材料。如何能够根据物质结构的知识,在合成人们所需性能的新材料过程中提供线索和指导;另外要了解化学热力学和化学动力学的本质问题,亦必须了解物质内部的结构。对这些问题的研究,属于物理化学的又一个分支,叫做结构化学。

显然,上述这些问题的研究和解决具有重要的意义,它是建立新工艺过程和改进旧工艺过程的定量基础。虽然没有一个工厂是物理化学工厂,但任何一个工厂需要用物理化学去解决的问题却俯拾皆是。物理化学的研究成果,对现代基本化学工业如接触法制备硫酸、氨的合成和氧化以及其他许多重要化学工业的整个生产过程的建立,起了至关重要的作用。在基本有机合成工业、石油化学工业、化学纤维工业、合成橡胶工业及其他国民经济领域(如冶金工业、建筑材料工业,以及农业和制药工业等)中,物理化学研究的重要性都是不言而喻的。

物理化学与化学中的其他学科(如无机化学、分析化学、有机化学等)之间有着密切的联系,无机化学、分析化学、有机化学等各有自己特殊的研究对象,但物理化学则着重研究更具有普遍性的、更本质的化学运动的内在规律性。物理化学所研究的基本问题亦正是其他化学学科最关心的问题。现代无机化学、分析化学和有机化学在解决具体问题时,很大程度上常常需要应用物理化学的规律和方法,因此,物理化学与无机化学、分析化学、有机化学等学科的关系是十分密切的,并相互交叉融合,形成了诸如无机物理化学、有机物理化学、高分子物理化学、生物物理化学、材料物理化学等新兴交叉学科。

但亦应指出,生产实际问题往往是比较复杂的,一个问题的解决,往往需综合运用物理的、化学的及其他学科的各项成就,过分渲染物理化学重要性的做法亦是片面的。

§0.2 物理化学的研究方法

物理化学既然是自然科学中一个独立的分支,那么一般的科学研究方法对物理化学当然也是完全适用的。物理化学的发展历史证明,物理化学的发展是完全符合"实践—理论—实践"的过程的。

科学研究的方法,首先是观察客观现象,或者是在一定条件下重现自然现象(做实验),从大量的科学实验事实和生产实践的知识,总结出它的规律性,以一定的形式表达出来,这就是定律。这种定律还只是客观事物规律性的描述,这时还不能了解这种规律性的本质和内在原因。为了解释这种定律的内在原因,就需要根据已知的实验事实和实际知识,通过思维,提出假说,来说明这种规律性存在的原因;根据假说作逻辑性的推理,还可预测客观事物新的现象和规律,如果这种预测能为多方面的实践所证实,则这种假说就成为理论或学说。但随着人们实践范围的扩大以及人们认识客观世界工具的改进(即实验技术的改进),又会不断提出新的问题和观察到新的现象,当新的事实与旧理论发生矛盾,不能为旧理论所解释时,则必须对旧理论加以修正,甚至抛弃旧理论而建立新的理论。这样,人们对客观世界的认识又深入一步。应着重指出,在整个认识过程中,实践是第一位的,辩证唯物论的认识论从来就强调理论对于实践的依赖关系,理论的基础是实践,又转过来为实践服务。因此,在物理化学的研究中,应当充分重视实验的重要性。

物理化学的研究方法,除必须遵循一般的科学方法以外,由于研究对象的特殊性,还有其特殊的研究方法。对物理化学规律的理论上的理解是建立在理论物理方法的基础上的,这些方法是热力学方法、统计力学方法和量子力学方法。在本课程中主要是应用热力学的方法,对统计力学方法亦做一些初步的介绍,至于量子力学方法则在结构化学这一课程中作介绍。

关于物理化学实验方面的研究,除经典的方法如研究反应随时间进行的规律、研究化学平衡的规律以及各种宏观物理化学常数、微观参数和结构的测定以外,值得注意的是,近一二十年以来,物理化学的实验研究手段又有了飞速的发展。例如,已有可能对微量热效应进行直接测量,有可能对物质的空间结构进行确定,已有可能对 10^{-15} s 范围内的快速过程进行研究,有可能对量子态之间的能量转移过程进行研究以及超精细光谱的研究……而且计算机和电子技术的应用日益普遍。随着现代物理化学实验手段的发展,各种新的物理化学分支学科纷纷出现。本课程作为化学类专业的一门基础课,当然不可能对这些新发展一一介绍,但在学习本课程及其他课程的基础上,注意了解物理化学发展的新动态则是十分必要的。总之,科学发展到今天,理论和实验的关系已越来越密切,任何缺乏理论观点指导的实验研究必然是盲目的研究,而更多的是许多新的实验现象期待着新的理论来解释,因此,那种认为物理化学是理论性学科,因而轻视实验研究的倾向是非常有害的。

§0.3 学习物理化学的方法

有人说当前是"知识爆炸"的时代,这种说法是否科学姑且不论,但是各种科学知识以惊人的速度在飞速增长却是无可辩驳的事实。因此,不论是从事教育工作的老师还是以学习为主的学生都必须非常重视这样一个问题,即不仅要通过每门课程获取一定的知识,更重要的是如何培养获取知识的能力。这种能力不可能通过某一课程的学习就能培养出来,而是要通过各门课程和各个教学环节的逐步培养而形成一种综合性的能力。对于化学类专业的学生,就是要培养其解决化学学科中有关问题的能力。物理化学是化学类专业的一门重要基础课,通过学习物理化学课程,我们认为应当培养一种理论思维的能力,或者说是用物理化学的观点和方法来看待化学中一切问题的能力;亦就是说,要用热力学观点分析其有无可能,用动力学观点分析其能否实现,用分子和原子内部结构的观点分析其内在原因;这种能力只有通过物理化学(包括结构化学)课程的学习才能培养,是其他课程所不能替代的。

因此,如何学好物理化学这门课程,除了一般学习中行之有效的方法如要进行预习、抓住重点和善于及时总结……以外,针对物理化学课程的特点,提出以下几点供参考。

(1) **要注意逻辑推理的思维方法**。任何逻辑推理方法,最重要的是前提,推理的结论正确与否,实际上已包含在前提之中,在物理化学中逻辑推理的前提就是基本原理、基本概念和基本假设。例如,热力学中热力学能和熵作为一状态函数存在是由热力学第一定律和第二定律这种基本原理推理而得的,然后导出热力学第一定律和第二定律的数学表达式,由此出发而得到一系列很有用处的结论。这种方法在物理化学中比比皆是,而且在推理过程中很讲究思维的严密性,所得到的结论都有一定的适用条件,这些适用条件是在推理的过程中自然形成的。这种逻辑思维方法如果能在学习物理化学过程中仔细领会并学到手,养成一种习惯,则将受用无穷。

(2) **要注意必须自己动手推导公式**。在物理化学课程中所遇到的公式是比较多的,而且每个公式都有其适用条件,有的公式的适用条件多达四五条甚至七八条,如果要求记住那么多公式的同时还要记住它的适用条件,这是很困难甚至可以说是不可能的;只要有一个条件没有考虑到就会犯错误,就可以使你的计算结果全部失败,这是非常令人烦恼的,这亦往往是使人感到物理化学难学的重要原因。解决这个困扰人的难题的有效方法就是必须学会自己推导公式,实际上只要记住几个基本定义和几个基本公式,其他一切公式均可由此导出,而且在推导公式的过程中每一步所需增加的适用条件自然就产生了,最终所得到的公式有什么限制和适用条件就很明确,根本不需要去死记硬背。在学习物理化学的过程中,经常会遇到这种情况,看看书中的内容都懂,可是合上书本却感到茫然和无从下手,原因就在于此。当然在推导公式的过程中必须要熟悉某些数学知识,但是亦要防止另一种倾向,热衷于数学推导而忽视了推导公式的目的及其所得结论的物理意义。但无论如何只要掌握了自行推导公式的方法,许多问题就可以迎刃而解,就会感到物理化学并不那么难学,而对培养自己的思维能力却有帮助。

（3）**要重视运用、多做习题**。学习物理化学的目的在于要运用它，而做习题是将所学的物理化学内容联系实际的第一步。一般说来，物理化学习题大致有以下几方面的内容，一是巩固所学的内容和方法的；二是有些正文中所没有介绍，但运用所学的内容可以推理出来而进一步得到某些结论的；三是从前人的研究论文和生产实际中抽提出来的一些问题，如何用所学的知识去解决它。做习题要注意不要盲目地多做，首先是要注意在复习好的基础上再动手做习题，其次是特别重视那些一眼看上去不知如何做的习题，但当你经过一番思考终于解决了时会感到满足和愉快，从中亦就在培养自己思维能力方面获得益处。

（4）**要勤于思考**。本书每一章后面均有一部分思考题，其目的就在于启发读者去进一步考虑一些问题。其实只要是有心思考问题的人，可随时从自然现象和周围生活中接触到的一些现象，经常试着用物理化学的观点去考察和理解它。这样，就会感到物理化学的问题无处不在，而绝不会认为物理化学太抽象，反而会引起你浓厚的兴趣。

最后需说明一点，任何好的学习方法只对那些愿意学习、自觉性较高的读者方能产生有益的作用。我们相信广大读者必然会创造出更好的学习方法来。

教学课件

第一章

热力学第一定律

（一）热力学概论

§1.1 热力学的研究对象

热力学是研究能量相互转换过程中所应遵循的规律的科学。它研究在各种物理变化和化学变化中所发生的能量效应；研究在一定条件下某种过程能否进行，如果能进行，则进行到什么程度为止，这就是变化的方向和限度问题。在发展初期，热力学只研究热和机械功之间相互转换的关系，该问题是随着蒸汽机的发明和使用而被提出的。至于其他形式的能量，最初不在热力学的研究范围以内。但随着电能、化学能、辐射能及其他形式能量的发现和研究，它们亦逐渐被纳入了热力学的研究范围，并产生出对应的一些三级学科，如电化学、光化学等。

热力学的一切结论主要是建立在两个经验定律的基础上的。这两个定律就是热力学第一定律和热力学第二定律。这两个定律是人们经验的总结，它不能从逻辑上或用其他理论方法来加以证明，但它的正确性已由无数次的实验事实所证实。至于 20 世纪初所发现的热力学第三定律，它的基础虽没有第一定律和第二定律广泛，但是对于化学平衡的计算，却具有重要意义。

热力学基本原理在化学过程及与化学有关的物理过程中的应用构成"化学热力学"这一门学科。化学热力学主要研究和解决的问题有：

（1）研究化学过程及与化学过程密切相关的物理过程中的能量效应；

（2）判断某一热力学过程在一定条件下是否可能进行，确定被研究物质的稳定性，确定从某一化学过程所能取得的产物的最大产量，等等。

这些问题的解决，无疑将对生产和科学发展起着巨大的推动作用。

热力学在解决问题时所用的方法是严格的数理逻辑的推理方法。热力学方法有以下几个特点。第一，热力学的研究对象是具有足够大量质点的系统，热力学只研究物质的宏观性质,对于物质的微观性质即个别或少数分子、原子的行为,无从作出解答。第二,热力学只需知道系统的起始状态和最终状态以及过程进行的外界条件,就可进行相应的计算,它不依赖于物质结构的知识,亦无须知道过程进行的机理,这是热力学所以能简易而方便地得到广泛应用的重要原因。但亦正是由于这个原因,热力学对过程之能否进行的判断,就只是知其然,而不知其所以然,只能停留在对客观事物的表面了解而不知其内在原因。第三,在热力学所研究的变量中,没有时间的概念,所以它不涉及过程进行的速率问题。它只能说明过程能不能进行,以及进行到什么程度为止,至于过程在什么时候发生,以怎样的速率进行,热力学无法预测。这些特点既是热力学方法的优点,也是它的局限性。

§1.2 几个基本概念

1. 系统和环境

将一部分物体从其他部分中划分出来,作为研究的对象,这一部分物体称为"系统"。系统以外并与系统有相互作用的部分称为"环境"。系统和环境之间,一定有一个边界,此边界可以是实在的物理界面,亦可以是虚构的界面。根据系统和环境之间交换物质和能量的不同情况,热力学系统可分为以下三种:

(1)敞开系统。这种系统与环境之间既可以有物质的交换,亦可以有能量的交换。

(2)密闭系统,或称封闭系统。这种系统与环境之间不可能有物质的交换,只可以有能量的交换。

(3)隔绝系统,或称孤立系统。这种系统与环境之间既不可能有物质的交换,亦不可能有能量的交换。

究竟选择哪一部分物体作为系统,这并没有一定的规则,而是根据客观情况的需要,以处理问题的方便为准则。本书所讨论的对象除特别指明外均指密闭系统。

2. 状态和状态性质

某一热力学系统的状态是系统的物理性质和化学性质的综合表现。系统状态的性质称为状态性质,又称为状态函数。这些性质都是宏观物理量,如质量、温度、压力、体积、浓度、密度、黏度、折射率等。此外,后面将要介绍的系统的热力学能(内能)、焓、熵等也是状态性质。当所有的状态性质都不随时间而发生变化时,则称系统处于一定的状态。这些状态性质中只要有任意一个发生了变化,就说系统的热力学状态发生了变化。

状态性质可以分为两类:

(1) 容量性质,或称广度性质。这种性质的数值与系统中物质的量成正比;这种性质在系统中有加和性,即整个系统的容量性质的数值,是系统中各部分该性质数值的总和。例如,一个瓶中气体的体积是瓶中各个部分气体体积的总和,所以体积是系统的容量性质。其他尚有质量、热容等亦是容量性质。

(2) 强度性质。这种性质的数值与系统中物质的量无关;这种性质在系统中没有加和性,即整个系统的强度性质的数值与各个部分的强度性质的数值相同。例如,一个瓶中的气体的压力与瓶中各个部分气体的压力是相同的,而不能说气体的压力是各个部分气体压力之和。所以压力是系统的强度性质。其他尚有温度、黏度、密度等亦是强度性质。往往两个容量性质之比成为系统的强度性质。例如,密度是质量与体积之比;摩尔体积是体积与物质的量之比;摩尔热容是热容与物质的量之比,而这些均是强度性质。

应着重指出,系统的热力学状态性质只说明系统当时所处的状态,而不能说明系统以前的状态。例如,$p = 10^5$ Pa 时,50 ℃ 的水,只说明此时系统处于 50 ℃,但不能知道这 50 ℃ 的水究竟是由 100 ℃ 冷却而来,还是由 0 ℃ 加热而来。由于状态性质的这一特点,因此当系统由某一状态变化到另一状态时,系统状态性质的改变量只取决于系统的起始状态和最终状态,而与系统变化的具体途径无关。明确这一点很重要,既然系统状态性质的变化只是由系统的始态和终态所决定,而与变化的途径无关,那么状态性质的微小变化,在数学上应当是一全微分。这就给热力学中的数学处理带来很大的方便。

另外还应注意,系统的状态性质之间不是互相独立无关的,而是互相有关联的。如果系统的某一状态性质发生了变化,那么至少将会引起另外一个状态性质,甚至好多个状态性质随之发生变化。例如,理想气体在温度一定的条件下,其压力增大一倍,就必然引起气体的体积缩小一半。因为系统的状态性质之间互相有关联,所以要确定一个系统的热力学状态,并不需要知道所有的状态性质,而只需要确定几个状态性质,就可确定系统的状态,因为确定了几个状态性质,其他的状态性质亦就随之而定了。经验表明,对于纯物质单相系统来说,要确定它的状态,需要有三个变数或者说三个状态性质,一般采用温度、压力和物质的量(T, p, n);当物质的量固定,即为密闭系统时,只需要两个状态性质如温度和压力就能确定它的状态。对于多种物质组成的系统,要用 $T, p, n_A, n_B, \cdots, n_S$(假定系统有 S 种物质)来描述它的状态。

3. 过程和途径

系统状态所发生的一切变化均称为"**过程**"。如果系统的状态是在温度一定的条件下发生了变化,则此变化称为"定温过程";同理,在压力一定的条件下,系统的状态发生了变化,则此变化称为"定压过程",余类推。在特殊情况下,系统由某一状态出发,经过一系列变化,又回到原来的状态,这种特殊变化称为"循环过程"。

在系统状态发生变化时,由始态到终态,可以经由不同的方式。这种由同一始态到同一终态的不同方式可称为不同的"**途径**"。例如,一系统由始态($25\ ℃$,$10^5\ Pa$)变到终态($100\ ℃$,$5 \times 10^5\ Pa$),可以先经定压过程,再经定温过程;亦可先经定温过程,再经定压过程(见图 1.1)。在这种变化中,正如前面所述,系统状态性质的变化数值,不因变化途径的不同而异。

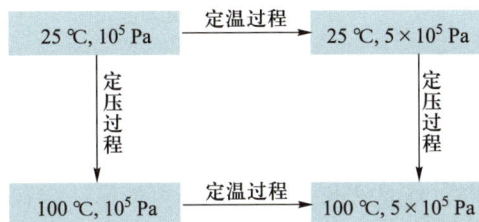

图 1.1　不同途径的示意图

4. 热力学平衡

如果系统与环境之间没有任何物质和能量交换,系统中各个状态性质又均不随时间而变化,则称系统处于热力学平衡状态。真正的热力学平衡状态应当同时包括四个平衡:

(1)**热平衡**。在系统中没有绝热壁存在的情况下,系统各部分之间没有温度差。

(2)**机械平衡**。在系统中没有刚壁存在的情况下,系统各部分之间没有不平衡的力存在,即压力相同。

(3)**化学平衡**。在系统中没有化学变化的阻力因素存在时,系统的组成不随时间而变化。

(4)**相平衡**。在系统中各个相(包括气、液、固)的数量和组成不随时间而变化。

（二）热力学第一定律

§1.3 能量守恒——热力学第一定律

　　能量不能无中生有，亦不能无形消灭，这一原理早就为人们所知。但是在19 世纪中叶以前，能量守恒这一原理还只是停留在人们的直觉上，这是因为受当时流行的热质论的影响。1840 年左右，Joule 和 Mayer 做了大量的实验。他们的实验结果表明，能量可以从一种形式转化为另一种形式，并且不同形式的能量在相互转化时有严格的当量关系，这就是著名的热功当量：

$$1 \text{ cal} = 4.184 \text{ J}$$
$$1 \text{ J} = 0.239 \text{ cal}$$

Joule 的热功当量为能量守恒原理提供了科学的实验证明。能量守恒原理是人们长期经验的总结，其基础极为广泛，不论是在宏观世界还是微观世界中，都没发现过任何例外的情形。

　　对热力学系统而言，能量守恒原理就是热力学第一定律。热力学第一定律的说法有很多，但都是说明一个问题——能量守恒。现列举常用的一种说法如下：

　　"不供给能量而可连续不断对外做功的机器叫第一类永动机，无数事实表明，第一类永动机是不可能存在的。"

1. 热力学能（内能）的概念

　　任意一系统处于一定的状态 A，可经途径 I 到达另一状态 B，亦可经途径 II 到达状态 B（见图 1.2）。根据热力学第一定律的直接结论，系统沿途径 I 的能量变化，必然等于沿途径 II 的能量变化，否则第一类永动机就成为可能的了。例如，假设系统沿途径 I 所给予环境的能量多于沿途径 II 所给予环境的能量，那么可以令系统沿途径 I 由 A 变到 B，再让系统沿途径 II 由 B 回复到 A，每经过这样一次循环，就有多余的能量产生，如此往复不断地循环进行，不就构成第一类永动机了吗！这是违反热力学第一定律的。所以任意一系统有某一变化发生时，

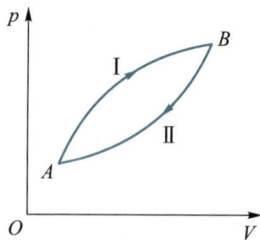

图 1.2　热力学能的变化
与途径无关

其能量的变化只取决于系统的始态和终态,而与变化的途径无关。

　　根据上面的结论可以得到一个必然的推论:任意系统在状态一定时,系统内部的能量是定值,亦即系统内部的能量是一状态性质。系统内部的能量叫做"**热力学能**"或者"**内能**",用符号 U 来表示。热力学能 U 包括了系统中一切形式的能量,如分子的移动能、转动能、振动能、电子运动能及原子核内的能等,但系统整体的动能和位能不包括在内。热力学能是容量性质,其数值与系统中的物质的量成正比。如果用 U_A 代表系统在状态 A 时的热力学能,U_B 代表系统在状态 B 时的热力学能,则系统由 A 变到 B 时,其热力学能变化可表示为

$$\Delta U = U_B - U_A \tag{1.1}$$

如上所述,U 为一状态性质,所以 ΔU 只取决于系统的始态和终态,而与变化的途径无关。热力学能的绝对值现在还无法测量,然而对热力学来说,重要的不是热力学能的绝对值而是热力学能的变化值,因为它是可以通过实验测量的物理量。

　　如果系统的状态变化无限小,则热力学能变化可表示为 $\mathrm{d}U$,由于 U 是状态性质,所以 $\mathrm{d}U$ 在数学上是全微分。前面讲到,对纯物质单相密闭系统来说,通常只要确定两个状态性质,系统的状态就确定了。当然热力学能 U 亦就随之而定了。所以,可以将系统的热力学能看做任意两个状态性质的函数。例如,将 U 看做温度 T 和体积 V 的函数,$U = f(T, V)$。那么根据多元函数的微分,U 的全微分可写为

$$\mathrm{d}U = \left(\frac{\partial U}{\partial T}\right)_V \mathrm{d}T + \left(\frac{\partial U}{\partial V}\right)_T \mathrm{d}V \tag{1.2}$$

2. 功和热的概念

　　当系统的状态发生变化并引起系统的能量发生变化时,这种能量的变化必须依赖于系统和环境之间的能量传递来实现。系统与环境之间的能量传递形式可区分为两种方式,一种叫做"热",另一种叫做"功"。由于系统与环境之间的温度差而造成的能量传递称为"**热**";除了热以外,在系统与环境之间其他形式的能量传递统称为"**功**"。热和功总是与系统所进行的具体过程相联系着的,没有过程就没有热和功,因此热和功不是状态性质,它们与途径有关。如果说系统的某一状态有多少热或有多少功,这是毫无意义的。因为当传递过程一结束,功和热都转化为系统热力学能的改变。这就是热和功与热力学能在概念上的主要区别。

　　在热力学中,热用符号 Q 来表示,根据 IUPAC(国际纯粹与应用化学联合

会)的建议,系统吸热 Q 为正值,而系统放热 Q 为负值。功用符号 W 来表示,系统对环境做功 W 为负值,而环境对系统做功 W 为正值。

3. 热力学第一定律的数学表达式

当一系统的状态发生某一任意变化时,假设系统吸收的热为 Q,同时得到的功为 W,那么根据热力学第一定律,应当有下列公式:

$$\Delta U = Q + W \tag{1.3}$$

这就是热力学第一定律的数学表达式。此式表明,一个封闭系统其热力学能的改变量等于系统从环境所吸收的热与环境对系统所做功之和。

如果系统状态只发生一无限小量的变化,则式(1.3)可写为

$$dU = \delta Q + \delta W \tag{1.4}$$

因为功和热都不是状态性质,故用 δQ 和 δW 而不用 dQ 和 dW 以表示它们不是全微分。

习题 1 设有一电炉丝浸于大量水中(如右图所示),接上电源,通以电流一段时间。如果以下列几种情况作为系统,试问 ΔU、Q、W 为正为负还是为零?
(1) 以电炉丝为系统;
(2) 以电炉丝和水为系统;
(3) 以电炉丝、水、电源及其他一切有影响的部分为系统。

习题 2 设有一装置如右图所示,(1) 将隔板抽去以后,以空气为系统时,ΔU、Q、W 为正为负还是为零? (2) 如右方小室亦有空气,不过压力较左方小,将隔板抽去以后,以所有空气为系统时,ΔU、Q、W 为正为负还是为零?

习题 3 (1) 如果一系统从环境接受了 160 J 的功,热力学能增加了 200 J,试问系统将吸收或是放出多少热? (2) 一系统在膨胀过程中,对环境做了 10540 J 的功,同时吸收了 27110 J 的热,试问系统的热力学能变化为若干?

[答案:(1) 吸收 40 J;(2) 16570 J]

习题 4 如右图所示,一系统从状态 1 沿途径 1→a→2 变到状态 2 时,从环境吸收了 314.0 J 的热,同时对环境做了 117.0 J 的功。试问:(1) 当系统沿途径 1→b→2 变化时,系统对环境做了 44.0 J 的功,这时系统将吸

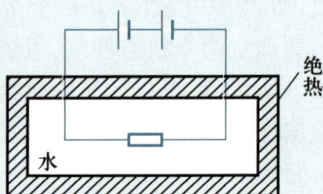

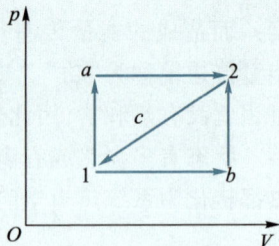

收多少热？（2）如果系统沿途径 c 由状态 2 回到状态 1，环境对系统做了 79.5 J 的功，则系统将吸收或是放出多少热？　　　　　　　　［答案：（1）241.0 J；（2）放热 276.5 J］

习题 5　在一礼堂中有 950 人在开会，每个人平均每小时向周围散发出 4.2×10^5 J 的热，如果以礼堂中的空气和椅子……为系统，则在开会开始的 20 min 内系统热力学能增加了多少？如果以礼堂中的空气、人和其他所有的东西为系统，则其 ΔU 为多少？

［答案：1.3×10^8 J；0］

习题 6　一蓄电池其端电压为 12 V，在输出电流为 10 A 下工作 2 h，这时蓄电池的热力学能减少了 1265 kJ，试求算此过程中蓄电池将吸收还是放出多少热？

［答案：放热 401 kJ］

§1.4　体积功

1. 体积功

因系统体积变化而引起的系统与环境间交换的功称为"体积功"。体积功在热力学中有着特殊的意义。设一圆筒内盛有气体，圆筒的截面积为 A，筒上有一无质量、无摩擦力的理想活塞，活塞的外压为 $p_外$，则圆筒活塞上所受到的外力为 $p_外 \cdot A$（见图 1.3）。当气体膨胀，将活塞向外推了 $\mathrm{d}l$ 的距离时，所做的功为

$$\delta W = -f_外 \mathrm{d}l = -p_外 A \mathrm{d}l = -p_外 \mathrm{d}V \quad (1.5)$$

$\mathrm{d}V$ 是膨胀时气体体积的变化，所以体积功可以用 $-p_外 \mathrm{d}V$ 来表示，$p_外$ 是活塞上的外压，负号是因为规定系统对环境做功为负。

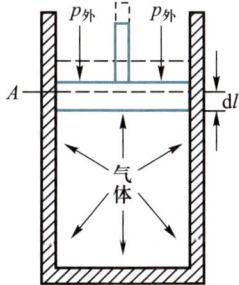

图 1.3　体积功

关于体积功有两点要注意。其一，不论系统是膨胀还是压缩，体积功都用 $-p_外 \mathrm{d}V$ 来计算；其二，只有 $p_外 \mathrm{d}V$ 这个量才是体积功，pV，$p\mathrm{d}V$ 或 $V\mathrm{d}p$ 都不是体积功。

前面讲到，功不是状态性质，而是与途径有关的。现通过计算一气体具有相同的始态、终态而途径不同的几种定温过程的膨胀功，来表明功是与途径有关的量。为了使气体在定温下膨胀，可将圆筒放在一恒温槽中，让气体的体积从 V_1 膨胀到 V_2。当定温膨胀的方式不同时，系统所做的功的数值也将不同。例如：

（1）气体向真空膨胀（见图 1.4）。此时施加在活塞上的外压为零，即 $p_外 = 0$，

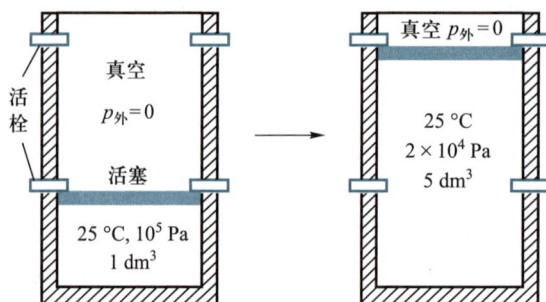

图 1.4　气体向真空膨胀

所以在膨胀过程中系统没有对环境做功,即

$$W = 0$$

（2）气体在恒定外压的情况下膨胀（见图 1.5）。此时 $p_外 = $ 常数,所以系统所做的功为

$$W = - \int_{V_1}^{V_2} p_外 \mathrm{d}V = - p_外 (V_2 - V_1) \qquad (1.6)$$

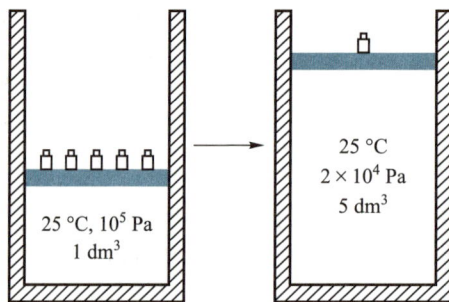

图 1.5　气体恒外压膨胀

（3）在整个膨胀过程中,始终保持外压比圆筒内气体的压力 p 只差无限小的数值。可设想它是这样膨胀的（见图 1.6）：在活塞上放一堆很细的粉末代表外压,每取下一粒粉末,外压就减少 $\mathrm{d}p$,即降为 $(p - \mathrm{d}p)$,这时,气体就膨胀 $\mathrm{d}V$;依次取下粉末,气体的体积就逐渐膨胀,直到 V_2 为止。在整个膨胀过程中 $p_外 = p - \mathrm{d}p$,所以系统所做的功为

$$W = - \int_{V_1}^{V_2} p_外 \mathrm{d}V = - \int_{V_1}^{V_2} (p - \mathrm{d}p) \mathrm{d}V = - \int_{V_1}^{V_2} p \mathrm{d}V \qquad (1.7)$$

上式中略去了二级无穷小 $\mathrm{d}p\mathrm{d}V$。若筒中装的是理想气体,则有 $p = nRT/V$ 这一

关系,于是

$$W = -\int_{V_1}^{V_2} \frac{nRT}{V} dV = -nRT\int_{V_1}^{V_2} \frac{dV}{V} = -nRT\ln\frac{V_2}{V_1}$$

$$= -nRT\ln\frac{p_1}{p_2} \qquad (1.8)$$

以上式中均以右下标"1"表示始态,"2"表示终态。很显然上述三种情况中虽始态、终态相同,但功的数值却不相同,证明了功是与途径有关的量。

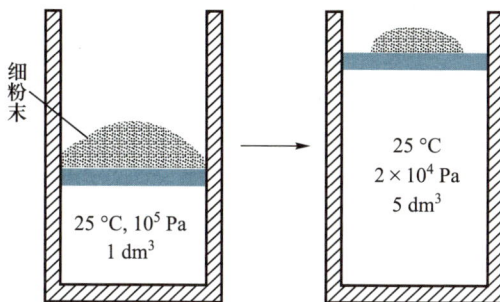

细粉末

25 ℃, 10⁵ Pa
1 dm³

25 ℃
2 × 10⁴ Pa
5 dm³

图 1.6 气体可逆膨胀

2. 可逆过程与不可逆过程

在上述的三种膨胀方式中,第三种膨胀方式是热力学中一种极为重要的过程。由于这种膨胀方式需要无限多次手续,所以是无限缓慢的。

如果将取下的粉末一粒粒重新加到活塞上,则在此压缩过程中,外压始终只比圆筒内气体的压力大 dp,一直回到 V_1 为止。在此压缩过程中所做的功为

$$W = -\int_{V_2}^{V_1} p_外 dV = -\int_{V_2}^{V_1} (p + dp) dV = -\int_{V_2}^{V_1} p dV \qquad (1.9)$$

比较式(1.7)和式(1.9)可看出,这种无限缓慢的膨胀过程所做的功和无限缓慢的压缩过程所做的功,大小相等而符号相反。这就是说,当系统回到原来状态时,在环境中没有功的得失;由于系统回到原状,总计 $\Delta U = 0$,根据 $\Delta U = Q + W$,所以在环境中亦无热的得失;亦即当系统回到原状时,环境亦回到原状。某过程进行之后系统恢复原状的同时,环境也能恢复原状而未留下任何永久性的变化,则该过程称为"热力学可逆过程"。上述第三种膨胀方式就属于可逆过程。

如果系统发生了某一过程之后,在使系统恢复原状的同时,环境中必定会留下某种永久性变化,即环境没有完全复原,则此过程称为"热力学不可逆过程"。

如上述第一种和第二种膨胀方式即属于此。例如,在第二种膨胀方式发生后,欲使气体从 V_2 压缩回到 V_1,在压缩过程中,环境所消耗的功必然大于原来在膨胀过程中环境所得到的功,因为压缩时的 $p_{外}$ 一定大于膨胀时的 $p_{外}$。因此,即使系统回到原状,环境中将有功的损失,即有永久性变化,所以第二种膨胀方式是不可逆过程。

在上述三种定温膨胀过程中,始态和终态均相同,因此体积的变化亦都相同,$\Delta V = V_2 - V_1$。因此,在这些不同的膨胀过程中,功的大小取决于外压 $p_{外}$ 的数值,$p_{外}$ 越大,则系统所做的功越大。在可逆膨胀过程中,由于 $p_{外}$ 始终只比 p 差无限小的数值,亦即系统在膨胀时对抗了最大的外压,所以在定温的情况下,系统在可逆过程中所做的功为最大功(绝对值)。同理,在压缩过程中,$p_{外}$ 越小,则环境所消耗的功越小;而在可逆压缩过程中,由于 $p_{外}$ 始终只比 p 大无限小的数值,亦即压缩时环境只使用了最小的外压,所以在定温的情况下,环境在可逆过程中所消耗的功为最小功。

综上所述,可以看出热力学可逆过程有以下特征:

(1)可逆过程进行时,系统始终无限接近于平衡态;可以说,可逆过程是由一系列连续的、渐变的平衡态所构成的。

(2)可逆过程进行时,过程的推动力与阻力只相差无穷小。

(3)系统进行可逆过程时,完成任一有限量变化均需无限长时间。

(4)在定温的可逆过程中,系统对环境所做的功为最大功;环境对系统所做的功为最小功。

以上借助气体的膨胀介绍了可逆过程与不可逆过程的概念,并且总结出了可逆过程所具有的几个特征。其实,不只是气体的膨胀,任何热力学过程,如相变、化学变化等,都可按可逆的和不可逆的两种不同方式进行,而且任何可逆过程均具有上述几个特征。应指出可逆过程只是一个极限的理想过程,实际上自然界并不存在什么可逆过程,但是从原理上说,任何一个实际过程在一定的条件下总可以无限接近于可逆过程。不能说因为自然界不存在可逆过程,可逆过程就没有实际意义。相反,它与科学中其他理想的概念,如理想气体、绝对黑体等一样,有着重大的理论意义和实际意义。首先,在比较了可逆过程和实际过程以后,可以确定提高实际过程的效率的可能性;其次,在后面将看到,某些重要热力学函数的变化值,只有通过可逆过程方能求算,而这些函数的变化值在解决实际问题中起着重要的作用。

例题 1　在 25 ℃时,2 mol H_2 的体积为 15 dm^3,此气体(1)在定温条件下(即始态和终态的温度相同),反抗外压为 10^5 Pa 时,膨胀到体积为 50 dm^3;(2)在定温下,可逆膨胀到体积为 50 dm^3。试计算两种膨胀过程的功。

解:(1)此过程的 $p_{外}$ 恒定为 10^5 Pa 而始终不变,所以是一恒外压不可逆过程,应当用式(1.6)来计算功:

$$W = -p_{外}(V_2 - V_1) = -[10^5 \times (50 - 15) \times 10^{-3}] \text{ J} = -3500 \text{ J}$$

(2)此过程为理想气体定温可逆过程,故可以用式(1.8)来计算功:

$$W = -nRT\ln\frac{V_2}{V_1} = -\left(2 \times 8.314 \times 298 \times \ln\frac{50}{15}\right) \text{J} = -5966 \text{ J}$$

比较此两过程,可逆过程所做的功在数值上比恒外压不可逆过程所做的功大。

习题 7　体积为 4.10 dm^3 的理想气体做定温膨胀,其压力从 10^6 Pa 降低到 10^5 Pa,计算此过程所能做出的最大功(数值)是多少?　　　　　　　　　　［答案: -9441 J］

习题 8　在 25 ℃下,将 50 g N_2 做定温可逆压缩,从 10^5 Pa 压缩到 2×10^6 Pa,试计算此过程的功。如果被压缩了的气体反抗恒定外压 10^5 Pa 做定温膨胀到原来的状态,问此膨胀过程的功又是多少?　　　　　　　　　　［答案: 1.33×10^4 J; -4.20×10^3 J］

习题 9　计算 1 mol 理想气体在下列四种过程中所做的体积功。已知始态体积为 25 dm^3,终态体积为 100 dm^3;始态及终态温度均为 100 ℃。

(1)向真空膨胀;

(2)在外压恒定为气体终态的压力下膨胀;

(3)先在外压恒定为体积等于 50 dm^3 时气体的平衡压力下膨胀,当膨胀到 50 dm^3(此时温度仍为 100 ℃)以后,再在外压等于 100 dm^3 时气体的平衡压力下膨胀;

(4)定温可逆膨胀。

试比较这四种过程的功。比较的结果说明了什么问题?

［答案: 0; -2326 J; -3101 J; -4299 J］

习题 10　试证明对遵守 van der Waals 方程的 1 mol 实际气体来说,其定温可逆膨胀所做的功可用下式求算$\left[\text{van der Waals 方程为}\left(p + \dfrac{a}{V_m^2}\right)(V_m - b) = RT\right]$。

$$W = -RT\ln\frac{V_{m,2} - b}{V_{m,1} - b} - a\left(\frac{1}{V_{m,2}} - \frac{1}{V_{m,1}}\right)$$

习题 11　假设 CO_2 遵守 van der Waals 方程,试求算 1 mol CO_2 在 27 ℃时由 10 dm^3 定温可逆压缩到 1 dm^3 所做的功(所需 van der Waals 常数自行查表)。　　［答案: 5514 J］

3. 可逆相变的体积功

一物质的相变,如液体的蒸发、固体的升华、固体的熔化、固体晶型的转变等,在一定温度和一定压力下是可以可逆地进行的。正因为压力一定,所以

$$W = -\int p_{外} \mathrm{d}V = -\int (p - \mathrm{d}p)\mathrm{d}V = -\int p\mathrm{d}V = -p\Delta V \tag{1.10}$$

式中 p 为两相平衡时的压力;ΔV 为相变时体积的变化。以液体的蒸发为例,其可逆过程是这样进行的:在一具有无质量、无摩擦力的理想活塞的容器中,有液体与其平衡蒸气共存。将此容器放在一恒温槽中,这时活塞上的外压如果等于此温度时液体的饱和蒸气压,则容器中的液体不蒸发,蒸气亦不凝聚。当活塞上的外压比液体的饱和蒸气压只差无限小的数值($\mathrm{d}p$)时,则容器中的液体将蒸发,直到全部变成蒸气为止。虽然液体发生了蒸发,但在每一瞬间系统仍处于平衡态。当然液体的快速蒸发严格说来是不可逆过程,因为此时活塞上的外压与液体的饱和蒸气压差得较大。由此可见,在液体可逆蒸发时,式(1.10)中 p 应为液体的饱和蒸气压,ΔV 为蒸发过程中体积的变化,等于 $V(g) - V(l)$,$V(g)$ 是所产生蒸气的体积,$V(l)$ 是蒸发成蒸气的那一部分液体的体积。如果蒸发时的温度离临界温度相当远,那么 $V(l)$ 比之 $V(g)$ 就可略去不计,于是

$$W = -pV(g) \tag{1.11}$$

假定蒸气是理想气体,则 $V(g) = nRT/p$,将此式代入上式可得

$$pV(g) = p\,\frac{nRT}{p} = nRT \tag{1.12}$$

式中 n 为所蒸发的液体或所形成的蒸气的物质的量。式(1.11)和式(1.12)亦可用于固体的升华,但对固液相变和固体晶型转化却不能应用。因为对这些过程来说,两个相的体积差别不大,没有一个相的体积能由于比另一个的体积小得多而略去不计,故不能应用式(1.11)和式(1.12)。

习题 12　1 mol 液体水在 100 ℃ 和标准压力下蒸发,试计算此过程的体积功。

(1) 已知在 100 ℃ 和标准压力下,水蒸气的比体积(体积除以质量)为 1677 $\mathrm{cm^3 \cdot g^{-1}}$,水的比体积为 1.043 $\mathrm{cm^3 \cdot g^{-1}}$。

(2) 假设水的体积与水蒸气的体积相比可略去不计,水蒸气视为理想气体。

比较两者所得的结果,说明(2)的省略是否合理。

[答案: -3.017×10^3 J; -3.101×10^3 J]

§1.5   定容及定压下的热

前面讲过,系统与环境之间交换的热不是一状态性质。但是在某些特定的条件下,某一特定过程的热却可变成一个定值,此定值仅仅取决于系统的始态和终态。当系统发生一过程时,如果此过程只做体积功而不做其他功(如电功等),则式(1.4)可写为

$$dU = \delta Q - p_{外}dV \tag{1.13}$$

对定容下发生的过程来说,$dV = 0$,式(1.13)可写为

$$\delta Q_V = dU \tag{1.14}$$

积分后可得

$$Q_V = \Delta U \tag{1.15}$$

因为 ΔU 只取决于系统的始态和终态,所以定容热 Q_V 亦必然只取决于系统的始态和终态。

对定压下发生的过程来说,因为 $p_{外} = p_{始} = p_{终}$,并且是一常数,因此,将式(1.13)积分可得

$$
\begin{aligned}
Q_p &= \Delta U + p_{外}\Delta V \\
&= (U_2 - U_1) + p_{外}(V_2 - V_1) \\
&= (U_2 + p_2 V_2) - (U_1 + p_1 V_1)
\end{aligned}
\tag{1.16}
$$

因为 p 和 V 是系统的状态性质,所以 $(U + pV)$ 如热力学能 U 一样,亦是一状态性质,它的改变量仅仅取决于系统的始态和终态。这一新的状态性质定义为"焓",用符号 H 表示,即

$$H = U + pV \tag{1.17}$$

所以

$$\Delta H = H_2 - H_1 = \Delta U + \Delta(pV) \tag{1.18}$$

当 p 一定时,上式可写为

$$\Delta H = \Delta U + p\Delta V \tag{1.19}$$

比较式(1.19)与式(1.16),表明

$$Q_p = \Delta H \tag{1.20}$$

所以,定压过程中,系统所吸收的热等于此过程中系统焓的增加。因为 ΔH 是状态性质的变化量,只取决于系统的始态和终态,所以定压热 Q_p 亦必然只取决于系统的始态和终态。

由式(1.17)的定义可见,U 和 V 的数值都与系统中物质的量成正比,故此 H 必然亦是系统的容量性质。

还必须着重指出,U 和 H 是系统的状态性质,系统不论发生什么过程,都有 ΔU 和 ΔH。上面的讨论是说明通过热的测定,就可确定定容过程的 ΔU 和定压过程的 ΔH,而不是说只有定容过程和定压过程才有 ΔU 和 ΔH。例如,定压过程中的 ΔH,可以用式(1.19)计算;但是在非定压过程中不是没有 ΔH,只是 ΔH 不能用式(1.19)计算,而应当用式(1.18)计算。所以千万要注意热力学中每一公式的限制条件和适用范围,应弄清楚公式的来源和它的应用条件,不能随便乱套公式。

习题 14   在 373 K 和标准压力下,水的蒸发热为 4.067×10^4 J·mol^{-1},1 mol 液态水体积为 18.08 cm^3,水蒸气则为 30200 cm^3。试计算在该条件下 1 mol 水蒸发成水蒸气的 ΔU 和 ΔH。   [答案:3.765×10^4;4.067×10^4 J]

习题 15   一理想气体在保持定压 10^5 Pa 下,从 10 dm^3 膨胀到 16 dm^3,同时吸热 1255 J,计算此过程的 ΔU 和 ΔH。   [答案:655 J;1255 J]

§1.6   理想气体的热力学能和焓

Joule 于 1843 年设计了如下的实验,见图 1.7。连通器的一侧装有气体,另一

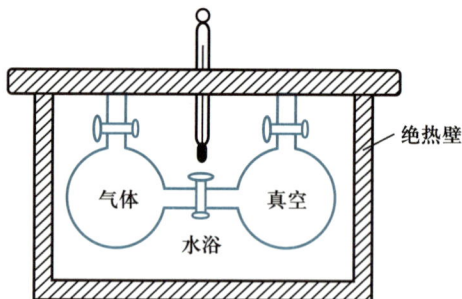

图 1.7   Joule 实验示意图

侧抽成真空。整个连通器放在有绝热壁的水浴中,水中插有温度计。视气体为系统。实验时打开连通器中间的活塞,使气体向真空膨胀,然后观察水的温度有没有变化。结果发现当气体在低压下水浴的温度没有变化,$\Delta T = 0$。这说明在此膨胀过程中系统和环境之间没有热交换,即 $Q = 0$;又因为此过程为向真空膨胀,故 $W = 0$;因此此过程的 $\Delta U = 0$。这一实验事实说明,低压气体向真空膨胀时,温度不变,热力学能亦不变,但体积增大了。由此可得出结论:当温度一定时气体的热力学能 U 是一定值,而与体积无关。该结论的数学形式可推导如下。

对纯物质单相密闭系统来说,所发生的任意过程,其热力学能变化可用式(1.2)表示:

$$dU = \left(\frac{\partial U}{\partial T}\right)_V dT + \left(\frac{\partial U}{\partial V}\right)_T dV$$

将此公式用于 Joule 实验,则因 $dU = 0$,故

$$\left(\frac{\partial U}{\partial T}\right)_V dT + \left(\frac{\partial U}{\partial V}\right)_T dV = 0$$

而 Joule 实验中,$dT = 0, dV > 0$,所以

$$\left(\frac{\partial U}{\partial V}\right)_T = 0 \qquad (1.21)$$

上式说明,气体在定温条件下,改变体积时,系统的热力学能不变,即热力学能只是温度的函数而与体积无关,即

$$U = f(T)$$

事实上式(1.21)的结论只是对理想气体来说是正确的。因为精确的实验证明,实际气体向真空膨胀时,仍有很小的温度变化,只不过这种温度变化随着气体起始压力的降低而变小。因此,可认为只有当气体的起始压力趋于零(即气体趋于理想气体)时,$dT = 0$ 才是严格正确的。所以只有理想气体的热力学能才只是温度的函数,与体积或压力无关。对非理想气体来说,则

$$\left(\frac{\partial U}{\partial V}\right)_T \neq 0$$

上述结论亦是不难理解的。按气体分子运动论的观点,气体的温度是由分子的动能所决定的。对理想气体来说,当其膨胀时,分子间的距离将增大,但由于理想气体分子之间没有引力,因此,在温度一定的条件下增大体积时,并不需要克服分子间的引力而消耗分子的动能,因而其温度亦就不变,这时气体不需要

吸收能量,故热力学能的数值保持一定。换言之,理想气体的热力学能只有当温度变化时其数值方有变化,故理想气体的热力学能只是温度的函数,而与体积或压力的变化无关,即 $\left(\dfrac{\partial U}{\partial V}\right)_T = 0$。但对实际气体来说,由于其分子间有引力,因此,在温度一定的条件下增大体积时,为克服分子间的引力,必然要消耗一部分分子的动能,这将引起气体温度的下降;为保持温度恒定,就一定要吸收能量,这势必引起系统的热力学能增加,故实际气体的 $\left(\dfrac{\partial U}{\partial V}\right)_T > 0$。

根据焓的定义:
$$H = U + pV$$

将上式在恒温下对体积 V 求偏导数可得

$$\left(\frac{\partial H}{\partial V}\right)_T = \left(\frac{\partial U}{\partial V}\right)_T + \left[\frac{\partial(pV)}{\partial V}\right]_T$$

对于理想气体,由于 $\left(\dfrac{\partial U}{\partial V}\right)_T = 0$,又因在恒温时 $pV = $ 常数,故 $\left[\dfrac{\partial(pV)}{\partial V}\right]_T = 0$,因此

$$\left(\frac{\partial H}{\partial V}\right)_T = 0 \tag{1.22}$$

这就是说,理想气体的焓亦只是温度的函数,而与体积或压力无关。所以,对理想气体的定温过程来说:

$$\Delta U = 0 \quad \Delta H = 0$$

又因 $\Delta U = Q + W$,故
$$Q = -W$$

因此,对于理想气体的定温可逆膨胀,结合式(1.8)可得

$$Q = -W = nRT\ln\frac{V_2}{V_1} = nRT\ln\frac{p_1}{p_2} \tag{1.23}$$

习题 16   假设 N_2 为理想气体。在 0 ℃ 和 5×10^5 Pa 下,用 2 dm³ N_2 做定温膨胀到压力为 10^5 Pa。(1) 如果是可逆膨胀;(2) 如果膨胀是在外压恒定为 10^5 Pa 的条件下进行。试计算此两过程的 Q、W、ΔU 和 ΔH。

[答案:(1) 1609 J,−1609 J,0,0;(2) 800 J,−800 J,0,0]

习题 17   试由 $\left(\dfrac{\partial U}{\partial V}\right)_T = 0$ 及 $\left(\dfrac{\partial H}{\partial V}\right)_T = 0$ 证明理想气体的 $\left(\dfrac{\partial U}{\partial p}\right)_T = 0$ 及 $\left(\dfrac{\partial H}{\partial p}\right)_T = 0$。

§1.7 热容

1. 定容热容和定压热容

一系统的热容可定义为每升高单位温度所需要吸收的热。因为热容本身亦随温度而变化,所以应当用导数形式来定义:

$$C = \frac{\delta Q}{\mathrm{d}T} \qquad (1.24)$$

正如以前所指出的那样,δQ 不是一个全微分,所以如果不指定条件,则热容就是一个数值不确定的物理量。通常只有在定容或定压的条件下,热容方有一定的数值。定容下的热容叫定容热容,用符号 C_V 表示,其定义为

$$C_V = \frac{\delta Q_V}{\mathrm{d}T} \qquad (1.25)$$

定压下的热容叫做定压热容,用符号 C_p 表示,其定义为

$$C_p = \frac{\delta Q_p}{\mathrm{d}T} \qquad (1.26)$$

根据式(1.14)可知,在只做体积功不做其他功时,定容下系统所吸收的热等于热力学能的增加,即 $\delta Q_V = \mathrm{d}U$。所以式(1.25)可改写为

$$C_V = \left(\frac{\partial U}{\partial T}\right)_V \qquad (1.27)$$

上式说明定容热容就是定容条件下系统的热力学能随温度升高的变化率。所以对任何物质来说,在定容过程中,系统热力学能的变化可写为

$$(\mathrm{d}U)_V = C_V \mathrm{d}T \qquad (1.28)$$

与定容热容相类似,对于定压热容,根据式(1.20),$\delta Q_p = \mathrm{d}H$,则式(1.26)可改写为

$$C_p = \left(\frac{\partial H}{\partial T}\right)_p \qquad (1.29)$$

上式表明定压热容就是定压下系统的焓随温度升高的变化率。所以对任何物质,在定压过程中,系统焓的变化可写为

$$(\mathrm{d}H)_p = C_p \mathrm{d}T \tag{1.30}$$

2. 理想气体的热容

对于理想气体,其热力学能及焓均只是温度的函数,与体积或压力无关。因此,不仅在定容过程或定压过程,而且在无化学变化、只做体积功的任意其他过程(如绝热过程)中,其热力学能和焓的变化均可表示为

$$\mathrm{d}U^{\mathrm{id}}(\mathrm{g}) = C_V \mathrm{d}T \tag{1.31}$$

$$\mathrm{d}H^{\mathrm{id}}(\mathrm{g}) = C_p \mathrm{d}T \tag{1.32}$$

根据焓的定义 $H = U + pV$,将上式微分可得

$$\mathrm{d}H = \mathrm{d}U + \mathrm{d}(pV)$$

将式(1.31)和式(1.32)及理想气体状态方程代入上式,即得

$$C_p \mathrm{d}T = C_V \mathrm{d}T + nR \mathrm{d}T$$

所以

$$C_p - C_V = nR \tag{1.33}$$

对于 1 mol 理想气体,则

$$C_{p,\mathrm{m}} - C_{V,\mathrm{m}} = R \tag{1.34}$$

以上两式即为理想气体定压摩尔热容与定容摩尔热容之间的关系式。

统计热力学可以证明,在通常温度下,对理想气体来说,定容摩尔热容为

单原子分子系统

$$C_{V,\mathrm{m}} = \frac{3}{2}R$$

双原子分子(或线型分子)系统

$$C_{V,\mathrm{m}} = \frac{5}{2}R \tag{1.35}$$

多原子分子(非线型)系统

$$C_{V,\mathrm{m}} = \frac{6}{2}R = 3R$$

根据式(1.34),理想气体的定压摩尔热容应为

单原子分子系统

$$C_{p,\mathrm{m}} = \frac{5}{2}R$$

双原子分子（或线型分子）系统

$$C_{p,\mathrm{m}} = \frac{7}{2}R \tag{1.36}$$

多原子分子（非线型）系统

$$C_{p,\mathrm{m}} = 4R$$

由式(1.35)和式(1.36)可看出，通常温度下，理想气体的 $C_{V,\mathrm{m}}$ 和 $C_{p,\mathrm{m}}$ 均可视为常数。

习题 18　有 3 mol 双原子分子理想气体由 25 ℃ 加热到 150 ℃，试计算此过程的 ΔU 和 ΔH。　　　　　　　　　　　　　　　　　　　　　[答案：7.79×10^3 J；1.09×10^4 J]

习题 19　有 1 mol 单原子分子理想气体在 0 ℃、10^5 Pa 时经一变化过程，体积增大一倍，$\Delta H = 2092$ J，$Q = 1674$ J。(1) 试求算终态的温度、压力及此过程的 ΔU 和 W；(2) 如果该气体经定温和定容两步可逆过程到达上述终态，试计算 Q、W、ΔU 和 ΔH。

[答案：(1) 373.7 K，6.84×10^4 Pa，1255 J，−419 J；

(2) 2828 J，−1573 J，1255 J，2092 J]

习题 20　已知 300 K 时 $NH_3(g)$ 的 $\left(\dfrac{\partial U_\mathrm{m}}{\partial V}\right)_T = 840$ J·m^{-3}·mol^{-1}，$C_{V,\mathrm{m}} = 37.3$ J·K^{-1}·mol^{-1}。当 1 mol $NH_3(g)$ 经一压缩过程其体积减小 10 cm^3 而温度上升 2 K 时，试计算此过程的 ΔU。　　　　　　　　　　　　　　　　　　　　　　　　　[答案：74.6 J]

习题 21　试证明对任何物质来说：

(1) $C_p - C_V = \left[\left(\dfrac{\partial U}{\partial V}\right)_T + p\right]\left(\dfrac{\partial V}{\partial T}\right)_p$

(2) $C_p - C_V = \left[V - \left(\dfrac{\partial H}{\partial p}\right)_T\right]\left(\dfrac{\partial p}{\partial T}\right)_V$

3. 热容与温度的关系

气体、液体及固体的热容都与温度有关，其值随温度的升高而逐渐增大。但是，热容与温度的关系不是用一简单的数学式所能表示的，而热容的数据对计算热来说又非常重要。因此，许多科学家用实验方法精确测定了各种物质在各个

温度下的 $C_{p,m}$ 数值,求得了它与温度关系的经验表达式,通常所采用的经验公式有下列两种形式:

$$C_{p,m} = a + bT + cT^2 \qquad (1.37)$$

$$C_{p,m} = a + bT + \frac{c'}{T^2} \qquad (1.38)$$

式中 $C_{p,m}$ 是定压摩尔热容;T 是热力学温度;a、b、c、c' 均是经验常数,随物质的不同及温度范围的不同而异。各种物质的热容经验公式中的常数值可参看附录,或参看有关的参考书及手册。

使用上述热容经验公式应注意以下几点:

(1)从参考书或手册上查阅到的数据通常均指定压摩尔热容,在计算具体问题时,应乘上物质的量;

(2)所查到的常数值只能在指定的温度范围内应用,如果超出指定温度范围太远,就不能应用;

(3)有时从不同的参考书或手册上查阅到的经验公式或常数值不尽相同,但在多数情况下其计算结果差不多是相符的;在高温下不同公式之间的误差可能较大。

例题 2   试计算常压下,1 mol CO_2 从 25 ℃ 升高到 200 ℃ 时所需吸收的热。

解: 上述过程为定压过程,定压下吸收的热为

$$Q_p = \Delta H = \int_{T_1}^{T_2} C_p \mathrm{d}T$$

查表可得 CO_2 的 $C_{p,m}$ 随温度变化的经验公式为

$$C_{p,m} = \left[44.14 + 9.04 \times 10^{-3} \frac{T}{\mathrm{K}} - \frac{8.54 \times 10^5}{(T/\mathrm{K})^2} \right] \mathrm{J} \cdot \mathrm{K}^{-1} \cdot \mathrm{mol}^{-1}$$

将此式代入上式可得

$$Q_p = \left\{ \int_{298}^{473} \left[44.14 + 9.04 \times 10^{-3} \frac{T}{\mathrm{K}} - \frac{8.54 \times 10^5}{(T/\mathrm{K})^2} \right] \mathrm{d}T \right\} \mathrm{J} \cdot \mathrm{mol}^{-1} \times 1\ \mathrm{mol}$$

$$= \left[44.14 \times (473 - 298) + \frac{1}{2} \times 9.04 \times 10^{-3} \times (473^2 - 298^2) - \frac{8.54 \times 10^5 \times (473 - 298)}{473 \times 298} \right] \mathrm{J}$$

$$= (7725 + 610 - 1060)\mathrm{J} = 7.28 \times 10^3\ \mathrm{J}$$

习题 22 计算 1 g N_2 在常压下由 600 ℃冷却到 20 ℃时所放出的热,所需数据自行查找。 [答案: -629 J]

应注意,在变温过程中如果有相变时,则热的求算应分段进行,并要加上相变热。

例题 3 恒定压力下,2 mol 50 ℃的液态水变成 150 ℃的水蒸气,求该过程的热。已知水和水蒸气的平均定压摩尔热容分别为 75.31 J·K^{-1}·mol^{-1} 及 33.47 J·K^{-1}·mol^{-1};水在 100 ℃及标准压力下蒸发成水蒸气的摩尔汽化焓 $\Delta_{vap}H_m^{\ominus}$ 为 40.67 kJ·mol^{-1}。

解: 50 ℃的水变成 100 ℃的水:

$$Q_{p_1} = nC_{p,m}(T_b - T_1)$$
$$= [2 \times 75.31 \times (373 - 323)] \text{ J} = 7531 \text{ J} = 7.531 \text{ kJ}$$

100 ℃的水变成 100 ℃的水蒸气:

$$Q_{p_2} = n\Delta_{vap}H_m^{\ominus} = (2 \times 40.67) \text{kJ} = 81.34 \text{ kJ}$$

100 ℃的水蒸气变成 150 ℃的水蒸气:

$$Q_{p_3} = nC_{p,m}(T_2 - T_b)$$
$$= [2 \times 33.47 \times (423 - 373)] \text{ J} = 3347 \text{ J} = 3.347 \text{ kJ}$$

全过程的热

$$Q_p = Q_{p_1} + Q_{p_2} + Q_{p_3}$$
$$= (7.53 + 81.34 + 3.35) \text{kJ} = 92.22 \text{ kJ}$$

习题 23 试求算 2 mol 100 ℃、4×10^4 Pa 的水蒸气变成 100 ℃及标准压力的液态水时,此过程的 ΔU 和 ΔH。设水蒸气可视为理想气体,液体水的体积可忽略不计。已知水的摩尔汽化焓为 40670 J·mol^{-1}。 [答案: -75138 J; -81340 J]

习题 24 已知任何物质的

$$C_p - C_V = \frac{\alpha^2}{\beta}TV$$

其中 α 为膨胀系数;β 为压缩系数。现已查得 25 ℃时液体水的定容摩尔热容 $C_{V,m} = 75.2$ J·K^{-1}·mol^{-1},$\alpha = 2.1 \times 10^{-4}$ K^{-1},$\beta = 4.44 \times 10^{-10}$ Pa^{-1},而水的 $V_m = 18 \times 10^{-6}$ m^3·mol^{-1}。试计算液体水在 25 ℃时的 $C_{p,m}$。 [答案: 75.7 J·K^{-1}·mol^{-1}]

习题 25 一物质在一定范围内的平均定压摩尔热容可定义为

$$\langle C_{p,m} \rangle = \frac{Q_p}{n(T_2 - T_1)}$$

其中 n 为物质的量。已知 NH_3 的

$$C_{p,m} = [33.64 + 2.93 \times 10^{-3} T/\mathrm{K} + 2.13 \times 10^{-5} (T/\mathrm{K})^2] \, \mathrm{J \cdot K^{-1} \cdot mol^{-1}}$$

试求算 NH_3 在 0~500 ℃的平均定压摩尔热容$\langle C_{p,m} \rangle$。   [答案：41.4 J·K^{-1}·mol^{-1}]

习题 26 已知 N_2 和 O_2 的定压摩尔热容与温度的关系式分别为

$$C_{p,m}(\mathrm{N}_2) = \left(27.87 + 4.27 \times 10^{-3} \frac{T}{\mathrm{K}} \right) \mathrm{J \cdot K^{-1} \cdot mol^{-1}}$$

$$C_{p,m}(\mathrm{O}_2) = \left[36.162 + 0.845 \times 10^{-3} \frac{T}{\mathrm{K}} - \frac{4.310 \times 10^5}{(T/\mathrm{K})^2} \right] \mathrm{J \cdot K^{-1} \cdot mol^{-1}}$$

试求空气的 $C_{p,m}$ 与温度的关系式应为如何？

§1.8　理想气体的绝热过程

如果一系统在状态发生变化的过程中,系统既不可能从环境吸热,亦不可能放热到环境中去,这种过程就叫做"绝热过程"。绝热过程可以可逆地进行,亦可以不可逆地进行。定温过程与绝热过程的基本区别在于：前者为了保持系统温度恒定,系统与环境之间有热交换,而后者没有热交换,所以系统温度会有变化。在气体做绝热膨胀时,因为系统要对环境做功而又没有热的供给,做功所需的能量一定来自系统中的热力学能,这必然造成系统温度的降低；同理,当气体做绝热压缩时,系统温度将升高。从数学上可以表达这种变化,在发生一绝热过程时,由于 $\delta Q = 0$,于是

$$\mathrm{d}U = \delta W \tag{1.39}$$

此式表明,系统对环境做功时($\delta W < 0$),系统的热力学能要减少($\mathrm{d}U < 0$)；同时还表明,因为绝热过程的功等于热力学能的变化,所以它亦仅仅取决于始态和终态而与途径无关。对一理想气体的无限小的绝热可逆过程来说,因为在任意过程中理想气体的 $\mathrm{d}U = nC_{V,m}\mathrm{d}T$,而 $\delta W = -p\mathrm{d}V$,代入式(1.39),可得

$$nC_{V,m}\mathrm{d}T = -p\mathrm{d}V \tag{1.40}$$

又因 $p = nRT/V$,于是

$$nC_{V,m}\frac{\mathrm{d}T}{T} = -nR\frac{\mathrm{d}V}{V} \quad \text{或} \quad C_{V,m}\frac{\mathrm{d}T}{T} = -R\frac{\mathrm{d}V}{V}$$

因为理想气体的 $C_{V,m}$ 不随温度而变化,而 R 只是一常数,故上式可积分如下：

$$C_{V,m} \int_{T_1}^{T_2} \mathrm{d}\ln T = -R \int_{V_1}^{V_2} \mathrm{d}\ln V$$

或

$$C_{V,m} \ln \frac{T_2}{T_1} = -R\ln \frac{V_2}{V_1} \qquad (1.41)$$

又因理想气体的 $\dfrac{T_2}{T_1} = \dfrac{p_2 V_2}{p_1 V_1}$，$C_{p,m} - C_{V,m} = R$，代入式（1.41），可得

$$C_{V,m} \ln \frac{p_2}{p_1} = C_{p,m} \ln \frac{V_1}{V_2}$$

或

$$\frac{p_2}{p_1} = \left(\frac{V_1}{V_2}\right)^{C_{p,m}/C_{V,m}}$$

令

$$C_{p,m}/C_{V,m} = \gamma$$

所以

$$p_1 V_1^{\gamma} = p_2 V_2^{\gamma}$$

或

$$pV^{\gamma} = 常数 \qquad (1.42)$$

式（1.41）和式（1.42）表示了理想气体在绝热可逆过程中 T 和 V 的关系及 p 和 V 的关系。这种方程式只能适用于理想气体的绝热可逆过程，正好像 $pV = $ 常数只能适用于理想气体的定温过程一样。这种方程式叫做"过程方程"，以与 $pV = nRT$ 这种表示某状态时 p、V、T 关系的状态方程相区别。

图 1.8 表明绝热可逆过程与定温可逆过程 p、V 关系的不同。因为 $\gamma > 1$，所以绝热可逆过程中曲线的斜率（$\mathrm{d}p/\mathrm{d}V$）的绝对值总是比定温可逆过程中曲线的斜率的绝对值来得大。因此，如果从同一始态出发，降低相同的压力，那么绝热过程中体积的增加总是小于定温过程中体积的增加；同理，如果两过程膨胀的体积相同，那么绝热过程中压力的降低总是大于定温过程中压力的降低。这样的结论是必然的，因为绝热膨胀中温度降低了。

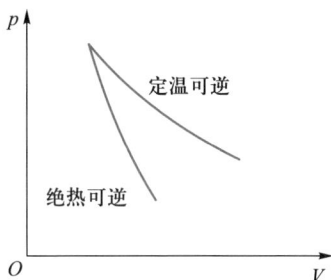

图 1.8 绝热可逆与定温可逆过程 p、V 关系示意图

应当着重指出，如果在理想气体中发生的绝热过程是不可逆的，那么式（1.41）和式（1.42）不能成立，系统的 T、V 关系以及 p、V 关系不遵守这些公式，但式（1.39）仍然成立。当绝热不可逆过程是恒

外压膨胀或压缩时，$W = -p_外(V_2 - V_1)$，于是式(1.39)可写为

$$\Delta U = -p_外(V_2 - V_1) \tag{1.43}$$

因理想气体的 C_V 不随温度而变，$\Delta U = C_V(T_2 - T_1)$，故上式可写为

$$C_V(T_2 - T_1) = -p_外(V_2 - V_1) \tag{1.44}$$

例题 4　气体氦自 0 ℃、5×10^5 Pa、10 dm³ 的始态，经过一绝热可逆过程膨胀至 10^5 Pa，试计算终态的温度，以及此过程的 Q、W、ΔU、ΔH(假设 He 为理想气体。)

解：此过程的始态和终态可表示如下：

始态 I	终态 II
$p_1 = 5 \times 10^5$ Pa	$p_2 = 10^5$ Pa
$T_1 = 273$ K $\xrightarrow{\text{绝热可逆膨胀}}$	$T_2 = ?$
$V_1 = 10$ dm³	$V_2 = ?$

此气体的物质的量为

$$n = \frac{p_1 V_1}{RT_1} = \left(\frac{5 \times 10^5 \times 10 \times 10^{-3}}{8.314 \times 273}\right) \text{mol} = 2.20 \text{ mol}$$

此气体为单原子分子理想气体，故

$$C_{V,m} = \frac{3}{2}R = 12.47 \text{ J} \cdot \text{K}^{-1} \cdot \text{mol}^{-1}$$

$$C_{p,m} = \frac{5}{2}R = 20.79 \text{ J} \cdot \text{K}^{-1} \cdot \text{mol}^{-1}$$

(1) 终态温度 T_2 的计算

欲计算 T_2，最好能知道此过程的 T、p 关系式。由于理想气体：

$$\frac{V_2}{V_1} = \frac{p_1 T_2}{p_2 T_1}$$

及 $C_{p,m} - C_{V,m} = R$，将此二式代入式(1.41)，可得

$$C_{p,m} \ln \frac{T_2}{T_1} = R\ln \frac{p_2}{p_1} \tag{1.45}$$

将已知数据代入上式可得

$$20.79 \times \ln \frac{T_2}{273 \text{ K}} = 8.314 \times \ln \frac{1}{5}$$

所以　　　　　　　　　　　　　　$T_2 = 143$ K

即终态温度为 -130 ℃。

（2）$Q = 0$

（3）W 的计算

$$W = \Delta U = nC_{V,m}(T_2 - T_1)$$
$$= [2.20 \times 12.47 \times (143 - 273)] \text{ J} = -3.57 \times 10^3 \text{ J}$$

（4）ΔU 的计算

$$\Delta U = W = -3.57 \times 10^3 \text{ J}$$

（5）ΔH 的计算

$$\Delta H = nC_{p,m}(T_2 - T_1)$$
$$= [2.20 \times 20.79 \times (143 - 273)] \text{ J} = -5.95 \times 10^3 \text{ J}$$

例题 5 如果上题的过程为绝热不可逆过程,在恒定外压为 10^5 Pa 下快速膨胀到气体压力为 10^5 Pa,试计算 T_2、Q、W、ΔU 及 ΔH。

解:此过程为绝热不可逆过程,始态和终态可表示如下:

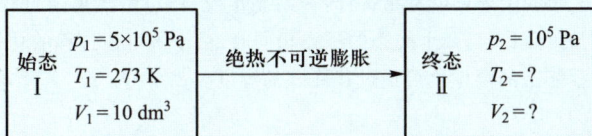

始态 I		终态 II
$p_1 = 5 \times 10^5 \text{ Pa}$ $T_1 = 273 \text{ K}$ $V_1 = 10 \text{ dm}^3$	—绝热不可逆膨胀→	$p_2 = 10^5 \text{ Pa}$ $T_2 = ?$ $V_2 = ?$

（1）T_2 的计算

因为是绝热不可逆过程,故式（1.41）、式（1.42）和式（1.45）等均不能用,而应当用式（1.44）:

$$nC_{V,m}(T_2 - T_1) = -p_外(V_2 - V_1)$$

可是其中又有 T_2、V_2 两个未知数,还需要一个包括 T_2、V_2 的方程式才能解 T_2,而理想气体的状态方程可满足此要求:

$$V_2 = \frac{nRT_2}{p_2} \qquad V_1 = \frac{nRT_1}{p_1}$$

将此二式代入上式,可得

$$nC_{V,m}(T_2 - T_1) = -p_2\left(\frac{nRT_2}{p_2} - \frac{nRT_1}{p_1}\right) = -nRT_2 + nRT_1\frac{p_2}{p_1}$$

考虑到 $C_{p,m} - C_{V,m} = R$,代入上式,可得

$$nC_{p,m}T_2 = nRT_1\frac{p_2}{p_1} + nC_{V,m}T_1$$

故
$$T_2 = \left(R\frac{p_2}{p_1} + C_{V,m}\right)\frac{T_1}{C_{p,m}}$$

$$= \left[\left(8.314 \times \frac{1}{5} + 12.47\right) \times \frac{273}{20.79}\right] \text{K} = 186 \text{ K}$$

(2) $Q = 0$

(3) W 的计算

$$W = \Delta U = nC_{V,m}(T_2 - T_1)$$

$$= [2.20 \times 12.47 \times (186 - 273)] \text{ J} = -2.39 \times 10^3 \text{ J}$$

(4) ΔU 的计算

$$\Delta U = W = -2.39 \times 10^3 \text{ J}$$

(5) ΔH 的计算

$$\Delta H = nC_{p,m}(T_2 - T_1)$$

$$= [2.20 \times 20.79 \times (186 - 273)] \text{ J} = -3.98 \times 10^3 \text{ J}$$

比较此题和上题的结果可以看出，由同一始态出发，经过绝热可逆过程和绝热不可逆过程，达不到相同的终态。当两个终态的压力相同时，由于不可逆过程的功做得少些(绝对值)，故不可逆过程终态的温度比可逆过程终态的温度要高一些。

习题 27　1 mol H_2 在 25 ℃、10^5 Pa 下，经绝热可逆过程压缩到体积为 5 dm³，试求 (1) 终态温度 T_2；(2) 终态压力 p_2；(3) 该过程的 W、ΔU 和 ΔH。(H_2 的 $C_{V,m}$ 可根据它是双原子分子的理想气体求算。)

[答案：(1) 565 K；(2) 9.39 × 10^5 Pa；(3) 5550 J, 5550 J, 7769 J]

习题 28　25 ℃ 的空气从 10^6 Pa 绝热可逆膨胀到 10^5 Pa，如果做了 1.5 × 10^4 J 的功，计算空气的物质的量。(假设空气为理想气体，空气的热容数据可查表或做一近似计算。)

[答案：5.01 mol]

习题 29　某理想气体的 $C_{p,m}$ = 35.90 J·K⁻¹·mol⁻¹，(1) 2 mol 此气体在 25 ℃、1.5 × 10^6 Pa 时做绝热可逆膨胀到最后压力为 5 × 10^5 Pa；(2) 2 mol 此气体在外压恒定为 5 × 10^5 Pa 时做绝热快速膨胀。试分别求算上述两过程终态的 T 和 V、过程的 W 及 ΔU 和 ΔH。

[答案：(1) 231 K, 7.68 dm³, -3697 J, -3697 J, -4811 J；
(2) 252 K, 8.38 dm³, -2538 J, -2538 J, -3303 J]

习题 30　1 mol 某双原子分子理想气体发生可逆膨胀：(a) 从 2 dm³、10^6 Pa 定温可逆膨胀到 5 × 10^5 Pa；(b) 从 2 dm³、10^6 Pa 绝热膨胀到 5 × 10^5 Pa。

(1) 试求算过程(a)和(b)的 W、Q、ΔU 和 ΔH；

(2) 大致画出过程(a)和(b)在 $p-V$ 图上的形状；

（3）在 $p - V$ 图上画出第三个过程,将上述两过程的终态相连,试问第三个过程有何特点(是定容还是定压)？

［答案：(1) (a) - 1386 J,1386 J,0,0;(b) - 900 J,0,- 900 J,- 1260 J］

习题 31　某高压容器所含的气体可能是 N_2 或是 Ar。今在 25 ℃ 时取出一些样品由 5 dm³ 绝热可逆膨胀到 6 dm³,发现温度下降了 21 ℃,试判断容器中为何气体？　［答案：N_2］

§1.9　实际气体的节流膨胀

前面已提及,Joule 的自由膨胀实验是不够精确的。为了能较好地观察实际气体在膨胀时所发生的温度变化,1852 年,Thomson 和 Joule 设计了另一个实验,其装置大致如图 1.9 所示。这个实验的设计思想是用一多孔塞来节制气体由高压 p_1 一侧向低压 p_2 一侧的流动,最初是用丝绢作为多孔塞,后来则用多孔海泡石作为多孔塞材料。由于多孔塞的节流作用,可保持左侧高压 p_1 部分和右侧低压 p_2 部分的压力恒定不变,待达到稳定态后,气体由高压向低压流动时温度的变化就可直接测量出来。整个系统是绝热的,在此过程中系统与环境之间无热交换,这种维持一定压力差的绝热膨胀过程为"节流膨胀"。通常情况下,实际气体经节流膨胀后温度均将发生变化,大多数气体温度将降低,而少数气体如 H_2、He 则温度反而升高。

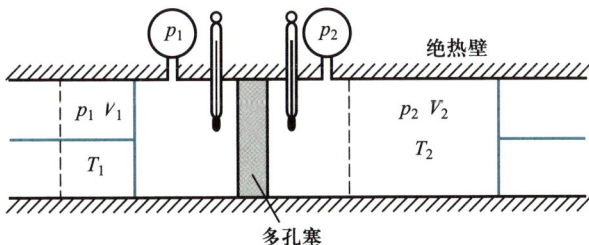

图 1.9　Joule – Thomson 实验装置示意图

上述 Joule – Thomson 实验的热力学特征是一定焓过程。由于实验是在绝热情况下进行的,故 $Q = 0$,因此气体在节流膨胀过程中：

$$\Delta U = W$$

显然,环境对系统所做的功为

$$W_1 = - \int p_1 \mathrm{d}V = p_1 V_1$$

系统对环境所做的功为

$$W_2 = -\int p_2 dV = -p_2 V_2$$

因此整个过程所做的净功为

$$W = W_1 + W_2 = -p_2 V_2 + p_1 V_1$$

故

$$U_2 - U_1 = -(p_2 V_2 - p_1 V_1)$$

$$U_2 + p_2 V_2 = U_1 + p_1 V_1$$

$$H_2 = H_1$$

即

$$\Delta H = 0$$

所以,气体的节流膨胀为一定焓过程。

在上述实验中,可用$(\Delta T/\Delta p)_H$来表示随着压力的降低而引起的温度变化率。如果用偏微分形式表示,可写为

$$\mu_{J-T} = \left(\frac{\partial T}{\partial p}\right)_H \tag{1.46}$$

μ_{J-T}称为 Joule – Thomson 系数。如果μ_{J-T}为正值,则意味着随着压力的降低,气体温度亦将降低;如果μ_{J-T}为负值,则意味着随着压力的降低,气体温度将升高。μ_{J-T}值的大小,不仅与气体的本性有关,还与气体所处的温度与压力有关。

理想气体在定焓过程中温度并不发生变化,因此其$\mu_{J-T} = 0$。真实气体经过定焓的节流膨胀后温度发生变化,表明真实气体的焓不只是温度的函数。

节流膨胀在工业上已得到广泛的应用。不仅在空气的液化过程中,而且在许多化工生产过程中,经常使用这种简便的膨胀方法使气体制冷。

例题 6 （1）$CO_2(g)$通过一节流孔由5×10^6 Pa 向 10^5 Pa 膨胀,其温度由原来的 25 ℃下降到 -39 ℃,试估算其μ_{J-T}。（2）已知CO_2的沸点为 -78.5 ℃,当 25 ℃的CO_2经过一步节流膨胀欲使其温度下降到沸点,试问其起始压力应为多少(终态压力为 10^5 Pa)？

解：（1）假设在实验的温度和压力范围内,μ_{J-T}为一常数,则

$$\mu_{J-T} = \left(\frac{\partial T}{\partial p}\right)_H = \frac{\Delta T}{\Delta p} = \left(\frac{-39 - 25}{10^5 - 5 \times 10^6}\right) \text{K} \cdot \text{Pa}^{-1} = 1.31 \times 10^{-5} \text{ K} \cdot \text{Pa}^{-1}$$

（2）根据μ_{J-T}的定义及（1）的结果,则

$$\mu_{J-T} = \frac{\Delta T}{\Delta p}$$

即
$$1.31 \times 10^{-5} = \frac{-78.5 - 25}{10^5 - (p_2/\text{Pa})}$$

$$p_2 = 8.0 \times 10^6 \text{ Pa}$$

习题 32 在 573 K 及 $0 \sim 6 \times 10^6$ Pa 的范围内，$N_2(g)$ 的 Joule – Thomson 系数可近似用下式表示：

$$\mu_{J-T} = \left[1.40 \times 10^{-7} - 2.53 \times 10^{-14} (p/\text{Pa}) \right] \text{ K} \cdot \text{Pa}^{-1}$$

假设此式与温度无关。$N_2(g)$ 自 6×10^6 Pa 做节流膨胀到 2×10^6 Pa，求温度变化。

[答案：$\Delta T = -0.16$ K]

习题 33 已知 CO_2 的 $\mu_{J-T} = 1.07 \times 10^{-5}$ K·Pa^{-1}，$C_{p,m} = 36.6$ J·K^{-1}·mol^{-1}，试求算 50 g CO_2 在 25 ℃ 下由 10^5 Pa 定温压缩到 10^6 Pa 时的 ΔH。如果实验气体是理想气体，则 ΔH 又应为何值？

[答案：-401 J；0]

习题 34 假设 He 为理想气体。1 mol He 由 2×10^5 Pa、0 ℃ 变为 10^5 Pa、50 ℃，可经两个不同的途径：(1) 先定压加热，再定温可逆膨胀；(2) 先定温可逆膨胀，再定压加热。试分别计算此两途径的 Q、W、ΔU、ΔH。计算的结果说明什么问题？

[答案：(1) 2900 J，-2276 J，624 J，1039 J；(2) 2612 J，-1988 J，624 J，1039 J]

习题 35 将 115 V、5 A 的电流通过浸在 100 ℃ 装在绝热筒中的水中的电加热器，电流通了 1 h。(1) 有多少水变成水蒸气？(2) 将做出多少功？(3) 以水和水蒸气为系统，求 ΔU。已知水的汽化热为 2259 J·g^{-1}。

[答案：(1) 916 g；(2) -1.58×10^5 J；(3) 1.91×10^6 J]

习题 36 将 100 ℃、5×10^4 Pa 的水蒸气 100 dm^3 定温可逆压缩至标准压力（此时仍全为水蒸气），并继续在标准压力下压缩到体积为 10 dm^3 时为止（此时已有一部分水蒸气凝结成水）。试计算此过程的 Q、W、ΔU 和 ΔH。假设凝结成的水的体积可忽略不计；水蒸气可视为理想气体。 [答案：-5.60×10^4 J；7.50×10^3 J；-4.85×10^4 J；-5.25×10^4 J]

习题 37 将一小块冰投入过冷到 -5 ℃ 的 100 g 水中，使过冷水的一部分凝结为冰，同时使温度回升到 0 ℃。由于此过程进行得较快，系统与环境间来不及发生热交换，可近似看做一绝热过程。试计算此过程中析出的冰的质量。已知冰的熔化热为 333.5 J·g^{-1}；$-5 \sim 0$ ℃ 时水的热容为 4.314 J·K^{-1}·g^{-1}。 [答案：6.5 g]

（三）热化学

§1.10　化学反应的热效应

1. 化学反应的热效应

在定压或定容条件下,当产物的温度与反应物的温度相同而在反应过程中只做体积功(不做其他功)时,化学反应所吸收或放出的热,称为此过程的热效应,通常亦称为"反应热"。

研究化学过程中热效应的科学叫做"热化学"。热化学对实际工作有很大的意义。例如,确定化工设备的设计和生产程序,常常需要有关热化学的数据;计算平衡常数,热化学的数据更是不可缺少的。

热化学中诸定律均由热力学定律而来,实际上热化学就是热力学第一定律在化学过程中的应用。一化学反应之所以能吸热或放热,从热力学定律的观点来看,是因为不同物质有着不同的热力学能或焓,反应产物的总热力学能或总焓通常与反应物的总热力学能或总焓是不同的。所以发生反应时总是伴随有能量的变化,这种能量变化以热的形式与环境交换就是反应的热效应。

2. 定容反应热与定压反应热

如果一化学反应在反应前后物质的量有变化,特别是在有气体物质参加反应的情况下,则反应热的量值将与反应是在定压下进行的还是在定容下进行的有关。定容下的反应热叫"定容反应热",根据式(1.15):

$$Q_V = \Delta_r U$$

一个化学反应的 $\Delta_r U$ 代表在一定温度和一定体积下,产物的总热力学能与反应物的总热力学能之差,即

$$\Delta_r U = \sum U(产物) - \sum U(反应物) \tag{1.47}$$

定压下的反应热叫"定压反应热"。根据式(1.20):

$$Q_p = \Delta_r H$$

一化学反应的 $\Delta_r H$ 代表在一定温度和一定压力下,产物的总焓与反应物的总焓之差,即

$$\Delta_r H = \sum H(产物) - \sum H(反应物) \tag{1.48}$$

按照式(1.19),在定压反应中有

$$\Delta_r H = \Delta_r U + p\Delta V$$

式中 ΔV 表示定压下反应过程中系统总体积的变化,$p\Delta V$ 是定压下反应进行时反抗外压所做膨胀功。由上式可以清楚地看出,定压反应热与定容反应热相差 $p\Delta V$(膨胀功)这一量值[❶]。这是因为在定容反应时不需要反抗外压做功,所以系统吸收的热就是热力学能的增加;但是在定压反应中,体积可能有变化,这就需要反抗外压做膨胀功,所以系统所吸收的热,除了增加热力学能以外,还得加上反抗外压做功所需要的热。从式(1.19)还可以看出,如果在定压过程中系统的体积减小,即 $\Delta V < 0$,则 $\Delta_r H < \Delta_r U$ 或 $Q_p < Q_V$。这就是说,在定压过程中如果环境对系统做功,则系统可以得到一部分能量,所以定压反应热比定容反应热要小一些。当然,如果 $\Delta V = 0$,则 $\Delta_r H = \Delta_r U$。

对不同的化学反应来说,$\Delta_r H$ 和 $\Delta_r U$ 的差亦是不同的。如果反应中只有液体和固体,则 ΔV 的变化很小,因此 $p\Delta V$ 比之反应热来说可以忽略不计,这时 $\Delta_r H \approx \Delta_r U$。如果反应中有气体,则 ΔV 就可能比较大,在反应过程中,始态(反应物)和终态(产物)的 T、p 相同,因此反应中的 ΔV 是由物质的量之变化而来的,假定把反应中的气体看作理想气体,则 $\Delta V = (RT/p)\Delta n$,将此代入式(1.19),即得

$$\Delta_r H = \Delta_r U + RT\Delta n \tag{1.49}$$

Δn 为产物中气体的总物质的量与反应物中气体总物质的量之差。

当 $\Delta n > 0$ 时,$\Delta_r H > \Delta_r U$;$\Delta n < 0$,则 $\Delta_r H < \Delta_r U$;$\Delta n = 0$,则 $\Delta_r H = \Delta_r U$。

习题 38 假设下列所有反应物和产物均为 25 ℃下的正常状态,问哪个反应的 $\Delta_r H$ 和 $\Delta_r U$ 有较大的差别? 并指出哪个反应的 $\Delta_r H > \Delta_r U$,哪个反应的 $\Delta_r H < \Delta_r U$。

(1) 蔗糖($C_{12}H_{22}O_{11}$)的完全燃烧;

(2) 萘被氧气完全氧化成邻苯二甲酸[$C_6H_4(COOH)_2$];

(3) 乙醇的完全燃烧;

(4) PbS 与 O_2 完全氧化成 PbO 和 SO_2。

---

❶ 严格地说,这只对理想气体之间化学反应才完全正确。但由于一般说来定压下反应的 $\Delta_r H$ 和定容下反应的 $\Delta_r U$ 相差很小,可近似地看做相等,不致造成很大的偏差。

3. 反应进度

对于化学反应:

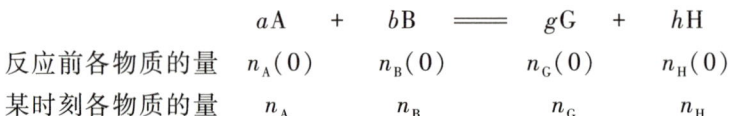

$$aA \quad + \quad bB \quad \Longrightarrow \quad gG \quad + \quad hH$$

反应前各物质的量 $\quad n_A(0) \qquad n_B(0) \qquad\quad n_G(0) \qquad n_H(0)$

某时刻各物质的量 $\quad n_A \qquad\quad n_B \qquad\qquad n_G \qquad\quad n_H$

该时刻的反应进度以 ξ 表示,定义为

$$\xi = \frac{n_B - n_B(0)}{\nu_B} \tag{1.50}$$

其中 B 表示参与反应的任一种物质;ν 为反应方程式中的化学计量数,产物的 ν 取正值,反应物的 ν 取负值;ξ 的单位为 mol。显然,对于同一化学反应,ξ 的量值与反应计量方程式的写法有关,但与选取参与反应的哪一种物质来求算则无关。

由于 U 和 H 都是系统的容量性质,故反应热的量值必然与反应进度成正比。当反应进度 ξ 为 1 mol 时,其定容反应热和定压反应热分别以 $\Delta_r U_m$ 和 $\Delta_r H_m$ 表示,显然

$$\Delta_r U_m = \frac{\Delta_r U}{\xi} \qquad \Delta_r H_m = \frac{\Delta_r H}{\xi} \tag{1.51}$$

式中 $\Delta_r U_m$ 和 $\Delta_r H_m$ 的单位应为 $J \cdot mol^{-1}$ 或 $kJ \cdot mol^{-1}$。

4. 热化学方程式的写法

写热化学方程式时,除写出普通的化学方程式以外,还需在方程式后面加写反应热的量值。如果反应是在标准状态下进行,反应热可表示为 $\Delta_r H_m^\ominus(T)$ 或 $\Delta_r U_m^\ominus(T)$,称为标准摩尔反应热。

标准状态,简称标准态[●],是热力学中为了研究和计算方便,人为规定的某种状态作为计算或比较的基础。在我国国家标准中,标准态的压力统一选择为 100 kPa,用上标符号"$\ominus$"表示标准态。因此,标准态压力记为 $p^\ominus$,称为标准压力。对于气体,选择 $p = p^\ominus = 100$ kPa 的纯理想气体作为标准态;对于液体和固体,分别选择 $p = p^\ominus = 100$ kPa 的纯液体和纯固体作为标准态。多组分系统标准态的选取将在第三章中详细讨论。

由于温度对反应热的影响较为明显,因此讨论反应热时温度必须说明。由

[●] 姚天扬. 热力学标准态. 大学化学,1995,10(2): 18-22.

于压力对反应热的影响很小,通常情况下,压力可以不注明。

如果改变某一反应物或产物的物态,则反应的热效应亦会改变,所以写热化学方程式时必须注明物态。气态用(g)表示,液态用(l)表示,固态用(s)表示。如果固态的晶型不同,则需注明晶型,如 C(石墨)、C(金刚石)等。

有了以上两点原则,在标准压力和 298 K 下,石墨和氧生成二氧化碳这一反应的热化学方程式可表示如下:

$$C(石墨) + O_2(g) \Longrightarrow CO_2(g); \quad \Delta_r H_m^{\ominus}(298 \text{ K}) = -393.5 \text{ kJ} \cdot \text{mol}^{-1}$$

此式意味着当 12.01 g 固体石墨和 32.00 g 气体氧,在 25 ℃ 和标准压力下完全反应,生成 44.01 g 气体二氧化碳时,放出热量 393.5 kJ。应当特别强调指出,热化学方程式仅代表一个已知完成的反应,而不管反应是否真正完成。例如,在 300 ℃ 时氢和碘的热化学方程式为

$$H_2(g) + I_2(g) \Longrightarrow 2HI(g); \quad \Delta_r H_m^{\ominus}(573 \text{ K}) = -12.84 \text{ kJ} \cdot \text{mol}^{-1}$$

此式并不代表在 300 ℃ 时,将 1 mol $H_2(g)$ 和 1 mol $I_2(g)$ 放在一起就有 12.84 kJ 热放出;而是代表有 2 mol HI(g) 生成时,方有 12.84 kJ 热放出。

如果是溶液中溶质参加反应,则需注明溶剂,如水溶液就用(aq)表示。例如:

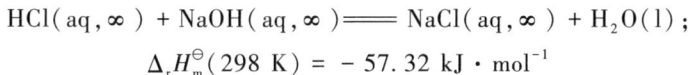

$$HCl(aq, \infty) + NaOH(aq, \infty) \Longrightarrow NaCl(aq, \infty) + H_2O(l);$$
$$\Delta_r H_m^{\ominus}(298 \text{ K}) = -57.32 \text{ kJ} \cdot \text{mol}^{-1}$$

反应式中(∞)的含义是指溶液稀释到这样的程度,再加水时不再有热效应发生,称为"无限稀释"。

另外很重要的一点是,要弄清楚热化学方程中 $\Delta_r H_m^{\ominus}$ 的含义。如前所述,一化学反应的 $\Delta_r H_m^{\ominus}$ 是指反应进度为 1 mol 的反应,产物的总焓与反应物的总焓之差(故定压反应热 $\Delta_r H_m^{\ominus}$ 亦称为反应焓)。以 H_2 和 I_2 的反应为例:

$$\Delta_r H_m^{\ominus} = 2H_m^{\ominus}(HI, g) - [H_m^{\ominus}(H_2, g) + H_m^{\ominus}(I_2, g)]$$

$\Delta_r H_m^{\ominus} < 0$ 意味着产物的总焓比反应物的总焓小,反应进行时焓要减小,所以有热放出。故 $\Delta_r H_m^{\ominus} < 0$ 是放热反应。同理,$\Delta_r H_m^{\ominus} > 0$ 则为吸热反应。正因为 $\Delta_r H_m^{\ominus}$ 是一状态性质的变化,当反应逆向进行时,反应热应当与正向反应的反应热数值相等而符号相反,即

$$\Delta_r H_m^{\ominus}(\text{正向反应}) = -\Delta_r H_m^{\ominus}(\text{逆向反应}) \tag{1.52}$$

前已述及,反应进度 ξ 的量值与反应方程式的写法有关,故 $\Delta_r H_m^{\ominus}$ 亦与之有关。例如:

$$\text{H}_2(\text{g}) + \frac{1}{2}\text{O}_2(\text{g}) =\!=\!= \text{H}_2\text{O}(\text{l}); \quad \Delta_r H_m^{\ominus}(298 \text{ K}) = -285.8 \text{ kJ} \cdot \text{mol}^{-1}$$

$$2\text{H}_2(\text{g}) + \text{O}_2(\text{g}) =\!=\!= 2\text{H}_2\text{O}(\text{l}); \quad \Delta_r H_m^{\ominus}(298 \text{ K}) = -571.6 \text{ kJ} \cdot \text{mol}^{-1}$$

5. 反应热的测量

实验上测量反应热效应,常用一种叫"热量计"的仪器。热量计的工作原理是这样的:把用导热性能良好的材料制成的反应器放入充满了水的绝热容器中,使反应在反应器中进行。如果反应放热,则所产生的热将传入水中使水升温。准确测量出水温的变化。因为水的量及其他有关附件的热容均为已知,因此根据温度的变化很容易计算出反应所放出的热。图 1.10 所介绍的是一种测定物质的燃烧反应热时常用的"弹式热量计"。A 是弹形反应室,把定量的被测定物质放在其中的样品台 B 上,旋紧顶盖,并向 A 中充入 $1.0 \times 10^6 \sim 1.5 \times 10^6$ Pa 的氧气。将反应器放在装满了水的绝热容器 C 中。水中装有精密温度计 D 及搅拌器 E。将一定规格和一

图 1.10   弹式热量计

定长度的细铁丝 F 通电使之红热及至燃烧,并引燃了被测物质样品。记录水温的变化,并据此计算反应放出的热。计算时应扣除细铁丝燃烧所放出的热。

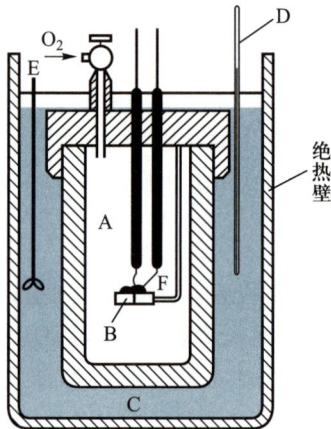

用上述设备测出的是反应的定容热效应 $\Delta_r U$。在求得了 $\Delta_r U$ 之后,可利用 $\Delta_r U$ 和 $\Delta_r H$ 的关系即式(1.49)求得同一反应的定压热效应 $\Delta_r H$。

例题 7   正庚烷的燃烧反应为

$$\text{C}_7\text{H}_{16}(\text{l}) + 11\text{O}_2(\text{g}) =\!=\!= 7\text{CO}_2(\text{g}) + 8\text{H}_2\text{O}(\text{l})$$

25 ℃时,在弹式热量计中 1.2500 g 正庚烷充分燃烧所放出的热为 60.089 kJ。试求该反应在标准压力及 25 ℃进行时的定压反应热效应 $\Delta_r H_m^{\ominus}(298 \text{ K})$。

解:正庚烷的摩尔质量 $M = 100$ g $\cdot$ mol^{-1},反应前的物质的量为

$$n(0) = \left(\frac{1.2500}{100}\right) \text{mol} = 0.0125 \text{ mol}$$

由于充分燃烧,反应后其物质的量 $n = 0$,所以反应进度为

$$\xi = \frac{n - n(0)}{\nu} = \left(\frac{0 - 0.0125}{-1}\right) \text{mol} = 0.0125 \text{ mol}$$

在弹式热量计中反应为定容反应,故

$$\Delta_r U = -60.089 \text{ kJ}$$

$$\Delta_r U_m = \frac{\Delta_r U}{\xi} = \left(\frac{-60.089}{0.0125}\right) \text{kJ} \cdot \text{mol}^{-1} = -4807 \text{ kJ} \cdot \text{mol}^{-1}$$

由反应方程式可知,反应前后气体物质的化学计量数之差为

$$\Delta \nu = 7 - 11 = -4$$

将式(1.49)用于 1 mol 反应时,式中 Δn 的数值等于 $\Delta \nu$,即得

$$\Delta_r H_m^\ominus = \Delta_r U_m + \Delta \nu RT = (-4807 - 4 \times 8.314 \times 10^{-3} \times 298) \text{kJ} \cdot \text{mol}^{-1}$$
$$= -4817 \text{ kJ} \cdot \text{mol}^{-1}$$

对于不做其他功的定容或定压化学反应,其定容反应热与定压反应热分别与化学反应的热力学能变和焓变两状态函数相等,而与化学反应的途径无关。也就是说,"一个化学反应不论是一步完成还是分成几步完成,其热效应总是相同的。"这一规律称为 Hess 定律。

Hess 定律的意义与作用在于能使热化学方程式像普通代数方程那样进行运算,从而可以根据已经准确测定了的反应热,来计算难以测定或根本不能测定的反应热;可以根据已知的反应热,计算出未知的反应热。

例题 8 计算 $C(s) + \frac{1}{2}O_2(g) \Longrightarrow CO(g)$ 的热效应。

解:这个反应的热效应是很难直接测量的,因为人们很难控制碳的氧化只到生成 CO 这一步而不继续氧化成 CO_2,但是让碳全部氧化成 CO_2 的反应热是比较容易测定的。已知:

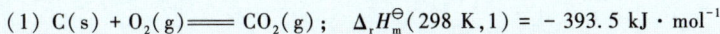

(1) $C(s) + O_2(g) \Longrightarrow CO_2(g)$; $\Delta_r H_m^\ominus(298 \text{ K}, 1) = -393.5 \text{ kJ} \cdot \text{mol}^{-1}$

由其他方法制得纯 CO,由 CO 氧化成 CO_2 的反应热亦已知为

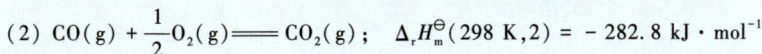

(2) $CO(g) + \frac{1}{2}O_2(g) \Longrightarrow CO_2(g)$; $\Delta_r H_m^\ominus(298 \text{ K}, 2) = -282.8 \text{ kJ} \cdot \text{mol}^{-1}$

根据 Hess 定律:

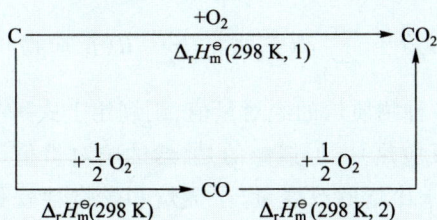

$$\Delta_r H_m^{\ominus}(298\ K,1) = \Delta_r H_m^{\ominus}(298\ K) + \Delta_r H_m^{\ominus}(298\ K,2)$$

所以

$$\Delta_r H_m^{\ominus}(298\ K) = \Delta_r H_m^{\ominus}(298\ K,1) - \Delta_r H_m^{\ominus}(298\ K,2)$$

$$= [-393.5 - (-282.8)]\ kJ \cdot mol^{-1}$$

$$= -110.7\ kJ \cdot mol^{-1}$$

习题 39 已知下列反应在 25 ℃时的热效应为

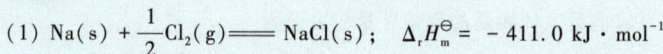

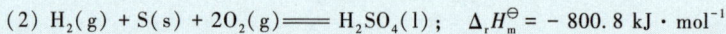

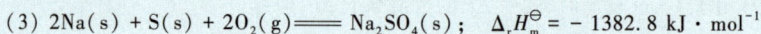

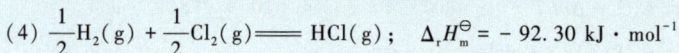

(1) $Na(s) + \dfrac{1}{2}Cl_2(g) =\!=\!= NaCl(s)$; $\Delta_r H_m^{\ominus} = -411.0\ kJ \cdot mol^{-1}$

(2) $H_2(g) + S(s) + 2O_2(g) =\!=\!= H_2SO_4(l)$; $\Delta_r H_m^{\ominus} = -800.8\ kJ \cdot mol^{-1}$

(3) $2Na(s) + S(s) + 2O_2(g) =\!=\!= Na_2SO_4(s)$; $\Delta_r H_m^{\ominus} = -1382.8\ kJ \cdot mol^{-1}$

(4) $\dfrac{1}{2}H_2(g) + \dfrac{1}{2}Cl_2(g) =\!=\!= HCl(g)$; $\Delta_r H_m^{\ominus} = -92.30\ kJ \cdot mol^{-1}$

计算反应 $2NaCl(s) + H_2SO_4(l) =\!=\!= Na_2SO_4(s) + 2HCl(g)$ 在 25 ℃时的 $\Delta_r H_m^{\ominus}$ 和 $\Delta_r U_m^{\ominus}$。

[答案:55.4 kJ · mol^{-1};50.4 kJ · mol^{-1}]

习题 40 已知反应:

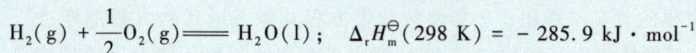

$$H_2(g) + \dfrac{1}{2}O_2(g) =\!=\!= H_2O(l)$$; $\Delta_r H_m^{\ominus}(298\ K) = -285.9\ kJ \cdot mol^{-1}$

水的汽化热为 2.445 kJ · g^{-1},计算反应 $H_2(g) + \dfrac{1}{2}O_2(g) =\!=\!= H_2O(g)$ 的 $\Delta_r H_m^{\ominus}(298\ K)$。

[答案:-242 kJ · mol^{-1}]

习题 41 已知反应:

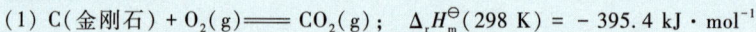

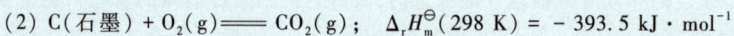

(1) $C(金刚石) + O_2(g) =\!=\!= CO_2(g)$; $\Delta_r H_m^{\ominus}(298\ K) = -395.4\ kJ \cdot mol^{-1}$

(2) $C(石墨) + O_2(g) =\!=\!= CO_2(g)$; $\Delta_r H_m^{\ominus}(298\ K) = -393.5\ kJ \cdot mol^{-1}$

求反应 $C(石墨) =\!=\!= C(金刚石)$ 的 $\Delta_{trs} H_m^{\ominus}(298\ K)$。   [答案:1.9 kJ · mol^{-1}]

§1.11 生成焓及燃烧焓

任何一化学反应的 $\Delta_r H$ 为产物的总焓与反应物的总焓之差,即

$$\Delta_r H = \sum H(产物) - \sum H(反应物)$$

因此,如果能够知道各种物质焓的绝对量值,则利用上式可很方便地计算出任何反应的反应焓(定压反应热)。但遗憾的是,焓的绝对量值无法求得。于是人们就采用一种相对标准求出焓的改变量,生成焓和燃烧焓就是常用的两种相对的焓变,利用它们结合 Hess 定律,就可使反应焓的求算大大简化。

1. 标准摩尔生成焓

在标准压力和指定温度下,由最稳定的单质生成单位物质的量的某物质的定压反应热,称为该物质的标准摩尔生成焓。以符号 $\Delta_f H_m^{\ominus}$ 表示。例如,在 298 K 及标准压力下:

$$C(石墨) + O_2(g) = CO_2(g); \quad \Delta_r H_m^{\ominus}(298\ K) = -393.5\ kJ \cdot mol^{-1}$$

则 $CO_2(g)$ 在 298 K 时的标准摩尔生成焓 $\Delta_f H_m^{\ominus}(CO_2, g, 298\ K) = -393.5\ kJ \cdot mol^{-1}$。

$$H_2(g) + \frac{1}{2}O_2(g) = H_2O(l); \quad \Delta_r H_m^{\ominus}(298\ K) = -285.8\ kJ \cdot mol^{-1}$$

则 $H_2O(l)$ 在 298 K 时的标准摩尔生成焓 $\Delta_f H_m^{\ominus}(H_2O, l, 298\ K) = -285.8\ kJ \cdot mol^{-1}$。由生成焓的定义可知,实际已经采用了这种规定,即"各种稳定单质(在任意温度)的生成焓值为零"。那么如何利用生成焓来求算反应焓呢? 例如:

(1) $Cl_2(g) + 2Na(s) = 2NaCl(s); \quad \Delta_r H_m^{\ominus}(1) = 2\Delta_f H_m^{\ominus}(NaCl, s)$

(2) $Cl_2(g) + Mg(s) = MgCl_2(s); \quad \Delta_r H_m^{\ominus}(2) = \Delta_f H_m^{\ominus}(MgCl_2, s)$

按 Hess 定律,将(1) - (2)可得下列反应:

$$2Na(s) + MgCl_2(s) = Mg(s) + 2NaCl(s)$$

此反应的
$$\begin{aligned}\Delta_r H_m^{\ominus} &= \Delta_r H_m^{\ominus}(1) - \Delta_r H_m^{\ominus}(2) \\ &= 2\Delta_f H_m^{\ominus}(NaCl, s) - \Delta_f H_m^{\ominus}(MgCl_2, s)\end{aligned}$$

再如:

(1) $6C(石墨) + 3H_2(g) = 3C_2H_2(g); \quad \Delta_r H_m^{\ominus}(1) = 3\Delta_f H_m^{\ominus}(C_2H_2, g)$

(2) $6C(石墨) + 3H_2(g) = C_6H_6(l); \quad \Delta_r H_m^{\ominus}(2) = \Delta_f H_m^{\ominus}(C_6H_6, l)$

将(2) - (1)可得下列反应:

$$3C_2H_2(g) = C_6H_6(l)$$

此反应的
$$\begin{aligned}\Delta_r H_m^{\ominus} &= \Delta_r H_m^{\ominus}(2) - \Delta_r H_m^{\ominus}(1) \\ &= \Delta_f H_m^{\ominus}(C_6H_6, l) - 3\Delta_f H_m^{\ominus}(C_2H_2, g)\end{aligned}$$

由上述例子,根据 Hess 定律,用生成焓求算反应焓时,有这样一条规则:任意一反应的反应焓 $\Delta_r H_m^{\ominus}$ 等于产物生成焓之和减去反应物生成焓之和。即

$$\Delta_r H_m^{\ominus} = \sum \nu_B \Delta_f H_m^{\ominus}(B) \tag{1.53}$$

式中 ν_B 为物质 B 在反应式中的化学计量数。有了这条规则,计算反应焓就大大简化了,只要知道上百种化合物的生成焓,就可以计算成千上万种反应的 ΔH。

例题 9 根据生成焓数据,计算下面反应的 $\Delta_r H_m^{\ominus}(298\ K)$。

$$CH_4(g) + 2O_2(g) \Longrightarrow CO_2(g) + 2H_2O(l)$$

解:查得 $\Delta_f H_m^{\ominus}(CH_4, g, 298\ K) = -74.8\ kJ \cdot mol^{-1}$

$\Delta_f H_m^{\ominus}(CO_2, g, 298\ K) = -393.5\ kJ \cdot mol^{-1}$

$\Delta_f H_m^{\ominus}(H_2O, l, 298\ K) = -285.8\ kJ \cdot mol^{-1}$

因此 $\Delta_r H_m^{\ominus}(298\ K) = [-393.5 + 2 \times (-285.8) - (-74.8) - 0]\ kJ \cdot mol^{-1}$

$= -890.3\ kJ \cdot mol^{-1}$

习题 42 利用下列数据计算 $HCl(g)$ 的生成焓。

(1) $NH_3(aq, \infty) + HCl(aq, \infty) \Longrightarrow NH_4Cl(aq, \infty)$;

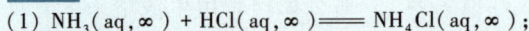

$$\Delta_r H_m^{\ominus}(298\ K) = -50.21\ kJ \cdot mol^{-1}$$

(2) $NH_3(g) + 水 \Longrightarrow NH_3(aq, \infty)$;

$$\Delta_r H_m^{\ominus}(298\ K) = -35.56\ kJ \cdot mol^{-1}$$

(3) $HCl(g) + 水 \Longrightarrow HCl(aq, \infty)$;

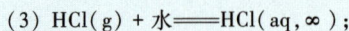

$$\Delta_r H_m^{\ominus}(298\ K) = -73.22\ kJ \cdot mol^{-1}$$

(4) $NH_4Cl(s) + 水 \Longrightarrow NH_4Cl(aq, \infty)$;

$$\Delta_r H_m^{\ominus}(298\ K) = 16.32\ kJ \cdot mol^{-1}$$

(5) $\frac{1}{2}N_2(g) + 2H_2(g) + \frac{1}{2}Cl_2(g) \Longrightarrow NH_4Cl(s)$;

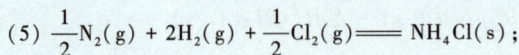

$$\Delta_r H_m^{\ominus}(298\ K) = -313.8\ kJ \cdot mol^{-1}$$

(6) $\frac{1}{2}N_2(g) + \frac{3}{2}H_2(g) \Longrightarrow NH_3(g)$;

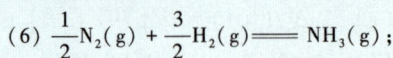

$$\Delta_r H_m^{\ominus}(298\ K) = -46.02\ kJ \cdot mol^{-1}$$

[答案: $-92.5\ kJ \cdot mol^{-1}$]

习题 43 利用标准摩尔生成焓数据,计算下列反应的 $\Delta_r H_m^{\ominus}(298\ K)$。

(1) $Cl_2(g) + 2KI(s) \Longrightarrow 2KCl(s) + I_2(s)$

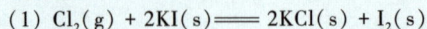

(2) $CO(g) + H_2O(g) \Longrightarrow CO_2(g) + H_2(g)$

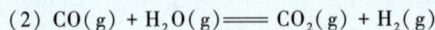

(3) $SO_2(g) + \frac{1}{2}O_2(g) + H_2O(l) \Longrightarrow H_2SO_4(l)$

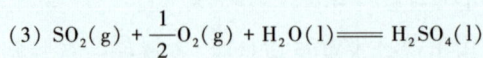

(4) $CaCO_3(s) \Longrightarrow CaO(s) + CO_2(g)$

(5) $CaO(s) + 3C(石墨) \rightleftharpoons CaC_2(s) + CO(g)$

(6) $Fe_2O_3(s) + CO(g) \rightleftharpoons CO_2(g) + 2FeO(s)$

(7) $2H_2S(g) + SO_2(g) \rightleftharpoons 3S(s) + 2H_2O(g)$

(8) $2Fe_2O_3(s) + 3C(石墨) \rightleftharpoons 4Fe(s) + 3CO_2(g)$

$$[答案: -216.5 \text{ kJ} \cdot \text{mol}^{-1}; -41.2 \text{ kJ} \cdot \text{mol}^{-1}; -218.0 \text{ kJ} \cdot \text{mol}^{-1};$$
$$177.8 \text{ kJ} \cdot \text{mol}^{-1}; 462.3 \text{ kJ} \cdot \text{mol}^{-1}; 6.1 \text{ kJ} \cdot \text{mol}^{-1};$$
$$-146.5 \text{ kJ} \cdot \text{mol}^{-1}; 463.7 \text{ kJ} \cdot \text{mol}^{-1}]$$

2. 标准摩尔燃烧焓

在标准压力及指定温度下,单位物质的量的某种物质被氧完全氧化时的反应焓,称为该物质的标准摩尔燃烧焓。以符号 $\Delta_c H_m^{\ominus}$ 表示。所谓完全氧化是指该化合物中的 C 变为 $CO_2(g)$,H 变为 $H_2O(l)$,N 变为 $N_2(g)$,S 变为 $SO_2(g)$,Cl 变为 $HCl(aq)$,金属元素变为游离态。例如,在 298 K 及标准压力下:

$$CH_3COOH(l) + 2O_2(g) \rightleftharpoons 2CO_2(g) + 2H_2O(l);$$
$$\Delta_r H_m^{\ominus}(298 \text{ K}) = -870.3 \text{ kJ} \cdot \text{mol}^{-1}$$

则 $CH_3COOH(l)$ 在 298 K 时的标准摩尔燃烧焓为

$$\Delta_c H_m^{\ominus}(CH_3COOH, l, 298 \text{ K}) = -870.3 \text{ kJ} \cdot \text{mol}^{-1}$$

标准摩尔燃烧焓对于绝大部分有机化合物特别有用,因绝大部分有机化合物不能由元素直接化合而成,故生成焓无法测得,而绝大部分有机化合物均可燃烧,故用燃烧焓比较方便。那么如何用燃烧焓来求算反应焓呢?

例题 10 已知 298 K 时:

(1) $(COOH)_2(s) + \dfrac{1}{2}O_2(g) \rightleftharpoons 2CO_2(g) + H_2O(l); \Delta_r H_m^{\ominus} = -251.5 \text{ kJ} \cdot \text{mol}^{-1}$

(2) $CH_3OH(l) + \dfrac{3}{2}O_2(g) \rightleftharpoons CO_2(g) + 2H_2O(l); \Delta_r H_m^{\ominus} = -726.6 \text{ kJ} \cdot \text{mol}^{-1}$

(3) $(COOCH_3)_2(l) + \dfrac{7}{2}O_2(g) \rightleftharpoons 4CO_2(g) + 3H_2O(l); \Delta_r H_m^{\ominus} = -1677.8 \text{ kJ} \cdot \text{mol}^{-1}$

试求算反应:

(4) $(COOH)_2(s) + 2CH_3OH(l) \rightleftharpoons (COOCH_3)_2(l) + 2H_2O(l)$ 在 298 K 时的 $\Delta_r H_m^{\ominus}$。

解：反应（1）、（2）、（3）的 $\Delta_r H_m^\ominus$ 分别为（COOH）$_2$（s）、CH$_3$OH（l）及（COOCH$_3$）$_2$（l）的燃烧焓 $\Delta_c H_m^\ominus$。根据 Hess 定律，将（1）+ 2×（2）−（3）即得反应（4）。故

$$\Delta_r H_m^\ominus = \Delta_c H_m^\ominus[(COOH)_2, s] + 2\Delta_c H_m^\ominus(CH_3OH, l) - \Delta_c H_m^\ominus[(COOCH_3)_2, l]$$
$$= [-251.5 + 2\times(-726.6) - (-1677.8)]\ kJ\cdot mol^{-1}$$
$$= -26.9\ kJ\cdot mol^{-1}$$

由上例可看出，当用燃烧焓的数据时，根据 Hess 定律，可得这样一条规则：任意一反应的反应焓 $\Delta_r H_m^\ominus$ 等于反应物燃烧焓之和减去产物燃烧焓之和。即

$$\Delta_r H_m^\ominus = -\sum \nu_B \Delta_c H_m^\ominus(B) \tag{1.54}$$

应注意，燃烧焓往往是一个很大的值，而一般的反应焓只是一个较小的值，从两个大数之差求一较小的值易造成误差，因为只要燃烧焓的数据有一个不大的误差，将会使计算出的反应焓有严重的误差。例如，上例中（COOCH$_3$）$_2$ 的燃烧焓只有 1% 的偏差时为 16.8 kJ，但对反应（4）的 $\Delta_r H_m^\ominus$ 就可能造成 60% 以上的偏差。所以用燃烧焓计算反应焓时，必须注意其数据的可靠性。

有机化合物的燃烧焓有着重要的意义。例如，工业上一燃料的热值（即燃烧焓），往往就是燃料品质好坏的一个重要标志。而脂肪、糖类和蛋白质的燃烧焓，在营养学的研究中就很重要，因为这些物质是食物中提供能量的来源。

利用燃烧焓还可求算有机化合物的生成焓。

习题 44　利用附录中的数据，计算下列反应的 $\Delta_r H_m^\ominus$（298 K）。

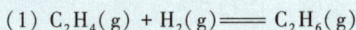

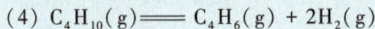

（1）C$_2$H$_4$（g）+ H$_2$（g）=== C$_2$H$_6$（g）

（2）3C$_2$H$_2$（g）=== C$_6$H$_6$（l）

（3）C$_4$H$_{10}$（g）=== C$_4$H$_8$（g）+ H$_2$（g）

（4）C$_4$H$_{10}$（g）=== C$_4$H$_6$（g）+ 2H$_2$（g）

　　[答案：−136.9 kJ·mol^{-1}；−631.2 kJ·mol^{-1}；125.9 kJ·mol^{-1}；236.6 kJ·mol^{-1}]

习题 45　已知 C$_2$H$_5$OH（l）在 25 ℃时的标准摩尔燃烧焓为 −1367 kJ·mol^{-1}，试用 CO$_2$（g）和 H$_2$O（l）在 25 ℃时的生成焓，计算 C$_2$H$_5$OH（l）在 25 ℃时的标准摩尔生成焓。

　　[答案：−277.4 kJ·mol^{-1}]

§1.12　反应焓与温度的关系——Kirchhoff 方程

化学反应的热效应是随着温度的改变而改变的。这种改变究竟与系统的什么性质有关，可根据热力学第一定律加以证明。在温度为 T、压力为 p 时的任

意一化学反应：

$$A \longrightarrow B$$

A 是始态即反应物，B 是终态即产物。此反应的反应焓为

$$\Delta_r H = H_B - H_A$$

如果此反应在另一温度 $(T + dT)$ 下进行，而压力仍保持 p 不变，那么要确定反应焓 $\Delta_r H$ 随温度变化的关系，可以将上式在定压下对温度 T 求偏微商，即得

$$\left(\frac{\partial \Delta_r H}{\partial T}\right)_p = \left(\frac{\partial H_B}{\partial T}\right)_p - \left(\frac{\partial H_A}{\partial T}\right)_p$$

根据式 (1.29)，$(\partial H / \partial T)_p$ 即为定压热容，于是上式可写为

$$\left(\frac{\partial \Delta_r H}{\partial T}\right)_p = C_p(B) - C_p(A) = \Delta C_p \tag{1.55}$$

ΔC_p 为产物的定压热容与反应物的定压热容之差。当反应物和产物不止一种物质时，则

$$\Delta C_p = \sum \nu_B C_{p,m}(B) \tag{1.56}$$

由式 (1.55) 可看出，一化学反应的热效应随温度而变化是由产物和反应物的热容不同而引起的。如果产物的热容小于反应物的热容，即 $\Delta C_p < 0$，则 $(\partial \Delta H / \partial T)_p < 0$，这就是说，当温度升高时反应焓要减小；若 $\Delta C_p > 0$，即产物的热容大于反应物的热容，则 $(\partial \Delta H / \partial T)_p > 0$，这就是说，当温度升高时反应焓要增大；当 $\Delta C_p = 0$ 或很小时，反应焓将不随温度而改变。式 (1.55) 是由 G. R. Kirchhoff 导出的，故通常称为 Kirchhoff 方程。

　　式 (1.55) 仅是反应焓随温度变化的微分式，欲使它在实际计算中得以应用，就必须在 T_1 和 T_2 之间积分，即

$$\int_{\Delta H(1)}^{\Delta H(2)} d(\Delta H) = \Delta H(2) - \Delta H(1) = \int_{T_1}^{T_2} \Delta C_p dT \tag{1.57}$$

这里 $\Delta H(1)$ 和 $\Delta H(2)$ 为 T_1 和 T_2 时的反应焓。在温度变化范围不大时，为了简便起见，可将 ΔC_p 近似看做常数，与温度无关。于是式 (1.57) 可以写为

$$\Delta H(2) - \Delta H(1) = \Delta C_p(T_2 - T_1) \tag{1.58}$$

此时各物质的 C_p 应当是在 T_1 和 T_2 温度区间内的平均定压热容。

　　例题 11　在 25 ℃ 时，液体水的生成焓为 $-285.8 \text{ kJ} \cdot \text{mol}^{-1}$，又知在 25 ~ 100 ℃ 的温度区间内，$H_2(g)$、$O_2(g)$、$H_2O(l)$ 的平均定压摩尔热容分别为 $28.83 \text{ J} \cdot \text{K}^{-1} \cdot \text{mol}^{-1}$、$29.16 \text{ J} \cdot \text{K}^{-1} \cdot \text{mol}^{-1}$、$75.31 \text{ J} \cdot \text{K}^{-1} \cdot \text{mol}^{-1}$，试计算 100 ℃ 时液体水的生成焓。

解：反应方程式为 $H_2(g) + \dfrac{1}{2}O_2(g) \Longrightarrow H_2O(1)$

$$\Delta C_p = \left[75.31 - \left(28.83 + \dfrac{1}{2} \times 29.16 \right) \right] J \cdot K^{-1} \cdot mol^{-1}$$

$$= 31.90 \, J \cdot K^{-1} \cdot mol^{-1}$$

$$\Delta H(2) = \Delta H(1) + \Delta C_p(T_2 - T_1)$$

$$= [-285.8 \times 10^3 + 31.90 \times (373 - 298)] \, J \cdot mol^{-1}$$

$$= -2.83 \times 10^5 \, J \cdot mol^{-1} = -283 \, kJ \cdot mol^{-1}$$

当然上面这种计算是近似的。因为实际上热容与温度有关,因此要比较精确地计算反应焓随温度的变化,必须将反应物和产物的 C_p 表达成温度的函数关系,然后代入式(1.57)积分。如果采用式(1.37)表示 C_p 与 T 的关系：

$$C_{p,m} = a + bT + cT^2$$

则有

$$\Delta C_p = \Delta a + (\Delta b)T + (\Delta c)T^2 \tag{1.59}$$

式中

$$\Delta a = \sum \nu_B a_B$$

$$\Delta b = \sum \nu_B b_B$$

$$\Delta c = \sum \nu_B c_B$$

将式(1.59)代入式(1.57)积分可得

$$\Delta H(2) - \Delta H(1) = \Delta a(T_2 - T_1) + \dfrac{1}{2}\Delta b(T_2^2 - T_1^2) + \dfrac{1}{3}\Delta c(T_2^3 - T_1^3)$$

$$\tag{1.60}$$

例题 12   已知反应 $N_2(g) + 3H_2(g) \longrightarrow 2NH_3(g)$ 在 25 ℃ 时的反应焓 $\Delta_r H_m^\ominus(298\ K) = -92.38\ kJ \cdot mol^{-1}$,又知：

$$C_{p,m}(N_2) = \left(26.98 + 5.912 \times 10^{-3}\dfrac{T}{K} - 3.376 \times 10^{-7}\dfrac{T^2}{K^2} \right) J \cdot K^{-1} \cdot mol^{-1}$$

$$C_{p,m}(H_2) = \left(29.07 - 0.837 \times 10^{-3}\dfrac{T}{K} + 20.12 \times 10^{-7}\dfrac{T^2}{K^2} \right) J \cdot K^{-1} \cdot mol^{-1}$$

$$C_{p,m}(NH_3) = \left(25.89 + 33.00 \times 10^{-3}\dfrac{T}{K} - 30.46 \times 10^{-7}\dfrac{T^2}{K^2} \right) J \cdot K^{-1} \cdot mol^{-1}$$

试计算此反应在 125 ℃ 时的反应焓。

解：$\Delta a = (2 \times 25.89 - 26.98 - 3 \times 29.07) \text{ J} \cdot \text{K}^{-1} \cdot \text{mol}^{-1}$

$\qquad = -62.41 \text{ J} \cdot \text{K}^{-1} \cdot \text{mol}^{-1}$

$\Delta b = [(2 \times 33.00 - 5.912 - 3 \times (-0.837)] \times 10^{-3} \text{ J} \cdot \text{K}^{-2} \cdot \text{mol}^{-1}$

$\qquad = 62.60 \times 10^{-3} \text{ J} \cdot \text{K}^{-2} \cdot \text{mol}^{-1}$

$\Delta c = [2 \times (-30.46) + 3.376 - 3 \times 20.12] \times 10^{-7} \text{ J} \cdot \text{K}^{-3} \cdot \text{mol}^{-1}$

$\qquad = -117.9 \times 10^{-7} \text{ J} \cdot \text{K}^{-3} \cdot \text{mol}^{-1}$

所以 $\quad \Delta C_p = \Delta a + (\Delta b) T + (\Delta c) T^2$

$$= \left(-62.41 + 60.60 \times 10^{-3} \frac{T}{K} - 117.9 \times 10^{-7} \frac{T^2}{K^2}\right) \text{ J} \cdot \text{K}^{-1} \cdot \text{mol}^{-1}$$

$$\Delta H(2) - \Delta H(1) = \int_{T_1}^{T_2} \Delta C_p \mathrm{d}T$$

$$= [-62.41 \times (398 - 298) + 31.30 \times 10^{-3} \times$$

$$(398^2 - 298^2) - 39.3 \times 10^{-7} \times (398^3 - 298^3)] \text{ J} \cdot \text{mol}^{-1}$$

$$= -4.21 \times 10^3 \text{ J} \cdot \text{mol}^{-1} = -4.21 \text{ kJ} \cdot \text{mol}^{-1}$$

$$\Delta_r H_m^{\ominus}(398 \text{ K}) = \Delta H_2 = (-92.38 - 4.21) \text{ kJ} \cdot \text{mol}^{-1} = -96.59 \text{ kJ} \cdot \text{mol}^{-1}$$

Kirchhoff 方程的另一种常用的积分形式是式(1.55)的不定积分形式，即

$$\Delta H = \Delta H_0 + \int \Delta C_p \mathrm{d}T \qquad (1.61)$$

式中 ΔH_0 是积分常数。如果将式(1.59)代入上式，积分即得

$$\Delta H = \Delta H_0 + (\Delta a) T + \frac{1}{2}(\Delta b) T^2 + \frac{1}{3}(\Delta c) T^3 \qquad (1.62)$$

式中 ΔH_0、Δa、Δb、Δc 均为反应的特性常数，反应不同，这些常数的量值亦不同，其中 Δa、Δb、Δc 的量值由热容数据求得，而积分常数 ΔH_0，则必须通过一特定温度下的已知反应焓来计算。

例题 13 利用例题 12 所给数据，求出反应 $N_2(g) + 3H_2(g) \longrightarrow 2NH_3(g)$ 的式(1.62)表达式。

解：根据上例，此反应的 $\Delta a = -62.41 \text{ J} \cdot \text{K}^{-1} \cdot \text{mol}^{-1}$；$\Delta b = 62.60 \times 10^{-3} \text{ J} \cdot \text{K}^{-2} \cdot \text{mol}^{-1}$；$\Delta c = -117.9 \times 10^{-7} \text{ J} \cdot \text{K}^{-3} \cdot \text{mol}^{-1}$。所以，其式(1.62)可表达为

$$\Delta_r H_m^{\ominus} = \Delta H_0 + [-62.41(T/K) + 31.30 \times 10^{-3}(T/K)^2 - 39.3 \times 10^{-7}(T/K)^3] \text{ J} \cdot \text{mol}^{-1}$$

又已知 298 K 时，$\Delta_r H_m^{\ominus} = -92.38 \text{ kJ} \cdot \text{mol}^{-1}$，代入上式可求得

$$\Delta H_0 = -76.46 \text{ kJ} \cdot \text{mol}^{-1}$$

所以,该反应的反应焓与温度关系的通式为

$$\Delta_r H_m^\ominus = \left(-76.46 \times 10^3 - 62.41\frac{T}{K} + 31.30 \times 10^{-3}\frac{T^2}{K^2} - 39.3 \times 10^{-7}\frac{T^3}{K^3} \right) J \cdot mol^{-1}$$

习题 46 已知 PbO(s)在 18 ℃时的摩尔生成焓为 −219.5 kJ·mol⁻¹,在 18~200 ℃时,Pb(s)、O_2(g)及 PbO(s)的平均热容分别为 0.134 J·K⁻¹·g⁻¹、0.900 J·K⁻¹·g⁻¹ 和 0.218 J·K⁻¹·g⁻¹,试计算 PbO(s)在 200 ℃时的摩尔生成焓。

[答案: −218 kJ·mol⁻¹]

习题 47 已知反应 CO_2(g) + C(石墨) ⟶ 2CO(g),在 20 ℃时的反应焓 $\Delta_r H_m^\ominus$(293 K) = 1.732 × 10⁵ J·mol⁻¹,求该反应的 $\Delta_r H_m^\ominus = f(T)$ 的关系式。所需热容数据自行查表。

$$\left[答案: \left(1.748 \times 10^5 + 7.26\frac{T}{K} - 12.30 \times 10^{-3}\frac{T^2}{K^2} - 7.87 \times 10^5\frac{K}{T} \right) J \cdot mol^{-1} \right]$$

习题 48 反应 C(s) + $\frac{1}{2}O_2$(g) ═══ CO(g)是放热反应,反应 C(s) + H_2O(g) ═══ CO(g) + H_2(g)是吸热反应,所以只要 H_2O(g)和 O_2(g)的比例恰当,则将 H_2O(g)和 O_2(g)的混合物通过赤热的焦炭时,可以保持温度恒定。假定上述反应是完全的,进入反应的气体已经预热到 1000 ℃,出来的气体亦是 1000 ℃。试求算欲使焦炭保持 1000 ℃时 H_2O(g)和 O_2(g)的比例。其他所需数据可查表。

[答案: 1.0:1.7]

若一化学反应在温度变化区间范围内,参加反应的物质有了物态变化,则不能直接套用 Kirchhoff 方程,因为有物态变化时物质的热容随温度的变化不是一连续函数。在这种情况下,欲计算反应焓的变化,最简单而又清楚的方法,就是将在一温度下的反应物通过两种途径转变成另一温度下的产物。这两种途径的总的焓变化应当相等。例如,欲计算 20 ℃时,H_2(g) + $\frac{1}{2}O_2$(g) ═══ H_2O(l)和 150 ℃时,H_2(g) + $\frac{1}{2}O_2$(g) ═══ H_2O(g)两个反应的反应焓之差为多少,可将 20 ℃时,H_2(g) + $\frac{1}{2}O_2$(g)作为始态,而将 150 ℃时的 H_2O(g)作为终态,设计下列两个途径(见下)。

$$H_2\,(g,20\ ℃) + \frac{1}{2}O_2\,(g,20\ ℃) \xrightarrow[\Delta_r H_m^{\ominus}(1)]{I} H_2O(1,20\ ℃)$$

$$\downarrow \Delta H_1$$

$$H_2O(1,100\ ℃)$$

$$\downarrow \Delta H_2$$

$$H_2O(g,100\ ℃)$$

$$\downarrow \Delta H_3$$

$$\Delta H_4 \qquad \Delta H_5$$

$$H_2\,(g,150\ ℃) + \frac{1}{2}O_2\,(g,150\ ℃) \xrightarrow[\Delta_r H_m^{\ominus}(2)]{II} H_2O(g,150\ ℃)$$

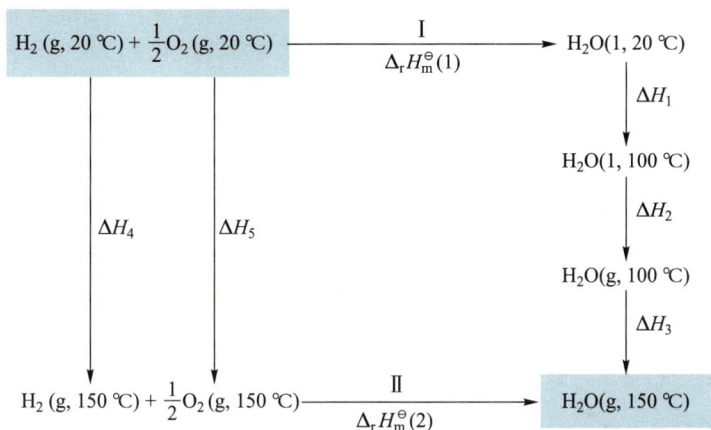

很明显,途径 I 和途径 II 的总焓变化应相等,即

$$\Delta_r H_m^{\ominus}(1) + \Delta H_1 + \Delta H_2 + \Delta H_3 = \Delta_r H_m^{\ominus}(2) + \Delta H_4 + \Delta H_5$$

$$\Delta_r H_m^{\ominus}(2) - \Delta_r H_m^{\ominus}(1) = (\Delta H_1 + \Delta H_2 + \Delta H_3) - (\Delta H_4 + \Delta H_5)$$

其中 ΔH_2 是相变焓。

上述用 Kirchhoff 方程计算反应焓与温度关系的方法,亦可近似适用于物质在物态变化时相变焓(如汽化焓、升华焓、熔化焓等)与温度的关系。

习题 49　试计算在 25 ℃ 及标准压力下,1 mol 液态水蒸发成水蒸气的汽化焓。已知 100 ℃ 及标准压力下液态水的汽化焓为 2259 J·g^{-1},在此温度区间内,水和水蒸气的平均定压摩尔热容分别为 75.3 J·K^{-1}·mol^{-1} 及 33.2 J·K^{-1}·mol^{-1}。　［答案：43.8 kJ·mol^{-1}］

习题 50　已知 $H_2(g) + I_2(s) \Longrightarrow 2HI(g)$ 在 18 ℃ 时的 $\Delta_r H_m^{\ominus} = 49.45$ kJ·mol^{-1};$I_2(s)$ 的熔点是 113.5 ℃,其熔化焓为 1.674×10^4 J·mol^{-1};$I_2(1)$ 的沸点是 184.3 ℃,其汽化焓为 4.268×10^4 J·mol^{-1};$I_2(s)$、$I_2(1)$ 及 $I_2(g)$ 的平均定压摩尔热容分别为 55.65 J·K^{-1}·mol^{-1}、62.67 J·K^{-1}·mol^{-1}、36.86 J·K^{-1}·mol^{-1}。试计算反应 $H_2(g) + I_2(g) \Longrightarrow 2HI(g)$ 在 200 ℃ 时的反应焓。(其他所需数据可查附录。)　　　［答案：-1.49×10^4 J·mol^{-1}］

习题 51　25 ℃ 时,甲烷的燃烧焓为 -890.4 kJ·mol^{-1},液态水的汽化焓为 44.02 kJ·mol^{-1}。设空气中氧气与氮气的物质的量之比为 1∶4,试计算甲烷与理论量的空气混合燃烧时所能达到的最高温度(所需热容数据自行查找)。计算时,假设燃烧所放出的热全部用于提高产物的温度,不考虑产物的解离。　　　　［答案：2186 K］

习题 52　25 ℃ 时,将含有等物质的量 H_2 和 CO 的水煤气与两倍于可供完全燃烧的空气在一起燃烧,问可能达到的最高温度为多少?　　　　　　［答案：1622 K］

习题53   某工厂中生产氯气的方法如下:将体积比为 1∶2 的 18 ℃的氧气和氯化氢混合物连续地通过一个 386 ℃的催化塔。如果气体混合物通过得很慢,在塔中几乎可达成平衡,即有 80% 的 HCl(g)转化成 $Cl_2(g)$ 和 $H_2O(g)$。试求算欲使催化塔温度保持不变,则每通过 1 mol HCl(g)时,需从系统取出多少热?   [答案:约 7 kJ]

习题54   某工厂用接触法制备发烟硫酸时,将二氧化硫和空气的混合物通入一盛有铂催化剂的反应室。进入反应室的混合气体的温度为 380 ℃,此温度为发生快速反应所需的最低温度。由于反应的结果,反应室的温度将升高。为了避免生成的三氧化硫大量解离,必须控制温度升高的数值不超过 100 ℃,这可以用通入过量空气的办法达到目的。试计算为了使温度升高值不超过 100 ℃,一体积 SO_2 最少需要和多少体积的空气混合? 已知在 380 ℃时 $SO_2(g) + \frac{1}{2}O_2(g) \Longrightarrow SO_3(g)$ 的 $\Delta_r H_m^\ominus = -9.20 \times 10^4$ J·mol^{-1};各气体的定压摩尔热容与氧气或氮气相同,即 $C_{p,m} = (27.2 + 4.18 \times 10^{-3} T/K)$ J·K^{-1}·mol^{-1},并假定有 97% SO_2 转化为 SO_3,反应室与外界的热交换可略去不计。   [答案:29.1 体积]

思考题

1. 在标准压力和 100 ℃时,1 mol 水定温蒸发为蒸气。假设蒸气为理想气体。因为这一过程中系统的温度不变,所以 $\Delta U = 0$;$Q_p = \int C_p dT = 0$。这一结论对否? 为什么?

2. 一气体从某一状态出发,经绝热可逆压缩或定温可逆压缩到一固定的体积,哪一种压缩过程所需的功大,为什么? 如果是膨胀,情况又将如何?

3. 一绝热气缸(如下图所示),带有一个无质量、无摩擦的绝热活塞,活塞外为恒定外压。气缸内装有气体,壁内绕有电热丝。当通电时,气体将慢慢膨胀。因为这是一个定压过程,$Q_p = \Delta H$;又因是绝热系,$Q_p = 0$,所以 $\Delta H = 0$,这个结论对否? 若不对,错在哪里?

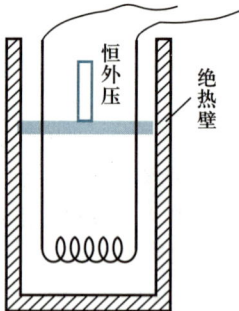

4. 试证明理想气体绝热过程的功可用下式表示：

$$W = \frac{p_2 V_2 - p_1 V_1}{\gamma - 1}$$

式中 $\gamma = C_p / C_V$。

5. 在下图中，状态 $A \to B$ 为定温可逆过程，状态 $A \to C$ 为绝热可逆过程。见图(a)，如果从 A 经过一绝热不可逆膨胀到 p_2，终态将在 C 之左，还是 B 之右，还是在 BC 之间？见图(b)，如果从 A 经一绝热不可逆膨胀到 V_2，终态将在 C 之下，还是在 B 之上，还是在 BC 之间？

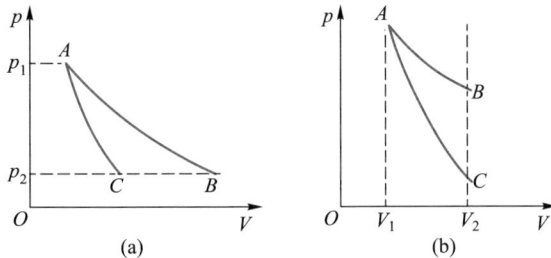

(a)   (b)

6. 设一气体经过如下图中 $A \to B \to C \to A$ 的循环过程，应如何在图上表示如下的量？
（1）系统净做的功；
（2）$B \to C$ 过程的 ΔU；
（3）$B \to C$ 过程的 Q。

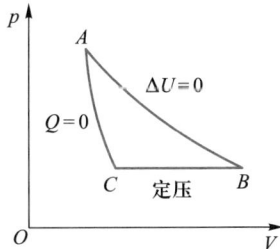

7. 任何过程的 $\mathrm{d}U$ 可以写为

$$\mathrm{d}U = \left(\frac{\partial U}{\partial T}\right)_V \mathrm{d}T + \left(\frac{\partial U}{\partial V}\right)_T \mathrm{d}V$$

因为 $\left(\dfrac{\partial U}{\partial T}\right)_V = C_V$，所以上式可变为 $\mathrm{d}U = C_V \mathrm{d}T + \left(\dfrac{\partial U}{\partial V}\right)_T \mathrm{d}V$

因为 $C_V \mathrm{d}T = \delta Q$，所以 $\mathrm{d}U = \delta Q + \left(\dfrac{\partial U}{\partial V}\right)_T \mathrm{d}V$

与 $\mathrm{d}U = \delta Q - p_{外} \mathrm{d}V$ 相比较，可得

$$\left(\frac{\partial U}{\partial V}\right)_T = -p_{外}$$

此结论对否? 如不对,错在何处?

8. 如下图所示,有一气缸,带有一个无质量、无摩擦的理想活塞。缸内装有气体,活塞上为真空。气缸的筒壁内侧装有极多个排列得几乎无限紧密的销卡。设法自下而上地逐个拔除销卡时,活塞将几乎无限缓慢地上移,气体将几乎无限缓慢地膨胀。试问这一过程是不是可逆过程,为什么?

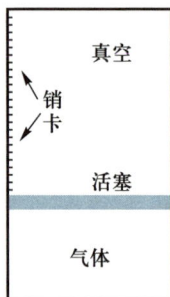

9. 认为在指定温度及标准压力下,各不同元素的稳定单质其焓的绝对量值都相等,这是有道理的吗? 为什么将它们全部规定为零是可行的呢?

10. 原子蜕变反应及热核反应能不能用"产物生成焓之总和减去反应物生成焓之总和"来求得热效应,为什么?

教学课件

拓展例题

第二章

热力学第二定律

在一定条件下,一化学变化或物理变化能不能自动发生？能进行到什么程度？这就是过程的"方向"和"限度"问题。这是一个极为重要的问题。事实说明,热力学第一定律只能告诉人们变化过程的能量效应,但不能告诉人们在一定条件下指定变化过程能否自动发生,以及进行到什么程度为止,亦即不能解决变化过程的方向、限度问题。

人类的经验说明,一切自然界的过程都是有方向性的。例如,热总是从高温物体自动传向低温物体,直至两物体的温度均一;气体总是从高压处自动流向低压处,直至各处压力相同为止;相互接触的不同气体总是趋向于互相混合,直至完全混匀;电流总是从高电势处流向低电势处,直至各处电势相等……这些过程都是可以自动进行的,叫做"自发过程"。很明显,一切自发过程都具有方向性以及一定的进行限度。人类经验没有发现哪一个自发过程可自动回复原状。究竟什么因素在决定着这些自发过程的方向和限度呢？这就是热力学第二定律所要解决的中心课题。

§2.1 自发过程的共同特征

为了寻找决定一切热力学过程的方向及限度的共同因素,首先要弄清楚所有的自发过程具有什么共同特征。

前已述及,一切自发过程都具有方向性,亦即自发过程进行之后,系统不能自动回复原状,如果要让一个发生了自发过程的系统完全回复原状,而且在环境中不留下任何变化,需要有什么条件？也就是说,一个自发过程与可逆过程有什么区别？兹举数例说明之。

1. 理想气体向真空膨胀

这一过程是自发的。在理想气体向真空膨胀时,$Q = 0$；$W = 0$；$\Delta U = 0$；

$\Delta T = 0$。如果要让膨胀后的气体变回原状,只要经过一个定温压缩过程就可达到目的。但是在该压缩过程中环境必须对系统做功 W,同时系统对环境放热 $|Q|$,而且二者量值相等,$W = |Q|$。这表明:当系统回复原状时,在环境中有 W 的功变成了 $|Q|$ 的热。要想使环境回复原状,必须将 $|Q|$ 的热完全转换为功。因此,环境能否也回复原状,亦即理想气体向真空膨胀能否成为一个可逆过程,取决于环境得到的热能否全部转化为功而不引起任何其他变化。

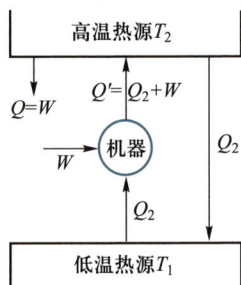

2. 热由高温物体传向低温物体

这是一个自发的过程。设有高温热源 T_2 及低温热源 T_1(见图 2.1)。其热容均为无限大,当有限量的热传出传入时,不影响热源的温度。若在两热源间放置一导热棒,一定时间之后就有 $|Q_2|$ 的热由 T_2 热源传入 T_1 热源。为使此 $|Q_2|$ 的热由 T_1 热源取出而重新回到 T_2 热源,可设计如下过程:对某冷冻机(如电冰箱中的机器)做功 $|W|$,该冷冻机就可从 T_1 热源取出 $|Q_2|$ 的热,同时有 Q' 的热送到 T_2 热源。根据热力学第一定律,$|Q'| = |Q_2| + |W|$;接着从 T_2 热源再取出 $|W|$ 的热传给环境,则两个热源均已回到原状,但在环境中却损耗了 $|W|$ 的功,得到了其值与 $|W|$ 相等的热。因此,环境能否也回复原状,亦即热由高温物体传入低温物体

图 2.1   热由高温物体向低温物体流动的示意图

能否成为一个可逆过程,取决于环境得到的热能否全部转化为功而不引起任何其他变化。

3. 镉放入氯化铅溶液变成氯化镉溶液和铅

此反应为

$$Cd(s) + PbCl_2(aq) \Longrightarrow CdCl_2(aq) + Pb(s)$$

正向化学变化是自发进行的,反应进行时有 $|Q|$ 的热放出。要使系统回复原状,需对系统做电功进行电解,电解时反应逆向进行。如果电解时所做电功为 $|W|$,同时有 $|Q'|$ 的热放出,那么,当反应系统回复原状时,在环境中损失了 $|W|$ 的功,但得到了 $|Q| + |Q'|$ 的热:根据能量守恒原理,$|W| = |Q| + |Q'|$。所以,环境能否也得以复原,亦即此化学反应能否成为一个可逆过程,也取决于环境得到的热能否全部转化为功而不引起任何其他变化。

从上面所举的三个例子可以看出,所有的自发过程是否能成为热力学可

逆过程,最终均可归结为"热能否全部转变为功而不引起任何其他变化"这样一个问题。人们的经验说明,热功转化亦是有方向性的,即"功可自发地全部变为热,但热不可能全部转变为功而不引起任何其他变化"。所以可得出这样的结论:一切自发过程都是不可逆的,而且它们的不可逆性均可归结为热功转换过程的不可逆性。因此,它们的方向性都可用热功转换过程的方向性来表达。

§2.2 热力学第二定律的经典表述

既然一切自发过程的方向最终均可归结为热功转换这一过程的方向性问题,既然可用热功转换的方向性来表达一切自发过程的方向性,那么,可以把注意力首先集中到研究热功转换过程的方向性上来。前面已提到,由人类的经验已经总结出"功可全部变为热,但热不能全部变为功而不引起任何其他变化"。历史上,人们曾用这一经验的总结来表示热力学第二定律,这就是 Kelvin 和 Planck 对热力学第二定律的经典叙述,其具体说法如下:

"人们不可能设计成这样一种机器,这种机器能循环不断地工作,它仅仅从单一热源吸热变为功而不引起任何其他变化。"

为了与第一类永动机区别起见,称这种机器为第二类永动机。所以,热力学第二定律的经典叙述也可简化为:"第二类永动机不可能制成。"

关于热力学第二定律还需作以下几点说明:

(1)第一类永动机必须是服从能量守恒原理的。单从热力学第一定律的角度来看,第二类永动机是允许存在的。但实际能不能存在,热力学第一定律不能做出回答,只有热力学第二定律才能回答说:它不可能存在。其之所以不能存在,也是人类经验的总结。

(2)对于"不能仅从单一热源取热做功而不引起任何其他变化"这一说法,不应产生误解。不是说在热力学过程中热不可能变为功,也不是热一定不能全部转化为功,此处强调的是:不可能在热全部转化为功的同时不引起任何其他变化。例如,在理想气体等温膨胀时,$\Delta T = 0$;$\Delta U = 0$;$Q = W$,热就全部转化为功,但系统的体积变大了、压力变小了。

(3)既然一切自发过程的方向问题最终均可归结为"热不能全部变为功而不引起任何其他变化"的问题,亦即可归结为"第二类永动机不可能造成"的问题,那么,就可根据"第二类永动机不可能造成"这一结论来判断一指定过程的方向。例如,在任意一个过程中,令系统的状态先由 A 变到 B,再让它逆向进行,假若在由 B 变到 A 时将能构成第二类永动机,则可断言,该系统由

A 变到 B 的过程是自发的,而由 B 自动变到 A 是不可能的。但是,这样的判断过程方向的方法太抽象了,而且在考虑能否构成第二类永动机时往往需要繁杂的手续和特殊的技巧,再说这一判断方法并不能指示出过程将进行到什么程度为止。因此,最好能像热力学第一定律那样,找到像热力学能 U 和焓 H 那样的热力学函数,只要计算 ΔU 和 ΔH 就可知道一过程的能量变化。在热力学第二定律中是否亦可以找到这样的热力学函数,只要计算此函数的变化值,就可判断过程的方向和限度呢? 由于一切自发过程的方向性最后可归结为热功转化问题,故所要寻找的热力学函数亦得从热功转化的关系中去找。这是下面要讲的主要问题。

§2.3　Carnot 循环与 Carnot 定理

热功转换过程的方向及限度问题是随着蒸汽机的发明和改进而提出来的。蒸汽机是热机的一种,当热机工作时,从高温热源吸收热,将其中的一部分转化为功,其余部分则传入低温热源。随着热机的改进,热转化为功的效率有所增加。人们要问:当热机改进得十分完美,即已成为一个理想热机时,热能不能全部转化为功呢? 如果不能,在一定条件下,最多可有多大比例转变为功? 亦即热转化为功的限度有多大? 这是一些非常重要的问题。1824 年,法国工程师 Carnot 为研究上述问题而设计了一种在两个热源间工作的理想热机,这种热机工作时由两个定温可逆过程和两个绝热可逆过程组成一循环过程,这种循环过程称为“Carnot 循环”(见图 2.2),按 Carnot 循环工作的热机叫做“Carnot 热机”(见图2.3)。Carnot 通过对这种理想热机的研究,找到了热转化为功的最大极限。兹将 Carnot 的证明阐述如下:

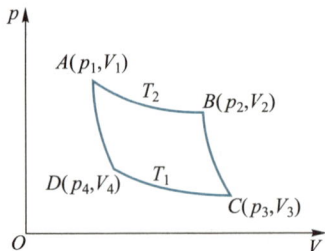

图 2.2　Carnot 循环

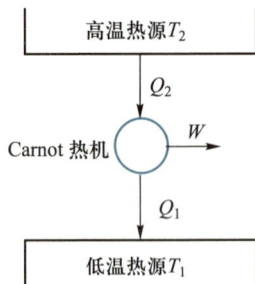

图 2.3　Carnot 热机

假设有两个热源,其热容均为无限大。一个具有较高的温度 T_2,另一个具有较低的温度 T_1。现有一气箱,其中含有 1 mol 理想气体作为工作物质,气箱上有一无质量、无摩擦的理想活塞,以便进行可逆过程。将此气箱与高温热源 T_2 相接触,这时气体的温度为 T_2,压力和体积分别为 p_1 和 V_1,这就是系统的始态。然后开始进行下列循环:

过程 1　保持 T_2 定温可逆膨胀。故

$$Q_2 = -W_1 = RT_2 \ln \frac{V_2}{V_1}$$

此过程在图 2.2 中以曲线 AB 表示。

过程 2　绝热可逆膨胀。由于系统不吸热,$Q = 0$,故

$$W_2 = \Delta U = C_V(T_1 - T_2)$$

过程 3　保持 T_1 定温可逆压缩。故

$$Q_1 = -W_3 = RT_1 \ln \frac{V_4}{V_3}$$

过程 4　绝热可逆压缩。故

$$W_4 = \Delta U = C_V(T_2 - T_1)$$

在此循环中能否通过第四步回复到始态,关键是控制第三步的定温可逆压缩过程,只要控制定温可逆压缩过程使系统的状态落在通过始态 A 的可逆绝热线上,则经过第四步的绝热可逆压缩就一定能回到始态。

这四个可逆过程所构成的循环其结果是什么呢? 气箱中的理想气体回复了原状,没有任何变化;高温热源 T_2 由于过程 1 损失了热 Q_2,低温热源 T_1 由于过程 3 得到了热 Q_1;经过一次循环系统所做的总功 W 是四个过程功的总和,在图 2.2 中即表示为四边形 ABCD 的面积。因此,如果气箱不断通过这种循环工作,则热源 T_2 的热就不断传出,一部分转变为功,余下的热将不断传向热源 T_1。

根据热力学第一定律,在一次循环以后,系统回复原状,$\Delta U = 0$,故 Carnot 循环所做的总功 W 应等于系统总的热效应,即

$$-W = Q_1 + Q_2$$

从高温热源取出的热 Q_2 转化为功的比例,称为"热机效率",用符号 η 表示,即

$$\eta = \frac{-W}{Q_2} \tag{2.1}$$

欲计算 Carnot 热机的效率，必须首先计算 W：

$$W = W_1 + W_2 + W_3 + W_4$$

$$= - RT_2 \ln \frac{V_2}{V_1} + C_V(T_1 - T_2) - RT_1 \ln \frac{V_4}{V_3} + C_V(T_2 - T_1)$$

$$= - RT_2 \ln \frac{V_2}{V_1} - RT_1 \ln \frac{V_4}{V_3} \tag{2.2}$$

由于过程 2 和过程 4 都是理想气体的绝热可逆过程，因此根据式（1.41）可有

$$C_V \ln \frac{T_1}{T_2} = - R \ln \frac{V_3}{V_2}$$

$$C_V \ln \frac{T_2}{T_1} = - R \ln \frac{V_1}{V_4}$$

将上两式相加，移项即得
$$\frac{V_2}{V_1} = \frac{V_3}{V_4}$$

将此式代入式（2.2）即得

$$W = R(T_1 - T_2) \ln \frac{V_2}{V_1} \tag{2.3}$$

于是，Carnot 热机的效率应为

$$\eta = \frac{-W}{Q_2} = \frac{- R(T_1 - T_2) \ln \dfrac{V_2}{V_1}}{RT_2 \ln \dfrac{V_2}{V_1}}$$

$$= \frac{T_2 - T_1}{T_2} \tag{2.4}$$

由式（2.4）可看出，Carnot 热机的效率（即热转化为功的比例）与两个热源的温度有关，高温热源的温度 T_2 越高，低温热源的温度 T_1 越低，则热机的效率越大。如果 $T_1 = T_2$，即单一热源，则 $\eta = 0$，即热不能转化为功。这就给提高热机效率提供了一个明确的方向。

此外，因为
$$\eta = \frac{-W}{Q_2} = \frac{Q_2 + Q_1}{Q_2} = \frac{T_2 - T_1}{T_2}$$

所以

$$1 + \frac{Q_1}{Q_2} = 1 - \frac{T_1}{T_2}$$

移项可得

$$\frac{Q_1}{T_1} + \frac{Q_2}{T_2} = 0 \tag{2.5}$$

此式的含义为：Carnot 热机在两个热源 T_1 及 T_2 之间工作时，两个热源的"热温商" Q_1/T_1 和 Q_2/T_2 之和等于零。

但是，Carnot 热机是由一特殊循环构成的，其工作物质为理想气体，因此欲确定 Carnot 热机的效率是否就是热转化为功的最高限度，必须回答两个问题。一是在两个不同温度热源之间工作的热机中，Carnot 热机的效率是否为最大；二是 Carnot 热机的效率是否与工作物质无关。欲回答这两个问题，必须用到热力学第二定律——即"第二类永动机不可能制成"。这就是所谓"Carnot 定理"。所以 Carnot 定理可表述为

（1）在两个不同温度的热源之间工作的任意热机中，以 Carnot 热机的效率为最大；否则将违反热力学第二定律。

（2）Carnot 热机的效率只与两个热源的温度有关，而与工作物质无关。否则亦将违反热力学第二定律。

要证明上述定理，所用的是逻辑推理的反证法。现以第一条定理为例，证明如下：

在两个热源 T_1、T_2 之间有一个 Carnot 热机 R，另外有一任意热机 I（见图 2.4）。假定任意热机 I 的效率比 Carnot 热机 R 的效率大，那么，同样从热源 T_2 吸收了 Q_2 的热时，热机 I 所做功 $|W'|$ 将大于热机 R 所做的功 $|W|$，即 $|W'| > |W|$。根据能量守恒原理，可得 $|Q_1'| < |Q_1|$。若将这两个热机联合起来使它们这样工作：用热机 I 从热源 T_2 吸热 $|Q_2|$ 并做出 $|W'|$ 的功，同时放出 $|Q_1'|$ 的热给低温热源，然后，从这 $|W'|$ 的功中取出一部分——$|W|$ 对热机 R 做功驱动其反转，此时，可逆热机 R 就能从低温热源 T_1

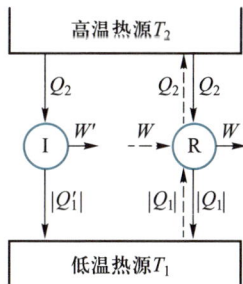

图 2.4　Carnot 热机效率最大的证明

取出 $|Q_1|$ 的热，同时有 $|Q_2|$ 的热传入高温热源 T_2。联合热机工作的总结果是：高温热源 T_2 没有任何变化；低温热源 T_1 损失 $|Q_1| - |Q_1'|$ 的热；环境得到了 $|W'| - |W|$ 的功。因为 $|Q_2| = |W| + |Q_1| = |W'| + |Q_1'|$，所以

$$|W'| - |W| = |Q_1| - |Q_1'|$$

因此,低温热源 T_1 所减少的热全部变成了功,除此以外,没有任何其他变化。这表明联合热机是一部第二类永动机。而第二类永动机是不可能造成的,所以原始假设条件是错的。结论是:任何热机的效率不可能比 Carnot 热机的效率高。

用同样的方法可证明 Carnot 定理的第二条内容,而这一条对建立温度标准是非常重要的。根据这一条所建立的温度标准称为热力学温标。目前国际上通用的温标就是这种热力学温标。而热力学温度与绝对温度是一致的。

例题 1　试比较下列两个热机的最大效率。
(1) 以水蒸气为工作物质,工作于 130 ℃ 及 40 ℃ 的两热源之间;
(2) 以汞蒸气为工作物质,工作于 380 ℃ 及 50 ℃ 的两热源之间。

解:

$$\eta_1 = \left(\frac{T_2 - T_1}{T_2}\right)_1 = \frac{403 - 313}{403} = \frac{90}{403} = 22.3\%$$

$$\eta_2 = \left(\frac{T_2 - T_1}{T_2}\right)_2 = \frac{653 - 323}{653} = \frac{330}{653} = 50.5\%$$

例题 2　有一制冷机(冰箱)其冷冻系统必须保持在 -20 ℃,而其周围的环境温度为 25 ℃,估计周围环境传入制冷机的热约为 10^4 J·min^{-1},而该制冷机的效率为可逆制冷机的 50%,试计算开动此制冷机所需的功率[单位以 W(瓦)表示]。

解:Carnot 热机的逆转即为制冷机,可逆制冷机的制冷效率 β 可表示为

$$\beta = \frac{Q_1}{W} = \frac{T_1}{T_2 - T_1}$$

其中 W 为环境对制冷机所做的功;Q_1 为对制冷机做每单位的功能从低温热源取出的热。

根据题给条件,此制冷机的可逆制冷效率为

$$\beta = \frac{253}{298 - 253} = 5.62$$

而欲保持冷冻系统的温度为 -20 ℃,则每分钟必须由低温热源取出 10^4 J 的热。因此,需对制冷机做的功应为

$$W = Q/\beta = (10^4/5.62) \text{ J·min}^{-1} = 1780 \text{ J·min}^{-1}$$

故开动此制冷机所需的功率为

$$\left(1780 \times \frac{1}{60}\right) \text{W} \div 50\% = 59.3 \text{ W}$$

习题 1　已知每克汽油燃烧时可放热 46.86 kJ。（1）若用汽油作以水蒸气为工作物质的蒸汽机的燃料时，该蒸汽机的高温热源为 105 ℃，冷凝器即低温热源为 30 ℃；（2）若用汽油直接在内燃机内燃烧，高温热源温度可达 2000 ℃，废气即低温热源亦为 30 ℃。

试分别计算两种热机的最大效率是多少？每克汽油燃烧时所能做出的最大功为多少？

［答案：（1）19.8%，9.30 kJ；（2）86.7%，40.6 kJ］

习题 2　在一温度为 25 ℃ 的室内有一冰箱，冰箱内的温度为 0 ℃，试问欲使 1 kg 水结成冰至少需做多少功？此冰箱对环境放热为多少？（已知冰的熔化热为 334.7 $J \cdot g^{-1}$。）

［答案：3.07×10^4 J；3.65×10^5 J］

习题 3　有人设计了下列循环：

（1）定温压缩由 V_1、T_1 到 V_2、T_1；（2）定容降温由 V_2、T_1 到 V_2、T_2；

（3）定温膨胀由 V_2、T_2 到 V_1、T_2；（4）定容升温由 V_1、T_2 到 V_1、T_1。

工作物质为理想气体，试在 $p-V$ 图上画出此循环的示意图，并求证此制冷循环的制冷效率表达式。

$$\left[答案：\beta = \frac{Q_2}{W} = \frac{T_2}{T_1 - T_2}\right]$$

§2.4　熵的概念

1. 可逆过程的热温商及熵函数的引出

前已述及，在 Carnot 循环中，两个热源的热温商之和等于零，即

$$\frac{Q_1}{T_1} + \frac{Q_2}{T_2} = \sum \frac{Q_B}{T_B} = 0$$

对于任意的一个可逆循环来说，热源可能不止两个而是有许多个。那么，任意可逆循环过程的各个热源的热温商之和是否仍然等于零？是否仍然有关系式 $\sum (Q_B/T_B) = 0$ 存在呢？答案是肯定的。为了证明这一结论，需要先证明一任意可逆循环可以由一系列 Carnot 循环等效。

图 2.5(a) 中曲线 AB 代表一任意可逆过程，这条曲线可用一些定温可逆过程和绝热可逆过程（即曲折线）来代替。因为总可以使这些曲折线的功和热的效应与曲线 AB 等效。这些定温线及绝热线越短，则它们所组成的曲折线越接近于曲线 AB，当这些定温线及绝热线为无限小时，则曲折线就与曲线 AB 重合。在图 2.5(b) 中曲线 ABA 代表一任意可逆循环。如图所示，可将此任意可逆循环看做由许多小的 Carnot 循环组成。在这些 Carnot 循环中，从系统做功与吸热的效应来看，虚线所代表的绝热可逆过程实际上等于不存在，因为对上一个循环来

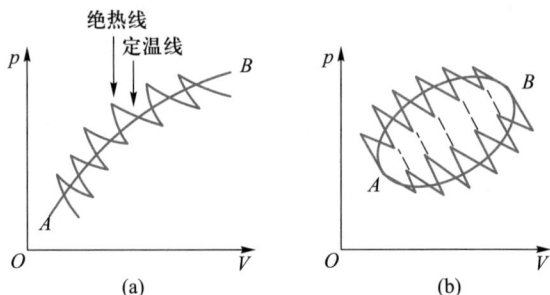

图 2.5　任意可逆循环可由一系列 Carnot 循环组成

说它是绝热压缩,而对下一个循环来说它是绝热膨胀,恰好彼此抵消。因此,这些小 Carnot 循环的总和就是 *ABA* 边界上的曲折线。如果把每个小 Carnot 循环变得无限小,则无数个小 Carnot 循环的总和就与任意可逆循环 *ABA* 重合。因为在每个无限小的 Carnot 循环中热温商之和等于零,即

$$\frac{\delta Q_1}{T_1} + \frac{\delta Q_2}{T_2} = 0$$

对许多无限小的 Carnot 循环应有

$$\frac{\delta Q_1}{T_1} + \frac{\delta Q_2}{T_2} + \frac{\delta Q_3}{T_3} + \cdots = \sum \frac{\delta Q_B}{T_B} = 0$$

所以在任意可逆循环 *ABA* 中有

$$\sum \frac{\delta Q_B}{T_B} = 0 \quad \text{或} \quad \oint \frac{\delta Q_r}{T_B} = 0 \tag{2.6}$$

"$\oint$"表示沿一个闭合曲线进行的积分;δQ_r表示无限小的可逆过程中的热效应;T 是热源的温度。

如果将任意可逆循环过程 *ABA* 看成由两个可逆过程 α 和 β 所构成,见图 2.6。则式(2.6)可看成两项积分之和:

$$\oint \frac{\delta Q_r}{T_B} = \int_A^B \left(\frac{\delta Q_r}{T}\right)_\alpha + \int_B^A \left(\frac{\delta Q_r}{T}\right)_\beta = 0$$

上式可改写为

$$\int_A^B \left(\frac{\delta Q_r}{T}\right)_\alpha = -\int_B^A \left(\frac{\delta Q_r}{T}\right)_\beta = \int_A^B \left(\frac{\delta Q_r}{T}\right)_\beta$$

此式表示从 A 到 B,沿 α 途径的积分与沿 β 途径的积分相等。既然如此,说明这一积分的数值仅仅取决于始态 A 和终态 B,而与变化途径无关。这表明该积分值代表着某个状态性质的改变量。人们将这个状态性质称为"熵",以符号 S 表示。显然,熵是系统的容量性质。当系统的状态由 A 变到 B 时,熵的变化为

$$\Delta S = S_B - S_A = \int_A^B \frac{\delta Q_r}{T} \tag{2.7}$$

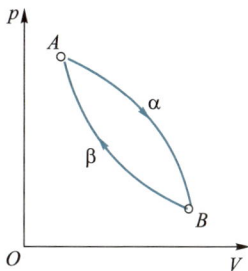
图 2.6 可逆循环

如果为一无限小的变化,其熵变可写成微分形式:

$$dS = \frac{\delta Q_r}{T} \tag{2.8}$$

应当注意,式(2.7)和式(2.8)是由可逆循环导出的,其中 δQ_r 为可逆过程的热效应,故此二式只能在可逆过程中应用。

2. 不可逆过程的热温商

由 Carnot 定理可以推知,如果热机进行不可逆循环,则其效率必然比 Carnot 循环效率小,即

$$\frac{Q_1^* + Q_2^*}{Q_2^*} < \frac{T_2 - T_1}{T_2}$$

式中 Q^* 表示不可逆过程的热效应。由上式可以得到

$$\frac{Q_1^*}{T_1} + \frac{Q_2^*}{T_2} < 0$$

因此,对一任意不可逆循环来说,必有

$$\sum \frac{\delta Q^*}{T} < 0 \tag{2.9}$$

现在假定有一不可逆循环,由 $A \to B$ 的 α 途径为不可逆,由 $B \to A$ 的 β 途径为可逆,整个循环属于不可逆循环(见图 2.7)。此时式(2.9)可写为

$$\left(\sum \frac{\delta Q^*}{T}\right)_\alpha + \int_B^A \left(\frac{\delta Q_r}{T}\right)_\beta < 0$$

根据式(2.7),上式可改写为

$$\left(\sum \frac{\delta Q^*}{T}\right)_{A\to B} + (S_A - S_B) < 0$$

$$S_B - S_A = \Delta S_{A\to B} > \left(\sum \frac{\delta Q^*}{T}\right)_{A\to B} \qquad (2.10)$$

由式(2.10)可以看出,对一不可逆过程 $A\to B$ 来说,系统的熵变(ΔS)要比热温商大。但需注意,不能将式(2.10)理解为可逆过程 β 的 ΔS 比不可逆过程 α 的 ΔS 大,这样理解是错误的。因为 $\left(\sum \dfrac{\delta Q^*}{T}\right)_{A\to B}$ 不是不可逆过程的 ΔS。

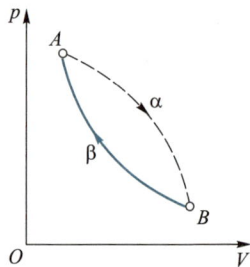

图 2.7　不可逆循环

3. 热力学第二定律的数学表达式——Clausius 不等式

通过上述对于热转化为功的限度的探讨,得到了这样的结果:

$$\mathrm{d}S \geqslant \frac{\delta Q}{T} \qquad (2.11)$$

该式称为 Clausius 不等式。$\mathrm{d}S$ 是系统的熵变,δQ 是实际过程中传递的热,T 是热源的温度,$\delta Q/T$ 是实际过程的热温商。该式的等号适用于可逆过程;大于号适用于不可逆过程。它的含义是

(1)假如某一过程的发生将使系统的熵变大于热温商,则该过程是一个不违反热力学第二定律的、有可能进行的不可逆过程。

(2)假如某一过程发生时,系统的熵变与热温商相等,则该过程是一个可逆过程。

(3)有没有系统熵变小于热温商的情况呢？根据 Carnot 定理,热机效率大于可逆的 Carnot 热机的效率是不可能的,据此可以推知,实际不可能有 $\mathrm{d}S < \delta Q/T$ 的情况出现。如果人们所设计出来的某个过程真的进行之后,将会使系统熵变小于热温商的话,那么,可以断言,该过程一定是违反热力学第二定律的、不可能发生的过程,因此永远不会实现。换言之,这个设计出来的过程的方向是应该否定的。

由于各种热力学过程其不可逆性都可以归结为热功转换的不可逆性,所以,Clausius 不等式虽然是由研究热功转换得来的,但能适用于其他各类热力学过程的方向及限度的判断。因此,人们往往将 Clausius 不等式作为热力学第二定律的数学表达,用来判断过程的方向和限度时,又称为"熵判据"。

如果将 Clausius 不等式用于孤立系统,则由于孤立系统与环境之间无热交

换,则式(2.11)可改写为

$$dS \geqslant 0 \tag{2.12}$$

这意味着在孤立系统中所发生的一切可逆过程其 $dS = 0$,即系统的熵值不变;而在孤立系统中所发生的一切不可逆过程其 $dS>0$,即系统的熵值总是增大。所以热力学第二定律亦可归纳为这样一句话:"孤立系统中所发生的任意过程总是向着熵增大的方向进行。"

§2.5 熵变的计算及其应用

根据上面几节的讨论可以说,判断一过程的方向和限度的问题原则上已经解决,热力学第二定律所需寻找的状态函数已经找到,这个函数就是"熵"。对一个变化过程只要求出其系统的熵变 ΔS,并与此过程实际发生时的热温商进行比较,即可判断此过程是可能的还是不可能的。当环境的温度为一定时,实际过程的热温商是比较好求算的,关键是系统的熵变如何求算。熵是系统的状态性质,其改变量只取决于系统的始态、终态而与变化途径无关,而且只有根据可逆过程才能求算系统的熵变。因此,当不能确定实际过程是否为可逆过程时,则必须设计一始态、终态与实际过程相同的可逆过程方能求算熵变。下面叙述几种常见的物理过程熵变的计算及熵判据的应用,至于化学过程将在以后再讨论。

1. 定温过程的熵变

对任意可逆过程来说,系统的熵变均可用式(2.7)表示。对定温可逆过程来说,则

$$\Delta S = \int \frac{\delta Q_r}{T} = \frac{Q_r}{T} \tag{2.13}$$

式中 Q_r 为定温可逆过程中的热。对理想气体定温可逆过程来说,其熵变为

$$\Delta S = \frac{nRT\ln \frac{V_2}{V_1}}{T} = nR\ln \frac{V_2}{V_1} = nR\ln \frac{p_1}{p_2} \tag{2.14}$$

例题3 (1) 在 300 K 时,5 mol 某理想气体由 10 dm³ 定温可逆膨胀到 100 dm³,计算此过程中系统的熵变;(2) 上述气体在 300 K 时由 10 dm³ 向真空膨胀到 100 dm³,试计算此时系统的 ΔS,并与热温商作比较。

解：（1）根据式（2.14），理想气体定温可逆过程的熵变为

$$\Delta S = nR\ln\frac{V_2}{V_1} = \left(5 \times 8.314 \times \ln\frac{100}{10}\right) J \cdot K^{-1} = 95.7\ J \cdot K^{-1}$$

（2）此过程为一不可逆过程，不能直接由此过程的热温商求 ΔS，需设计一始态、终态相同的可逆过程。已知理想气体向真空膨胀时温度不变，因此可通过一定温可逆膨胀而达到相同的终态，所以向真空膨胀的理想气体的熵变仍然可用式（2.14）求算：

$$\Delta S = nR\ln\frac{V_2}{V_1} = 95.7\ J \cdot K^{-1}$$

理想气体向真空膨胀时，系统与环境之间的热交换为零，即 $Q = 0$，故此过程的

$$\frac{Q}{T} = 0$$

显然，系统的 $\Delta S > Q/T$。

习题 4   在 27 ℃时，2 mol N_2（假设为理想气体）从 10^6 Pa 定温可逆膨胀到 10^5 Pa，试计算其 ΔS。   ［答案：38.3 $J \cdot K^{-1}$］

习题 5   10 g H_2（假设为理想气体）在 27 ℃、5×10^5 Pa 时，在保持温度为 27 ℃、恒定外压为 10^6 Pa 下进行压缩，终态压力为 10^6 Pa（需注意此过程为不可逆过程），试求算此过程的 ΔS，并与实际过程的热温商进行比较。   ［答案：- 28.8 $J \cdot K^{-1}$；-41.6 $J \cdot K^{-1}$］

习题 6   在 20 ℃时，将 1 mol N_2 和 1 mol He 分别放在一容器的两边，当将中间隔板抽去以后，两种气体自动混合（见下图）。在此过程中系统的温度不变，与环境没有热交换，试求此混合过程的 ΔS，并与实际过程的热温商进行比较。（提示：可将此两种气体分别作真空膨胀处理。）

［答案：11.53 $J \cdot K^{-1}$；0］

2. 定压或定容变温过程的熵变

在定压条件下，如何设计一可逆的加热过程来求算系统的 ΔS 呢？可设想在 T_1 和 T_2 之间有无数个热源，每个热源的温度只相差 dT，将系统逐个与每个热源接触使系统的温度由 T_1 变到 T_2（见图 2.8），这样的加热过程即为可逆加热过程，因为当系统由 T_2 开始，逐个与每个热源接触降温时，系统与环境均可回复原状。当系统与每个热源接触时，其 $\delta Q_r = C_p dT$，故

$$\Delta S = \int_{T_1}^{T_2} \frac{\delta Q_r}{T} = \int_{T_1}^{T_2} \frac{C_p dT}{T} = C_p \ln \frac{T_2}{T_1} \qquad (2.15)$$

上式是在假定 C_p 不随温度而变的情况下导出的。如果 C_p 随温度而变,则需以 $C_p = f(T)$ 代入积分式方能求算。

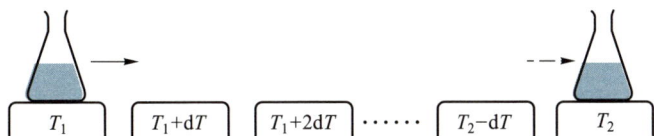

图 2.8　可逆加热过程示意图

对定容过程来说,其 $\delta Q_r = C_V dT$,故

$$\Delta S = \int_{T_1}^{T_2} \frac{\delta Q_r}{T} = \int_{T_1}^{T_2} \frac{C_V dT}{T} = C_V \ln \frac{T_2}{T_1} \qquad (2.16)$$

上式亦假定 C_V 不随温度而变。

式(2.15)和式(2.16)具有一定的普遍性,即在定压或定容下,不论系统由固体、液体或气体所构成,均可应用此二式求 ΔS。但在温度变化范围内,不能有相变发生,否则热容有一突变,不能连续积分。另外还存在相变时的熵变化。

例题 4　已知 CO_2 的 $C_{p,m} = [32.22 + 22.18 \times 10^{-3}(T/K) - 3.49 \times 10^{-6}(T/K)^2]$ J·K^{-1}·mol^{-1},今将 88 g、0 ℃ 的气体放在一温度为 100 ℃ 的恒温器中加热,试求算其 ΔS,并与实际过程的热温商进行比较。

解:由于 CO_2 的 $C_{p,m} = f(T)$,故不能直接套用式(2.15),而应将 $C_{p,m} = f(T)$ 代入积分式求算。

$$n(CO_2) = (88/44) \text{ mol} = 2 \text{ mol}$$

故　　$$\Delta S = 2 \int_{T_1}^{T_2} \frac{C_{p,m} dT}{T}$$

$$= \left\{ 2 \int_{273K}^{373K} \left[32.22 + 22.18 \times 10^{-3} \frac{T}{K} - 3.49 \times 10^{-6} \left(\frac{T}{K}\right)^2 \right] \frac{dT}{T} \right\} \text{J·K}^{-1}$$

$$= 24.3 \text{ J·K}^{-1}$$

此过程热温商为

$$\frac{Q}{T} = \left\{ \frac{2 \int_{273\,\text{K}}^{373\,\text{K}} \left[32.22 + 22.18 \times 10^{-3} \dfrac{T}{\text{K}} - 3.49 \times 10^{-6} \left(\dfrac{T}{\text{K}} \right)^2 \right] \text{d}T}{373} \right\} \text{J} \cdot \text{K}^{-1}$$

$$= 20.92 \text{ J} \cdot \text{K}^{-1}$$

$\Delta S > \dfrac{Q}{T}$,故此过程为不可逆加热过程。

例题 5 今有 2 mol 某理想气体,其 $C_{V,m}$ = 20.79 J·K^{-1}·mol^{-1},由 50 ℃、100 dm^3 加热膨胀到 150 ℃、150 dm^3,求系统的 ΔS。

解:由题意可知,此过程的 T、p、V 均有变化,不可能单独通过定温、定压或定容过程来求算 ΔS。但是根据熵是一状态性质,可设计成如下两个可逆过程以达到与此过程相同的始态、终态。

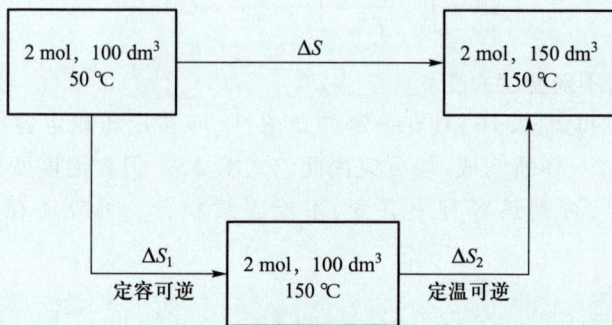

显然有

$$\Delta S = \Delta S_1 + \Delta S_2$$

根据式(2.16):

$$\Delta S_1 = nC_{V,m}\ln\frac{T_2}{T_1} = \left(2 \times 20.79 \times \ln\frac{423}{323} \right) \text{J} \cdot \text{K}^{-1} = 11.21 \text{ J} \cdot \text{K}^{-1}$$

根据式(2.14):

$$\Delta S_2 = nR\ln\frac{V_2}{V_1} = \left(2 \times 8.314 \times \ln\frac{150}{100} \right) \text{J} \cdot \text{K}^{-1} = 6.74 \text{ J} \cdot \text{K}^{-1}$$

故

$$\Delta S = \Delta S_1 + \Delta S_2 = 17.95 \text{ J} \cdot \text{K}^{-1}$$

习题 7 3 mol 单原子分子理想气体在定压条件下由 27 ℃ 加热到 327 ℃,试求这一过程的 ΔS。
[答案:43.2 J·K^{-1}]

习题 8 5 mol 双原子分子理想气体在定容条件下由 175 ℃ 冷却到 25 ℃,试求这一过程的 ΔS。
[答案:− 42.4 J·K^{-1}]

习题 9　固体钼的定压摩尔热容随温度的变化有下列关系:

$$C_{p,m} = \left[23.80 + 7.87 \times 10^{-3} \frac{T}{K} - \frac{2.105 \times 10^5}{(T/K)^2} \right] J \cdot K^{-1} \cdot mol^{-1}$$

1 mol 固体钼从 0 ℃ 定压加热到熔点 2620 ℃,求 ΔS。　　　　　　[答案: 75.4 J · K⁻¹]

习题 10　试证明 1 mol 理想气体在任意过程中的熵变均可用下列公式计算:

(1) $\Delta S = C_{V,m} \ln \dfrac{T_2}{T_1} + R \ln \dfrac{V_2}{V_1}$

(2) $\Delta S = C_{p,m} \ln \dfrac{T_2}{T_1} - R \ln \dfrac{p_2}{p_1}$

(3) $\Delta S = C_{p,m} \ln \dfrac{V_2}{V_1} + C_{V,m} \ln \dfrac{p_2}{p_1}$

(提示:从热力学第一定律 $dU = \delta Q_r - p dV$ 及热力学第二定律 $dS = \dfrac{\delta Q}{T}$ 出发,结合理想气体的热力学特征来证明。)

习题 11　1 mol He(假设为理想气体)其始态为 $V_1 = 22.4\ dm^3$、$T_1 = 273\ K$,经由一任意变化到达终态为 $p_2 = 2 \times 10^5\ Pa$、$T_2 = 303\ K$,试计算此过程中系统的 ΔS。

[答案: − 3.49 J · K⁻¹]

习题 12　2 mol 某单原子分子理想气体其始态为 $10^5\ Pa$、273 K,经过一绝热压缩过程至终态为 $4 \times 10^5\ Pa$、546 K。试求算 ΔS,并判断此绝热过程是否为可逆过程。

[答案: 5.76 J · K⁻¹;绝热过程 $\Delta S > 0$,故不可逆]

习题 13　使 10 A 电流通过 10 Ω 电阻器时间为 10 s,同时在电阻周围有温度为 10 ℃ 的恒温水流过,若水是大量的,试分别计算电阻器和水的 ΔS。　　[答案: 0;35.3 J · K⁻¹]

习题 14　工业上将钢件锻造以后常常需要淬火,有一次将一块质量为 3.8 kg 温度为 427 ℃ 的铸钢放在 13.6 kg、温度为 21 ℃ 的油中淬火,已知油的热容为 2.51 J · K⁻¹ · g⁻¹,钢的热容为 0.502 J · K⁻¹ · g⁻¹,试计算(1) 钢的 ΔS;(2) 油的 ΔS;(3) 总的 ΔS。(提示:假设在淬火时,钢和油来不及与周围环境发生热交换,先求出油和钢的终态温度。)

[答案:(1) − 1.52 × 10³ J · K⁻¹;(2) 2.41 × 10³ J · K⁻¹;(3) 8.90 × 10² J · K⁻¹]

3. 相变过程的熵变

在定温定压下两相平衡时所发生的相变过程,属于可逆过程。这时,由于 $Q_r = \Delta H$(为相变焓),故

$$\Delta S = \frac{\Delta H}{T} = \frac{n \Delta H_m}{T} \tag{2.17}$$

但是,不在平衡条件下发生的相变是不可逆过程。这时由于 $Q_r \neq \Delta H$,故不能直接用式(2.17),而要设计成始态、终态相同的可逆过程方能求算 ΔS。

例题 6　在标准压力下,有 1 mol、0 ℃的冰变为 100 ℃的水汽,求此过程的 ΔS。

解:可将此过程设计成下列可逆过程:

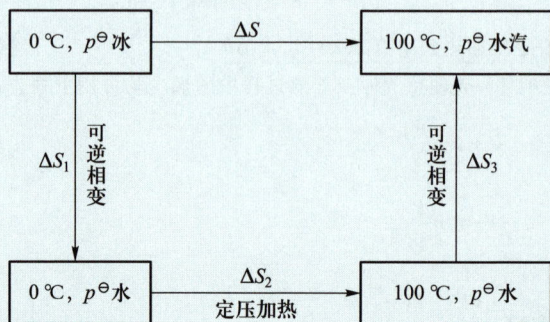

$$
\boxed{0\ ℃,\ p^{\ominus}\ 冰} \xrightarrow{\ \Delta S\ } \boxed{100\ ℃,\ p^{\ominus}\ 水汽}
$$

左侧竖直向下 可逆相变 ΔS_1；右侧竖直向上 可逆相变 ΔS_3

$$
\boxed{0\ ℃,\ p^{\ominus}\ 水} \xrightarrow[\text{定压加热}]{\ \Delta S_2\ } \boxed{100\ ℃,\ p^{\ominus}\ 水}
$$

已知冰的熔化焓 $\Delta_{fus}H^{\ominus} = 334.7\ \text{J} \cdot \text{g}^{-1}$,水的汽化焓 $\Delta_{vap}H^{\ominus} = 2259\ \text{J} \cdot \text{g}^{-1}$,水的热容为 $4.184\ \text{J} \cdot \text{K}^{-1} \cdot \text{g}^{-1}$。故

$$
\Delta S = \Delta S_1 + \Delta S_2 + \Delta S_3
$$

$$
= \frac{\Delta_{fus}H_m^{\ominus}}{T_{fus}} + C_{p,m}\ln\frac{T_{vap}}{T_{fus}} + \frac{\Delta_{vap}H_m^{\ominus}}{T_{vap}}
$$

$$
= \left(\frac{18 \times 334.7}{273} + 4.184 \times 18 \times \ln\frac{373}{273} + \frac{18 \times 2259}{373} \right) \text{J} \cdot \text{K}^{-1} \cdot \text{mol}^{-1}
$$

$$
= 154.6\ \text{J} \cdot \text{K}^{-1} \cdot \text{mol}^{-1}
$$

例题 7　试求标准压力下,-5 ℃的过冷液体苯变为固体苯的 ΔS,并判断此凝固过程是否可能发生。已知苯的正常凝固点为 5 ℃,在凝固点时熔化焓 $\Delta_{fus}H_m^{\ominus} = 9940\ \text{J} \cdot \text{mol}^{-1}$,液体苯和固体苯的平均定压摩尔热容分别为 $127\ \text{J} \cdot \text{K}^{-1} \cdot \text{mol}^{-1}$ 和 $123\ \text{J} \cdot \text{K}^{-1} \cdot \text{mol}^{-1}$。

解:-5 ℃不是苯的正常凝固点,欲判断此过程能否自动发生,需运用熵判据,即分别求出系统的 ΔS 和实际凝固过程的热温商加以比较,方能做出判断。

(1) 系统 ΔS 的求算。可将此过程设计成下列可逆过程:

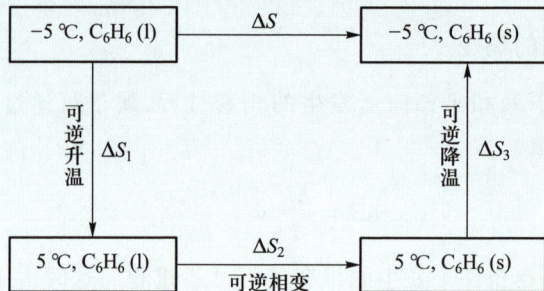

$$
\boxed{-5\ ℃,\ C_6H_6\ (l)} \xrightarrow{\ \Delta S\ } \boxed{-5\ ℃,\ C_6H_6\ (s)}
$$

左侧竖直向下 可逆升温 ΔS_1；右侧竖直向上 可逆降温 ΔS_3

$$
\boxed{5\ ℃,\ C_6H_6\ (l)} \xrightarrow[\text{可逆相变}]{\ \Delta S_2\ } \boxed{5\ ℃,\ C_6H_6\ (s)}
$$

为方便起见,取 1 mol C_6H_6 作为系统,则

$$\Delta S = \Delta S_1 + \Delta S_2 + \Delta S_3$$

$$= C_{p,m}(\text{l}) \ln \frac{T_2}{T_1} - \frac{\Delta_{fus} H_m^\ominus}{T_{fus}} + C_{p,m}(\text{s}) \ln \frac{T_1}{T_2}$$

$$= \left(127 \times \ln \frac{278}{268} - \frac{9940}{278} + 123 \times \ln \frac{268}{278} \right) \text{J} \cdot \text{K}^{-1} \cdot \text{mol}^{-1}$$

$$= -35.62 \text{ J} \cdot \text{K}^{-1} \cdot \text{mol}^{-1}$$

(2) 实际凝固过程热温商的求算。根据 Kirchhoff 方程,首先求得 -5 ℃ 凝固过程的热效应:

$$-\Delta_{fus} H_m^\ominus (268\text{K}) = -\Delta_{fus} H_m^\ominus (278\text{K}) + \int_{278 \text{ K}}^{268 \text{ K}} \Delta C_p \, dT$$

$$= \left[-9940 + (123 - 127) \times (268 - 278) \right] \text{J} \cdot \text{mol}^{-1}$$

$$= -9900 \text{ J} \cdot \text{mol}^{-1}$$

故

$$\frac{Q}{T} = \left(\frac{-9900}{268} \right) \text{J} \cdot \text{K}^{-1} \cdot \text{mol}^{-1} = -36.94 \text{ J} \cdot \text{K}^{-1} \cdot \text{mol}^{-1}$$

由于

$$\Delta S > \frac{Q}{T}$$

因此,根据 Clausius 不等式,此凝固过程可能发生。

习题 15　固体碘化银 AgI 有 α 和 β 两种晶型,这两种晶型的平衡转化温度为 146.5 ℃,由 α 型转化为 β 型时,转化焓等于 6462 J·mol^{-1}。试计算由 α 型转化为 β 型时的 ΔS。　　　　　　　　　　　　　　　　　[答案:15.4 J·K^{-1}·mol^{-1}]

习题 16　已知 Hg(s) 的熔点为 -39 ℃,熔化焓为 2343 J·g^{-1},$C_{p,m}(\text{Hg,l}) = [29.7 - 0.0067(T/\text{K})]$ J·K^{-1}·mol^{-1},$C_{p,m}(\text{Hg,s}) = 26.78$ J·K^{-1}·mol^{-1},试求 50 ℃ 的 Hg(l) 和 -50 ℃ 的 Hg(s) 的摩尔熵之差值。　　　　　　　[答案:2.02 × 10^3 J·K^{-1}·mol^{-1}]

习题 17　1 mol 水在 100 ℃ 及标准压力下向真空蒸发变成 100 ℃ 及标准压力的水蒸气,试计算此过程的 ΔS,并与实际过程的热温商相比较以判断此过程是否为自发过程。(提示:此蒸发过程的 $W = 0$,故所吸收的热不等于正常汽化焓。)

[答案:109.0 J·K^{-1}·mol^{-1};100.7 J·K^{-1}·mol^{-1}]

习题 18　试计算 -10 ℃、标准压力下,1 mol 过冷水变成冰这一过程的 ΔS,并与实际过程的热温商相比较以判断此过程能否进行。已知水和冰的热容分别为 4.184 J·K^{-1}·g^{-1} 和 2.092 J·K^{-1}·g^{-1};0 ℃ 时冰的熔化焓 $\Delta_{fus} H^\ominus = 334.72$ J·g^{-1}。

[答案:-20.7 J·K^{-1}·mol^{-1}; -21.5 J·K^{-1}·mol^{-1}]

习题 19　将 1 kg、– 10 ℃ 的雪,投入一盛有 30 ℃ 的 5 kg 水的绝热容器中,以雪和水作为系统,试计算此过程系统的 ΔS(所需数据见习题 18)。　　　　　[答案: 97 J·K^{-1}]

习题 20　有一带隔板的绝热恒容箱,在隔板两侧分别充以不同温度的 H_2 和 O_2,且 $V_1 = V_2$(见右图)。若将隔板抽去,试求算两种气体混合过程的 ΔS(假设此两种气体均为理想气体)。(提示:先计算系统混合后的平衡温度和压力。)

1 mol O_2	1 mol H_2
10 ℃ , V_1	20 ℃ , V_2

[答案: 11.53 J·K^{-1}]

§2.6　熵的物理意义及规定熵的计算

在热力学第二定律中,用一新的热力学函数——熵来判断过程的方向和限度,但是熵的物理意义究竟是什么,却不像热力学第一定律中的热力学能那样直观和明确。这一节将从统计的角度对熵的物理意义稍加阐述,详细的叙述将在"统计热力学初步"这一章进行。

1. 宏观状态与微观状态

一种指定的宏观状态可由多种微观状态来实现,与某一宏观状态相对应的微观状态的数目,称为该宏观状态的"微观状态数",也称为这一宏观状态的"热力学概率",以符号 Ω 表示。

例如,有一个分成左右等容积的两个小室的盒子,把 4 个小球放入盒中摇晃以后,这些球在盒中的分配共有 16 种可能的方式,如图 2.9 所示,即共有 16 种微观状态($2^4 = 16$)。

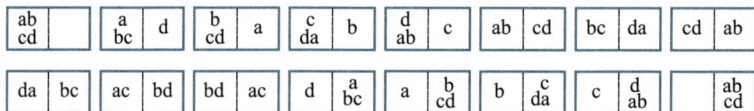

ab cd		a bc	d	b cd	a	c da	b	d ab	c	ab	cd	bc	da	cd	ab
da	bc	ac	bd	bd	ac	d	a bc	a	b da	b	c da	c	d ab		ab cd

图 2.9　系统微观状态示意图

从图 2.9 可以看出,随着球的数目 N 的增加,总的微观状态数 $\Omega = 2^N$ 迅速增加。当球的数目达到气体系统中的气体分子那样多时(如 $N = 10^{24}$),全部分子集中出现在某一侧的微观状态数总是等于 1,而总的微观状态数 $\Omega = 2^N$,却是个相当可观的数目了。

2. 熵是系统混乱度的度量

上例中所有的小球都集中到同一侧的状态称为"有序性"较高的状态,而小球均匀分布的状态称为"无序性"较高或"混乱度"较高的状态。与此类同,气体分子集中在容器一端的状态与气体在容器中均匀分布的状态相比较,两种不同的纯气体分别单独存在的状态与混合均匀的状态相比较,两个温度不同的物体相接触的状态与热传导平衡后两物同温度的状态相比较……都是前一状态有序性较高,而后一状态混乱度较高。可以意识到,有序性高的状态所对应的微观状态数少;混乱度高的状态所对应的微观状态数多。实际上,某热力学状态所对应的微观状态数即热力学概率 Ω,就是系统处于该状态时混乱度的度量。

在热力学过程中,系统热力学概率 Ω 的增减与系统熵 S 的增减是同步的,即热力学概率 Ω 越大,熵越大;反之亦然。统计热力学可证明,二者的函数关系为

$$S = k \ln \Omega \tag{2.18}$$

式中 k 是 Boltzmann 常数。根据这一定量关系,可用熵来度量系统的混乱度。

热力学第二定律指出,一切自发过程的不可逆性均可归结为热功转化的不可逆性,即功可全部转化为热,而热不可能全部转化为功而不留下任何其他变化。因为热是分子混乱运动的表现,而功则与大量分子的有方向运动相联系,即是分子有序运动的表现。从统计的观点看,在孤立系统中有序性较高(混乱度较低)的状态总是要自动向有序性较低(混乱度较高)的状态转变,反之则是不可能的。所以一切自发过程,总的结果都是向混乱度增加的方向进行,这就是热力学第二定律的本质,而作为系统混乱度度量的热力学函数——熵正是反映了这种本质。

3. 热力学第三定律及规定熵的计算

由前述已知,系统的混乱度越低、有序性越高,熵值就越低。对一种物质来说,处于分子只能小幅度运动的液态时比处于分子可做大幅度混乱运动的气态时熵值要低;而分子排列成晶格,只能在结点附近做微小振动的固态的熵值比液态的又低一些。当固态的温度进一步下降时,系统的熵值也进一步下降。对任何物质来说,都存在这种规律。

20 世纪初,人们根据一系列实验现象及进一步的推测,得出了热力学第三定律,内容为:"在 0 K 时,任何纯物质的完美晶体其熵值为零。"

应注意,热力学第三定律所说的是"纯物质"和"完美晶体"其熵值为零,因此对玻璃态物质(它不是完美晶体)和固体溶液(它不是纯物质)来说,其熵值即使在 0 K 时亦不为零。

有了热力学第三定律,就可以求算任何纯物质在某温度 T 时的熵值,这种熵

值是相对于 0 K 而言的,通常称为规定熵。因为

$$\Delta S = S(T) - S(0\ \text{K}) = \int_0^T \frac{C_p}{T} \mathrm{d}T$$

由于规定 $S(0\ \text{K}) = 0$,故 $S(T)$ 可通过实验测得不同温度时热容的数据,再利用上式求得。原则上可以 C_p/T 对 T 作图,得到如图 2.10 的形式,用图解积分法求出曲线下面的面积,即为该物质在该温度下的熵值。但是,实验要在很低的温度下精确测量热容的数据是很困难的,通常在 20 K 以下就要用外推法,此时需用 Debye 公式进行外推。Debye 公式为

$$C_V \approx C_p = \alpha T^3$$

图 2.10   图解积分求规定熵

式中 α 为各种不同物质的特性常数。因此

$$S(T) = \int_0^{T^*} \alpha T^2 \mathrm{d}T + \int_{T^*}^T \frac{C_p}{T} \mathrm{d}T \qquad (2.19)$$

如果在升温过程中,物质发生相变,则需通过下式计算:

$$S(T) = \int_0^{T^*} \alpha T^2 \mathrm{d}T + \int_{T^*}^{T_{\text{fus}}} \frac{C_p}{T} \mathrm{d}T + \frac{\Delta_{\text{fus}}H}{T_{\text{fus}}} + \int_{T_{\text{fus}}}^{T_{\text{vap}}} \frac{C_p}{T} \mathrm{d}T + \frac{\Delta_{\text{vap}}H}{T_{\text{vap}}} + \int_{T_{\text{vap}}}^T \frac{C_p}{T} \mathrm{d}T$$

$$(2.20)$$

本书附录列出了一些物质在 298 K 及标准压力时的摩尔熵值,称为标准规定熵,以 $S_{\text{m}}^{\ominus}$ 表示。有了各种物质的标准规定熵值,就可方便地求算化学反应的 $\Delta_{\text{r}}S_{\text{m}}^{\ominus}$。例如,反应:

$$a\text{A} + b\text{B} =\!=\!= g\text{G} + h\text{H}$$

的熵变即可用下式求算:

$$\Delta_{\text{r}}S_{\text{m}}^{\ominus} = [\,g S_{\text{m}}^{\ominus}(\text{G}) + h S_{\text{m}}^{\ominus}(\text{H})\,] - [\,a S_{\text{m}}^{\ominus}(\text{A}) + b S_{\text{m}}^{\ominus}(\text{B})\,]$$

例题 8   求算反应:

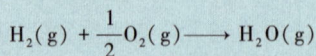

$$\text{H}_2(\text{g}) + \frac{1}{2}\text{O}_2(\text{g}) \longrightarrow \text{H}_2\text{O}(\text{g})$$

在标准压力 $p^{\ominus}$ 及 25℃ 条件下的 $\Delta_{\text{r}}S_{\text{m}}^{\ominus}$。

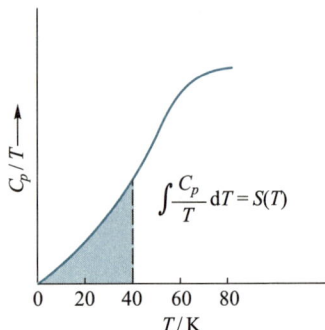

解:查得 298 K 时 $S_m^{\ominus}(H_2,g) = 130.59 \, J \cdot K^{-1} \cdot mol^{-1}$;

$$S_m^{\ominus}(O_2,g) = 205.1 \, J \cdot K^{-1} \cdot mol^{-1};$$

$$S_m^{\ominus}(H_2O,g) = 188.72 \, J \cdot K^{-1} \cdot mol^{-1}$$

所以

$$\Delta_r S_m^{\ominus} = S_m^{\ominus}(H_2O,g) - S_m^{\ominus}(H_2,g) - \frac{1}{2}S_m^{\ominus}(O_2,g)$$

$$= (188.72 - 130.59 - \frac{1}{2} \times 205.1) \, J \cdot K^{-1} \cdot mol^{-1}$$

$$= -44.42 \, J \cdot K^{-1} \cdot mol^{-1}$$

习题 21　利用标准状态下 298 K 的熵值数据,计算下列反应在标准压力及 298 K 条件下的熵变。

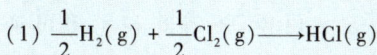

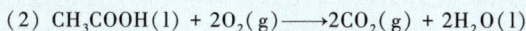

(1) $\frac{1}{2}H_2(g) + \frac{1}{2}Cl_2(g) \longrightarrow HCl(g)$

(2) $CH_3COOH(l) + 2O_2(g) \longrightarrow 2CO_2(g) + 2H_2O(l)$

[答案:8.01 J · K^{-1} · mol^{-1};−2.8 J · K^{-1} · mol^{-1}]

§2.7　Helmholtz 函数与 Gibbs 函数

前已述及,Clausius 不等式:

$$dS \geqslant \frac{\delta Q}{T}$$

其等式表示可逆,不等式表示不可逆。如果将热力学第一定律的结果 $\delta Q = dU - \delta W = dU + p_{外}dV - \delta W'$ 代入上式,可得

$$dS \geqslant \frac{dU + p_{外}dV - \delta W'}{T}$$

或

$$dU + p_{外}dV - TdS \leqslant \delta W' \tag{2.21}$$

式中 $\delta W'$ 为其他形式的功。式(2.21)即为热力学第一定律和热力学第二定律的联合表示式。此式在不同的条件下可演化为不同的形式。

1. 定温定容的系统——Helmholtz 函数 A 的引出

将式(2.21)应用于定温定容条件下系统所发生的变化时,由于 $p_{外}dV = 0$,$TdS = d(TS)$,因此式(2.21)可改写为

$$dU - d(TS) \leqslant \delta W'$$

或
$$d(U - TS)_{T,V} \leqslant \delta W' \qquad (2.22)$$

由于 U、T、S 均为状态函数，故 $(U - TS)$ 亦必然是一状态函数，人们将此新的状态函数称为"Helmholtz 函数"，用符号 A 表示。故 Helmholtz 函数 A 可定义为

$$A = U - TS \qquad (2.23)$$

将此定义式代入式(2.22)，即得

$$(dA)_{T,V} \leqslant \delta W'$$

对有限变化来说，上式可改写为

$$(\Delta A)_{T,V} \leqslant W' \qquad (2.24)$$

ΔA 表示系统 Helmholtz 函数的改变，等式表示可逆，不等式表示不可逆。式 (2.24)表明，在定温定容条件下，系统 Helmholtz 函数的减少，等于可逆过程所做的功；因在定容条件下体积功为零，人们将这种可逆过程中除体积功外的其他功（如电功）称为"最大有效功"，用符号 W'_r 表示。因此

$$(\Delta A)_{T,V} = W'_r \qquad (2.25)$$

这就是说，在定温定容条件下，系统 Helmholtz 函数的减少等于系统所能做的最大有效功（绝对值）。在不可逆过程中，系统所做的有效功 $|W'|$ 一定小于系统 Helmholtz 函数的减少。因此，与熵相同，Helmholtz 函数的变化只有通过可逆过程方可求算，因只有在可逆条件下等式关系才成立。

关于 Helmholtz 函数，还应指出以下几点：

（1）虽然 Helmholtz 函数是在定温定容条件下导出的状态函数，但并不是只有在定温定容条件下才有 Helmholtz 函数的变化，而是只要状态一定，就有一确定的 Helmholtz 函数值。在任意其他条件下的状态变化也有 ΔA，不过这时的 ΔA 不再是系统所能做的最大有效功。

（2）由式(2.21)不难证明，在定温条件下：

$$(\Delta A)_T = W_r \qquad (2.26)$$

这时 Helmholtz 函数的减少等于系统所能做的包括体积功在内的最大功（绝对值）。

（3）在定温定容且不做其他功的条件下，由式(2.24)可得

$$(\Delta A)_{T,V} \begin{cases} < 0 & \text{表示能够发生的不可逆过程} \\ = 0 & \text{表示可逆过程（或平衡）} \\ > 0 & \text{表示不可能发生的过程} \end{cases}$$

2. 定温定压系统——Gibbs 函数 G 的引出

将式(2.21)应用于定温定压条件下系统所发生的变化时,由于 $p_{外}dV = pdV = d(pV)$,$TdS = d(TS)$,因此式(2.21)可改写为

$$dU + d(pV) - d(TS) \leqslant \delta W'$$

或
$$d(H - TS)_{T,p} \leqslant \delta W' \tag{2.27}$$

由于 H、T、S 均为状态函数,故 $(H - TS)$ 亦必然为一状态函数,人们将此新的状态函数称为"Gibbs 函数",用符号 G 表示。故 Gibbs 函数可定义为

$$G = H - TS = U + pV - TS = A + pV \tag{2.28}$$

将此定义式代入式(2.21),可得

$$(dG)_{T,p} \leqslant \delta W' \tag{2.29}$$

对有限的变化来说,上式可改写为

$$(\Delta G)_{T,p} \leqslant W' \tag{2.30}$$

ΔG 表示系统 Gibbs 函数的改变,等式表示可逆,不等式表示不可逆。式(2.30)表明,在定温定压条件下,系统Gibbs函数的减少等于系统所做的最大有效功(绝对值)。即

$$(\Delta G)_{T,p} = W'_r \tag{2.31}$$

与熵和 Helmholtz 函数一样,Gibbs 函数的变化亦只有通过可逆过程方可求算。

关于 Gibbs 函数,亦需指出以下两点:

(1)虽然 Gibbs 函数是在定温定压条件下导出的状态函数,但并不是只有在定温定压下才有 Gibbs 函数的变化,在任意其他条件下,只要有状态变化就有 ΔG,不过这时 ΔG 不是系统的最大有效功。

(2)在定温定压且不做其他功的条件下,由式(2.30)可得

$$(\Delta G)_{T,p} \begin{cases} < 0 & \text{表示能够发生的不可逆过程} \\ = 0 & \text{表示可逆过程(或平衡)} \\ > 0 & \text{表示不可能发生的过程} \end{cases}$$

由上所述,在定温定容或定温定压且不做其他功的条件下,只需根据系统 ΔA 或 ΔG 的正、负号就可判断过程的方向,并不需要实际过程的热温商,这就方便多了,特别是对化学反应来说,通常均在定温定压下进行,因而 Gibbs 函数 G

显得特别重要。

§2.8 热力学函数的一些重要关系式

1. 热力学函数之间的关系

在热力学第一定律和第二定律中,共介绍了 U、H、S、A、G 五个热力学函数,这五个函数之间的关系可由以下几个公式表示:

$$H = U + pV$$

$$A = U - TS$$

$$G = H - TS = U - TS + pV = A + pV$$

这几个公式都是定义式,必须牢记。为便于记忆,以上关系可用图 2.11 表示。

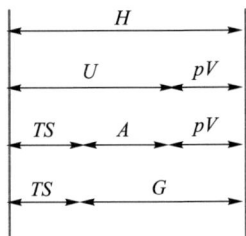

图 2.11 热力学函数间的关系

2. 热力学的基本公式

根据热力学第一定律和第二定律,可知

$$dU = \delta Q + \delta W = \delta Q_r - pdV + \delta W_r'$$

$$dS = \delta Q_r/T$$

将上两式合并可得

$$dU = TdS - pdV + \delta W_r' \tag{2.32}$$

微分 $H = U + pV$,并将上式代入,可得

$$dH = TdS + Vdp + \delta W_r' \tag{2.33}$$

微分 $A = U - TS$,并将式(2.32)代入,可得

$$dA = -SdT - pdV + \delta W_r' \tag{2.34}$$

微分 $G = H - TS$,并将式(2.33)代入,可得

$$dG = -SdT + Vdp + \delta W_r' \tag{2.35}$$

当系统只做体积功、不做其他功时,则 $\delta W_r' = 0$,这时上述四个基本公式可改写为

$$dU = TdS - pdV \tag{2.32a}$$

$$dH = TdS + Vdp \tag{2.33a}$$

$$dA = -SdT - pdV \tag{2.34a}$$

$$dG = -SdT + Vdp \tag{2.35a}$$

这四个公式有些什么限制条件呢?由上四式可看出,U、H、A、G 的变化只是两个变量的函数,因此它们只适用于双变量的密闭系统,亦即它们只适用于单组分单相或多组分但组成不变的单相密闭系统,亦就是无相变和无化学变化的单相系统,但对这种系统的任意状态变化均适用。

式(2.32a)~式(2.35a)这四个公式由热力学第一定律和第二定律结合而成,可称为热力学四个基本公式。这四个公式都是等式,因此似乎必须在可逆过程方能适用,但由于 U、H、A、G 均为状态函数,在始态、终态一定的任意变化中,它们的改变量只取决于始态、终态而与途径无关,只要始态、终态相同,不论是可逆过程或是不可逆过程,其数值的变化均应相同。所以,虽然上述四个基本公式是由可逆过程导出的,但是它们适用于双变量密闭系统的任何过程。

由式(2.32a)~式(2.35a)这四个公式又可派生出其他一些热力学公式。例如,由式(2.32a),在定容下可得

$$\left(\frac{\partial U}{\partial S}\right)_V = T \tag{2.36a}$$

在定熵下即可得

$$\left(\frac{\partial U}{\partial V}\right)_S = -p \tag{2.36b}$$

同理,由式(2.33a)到式(2.35a)分别可得

$$\left(\frac{\partial H}{\partial S}\right)_p = T, \quad \left(\frac{\partial H}{\partial p}\right)_S = V \tag{2.36c}$$

$$\left(\frac{\partial A}{\partial T}\right)_V = -S, \quad \left(\frac{\partial A}{\partial V}\right)_T = -p \tag{2.36d}$$

$$\left(\frac{\partial G}{\partial T}\right)_p = -S, \quad \left(\frac{\partial G}{\partial p}\right)_T = V \tag{2.36e}$$

这些热力学函数关系反映了某个热力学函数随某一变量的偏导数可与某一状态性质在数值上相等的关系,这些关系式在验证和推导其他热力学关系式时很有用处。

3. Maxwell 关系式

设 Z 代表一个状态性质,它是 x、y 这两个参变量的函数,因为 dZ 是全微分,所以有下式:

$$dZ = \left(\frac{\partial Z}{\partial x}\right)_y dx + \left(\frac{\partial Z}{\partial y}\right)_x dy = Mdx + Ndy$$

式中 $M = (\partial Z/\partial x)_y$,$N = (\partial Z/\partial y)_x$,都是 Z 的一阶偏导数。如果求 Z 的二阶偏导数,可得到

$$\frac{\partial^2 Z}{\partial y \partial x} = \left(\frac{\partial M}{\partial y}\right)_x \qquad \frac{\partial^2 Z}{\partial x \partial y} = \left(\frac{\partial N}{\partial x}\right)_y$$

由于 Z 是状态性质,具有二阶偏导数与求导次序无关的性质,因此

$$\left(\frac{\partial M}{\partial y}\right)_x = \left(\frac{\partial N}{\partial x}\right)_y$$

将这一结果运用到式(2.32a)~式(2.35a)中可得

$$\left.\begin{array}{l} \left(\dfrac{\partial T}{\partial V}\right)_S = -\left(\dfrac{\partial p}{\partial S}\right)_V \\[3mm] \left(\dfrac{\partial T}{\partial p}\right)_S = \left(\dfrac{\partial V}{\partial S}\right)_p \\[3mm] \left(\dfrac{\partial S}{\partial V}\right)_T = \left(\dfrac{\partial p}{\partial T}\right)_V \\[3mm] -\left(\dfrac{\partial S}{\partial p}\right)_T = \left(\dfrac{\partial V}{\partial T}\right)_p \end{array}\right\} \qquad (2.37)$$

这四个公式称为 Maxwell 关系式。它们的特点是熵随压力或体积的变化率这些难以由实验测量的偏导数可以由一些易于由实验测量的偏导数来代替,这往往是人们通过数学来推导各种热力学函数关系的重要目的。

例题 9   试证明:

$$\left(\frac{\partial p}{\partial V}\right)_T \left(\frac{\partial V}{\partial T}\right)_p \left(\frac{\partial T}{\partial p}\right)_V = -1$$

解:对一双变量系统来说,设 $T = f(p,V)$,则 T 的全微分表达式为

$$dT = \left(\frac{\partial T}{\partial p}\right)_V dp + \left(\frac{\partial T}{\partial V}\right)_p dV$$

在定温条件下,$dT = 0$,上式即变为

$$\left(\frac{\partial T}{\partial p}\right)_V dp + \left(\frac{\partial T}{\partial V}\right)_p dV = 0$$

$$\left(\frac{\partial T}{\partial p}\right)_V \left(\frac{\partial p}{\partial V}\right)_T = -\left(\frac{\partial T}{\partial V}\right)_p$$

故

$$\left(\frac{\partial p}{\partial V}\right)_T \left(\frac{\partial V}{\partial T}\right)_p \left(\frac{\partial T}{\partial p}\right)_V = -1 \tag{2.38}$$

该式称为循环关系式,对双变量系统来说,任何三个状态性质之间都有这种关系。

例题 10 试证明:

$$\left(\frac{\partial U}{\partial V}\right)_T = T\left(\frac{\partial p}{\partial T}\right)_V - p$$

并由此证明对理想气体而言,热力学能 U 只是温度 T 的函数;而对 van der Waals 气体而言,$\left(\frac{\partial U}{\partial V}\right)_T = \frac{a}{V_m^2}$。

解:根据式(2.32a) $\qquad dU = TdS - pdV$

在定温条件下以 dV 除上式即得 $\qquad \left(\frac{\partial U}{\partial V}\right)_T = T\left(\frac{\partial S}{\partial V}\right)_T - p$

根据 Maxwell 关系式之一,已知 $\qquad \left(\frac{\partial S}{\partial V}\right)_T = \left(\frac{\partial p}{\partial T}\right)_V$

将此式代入上式即得

$$\left(\frac{\partial U}{\partial V}\right)_T = T\left(\frac{\partial p}{\partial T}\right)_V - p \tag{2.39}$$

对理想气体来说,$pV_m = RT$,在定容条件下对 T 求偏导数可得 $\left(\frac{\partial p}{\partial T}\right)_V = \frac{R}{V_m}$,将此结果代入式(2.39)即得

$$\left(\frac{\partial U}{\partial V}\right)_T = T \cdot \frac{R}{V_m} - p = p - p = 0$$

这表明理想气体的热力学能 U 只是温度 T 的函数而与体积 V 无关。对 van der Waals 气体来说,$p = \frac{RT}{V_m - b} - \frac{a}{V_m^2}$,因此

$$\left(\frac{\partial p}{\partial T}\right)_V = \frac{R}{V_m - b}$$

将此代入式(2.39)即得

$$\left(\frac{\partial U}{\partial V}\right)_T = \frac{RT}{V_m - b} - p = \frac{a}{V_m^2} \tag{2.40}$$

这表明 van der Waals 气体的热力学能 U 不仅是 T 的函数,亦是 V 的函数,在定温下其热力学能 U 随体积 V 的增大而增大。

例题 11   试证明气体的 Joule – Thomson 系数为

$$\mu_{J-T} = \left(\frac{\partial T}{\partial p}\right)_H = \frac{1}{C_p}\left[T\left(\frac{\partial V}{\partial T}\right)_p - V\right]$$

解:由循环关系式

$$\left(\frac{\partial T}{\partial p}\right)_H \left(\frac{\partial p}{\partial H}\right)_T \left(\frac{\partial H}{\partial T}\right)_P = -1$$

即

$$\mu_{J-T} = \left(\frac{\partial T}{\partial p}\right)_H = -\frac{1}{C_p}\left(\frac{\partial H}{\partial p}\right)_T$$

根据式(2.33a)

$$dH = TdS + Vdp$$

在定温条件下以 dp 除上式可得

$$\left(\frac{\partial H}{\partial p}\right)_T = T\left(\frac{\partial S}{\partial p}\right)_T + V \tag{2.41}$$

由 Maxwell 关系式之一,已知

$$\left(\frac{\partial S}{\partial p}\right)_T = -\left(\frac{\partial V}{\partial T}\right)_p$$

将此式代入式(2.41)即得

$$\left(\frac{\partial H}{\partial p}\right)_T = -T\left(\frac{\partial V}{\partial T}\right)_p + V$$

故

$$\mu_{J-T} = \frac{-1}{C_p}\left(\frac{\partial H}{\partial p}\right)_T = \frac{1}{C_p}\left[T\left(\frac{\partial V}{\partial T}\right)_p - V\right]$$

习题 22   葡萄糖的氧化反应为

$$C_6H_{12}O_6(s) + 6O_2(g) \Longrightarrow 6CO_2(g) + 6H_2O(l)$$

由量热法测得此反应的 $\Delta_r U_m^\ominus(298\ K) = -2810\ kJ \cdot mol^{-1}$,$\Delta_r S_m^\ominus(298\ K) = 182.4\ J \cdot K^{-1} \cdot mol^{-1}$,试问在定温(298 K)及定容的条件下,利用此反应最多可做出多少有效功?

[答案:$2864\ kJ \cdot mol^{-1}$]

习题 23　试证明：

(1) $\left(\dfrac{\partial U}{\partial V}\right)_p = C_p\left(\dfrac{\partial T}{\partial V}\right)_p - p$

(2) $\left(\dfrac{\partial U}{\partial p}\right)_V = C_V\left(\dfrac{\partial T}{\partial p}\right)_V$

习题 24　试证明：

$$C_p - C_V = T\left(\dfrac{\partial p}{\partial T}\right)_V\left(\dfrac{\partial V}{\partial T}\right)_p$$

习题 25　试证明：

(1) $\left(\dfrac{\partial C_V}{\partial V}\right)_T = T\left(\dfrac{\partial^2 p}{\partial T^2}\right)_V$

(2) $\left(\dfrac{\partial C_p}{\partial p}\right)_T = - T\left(\dfrac{\partial^2 V}{\partial T^2}\right)_p$

习题 26　试证明气体的 Joule 系数有下列关系式：

$$\left(\dfrac{\partial T}{\partial V}\right)_U = \dfrac{p - T\left(\dfrac{\partial p}{\partial T}\right)_V}{C_V}$$

并证明对理想气体来说，$\left(\dfrac{\partial T}{\partial V}\right)_U = 0$；对 van der Waals 气体来说，$\left(\dfrac{\partial T}{\partial V}\right)_U = -\dfrac{1}{C_V}\cdot\dfrac{a}{V_{\mathrm{m}}^2}$。

§2.9　ΔG 的计算

Gibbs 函数 G 在化学中是极为重要的、应用得最广泛的热力学函数，ΔG 的求算在一定程度上比 ΔS 的求算更为重要。当然 ΔG 与 ΔS 一样，只有通过可逆过程方能计算，因为只有在可逆过程中等式关系才成立。因此，有时需设计始态、终态相同的可逆过程来求算不可逆过程的 ΔG。下面就常见的几种 ΔG 的计算做一些介绍。

1. 简单状态变化的定温过程的 ΔG

对双变量系统的任意过程均可用式(2.35a)：

$$\mathrm{d}G = -S\mathrm{d}T + V\mathrm{d}p$$

对定温过程来说，$\mathrm{d}T = 0$，上式可写为

$$dG = Vdp$$

或
$$\Delta G = \int Vdp \qquad (2.42)$$

当理想气体的物质的量为 n 时，则

$$\Delta G = \int_{p_1}^{p_2} Vdp = \int_{p_1}^{p_2} \frac{nRT}{p}dp = nRT\ln\frac{p_2}{p_1} \qquad (2.43)$$

例题 12　在 27 ℃时,1 mol 理想气体由 10^6 Pa 定温膨胀至 10^5 Pa,试计算此过程的 ΔU、ΔH、ΔS、ΔA 及 ΔG。

解：因理想气体的 U 和 H 只与温度有关,现温度不变,故

$$\Delta U = 0 \qquad \Delta H = 0$$

$$\Delta S = R\ln\frac{p_1}{p_2} = \left(8.314 \times \ln\frac{10^6}{10^5}\right) \text{J} \cdot \text{K}^{-1} = 19.14 \text{ J} \cdot \text{K}^{-1}$$

$$\Delta A = -\int pdV = -RT\ln\frac{p_1}{p_2} = \left(-8.314 \times 300 \times \ln\frac{10^6}{10^5}\right) \text{J} = -5743 \text{ J}$$

$$\Delta G = \int Vdp = RT\ln\frac{p_2}{p_1} = -5743 \text{ J}$$

习题 27　10 g 理想气体氦在 127 ℃时压力为 5×10^5 Pa,今在定温下外压恒定为 10^6 Pa 进行压缩,计算此过程的 Q、W、ΔU、ΔH、ΔS、ΔA 及 ΔG。

[答案：$Q = -8.31 \times 10^3$ J；$W = 8.31 \times 10^3$ J；$\Delta U = \Delta H = 0$；
$\Delta S = -14.4$ J·K^{-1}；$\Delta A = \Delta G = 5.76 \times 10^3$ J]

习题 28　设有 300 K 的 1 mol 理想气体做定温膨胀,起始压力为 1.5×10^6 Pa,终态体积为 10 dm^3,试计算此过程的 ΔU、ΔH、ΔS、ΔA 和 ΔG。

[答案：$\Delta U = \Delta H = 0$；$\Delta S = 14.9$ J·K^{-1}；$\Delta A = \Delta G = -4.47 \times 10^3$ J]

习题 29　在 20 ℃时,将 1 mol $C_2H_5OH(1)$ 的外压由 10^5 Pa 升高到 2.5×10^6 Pa,试计算此过程的 ΔG。已知 $C_2H_5OH(1)$ 的状态方程为 $V_m = V_{m,0}(1 - \beta p)$,其中 $\beta = 1.04 \times 10^{-9}$ Pa^{-1}；同时在 20 ℃及标准压力时,$C_2H_5OH(1)$ 的密度为 0.789 g·cm^{-3}。

[答案：140 J]

习题 30　如下图所示的定容容器定温为 T。左方理想气体 A 的物质的量为 n_A,压力为 10^5 Pa,体积为 V_A；右方理想气体 B 的物质的量为 n_B,压力为 10^5 Pa,体积为 V_B。抽除隔板后,A、B 达均匀混合。求混合过程 Gibbs 函数变化的表示式。

$$\boxed{\begin{array}{c|c} n_A & n_B \\ \hline V_A & V_B \end{array}} \xrightarrow{\text{混合}} \boxed{\begin{array}{c} n_A + n_B \\ \hline V_A + V_B \end{array}}$$

2. 物质发生相变过程的 ΔG

（1）如果始态和终态的两个相是平衡的,而且温度和压力均相同,则由始态到终态的相变过程 Gibbs 函数变化等于零($\Delta G = 0$)。

（2）如果始态和终态的两个相是不平衡的,则应当设计可逆过程来计算其 ΔG。

例题 13 已知 25 ℃ 及标准压力下有以下数据:

物质	摩尔熵 $S_m^{\ominus}(298\ K)$ $J \cdot K^{-1} \cdot mol^{-1}$	燃烧焓 $\Delta_c H_m^{\ominus}$ $kJ \cdot mol^{-1}$	密度 ρ $g \cdot cm^{-3}$
C(石墨)	5.6940	− 393.514	2.260
C(金刚石)	2.4388	− 395.410	3.513

（1）求 25 ℃ 及标准压力下石墨变成金刚石的 $\Delta_{trs} G_m^{\ominus}$,并判断过程能否自发;

（2）加压能否使石墨变成金刚石? 如果可能,25 ℃ 时,压力需为多少?

解:（1）$\Delta_{trs} H_m^{\ominus} = \Delta_c H_m^{\ominus}(石墨) - \Delta_c H_m^{\ominus}(金刚石)$

$$= (- 3.93514 + 3.95410) \times 10^5\ J \cdot mol^{-1} = 1896\ J \cdot mol^{-1}$$

$\Delta_{trs} S_m^{\ominus} = S_m^{\ominus}(金刚石) - S_m^{\ominus}(石墨)$

$$= (2.4388 - 5.6940) J \cdot K^{-1} \cdot mol^{-1} = - 3.2552\ J \cdot K^{-1} \cdot mol^{-1}$$

$\Delta_{trs} G_m^{\ominus} = \Delta_{trs} H_m^{\ominus} - T\Delta_{trs} S_m^{\ominus}$

$$= (1896 + 298 \times 3.2552) J \cdot mol^{-1} = 2866\ J \cdot mol^{-1}$$

因为 $\Delta G_{T,p} > 0$,故在 25 ℃ 及标准压力下石墨不能自发变成金刚石。

（2）根据式(2.36e):

$$\left(\frac{\partial \Delta G}{\partial p}\right)_T = \left[\frac{\partial G_m(金刚石)}{\partial p}\right]_T - \left[\frac{\partial G_m(石墨)}{\partial p}\right]_T$$

$$= V_m(金刚石) - V_m(石墨)$$

$$(\Delta G)_{p_2} - (\Delta G)_{p^{\ominus}} = \int_{p^{\ominus}}^{p_2} [V_m(金刚石) - V_m(石墨)]dp$$

当 $(\Delta G)_{p_2} = 0$ 时,压力是 p_2,这是开始能实现石墨变成金刚石的转变压力。因此

$$\int_{p^{\ominus}}^{p_2} \left[V_{\mathrm{m}}(金刚石) - V_{\mathrm{m}}(石墨) \right] \mathrm{d}p = -(\Delta G)_{p^{\ominus}}$$

$$\int_{p^{\ominus}}^{p_2} \left(\frac{12.00}{3.513} - \frac{12.00}{2.260} \right) \times 10^{-6} \mathrm{d}p = \left[-1.894 \times 10^{-6}(p_2 - p^{\ominus}) \right] \mathrm{m}^3 \cdot \mathrm{mol}^{-1}$$

$$= -2866 \ \mathrm{J} \cdot \mathrm{mol}^{-1} = -2866 \ \mathrm{Pa} \cdot \mathrm{m}^3 \cdot \mathrm{mol}^{-1}$$

$$p_2 = 1.51 \times 10^9 \ \mathrm{Pa}$$

由此例可知,在 25 ℃ 时,压力需 1.5×10^9 Pa(约相当于大气压的 15000 倍)才可使石墨变成金刚石。

目前,采用高压方法在高温和催化剂存在的情况下将石墨转化为金刚石的方法已经广泛应用于工业生产。

例题 14　已知 25 ℃ 液体水的饱和蒸气压为 3168 Pa。试计算 25 ℃ 及标准压力的过冷水蒸气变成同温同压的液态水的 ΔG,并判断过程能否进行。

解:在始态、终态之间,可设计下列可逆过程:

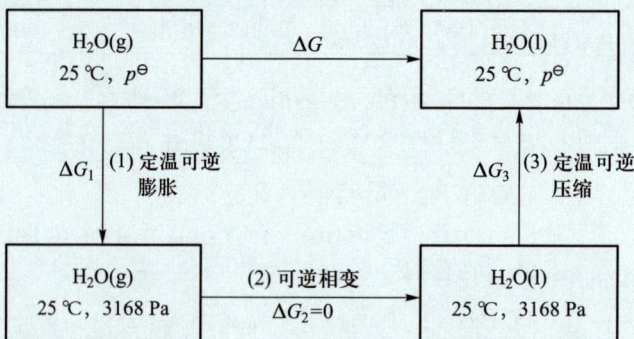

$$\Delta G_1 = nRT\ln\frac{p_2}{p_1} = \left(1 \times 8.314 \times 298 \times \ln\frac{3168}{10^5} \right) \mathrm{J} = -8553 \ \mathrm{J}$$

$$\Delta G_2 = 0$$

$$\Delta G_3 = \int_{p_1}^{p_2} V_{\mathrm{m}}(1) \mathrm{d}p = V_{\mathrm{m}}(1)(p_2 - p_1)$$

$$= \left[18 \times 10^{-6} \times (10^5 - 3168) \right] \mathrm{J} = 1.74 \ \mathrm{J} \approx 2 \ \mathrm{J}$$

$$\Delta G = \Delta G_1 + \Delta G_2 + \Delta G_3 = -8553 \ \mathrm{J} + 0 + 2\mathrm{J} = -8551 \ \mathrm{J} < 0$$

此过程可以进行。

由此例的计算可知,凝聚相(即液相或固相)定温改变压力的过程与气相的同类过程相比较,其 ΔG 是很小的,常常可以忽略不计。

习题 31 计算下列过程的 ΔG。

(1) 1 mol 100 ℃及标准压力下的水,定温定压蒸发成 100 ℃及标准压力的水蒸气;

(2) 1 mol 0 ℃及标准压力下的冰,熔化为 0 ℃及标准压力的水;

(3) 1 mol 100 ℃及标准压力下的水,向真空蒸发成 100 ℃及标准压力的水蒸气。

[答案: (1) 0;(2) 0;(3) 0]

习题 32 已知在 100 ℃及标准压力下水的蒸发焓为 2259 J·g^{-1},求 100 ℃及标准压力的 1 mol 水变为 100 ℃、5×10^4 Pa 的水蒸气的 ΔU、ΔH、ΔA、ΔG。

[答案: 3.76×10^4 J;4.07×10^4 J; -5.25×10^3 J; -2.15×10^3 J]

习题 33 试计算 -5 ℃及标准压力的 1 mol 水变成同温同压的冰的 ΔG,并判断此过程能否自发进行。已知 -5 ℃时水和冰的饱和蒸气压分别为 422 Pa 和 402 Pa。

[答案: -108 J]

习题 34 求 1 mol 苯的下列诸过程的 ΔA 和 ΔG,温度为苯的沸点 80 ℃,假设苯蒸气是理想气体,并问,根据计算结果能否判断变化方向?

(1) 苯$(1,p^{\ominus})$ ——→ 苯$(g, p^{\ominus})$

(2) 苯$(1,p^{\ominus})$ ——→ 苯$(g,9.00 \times 10^4$ Pa$)$

(3) 苯$(1,p^{\ominus})$ ——→ 苯$(g,1.10 \times 10^5$ Pa$)$

[答案: (1) -2.94×10^3 J,0;(2) -3.29×10^3 J,-348 J;(3) -2.70×10^3 J,241 J]

习题 35 若 -5 ℃固体苯的蒸气压为 2280 Pa,-5 ℃过冷液体苯在凝固时的 $\Delta S_m^{\ominus} = -35.65$ J·K^{-1}·mol^{-1},放热 9874 J·mol^{-1},试求 -5 ℃液态苯的饱和蒸气压为何值?

[答案: 2632 Pa]

习题 36 在 -5 ℃时,过冷液体苯的蒸气压为 2632 Pa,而固态苯的蒸气压为 2280 Pa。已知 1 mol 过冷液体苯在 -5 ℃凝固时 $\Delta S_m^{\ominus} - 35.65$ J·K^{-1}·mol^{-1},气体为理想气体,求该凝固过程的 ΔG 及 ΔH。

[答案: -320 J; -9874 J]

习题 37 在 298 K 及标准压力下有下列相变过程:

$$CaCO_3(文石) \longrightarrow CaCO_3(方解石)$$

已知此过程的 $\Delta_{trs} G_m^{\ominus} = -800$ J·mol^{-1},$\Delta_{trs} V_m^{\ominus} = 2.75$ cm^3·mol^{-1}。试问在 298 K 时最少需加多大压力方能使文石成为稳定相?

[答案: 2.91×10^8 Pa]

3. 化学反应的 ΔG

关于化学反应 ΔG 的求算,在后面化学平衡一章中将详细介绍。这里只介绍一种简便的由状态函数求算的方法。根据 G 的定义式:

$$G = H - TS$$

对一定温定压下的化学反应来说,有

$$\Delta G = \Delta H - T\Delta S \qquad (2.44)$$

因此,可根据此反应的 ΔH 和 ΔS 用上式求算其 ΔG,而反应的 ΔH 可由标准生成焓求得,ΔS 可由物质的标准规定熵求得。

例题 15 试计算下列反应在 25℃下,标准压力时的 ΔG。

$$H_2O(g) + CO(g) \Longrightarrow CO_2(g) + H_2(g)$$

并判断此反应在此条件下能否自发。

解:查表可得 298 K 时的下列数据:

物质	$H_2(g)$	$CO_2(g)$	$H_2O(g)$	$CO(g)$
$\Delta_f H_m^\ominus/(kJ \cdot mol^{-1})$	0	-393.5	-241.8	-110.5
$S_m^\ominus/(J \cdot K^{-1} \cdot mol^{-1})$	130.5	213.8	188.7	197.9

因此 $\Delta_r H_m^\ominus = [\Delta_f H_m^\ominus(CO_2,g) + \Delta_f H_m^\ominus(H_2,g)] - [\Delta_f H_m^\ominus(H_2O,g) + \Delta_f H_m^\ominus(CO,g)]$

$\qquad = [(-393.5 + 0) - (-241.8 - 110.5)] \; kJ \cdot mol^{-1}$

$\qquad = -41.2 \; kJ \cdot mol^{-1}$

$\Delta_r S_m^\ominus = [S_m^\ominus(CO_2,g) + S_m^\ominus(H_2,g)] - [S_m^\ominus(H_2O,g) + S_m^\ominus(CO,g)]$

$\qquad = [(130.5 + 213.8) - (188.7 + 197.9)] \; J \cdot K^{-1} \cdot mol^{-1}$

$\qquad = -42.3 \; J \cdot K^{-1} \cdot mol^{-1}$

$\Delta G = \Delta_r G_m^\ominus = \Delta_r H_m^\ominus - T\Delta_r S_m^\ominus$

$\qquad = [-41200 - 298 \times (-42.3)] \; J \cdot mol^{-1} = -2.86 \times 10^4 \; J \cdot mol^{-1}$

所以此反应在此条件下可自发进行。

4. ΔG 随温度 T 的变化——Gibbs – Helmholtz 公式

一定温度下某个相变或化学变化:

$$A \longrightarrow B$$

则
$$\Delta G = G_B - G_A$$

欲求 ΔG 随 T 的变化可将上式在定压下对 T 求偏导数,即得

$$\left[\frac{\partial(\Delta G)}{\partial T}\right]_p = \left(\frac{\partial G_B}{\partial T}\right)_p - \left(\frac{\partial G_A}{\partial T}\right)_p$$

$$= -S_B - (-S_A) = -\Delta S \qquad (2.45)$$

将 $\Delta G = \Delta H - T\Delta S$ 代入式(2.45),又可得

$$T\left[\frac{\partial(\Delta G)}{\partial T}\right]_p = \Delta G - \Delta H \qquad (2.46)$$

利用分数的微分公式,还可将式(2.46)改写为

$$\left[\frac{\partial(\Delta G/T)}{\partial T}\right]_p = -\frac{\Delta H}{T^2} \qquad (2.47)$$

式(2.45)~式(2.47)为 Gibbs – Helmholtz 公式的三种不同形式。有了这些公式,就可由某一温度下的 ΔG 求算另一温度下的 ΔG。

例题 16 反应:

$$2SO_3(g,p^\ominus) \Longrightarrow 2SO_2(g,p^\ominus) + O_2(g,p^\ominus)$$

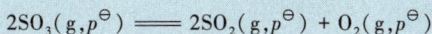

在 25 ℃ 时,$\Delta_r G_m^\ominus = 1.4000 \times 10^5 \text{ J} \cdot \text{mol}^{-1}$,已知反应的 $\Delta_r H_m^\ominus = 1.9656 \times 10^5 \text{ J} \cdot \text{mol}^{-1}$,且不随温度而变化,求反应在 600 ℃下进行的 $\Delta_r G_m^\ominus(873 \text{ K})$。

解:根据式(2.47) $$\left[\frac{\partial(\Delta G/T)}{\partial T}\right]_p = -\frac{\Delta H}{T^2}$$

则

$$\left(\frac{\Delta G}{T}\right)_{T_2} - \left(\frac{\Delta G}{T}\right)_{T_1} = \int_{T_1}^{T_2} -\left(\frac{\Delta H}{T^2}\right) dT = \Delta H\left(\frac{1}{T_2} - \frac{1}{T_1}\right)$$

$$\Delta_r G_m^\ominus(873 \text{ K}) = \left[873 \times \left(\frac{1.4000 \times 10^5}{298} + 1.9656 \times 10^5 \times \frac{298 - 873}{873 \times 298}\right)\right] \text{ J} \cdot \text{mol}^{-1}$$
$$= 3.090 \times 10^4 \text{ J} \cdot \text{mol}^{-1}$$

习题 38 试根据标准摩尔生成焓 $\Delta_f H_m^\ominus(298 \text{ K})$ 和标准摩尔规定熵 $S_m^\ominus(298 \text{ K})$ 的数据,求算下列反应的 $\Delta_r G_m^\ominus(298 \text{ K})$。所需数据自行查表。

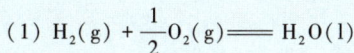

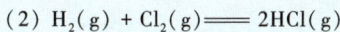

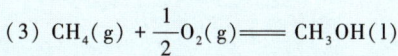

(1) $H_2(g) + \frac{1}{2}O_2(g) \Longrightarrow H_2O(l)$

(2) $H_2(g) + Cl_2(g) \Longrightarrow 2HCl(g)$

(3) $CH_4(g) + \frac{1}{2}O_2(g) \Longrightarrow CH_3OH(l)$

[答案:$-237.2 \text{ kJ} \cdot \text{mol}^{-1}$;$-189.4 \text{ kJ} \cdot \text{mol}^{-1}$;$-115.5 \text{ kJ} \cdot \text{mol}^{-1}$]

习题 39 合成氨反应:

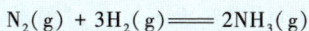

$$N_2(g) + 3H_2(g) \Longrightarrow 2NH_3(g)$$

已知在 25 ℃ 及标准压力下,$\Delta_r G_m^\ominus(298 \text{ K}) = -33.26 \text{ kJ} \cdot \text{mol}^{-1}$,$\Delta_r H_m^\ominus(298 \text{ K}) = -92.38 \text{ kJ} \cdot \text{mol}^{-1}$,假设此反应的 $\Delta_r H_m^\ominus$ 不随 T 而变化,试求算在 500 K 时此反应的 $\Delta_r G_m^\ominus$。并说明温度升高对此反应是否有利。   [答案:$6.82 \text{ kJ} \cdot \text{mol}^{-1}$]

习题 40   试判断在 10 ℃及标准压力下,白锡、灰锡哪一种晶型稳定。已知在 25℃及标准压力下有下列数据:

物质	$\Delta_f H_m^\ominus/(J \cdot mol^{-1})$	$S_m^\ominus/(J \cdot K^{-1} \cdot mol^{-1})$	$C_{p,m}/(J \cdot K^{-1} \cdot mol^{-1})$
白锡	0	52.30	26.15
灰锡	-2197	44.76	25.73

[答案:灰锡]

*§2.10   非平衡态热力学简介

建立在两条经验定律基础上的经典热力学,在指定的范围内具有高度的可靠性和普适性,但它也有一定的局限性。经典热力学研究的是大量粒子集合体的宏观性质,而不是单个粒子的个别行为,也不包含时间变量,它所研究的是处于平衡状态的封闭系统或由一个平衡态过渡到另一个平衡态的过程,故此又称为平衡态热力学。自然界存在大量平衡态或近似平衡态的问题需要研究,这使经典热力学大有用武之地,但自然界也同样存在大量非平衡态和敞开系统的问题需要研究。例如,生物有机体通过不断进化变得更复杂有序,许多树叶、花朵乃至蝴蝶翅膀上的花纹呈现出规则的图案;无生命系统也有许多自发形成有序结构的现象,如水蒸气凝结为有序的雪花,溶液可以在一定条件下析出排列有序的晶体,颜色呈周期变化的化学振荡反应等。这使经典热力学无能为力。

20 世纪中叶,Onsager 和 Prigogine 等人将经典热力学的研究方法,从封闭系统推广到敞开系统,从平衡态推广到非平衡态,形成一门新的学科,叫做非平衡态热力学(或称不可逆过程热力学)。本节对非平衡态热力学最基本的概念作一简要的介绍。

1. 熵产生和熵流

在孤立系统中有

$$dS(孤立) \geqslant 0 \tag{2.48}$$

因此在孤立系统中熵永不减少,若发生不可逆过程系统必然趋于无序。

在封闭系统中:

$$dS \geqslant \frac{\delta Q}{T} \tag{2.49}$$

把式(2.49)改写为

$$dS = \frac{\delta Q}{T} + d_i S = d_e S + d_i S \qquad (2.50)$$

$d_i S$ 称熵产生,由系统内部不可逆过程(如扩散、传热、化学反应等)引起。$d_e S$ 称熵流,是系统与环境交换能量引起的。若在敞开系统中式(2.50)也正确,只是 $d_e S$ 是系统与环境交换能量和物质引起的,如图 2.12 所示。

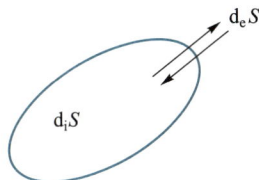

图 2.12 熵产生和熵流

对于孤立系统,$d_e S = 0$,则

$$dS = d_i S \geqslant 0 \qquad (2.51)$$

对于封闭系统可逆过程,$d_i S = 0$,则

$$dS = d_e S = \frac{\delta Q}{T}$$

$d_i S$ 是由系统内部不可逆过程产生的,由式(2.51)得出它总是大于零,而在可逆过程中等于零:

$$d_i S \geqslant 0 \qquad (2.52)$$

式(2.52)是热力学第二定律最普遍的表述(不局限于孤立系统)。

$d_e S$ 的符号可正可负,根据式(2.50),dS 的符号也可正可负。在敞开系统中发生不可逆过程 $d_i S>0$,但由于系统和环境之间能量和物质的交换,可形成负熵流 $d_e S<0$,若两者数值相当,则 $dS = 0$,系统处于非平衡定态。若负熵流大于内部熵产生,即使系统的熵减少,系统将趋于有序,如过冷水的结冰等。在生物体内发生许多不可逆过程,如生化反应、各种物质的输运过程,$d_i S>0$,但由于生物体同环境有热量交换也有物质交换,如进食、排泄、出汗等,形成负熵流,因而使生物系统处于非平衡定态。

2. 熵产生公式

以传热不可逆过程为例,考虑一孤立系统中两部分 a 和 b 用透热板隔开,两部分温度分别为 T_a 和 T_b($T_a > T_b$),系统 a 将通过透热板传热量 δQ 给 b(见图 2.13)。这是个不可逆过程,在此过程中熵产生为

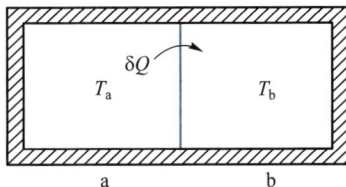

图 2.13 传热不可逆过程

$$d_i S = \delta Q \left(\frac{1}{T_b} - \frac{1}{T_a} \right) = \frac{\delta Q}{T_b} - \frac{\delta Q}{T_a}$$

单位时间系统的熵产生率 σ 为

$$\sigma = \frac{d_i S}{dt} = \frac{\delta Q}{dt} \left(\frac{1}{T_b} - \frac{1}{T_a} \right) \tag{2.53}$$

式(2.53)中 $\delta Q / dt$ 表示单位时间的热流量,称为"流",用 $J_{热}$ 表示。$\left(\frac{1}{T_b} - \frac{1}{T_a} \right)$ 则是决定热流方向的,是推动不可逆过程的"力",用 $X_{热}$ 表示。则

$$\sigma = J_{热} X_{热} \tag{2.54}$$

因为 $\sigma = d_i S / dt \geqslant 0$,所以 J 和 X 是同号的,若 $X = 0$,则 $J = 0, \sigma = 0$。

流是相应力引起的,力大则流大,若力不太大即在接近平衡态的范围内,流和力之间有线性关系:

$$J = LX \tag{2.55}$$

L 是标量,称唯象系数。

若系统中存在多种不可逆过程,有多种力和多种流,如温差引起热流,电势差引起电流,浓度差引起扩散,化学亲和势引起化学反应……则系统总的熵产生率为

$$\sigma = \frac{d_i S}{dt} = \sum_k J_k X_k \tag{2.56}$$

此时第一种力对每一种流均有线性关系影响。

$$J_i = \sum_{j=1}^{k} L_{ij} X_j \quad (i = 1, 2, \cdots, k) \tag{2.57}$$

例如,有两种不可逆过程,式(2.57)为

$$J_1 = L_{11} X_1 + L_{12} X_2$$
$$J_2 = L_{21} X_1 + L_{22} X_2$$

L_{11} 和 L_{22} 表示两种单一不可逆过程的唯象系数,L_{12} 和 L_{21} 表示两种不可逆过程相互作用的唯象系数,Onsager 证明在接近平衡态的线性不可逆过程范围内唯象系数之间关系为

$$L_{ij} = L_{ji} \tag{2.58}$$

$$L_{12} = L_{21}$$

式(2.58)称 Onsager 倒易关系。

这表示第一种力对第二种流的影响和第二种力对第一种流影响的线性唯象系数相同。式(2.58)是线性非平衡态热力学的基本定理,Onsager 由此获得1968 年诺贝尔化学奖。

3. 最小熵产生原理和耗散结构

在推动不可逆过程的力不大的情况下,系统处于近平衡态的线性区,由于负熵流可以形成稳定态(非平衡定态),Prigogine 利用 Onsager 倒易关系式(2.58)证明了在线性区内非平衡定态必有

$$\frac{\mathrm{d}\sigma}{\mathrm{d}t} \leqslant 0 \tag{2.59}$$

式(2.59)称最小熵产生原理。

$\mathrm{d}\sigma/\mathrm{d}t$ 表示由于系统不可逆过程引起熵产生率对时间的变化率($\mathrm{d}_i^2 S/\mathrm{d}t^2$)。式(2.59)表示在线性范围内系统熵产生率随时间而减少,直至 $\mathrm{d}\sigma/\mathrm{d}t = 0$ 系统熵产生率达极小,此时系统处于非平衡定态。若取消外界约束(取消“力”),系统最终趋于平衡态。因此,在线性区内系统不会形成时空有序结构。

随推动不可逆过程力增大,系统将渐渐远离平衡态,线性关系不复存在而进入非线性区,Prigogine 发现当外界约束达到某一临界值(阈值)时,无序态可能失去稳定性,而自发产生某种新的、可能是时空有序的状态。由于这种状态的形成和维持需要消耗能量,Prigogine 称为耗散结构。耗散结构说明非平衡态和不可逆过程也可以建立有序结构。

耗散结构理论对热力学理论发展具有重大意义,它的影响涉及化学、物理、天文、生物等领域,对人们认识生命过程、生命进化、宇宙的演化等均提供新的启示,为此 Prigogine 获 1977 年诺贝尔化学奖。

该学科的理论体系至今还不够成熟和完善,但在许多领域已得到广泛应用,如热电效应、化学振荡、不可逆电极过程,尤其是生物系统等。有兴趣的读者可参阅有关专著❶。

---

❶ 李如生. 非平衡态热力学和耗散结构. 北京:清华大学出版社,1986.

思考题

1. 你能设计出 A 和 B 两种理想气体在定温下混合的可逆过程吗？假设这两种气体开始时的压力均为 p，但物质的量并不相同，试根据你所设计的可逆过程推导出求算此混合过程可逆功的公式。

2. 试证明两块质量相同、温度不同的同种铁片相接触时，热的传递是不可逆过程。

3. 试说明在绝热不可逆过程中，若系统的熵会减少，则可能设计出第二类永动机。

4. 在 25 ℃ 及标准压力下，氢原子能自发地形成 H_2：

$$2H \longrightarrow H_2$$

此系统的 $\Delta S = S_m^{\ominus}(H_2) - 2S_m^{\ominus}(H) = -90.4 \text{ J} \cdot \text{K}^{-1} \cdot \text{mol}^{-1}$。尽管 ΔS 为负值，但此变化仍然能自动发生。这个反应违反热力学第二定律吗？如何解释？

5. 试根据式(2.21)，推导在何种条件下，亦可用 U 和 H 来判断过程的方向和限度。

6. 一理想气体系统自某一始态出发，分别进行可逆的定温膨胀和不可逆的定温膨胀，能否达到同一终态？若自某一始态出发，分别进行可逆的绝热膨胀和不可逆的绝热膨胀，能否达到同一终态，为什么？

7. 试在理想气体的 p-V 图上证明如下结论：

（1）两条绝热可逆线不会相交；

（2）两条定温可逆线不会相交；

（3）一条绝热可逆线与一条定温可逆线只能相交一次；

（4）理想气体自状态 A 出发，无论是进行绝热膨胀还是绝热压缩，所能达到的终点必在 A 所在的可逆绝热线上或其右侧，而不可能在其左侧。

8. 试证明系统经绝热不可逆过程由状态 A 变到状态 B 之后，不可能经过任何一可逆或不可逆的绝热过程使系统由状态 B 回到状态 A。

9. 如右图所示，1 mol 理想气体始态为 A，终态为 B，其变化可由两个途径分别完成：$A \xrightarrow{(1)} C \xrightarrow{(2)} B$ 及 $A \xrightarrow{(3)} B$，试证明：

（1）$Q_1 + Q_2 \neq Q_3$

（2）$\Delta S_1 + \Delta S_2 = \Delta S_3$

10. 试分别以 T-p、T-S、U-S、S-V 及 T-H 为坐标，绘出理想气体 Carnot 循环的图形。

11. 试从理想气体的 T-S 图上说明下列结论：

（1）任何两条定压线在相同温度下有相同的斜率；

（2）任何两条定容线在相同温度下有相同的斜率；

（3）在相同温度下，定容线的斜率大于定压线的斜率，两者斜率之比为 C_p/C_V。

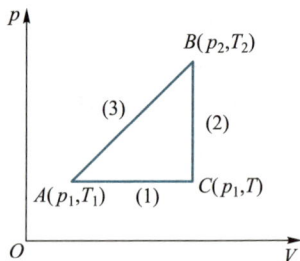

12. 试辨别以下计算 ΔS 的方法是否正确?

(1) 某一化学反应的热效应 $\Delta_r H_m^{\ominus}$ 被反应温度 T 除,即得此反应的 $\Delta_r S_m^{\ominus}$;

(2) 在定压下用酒精灯加热某物质,该物质的 ΔS 为 $\int_{T_1}^{T_2} \dfrac{C_p dT}{T}$。

13. 试根据熵的统计意义定性地判断下列过程中系统的熵变大于零还是小于零?

(1) 水蒸气冷凝成水;

(2) $CaCO_3(s) \longrightarrow CaO(s) + CO_2(g)$;

(3) 乙烯聚合成聚乙烯;

(4) 气体在催化剂表面上吸附。

14. 非自发过程,即外界向系统施加其他功而被迫发生的不可逆过程,如电解水的过程,是符合 $dS > \delta Q/T$ 一式,还是满足 $dS < \delta Q/T$ 一式?

15. 试指出在下述过程中,系统的 ΔU、ΔH、ΔS、ΔA、ΔG 中何者为零?

(1) 非理想气体 Carnot 循环;

(2) H_2 和 O_2 在绝热的弹式容器中反应生成 H_2O;

(3) 实际气体节流膨胀;

(4) 液态水在 100 ℃ 及标准压力下蒸发成水蒸气。

16. 100 ℃ 及标准压力的 1 mol 水与 100 ℃ 的恒温热源相接触,使它向真空器皿蒸发,完全变成 100 ℃ 及标准压力的水蒸气,该过程的 ΔG 为多少? 该过程是不是定温定压过程? 能否用 ΔG 值判断其自发与否及是否平衡?

17. 试判断下列过程的 Q、W、ΔU、ΔH、ΔS、ΔA、ΔG 值大于零、等于零、小于零,还是不能确定?

(1) 理想气体从 V_1 自由膨胀(向真空膨胀)变到 V_2;

(2) 如下图所示,在绝热定容器皿中,两种理想气体混合。以器皿内的全部气体为系统。

| 理想气体 A
0 ℃, p°
n_1 | 理想气体 B
0 ℃, $p^{\ominus}$
n_2 | 抽去隔板 → | 混合理想气体 A 和 B
0 ℃, $p^{\ominus}$
$n_1 + n_2$ |

18. 试判断下列变化中,系统的 ΔS、ΔA、ΔG 值大于零、等于零、小于零,还是不能确定?

(1) 在 100 ℃ 及标准压力下,水变为水蒸气;

(2) 在绝热定容器皿中,两种温度不同的理想气体混合。以器皿内的全部气体为系统。

19. 试证明:温度为 T、压力为 $p^{\ominus}$ 的数种纯态理想气体,混合成温度为 T、总压力为 $p^{\ominus}$ 的混合理想气体时,过程的 ΔG 必小于零。

教学课件

拓展例题

第三章

化学势

§3.1　偏摩尔量

　　前两章所讨论的热力学系统多数都是由纯物质组成的,称为单组分系统。描述单组分密闭系统的状态,只需要两个状态性质(如 T 和 p)就可以了。但是,在研究化学问题的过程中,时常会遇到多种物质组成的系统,如混合气体、液体混合物和溶液等,称为多组分系统。对于混合均匀的多组分系统,根据其标准态选取方式的不同,将其分为混合物和溶液。系统中任意组分均按相同方式选取标准态的称为混合物,否则称为溶液。溶液中的组分分为溶剂和溶质,二者按照不同方式选取标准态。

　　对于多组分均相系统,仅规定温度和压力,系统的状态并不能确定,还必须规定系统中每种物质的量(或浓度)方可确定系统的状态。这是因为在某一组成的均相混合物中,系统的某热力学量并不等于各物质在纯态时该热力学量之和。例如,在25℃和标准压力时,100 cm³ 水和 100 cm³ 乙醇混合,结果混合物的体积并不等于 200 cm³,而是 192 cm³ 左右;将 150 cm³ 水和 50 cm³ 乙醇混合,总体积约为 195 m³;将 50 cm³ 水和 150 cm³ 乙醇混合,总体积约为 193 cm³,与上述两种情况都不同。这就说明,对乙醇和水组成的均相系统来说,虽然指明了该系统的温度和压力,而且亦指明了水和乙醇在纯态时的总体积为 200 cm³,但系统的状态性质——体积却不能确定,亦即系统的状态还不能确定,还必须指明乙醇在水中的浓度,此时系统的状态方能确定,亦即此时系统的体积方有加和性。例如,含20%乙醇的乙醇和水混合物 100 cm³ 和另一含 20%乙醇的乙醇和水混合物 100 cm³ 混合,则结果一定得到 200 cm³ 的乙醇和水的混合物。所以说,要描述一多组分均相系统的状态,除指明系统的温度和压力以外,还必须指明系统中每种物质的量。为此,需要引入一个新的概念——偏摩尔量。

1. 偏摩尔量的定义

　　多组分系统的任一种容量性质 X(X 可分别代表 V、U、H、S、A、G 等),可以看

做温度 T、压力 p 及各物质的量 $n_B, n_C, \cdots$ 的函数：

$$X = f(T, p, n_B, n_C, n_D, \cdots)$$

当系统的状态发生任意无限小量的变化时，全微分 $\mathrm{d}X$ 可用下式表示：

$$\mathrm{d}X = \left(\frac{\partial X}{\partial T}\right)_{p, n_B, n_C, \cdots} \mathrm{d}T + \left(\frac{\partial X}{\partial p}\right)_{T, n_B, n_C, \cdots} \mathrm{d}p + \left(\frac{\partial X}{\partial n_B}\right)_{T, p, n_C, n_D, \cdots} \mathrm{d}n_B + \left(\frac{\partial X}{\partial n_C}\right)_{T, p, n_B, n_D, \cdots} \mathrm{d}n_C + \cdots$$

$$(3.1)$$

在定温定压条件下，$\mathrm{d}T = 0, \mathrm{d}p = 0$，并令

$$X_B = \left(\frac{\partial X}{\partial n_B}\right)_{T, p, n_{C \neq B}} \tag{3.2}$$

则式(3.1)可写为

$$\mathrm{d}X = \sum X_B \mathrm{d}n_B \tag{3.3}$$

X_B 称为物质 B 的"偏摩尔量"，X 是系统中任意一个容量性质。例如，X 为体积 V 时，V_B 是物质 B 的偏摩尔体积；X 为 Gibbs 函数 G 时，G_B 是物质 B 的偏摩尔 Gibbs 函数，余类推。式(3.2)可作为偏摩尔量的定义式。应着重指出，只有系统的容量性质方有偏摩尔量，而系统的强度性质是没有偏摩尔量的，因为只有容量性质才与系统中物质的量有关。另外还应指出，只有在定温定压条件下才称为偏摩尔量，否则，不能称为偏摩尔量。例如，定温定容条件下的偏微商 $(\partial X / \partial n_B)_{T, V, n_{C \neq B}}$ 不能称为偏摩尔量。

从式(3.2)可以看出，偏摩尔量的物理意义是，在定温定压条件下，往无限大的系统中(可以看做其浓度不变)加入 1 mol 物质 B 所引起的系统中某个热力学量 X 的变化，实际上是一偏微商的概念。例如，以系统的体积对物质 B 的物质的量 n_B 作图(见图 3.1)，当浓度为 m 时，曲线的斜率即为浓度 m 时系统中物质 B 的偏摩尔体积。因这时的斜率为

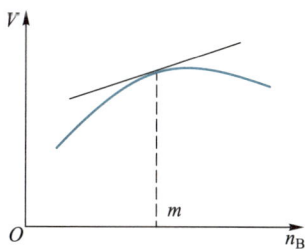

图 3.1　物质 B 的偏摩尔体积

$$斜率 = \left(\frac{\partial V}{\partial n_B}\right)_{T, p, n_{C \neq B}} = V_B$$

这是偏摩尔量的求法之一。

从式(3.2)还可以看出，偏摩尔量本身为两容量性质之比，故应当是一强度

性质,它与系统中总的物质的量的多寡无关。但偏摩尔量除与 T、p 有关以外,还与系统的浓度有关。在温度和压力不变的条件下,系统的浓度不同,则各物质的偏摩尔量就不同;如浓度不变,则各物质的偏摩尔量亦不变。

2. 偏摩尔量的集合公式

假设一系统由物质 A 和 B 组成,其物质的量分别为 n_A 和 n_B。在定温定压条件下往此系统中加入 dn_A 和 dn_B 的物质 A 和 B 时,按照式(3.3),系统的某个容量性质 X 的变化可表示为

$$dX = X_A dn_A + X_B dn_B$$

如果连续不断地往此系统中加入 dn_A 的物质 A 和 dn_B 的物质 B,但保持 $dn_A : dn_B = n_A : n_B$,即保持系统的浓度不变,此时 X_A 和 X_B 应当均为常数。因此,可将上式进行如下积分:

$$\int_0^X dX = X_A \int_0^{n_A} dn_A + X_B \int_0^{n_B} dn_B$$

即
$$X = X_A n_A + X_B n_B \tag{3.4}$$

当 $X = V$ 时,上式即为
$$V = n_A V_A + n_B V_B$$

这说明在一定温度、压力下,系统的总体积为系统中各物质的物质的量与各物质的偏摩尔体积乘积之和。所以式(3.4)称为二组分系统偏摩尔量的集合公式。

当系统不只含两种组分而是由 k 种组分组成时,同理可得

$$X = n_A X_A + n_C X_C + \cdots = \sum_B^k n_B X_B \tag{3.5}$$

式(3.5)称为**多组分均相系统中偏摩尔量的集合公式**。它表示系统中某个容量性质 X 应当等于系统中各物质对系统该容量性质的贡献之和。

习题1　25 ℃和标准压力下,有一摩尔分数为 0.4 的甲醇 – 水混合物。如果往大量的此混合物中加 1 mol 水,混合物的体积增加 17.35 cm³;如果往大量的此混合物中加 1 mol 甲醇,混合物的体积增加 39.01 cm³。试计算将 0.4 mol 甲醇和 0.6 mol 水混合时,此混合物的体积是多少? 此混合过程中体积的变化是多少? 已知 25 ℃和标准压力下甲醇的密度为 0.7911 g·cm⁻³,水的密度为 0.9971 g·cm⁻³。　　　　[答案: 26.01 cm³;1.00 cm³]

习题2　有一水和乙醇形成的均相混合物,水的摩尔分数为 0.4,乙醇的偏摩尔体积为 57.5 cm³·mol⁻¹,混合物的密度为 0.8494 g·cm⁻³。试计算此混合物中水的偏摩尔体积。

[答案: 16.18 cm³·mol⁻¹]

习题 3 试证明定温定压条件下存在下列关系：

$$\sum n_B dX_B = 0$$

§ 3.2 化学势

1. 化学势的定义

在所有的偏摩尔量中,以偏摩尔 Gibbs 函数 G_B 最为重要。它有个专门名称——"化学势",用符号 μ_B 表示：

$$\mu_B = G_B = \left(\frac{\partial G}{\partial n_B}\right)_{T,p,n_{C \neq B}} \tag{3.6}$$

此即化学势的定义。

对多组分均相系统来说,按照

$$G = f(T, p, n_B, n_C, \cdots)$$

于是

$$dG = \left(\frac{\partial G}{\partial T}\right)_{p,n} dT + \left(\frac{\partial G}{\partial p}\right)_{T,n} dp + \sum_B \left(\frac{\partial G}{\partial n_B}\right)_{T,p,n_{C \neq B}} dn_B$$

因为

$$\left(\frac{\partial G}{\partial T}\right)_{p,n} = -S; \quad \left(\frac{\partial G}{\partial p}\right)_{T,n} = V; \quad \left(\frac{\partial G}{\partial n_B}\right)_{T,p,n_{C \neq B}} = \mu_B$$

所以

$$dG = -SdT + Vdp + \sum \mu_B dn_B \tag{3.7}$$

将式(3.7)与式(2.35)比较,可看出在定温定压条件下：

$$dG = \sum \mu_B dn_B = \delta W_r' \tag{3.8}$$

这就是说, $\sum \mu_B dn_B$ 是定温定压条件下一多组分均相系统在发生状态变化时所能够做出的最大有效功。

如前所述,在不做其他功的条件下, $(dG)_{T,p} < 0$ 为能够进行的过程,所以 $\sum \mu_B dn_B < 0$ 的过程为能够进行的过程;当 $\sum \mu_B dn_B = 0$ 时,过程即达平衡。因

此可以说,物质的化学势是决定物质传递方向和限度的强度因素,这就是化学势的物理意义。

应当指出,化学势是决定物质变化方向和限度的函数的总称,偏摩尔 Gibbs 函数只是其中的一种形式。可以证明:

$$\mu_B = \left(\frac{\partial G}{\partial n_B}\right)_{T,p,n_{C \neq B}} = \left(\frac{\partial A}{\partial n_B}\right)_{T,V,n_{C \neq B}} = \left(\frac{\partial H}{\partial n_B}\right)_{S,p,n_{C \neq B}} = \left(\frac{\partial U}{\partial n_B}\right)_{S,V,n_{C \neq B}}$$

不过后几种化学势的表示法用得不多,故不再多介绍。

2. 化学势在多相平衡中的应用

在定温定压及 $W' = 0$ 的条件下,如果系统已经达成平衡,则

$$dG = 0, \quad 即 \sum \mu_B dn_B = 0$$

现在讨论一系统,假定此系统有 α 和 β 两个相(见图 3.2),在定温定压条件下如果有 dn_B 的物质 B 从 α 相转移到 β 相,则 α 相的 Gibbs 函数变化为

$$dG(\alpha) = -\mu_B(\alpha) dn_B$$

而 β 相的 Gibbs 函数变化为

$$dG(\beta) = \mu_B(\beta) dn_B$$

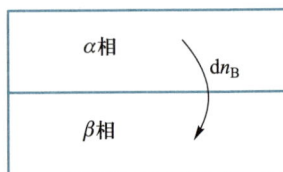

图 3.2   相间转移

系统的总 Gibbs 函数变化为

$$dG = dG(\alpha) + dG(\beta) = \left[\mu_B(\beta) - \mu_B(\alpha)\right] dn_B$$

当系统达成平衡时,$dG = 0$,因此

$$\mu_B(\alpha) = \mu_B(\beta) \tag{3.9}$$

这就是说,多组分系统多相平衡的条件为:"除系统中各相的温度和压力必须相同以外,各物质在各相中的化学势亦必须相等。"即

$$\mu_B(\alpha) = \mu_B(\beta) = \cdots = \mu_B(\rho) \tag{3.10}$$

如果某物质在各相中的化学势不等,则根据 $(dG)_{T,p} < 0$ 为能够进行的过程的原理,该物质必然要从化学势较大的相向化学势较小的相转移。

3. 化学势在化学平衡中的应用

以一具体的化学反应为例:

$$2SO_2 + O_2 \Longleftrightarrow 2SO_3$$

当上述反应有 dn 的 O_2 发生反应时,一定有 2dn 的 SO_2 随之反应,同时有 2dn 的 SO_3 生成。当反应在定温定压及 $W' = 0$ 的条件下进行时,上述过程的 Gibbs 函数变化应为

$$(dG)_{T,p} = \sum_B \mu_B dn_B = 2\mu(SO_3)dn - 2\mu(SO_2)dn - \mu(O_2)dn$$
$$= [2\mu(SO_3) - 2\mu(SO_2) - \mu(O_2)]dn$$

当反应达成平衡时,$(dG)_{T,p} = 0$,于是

$$2\mu(SO_3) - 2\mu(SO_2) - \mu(O_2) = 0$$

或

$$2\mu(SO_3) = 2\mu(SO_2) + \mu(O_2)$$

上式即为此化学反应达到平衡的条件。如果

$$2\mu(SO_3) > 2\mu(SO_2) + \mu(O_2)$$

则反应向左方进行;反之,反应向右方进行。对任意一化学反应来说,则

$$\left.\begin{array}{l} \sum \nu_B \mu_B = 0 \quad \text{化学平衡的条件} \\ \sum \nu_B \mu_B < 0 \quad \text{正向反应能够进行} \\ \sum \nu_B \mu_B > 0 \quad \text{逆向反应能够进行} \end{array}\right\} \tag{3.11}$$

式中 ν_B 为物质 B 的化学计量数。

习题 4 指出下列各量哪些是偏摩尔量,哪些是化学势。

$$\left(\frac{\partial A}{\partial n_B}\right)_{T,p,n_{C\neq B}}; \quad \left(\frac{\partial G}{\partial n_B}\right)_{T,V,n_{C\neq B}}; \quad \left(\frac{\partial H}{\partial n_B}\right)_{T,p,n_{C\neq B}}; \quad \left(\frac{\partial U}{\partial n_B}\right)_{S,V,n_{C\neq B}};$$

$$\left(\frac{\partial H}{\partial n_B}\right)_{S,p,n_{C\neq B}}; \quad \left(\frac{\partial V}{\partial n_B}\right)_{T,p,n_{C\neq B}}; \quad \left(\frac{\partial A}{\partial n_B}\right)_{T,V,n_{C\neq B}}$$

习题 5 试证明:

$$\mu_B = \left(\frac{\partial G}{\partial n_B}\right)_{T,p,n_{C\neq B}} = \left(\frac{\partial A}{\partial n_B}\right)_{T,V,n_{C\neq B}} = \left(\frac{\partial H}{\partial n_B}\right)_{S,p,n_{C\neq B}} = \left(\frac{\partial U}{\partial n_B}\right)_{S,V,n_{C\neq B}}$$

习题 6 试证明:

(1) $\left(\dfrac{\partial \mu_B}{\partial T}\right)_p = -S_B$; (2) $\left(\dfrac{\partial \mu_B}{\partial p}\right)_T = V_B$; (3) $\left(\dfrac{\partial H_B}{\partial T}\right)_p = C_{p,B}$; (4) $\mu_B = H_B - TS_B$

§3.3   气体物质的化学势

1. 纯组分理想气体的化学势

对纯物质系统来说,一物质的偏摩尔 Gibbs 函数——化学势就等于该物质在纯态时的摩尔 Gibbs 函数,即

$$G_B = G_m$$

一定温度下,纯组分理想气体摩尔 Gibbs 函数的微分可表示为

$$dG_m = V_m dp$$

若在标准压力 $p^\ominus$ 和任意压力 p 之间积分上式,可得

$$G_m(p) - G_m(p^\ominus) = RT\ln(p/p^\ominus) \tag{3.12}$$

式中 $G_m(p)$ 是压力为 p 时的摩尔 Gibbs 函数,即此时的化学势 μ。而 $G_m(p^\ominus)$ 是标准压力 $p^\ominus$(10^5 Pa)时的摩尔 Gibbs 函数,可用 $\mu^\ominus$ 表示。于是式(3.12)亦可表示为

$$\mu = \mu^\ominus + RT\ln(p/p^\ominus) \tag{3.13}$$

此式就是理想气体化学势表达式。理想气体压力为 $p^\ominus$ 时的状态称为标准态,$\mu^\ominus$ 称为标准态化学势,它仅是温度的函数。

2. 理想气体混合物的化学势

对理想气体混合物来说,其中某种气体的行为与该气体单独占有混合气体总体积时的行为相同。所以理想气体混合物中某气体的化学势表示法与该气体在纯态时的化学势表示法相同,即亦可用式(3.13)表示:

$$\mu_B = \mu_B^\ominus + RT\ln\frac{p_B}{p^\ominus} \tag{3.14}$$

式中 p_B 是理想气体混合物中气体 B 的分压;$\mu_B^\ominus$ 是分压 $p_B = p^\ominus$ 时的化学势,称为气体 B 的标准态化学势,它亦仅是温度 T 的函数。可见,理想气体混合物中任一组分 B 的标准态是该气体单独存在处于该混合物温度及标准压力下的状态。此状态也就是 $p = p^\ominus$ 的纯理想气体。

对于混合气体系统,其总 Gibbs 函数可用集合公式表示,即

$$G = \sum n_B \mu_B \tag{3.15}$$

3. 实际气体的化学势——逸度的概念

对于实际气体,特别是在压力比较高时,就不能用式(3.12)或式(3.13)表示其摩尔 Gibbs 函数或化学势。为了解决此困难,Lewis 提出一个简单硬凑的办法,将实际气体的压力 p 乘上一个校正因子 γ,再代入化学势表示式。即

$$\mu = \mu^{\ominus} + RT\ln(\gamma p/p^{\ominus}) \tag{3.16}$$

此式即可适用于实际气体。其中 γp 称为"逸度",用符号 f 表示。即

$$f = \gamma p \tag{3.17}$$

校正因子 γ 称为"逸度系数"或"逸度因子"。所以

$$\gamma = f/p \tag{3.18}$$

逸度系数 γ 标志该气体与理想气体偏差的程度,其数值不仅与气体的特性有关,还与气体所处的温度和压力有关。一般说来,温度一定时,压力较小,逸度系数 $\gamma < 1$;当压力很大时,逸度系数 $\gamma > 1$;当压力趋于零时,实际气体的行为接近于理想气体的行为,这时 $\gamma \to 1$。即

$$\lim_{p \to 0} \frac{f}{p} = 1$$

值得注意的是,按照 Lewis 的办法,用式(3.16)表示实际气体的化学势时,校正的是实际气体的压力,而没有改变 $\mu^{\ominus}$,所以 $\mu^{\ominus}$ 依然是理想气体的标准态化学势,也就是说,$\mu^{\ominus}$ 是该气体的压力等于标准压力 $p^{\ominus}$,且符合理想气体行为时的化学势,亦称为标准态化学势。它亦仅为温度 T 的函数。可见,对于真实气体选取温度 T 及标准压力 $p^{\ominus}$ 下假想的纯理想气体为标准态。于是,实际气体的化学势可表示为

$$\mu = \mu^{\ominus} + RT\ln(f/p^{\ominus}) \tag{3.19}$$

因此,欲表示实际气体的化学势,必须知道在压力 p 时该气体的逸度 f 值。若能知道某实际气体的状态方程,原则上就可以找出该气体的逸度 f 和压力 p 之间的关系。

例题 1　已知某气体的状态方程为 $pV_m = RT + \alpha p$,其中 α 为常数,求该气体的逸度表达式。

解：依据气体状态方程推导逸度 f 和压力 p 的关系，首先需要选择合适的参考态。由于当压力趋于零时，实际气体的行为就趋近于理想气体的行为，所以可选择 $p^* \rightarrow 0$ 的状态为参考态，此时 $f^* = p^*$。

以 1 mol 该气体为系统，在一定温度下，若系统的状态由 p^* 改变至 p，Gibbs 函数变化为

$$\Delta G_m = \mu - \mu^* = RT\ln\frac{f}{f^*}$$

根据状态方程：

$$V_m = \frac{RT}{p} + \alpha$$

$$dG_m = V_m dp = \left(\frac{RT}{p} + \alpha\right)dp$$

积分上式可得

$$\Delta G_m = \int_{p^*}^{p}\left(\frac{RT}{p} + \alpha\right)dp = RT\ln\frac{p}{p^*} + \alpha(p - p^*)$$

由于 $p^* \rightarrow 0$，所以 $\alpha(p - p^*) \approx \alpha p$，综合以上关系：

$$RT\ln\frac{f}{f^*} = RT\ln\frac{p}{p^*} + \alpha p$$

因为

$$f^* = p^*$$

所以

$$f = pe^{\alpha p/RT}$$

由此式即可求算出一定压力下该气体的逸度 f 值。

关于实际气体逸度的求算还有其他方法，这里不再一一介绍。

习题 7   某气体的状态方程为 $pV_m = RT + B/V_m$，其中 B 为常数，试导出该气体的逸度表达式。

习题 8   某气体的状态方程是 $pV_m(1 - \beta p) = RT$，其中 β 只是 T 的函数，其值甚小。证明该气体的逸度约等于 $2p - p$(理想)。〔提示：p(理想)$= RT/V_m$〕

§3.4   理想液态混合物中物质的化学势

1. Raoult 定律

很早以前就已经知道，当一溶质溶于溶剂中时，溶剂的蒸气压将降低。1887年，Raoult 总结出相关的规律，称为"Raoult 定律"，即一定温度时，溶液中溶剂的蒸气压 p_A 与溶剂在溶液中的摩尔分数 x_A 成正比，其比例系数是纯溶剂在该温

度时的蒸气压 p_A^*（上标"$*$"表示纯物质）。用数学式可表示为

$$p_A = p_A^* x_A \qquad (3.20)$$

此式不仅适用于两种物质构成的溶液,亦适用于多种物质构成的溶液。由于溶质溶于溶剂所引起溶剂蒸气压的降低为 $p_A^* - p_A$,根据式(3.20),可得

$$p_A^* - p_A = p_A^*(1 - x_A)$$

对二组分溶液来说,$1 - x_A = x_B$,故 Raoult 定律亦可表示为

$$p_A^* - p_A = p_A^* x_B \qquad (3.21)$$

即"溶剂蒸气压的降低与溶质在溶液中的摩尔分数成正比"。

　　一般说来,只有在稀溶液中的溶剂方能较准确地遵守 Raoult 定律。因为在稀溶液中,溶剂分子之间的引力受溶质分子的影响很小,即溶剂分子周围的环境与纯溶剂几乎相同,所以溶剂的蒸气压仅与单位体积溶液中溶剂的分子数(即浓度)有关,而与溶质分子的性质无关。因此,p_A 正比于 x_A,且其比例系数为 p_A^*。但当溶液浓度变大时,溶质分子对溶剂分子之间的引力就有显著的影响。因此,溶剂的蒸气压就不仅与溶剂的浓度有关,还与溶质的性质(它对溶剂分子所施加的影响)有关。故溶剂的蒸气压与其摩尔分数不成正比,即不遵守 Raoult 定律。

2. 理想液态混合物的定义

　　在一定的温度和压力下,液态混合物中任意一种物质在任意浓度下均遵守 Raoult 定律的液态混合物称为理想液态混合物。根据前面对 Raoult 定律的讨论,所谓理想液态混合物就是混合物中各种分子之间的相互作用力完全相同。以物质 B 和物质 C 形成理想混合物为例,混合物中任何一种物质的分子 B 不论它全部为分子 B 所包围,或全部为分子 C 所包围,或一部分为分子 B 另一部分为分子 C 所包围,其处境与它在纯物质时的情况完全相同。因此,对于理想液态混合物,有

$$p_B = p_B^* x_B \qquad (3.22)$$

式中 p_B 为混合物中任意物质 B 在摩尔分数为 x_B 时的蒸气压;p_B^* 为该物质在纯态时的饱和蒸气压。

　　正因为理想液态混合物有上述特点,所以当几种纯物质混合形成理想液态混合物时,必然伴随有这样两个性质:体积具有加和性和没有热效应,即

$$\Delta_{mix} V = 0 \qquad \Delta_{mix} H = 0 \qquad (3.23)$$

亦即

$$V_B = V_{m,B}^* \qquad H_B = H_{m,B}^* \qquad\qquad (3.24)$$

这就是说物质 B 在理想液态混合物中的偏摩尔体积与它在纯态时的摩尔体积相等,而在理想液态混合物中的偏摩尔焓与它在纯态时的摩尔焓相等。

　　理想液态混合物和理想气体一样,亦是一个极限的概念,它能以极其简单的形式总结混合物的一般规律。但是,没有一种气体能在任意温度和压力下均遵守理想气体定律,可是确有在任意浓度下均遵守 Raoult 定律的非常类似理想液态混合物的系统存在。这是因为只要有两种物质的化学结构及其性质非常相似,当它们组成混合物时,就有符合理想液态混合物条件的基础。例如,苯和甲苯的混合物、正己烷和正庚烷的混合物都非常类似理想液态混合物。

3. 理想液态混合物中物质的化学势

　　假定有数种物质组成一液态混合物,每种物质都是挥发性的,则当此液态混合物与蒸气相达成平衡时,根据平衡条件,此时混合物中任意物质 B 在两相中的化学势相等。即

$$\mu_B(l) = \mu_B(g)$$

而蒸气相为一混合气体,假定蒸气均遵守理想气体定律,则根据式(3.14),其中物质 B 的化学势可表示为

$$\mu_B(g) = \mu_B^{\ominus}(g) + RT\ln\frac{p_B}{p^{\ominus}}$$

因为 $\mu_B(sln) = \mu_B(g)$,所以液态混合物中物质 B 的化学势亦为

$$\mu_B(sln) = \mu_B^{\ominus}(g) + RT\ln\frac{p_B}{p^{\ominus}} \qquad\qquad (3.25)$$

此式适用于任何液态混合物。它说明混合物中任意物质 B 的化学势可用此物质在平衡蒸气相中的化学势来表示。如果系统为理想液态混合物,因任意物质均遵守 Raoult 定律,故将 $p_B = p_B^* x_B$ 代入式(3.25),可得理想液态混合物中物质 B 化学势的表达式:

$$\begin{aligned}\mu_B(sln) &= \mu_B^{\ominus}(g) + RT\ln\frac{p_B^*}{p^{\ominus}} + RT\ln x_B\\ &= \mu_B^*(l) + RT\ln x_B \qquad\qquad (3.26)\end{aligned}$$

其中
$$\mu_B^*(1) = \mu_B^{\ominus}(g) + RT\ln\frac{p_B^*}{p^{\ominus}}$$

很明显 $\mu_B^*(1)$ 是 $x_B = 1$,即物质 B 是纯态时的化学势。$\mu_B^*(1)$ 不仅与温度有关,而且与压力亦有关。$\mu_B^*(1)$ 还不是标准态下的化学势,因为标准态要求压力为 100 kPa。不过 $\mu_B^*(1)$ 随压力的变化很小,故一般情况下与标准态下的化学势 $\mu_B^{\ominus}(1)$ 差别不大,即 $\mu_B^*(1) \approx \mu_B^{\ominus}(1)$。故式(3.26)在一般压力情况下可以近似写成:

$$\mu_B(\text{sln}) = \mu_B^{\ominus}(1) + RT\ln x_B$$

理想液态混合物中任一组分的标准态均为同样温度 T,压力为标准压力 $p^{\ominus}$ 下的纯液体。可见,混合物中的任一组分均使用相同的方法规定标准态。

例题2　25 ℃时,将 1 mol 纯态苯加入大量的、苯的摩尔分数为 0.200 的苯和甲苯的混合物中。求算此过程的 ΔG。

解:此过程的
$$\Delta G = G_B - G_{m,B}^*$$
因为 $G_B = \mu_B$,$G_{m,B}^* = \mu_B^{\ominus}$,根据式(3.26):
$$\Delta G = \mu_B - \mu_B^{\ominus} = RT\ln x_B$$
$$= (8.314 \times 298 \times \ln 0.200)\text{J} = -3.99 \times 10^3 \text{ J}$$

习题9　20 ℃时,从一组成为 $n(NH_3):n(H_2O) = 1:8.5$ 的大量溶液中取出 1 mol NH_3,转移到另一组成为 $n(NH_3):n(H_2O) = 1:21$ 的大量溶液中,求此过程的 ΔG。

[答案:-2.0×10^3 J]

习题10　在 20 ℃及标准压力下,将 1 mol $NH_3(g)$ 溶于组成为 $n(NH_3):n(H_2O) = 1:21$ 的大量溶液中,已知该溶液中氨的蒸气压为 3.6×10^3 Pa。求此过程的 ΔG。

[答案:-8.1×10^3 J]

习题11　20 ℃时,纯苯及纯甲苯的蒸气压分别为 9.92×10^3 Pa 和 2.93×10^3 Pa。若混合等质量的苯和甲苯形成理想液态混合物,试求在蒸气相中(1)苯的分压;(2)甲苯的分压;(3)总蒸气压;(4)苯及甲苯在气相中的摩尔分数。

[答案:(1) 5.37×10^3 Pa;(2) 1.34×10^3 Pa;(3) 6.71×10^3 Pa;(4) 0.80,0.20]

习题12　如果纯 A 的物质的量为 n_A,纯 B 的物质的量为 n_B,两者混合形成理想液态混合物,试证明此混合过程:$\Delta_{mix}G = RT(n_A\ln x_A + n_B\ln x_B)$。

习题13　两种挥发性液体 A 和 B 混合形成理想液态混合物。某温度时溶液上面的蒸气总压为 5.41×10^4 Pa,气相中 A 的摩尔分数为 0.450,液相中为 0.650。求算此温度时纯 A 和纯 B 的蒸气压。

[答案:3.75×10^4 Pa;8.50×10^4 Pa]

§3.5   理想稀溶液中物质的化学势

1. Henry 定律

1803 年,Henry 在研究一定温度下气体在溶剂中的溶解度时,发现其溶解度与溶液上方该气体的平衡压力成正比。后来发现,此规律对挥发性溶质亦适用。所以 Henry 定律可这样叙述:一定温度时,稀溶液中挥发性溶质的平衡分压与溶质在溶液中的摩尔分数成正比。用数学式可表示为

$$p_B = k_x\, x_B \tag{3.27}$$

式中 p_B 是与溶液平衡的溶质蒸气的分压;x_B 是溶质在溶液中的摩尔分数;k_x 是比例常数,称为 Henry 系数。从式(3.27)可看出,Henry 定律的形式与 Raoult 定律差不多,但是比例系数不等于纯溶质在该温度时的蒸气压,k_x 的数值在一定温度下不仅与溶质的性质有关,还与溶剂的性质有关,其数值可以大于纯溶质的饱和蒸气压 p_B^*,亦可以小于 p_B^*。

一般说来,只有在稀溶液中的溶质方能比较准确地遵守 Henry 定律。因为在稀溶液中,溶质分子的周围绝大部分都是溶剂分子,因此溶质分子逸出液相的能力(即平衡蒸气压)不仅与单位体积溶液中溶质的量(即浓度)有关,还与溶质分子与溶剂分子之间的作用力有关。又因为在溶液较稀时,一个溶质分子周围很少有其他溶质分子存在,这时溶质和溶剂分子之间的作用力可看做常数,所以表现出溶质的蒸气压仅与溶质的浓度有关,而且,溶质的平衡分压与它在溶液中的摩尔分数成正比。但是溶质分子所处的环境与纯溶质中所处的环境大不相同,故 Henry 系数 k_x 不可能等于 p_B^*,其值应当与溶剂分子对溶质分子引力的大小有关。当溶剂分子对溶质分子的引力大于溶质分子本身之间的引力时,$k_x < p_B^*$;当溶剂分子对溶质分子的引力小于溶质分子本身之间的引力时,$k_x > p_B^*$;只有当溶剂分子对溶质分子的引力等于溶质分子本身之间的引力时,才有 $k_x = p_B^*$,这时 Henry 定律就表现为 Raoult 定律的形式。

在稀溶液中,由于

$$\frac{n_B}{n_A + n_B} \approx \frac{n_B}{n_A}$$

所以,溶质的摩尔分数亦就几乎正比于溶质的质量摩尔浓度 m 或物质的量浓度 c。因此,Henry 定律亦可表示为

$$p_B = k_m m \tag{3.28}$$

或
$$p_B = k_c c \tag{3.29}$$

当然，$k_x \neq k_m \neq k_c$。应注意，Henry 系数 k 不仅与所用的浓度单位有关，还与 p_B 所用的单位有关，所以在阅读参考书或文献时应先注意所用的单位。此外，温度改变时，k 值亦要随之改变。

应当强调指出，Henry 定律只适用于溶质在气相中和溶液相中分子状态相同的情况。如果溶质分子在溶液中与溶剂形成了化合物，或是发生了聚合或解离，此时 Henry 定律就不再适用。

2. 理想稀溶液的定义

经验表明，两种挥发性物质溶剂和溶质组成一溶液时，在浓度很稀时，若溶剂遵守 Raoult 定律，则溶质就遵守 Henry 定律；若溶剂不遵守 Raoult 定律，则溶质亦就不遵守 Henry 定律。"一定的温度和压力下，在一定的浓度范围内，溶剂遵守 Raoult 定律、溶质遵守 Henry 定律的溶液称为理想稀溶液。"这就是理想稀溶液的定义。值得注意的是，化学热力学中的理想稀溶液并不仅仅指浓度很小的溶液。如果某溶液尽管浓度很小，但溶剂不遵守 Raoult 定律，溶质也不遵守 Henry 定律，那么该溶液仍不能称为理想稀溶液。很显然，不同种类的理想稀溶液，其浓度范围是不相同的。

3. 理想稀溶液中物质的化学势

理想稀溶液与理想液态混合物不同，理想液态混合物是其中的任一组分均遵守 Raoult 定律，而理想稀溶液为溶剂遵守 Raoult 定律，溶质遵守 Henry 定律。因此，对理想稀溶液来说，溶剂的化学势表示式与溶质的化学势表示式是不同的。由于溶剂遵守 Raoult 定律，可以用式（3.26）表示其化学势，即

$$\mu_A(\text{sln}) = \mu_A^\ominus(l) + RT\ln x_A \tag{3.30}$$

其中
$$\mu_A^\ominus(l) = \mu_A^\ominus(g) + RT\ln \frac{p_A^*}{p^\ominus}$$

即 $\mu_A^\ominus(l)$ 表示纯溶剂的标准态化学势。其标准态为温度 T、压力 $p = p^\ominus$ 下的纯溶剂。

对溶质来说，由于在平衡时有

$$\mu_B(\text{sln}) = \mu_B(g)$$

而
$$\mu_B(g) = \mu_B^{\ominus}(g) + RT\ln\frac{p_B}{p^{\ominus}}$$

式中 p_B 为与溶液平衡的蒸气相中溶质的分压。因为溶质遵守 Henry 定律 $p_B = k_x x_B$，故溶质的化学势可表示为

$$\mu_B(sln) = \mu_B(g) = \mu_B^{\ominus}(g) + RT\ln\frac{k_x}{p^{\ominus}} + RT\ln x_B$$

$$= \mu_{B,x}^*(sln) + RT\ln x_B \tag{3.31}$$

其中
$$\mu_{B,x}^*(sln) = \mu_B^{\ominus}(g) + RT\ln\frac{k_x}{p^{\ominus}}$$

$\mu_{B,x}^*(sln)$ 亦是指 $x_B = 1$ 时溶质的化学势，但由于其中 $k_x \neq p_B^*$，故它不是指纯溶质时的化学势，它所对应的状态是一不存在的假想状态[见图3.3(a)]。图3.3中蓝色实线为溶液中溶质的蒸气压与浓度的关系，纯溶质的状态是 p_B^* 处，而 $\mu_{B,x}^*(sln)$ 是指 k_x 处($x_B = 1$)溶质的化学势。

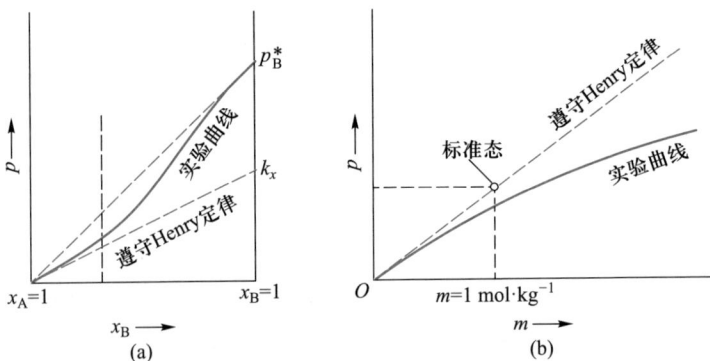

图 3.3　稀溶液溶质的标准态是假想的状态

同样，一般情况下压力对 $\mu_{B,x}^*(sln)$ 的影响很小，故有 $\mu_{B,x}^*(sln) \approx \mu_{B,x}^{\ominus}(sln)$，式(3.31)可以近似写成：

$$\mu_{B,x}(sln) = \mu_{B,x}^{\ominus}(sln) + RT\ln x_B$$

式中 $\mu_{B,x}^{\ominus}(sln)$ 为溶质 B 标准态的化学势。溶质 B 的标准态为温度 T、压力为 $p^{\ominus}$、$x_B = 1$ 且符合 Henry 定律的假想状态。

应当指出，式(3.31)虽然是根据挥发性溶质导出的化学势表示式，但对不挥发性溶质亦可适用。

另外，由于 Henry 定律亦可表示为

$$p_B = k_m m_B$$

或

$$p_B = k_c c_B$$

故溶质的化学势还可表示为

$$\mu_B = \mu_B^{\ominus}(m) + RT\ln(m_B/m^{\ominus}) \qquad (3.32)$$

或

$$\mu_B = \mu_B^{\ominus}(c) + RT\ln(c_B/c^{\ominus}) \qquad (3.33)$$

式中 $m^{\ominus}$ 称为标准质量摩尔浓度，$c^{\ominus}$ 称为标准物质的量浓度，都是溶质处于标准态时的浓度，通常取 $m^{\ominus} = 1 \ mol \cdot kg^{-1}$，$c^{\ominus} = 1 \ mol \cdot dm^{-3}$[见图 3.3(b)]。同理，溶质 B 的标准态化学势可以近似写成：

$$\mu_{B,m}^{\ominus}(sln) = \mu_B^{\ominus}(g) + RT\ln\frac{k_m}{p^{\ominus}}$$

或

$$\mu_{B,c}^{\ominus}(sln) = \mu_B^{\ominus}(g) + RT\ln\frac{k_c}{p^{\ominus}}$$

习题 14 HCl 溶于氯苯中的 Henry 系数 $k_m = 4.44 \times 10^4 \ Pa \cdot kg \cdot mol^{-1}$，试求当氯苯溶液中 HCl 的质量分数为 1.00% 时，HCl 溶液上面的分压为多少？ [答案：$1.23 \times 10^4 \ Pa$]

习题 15 50 ℃时，取 H_2 和 N_2 的混合气与 100 cm³ 水在一容器中振荡直达平衡，测得气体的总压为 $1.12 \times 10^5 \ Pa$。将气体干燥后，发现含 H_2 的体积分数为 35.3%。假设溶液液面上水的蒸气压与纯水的相同，为 $1.27 \times 10^4 \ Pa$，H_2 和 N_2 的溶解系数[即 50 ℃、标准压力下，1 cm³ 水所能溶解的标准状况下气体的体积(cm³)]分别为 0.01608 及 0.01088，试计算溶解在水中的 H_2 和 N_2 的质量分别为多少？ [答案：$5.04 \times 10^{-5} \ g$；$8.73 \times 10^{-4} \ g$]

§3.6 不挥发性溶质理想稀溶液的依数性

将一不挥发性溶质溶于某溶剂时，溶液的蒸气压比纯溶剂的蒸气压低，溶液的沸点比纯溶剂的沸点高，溶液的凝固点比纯溶剂的凝固点低，在溶液和纯溶剂之间产生渗透压。对理想稀溶液来说，"蒸气压下降""沸点升高""凝固点降低""渗透压"的数值仅仅与溶液中溶质的质点数有关，而与溶质的特性无关，故这些性质称为"依数性"。

为什么这些性质在理想稀溶液时仅与溶质的质点数有关而与其特性无关？对于蒸气压下降，这比较明显，因为理想稀溶液时溶剂遵守 Raoult 定律，根据式(3.21)，蒸气压的下降值($p_A^* - p_A$)与溶质的摩尔分数 x_B 成正比。对于其他三个性质，均可依据溶剂遵守 Raoult 定律和溶剂在两相达成平衡时它们在各相的化学势必须相等的原理加以证明。

1. 凝固点降低

溶液的凝固点系指固态纯溶剂和液态溶液呈平衡的温度❶。若以 T_f^* 表示纯溶剂的正常凝固点,以 T_f 表示溶液的凝固点,那么 $T_f^* - T_f = \Delta T_f$ 就是溶液凝固点的降低值。

在溶液的凝固点,固态纯溶剂与溶液呈平衡,故此固态纯溶剂的化学势与溶液中溶剂的化学势必然相等。即

$$\mu_A^*(s) = \mu_A(sln) = \mu_A^*(l) + RT\ln x_A$$

所以
$$\ln x_A = \frac{\mu_A^*(s) - \mu_A^*(l)}{RT} = \frac{\Delta G_m}{RT}$$

式中 ΔG_m 是由液态纯溶剂凝固为固态纯溶剂时的摩尔 Gibbs 函数改变量。在恒定压力下,将上式对 T 求偏微商,并引用 Gibbs – Helmholtz 公式(2.47),则

$$\left(\frac{\partial \ln x_A}{\partial T}\right)_p = \frac{1}{R}\left[\frac{\partial}{\partial T}\left(\frac{\Delta G_m}{T}\right)\right]_p = -\frac{\Delta H_m}{RT^2}$$

ΔH_m 就是纯溶剂的摩尔凝固焓,若忽略压力对它的影响,就可以用纯溶剂的标准摩尔熔化焓 $\Delta_{fus}H_m^\ominus$ 代替 $-\Delta H_m$,若将 $\Delta_{fus}H_m^\ominus$ 看成与温度无关,于是在 $x_A = 1$ 和任意 x_A 值之间积分上式可得

$$\ln x_A = \frac{\Delta_{fus}H_m^\ominus}{R}\left(\frac{1}{T_f^*} - \frac{1}{T_f}\right) \tag{3.34}$$

显然,式(3.34)可用于求算理想稀溶液的凝固点。对于理想稀溶液,由于 x_B 很小,式(3.34)还可近似处理为

$$\ln x_A = \ln(1 - x_B) \approx -x_B = \frac{\Delta_{fus}H_m^\ominus}{R} \cdot \frac{T_f - T_f^*}{T_f^* T_f} \approx \frac{\Delta_{fus}H_m^\ominus}{R} \cdot \frac{-\Delta T_f}{(T_f^*)^2}$$

所以
$$\Delta T_f = \frac{R(T_f^*)^2}{\Delta_{fus}H_m^\ominus} \cdot x_B \tag{3.35}$$

因 R、T_f^* 和 $\Delta_{fus}H_m^\ominus$ 均为常数,故式(3.35)说明在理想稀溶液时,凝固点降低值

---

❶　如此定义的溶液凝固点是对溶剂和溶质不生成固溶体的情况而言的。

ΔT_f 与溶质在溶液中的摩尔分数 x_B 成正比。

对理想稀溶液来说,溶剂的物质的量远远超过溶质的物质的量,即 $n_B \ll n_A$,所以

$$x_B \approx \frac{n_B}{n_A} = \frac{m_B/\text{mol}}{(1/\text{kg})/[M_A/(\text{kg}\cdot\text{mol}^{-1})]} = m_B M_A$$

式中 M_A 是以 $\text{kg}\cdot\text{mol}^{-1}$ 为单位的溶剂的摩尔质量;m_B 是溶液中溶质的质量摩尔浓度。将上式代入式(3.35),可得

$$\Delta T_f = \frac{R(T_f^*)^2}{\Delta_{\text{fus}}H_m^{\ominus}} \cdot M_A \cdot m_B = K_f m_B \tag{3.36}$$

其中

$$K_f = \frac{R(T_f^*)^2 M_A}{\Delta_{\text{fus}}H_m^{\ominus}} \tag{3.37}$$

K_f 称为"凝固点降低常数"。从式(3.37)可以看出,K_f 值只与溶剂的性质有关而与溶质的性质无关。常见溶剂的凝固点降低常数见表3.1。

表3.1　常见溶剂的凝固点降低常数

溶剂	$K_f/(\text{K}\cdot\text{kg}\cdot\text{mol}^{-1})$	溶剂	$K_f/(\text{K}\cdot\text{kg}\cdot\text{mol}^{-1})$
水	1.86	硝基苯	6.90
醋酸	3.90	三溴乙烷	14.3
苯	5.12	环己烷	20.2

式(3.36)的重要应用之一是利用凝固点降低值来测定溶质的摩尔质量 M_B。为此需将式(3.36)改写成另一较为方便的形式。由

$$\frac{n_B}{n_A} = \frac{W_B/M_B}{W_A/M_A} \tag{3.38}$$

则

$$m_B = \frac{W_B}{M_B W_A}$$

式中 M_B 是以 $\text{kg}\cdot\text{mol}^{-1}$ 为单位的溶质的摩尔质量。将上式代入式(3.36),整理可得

$$M_B = K_f \frac{W_B}{\Delta T_f W_A}$$

式中 W_A 和 W_B 分别为溶液中溶剂和溶质的质量。所以根据实验测得的 ΔT_f,利

用 K_f 就可求算 M_B。

应当指出,上述结论是在两个条件下取得的:① 必须是理想稀溶液;② 析出的固体必须是纯固体溶剂,而不是固溶体。否则上述结论不适用。但上述结论对不挥发性溶质或挥发性溶质均适用。

2. 沸点升高

关于沸点升高的公式,对于理想稀溶液:

$$\ln x_A = \frac{\Delta_{vap}H_m^{\ominus}}{R}\left(\frac{1}{T_b} - \frac{1}{T_b^*}\right) \qquad (3.39)$$

并可以进一步简化为

$$\Delta T_b = K_b m_B \qquad (3.40)$$

其中

$$K_b = \frac{R(T_b^*)^2 M_A}{\Delta_{vap}H_m^{\ominus}} \qquad (3.41)$$

式中 M_A 是溶剂的摩尔质量(单位为 $kg \cdot mol^{-1}$)。推导的方法与凝固点降低公式类似,就不再叙述。但此结果只适用于不挥发性溶质,对挥发性溶质不适用。因为对挥发性溶质来说,其沸点不一定升高,即使升高,亦不符合式(3.39)。同理,同 K_f 一样,K_b 只与溶剂的性质有关,而与溶质的性质无关。

习题 16   在某种情况下需要配制 25 kg 的甘油水溶液,此溶液必须在 $-17.8\ ℃$ 时不致结冰。设此溶液为理想液态混合物,试计算最少需用甘油多少千克?(已知甘油的摩尔质量为 $92\ g \cdot mol^{-1}$,冰的熔化热为 $6025\ J \cdot mol^{-1}$。)   [答案:12.7 kg]

习题 17   0.900 g HAc 溶解在 50.0 g 水中的溶液,其凝固点为 $-0.558\ ℃$。2.32 g HAc 溶解在 100 g 苯中的溶液,其凝固点较纯苯的降低了 $0.970\ ℃$。试分别计算 HAc 在水中和苯中的摩尔质量,并解释二者的摩尔质量为什么不同。

[答案:$60\ g \cdot mol^{-1}$;$122\ g \cdot mol^{-1}$]

习题 18   某溶液为 22.5 g 水中含有 0.450 g 尿素 $[CO(NH_2)_2]$ 的溶液。该溶液的沸点为 $100.17\ ℃$。求水的沸点升高常数 K_b,并与理论值 $0.513\ K \cdot kg \cdot mol^{-1}$ 相比较。

[答案:$0.510\ K \cdot kg \cdot mol^{-1}$]

习题 19   某稀溶液中,1000 g 溶剂中含有溶质 B 的质量为 m,如果溶液中溶质 B 按反应式 $2B \rightleftharpoons B_2$ 部分聚合,其平衡常数为 K,试证明:

$$K = \frac{K_b(K_b m - \Delta T_b)}{(2\Delta T_b - K_b m)^2}$$

3. 渗透压

在一恒温容器中,用一半透膜将容器分为两部分,一边贮以溶液,另一边贮以纯溶剂(见图3.4)。此半透膜只允许溶剂分子通过,溶质分子不能通过。一定温度时,由于纯溶剂的化学势比溶液中溶剂的化学势大(即 $\mu_A^* > \mu_A$),所以溶剂分子可通过半透膜进入溶液,此种现象称为渗透现象。欲制止此现象发生,必须增高溶液的压力,以使溶液中溶剂的化学势增大,直到两边溶剂的化学势相等,此时方呈平衡,不再发生渗透现象。如果在平衡时纯溶剂的压力为 p^*,溶液的压力为 p,则

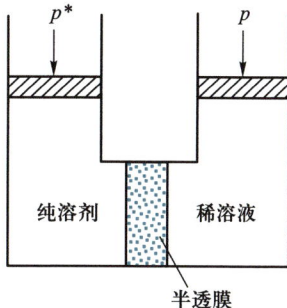

图 3.4　渗透压示意图

$$p - p^* = \Pi \tag{3.42}$$

此压力差 Π 称为"**渗透压**"。

由渗透压概念可知,在压力 p 下溶液中溶剂的化学势与压力 p^* 下纯溶剂的化学势相等,即

$$\mu_A^*(T, p^*) = \mu_A(T, p, x_A) = \mu_A^*(T, p) + RT\ln x_A$$

所以

$$\mu_A^*(T, p^*) - \mu_A^*(T, p) = RT\ln x_A \tag{3.43}$$

因在定温下,有

$$\mathrm{d}\mu_A^* = \mathrm{d}G_{m,A}^* = V_{m,A}^* \mathrm{d}p$$

$V_{m,A}^*$ 为纯溶剂的摩尔体积,设其为常数,将上式在 p 和 p^* 之间积分:

$$\mu_A^*(T, p) - \mu_A^*(T, p^*) = V_{m,A}^*(p - p^*) = \Pi V_{m,A}^*$$

将式(3.43)代入上式,则

$$\Pi V_{m,A}^* = - RT\ln x_A \tag{3.44}$$

式(3.44)适用于理想液态混合物。对于理想稀溶液,由于 $-\ln x_A \approx x_B \approx n_B/n_A$,所以

$$\Pi V_{m,A}^* = RT \frac{n_B}{n_A}$$

或

$$n_A \Pi V_{m,A}^* = n_B RT$$

因为是理想稀溶液,故 $n_A V_{m,A}^* = V_A^* \approx V(sln)$,代入上式可得

$$\Pi V(sln) = n_B RT \qquad (3.45)$$

或

$$\Pi = cRT \qquad (3.46)$$

$c = n_B/V(sln)$ 为溶质的浓度。由式(3.46)可见,理想稀溶液渗透压的大小与溶液浓度成正比。式(3.45)亦可用于求算溶质的摩尔质量,此时可改写为

$$\Pi V = \frac{W_B}{M_B}RT$$

所以

$$M_B = \frac{W_B}{\Pi V}RT \qquad (3.47)$$

例题3   20 ℃时,将 68.4 g 蔗糖($C_{12}H_{22}O_{11}$)溶于 1000 g 水中形成理想稀溶液,求该溶液的凝固点、沸点和渗透压各为多少?(已知该溶液的密度为 1.024 g·cm^{-3}。)

解:由分子式可知,蔗糖的摩尔质量 $M = 342$ g·mol^{-1},68.4 g 蔗糖溶于 1000 g 水中,其质量摩尔浓度为

$$m = \frac{68.4 \text{ g}}{342 \text{ g·mol}^{-1} \times 1 \text{ kg}} = 0.20 \text{ mol·kg}^{-1}$$

水的凝固点降低常数 $K_f = 1.86$ K·kg·mol^{-1},由式(3.36):

$$\Delta T_f = K_f m = (1.86 \times 0.20) ℃ = 0.372 ℃$$

水的正常凝固点 $T_f^* = 0$ ℃,所以该溶液的凝固点:

$$T_f = (0 - 0.372) ℃ = -0.372 ℃$$

水的沸点升高常数 $K_b = 0.52$ K·kg·mol^{-1},由式(3.40):

$$\Delta T_b = K_b m = (0.52 \times 0.20) ℃ = 0.104 ℃$$

水的正常沸点 $T_b^* = 100$ ℃,所以该溶液的沸点:

$$T_b = (100+0.104) ℃ = 100.104 ℃$$

该溶液内含有蔗糖的物质的量 $n_B = 0.20$ mol,其体积为

$$V = \frac{W}{d} = \left(\frac{1000 + 68.4}{1.024}\right) cm^3 = 1043 \text{ cm}^3 = 1.043 \times 10^{-3} m^3$$

由式(3.45),该溶液的渗透压:

$$\Pi = \frac{n_B RT}{V} = \left(\frac{0.2 \times 8.314 \times 293}{1.043 \times 10^{-3}} \right) Pa = 4.67 \times 10^5 \ Pa$$

由例题 3 的计算可知,溶液的依数性中渗透压最为灵敏。所以从理论上说,测量溶质的摩尔质量用渗透压方法是最精确的。此法的困难在于实验方面,因一般制备的半透膜往往不仅溶剂分子能透过,溶质分子亦能通过,对一般的溶质来说,很难制备出真正的半透膜,所以测定溶质的摩尔质量,通常采用凝固点降低法。但是对于高分子溶质,由于溶质分子和溶剂分子的大小相差悬殊,制备真正的半透膜困难就不大了,因此用渗透压法测量高分子化合物的摩尔质量已成为常用的方法之一。

如图 3.4 所示的装置中,当在稀溶液一侧施加足够的压力,则溶液中的溶剂会透过半透膜,在左侧得到纯溶剂。此现象称为反渗透。反渗透是重要的膜分离技术之一,现已经用于海水淡化和纯水制备等。

习题 20 在 1000 cm³ 二氧杂环己烷中溶解有 4.00 g 聚氯乙烯,此溶液在 27 ℃时的渗透压为 64.8 Pa,试计算此聚合物的摩尔质量是多少? 〔答案:1.54×10^5 g·mol⁻¹〕

习题 21 人的血浆凝固点为 −0.56 ℃,求人体中血浆的渗透压是多少?(已知人体温度为 37 ℃。) 〔答案:7.76×10^5 Pa〕

习题 22 某含有不挥发性溶质的理想水溶液,其凝固点为 −1.5 ℃,试求算该溶液的(1)正常沸点;(2) 25 ℃时的蒸气压(该温度时纯水的蒸气压为 3.17×10^3 Pa);(3) 25 ℃时的渗透压。(已知冰的熔化热为 6.03 kJ·mol⁻¹;水的汽化热为 40.7 kJ·mol⁻¹,设二者均不随温度而变化。) 〔答案:(1) 100.42 ℃;(2) 3.12×10^3 Pa;(3) 2.00×10^6 Pa〕

§3.7 非理想多组分系统中物质的化学势

1. 实际液态混合物对理想液态混合物的偏差

对于理想液态混合物来说,任一组分均遵守 Raoult 定律,此种混合物中不同分子之间的引力和同种分子之间的引力相同,而且在形成混合物时没有体积变化和热效应。但是类似理想液态混合物的系统毕竟只是极少数,大多数液态混合物由于不同分子之间的引力和同种分子之间的引力有明显区别,或不同分子之间发生化学作用,混合物中各物质的分子所处的情况与在纯态时很不相同,所以在形成混合物时往往伴随有体积变化和热效应,此种液态混合物称为"**非理**

想液态混合物";很显然,非理想液态混合物不遵守 Raoult 定律,它们对理想液态混合物的偏差有两种常见的情况。

一种情况是实际液态混合物在一定浓度时的蒸气压比同浓度理想液态混合物的蒸气压大,即实际蒸气压大于 Raoult 定律的计算值,这种情况称为"正偏差"。实验表明,当液态混合物中某物质发生正偏差时,另一种物质一般亦发生正偏差,因此混合物的总蒸气压亦发生正偏差(见图 3.5)。由纯物质混合形成具有正偏差的混合物时,往往发生吸热现象。在具有正偏差的混合物中,各物质的化学势大于同浓度时理想液态混合物中各物质的化学势。产生正偏差的原因,往往是 A 和 B 分子间的吸引力小于 A 和 A 及 B 和 B 分子间的吸引力。此外,当形成混合物时,若 A 分子发生解离,亦容易产生正偏差。

另一种情况是实际蒸气压小于 Raoult 定律的计算值,这种情况称为"负偏差"。实验表明,当液态混合物中某物质发生负偏差时,另一物质一般亦发生负偏差,因此溶液的总蒸气压亦发生负偏差(见图 3.6)。由纯物质混合形成具有负偏差的混合物时,往往发生放热现象。在具有负偏差的混合物中,各物质的化学势要小于同浓度时理想液态混合物中各物质的化学势。产生负偏差的原因,往往是 A 和 B 分子间的吸引力大于 A 和 A 及 B 和 B 分子间的吸引力。此外,若分子间发生化学作用,形成缔合分子或化合物时,亦容易产生负偏差。

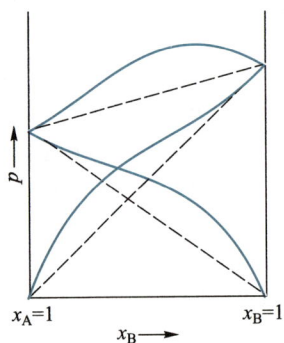

图 3.5　发生正偏差的溶液的
蒸气压－组成图

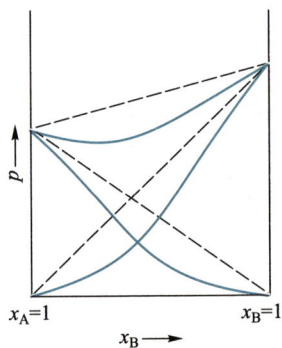

图 3.6　发生负偏差的溶液的
蒸气压－组成图

2. 非理想液态混合物中物质的化学势及活度的概念

对于理想液态混合物来说,其中任何物质 B 的化学势均可表示为

$$\mu_B = \mu_B^{\ominus}(1) + RT\ln x_B$$

对于非理想液态混合物,上式已不适用。究竟应当如何表示非理想液态混合物中物质的化学势呢? 为了使非理想液态混合物中物质的化学势与理想液态混合物中物质的化学势表示式有相似的简单形式,Lewis 仿照实际气体化学势的处理方法,将实际液态混合物组分 B 的浓度 x_B 乘上一校正因子 f_B,于是就可用类似式(3.26)的形式来表示非理想液态混合物中物质 B 的化学势。即

$$\mu_B = \mu_B^\ominus(1) + RT\ln f_B x_B$$

或

$$\mu_B = \mu_B^\ominus(1) + RT\ln a_B \qquad (3.48)$$

式中 a_B 称为物质 B 的"活度"。很明显,$a_B = f_B x_B$,f_B 称为物质 B 的"活度系数"或"活度因子",它表明实际混合物与理想混合物的偏差程度。对理想混合物来说,$f_B = 1$,即 $a_B = x_B$;对于蒸气压呈正偏差的溶液,$a_B > x_B$,故 $f_B > 1$;对于蒸气压呈负偏差的溶液,$a_B < x_B$,故 $f_B < 1$。

用式(3.48)表示非理想混合物中物质 B 的化学势时,校正的仅仅是物质 B 的浓度,而没有改变标准态化学势 $\mu_B^\ominus$,所以 $\mu_B^\ominus$ 依然是理想液态混合物中物质 B 的标准态化学势,即物质 B 处于真正纯态($x_B = 1$,$f_B = 1$)时的化学势。

3. 非理想溶液中物质的化学势及活度

非理想溶液中的溶剂不符合 Raoult 定律,溶质也不符合 Henry 定律。为了使非理想溶液中溶剂和溶质的化学势分别与理想稀溶液中的形式相同,也是以活度代替浓度。

对于非理想溶液中的溶剂 A,在温度 T 和压力 p 下,有

$$\mu_A = \mu_A^\ominus(1) + RT\ln a_A$$

式中 $a_A = f_A x_A$ 称为溶剂 A 的活度,f_A 为活度系数。其标准态为 $x_A = f_A = 1$ 且符合 Raoult 定律的状态。

对于非理想溶液中的溶质,则采用理想稀溶液中溶质的化学势形式来表示,即以 Henry 定律为基准校正其浓度,此时溶质的化学势可表示为

$$\mu_B = \mu_{B,x}^\ominus(\text{sln}) + RT\ln(f_B x_B) = \mu_{B,x}^\ominus(\text{sln}) + RT\ln a_{B,x}$$

或

$$\mu_B = \mu_{B,m}^\ominus(\text{sln}) + RT\ln(\gamma_B m_B / m^\ominus) = \mu_{B,m}^\ominus(\text{sln}) + RT\ln a_{B,m}$$

或

$$\mu_B = \mu_{B,c}^\ominus(\text{sln}) + RT\ln(y_B c_B / c^\ominus) = \mu_{B,c}^\ominus(\text{sln}) + RT\ln a_{B,c}$$

其标准态依然是理想稀溶液中溶质的标准态,即分别是 $f_B = 1$,$x_B = 1$;$\gamma_B = 1$,$m_B = m^\ominus$ 和 $y_B = 1$,$c_B = c^\ominus$ 且符合 Henry 定律的假想态。值得注意的是,选择不同的标准态,其活度值亦随之不同。

4. 活度的求算

式(3.20)、式(3.34)、式(3.39)和式(3.44)分别表示理想溶液中溶剂的浓度与其蒸气压、凝固点、沸点和渗透压的关系。若以式(3.48)表示非理想溶液中溶剂的化学势,不难导出:

$$p_A = p_A^* a_A \tag{3.49}$$

$$\ln a_A = \frac{\Delta_{fus} H_m^\ominus}{R}\left(\frac{1}{T_f^*} - \frac{1}{T_f}\right) \tag{3.50}$$

$$\ln a_A = \frac{\Delta_{vap} H_m^\ominus}{R}\left(\frac{1}{T_b} - \frac{1}{T_b^*}\right) \tag{3.51}$$

$$\ln a_A = -\frac{\Pi V_{m,A}^*}{RT} \tag{3.52}$$

通过实验测定非理想溶液的蒸气压、凝固点、沸点或渗透压,就可以运用以上四式求算非理想溶液中溶剂的活度 a_A 值,但式(3.49)和式(3.51)只适用于不挥发性溶质的非理想溶液。溶质活度 a_B 的求算比较繁杂,不再详细介绍。

例题4 实验测得某水溶液的凝固点为 $-15\ ℃$,求该溶液中水的活度以及 $25\ ℃$ 时该溶液的渗透压。

解:冰的熔化热 $\Delta_{fus} H_m^\ominus = 6025\ J\cdot mol^{-1}$,设为常数;其正常凝固点为 $0\ ℃$,即 $T_f^* = 273\ K$,溶液的凝固点为 $-15\ ℃$,即 $T_f = 258\ K$,由式(3.50):

$$\ln a_A = \frac{\Delta_{fus} H_m^\ominus}{R}\left(\frac{1}{T_f^*} - \frac{1}{T_f}\right) = \frac{6025}{8.314}\times\left(\frac{1}{273} - \frac{1}{258}\right) = -0.1543$$

所以该溶液中水的活度 $a_A = 0.857$。

纯水的摩尔体积 $V_{m,A}^* = 18\ cm^3\cdot mol^{-1} = 1.8\times10^{-5}\ m^3\cdot mol^{-1}$,由式(3.52),$25\ ℃$ 时该溶液的渗透压:

$$\Pi = -\frac{RT}{V_{m,A}^*}\ln a_A = \left(\frac{8.314\times298\times0.1543}{1.8\times10^{-5}}\right)Pa = 2.12\times10^7\ Pa$$

习题23 氯仿和丙酮混合形成溶液,其中丙酮的摩尔分数 $x_B = 0.713$。在 $28\ ℃$ 时,溶液的总蒸气压为 $2.94\times10^4\ Pa$,蒸气中丙酮的摩尔分数 $y_B = 0.818$。该温度时,纯氯仿的蒸气压为 $2.96\times10^4\ Pa$。求该溶液中氯仿的活度 a_A 和活度系数 f_A。   [答案:0.181;0.630]

习题 24　15 ℃ 时，将 1 mol 氢氧化钠和 4.559 mol 水混合形成溶液的蒸气压为 596 Pa，而纯水的蒸气压为 1705 Pa。试求（1）该溶液中水的活度；（2）该溶液的沸点；（3）在该溶液中和在纯水中，水的化学势相差多少？

[答案：（1）0.350；（2）132 ℃；（3）2514 J·mol^{-1}]

习题 25　100 g 水中溶解 29 g NaCl 所成溶液，在 100 ℃ 时的蒸气压为 8.29×10^4 Pa，求此溶液在 100 ℃ 时的渗透压。（已知 100 ℃ 时水的比体积为 1.043 cm^3·g^{-1}。）

[答案：3.10×10^7 Pa]

思考题

1. 某溶液中物质 B 的偏摩尔体积是否是 1 mol 物质 B 在溶液中所占的体积？为什么？

2. 偏摩尔量是强度性质，应该与物质的数量无关，但浓度不同时其值亦不同，如何理解？

3. 稀溶液中，若溶剂遵守 Raoult 定律，则溶质亦遵守 Henry 定律。如何以分子观点解释这一规律？

4. 理想液态混合物中物质 B 的 $V_B = V_{m,B}^*$，$H_B = H_{m,B}^*$，那么是否可以推论？$G_B = G_{m,B}^*$，$S_B = S_{m,B}^*$？

5. 纯 A 的物质的量为 n_A，纯 B 的物质的量为 n_B，两者混合形成理想液态混合物，试证明对此混合过程，有

$$\Delta_{mix}S = -R(n_A \ln x_A + n_B \ln x_B)$$

6. 试证明在两种物质组成的溶液中，溶质的摩尔分数 x_B、质量摩尔浓度 m 和物质的量浓度 c 二者之间存在下列关系：

$$x_B = \frac{cM_A}{\rho - cM_B + cM_A} = \frac{mM_A}{1 - mM_B + mM_A}$$

式中 ρ 为溶液的密度；M_A 和 M_B 分别为溶剂和溶质的摩尔质量。并进一步证明在溶液很稀时，上式可简化为

$$x_B = \frac{cM_A}{\rho^*} = mM_A$$

式中 ρ^* 为纯溶剂的密度。

7. 可由溶剂的活度 a_A 求算溶质的活度 a_B，试证明 a_A 和 a_B 之间存在下列关系：

$$x_A \mathrm{d}\ln a_A + x_B \mathrm{d}\ln a_B = 0$$

式中 x_A 和 x_B 分别是溶剂和溶质的摩尔分数。

8. 水分别处于下列六种状态：（a）100 ℃、标准压力下的液态；（b）100 ℃、标准压力下的气态；（c）100 ℃、2×10^5 Pa 下的液态；（d）100 ℃、2×10^5 Pa 下的气态；（e）101 ℃、标准压

力下的液态;(f) 101 ℃、标准压力下的气态。试比较下列各组物理量中哪个大?(1) $\mu_{(a)}$ 与 $\mu_{(b)}$;(2) $\mu_{(c)}$ 与 $\mu_{(a)}$;(3) $\mu_{(d)}$ 与 $\mu_{(b)}$;(4) $\mu_{(e)}$ 与 $\mu_{(d)}$;(5) $S_{(a)}$ 与 $S_{(b)}$;(6) $\mu_{(e)}$ 与 $\mu_{(f)}$。

9. 已知某二元溶液对 Raoult 定律呈正偏差,试判断:

(1) 以 $x_B \rightarrow 1$ 时 $\gamma_B = 1$ 的状态为参考态,其活度系数是大于 1 还是小于 1?

(2) 若以 $x_B \rightarrow 0$ 时 $\gamma_B = 1$ 的状态为参考态,结果又如何?

(3) 由于(1)、(2)的参考态不同,求出的活度 a_B 值亦不同,根据公式:

$$\Delta_{mix} G = RT(n_A \ln a_A + n_B \ln a_B)$$

所求得的 $\Delta_{mix} G$ 值必然亦不同,如何理解?

10. 式(3.36)、式(3.40)和式(3.46)分别表示理想稀溶液中溶质的浓度与凝固点降低、沸点升高和渗透压之间的关系,是否可以对此三式中的浓度进行校正后应用于非理想溶液?即表示为 $\Delta T_f = K_f a_B$、$\Delta T_b = K_b a_B$ 和 $\Pi = RTa_B$,为什么?

11. 试归纳气体、液态混合物和溶液中各物质的标准态,指出哪些是真实态,哪些是假想态。并指出各自的参考态是何状态。

教学课件　　　　　　　　拓展例题

第四章

化学平衡

§4.1　化学反应的方向和限度

1. 化学反应的限度

所有的化学反应既可以正向进行亦可以逆向进行。有些情况下,逆向反应的程度是如此之小,以致可以略去不计,这种反应通常称为"单向反应"。例如,常温下,将 2 mol 氢气与 1 mol 氧气的混合物用电火花引爆,就可转化为水,这时若用一般的实验方法去检查剩余的氢和氧的数量是检查不出来的。但是当温度高达 1500 ℃时,水蒸气却可以有相当一部分分解为氢和氧。这个事实说明,在通常条件下,氢和氧的反应,其逆向进行的程度是很小的,而在高温条件下,反应逆向进行的程度可相当明显。

但是,在通常条件下,有不少反应正向进行和逆向进行均有一定的程度。例如,在一密闭容器中盛有氢气和碘蒸气的混合物,即使加热到 450 ℃,氢和碘亦不能全部转化为碘化氢气体,这就是说,氢和碘能生成碘化氢,但同时碘化氢亦可以在相当程度上分解为氢和碘。液相中乙醇和乙酸的酯化反应亦是此类反应的典型例子。

所有的此类反应在进行一定时间以后均会达到平衡状态,此时的反应进度达到极限值,以 ξ^{eq} 表示。若温度和压力保持不变,ξ^{eq} 亦保持不变,即混合物的组成不随时间而改变,这就是化学反应的限度。总体看来,达到平衡时的化学反应好像已经停止,但实际上是动态平衡,即反应正向进行和逆向进行的速率相等。

2. 反应系统的 Gibbs 函数

为什么化学反应总有一定的限度?这是反应系统的 Gibbs 函数变化规律所决定的。

假设有一最简单的理想气体反应：

$$A(g) \overline{} B(g)$$

若反应起始时，系统中只有 1 mol 的纯 A，只要化学势 μ_A 大于 μ_B，反应就可以正向进行。当反应进行到反应进度为 ξ 时，A 的物质的量应为 $(1-\xi)$，B 的物质的量应为 ξ。如果反应进行过程中，A 和 B 均各以纯态存在而没有相互混合，此时反应系统的 Gibbs 函数应是

$$G^* = n_A\mu_A^* + n_B\mu_B^* = (1-\xi)\mu_A^* + \xi\mu_B^* = \mu_A^* + \xi(\mu_B^* - \mu_A^*)$$

式中上标"$*$"表示纯态。显然，以 G^* 对 ξ 作图应为一直线，如图 4.1 中蓝色虚线所示。然而实际上，在反应进行过程中，A 和 B 是混合在一起的，因此还必须考虑混合过程对系统 Gibbs 函数的影响。

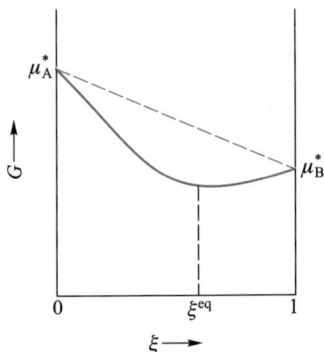

图 4.1   反应系统的 Gibbs
函数变化示意图

对于 A 和 B 两种理想气体混合过程，有

$$\Delta_{\mathrm{mix}}G = RT(n_A\ln x_A + n_B\ln x_B) = RT[(1-\xi)\ln(1-\xi) + \xi\ln\xi]$$

实际反应系统的总 Gibbs 函数应为

$$\begin{aligned} G &= G^* + \Delta_{\mathrm{mix}}G \\ &= [\mu_A^* + \xi(\mu_B^* - \mu_A^*)] + RT[(1-\xi)\ln(1-\xi) + \xi\ln\xi] \end{aligned} \tag{4.1}$$

由于 ξ 和 $1-\xi$ 均小于 1，因此 $\Delta_{\mathrm{mix}}G < 0$，所以实际反应系统的总 Gibbs 函数 G 总是小于 G^*，如图 4.1 中蓝色实线所示的那样，必然会在某 ξ 值时出现极小值。

在一定温度和压力条件下，总 Gibbs 函数最低的状态就是反应系统的平衡态。因此，图 4.1 中曲线的极小点就是化学平衡的位置，相应的 ξ 就是反应的极

限进度 ξ^{eq}。ξ^{eq} 越大,平衡产物就越多;反之,ξ^{eq} 越小,平衡产物就越少。很显然,上例中反应系统总物质的量为 1 mol,故 ξ^{eq} 必然在 0 和 1 mol 之间,表明反应只能进行到一定限度,而不能按照反应方程式进行到底。

3. 化学反应的平衡常数和等温方程

假设有一理想气体的化学反应:

$$a A(g) + b B(g) \Longrightarrow g G(g) + h H(g)$$

当反应达到平衡时,根据式(3.11)应有

$$g\mu_G + h\mu_H = a\mu_A + b\mu_B \tag{4.2}$$

因为 A、B、G、H 均为理想气体,根据理想气体在一定温度下的化学势表示式 $\mu_B = \mu_B^\ominus + RT\ln(p_B/p_B^\ominus)$,则式(4.2)可写为

$$g\mu_G^\ominus + gRT\ln(p_G/p^\ominus) + h\mu_H^\ominus + hRT\ln(p_H/p^\ominus) =$$
$$a\mu_A^\ominus + aRT\ln(p_A/p^\ominus) + b\mu_B^\ominus + bRT\ln(p_B/p^\ominus)$$

即

$$\ln \frac{(p_G/p^\ominus)^g (p_H/p^\ominus)^h}{(p_A/p^\ominus)^a (p_B/p^\ominus)^b} = -\frac{1}{RT}(g\mu_G^\ominus + h\mu_H^\ominus - a\mu_A^\ominus - b\mu_B^\ominus) \tag{4.3}$$

式中 p_B 为物质 B 在平衡时的分压。因为等式右边各项都只是温度的函数,因此在温度一定时,等式右边为一常数。所以

$$\frac{(p_G/p^\ominus)^g (p_H/p^\ominus)^h}{(p_A/p^\ominus)^a (p_B/p^\ominus)^b} = 常数 = K^\ominus \tag{4.4}$$

当然,参加反应的物质在平衡时的分压,可能由于起始组成的不同而有不同的数值,但平衡时式(4.4)中的比例关系在一定温度时却是一定值,不因各气体平衡分压的不同而改变。该比例式称为反应的"标准平衡常数",以 $K^\ominus$ 表示。由式(4.4)可见,标准平衡常数 $K^\ominus$ 是量纲为 1 的量。如果令

$$g\mu_G^\ominus + h\mu_H^\ominus - a\mu_A^\ominus - b\mu_B^\ominus = \Delta_r G_m^\ominus \tag{4.5}$$

则式(4.3)亦可以表示为

$$\Delta_r G_m^\ominus = -RT\ln K^\ominus \tag{4.6}$$

很显然,$\Delta_r G_m^\ominus$ 是指产物和反应物均处于标准态时,产物的 Gibbs 函数总和和反应物的 Gibbs 函数总和之差,故称为反应的"标准 Gibbs 函数变化"。

　　假若上述反应在定温定压条件下进行,其中各分压是任意的,而不是平衡态时的分压。那么,当此反应进行时,反应系统的 Gibbs 函数变化应为

$$\Delta_r G_m = (g\mu_G + h\mu_H) - (a\mu_A + b\mu_B)$$

$$= (g\mu_G^\ominus + h\mu_H^\ominus - a\mu_A^\ominus - b\mu_B^\ominus) + RT\ln\frac{(p_G'/p^\ominus)^g(p_H'/p^\ominus)^h}{(p_A'/p^\ominus)^a(p_B'/p^\ominus)^b}$$

令

$$Q_p = \frac{(p_G'/p^\ominus)^g(p_H'/p^\ominus)^h}{(p_A'/p^\ominus)^a(p_B'/p^\ominus)^b}$$

并将式(4.5)或式(4.6)代入,则

$$\Delta_r G_m = \Delta_r G_m^\ominus + RT\ln Q_p \tag{4.7}$$

或

$$\Delta_r G_m = -RT\ln K^\ominus + RT\ln Q_p \tag{4.8}$$

式(4.8)称为 **van't Hoff 等温方程**。应当注意的是,式中 p_B 和 p_B' 的含义是不同的, p_B 是指平衡时的分压, p_B' 是指任意状态时的分压。因此, $K^\ominus$ 是标准平衡常数, Q_p 不是平衡常数,为区别起见, Q_p 称为"分压商"。

　　推广到任意化学反应,只需用 a_B 代替 $p_B/p^\ominus$。在不同场合,可以赋予 a_B 不同的含义:对于理想气体, a_B 表示 $p_B/p^\ominus$;对于高压实际气体, a_B 表示 $f_B/p^\ominus$;对于理想液态混合物, a_B 表示浓度 x_B;对于非理想溶液, a_B 就表示活度等。于是, van't Hoff 等温方程可统一表示为

$$\Delta_r G_m = \Delta_r G_m^\ominus + RT\ln Q_a \tag{4.9}$$

式中 Q_a 称为"**活度商**";由式(4.6)可知 $\Delta_r G_m^\ominus = -RT\ln K^\ominus$。

　　van't Hoff 等温方程对化学反应有很重要的意义。用 van't Hoff 等温方程可判别一化学反应是否能进行及进行到什么限度为止。第三章的讨论中曾阐明,在定温定压且不做其他功的条件下,如果一化学反应的 $\Delta G < 0$,则意味着此化学反应能够进行;如果 $\Delta G > 0$,则此化学反应不能正向进行,但可以逆向进行;如果 $\Delta G = 0$,则表明化学反应已达平衡。从 van't Hoff 等温方程可以看出:

　　当 $Q_a < K^\ominus$ 时, $\Delta_r G_m < 0$,反应能够正向进行;

　　当 $Q_a > K^\ominus$ 时, $\Delta_r G_m > 0$,反应能够逆向进行;

　　当 $Q_a = K^\ominus$ 时, $\Delta_r G_m = 0$,反应达到平衡。

　　例题 1　有理想气体反应 $2H_2(g) + O_2(g) \Longrightarrow 2H_2O(g)$,在 2000 K 时,已知 $K^\ominus = 1.55 \times 10^7$。

　　(1) 计算 H_2 和 O_2 的分压均为 1.00×10^4 Pa,水蒸气的分压为 1.00×10^5 Pa 的混合气中,进行上述反应的 $\Delta_r G_m$,并判断反应能够进行的方向;

(2) 当 H_2 和 O_2 的分压仍然均为 1.00×10^4 Pa 时，欲使反应不能正向进行，水蒸气的分压最少需要多大？

解：(1) 反应系统的分压商：

$$Q_p = \frac{[p'(H_2O)/p^{\ominus}]^2}{[p'(H_2)/p^{\ominus}]^2[p'(O_2)/p^{\ominus}]} = \frac{p'^2(H_2O)p^{\ominus}}{p'^2(H_2)p'(O_2)}$$

$$= \frac{(1.00 \times 10^5 \text{ Pa})^2 \times 1.00 \times 10^5 \text{ Pa}}{(1.00 \times 10^4 \text{ Pa})^3} = 1.00 \times 10^3$$

由 van't Hoff 等温方程：

$$\Delta_r G_m = -RT\ln K^{\ominus} + RT\ln Q_p = RT\ln(Q_p/K^{\ominus})$$
$$= 8.314 \text{ J} \cdot \text{K}^{-1} \cdot \text{mol}^{-1} \times 2000 \text{ K} \times \ln[1.00 \times 10^3/(1.55 \times 10^7)]$$
$$= -1.60 \times 10^5 \text{ J} \cdot \text{mol}^{-1}$$

由 $\Delta_r G_m < 0$ 或 $Q_p < K^{\ominus}$ 均可判断此时反应能够正向进行。

(2) 欲使反应不能正向进行，Q_p 至少需与 $K^{\ominus}$ 相等，即

$$Q_p = K^{\ominus} = 1.55 \times 10^7 = \frac{p^2(H_2O)p^{\ominus}}{p^2(H_2)p(O_2)}$$

所以 $p^2(H_2O) = 1.55 \times 10^7 \times (1.00 \times 10^4 \text{ Pa})^3 \times \dfrac{1}{1.00 \times 10^5 \text{ Pa}} = 1.55 \times 10^{14} \text{ Pa}^2$

$$p(H_2O) = 1.24 \times 10^7 \text{ Pa}$$

习题 1 有理想气体反应 $2SO_2(g) + O_2(g) \rightleftharpoons 2SO_3(g)$，在 1000 K 时的 $K^{\ominus} = 3.45$。试求算 SO_2、O_2 和 SO_3 的分压分别为 2.03×10^4 Pa、1.01×10^4 Pa 和 1.01×10^5 Pa 的混合气中，发生上述反应的 $\Delta_r G_m$，并判断反应能够进行的方向。若 SO_2 及 O_2 的分压仍分别为 2.03×10^4 Pa 及 1.01×10^4 Pa，为使反应正向进行，SO_3 的分压最大不得超过多少？

[答案：3.54×10^4 J $\cdot$ mol^{-1}；1.20×10^4 Pa]

习题 2 已知反应 $CO(g) + H_2O(g) \rightleftharpoons CO_2(g) + H_2(g)$ 在 700 ℃ 时，$K^{\ominus} = 0.71$。(1) 若系统中四种气体的分压都是 1.5×10^5 Pa；(2) 若 $p(CO) = 1.0 \times 10^6$ Pa，$p(H_2O) = 5.0 \times 10^5$ Pa，$p(CO_2) = p(H_2) = 1.5 \times 10^5$ Pa，试判断哪个条件下正向反应能够进行？

[答案：(1) 不可以；(2) 可以]

§4.2   反应的标准 Gibbs 函数变化

1. 化学反应的 $\Delta_r G_m$ 与 $\Delta_r G_m^\ominus$

由式(4.9)可知,任意化学反应的 van't Hoff 等温方程可表示为

$$\Delta_r G_m = \Delta_r G_m^\ominus + RT\ln Q_a$$

式中 $\Delta_r G_m = \sum \nu_B \mu_B$,表示反应的 Gibbs 函数变化;$\Delta_r G_m^\ominus = \sum \nu_B \mu_B^\ominus$,表示反应的标准 Gibbs 函数变化。很显然,$\Delta_r G_m$ 与 $\Delta_r G_m^\ominus$ 的含义是不相同的。在温度和压力一定的条件下,任何物质的标准态化学势 $\mu_B^\ominus$ 都有确定值,所以任何化学反应的 $\Delta_r G_m^\ominus$ 都是常数;但 $\Delta_r G_m$ 不是常数,它还与各物质实际所处的状态——分压或浓度有关,即与 Q_a 有关。在定温定压且不做其他功的条件下,$\Delta_r G_m$ 的正负可以指示化学反应能够进行的方向。但一般说来,$\Delta_r G_m^\ominus$ 的正负不能指示化学反应进行的方向。然而,根据式(4.6):

$$\Delta_r G_m^\ominus = - RT\ln K^\ominus$$

由于标准平衡常数 $K^\ominus$ 可以指示反应的限度,所以 $\Delta_r G_m^\ominus$ 亦是指示反应限度的物理量。例如,氨合成反应:

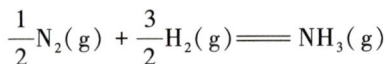

$$\frac{1}{2}N_2(g) + \frac{3}{2}H_2(g) \Longrightarrow NH_3(g)$$

在 400 ℃ 时,反应的 $\Delta_r G_m^\ominus = 24.2 \ kJ \cdot mol^{-1}$,这个数值大于零,但它并不能指示该反应不能正向进行,相反,工业合成氨就是在这个温度下实现的。然而由 $\Delta_r G_m^\ominus$ 值计算出的标准平衡常数 $K^\ominus$ 能指示反应的限度,当 $Q_p < K^\ominus$ 时,$\Delta_r G_m < 0$,反应能正向进行;当 $Q_p = K^\ominus$ 时,$\Delta_r G_m = 0$,反应就达到平衡。

$\Delta_r G_m^\ominus$ 值虽然不能指示反应的方向,但实际工作中又经常应用 $\Delta_r G_m^\ominus$ 值来估计反应的方向。当 $\Delta_r G_m^\ominus$ 的绝对值很大时,一般情况下,$\Delta_r G_m$ 的正负能够与 $\Delta_r G_m^\ominus$ 一致,除非 Q_a 很大或者很小,这就意味着反应物的数量与产物的数量悬殊,这在实际工作中往往难以实现。例如反应:

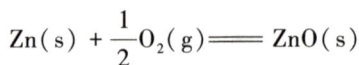

$$Zn(s) + \frac{1}{2}O_2(g) \Longrightarrow ZnO(s)$$

25 ℃ 时,该反应的 $\Delta_r G_m^\ominus = - 318.2 \ kJ \cdot mol^{-1}$,欲使此反应不能进行,$Q_p$ 必须大于 6×10^{55},即 O_2 的分压必须小于 $2.8 \times 10^{-107} \ Pa$ 方能使反应的 $\Delta_r G_m > 0$,实际上这

是不可能实现的。所以,根据此 $\Delta_r G_m$ 的数值很容易估计到该反应能够正向进行,而且能够反应得很彻底。

同理,如果 $\Delta_r G_m^\ominus$ 为很大的正值,则在一般情况下,$\Delta_r G_m$ 大致亦为正值,这就是说,在一般条件下反应不能正向进行。

然而,$\Delta_r G_m^\ominus$ 的数值不是很大时,则不论其符号如何都不能判别反应的方向,此时只有通过 Q_a 与 $K^\ominus$ 的比较,即根据反应 $\Delta_r G_m$ 的符号,方可判别反应的方向。那么究竟 $\Delta_r G_m^\ominus$ 的数值负到多少,反应就能正向进行,正到多少,反应就不能正向进行呢? 这没有严格的标准,一般说来,大约以 40 kJ·mol^{-1} 为界线,即 $\Delta_r G_m^\ominus < -40$ kJ·mol^{-1} 时,反应可以正向进行;$\Delta_r G_m^\ominus > 40$ kJ·mol^{-1} 时,反应不能正向进行。应注意,这只能说是"大约",不是一定如此。

2. 物质的标准生成 Gibbs 函数

化学反应的 $\Delta_r G_m^\ominus$ 是指示反应限度的物理量,由 $\Delta_r G_m^\ominus$ 不仅可以求算反应的标准平衡常数,在一定条件下还能估计反应的方向,因此,$\Delta_r G_m^\ominus$ 的求算对化学反应来说就显得十分重要。

对于任意化学反应:

$$aA + bB \Longrightarrow gG + hH$$

其 $\Delta_r G_m^\ominus$ 应为

$$\Delta_r G_m^\ominus = (g\mu_G^\ominus + h\mu_H^\ominus) - (a\mu_A^\ominus + b\mu_B^\ominus)$$

亦即

$$\Delta_r G_m^\ominus = \sum_B \nu_B G_{m,B}^\ominus \qquad (4.10)$$

由式(4.10)可知,若能知道每一种物质的标准 Gibbs 函数的绝对值,反应的 $\Delta_r G_m^\ominus$ 则可很方便地求得。但是,各物质标准 Gibbs 函数绝对值目前还无法知道,所以式(4.10)的实际应用有困难。为了能够比较方便地求算反应的 $\Delta_r G_m^\ominus$,人们采用热化学中处理反应焓和生成焓关系的方法,引入"标准生成 Gibbs 函数"的概念。即令任意温度下,处于标准态时,各种最稳定单质的生成 Gibbs 函数为零,那么由稳定单质生成单位物质的量某物质时,反应的标准 Gibbs 函数变化 $\Delta_r G_m^\ominus$ 就是该物质的标准生成 Gibbs 函数,以 $\Delta_f G_m^\ominus$ 表示。于是,任意化学反应的 $\Delta_r G_m^\ominus$ 可采用下式计算:

$$\Delta_r G_m^\ominus = \sum_B \nu_B \Delta_f G_{m,B}^\ominus \qquad (4.11)$$

常见物质的 $\Delta_f G_m^{\ominus}$ 数据可从本书附录或有关手册中查到。

3. 反应的 $\Delta_r G_m^{\ominus}$ 和标准平衡常数的求算

由上可知,利用物质的标准生成 Gibbs 函数数据可以求算反应的 $\Delta_r G_m^{\ominus}$。除此之外,反应的 $\Delta_r G_m^{\ominus}$ 还可以通过其他方法求算。例如,① 通过测定反应的标准平衡常数来计算;② 用已知反应的 $\Delta_r G_m^{\ominus}$ 计算所研究反应的 $\Delta_r G_m^{\ominus}$;③ 通过反应的 $\Delta_r S_m^{\ominus}$ 和 $\Delta_r H_m^{\ominus}$ 用公式 $\Delta_r G_m^{\ominus} = \Delta_r H_m^{\ominus} - T\Delta_r S_m^{\ominus}$ 来计算;④ 通过电池的标准电动势 $E^{\ominus}$ 来计算。后一种方法留待以后在相应章节中讨论,前几种方法的应用可由下面的例题得到说明。无论何种方法,只要求得一反应的 $\Delta_r G_m^{\ominus}$,由式(4.6)不难求出该反应的标准平衡常数 $K^{\ominus}$。

例题 2   求算反应:

$$CO(g) + Cl_2(g) =\!=\!= COCl_2(g)$$

在 298K 及标准压力下的 $\Delta_r G_m^{\ominus}$ 及 $K^{\ominus}$。

解:查表可得,298 K 时

$$\Delta_f G_m^{\ominus}(CO,g) = -137.3 \text{ kJ} \cdot \text{mol}^{-1}$$

$$\Delta_f G_m^{\ominus}(COCl_2,g) = -210.5 \text{ kJ} \cdot \text{mol}^{-1}$$

$Cl_2(g)$ 是稳定单质,其 $\Delta_f G_m^{\ominus} = 0$。所以,反应的

$$\Delta_r G_m^{\ominus} = [-210.5 - (-137.3 + 0)] \text{ kJ} \cdot \text{mol}^{-1} = -73.2 \text{ kJ} \cdot \text{mol}^{-1}$$

由 $\Delta_r G_m^{\ominus} = -RT\ln K^{\ominus}$ 可得

$$K^{\ominus} = \exp\left(\frac{-\Delta_r G_m^{\ominus}}{RT}\right) = \exp\left(\frac{73.2 \times 10^3 \text{ J} \cdot \text{mol}^{-1}}{8.314 \text{ J} \cdot \text{K}^{-1} \cdot \text{mol}^{-1} \times 298 \text{ K}}\right) = 6.78 \times 10^{12}$$

例题 3   求 298 K 时反应 $H_2(g) + \frac{1}{2}O_2(g) =\!=\!= H_2O(l)$ 的 $K^{\ominus}$。已知在 298 K 时 $H_2O(g)$ 的标准摩尔生成焓 $\Delta_f H_m^{\ominus} = -241.8 \text{ kJ} \cdot \text{mol}^{-1}$;$H_2(g)$、$O_2(g)$ 和 $H_2O(g)$ 的标准摩尔熵值 $S_m^{\ominus}$ 分别为 $130.6 \text{ J} \cdot \text{K}^{-1} \cdot \text{mol}^{-1}$、$205.0 \text{ J} \cdot \text{K}^{-1} \cdot \text{mol}^{-1}$、$188.7 \text{ J} \cdot \text{K}^{-1} \cdot \text{mol}^{-1}$;水的蒸气压为 $3.17 \times 10^3 \text{ Pa}$。

解:物质的标准生成焓、标准熵以及标准生成 Gibbs 函数都与物态有关,因为同一种物质在不同物态时的标准态是不一样的,$H_2O(g)$ 的标准态是其为标准压力时的气态,$H_2O(l)$ 的标准态是其纯液态。因此,题给数据只能用于反应:

$$H_2(g) + \frac{1}{2}O_2(g) =\!=\!= H_2O(g)$$

反应的
$$\Delta_r H_m^\ominus = \Delta_f H_m^\ominus(H_2O, g) = -241.8 \ kJ \cdot mol^{-1}$$

反应的　$\Delta_r S_m^\ominus = S_m^\ominus(H_2O, g) - S_m^\ominus(H_2, g) - \dfrac{1}{2} S_m^\ominus(O_2, g)$

$$= (188.7 - 130.6 - \frac{1}{2} \times 205.0) \ J \cdot K^{-1} \cdot mol^{-1} = -44.4 \ J \cdot K^{-1} \cdot mol^{-1}$$

所以,该反应的

$\quad \Delta_r G_m^\ominus = \Delta_r H_m^\ominus - T\Delta_r S_m^\ominus$

$\qquad = -241.8 \ kJ \cdot mol^{-1} - 298 \ K \times (-44.4 \ J \cdot K^{-1} \cdot mol^{-1}) = -228.6 \ kJ \cdot mol^{-1}$

　　值得注意的是,不可直接用此 $\Delta_r G_m^\ominus$ 值求算题目所要求反应的 $K^\ominus$,因为题目所要求的反应生成的是 $H_2O(l)$,而此 $\Delta_r G_m^\ominus$ 所对应的反应生成的是 $H_2O(g)$,二者不可混为一谈。

　　由于 298 K 时,水的蒸气压 p 为 3.17×10^3 Pa,根据已有条件,可以列出下列变化过程:

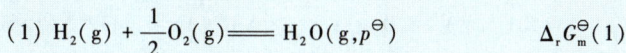

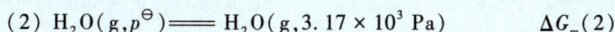

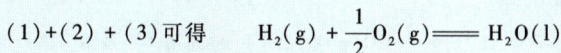

(1) $H_2(g) + \dfrac{1}{2} O_2(g) = H_2O(g, p^\ominus)$　　　　　　$\Delta_r G_m^\ominus(1)$

(2) $H_2O(g, p^\ominus) = H_2O(g, 3.17 \times 10^3 \ Pa)$　　　　$\Delta G_m(2)$

(3) $H_2O(g, 3.17 \times 10^3 \ Pa) = H_2O(l)$　　　　$\Delta G_m(3)$

(1)+(2) + (3)可得　　$H_2(g) + \dfrac{1}{2} O_2(g) = H_2O(l)$

此即题目所要求的化学反应,所以

$$\Delta_r G_m^\ominus = \Delta_r G_m^\ominus(1) + \Delta G_m(2) + \Delta G_m(3)$$

其中(3)是平衡过程,$\Delta G_m(3) = 0$。设水蒸气为理想气体,那么

$$\Delta G_m(2) = RT\ln\frac{p}{p^\ominus} = 8.314 \ J \cdot K^{-1} \cdot mol^{-1} \times 298 \ K \times \ln\frac{3.17 \times 10^3 \ Pa}{10^5 \ Pa}$$

$$= -8551 \ J \cdot mol^{-1}$$

所以　　$\Delta_r G_m^\ominus = (-228.6 \times 10^3 - 8551 + 0) \ J \cdot mol^{-1} = -237.2 \times 10^3 \ J \cdot mol^{-1}$

$$K^\ominus = \exp\left(\frac{-\Delta_r G_m^\ominus}{RT}\right) = \exp\left(\frac{237.2 \times 10^3 \ J \cdot mol^{-1}}{8.314 \ J \cdot K^{-1} \cdot mol^{-1} \times 298 \ K}\right) = 3.79 \times 10^{41}$$

$K^\ominus$ 如此之大,可见该反应是能够进行得非常彻底的。

　　习题 3　试利用标准生成 Gibbs 函数数据,求算下列反应在 298 K 时的 $\Delta_r G_m^\ominus$ 及 $K^\ominus$,并估计反应正向进行的可能性。

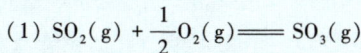

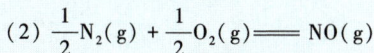

(1) $SO_2(g) + \dfrac{1}{2} O_2(g) = SO_3(g)$

(2) $\dfrac{1}{2} N_2(g) + \dfrac{1}{2} O_2(g) = NO(g)$

(3) $AgNO_3(s) \Longrightarrow Ag(s) + NO_2(g) + \dfrac{1}{2}O_2(g)$

(4) $C_6H_6(l) + Cl_2(g) \Longrightarrow C_6H_5Cl(l) + HCl(g)$

(5) $C_6H_6(l) + NH_3(g) \Longrightarrow C_6H_5NH_2(l) + H_2(g)$

(6) $C(s) + 2H_2O(g) \Longrightarrow CO_2(g) + 2H_2(g)$

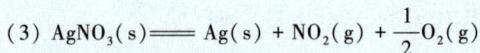

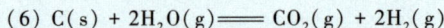

习题 4　试利用标准生成 Gibbs 函数数据,估计 Zn、Mg、Al、Ni、Cu、Ag、Au 等金属在空气中被氧化的可能性。

习题 5　试利用标准生成 Gibbs 函数数据,求算 298 K 时,欲使反应:

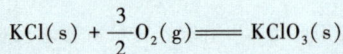

$$KCl(s) + \dfrac{3}{2}O_2(g) \Longrightarrow KClO_3(s)$$

得以进行,最少需要氧的分压为多少?　　　　　　　　　　　[答案:6.86×10^{18} Pa]

习题 6　已知 298 K 时的下列数据:

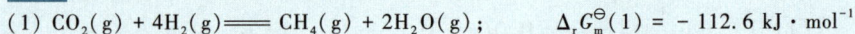

(1) $CO_2(g) + 4H_2(g) \Longrightarrow CH_4(g) + 2H_2O(g)$;　　　　$\Delta_r G_m^{\ominus}(1) = -112.6$ kJ·mol^{-1}

(2) $2H_2(g) + O_2(g) \Longrightarrow 2H_2O(g)$;　　　　$\Delta_r G_m^{\ominus}(2) = -456.1$ kJ·mol^{-1}

(3) $2C(s) + O_2(g) \Longrightarrow 2CO(g)$;　　　　$\Delta_r G_m^{\ominus}(3) = -272.0$ kJ·mol^{-1}

(4) $C(s) + 2H_2(g) \Longrightarrow CH_4(g)$;　　　　$\Delta_r G_m^{\ominus}(4) = -51.1$ kJ·mol^{-1}

试求反应 $CO_2(g) + H_2(g) \Longrightarrow H_2O(g) + CO(g)$ 在 298 K 时的 $\Delta_r G_m^{\ominus}$ 及 $K^{\ominus}$。

[答案:30.55 kJ·mol^{-1};4.41×10^{-6}]

习题 7　20 ℃时,实验测得下列同位素交换反应的标准平衡常数 $K^{\ominus}$ 为

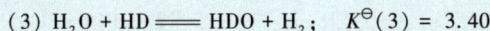

(1) $H_2 + D_2 \Longrightarrow 2HD$;　　　$K^{\ominus}(1) = 3.27$

(2) $H_2O + D_2O \Longrightarrow 2HDO$;　　　$K^{\ominus}(2) = 3.18$

(3) $H_2O + HD \Longrightarrow HDO + H_2$;　　　$K^{\ominus}(3) = 3.40$

试求 20 ℃时反应 $H_2O + D_2 \Longrightarrow D_2O + H_2$ 的 $\Delta_r G_m^{\ominus}$ 及 $K^{\ominus}$。

[答案:-6.03 kJ·mol^{-1};11.9]

习题 8　已知 298 K 时的下列数据:

物质	$CO_2(g)$	$NH_3(g)$	$H_2O(g)$	$CO(NH_2)_2(s)$
$\Delta_f H_m^{\ominus}$/(kJ·mol^{-1})	-393.51	-46.19	-241.82	-333.19
$S_m^{\ominus}$/(J·K^{-1}·mol^{-1})	213.64	192.50	188.72	104.60

试求 298 K 时反应 $CO_2(g) + 2NH_3(g) \Longrightarrow H_2O(g) + CO(NH_2)_2(s)$ 的 $\Delta_r G_m^{\ominus}$ 及 $K^{\ominus}$。

[答案:1849 J·mol^{-1};0.474]

习题 9 已知 298 K 时的下列数据：

物质	$N_2(g)$	$O_2(g)$	$NO(g)$	$SO_2(g)$	$SO_3(g)$
$\Delta_f H_m^{\ominus}/(kJ \cdot mol^{-1})$	0	0	90.37	−296.90	−395.18
$S_m^{\ominus}/(J \cdot K^{-1} \cdot mol^{-1})$	191.49	205.03	210.68	248.5	256.2

试求反应（1）$\frac{1}{2}N_2(g) + \frac{1}{2}O_2(g) \Longrightarrow NO(g)$ 和（2）$SO_2(g) + \frac{1}{2}O_2(g) \Longrightarrow SO_3(g)$ 在 298 K 时的 $\Delta_r G_m^{\ominus}$ 及 $K^{\ominus}$。

[答案：（1）8.67×10^4 J · mol^{-1}，6.34×10^{-16}；（2）-7.00×10^4 J · mol^{-1}，1.86×10^{12}]

习题 10 在催化剂作用下，乙烯气体与液体水反应生成乙醇水溶液。其反应为

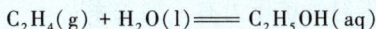

$$C_2H_4(g) + H_2O(l) \Longrightarrow C_2H_5OH(aq)$$

已知 25 ℃时纯乙醇的蒸气压为 7.60×10^3 Pa；乙醇水溶液在其标准态（即 $c = 1$ mol · dm^{-3}）时，乙醇的蒸气压为 5.33×10^2 Pa；$C_2H_5OH(l)$、$H_2O(l)$ 和 $C_2H_4(g)$ 的标准生成 Gibbs 函数分别为 -1.748×10^5 J · mol^{-1}、-2.372×10^5 J · mol^{-1}、6.818×10^4 J · mol^{-1}。试求算此水合反应的标准平衡常数。

[答案：147]

§4.3　平衡常数的各种表示法

按照式（4.6）所定义的化学反应的平衡常数与参加反应各物质的标准态化学势密切相关，故称为标准平衡常数，以 $K^{\ominus}$ 表示。习惯上，平衡常数还有其他表示形式，统称为"经验平衡常数"，一般简称平衡常数。标准平衡常数量纲为 1，也称无量纲，而平衡常数有时具有一定的量纲。对于指定的反应，其标准平衡常数与各种形式的平衡常数之间存在确定的换算关系。

1. 气相反应

对于理想气体反应，其标准平衡常数可按式（4.4）表示，即

$$K^{\ominus} = \frac{(p_G/p^{\ominus})^g (p_H/p^{\ominus})^h}{(p_A/p^{\ominus})^a (p_B/p^{\ominus})^b} = \prod_B (p_B/p^{\ominus})^{\nu_B}$$

式中 ν_B 表示参加反应各物质的化学计量数，对于产物 ν_B 取正值，对于反应物 ν_B 取负值，上式可化为

$$K^{\ominus} = \frac{p_G^g p_H^h}{p_A^a p_B^b}(p^{\ominus})^{-[(g+h)-(a+b)]} = \left(\prod_B p_B^{\nu_B}\right)(p^{\ominus})^{-\Delta\nu} \tag{4.12}$$

式中 $\Delta\nu = [(g+h)-(a+b)]$，$\Delta\nu$ 即表示产物和反应物的化学计量数之差。令

$$K_p = \prod_B p_B^{\nu_B} \tag{4.13}$$

式中 p_B 是各物质平衡时的分压；K_p 是用分压表示的平衡常数。K_p 与 $K^\ominus$ 的关系可表示为

$$K^\ominus = K_p \cdot (p^\ominus)^{-\Delta\nu} \tag{4.14}$$

显然，若 $\Delta\nu \neq 0$，K_p 就有量纲，其单位为 $(Pa)^{\Delta\nu}$。由于气相物质的标准态化学势 $\mu_B^\ominus$ 仅是温度的函数，故气相反应的标准平衡常数 $K^\ominus$ 仅是温度的函数。由式 (4.14) 可见，K_p 亦仅是温度的函数，与系统压力无关。

由于理想气体的分压与系统压力有下列关系：

$$p_B = p x_B$$

将此关系式代入式(4.13)，则

$$K_p = \prod_B (p x_B)^{\nu_B} = \left(\prod_B x_B^{\nu_B} \right) p^{\Delta\nu} = K_x p^{\Delta\nu}$$

所以

$$K_x = \prod_B x_B^{\nu_B} = K_p p^{-\Delta\nu} \tag{4.15}$$

式中 x_B 为各物质平衡时的摩尔分数。K_x 是用摩尔分数表示的平衡常数。由式(4.15)可以看出，K_x 不仅是温度的函数，还是总压力 p 的函数。即 p 改变时，K_x 的数值亦将随之而变。由于 x_B 的量纲为 1，故 K_x 的量纲亦为 1。

另外，一物质的摩尔分数 x_B 是该物质的物质的量 n_B 与系统中总物质的量 $n_总$ 之比，即

$$x_B = n_B / n_总$$

将此式代入式(4.15)可得

$$K_x = \prod_B (n_B / n_总)^{\nu_B} = \left(\prod_B n_B^{\nu_B} \right) n_总^{-\Delta\nu} = K_n n_总^{-\Delta\nu}$$

所以

$$K_n = K_x n_总^{\Delta\nu} \tag{4.16}$$

式中 n_B 是各物质平衡时的物质的量。由于物质的量 n_B 与 p_B、x_B 不同，不具有浓度的内涵，因此，K_n 不是平衡常数，而是 $\prod_B n_B^{\nu_B}$ 的代表符号。在进行化学平衡

运算时,常常会用到 K_n。由式(4.16)可以看出,K_n 亦不仅是温度的函数,还是总压力 p 和系统中总物质的量 $n_\text{总}$ 的函数。即 p 改变时,K_n 随之改变;系统中总物质的量 $n_\text{总}$ 改变时, K_n 亦随之改变。若 $\Delta \nu \neq 0$,K_n 具有量纲,其单位为 $(\text{mol})^{\Delta \nu}$。

K_p、K_x 是气相反应的经验平衡常数。比较式(4.14)、式(4.15)和式(4.16)可以看出,K_p、K_x、K_n 与标准平衡常数的关系为

$$K^\ominus = K_p(p^\ominus)^{-\Delta \nu} = K_x(p/p^\ominus)^{\Delta \nu} = K_n(p/p^\ominus n_\text{总})^{\Delta \nu} \qquad (4.17)$$

若 $\Delta \nu = 0$,即反应前后总物质的量不变,则

$$K^\ominus = K_p = K_x = K_n$$

当气相反应在高压下进行,气体不能被看做理想气体时,由于非理想气体的化学势表示式为 $\mu_\text{B} = \mu_\text{B}^\ominus + RT\ln(f_\text{B}/p^\ominus)$,将此式代入式(4.2),可得

$$K^\ominus = \frac{(f_\text{G}/p^\ominus)^g(f_\text{H}/p^\ominus)^h}{(f_\text{A}/p^\ominus)^a(f_\text{B}/p^\ominus)^b} = \left(\prod_\text{B} f_\text{B}^{\nu_\text{B}}\right)(p^\ominus)^{-\Delta \nu} \qquad (4.18)$$

令 $\prod_\text{B} f_\text{B}^{\nu_\text{B}} = K_f$,及由于 $f_\text{B} = p_\text{B}\gamma_\text{B}$,将此代入上式,即得

$$K^\ominus = K_f(p^\ominus)^{-\Delta \nu} = K_p K_\gamma(p^\ominus)^{-\Delta \nu}$$

由于 K_γ 与 T、p 有关,故一定温度时的 K_p、K_x 均与压力有关。

例题 4 298 K 及 10^5 Pa 时,有理想气体反应:

$$4HCl(g) + O_2(g) \Longrightarrow 2Cl_2(g) + 2H_2O(g)$$

求该反应的标准平衡常数 $K^\ominus$ 和平衡常数 K_p 和 K_x。

解:查表可得 298 K 时

$$\Delta_f G_\text{m}^\ominus(\text{HCl,g}) = -95.265 \text{ kJ} \cdot \text{mol}^{-1}$$

$$\Delta_f G_\text{m}^\ominus(\text{H}_2\text{O,g}) = -228.597 \text{ kJ} \cdot \text{mol}^{-1}$$

所以,反应的

$$\Delta_r G_\text{m}^\ominus = [2 \times (-228.597) - 4 \times (-95.265)] \text{ kJ} \cdot \text{mol}^{-1} = -76.134 \text{ kJ} \cdot \text{mol}^{-1}$$

根据式(4.6)

$$K^\ominus = \exp(-\Delta_r G_\text{m}^\ominus/RT) = \exp\left(\frac{76.134 \times 10^3 \text{ J} \cdot \text{mol}^{-1}}{8.314 \text{ J} \cdot \text{K}^{-1} \cdot \text{mol}^{-1} \times 298 \text{ K}}\right) = 2.216 \times 10^{13}$$

再根据式(4.14)和式(4.15)求出 K_p 和 K_x。该反应的化学计量数之差:

$$\Delta \nu = (2 + 2) - (4+1) = -1$$

所以
$$K_p = K^{\ominus}(p^{\ominus})^{\Delta \nu} = \frac{2.216 \times 10^{13}}{10^5 \text{ Pa}} = 2.216 \times 10^8 \text{ Pa}^{-1}$$

$$K_x = K_p p^{-\Delta \nu} = 2.216 \times 10^8 \text{ Pa}^{-1} \times 10^5 \text{ Pa} = 2.216 \times 10^{13}$$

2. 液相反应

如果参加反应的物质构成理想液态混合物,那么根据理想液态混合物中物质的化学势表示式 $\mu_B = \mu_B^{\ominus} + RT\ln x_B$,将此式代入式(4.2),可得理想液态混合物中反应的标准平衡常数表示式:

$$K^{\ominus} = \frac{x_G^g x_H^h}{x_A^a x_B^b} = \prod_B x_B^{\nu_B} \qquad (4.19)$$

如果参加反应的物质均溶于一溶剂中,而溶液为理想稀溶液,则根据理想稀溶液中溶质化学势的表示式 $\mu_B = \mu_{B,c}^{\ominus} + RT\ln(c_B/c^{\ominus})$,可得理想稀溶液中反应的标准平衡常数的表示式:

$$K^{\ominus} = \frac{(c_G/c^{\ominus})^g (c_H/c^{\ominus})^h}{(c_A/c^{\ominus})^a (c_B/c^{\ominus})^b} = \prod_B (c_B/c^{\ominus})^{\nu_B} \qquad (4.20)$$

由于溶液中各物质的标准态化学势 $\mu_B^{\ominus}$ 均是温度的函数,故溶液中反应的标准平衡常数 $K^{\ominus}$ 与温度有关,是温度的函数。

当溶液浓度较大时,则溶液就不能看做理想稀溶液,这时应当用活度代替浓度,即

$$K^{\ominus} = \frac{a_G^g a_H^h}{a_A^a a_B^b} = \prod_B a_B^{\nu_B} \qquad (4.21)$$

3. 复相反应

前面所讨论的化学反应,无论是反应物还是产物均在同一相中,这类化学反应称为"均相反应"。如果参加反应的物质不是在同一相中,则称为"复相反应"。例如,碳酸盐分解反应就是气固复相反应的实例。以 $CaCO_3$ 为例,反应为

$$CaCO_3(s) \Longrightarrow CaO(s) + CO_2(g)$$

如果此反应在一密闭容器中进行,则达到平衡时,有

$$\mu(CO_2, g) + \mu(CaO, s) = \mu(CaCO_3, s)$$

即　　　$\mu^{\ominus}(CO_2, g) + RT\ln[p(CO_2)/p^{\ominus}] + \mu^{\ominus}(CaO, s) = \mu^{\ominus}(CaCO_3, s)$

所以　$-RT\ln[p(CO_2)/p^{\ominus}] = [\mu^{\ominus}(CO_2, g) + \mu^{\ominus}(CaO, s)] - \mu^{\ominus}(CaCO_3, s)$

$$-RT\ln[p(CO_2)/p^{\ominus}] = \Delta_r G_m^{\ominus} \qquad (4.22)$$

对比式(4.6):

$$K^{\ominus} = p(CO_2)/p^{\ominus} \qquad (4.23)$$

即此反应的标准平衡常数 $K^{\ominus}$ 等于平衡时 CO_2 的分压与标准压力的比值,亦即在一定温度时,不论 $CaCO_3$ 和 CaO 的数量有多少,平衡时 CO_2 的分压总是定值。通常将平衡时 CO_2 的分压称为 $CaCO_3$ 分解反应的"分解压"。一般说来,所谓分解压是指固体物质在一定温度下分解达到平衡时产物中气体的总压力。所以若分解产物中不止一种气体,则平衡时各气体产物分压之和才是分解压。

由式(4.22)可见,由于固体物质的标准态化学势亦仅是温度的函数,所以复相反应的标准平衡常数 $K^{\ominus}$ 也是温度的函数,这与气相反应、液相反应的 $K^{\ominus}$ 是相同的。

应当注意,只有当 CO_2 与两个固相 CaO 和 $CaCO_3$ 平衡共存时方能应用式(4.23)。如果反应系统中只有一个固相存在,则 CO_2 分压不是定值,此时不能应用式(4.23)。

由上可知,对气固复相反应来说,表示反应的标准平衡常数时,只要写出参加反应的各气体物质的分压即可,而固体物质无须出现在标准平衡常数的表示式中。例如反应:

$$NH_4HS(s) \Longrightarrow NH_3(g) + H_2S(g)$$

其标准平衡常数可表示为

$$K^{\ominus} = \frac{p(NH_3)}{p^{\ominus}} \cdot \frac{p(H_2S)}{p^{\ominus}} \qquad (4.24)$$

其分解压为　　　　　　$p = p(NH_3) + p(H_2S)$

如果反应起始时只有 NH_4HS 一种固体物质而没有气体,那么达到平衡时,$p(NH_3) = p(H_2S) = p/2$,所以标准平衡常数与分解压之间的关系为

$$K^{\ominus} = \frac{1}{4}\left(\frac{p}{p^{\ominus}}\right)^2 \qquad (4.25)$$

再如反应:

$$Ag_2S(s) + H_2(g) \Longrightarrow 2Ag(s) + H_2S(g)$$

其标准平衡常数应为

$$K^{\ominus} = \frac{p(H_2S)/p^{\ominus}}{p(H_2)/p^{\ominus}} \qquad (4.26)$$

此反应不是分解反应,故无分解压可言。

例题 5　将固体 NH_4HS 放在 25℃的抽空容器中,求 NH_4HS 分解达到平衡时,容器内的压力为多少? 如果容器中原来已盛有气体 H_2S,其压力为 4.00×10^4 Pa,则达到平衡时容器内的总压力又将是多少?

解: NH_4HS 的分解反应为

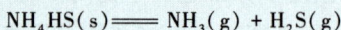

$$NH_4HS(s) \Longrightarrow NH_3(g) + H_2S(g)$$

查表可得,298 K 时

$$\Delta_f G_m^{\ominus}(NH_4HS,s) = -55.17 \text{ kJ} \cdot \text{mol}^{-1}$$

$$\Delta_f G_m^{\ominus}(H_2S,g) = -33.02 \text{ kJ} \cdot \text{mol}^{-1}$$

$$\Delta_f G_m^{\ominus}(NH_3,g) = -16.64 \text{ kJ} \cdot \text{mol}^{-1}$$

所以,分解反应的

$$\Delta_r G_m^{\ominus} = [(-16.64 - 33.02) - (-55.17)] \text{ kJ} \cdot \text{mol}^{-1} = 5.51 \text{ kJ} \cdot \text{mol}^{-1}$$

$$K^{\ominus} = \exp\left(\frac{-5.51 \times 10^3 \text{ J} \cdot \text{mol}^{-1}}{8.314 \text{ J} \cdot \text{K}^{-1} \cdot \text{mol}^{-1} \times 298 \text{ K}}\right) = 0.108$$

由式(4.25),此时容器内的压力:

$$p = (4K^{\ominus})^{1/2}p^{\ominus} = [(4 \times 0.108)^{1/2} \times 1.00 \times 10^5] \text{ Pa} = 6.57 \times 10^4 \text{ Pa}$$

如果原来容器中已有 4.00×10^4 Pa 的 H_2S 气体,则不能运用式(4.25),而应运用式(4.24)。设平衡时,$p(NH_3) = x$Pa,则 $p(H_2S) = (x + 4.00 \times 10^4)$ Pa,此时温度仍然是 298 K,$K^{\ominus}$不变,所以

$$K^{\ominus} = \frac{p(NH_3)}{p^{\ominus}} \cdot \frac{p(H_2S)}{p^{\ominus}} = \frac{x}{p^{\ominus}} \cdot \frac{x + 4.00 \times 10^4}{p^{\ominus}} = 0.108$$

即

$$x^2 + 4.00 \times 10^4 x - 1.08 \times 10^9 = 0$$

$$x = 1.85 \times 10^4$$

$$p(NH_3) = 1.85 \times 10^4 \text{ Pa}$$

$$p(H_2S) = (x + 4.00 \times 10^4) \text{ Pa} = 5.85 \times 10^4 \text{ Pa}$$

此时容器内的总压力应为

$$p = p(\mathrm{NH_3}) + p(\mathrm{H_2S}) = (1.85 \times 10^4 + 5.85 \times 10^4)\ \mathrm{Pa} = 7.70 \times 10^4\ \mathrm{Pa}$$

4. 平衡常数与反应方程式写法的关系

由式(4.5)可以清楚地看出,一反应的 $\Delta_r G_m^{\ominus}$ 值与反应方程式中各物质的化学计量数密切相关。对于同一个化学反应,如果反应方程式采用不同的写法,其化学计量数会不同,相应的 $\Delta_r G_m^{\ominus}$ 值就会不同。很显然,平衡常数也会随之而变。例如,合成氨反应可以表示为

$$(1)\quad \mathrm{N_2 + 3H_2 =\!=\!= 2NH_3}$$

也可以表示为

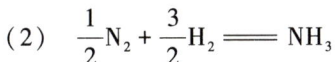

$$(2)\quad \frac{1}{2}\mathrm{N_2} + \frac{3}{2}\mathrm{H_2} =\!=\!= \mathrm{NH_3}$$

很显然

$$\Delta_r G_m^{\ominus}(1) = 2\Delta_r G_m^{\ominus}(2)$$

由式(4.6)很容易看出,两个标准平衡常数的关系应为

$$K^{\ominus}(1) = [K^{\ominus}(2)]^2$$

从平衡常数表示式可以很清楚地看出,上述关系对于各种经验平衡常数亦适用。这说明,如果一化学反应方程式的化学计量数加倍,反应的 $\Delta_r G_m^{\ominus}$ 亦随之加倍,而各种平衡常数则按指数关系增加。

习题 11　写出下列气相反应的标准平衡常数 $K^{\ominus}$、平衡常数 K_p 和 K_x 的表示式。

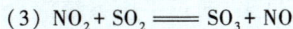

(1) $\mathrm{C_2H_6 =\!=\!= C_2H_4 + H_2}$

(2) $\mathrm{2NO + O_2 =\!=\!= 2NO_2}$

(3) $\mathrm{NO_2 + SO_2 =\!=\!= SO_3 + NO}$

(4) $\mathrm{3O_2 =\!=\!= 2O_3}$

习题 12　试利用标准生成 Gibbs 函数数据,求算 298 K 时下列反应的 $K^{\ominus}$ 和 K_p。

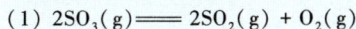

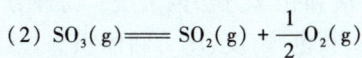

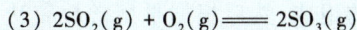

(1) $\mathrm{2SO_3(g) =\!=\!= 2SO_2(g) + O_2(g)}$

(2) $\mathrm{SO_3(g) =\!=\!= SO_2(g) + \frac{1}{2}O_2(g)}$

(3) $\mathrm{2SO_2(g) + O_2(g) =\!=\!= 2SO_3(g)}$

比较所得结果,说明它们之间的关系。

[答案:(1) 2.88×10^{-25}, 2.88×10^{-20} Pa;(2) 5.37×10^{-13},

1.71×10^{-10} Pa$^{1/2}$;(3) 3.47×10^{24}, 3.47×10^{19} Pa^{-1}]

习题 13　实验测知 $\mathrm{Ag_2O(s)}$ 在 445 ℃ 时的分解压为 2.10×10^7 Pa,试求算该温度时 $\mathrm{Ag_2O(s)}$ 的标准生成 Gibbs 函数 $\Delta_f G_m^{\ominus}$。　　　　　　[答案:1.59×10^4 J·mol^{-1}]

习题 14   试求 298 K 时,固体 $CaCO_3$ 的分解压为多少?   [答案:1.51×10^{-18} Pa]

习题 15   可将水蒸气通过红热的铁来制备氢气。如果此反应在 1273 K 时进行,已知反应的标准平衡常数 $K^{\ominus} = 1.49$。(1)试计算欲产生 1 mol 氢气所需要的水蒸气为多少?(2)1273 K 时,若将 1 mol 水蒸气与 0.8 mol 铁反应,试求达到平衡时气相的组成,以及 Fe 和 FeO 各为多少?(3)若将 1 mol 水蒸气与 0.3 mol 铁接触,结果又将如何?

[答案:(1)1.67 mol;(2)Fe:0.2 mol,FeO:0.6 mol,H_2O:0.4 mol,H_2:0.6 mol;

(3)Fe:0,FeO:0.3 mol,H_2O:0.7 mol,H_2:0.3 mol]

习题 16   298 K 时,有酯化反应:

$$C_2H_5OH(l) + CH_3COOH(l) \Longrightarrow CH_3COOC_2H_5(l) + H_2O(l)$$

设反应系统为理想液态混合物,已知纯液态 C_2H_5OH、CH_3COOH、$CH_3COOC_2H_5$ 和 H_2O 在 298 K 时的标准生成 Gibbs 函数分别为 -174.8 kJ·mol^{-1}、-392.5 kJ·mol^{-1}、-315.5 kJ·mol^{-1}、-237.2 kJ·mol^{-1},试求算此反应的标准平衡常数 $K^{\ominus}$。   [答案:2.76×10^{-3}]

习题 17   已知右旋葡萄糖在 80% 乙醇水溶液中 α 型的溶解度为 20 g·dm^{-3},β 型的溶解度为 48 g·dm^{-3},其无水固体在 298 K 时的标准生成 Gibbs 函数为 $\Delta_f G_m^{\ominus}(\alpha) = -902.9$ kJ·mol^{-1},$\Delta_f G_m^{\ominus}(\beta) = -901.2$ kJ·mol^{-1}。试求 298 K 时,在上述溶液中,α 型与 β 型相互转化的标准平衡常数 $K^{\ominus}$。[提示:需根据溶解度和纯态物质的 $\Delta_f G_m^{\ominus}$ 算出溶质标准态($c = 1$ mol·dm^{-3})时的 $\Delta_f G_m^{\ominus}$。]   [答案:1.18]

§4.4   平衡常数的实验测定

运用热力学数据求算标准平衡常数,再根据标准平衡常数进而求算平衡系统混合物的组成,这是平衡常数最常见的应用。反过来,通过平衡系统混合物组成的实验测定,可以计算标准平衡常数,进而求算热力学数据,这也是平衡常数的重要应用之一。由标准平衡常数求算反应的 $\Delta_r G_m^{\ominus}$ 并不困难,关键在于如何通过实验测定标准平衡常数。

实验测定平衡常数的方法可分为物理方法和化学方法两大类:物理方法是测定平衡系统的物理性质,如折射率、电导率、颜色、密度、压力和体积等,然后导出平衡常数;化学方法是直接测定平衡系统的组成,然后根据平衡常数表达式计算平衡常数。无论采用哪一种方法,首先都应判明反应系统是否确已达到平衡,而且在实验测定过程中必须保持平衡不会受到扰动。

例题 6   某体积可变的容器中放入 1.564 g N_2O_4 气体,此化合物在 298 K 时部分解离。实验测得,在标准压力下,容器的体积为 0.485 dm^3。求 N_2O_4 的解离度 α 及解离反应的 $K^{\ominus}$ 和 $\Delta_r G_m^{\ominus}$。

解：N_2O_4 解离反应为

$$N_2O_4(g) \Longrightarrow 2NO_2(g)$$

设反应前的物质的量 n 0

平衡时的物质的量 $n(1-\alpha)$ $2n\alpha$

其中 α 为 N_2O_4 的解离度；N_2O_4 的摩尔质量 $M = 92.0 \text{ g} \cdot \text{mol}^{-1}$，所以反应前 N_2O_4 的物质的量为

$$n = \frac{1.564}{92.0} = 0.017 \text{ mol}$$

解离平衡时系统内总的物质的量为

$$n_{总} = n(1-\alpha) + 2n\alpha = n(1+\alpha)$$

设系统内气体均为理想气体，由其状态方程：

$$pV = n_{总}RT = n(1+\alpha)RT$$

可得 N_2O_4 的解离度：

$$\alpha = \frac{pV}{nRT} - 1 = \frac{101325 \times 0.485 \times 10^{-3}}{0.017 \times 8.314 \times 298} - 1 = 0.167$$

$$K_n = \frac{[n(NO_2)]^2}{n(N_2O_4)} = \frac{(2n\alpha)^2}{n(1-\alpha)} = \frac{4n\alpha^2}{1-\alpha}$$

$$K^{\ominus} = K_n\left(\frac{p}{n_{总}\, p^{\ominus}}\right)^{\Delta\nu} = \frac{4n\alpha^2}{1-\alpha} \cdot \frac{1}{n(1+\alpha)} = \frac{4\alpha^2}{1-\alpha^2} = \frac{4 \times (0.167)^2}{1 - (0.167)^2} = 0.115$$

$$\Delta_r G_m^{\ominus} = -RT\ln K^{\ominus} = (-8.314 \times 298 \times \ln 0.115) \text{ J} \cdot \text{mol}^{-1} = 5.36 \times 10^3 \text{ J} \cdot \text{mol}^{-1}$$

查表可得，298 K 时

$$\Delta_f G_m^{\ominus}(NO_2,g) = 51.84 \text{ kJ} \cdot \text{mol}^{-1}$$

$$\Delta_f G_m^{\ominus}(N_2O_4,g) = 98.286 \text{ kJ} \cdot \text{mol}^{-1}$$

由标准生成 Gibbs 函数 $\Delta_f G_m^{\ominus}$ 计算解离反应的

$$\Delta_r G_m^{\ominus} = (2 \times 51.84 - 98.286) \text{ kJ} \cdot \text{mol}^{-1} = 5.394 \times 10^3 \text{ J} \cdot \text{mol}^{-1}$$

由标准平衡常数算得的 $\Delta_r G_m^{\ominus}$ 与此值吻合甚好。

    上例说明，对于反应前后分子数不同的气相反应，可以通过定压条件下体积或密度的变化，或者定容条件下的压力变化来测定平衡常数。但是，对于反应前后分子数不变的气相反应，或者溶液中的反应，就不能够依据体积或压力的变化

来测定平衡常数。总之,平衡常数的实验测定方法是各式各样的,究竟使用哪一种,则应分析具体反应的特点,选择最适当最简便的方法。

例题 7   在 850 ℃时,测得与 $SrCO_3(s)$、$SrO(s)$ 混合物成平衡的 CO_2 压力为 329.3 Pa。若将 $SrCO_3$、SrO 及石墨混合物充分研成细末后,放入真空容器中加热到 850 ℃,测得系统的总压力为 22.80 kPa。若容器中的气体只有 CO_2、CO,试计算反应:

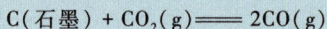

$$C(石墨) + CO_2(g) \Longrightarrow 2CO(g)$$

在该温度时的 $K^\ominus$。

解:该系统中有下列两个反应同时平衡,设平衡时系统中含 $(x-y)\,mol\ CO_2(g)$ 和 $2y\,mol\ CO(g)$,则平衡组成为

$$(1)\quad SrCO_3(s) \Longrightarrow SrO(s) + \underset{x-y}{CO_2(g)}$$

$$(2)\quad C(石墨) + \underset{x-y}{CO_2(g)} \Longrightarrow \underset{2y}{2CO(g)}$$

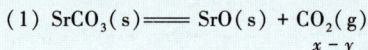

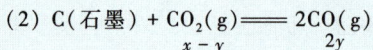

平衡时系统中气相的总物质的量:

$$n_总 = [(x-y) + 2y]\,mol = (x+y)\,mol$$

由反应(1)单独存在时 CO_2 的平衡压力可得该反应的标准平衡常数:

$$K^\ominus(1) = \frac{p(CO_2)}{p^\ominus} = \frac{329.3}{10^5} = 3.293 \times 10^{-3}$$

两个反应同时平衡时,反应(2)的标准平衡常数:

$$K^\ominus(2) = K_n \cdot \frac{p}{n_总\,p^\ominus} = \frac{4y^2}{(x-y)(x+y)} \cdot \frac{p}{p^\ominus}$$

根据题意,两个反应同时平衡时系统的压力 $p = 22.80\ kPa$,则

$$K^\ominus(1) = K_x \cdot \frac{p}{p^\ominus} = \frac{x-y}{x+y} \cdot \frac{p}{p^\ominus} = \frac{x-y}{x+y} \cdot \frac{2.280 \times 10^4}{10^5} = 3.293 \times 10^{-3}$$

由 $K^\ominus(1)$ 式可解得 $x = 1.029y$,然后代入 $K^\ominus(2)$ 式解之可得

$$K^\ominus(2) = \frac{4}{1.029^2 - 1} \times \frac{2.280 \times 10^4}{10^5} = 15.50$$

该题涉及的是复相分解,但又有两步反应同时平衡,必须仔细分析系统的组成情况方可求算出反应的标准平衡常数,但欲求出 x、y 值,还需知道系统的总体积或气相总物质的量。

习题 18   在 250 ℃及标准压力下,1 mol PCl_5 部分解离为 PCl_3 和 Cl_2,达到平衡时通过实验测知混合物的密度为 2.695 $g \cdot dm^{-3}$,试计算 PCl_5 的解离度 α 及解离反应在该温度时的 $K^\ominus$ 和 $\Delta_r G_m^\ominus$。   [答案:0.78;1.55;$-1.91\ kJ \cdot mol^{-1}$]

习题 19　某气体混合物含 H_2S 的体积分数为 51.3%,其余为 CO_2。在标准压力下,将 25 ℃时体积为 1750 cm^3 的此混合气通入 350 ℃的管式高温炉中进行下列反应:

$$H_2S(g) + CO_2(g) \Longrightarrow COS(g) + H_2O(g)$$

将反应达到平衡后的所有气体迅速冷却,并通过盛有 $CaCl_2$ 的干燥管,然后称量,发现干燥管质量增加 0.0347 g。试求该反应在 350 ℃时的标准平衡常数 $K^\ominus$。　[答案: 3.24×10^{-3}]

习题 20　将 CO_2 和 CF_4 的气体混合物通过 1000 ℃的盛有铂催化剂的高温炉。将反应达到平衡后流出的气体冷却,取在 0 ℃及标准压力时体积为 524 cm^3 的该气体与 $Ba(OH)_2$ 溶液反应,以全部吸收 COF_2 及 CO_2:

$$2Ba(OH)_2 + COF_2 \Longrightarrow BaCO_3 + 2H_2O + BaF_2$$

$$Ba(OH)_2 + CO_2 \Longrightarrow BaCO_3 + H_2O$$

此时气相中剩余的 CF_4 在 0 ℃及标准压力时的体积为 191 cm^3。再使 $Ba(OH)_2$ 溶液中的沉淀物与乙酸溶液共热,使碳酸盐溶解,余下不溶的 BaF_2 固体,干燥后称量为 1.0652 g。依据上述实验求算 1000 ℃时反应 $2COF_2(g) \Longrightarrow CO_2(g) + CF_4(g)$ 的 $K^\ominus$。已知 1000 ℃时 $CO_2(g)$ 和 $CF_4(g)$ 的标准生成 Gibbs 函数分别为 -397.2 $kJ \cdot mol^{-1}$ 和 -489.3 $kJ \cdot mol^{-1}$,试求该温度时 $COF_2(g)$ 的标准生成 Gibbs 函数 $\Delta_f G_m^\ominus$。　[答案: 1.96; -439.7 $kJ \cdot mol^{-1}$]

习题 21　若将 NH_4I 固体迅速加热到 375 ℃,则按下式分解:

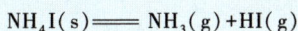

$$NH_4I(s) \Longrightarrow NH_3(g) + HI(g)$$

分解压力为 3.67×10^4 Pa。若将反应混合物在 375 ℃时维持一段时间,则 HI 进一步按下式解离:

$$2HI(g) \Longrightarrow H_2(g) + I_2(g)$$

该反应的 $K^\ominus$ 为 0.0150。试求算系统的最终压力。　[答案: 4.10×10^4 Pa]

§4.5　温度对平衡常数的影响

如前所述,所有反应的平衡常数都是温度的函数。因此,一化学反应若在不同温度下进行,其平衡常数是不相同的。也就是说,一化学反应若在不同温度下进行,其反应限度是不一样的。

根据式(4.6)
$$\frac{\Delta_r G_m^\ominus}{T} = -R\ln K^\ominus$$

将上式在定压下对 T 求偏微商,则

$$\left[\frac{\partial}{\partial T}\left(\frac{\Delta_r G_m^\ominus}{T}\right)\right]_p = -R\left(\frac{\partial \ln K^\ominus}{\partial T}\right)_p$$

将 Gibbs – Helmholtz 方程,即式(2.47)代入上式,可得

$$\left(\frac{\partial \ln K^\ominus}{\partial T}\right)_p = \frac{\Delta_r H_m^\ominus}{RT^2} \tag{4.27}$$

此即任意化学反应的标准平衡常数随温度变化的微分形式。式中 $\Delta_r H_m^\ominus$ 是产物和反应物在标准态时的焓值之差,即反应在定压条件下的标准摩尔反应焓。由式(4.27)可知,当 $\Delta_r H_m^\ominus > 0$,即为吸热反应时,温度升高将使标准平衡常数增大,有利于正向反应的进行;当 $\Delta_r H_m^\ominus < 0$ 时,即为放热反应时,温度升高将使标准平衡常数减小,不利于正向反应的进行。式(4.27)不但定性地说明了温度对标准平衡常数的影响,而且能通过将其积分,定量地计算出标准平衡常数随温度的改变。

由于标准平衡常数 $K^\ominus$ 只是温度的函数,与压力无关,故式(4.27)可以具体写为

$$\frac{\mathrm{d}\ln K^\ominus}{\mathrm{d}T} = \frac{\Delta_r H_m^\ominus}{RT^2} \tag{4.28}$$

或

$$\mathrm{d}\ln K^\ominus = \frac{\Delta_r H_m^\ominus}{RT^2}\mathrm{d}T \tag{4.29}$$

当温度变化范围不大时,反应的 $\Delta_r H_m^\ominus$ 可近似看做常数,于是将式(4.29)积分,可得

$$\ln K^\ominus = -\frac{\Delta_r H_m^\ominus}{RT} + C \tag{4.30}$$

式中 C 为积分常数。由式(4.30)可以看出,以 $\ln K^\ominus$ 对 $1/T$ 作图,应得一直线,此直线的斜率为 $-\Delta_r H_m^\ominus/R$。由此可计算出在此温度范围内的平均摩尔反应焓 $\Delta_r H_m^\ominus$。

若将式(4.29)定积分,则得

$$\ln \frac{K^\ominus(2)}{K^\ominus(1)} = \frac{\Delta_r H_m^\ominus}{R}\left(\frac{1}{T_1} - \frac{1}{T_2}\right) \tag{4.31}$$

由式(4.31)可以看出,在此温度范围内,若反应的 $\Delta_r H_m^\ominus$ 已知,则根据某一温度时的标准平衡常数可以计算另一温度时的标准平衡常数。

当温度变化范围较大时,$\Delta_r H_m^{\ominus}$ 不能看做常数,需将 $\Delta_r H_m^{\ominus} = f(T)$ 的具体形式代入式(4.29),然后方能积分。在热化学中已经证明 $\Delta_r H_m^{\ominus}$ 和温度 T 的关系具有下列形式:

$$\Delta_r H_m^{\ominus}(T) = \Delta H_0 + (\Delta a)T + \frac{1}{2}(\Delta b)T^2 + \frac{1}{3}(\Delta c)T^3$$

将此式代入式(4.29),可得

$$\mathrm{d}\ln K^{\ominus} = \left[\frac{\Delta H_0}{RT^2} + \frac{(\Delta a)}{RT} + \frac{(\Delta b)}{2R} + \frac{(\Delta c)}{3R}T\right]\mathrm{d}T$$

积分上式,可得

$$\ln K^{\ominus} = -\frac{\Delta H_0}{RT} + \frac{(\Delta a)}{R}\ln T + \frac{(\Delta b)}{2R}T + \frac{(\Delta c)}{6R}T^2 + I' \qquad (4.32)$$

这就是 $\ln K^{\ominus} = f(T)$ 的普遍形式,式中 I' 为积分常数。因为 $\Delta_r G_m^{\ominus} = -RT\ln K^{\ominus}$,所以,由式(4.32)亦可得到 $\Delta_r G_m^{\ominus} = f(T)$ 的形式:

$$\Delta_r G_m^{\ominus}(T) = \Delta H_0 - (\Delta a)T\ln T - \frac{1}{2}(\Delta b)T^2 - \frac{1}{6}(\Delta c)T^3 - IT \qquad (4.33)$$

式中 $I = I'R$。应当注意,上述这些公式都是基于 $C_p = a + bT + cT^2$ 的形式导出的。如果采用的物质的 C_p 与 T 的关系是其他形式,则 $\ln K^{\ominus} = f(T)$ 和 $\Delta_r G_m^{\ominus} = f(T)$ 的形式都将不同于式(4.32)和式(4.33)。

还应指出,式(4.30)至式(4.33)虽然是以理想气体化学反应为例导出的,但它们同样适用于其他各种类型的化学反应。

例题 8　已知 N_2O_4 和 NO_2 的平衡混合物,在 15 ℃ 和标准压力下,其密度为 3.62 g·dm^{-3},在 75 ℃ 和标准压力下,其密度为 1.84 g·dm^{-3},求反应:

$$N_2O_4(g) \Longrightarrow 2NO_2(g)$$

的 $\Delta_r H_m^{\ominus}$ 及 $\Delta_r S_m^{\ominus}$(设反应的 $\Delta C_p = 0$)。

解:设反应的 $\Delta C_p = 0$,则意味着反应的 $\Delta_r H_m^{\ominus}$ 及 $\Delta_r S_m^{\ominus}$ 均为常数。对于反应:

$$N_2O_4(g) \Longrightarrow 2NO_2(g)$$

设反应前的物质的量　　　　　n　　　　　　0
则平衡时的物质的量　　　　$n(1-\alpha)$　　　　$2n\alpha$

其中 α 为 N_2O_4 的解离度。平衡时系统中的总物质的量:

$$n_{总} = n(1-\alpha) + 2n\alpha = n(1+\alpha)$$

设系统中气体均为理想气体,则

$$pV = n_{总}RT = n(1 + \alpha)RT$$

其密度

$$\rho = \frac{W}{V} = \frac{nM(N_2O_4)}{V}$$

所以

$$V = \frac{nM(N_2O_4)}{\rho}$$

其中

$$M(N_2O_4) = 92.0 \text{ g} \cdot \text{mol}^{-1}$$

将此关系代入状态方程则得

$$\alpha = \frac{pV}{nRT} - 1 = \frac{pM(N_2O_4)}{\rho RT} - 1$$

反应的标准平衡常数:

$$K^{\ominus} = K_n \left(\frac{p}{n_{总} p^{\ominus}}\right)^{\Delta \nu} = \frac{(2n\alpha)^2}{n(1 - \alpha)n(1 + \alpha)} = \frac{4\alpha^2}{1 - \alpha^2}$$

15 ℃时:

$$\alpha = \frac{10^5 \times 92.0 \times 10^{-3}}{3.62 \times 8.314 \times 288} - 1 = 0.0614$$

$$K^{\ominus} = \frac{4 \times 0.0614^2}{1 - 0.0614^2} = 0.0151$$

$$\Delta_r G_m^{\ominus} = -RT\ln K^{\ominus} = (-8.314 \times 288 \times \ln 0.0151) \text{ J} \cdot \text{mol}^{-1} = 10040 \text{ J} \cdot \text{mol}^{-1}$$

75 ℃时:

$$\alpha = \frac{10^5 \times 92.0 \times 10^{-3}}{1.84 \times 8.314 \times 348} - 1 = 0.728$$

$$K^{\ominus} = \frac{4 \times 0.728^2}{1 - 0.728^2} = 4.510$$

$$\Delta_r G_m^{\ominus} = -RT\ln K^{\ominus} = (-8.314 \times 348 \times \ln 4.510) \text{ J} \cdot \text{mol}^{-1} = -4358 \text{ J} \cdot \text{mol}^{-1}$$

由于 $\Delta_r H_m^{\ominus}$ 及 $\Delta_r S_m^{\ominus}$ 均为常数,所以

$$\Delta_r H_m^{\ominus} - (288 \text{ K})\Delta_r S_m^{\ominus} = 10040 \text{ J} \cdot \text{mol}^{-1}$$

$$\Delta_r H_m^{\ominus} - (348 \text{ K})\Delta_r S_m^{\ominus} = -4358 \text{ J} \cdot \text{mol}^{-1}$$

解上述联立方程,可得

$$\Delta_r H_m^{\ominus} = 7.92 \times 10^4 \text{ J} \cdot \text{mol}^{-1}$$

$$\Delta_r S_m^{\ominus} = 240 \text{ J} \cdot \text{K}^{-1} \cdot \text{mol}^{-1}$$

例题 9　利用附录中的数据,求反应:

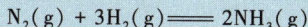

$$N_2(g) + 3H_2(g) \Longrightarrow 2NH_3(g)$$

的 $\ln K^\ominus = f(T)$ 关系式,并算出 756 K 时的 $K^\ominus$ 及 $\Delta_r G_m^\ominus$。

解:查表可得下列数据:

$NH_3(g)$ 在 298 K 时,$\Delta_f G_m^\ominus = -16.64\ \text{kJ}\cdot\text{mol}^{-1}$,$\Delta_f H_m^\ominus = -46.19\ \text{kJ}\cdot\text{mol}^{-1}$;各物质的定压摩尔热容(单位为 $\text{J}\cdot\text{K}^{-1}\cdot\text{mol}^{-1}$)分别为

$NH_3(g)$:$C_{p,m} = 25.895 + 32.999 \times 10^{-3}(T/\text{K}) - 3.046 \times 10^{-6}(T/\text{K})^2$

$H_2(g)$:　$C_{p,m} = 29.066 - 0.836 \times 10^{-3}(T/\text{K}) + 2.012 \times 10^{-6}(T/\text{K})^2$

$N_2(g)$:　$C_{p,m} = 27.865 + 4.268 \times 10^{-3}(T/\text{K})$

所以,反应在 298 K 时

$$\Delta_r G_m^\ominus = 2\Delta_f G_m^\ominus(NH_3,g) = [2 \times (-16.64)]\ \text{kJ}\cdot\text{mol}^{-1} = -33.28\ \text{kJ}\cdot\text{mol}^{-1}$$

$$\ln K^\ominus = -\frac{\Delta_r G_m^\ominus}{RT} = \frac{33.28 \times 10^3\ \text{J}\cdot\text{mol}^{-1}}{8.314\ \text{J}\cdot\text{K}^{-1}\cdot\text{mol}^{-1} \times 298\ \text{K}} = 13.43$$

$$\Delta_r H_m^\ominus = 2\Delta_f H_m^\ominus(NH_3,g) = -92.38\ \text{kJ}\cdot\text{mol}^{-1}$$

由各物质的 $C_p = f(T)$ 表达式可计算反应的

$$\Delta C_p = 2C_{p,m}(NH_3) - 3C_{p,m}(H_2) - C_{p,m}(N_2) = \Delta a + \Delta b T + \Delta c T^2$$

其中

$$\Delta a = (2 \times 25.895 - 3 \times 29.066 - 27.865)\ \text{J}\cdot\text{K}^{-1}\cdot\text{mol}^{-1} = -63.273\ \text{J}\cdot\text{K}^{-1}\cdot\text{mol}^{-1}$$

$$\Delta b = (2 \times 32.999 + 3 \times 0.836 - 4.268) \times 10^{-3}\ \text{J}\cdot\text{K}^{-2}\cdot\text{mol}^{-1} = 64.238 \times 10^{-3}\ \text{J}\cdot\text{K}^{-2}\cdot\text{mol}^{-1}$$

$$\Delta c = (-2 \times 3.046 - 3 \times 2.012) \times 10^{-6}\ \text{J}\cdot\text{K}^{-3}\cdot\text{mol}^{-1} = -12.128 \times 10^{-6}\ \text{J}\cdot\text{K}^{-3}\cdot\text{mol}^{-1}$$

由 Kirchhoff 方程不定积分形式,即式(1.62):

$$\Delta_r H_m^\ominus(T) = \Delta H_0 + (\Delta a)T + \frac{1}{2}(\Delta b)T^2 + \frac{1}{3}(\Delta c)T^3$$

将 298 K 时反应的 $\Delta_r H_m^\ominus$ 代入上式可定出:

$$\Delta H_0 = -7.627 \times 10^4\ \text{J}\cdot\text{mol}^{-1}$$

将 298 K 时反应的 $\ln K^\ominus$ 代入式(4.32)可定出:

$$I' = 24.87$$

所以,反应的 $\ln K^\ominus = f(T)$ 关系式应为

$$\ln K^{\ominus} = -\frac{\Delta H_0}{RT} + \frac{(\Delta a)}{R}\ln T + \frac{(\Delta b)}{2R}T + \frac{(\Delta c)}{6R}T^2 + I'$$

$$= 9174\,\frac{K}{T} - 7.610\ln\frac{T}{K} + 3.863\times10^{-3}\frac{T}{K} - 2.431\times10^{-7}\left(\frac{T}{K}\right)^2 + 24.87$$

756 K 时,将温度值代入上式即得

$$\ln K^{\ominus} = 12.135 - 50.439 + 2.920 - 0.139 + 24.87 = -10.653$$

$$K^{\ominus} = 2.36\times10^{-5}$$

$$\Delta_r G_m^{\ominus} = -RT\ln K^{\ominus} = -8.314\,\text{J}\cdot\text{K}^{-1}\cdot\text{mol}^{-1}\times756\,\text{K}\times(-10.653)$$

$$= 6.70\times10^4\,\text{J}\cdot\text{mol}^{-1}$$

习题 22 反应 $C_2H_4(g) + H_2O(g) \Longrightarrow C_2H_5OH(g)$ 的 $\Delta_r H_m^{\ominus} = -4.602\times10^4\,\text{J}\cdot\text{mol}^{-1}$, $\Delta C_p = 0, \Delta_r G_m^{\ominus}(298\,\text{K}) = -8.196\times10^3\,\text{J}\cdot\text{mol}^{-1}$。(1) 导出此反应的 $\Delta_r H_m^{\ominus} = f(T)$ 及 $\ln K^{\ominus} = f(T)$ 关系式;(2) 计算此反应在 500 K 时的 $K^{\ominus}$ 及 $\Delta_r H_m^{\ominus}$。

[答案: (2) 1.51×10^{-2}; $1.74\times10^4\,\text{J}\cdot\text{mol}^{-1}$]

习题 23 在高温下,水蒸气通过灼热煤层反应生成水煤气;

$$C(s) + H_2O(g) \Longrightarrow H_2(g) + CO(g)$$

已知在 1000 K 及 1200 K 时,$K^{\ominus}$ 分别为 2.472 及 37.58。(1) 求算该反应在此温度范围内的 $\Delta_r H_m^{\ominus}$;(2) 求算 1100 K 时该反应的 $K^{\ominus}$。 [答案: (1) $1.36\times10^5\,\text{J}\cdot\text{mol}^{-1}$; (2) 10.94]

习题 24 反应 $(CH_3)_2CHOH(g) \Longrightarrow (CH_3)_2CO(g) + H_2(g)$ 在 457.4 K 时的 $K^{\ominus} = 0.36$,在 298 K 时的 $\Delta_r H_m^{\ominus} = 61.5\,\text{kJ}\cdot\text{mol}^{-1}$,反应的 $\Delta C_p = 4.0\,\text{J}\cdot\text{K}^{-1}\cdot\text{mol}^{-1}$。(1) 导出 $\ln K^{\ominus} = f(T)$ 的关系式;(2) 计算 500 K 时反应的 $K^{\ominus}$。 [答案: (2) 1.46]

习题 25 石灰窑中烧石灰的反应为

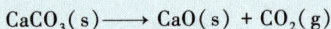

$$CaCO_3(s) \longrightarrow CaO(s) + CO_2(g)$$

欲使石灰石能以一定速率分解为石灰,分解压最小须达到大气压力,此时所对应的平衡温度称为分解温度。设分解反应的 $\Delta C_p = 0$,试求 $CaCO_3$ 的分解温度。 [答案: 838 ℃]

习题 26 潮湿的 Ag_2CO_3 需要在 110 ℃ 的温度下在空气流中干燥去水。试计算空气中应含 CO_2 的分压为多少才能防止 Ag_2CO_3 的分解? [答案: 373 Pa]

习题 27 CO_2 在高温时按下式解离:

$$2CO_2(g) \Longrightarrow 2CO(g) + O_2(g)$$

在标准压力及 1000 K 时解离度为 2.0×10^{-7},1400 K 时为 1.27×10^{-4},倘若反应在该温度范围内,反应热效应不随温度而改变,试计算 1000 K 时该反应的 $\Delta_r G_m^{\ominus}$ 和 $\Delta_r S_m^{\ominus}$。

[答案: $3.90\times10^5\,\text{J}\cdot\text{mol}^{-1}$; $173\,\text{J}\cdot\text{K}^{-1}\cdot\text{mol}^{-1}$]

习题28 已知反应 C(石墨) + CO$_2$(g) $\Longrightarrow$ 2CO(g) 的标准 Gibbs 函数变化与温度的关系为

$$\Delta_r G_m^{\ominus}(T) = \left[1.25 \times 10^5 - 24.0 \frac{T}{K} \ln \frac{T}{K} + 2.62 \times 10^{-2} \left(\frac{T}{K} \right)^2 \right] J \cdot mol^{-1}$$

求标准压力下,1200 K 及有石墨存在时的平衡混合气体中 CO 与 CO$_2$ 的体积比。

[答案: 65.7]

习题29 FeO 分解压与温度的关系为

$$\ln(p/Pa) = -\frac{6.16 \times 10^4}{T/K} + 26.33$$

试确定 FeO 能在空气中分解的最低温度(空气中氧的体积分数为 21%)。 [答案: 3761 K]

习题30 已知斜方硫转变为单斜硫的热效应 $\Delta_{trs} H_m^{\ominus}(T) = \left[212 + 15.4 \times 10^{-4}(T/K)^2 \right]$ J $\cdot$ mol^{-1},298 K 时,单斜硫的标准生成 Gibbs 函数 $\Delta_f G_m^{\ominus} = 75.5$ J $\cdot$ mol^{-1},斜方硫为稳定单质。试求算在标准压力下斜方硫转变为单斜硫的最低温度。 [答案: 397 K]

习题31 已知 298 K 时的下列数据:

物质	BaCO$_3$(s)	BaO(s)	CO$_2$(g)
$\Delta_f H_m^{\ominus}/(kJ \cdot mol^{-1})$	-1219	-558	-393
$S_m^{\ominus}/(J \cdot K^{-1} \cdot mol^{-1})$	112.1	70.3	213.6

(1) 试求算 298 K 时 BaCO$_3$ 分解反应的 $\Delta_r G_m^{\ominus}$、$\Delta_r H_m^{\ominus}$ 及 $\Delta_r S_m^{\ominus}$;

(2) 试求算 298 K 时 BaCO$_3$ 的分解压力;

(3) 假设分解反应的 $\Delta C_p = 0$,求 BaCO$_3$ 的分解温度;

(4) 若已知分解反应的 $\Delta C_p = 4.0$ J $\cdot$ K^{-1} $\cdot$ mol^{-1},求 1000 K 时 BaCO$_3$ 的分解压力。

[答案: (1) 216.8 kJ $\cdot$ mol^{-1},268 kJ $\cdot$ mol^{-1},171.8 J $\cdot$ K^{-1} $\cdot$ mol^{-1};

(2) 9.93 $\times$ 10^{-34} Pa;(3) 1287 ℃;(4) 1.2 Pa]

习题32 试根据下列数据求算反应:

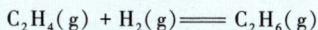

$$C_2H_4(g) + H_2(g) \Longrightarrow C_2H_6(g)$$

在 1000 K 时的标准平衡常数 $K^{\ominus}$。已知:

(1) 298 K 时,乙烯和乙烷的标准摩尔燃烧焓分别为 -1411 kJ $\cdot$ mol^{-1} 和 -1560 kJ $\cdot$ mol^{-1},液态水的标准摩尔生成焓为 -286 kJ $\cdot$ mol^{-1};

(2) 298 K 时,C$_2$H$_4$(g)、C$_2$H$_6$(g) 和 H$_2$(g) 的标准摩尔熵分别为 219.5 J $\cdot$ mol^{-1} $\cdot$ mol^{-1}、229.5 J $\cdot$ K^{-1} $\cdot$ mol^{-1}、130.6 J $\cdot$ K^{-1} $\cdot$ mol^{-1};

(3) 在 298~1000 K 范围内,反应的平均热容差 $\Delta C_p = 10.8$ J $\cdot$ K^{-1} $\cdot$ mol^{-1}。

[答案: 14.0]

习题 33 若将空气加热至 2500 K,则有反应:

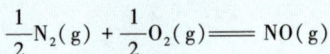

$$\frac{1}{2}N_2(g) + \frac{1}{2}O_2(g) =\!=\!= NO(g)$$

试计算该温度下空气中 NO 的摩尔分数。假定空气中所含 O_2 及 N_2 的物质的量之比为 20.8:79.2。已知 298 K 时,$NO(g)$ 的 $\Delta_f G_m^\ominus = 86.69 \text{ kJ} \cdot \text{mol}^{-1}$,$\Delta_f H_m^\ominus = 90.37 \text{ kJ} \cdot \text{mol}^{-1}$,设反应的 $\Delta C_p = 0$。   [答案:0.024]

习题 34 已知反应 $NH_4HS(s) =\!=\!= NH_3(g) + H_2S(g)$ 的 $\Delta_r H_m^\ominus = 94 \text{ kJ} \cdot \text{mol}^{-1}$,$\Delta C_p = 0$,298 K 时 $NH_4HS(s)$ 的分解压为 $6.08 \times 10^4 \text{ Pa}$。(1) 试计算 308 K 时 $NH_4HS(s)$ 的分解压;(2) 若将各为 0.6 mol 的 $H_2S(g)$ 和 $NH_3(g)$ 放入 20 dm^3 容器中,试计算 308 K 时生成 $NH_4HS(s)$ 的物质的量。   [答案:(1) $1.12 \times 10^5 \text{ Pa}$;(2) 0.16 mol]

习题 35 已知反应 $NiO(s) + CO(g) =\!=\!= Ni(s) + CO_2(g)$ 的 $K^\ominus(936 \text{ K}) = 4.54 \times 10^3$,$K^\ominus(1027 \text{ K}) = 2.55 \times 10^3$。若在上述温度范围内 $\Delta C_p = 0$,(1) 试求此反应在 1000 K 时的 $\Delta_r G_m^\ominus$、$\Delta_r H_m^\ominus$ 和 $\Delta_r S_m^\ominus$;(2) 若产物中的镍与某金属生成固溶体(合金),当反应在 1000 K 达到平衡时,$p(CO_2)/p(CO) = 1.05 \times 10^3$,求固溶体中镍的活度,并指出所选镍的标准态。

[答案:(1) $-66.5 \text{ kJ} \cdot \text{mol}^{-1}$,$-50.7 \text{ kJ} \cdot \text{mol}^{-1}$,15.9 $\text{J} \cdot \text{K}^{-1} \cdot \text{mol}^{-1}$;(2) 2.85]

习题 36 实验测得反应(1)$CO_2(g) + C(石墨) =\!=\!= 2CO(g)$ 的平衡数据如下:

T/K	$p_总/kPa$	$x(CO_2)_{eq}$
1073	260.41	0.2645
1173	233.05	0.0692

已知反应(2) $2CO_2(g) =\!=\!= 2CO(g) + O_2(g)$ 在 1173 K 时 $K^\ominus(2) = 1.25 \times 10^{-16}$,在该温度时 $\Delta_c H_m^\ominus(石墨) = -392.2 \text{ kJ} \cdot \text{mol}^{-1}$。计算反应(2)在 1173 K 时的 $\Delta_r H_m^\ominus$ 和 $\Delta_r S_m^\ominus$。设气体为理想气体,$\Delta C_{p,m} = 0$。   [答案:570.2 $\text{kJ} \cdot \text{mol}^{-1}$;181.7 $\text{J} \cdot \text{K}^{-1} \cdot \text{mol}^{-1}$]

§4.6 其他因素对化学平衡的影响

1. 压力的影响

理想气体化学反应的标准平衡常数 $K^\ominus$ 只是温度的函数,与压力无关。液相反应和复相反应的标准平衡常数亦只是温度的函数,与压力无关。但在压力很高时平衡组成的计算应使用逸度代替压力。

然而,对气相化学反应来说,压力虽不能改变标准平衡常数 $K^\ominus$,但对平衡系统的组成往往会有不容忽略的影响。

根据式(4.17)：
$$K^\ominus = K_x \left(\frac{p}{p^\ominus} \right)^{\Delta\nu}$$

温度一定时 $K^\ominus$ 即为常数。此时若改变系统的总压力 p，则 K_x 必然会随之而变，这就是说系统的组成会随之而变。由上式可见，如果 $\Delta\nu = 0$，则 $K^\ominus = K_x$，系统总压力 p 改变对平衡组成没有影响；如果 $\Delta\nu > 0$，即分子数随反应而增加，那么 p 增大时，K_x 减小，即系统总压力增大时，系统的平衡组成向产物减少、反应物增多的方向变化；如果 $\Delta\nu < 0$，即分子数随反应而减少，那么 p 增大时，K_x 增大，也就是说系统总压力增大时，系统的平衡组成向产物增多、反应物减少的方向变化。

例题 10 已知反应 $PCl_5(g) \rightleftharpoons PCl_3(g) + Cl_2(g)$ 在 200 ℃ 时，$K^\ominus = 0.308$，试计算 200℃ 及 5×10^4 Pa 时 PCl_5 的解离度。若将压力改为 10^6 Pa，结果又如何？

解：此反应的 $\Delta\nu = 1$，取起始时 1 mol PCl_5 为系统，解离度为 α，其平衡时的组成为

$$PCl_5(g) \rightleftharpoons PCl_3(g) + Cl_2(g)$$

物质的量/mol	$1-\alpha$	α	α	$n_\text{总} = 1+\alpha$
摩尔分数	$\dfrac{1-\alpha}{1+\alpha}$	$\dfrac{\alpha}{1+\alpha}$	$\dfrac{\alpha}{1+\alpha}$	

由式(4.17)：
$$K_x = K^\ominus \left(\frac{p}{p^\ominus} \right)^{-\Delta\nu} = \frac{0.308 \times p^\ominus}{p} = \frac{\left(\dfrac{\alpha}{1+\alpha} \right)^2}{\dfrac{1-\alpha}{1+\alpha}} = \frac{\alpha^2}{1-\alpha^2}$$

当 $p = 5 \times 10^4$ Pa 时：

$$\frac{\alpha^2}{1-\alpha^2} = \frac{0.308 \times 10^5}{5 \times 10^4} = 0.616 \qquad \alpha = 0.617$$

当 $p = 10^6$ Pa 时：

$$\frac{\alpha^2}{1-\alpha^2} = \frac{0.308 \times 10^5}{10^6} = 0.0308 \qquad \alpha = 0.173$$

显然，由于 $\Delta\nu > 0$，增大压力，PCl_5 的解离度随之减小。

2. 惰性气体的影响

此处所说的惰性气体泛指存在于系统中但未参与反应（既不是反应物也不是产物）的气体。对气相化学反应来说，当温度和压力都一定时，若往反应系统

中充入惰性气体时,往往亦会改变系统达到平衡时的组成。由式(4.17):

$$K^{\ominus} = K_n \left(\frac{p}{n_{\text{总}} p^{\ominus}} \right)^{\Delta \nu}$$

充入惰性气体即增大 $n_{\text{总}}$。由上式可见,如果 $\Delta \nu = 0$,$n_{\text{总}}$ 对 K_n 没有影响,这就是说惰性气体的存在与否不会影响系统的平衡组成;如果 $\Delta \nu > 0$,$n_{\text{总}}$ 增加,K_n 必然随之增大,即产物的物质的量会增大,反应物的物质的量会减小;如果 $\Delta \nu < 0$,$n_{\text{总}}$ 增加,K_n 必然随之减小,即产物的物质的量会减小,反应物的物质的量会增大。由此可见,充入惰性气体对平衡组成的影响与减小系统总压力的效果相同。

例题 11   工业上乙苯脱氢制苯乙烯:

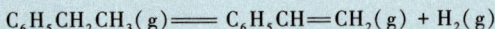

$$C_6H_5CH_2CH_3(g) \Longrightarrow C_6H_5CH=CH_2(g) + H_2(g)$$

已知 627 ℃时,$K^{\ominus} = 1.49$。试求算在此温度及标准压力时乙苯的平衡转化率;若用水蒸气与乙苯的物质的量之比为 10 的原料气,结果又将如何?

解:取 1 mol 乙苯为系统,设平衡转化率为 x,平衡时系统的组成为

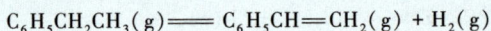

$$C_6H_5CH_2CH_3(g) \Longrightarrow C_6H_5CH=CH_2(g) + H_2(g)$$

物质的量/mol $1 - x$ x x

设系统中水蒸气 $H_2O(g)$ 的物质的量为 n,则

$$n_{\text{总}} = 1 + x + n, \quad \Delta \nu = 1$$

$$K^{\ominus} = K_n \left(\frac{p}{n_{\text{总}} p^{\ominus}} \right)^{\Delta \nu} = \frac{x^2}{1-x} \cdot \frac{1}{1+x+n} = 1.49$$

不充入水蒸气时,$n = 0$,所以

$$\frac{x^2}{1-x^2} = 1.49 \qquad x = 0.774 = 77.4\%$$

当 $n = 10$ mol 时,则

$$\frac{x^2}{(1-x)(11+x)} = 1.49 \qquad x = 0.949 = 94.9\%$$

显然,在常压下充入水蒸气可以明显地提高乙苯的平衡转化率。

习题 37 已知反应 $2SO_3(g) \Longrightarrow 2SO_2(g) + O_2(g)$ 在 1000 K 时,$K^{\ominus} = 0.290$。试求算在该温度及标准压力时,SO_3 的解离度;欲使 SO_3 的解离度降低到 20%,系统总压力应控制为多少? [答案: 0.539;5.11×10^6 Pa]

习题38 已知反应 $N_2O_4(g) \Longrightarrow 2NO_2(g)$ 在 60 ℃ 时，$K^\ominus = 1.33$。试求算在 60 ℃ 及标准压力时，(1) 纯 N_2O_4 气体的解离度；(2) 1 mol N_2O_4 在 2 mol 惰性气体中，N_2O_4 的解离度。(3) 当反应系统的总压力为 10^6 Pa 时，纯 N_2O_4 的解离度又为多少？

[答案：(1) 0.500；(2) 0.651；(3) 0.179]

习题39 某合成氨厂用的氢气是由天然气 $CH_4(g)$ 与 $H_2O(g)$ 反应而来的，其反应为

$$CH_4(g) + H_2O(g) \Longrightarrow CO(g) + 3H_2(g)$$

已知反应在 1000 K 进行，此时 $K^\ominus = 26.56$。如果起始时 $CH_4(g)$ 与 $H_2O(g)$ 的物质的量之比为 1:2，试求算欲使 $CH_4(g)$ 的转化率为 78%，反应系统的压力应为多少？

[答案：3.90×10^5 Pa]

习题40 某催化剂可使反应：

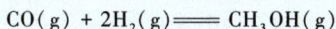

$$CO(g) + 2H_2(g) \Longrightarrow CH_3OH(g)$$

在 500 ℃ 时很快达到平衡。若加入 1 mol CO 和 2 mol H_2，只要能得到 0.1 mol CH_3OH，此法就有实用价值。设反应热不随温度变化。试计算该反应所需要的压力为多少？已知在 298 K 时的下列数据：

物质	$H_2(g)$	$CO(g)$	$CH_3OH(g)$
$\Delta_f H_m^\ominus/(kJ \cdot mol^{-1})$	0	-110.52	-201.17
$S_m^\ominus/(J \cdot K^{-1} \cdot mol^{-1})$	130.59	197.91	237.7

[答案：2.73×10^7 Pa]

习题41 298 K 时，正辛烷 $C_8H_{18}(g)$ 的标准燃烧焓是 -5512.4 kJ·mol^{-1}，$CO_2(g)$ 和液态水的标准生成焓分别为 -393.5 kJ·mol^{-1} 和 -285.8 kJ·mol^{-1}；正辛烷、氢气和石墨的标准熵分别为 463.71 J·K^{-1}·mol^{-1}、130.59 J·K^{-1}·mol^{-1} 和 5.69 J·K^{-1}·mol^{-1}。

(1) 试求算 298 K 时正辛烷生成反应的 $K^\ominus$。

(2) 增加压力对提高正辛烷的产率是否有利？为什么？

(3) 升高温度对提高其产率是否有利？为什么？

(4) 若在 298 K 及标准压力下进行此反应，达到平衡时正辛烷的摩尔分数能否达到 0.1？若希望正辛烷的摩尔分数达 0.5，试求算 298 K 时需要多大压力才行？

[答案：(1) 7.58×10^{-4}；(4) 4.91×10^5 Pa]

习题42 某接触法制硫酸的工厂中，在煅烧硫铁矿（FeS_2）后所得气体成分为 SO_2 7.8%，O_2 10.8%，N_2 81.4%。将此混合气通过 500 ℃ 盛有钒催化剂的转化塔使 SO_2 氧化成 SO_3。设反应可接近达到平衡，试计算在标准压力下离开转化塔时的气体组成。已知 500 ℃ 时反应 $SO_2(g) + \frac{1}{2}O_2(g) \Longrightarrow SO_3(g)$ 的 $K^\ominus = 85$。（提示：解 $K^\ominus$ 表示式的代数方程时可用尝试法。）

[答案：SO_2 0.3%，O_2 7.05%，SO_3 7.5%，N_2 85.15%]

习题 43   由 1 mol CO 和 1 mol H_2 所组成的水煤气与 5 molH_2O (g)混合,在 500 ℃ 及常压下通过催化剂发生下列反应:

$$CO(g) + H_2O(g) \rightleftharpoons CO_2(g) + H_2(g)$$

$K^{\ominus}$ = 5.5。反应后将混合气冷却使剩余水蒸气凝结而得到干燥气。

(1) 试计算用此法所得干燥气中 CO 的摩尔分数。

(2) 如果是在 500 ℃ 及 5×10^5 Pa 下反应,能否使 CO 含量有所下降?

(3) 实际上,由上述方法所得的干燥气中含 CO 4%,H_2 65%,CO_2 31%。为除去其中的 CO_2,将此混合气在 17 ℃ 及 3.0×10^5 Pa 时通入水洗塔,假定现有 100 mol 混合气,欲除去 99% 的 CO_2,试计算最少需用水的体积是多少?(已知 17 ℃ 及标准压力时 CO_2 在水中的溶解度为 0.0425 mol · dm^{-3}。)

(4) 已知 17 ℃ 及标准压力时 H_2 在水中的溶解度为 0.00084 mol · dm^{-3},试计算在上述情况下损失 H_2 的百分数。   [答案:(1) 0.03;(2) 不能;(3) 76.7 dm^3;(4) 1.9%]

思考题

1. van't Hoff 等温方程中的 $\Delta_r G_m$ 是否为起始到平衡的反应过程中系统 Gibbs 函数的改变量?如何理解此 $\Delta_r G_m$ 的含义?

2. 由第二章知,只有在定温定压条件下,才能用 ΔG 判断过程的方向。有些气相反应的压力随反应进度而变化,但仍可用反应的 ΔG 判断反应自发进行的方向,如何理解?

3. 反应的 $\Delta_r G_m$ 和 $\Delta_r G_m^{\ominus}$ 有何异同?如何理解它们各自的物理意义?

4. 由分压定律可导出理想气体反应 $K^{\ominus}$ 与 K_x 的关系。能否由化学势表达式直接导出 K_x?此时的标准态是什么?此时的标准态化学势与惯用的气体标准态($p^{\ominus}$)化学势之间的关系如何?

5. 反应 $N_2O_4 \rightleftharpoons 2NO_2$ 既可以在气相中进行,也可在 CCl_4 或 $CHCl_3$ 为溶剂的溶液中进行。若都用物质的量浓度来表示其平衡常数 K_c,在相同温度时,这三种情况的 K_c 是否相同,为什么?

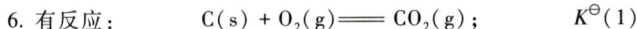

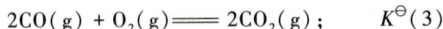

6. 有反应:

$$\begin{aligned} &C(s) + O_2(g) \rightleftharpoons CO_2(g); &&K^{\ominus}(1) \\ &2C(s) + O_2(g) \rightleftharpoons 2CO(g); &&K^{\ominus}(2) \\ &2CO(g) + O_2(g) \rightleftharpoons 2CO_2(g); &&K^{\ominus}(3) \end{aligned}$$

试导出 $K^{\ominus}(1)$、$K^{\ominus}(2)$、$K^{\ominus}(3)$ 三者之间的关系,从中可以得出何种启示?

7. 将 N_2 与 H_2 以 1:3 的分子比混合,并使之反应生成 NH_3(g)。平衡时设 NH_3(g)的摩尔分数为 x,且 $x \ll 1$。试证明 x 与系统总压力 p 成正比。

8. 试以合成氨的反应:

$$N_2(g) + 3H_2(g) \Longrightarrow 2NH_3(g)$$

为例,证明原料气配比符合反应方程式中的化学计量数比(即 $n_{N_2} : n_{H_2} = 1 : 3$)时产物的平衡产量可达最高值。

9. 对于反应 $3C(s) + 2H_2O(g) \Longrightarrow CH_4(g) + 2CO(g)$,试讨论一定温度时下列情况下平衡移动的方向,并简要说明理由。

(1) 采用压缩方法使系统压力增大;

(2) 充入氮气但保持总体积不变;

(3) 充入氮气但保持总压力不变;

(4) 充入水蒸气但保持总压力不变;

(5) 向反应系统加碳并保持总压力不变。

10. 已知反应:

① $2NaHCO_3(s) \Longrightarrow Na_2CO_3(s) + H_2O(g) + CO_2(g)$

   $\Delta_r G_m^\ominus(1) = (129.1 - 0.3342\ T)\ kJ \cdot mol^{-1}$

② $NH_4HCO_3(s) \Longrightarrow NH_3(g) + H_2O(g) + CO_2(g)$

   $\Delta_r G_m^\ominus(2) = (171.5 - 0.4764\ T)\ kJ \cdot mol^{-1}$

(1) 试求 298 K 时,当 $NaHCO_3$、Na_2CO_3 和 NH_4HCO_3 平衡共存时,$NH_3(g)$ 的分压;

(2) 当 $p(NH_3) = 50$ kPa 时,欲使 $NaHCO_3$、Na_2CO_3 和 NH_4HCO_3 平衡共存,试求所需温度。如果温度超过此值,物相将发生何种变化?

(3) 有人设想 298 K 时将 $NaHCO_3$、Na_2CO_3 与 NH_4HCO_3 共同放在一密闭容器中,能否使 NH_4HCO_3 免受更多的分解?

教学课件

拓展例题

第五章

多相平衡

在化学、化工的科研和生产中，经常会遇到像蒸发、冷凝、升华、溶解、结晶等一系列相变过程，化学工作者必须掌握这些过程所遵循的规律。另外，怎样对有机混合物进行分离、提纯；怎样从盐湖及海水中提取各种有用的无机盐；在钢铁和各种合金的冶炼中，应怎样控制生产条件及产品成分……这些实际问题的解决，都需要用到相平衡的知识。

本章的内容分为两个方面，首先介绍各种相平衡系统所共同遵守的规律——相律；然后介绍数种典型的相图。所谓相图，就是表达多相系统的状态如何随着温度、压力、浓度等强度性质而变化的几何图形。本章的大部分内容，是在相律的指导之下研究各种不同相平衡系统的相图，以便达到能使读者初步掌握相图，并能利用相图解决一些实际问题的目的。

§5.1 相律

1. 几个基本概念

（1）相。系统中物理及化学性质完全均一的部分，称为"相"。在多相系统中，相与相之间有着明显的界面，越过界面时，物理或化学性质发生突变。系统中所包含的相的总数，称为"相数"，以符号 Φ 表示。

由于各种气体能够无限地混合，所以，一个系统中无论含有多少种气体，只能形成一个气相。由于不同种液体相互溶解的程度不同，一个系统中可以有一个液相或两个液相，一般不会超过三个液相同时存在。如果系统中所含的不同种固体达到了分子程度的均匀混合，就形成了"固溶体"，一种固溶体是一个固相。如果系统中不同种固体物质没有形成固溶体，则不论这些固体研磨得多么细，系统中含有多少种固体物质，就有多少个固相。

（2）物种数和组分数。系统中所含的化学物质数称为系统的"物种数"，用

符号 S 表示。应注意,不同聚集态的同一种化学物质不能算两个物种,如水和水汽,其物种数 $S = 1$ 而不是 2。

足以表示系统中各相组成所需要的最少独立物种数称为系统的"组分数",用符号 K 表示。应注意,组分数和物种数是两个不同的概念,有时二者是不同的,而在多相平衡中,重要的是组分数这一概念。

如果系统中没有化学反应发生,则在平衡系统中就没有化学平衡存在,这时一般说来,有

$$组分数 = 物种数$$

即

$$K = S$$

如果系统中有化学平衡存在,如由 PCl_5、PCl_3 和 Cl_2 三种物质构成的系统,由于存在下列化学平衡:

$$PCl_5(g) \Longrightarrow PCl_3(g) + Cl_2(g)$$

则虽然系统的物种数为 3,但组分数却为 2。因为只要任意确定两种物质,则第三种物质就必然存在,而且其组成可由平衡常数所确定,并不在于起始时是否存在此种物质。在这种情况下:

$$组分数 = 物种数 - 独立化学平衡数$$

即

$$K = S - R$$

式中 R 即为系统的"独立化学平衡数"。要注意"独立"二字,如系统中含有 $C(s)$、$CO(g)$、$H_2O(g)$、$CO_2(g)$ 和 $H_2(g)$ 五种物质,在它们之间可以有三个化学平衡式:

① $C(s) + H_2O(g) \Longrightarrow CO(g) + H_2(g)$

② $C(s) + CO_2(g) \Longrightarrow 2CO(g)$

③ $CO(g) + H_2O(g) \Longrightarrow CO_2(g) + H_2(g)$

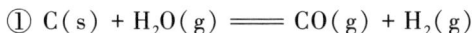

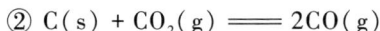

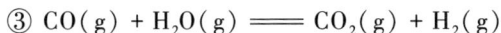

但这三个反应并不是相互独立的,只要有任意两个化学平衡存在,则第三个化学平衡必然成立,故其独立化学平衡数不是 3 而是 2。

如果在某些特殊情况下,还有一些特殊的限制条件,则系统的组分数又将不同。例如,在上述 PCl_5 的分解反应中,假若指定 PCl_3 与 Cl_2 的物质的量之比为 1∶1,或一开始只有 PCl_5 存在,则平衡时 PCl_3 与 Cl_2 的物质的量之比一定为 1∶1。这时就存在一浓度关系的限制条件。因此系统的组分数既不是 3,亦不是 2,而是 1。如果这种独立浓度关系数用符号 R' 表示,则任意一系统的组分数和物种数应有下列关系:

$$组分数 = 物种数 - 独立化学平衡数 - 独立浓度关系数$$

即
$$K = S - R - R'$$

应注意,物质之间的浓度关系数只有在同一相中方能应用,不同相之间不存在此种限制条件。例如,$CaCO_3$ 的分解,虽然分解产物的物质的量相同,即 $n(CO_2) = n(CaO)$,但由于一是气相,一是固相,故不存在浓度限制条件,因而其组分数仍是 2。

还应强调指出一点,一个系统的物种数是可以随着人们考虑问题的出发点不同而不同的,但在平衡系统中组分数却是确定不变的。例如,由 NaCl 和 H_2O 构成的系统,如果只考虑相平衡,则物种数 S 等于组分数 K,均为 2;如果系统中没有固体 NaCl,而单是 NaCl 的水溶液,有人可以认为其物种数 $S = 3$,即 H_2O、Na^+、Cl^-,但由于溶液必须保持电中性,其间必有一独立的浓度限制条件,则其组分数 K 仍为 2;如果有人认为应考虑 H_2O 的解离平衡,则这时物种数 $S = 5$,但其组分数 K 仍为 2;如果系统中还有固体 NaCl 存在,则物种数可认为是 6(即 NaCl,H_2O,H^+,OH^-,Na^+,Cl^-),但其组分数仍为 2(即 $K = 6 - 2 - 2 = 2$)。因此,物种数虽然会随考虑问题的方法不同而异,但组分数则是确定不变的。

习题 1   试确定在 $H_2(g) + I_2(g) \Longrightarrow 2HI(g)$ 的平衡系统的组分数。

(1) 反应前只有 HI;

(2) 反应前有等物质的量的 H_2 和 I_2;

(3) 反应前有任意量的 H_2、I_2 及 HI。   [答案:(1) 1;(2) 1;(3) 2]

习题 2   如果系统中有下列相存在,而且在给定的物质之间建立了化学平衡,试确定系统的组分数。

(1) $HgO(s)$,$Hg(g)$,$O_2(g)$;

(2) $C(s)$,$H_2O(g)$,$H_2(g)$,$CO(g)$,$CO_2(g)$;

(3) $Fe(s)$,$FeO(s)$,$CO(g)$,$CO_2(g)$;

(4) $Fe(s)$,$FeO(s)$,$C(s)$,$CO(g)$,$CO_2(g)$。   [答案:(1) 2;(2) 3;(3) 3;(4) 3]

---

(3) 自由度。在不引起旧相消失和新相形成的前提下,可以在一定范围内独立变动的强度性质称为系统的"自由度",用符号 f 表示。例如,当水以单一液相存在时,要使该液相不消失,同时不形成冰和水蒸气,温度 T 及压力 p 都可在一定范围内独立变动,此时 $f = 2$。当液态水与其蒸气平衡共存时,若要这两个相均不消失,又不形成固相冰,系统的压力 p 必须是所处温度 T 时水的饱和蒸气压。因压力与温度具有函数关系,所以两者之中只有一个可以独立变动,因此 $f = 1$。又如,当一杯不饱和盐水单相存在时,要保持没有新相形成,旧相也不消

失,可在一定范围内变动的强度性质为温度 T、压力 p 及盐的浓度 c,因此 $f = 3$。但当固体盐与饱和盐水溶液两相共存时,f 不再是 3,因为指定温度与压力之后,饱和盐水的浓度为定值。一方面不可能配制出浓度大于饱和值的溶液;另一方面,若使浓度小于饱和值必定会造成固相盐消失的后果。因此,此时只有温度 T 与压力 p 可独立变动,所以 $f = 2$。

2. 相律的推导

相律就是在平衡系统中,联系系统内相数、组分数、自由度及影响物质性质的外界因素(如温度、压力、重力场、磁场等)之间关系的规律。在不考虑重力场、磁场等因素,只考虑温度和压力因素的影响时,平衡系统中相数、组分数和自由度之间的关系可以有下列形式:

$$f = K - \Phi + 2 \tag{5.1}$$

式中 f 表示系统的自由度;K 表示组分数;Φ 表示相数;2 即为温度和压力两变量。由上式可以看出,系统的组分数每增加 1,则系统的自由度亦就要增加 1。如果系统的相数增加 1,则自由度要减少 1。这些基本现象和规律早就为科学界所公认,但直到 1876 年,方由 Gibbs 推导出上述简单而有普遍意义的形式。相律的推导如下:

假设一平衡系统中有 K 个组分,Φ 个相。如果 K 个组分在每一相中均存在,则欲描述此系统的状态,需要的自由度应为多少呢?当每个相中有 K 个组分时,则只要任意指定 $(K-1)$ 个组分的浓度,就可表明该相的浓度,因为另一组分的浓度此时不再是独立变量。如果系统中有 Φ 个相,需要指定 $\Phi(K-1)$ 个浓度,方能确定系统中各个相的浓度;又因平衡时各相的温度和压力均应相同,故应再加上两个变量。因此,表明系统状态所需的变量数应为

$$f = \Phi(K-1) + 2$$

但是,这些变量之间并不是相互独立的,因为在多相平衡时,还必须有"每一组分在每个相中的化学势相等"这样一个热力学条件,即

$$\mu_B(\alpha) = \mu_B(\beta) = \cdots$$

每有一个化学势相等的关系式,就应少一个独立变量。K 个组分在 Φ 个相中总共有多少个这样的化学势相等的关系式呢?就每一组分来说,在 Φ 个相中应有 $(\Phi-1)$ 个关系式,即

$$\mu_B(1) = \mu_B(2); \mu_B(1) = \mu_B(3); \cdots; \mu_B(1) = \mu_B(\Phi)$$

现在有 K 个组分,所以,K 个组分在 Φ 个相中总共有 $K(\Phi-1)$ 个化学势相等的关系式。亦就是说,要表明系统的状态,应在上述式子中再减去 $K(\Phi-1)$ 个变量,即真正的系统的自由度应为

$$f = \Phi(K-1) + 2 - K(\Phi-1) = K - \Phi + 2$$

这就是相律的数学表达式。

应当指出,在上面的推导中曾假定每一组分在每一相中均存在。这一点似乎不能被接受,就以 $NaCl + H_2O$ 的溶液和蒸气相来说,很难想象蒸气相中有 $NaCl$ 蒸气的存在。尽管理论上并不排斥这一点,但其实际存在的量将失去热力学的意义。但是这并不妨碍式(5.1)的正确性,因为在某一相中少了一个组分,则在该相中的浓度变量亦就少了一个;而在考虑相平衡时,亦将相应地减少一个化学势相等的关系式。这就是说,在 $\Phi(K-1)$ 中减去 1 时,同时在 $K(\Phi-1)$ 中亦必然减去 1,所以 $f = K - \Phi + 2$ 的关系式仍然成立。

在式(5.1)中的 2 是指外界条件中只有温度和压力可影响系统的平衡状态。如果指定了温度或压力,则式(5.1)应改写为

$$f = K - \Phi + 1 \tag{5.2}$$

如果温度、压力均已指定,则

$$f = K - \Phi \tag{5.3}$$

如果除了温度、压力以外,还需考虑其他外界因素(如电场、磁场……),假设共有 n 个因素要考虑,则相律可写成更普遍的形式:

$$f = K - \Phi + n \tag{5.4}$$

例题 1　碳酸钠与水可组成下列几种化合物:

$$Na_2CO_3 \cdot H_2O; \quad Na_2CO_3 \cdot 7H_2O; \quad Na_2CO_3 \cdot 10H_2O$$

(1)试说明标准压力下,与碳酸钠水溶液及冰共存的含水盐最多可以有几种?

(2)试说明在 30 ℃时,可与水蒸气平衡共有的含水盐最多可以有几种?

解: 此系统由 Na_2CO_3 及 H_2O 构成,$K = 2$。虽然可有多种固体含水盐存在,但每形成一种含水盐,物种数增加 1 的同时,增加 1 个化学平衡关系式,因此组分数仍为 2。

(1)指定压力下,相律变为

$$f = K - \Phi + 1 = 2 - \Phi + 1 = 3 - \Phi$$

相数最多时自由度最少,即 $f = 0$ 时,$\Phi = 3$。因此,与 Na_2CO_3 水溶液及冰共存的含水盐最多只能有一种。

（2）指定 30 ℃ 时，相律变为

$$f = K - \Phi + 1 = 2 - \Phi + 1 = 3 - \Phi$$

$f = 0$ 时，$\Phi = 3$。因此，与水蒸气共存的含水盐最多可以有两种。

例题 2　试说明下列平衡系统的自由度为多少？

（1）25 ℃ 及标准压力下，NaCl(s) 与其水溶液平衡共存；

（2）$I_2(s)$ 与 $I_2(g)$ 呈平衡；

（3）开始时用任意量的 HCl(g) 和 $NH_3(g)$ 组成的系统中，反应 HCl(g) + $NH_3(g)$ ═══ $NH_4Cl(s)$ 达到平衡。

解：（1）$K = 2$，则

$$f = 2 - 2 + 0 = 0$$

指定温度、压力，饱和食盐水的浓度为定值，系统已无自由度。

（2）$K = 1$，则

$$f = 1 - 2 + 2 = 1$$

系统的压力等于所处温度下 $I_2(s)$ 的平衡蒸气压。因 p 与 T 之间有函数关系，二者之中只有一个独立可变。

（3）$S = 3$；$R = 1$；$R' = 0$；$K = 3 - 1 = 2$，则

$$f = 2 - 2 + 2 = 2$$

温度及总压，或者温度及任一气体的浓度可独立变动。

习题 3　在水、苯、苯甲酸系统中，若任意指定下列条件，系统中最多可有几相？

（1）定温；（2）定温，定水中苯甲酸的浓度；（3）定温，定压，定苯中苯甲酸的浓度。

[答案：（1）4；（2）3；（3）2]

习题 4　求下列情况下系统的组分数和自由度。

（1）固体 NaCl、KCl、$NaNO_3$、KNO_3 的混合物与水振荡直达平衡；

（2）固体 NaCl、KNO_3 的混合物与水振荡直达平衡。

[答案：（1）$K = 4$，$f = 6 - \Phi$；（2）$K = 3$，$f = 5 - \Phi$]

习题 5　试求下述系统的自由度；如 $f \neq 0$，则指出变量是什么？

（1）标准压力下，水与水蒸气已达平衡；

（2）水与水蒸气已达平衡；

（3）标准压力下，I_2 在水中和在 CCl_4 中分配已达平衡，无 $I_2(s)$ 存在；

（4）$NH_3(g)$、$H_2(g)$、$N_2(g)$ 已达平衡；

(5) 标准压力下, NaOH 水溶液与 H_3PO_4 水溶液混合;

(6) 标准压力下, H_2SO_4 水溶液与 $H_2SO_4 \cdot 2H_2O(s)$ 已达平衡。

[答案: (1) 0; (2) 1; (3) 2; (4) 3; (5) 3; (6) 1]

(一) 单组分系统

单组分系统相律的一般表达式为

$$f = 1 - \Phi + 2 = 3 - \Phi$$

因此, 单组分系统最多可有三相共存(此时 $f = 0$), 最多可有两个自由度(此时 $\Phi = 1$), 它们是系统的温度 T 与压力 p。

研究纯物质这类单组分系统时, 最常遇到的相平衡问题是液 - 气、固 - 液、固 - 气等两相平衡的情况, 因 $\Phi = 2$, 故 $f = 1$。这说明两相平衡时系统的温度和压力只有一个是独立可变的, 亦即两者之间一定存在着某种函数关系。下面就讨论这个问题。

§5.2   Clausius - Clapeyron 方程

Clausius - Clapeyron 方程是应用热力学原理定量地研究纯物质两相平衡的一个杰出例子。

假设某物质在一定温度和压力时, 有两个相呈平衡。当温度由 T 变到 $T + dT$, 相应的压力由 p 变到 $p + dp$ 时, 这两个相又达到了新的平衡。即

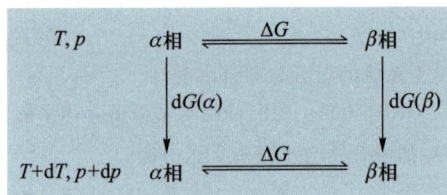

显然 $dG(\alpha) = dG(\beta)$

根据式(2.35a) $dG = -SdT + Vdp$

于是 $-S(\alpha)dT + V(\alpha)dp = -S(\beta)dT + V(\beta)dp$

即 $[V(\beta) - V(\alpha)]dp = [S(\beta) - S(\alpha)]dT$

或

$$\frac{\mathrm{d}p}{\mathrm{d}T} = \frac{S(\beta) - S(\alpha)}{V(\beta) - V(\alpha)} = \frac{\Delta S_m}{\Delta V_m} \tag{5.5}$$

式中 ΔS_m 和 ΔV_m 分别为 1 mol 物质由 α 相变到 β 相的熵变和体积变化。对可逆相变来说,已知

$$\Delta S_m = \frac{\Delta H_m}{T}$$

式中 ΔH_m 为相变潜热。将上式代入式(5.5)即得

$$\frac{\mathrm{d}p}{\mathrm{d}T} = \frac{\Delta H_m}{\Delta V_m T} \tag{5.6}$$

式(5.6)即为 Clausius – Clapeyron 方程。它表明两相平衡时的平衡压力随温度而变的变化率。由于 α 相和 β 相并未指定是何种相,因此式(5.6)对于任何纯物质的任何两相平衡均适用。现分别讨论几种两相平衡的情形。

1. 液 – 气平衡

将式(5.6)应用于液 – 气平衡,则 $\mathrm{d}p/\mathrm{d}T$ 是指液体的饱和蒸气压随温度的变化率;ΔH_m 为摩尔汽化热 $\Delta_{vap}H_m$;$\Delta V_m = V_m(g) - V_m(l)$ 即气、液两相摩尔体积之差。在通常温度下(距离临界温度较远时),$V_m(g) \gg V_m(l)$,故 $V_m(l)$ 可忽略不计;再假设蒸气遵守理想气体定律,于是式(5.6)可写为

$$\frac{\mathrm{d}p}{\mathrm{d}T} = \frac{\Delta_{vap}H_m}{TV_m(g)} = \frac{\Delta_{vap}H_m p}{RT^2}$$

或

$$\frac{\mathrm{d}\ln p}{\mathrm{d}T} = \frac{\Delta_{vap}H_m}{RT^2} \tag{5.7}$$

式(5.7)称为 Clausius – Clapeyron 方程的微分形式。当温度变化范围不大时,$\Delta_{vap}H_m$ 可近似地看成一常数。将式(5.7)积分,可得

$$\ln p = -\frac{\Delta_{vap}H_m}{RT} + K \tag{5.8}$$

式中 K 为积分常数。由式(5.8)可看出,将 $\ln p$ 对 $1/T$ 作图应为一直线,此直线的斜率为 $(-\Delta_{vap}H_m/R)$,由此斜率即可求算液体的 $\Delta_{vap}H_m$。

如果将式(5.6)在 T_1 和 T_2 之间定积分,则得

$$\ln \frac{p_2}{p_1} = \frac{\Delta_{vap}H_m(T_2 - T_1)}{RT_1T_2} \qquad (5.9)$$

式(5.9)表明,只要知道 $\Delta_{vap}H_m$ 就可根据某温度 T_1 时该液体的蒸气压求算其他温度 T_2 时该液体的蒸气压。

当缺乏液体的汽化热数据时,有时可用一些经验性规则进行近似估计。例如,对正常液体(即非极性液体,液体分子不缔合)来说,有下列规则:

$$\frac{\Delta_{vap}H_m}{T_b} \approx 88 \text{ J} \cdot \text{K}^{-1} \cdot \text{mol}^{-1} \qquad (5.10)$$

称为 Trouton 规则。其中 T_b 为正常沸点。应注意,此规则不能用于极性较强的液体。

例题 3   已知水在 100 ℃ 时的饱和蒸气压为 1.00×10^5 Pa,汽化热为 2260 J · g^{-1}。试计算(1)水在 95 ℃ 时的饱和蒸气压;(2)水在 1.10×10^5 Pa 时的沸点。

解:(1) $\ln \dfrac{p_2}{p_1} = \dfrac{\Delta_{vap}H_m(T_2 - T_1)}{RT_1T_2} = \dfrac{2260 \times 18 \times (368 - 373)}{8.314 \times 373 \times 368} = -0.1782$

$\qquad p_2 = (1.00 \times 10^5 \times 0.8367)$ Pa $= 8.37 \times 10^4$ Pa

(2) $\ln \dfrac{1.10 \times 10^5}{1.00 \times 10^5} = \dfrac{2260 \times 18 \times (T_2 - 373)}{8.314 \times 373 \times T_2}$

解得 $\qquad\qquad\qquad T_2 = 375$ K,即 102 ℃

习题 6   在平均海拔为 4500 m 的高原上,大气压力只有 5.73×10^4 Pa。试根据下式计算那里水的沸点。

$$\ln(p/\text{Pa}) = 25.567 - \frac{5216}{T/\text{K}}$$

[答案:84 ℃]

习题 7   环己烷在其正常沸点 80.75 ℃ 时的汽化热为 358 J · g^{-1},在此温度时液体和蒸气的密度分别为 0.7199 g · cm^{-3} 和 0.0029 g · cm^{-3}。(1) 计算在沸点时 dp/dT 的近似值(即液体体积不计)和精确值(考虑液体体积);(2) 估计在 9×10^4 Pa 时的沸点温度;(3) 欲使环己烷在 25 ℃ 时沸腾,应将压力降低到多少?

[答案:(1) 2.93×10^3 Pa · K^{-1},2.95×10^3 Pa · K^{-1};

(2) 77.1 ℃;(3) 1.48×10^4 Pa]

习题 8   溴苯(C_6H_5Br)的正常沸点为 156.15 ℃,试计算在 100 ℃ 时溴苯的蒸气压,并与实际值 1.88×10^4 Pa 比较(假定溴苯为一正常液体)。   [答案:2.03×10^4 Pa]

习题9 正丙醇的蒸气压随温度变化有下列数据：

$t/℃$	50	60	70	80
$p/(10^4\ Pa)$	1.16	1.96	3.19	5.01

（1）用作图法求算正丙醇的 $\Delta_{vap}H_m$；（2）求蒸气压为 $2.67 \times 10^4\ Pa$ 时的温度。

[答案：（1）$4.62 \times 10^4\ J \cdot mol^{-1}$；（2）340 K]

习题10 通常 $\Delta_{vap}H_m$ 是与温度有关的，当 $\Delta_{vap}H_m = f(T)$ 时，试推导 $\ln\{p\} = f(T)$ 的关系式。（1）假设 $\Delta_{vap}H_m = a + bT$；（2）假设 $\Delta_{vap}H_m = a + bT + cT^2$。（3）已知 Hg 的饱和蒸气压可以用下列公式表示：

$$\ln(p/Pa) = 29.14 - \frac{7664}{T/K} - 0.848\ \ln(T/K)$$

试计算 Hg 在 25 ℃ 时的汽化焓。   [答案：（3）$6.16 \times 10^4\ J \cdot mol^{-1}$]

2. 固 – 气平衡

由于固体的体积比蒸气的体积小很多，因此 $V_m(s)$ 亦可略去不计。所以对固 – 气平衡来说，只需将 $\Delta_{vap}H_m$ 改换成 $\Delta_{sub}H_m$（升华焓）亦可得到与式(5.7)、式(5.8)、式(5.9)相同形式的公式。

3. 固 – 液平衡

对固 – 液平衡来说，由于固体的体积和液体的体积相差不多，不能任意将 $V_m(s)$ 或 $V_m(l)$ 略去，这时式(5.6)可改写为下列形式：

$$dp = \frac{\Delta_{fus}H_m}{\Delta_{fus}V_m} \cdot \frac{dT}{T} \tag{5.11}$$

式中 $\Delta_{fus}H_m$ 为摩尔熔化焓；$\Delta_{fus}V_m$ 为摩尔体积之差。当温度变化范围不大时，$\Delta_{fus}H_m$ 和 $\Delta_{fus}V_m$ 均可近似地看做一常数，于是在 T_1 和 T_2 之间定积分可得

$$p_2 - p_1 = \frac{\Delta_{fus}H_m}{\Delta_{fus}V_m} \ln \frac{T_2}{T_1} \tag{5.12}$$

如果令 $(T_2 - T_1)/T_1 = x$，则 $\ln(T_2/T_1) = \ln(1 + x)$，当 x 很小时，$\ln(1 + x) \approx x$。于是式(5.12)可写为

$$p_2 - p_1 = \frac{\Delta_{fus}H_m}{\Delta_{fus}V_m} \cdot \frac{T_2 - T_1}{T_1} \tag{5.13}$$

例题 4   试计算在 $-0.5\ ℃$ 下,欲使冰融化所需施加的最小压力为多少?已知水和冰的密度分别为 $0.9998\ g\cdot cm^{-3}$ 和 $0.9168\ g\cdot cm^3$;$\Delta_{fus}H_m = 333.5\ J\cdot g^{-1}$。

解:这时 $\Delta T/T = x$ 很小,故可用式(5.13)。已知 $0\ ℃$ 时水和冰的平衡压力为 $p^{\ominus}$。另外需注意单位换算 $1\ J = 10^6\ Pa\cdot cm^3$,于是将已知数据代入式(5.13)可得

$$p_2 - p^{\ominus} = \left(\frac{333.5 \times 10^6}{\dfrac{1}{0.9998} - \dfrac{1}{0.9168}} \times \frac{-0.5}{273} \right) Pa = 6.75 \times 10^6\ Pa$$

即欲使 $-0.5\ ℃$ 的冰融化,最少需施加压力达 $6.75 \times 10^6\ Pa$。由此看来,固 - 液平衡的平衡压力随温度的变化远大于固 - 气平衡和液 - 气平衡。

习题 11   未溶解空气的纯水与冰达到平衡的温度为 $0.0099\ ℃$,压力为 $609\ Pa$。试计算当压力为标准压力时,水和冰达到平衡的温度为多少?为什么不是 $0\ ℃$?试给出解释。

[答案: $0.0025\ ℃$]

习题 12   一冰溪的厚度为 $400\ m$,密度为 $0.9168\ g\cdot cm^{-3}$。试计算此冰溪底部冰的熔点。设此时冰溪的温度为 $-0.20\ ℃$,此冰溪向山下滑动否?   [答案: $-0.27\ ℃$;能滑动]

§5.3   水的相图

在通常压力下,水的相图为单组分系统相图中最简单的相图。当此系统中只有一个相存在时,即水以气相或液相或固相存在时,系统的自由度 $f = 2$,即温度、压力均可变更。因此,在 $T - p$ 图上有三个面各代表这三个相。在此系统中可能存在的两相平衡有三种情形,即① 液 - 气平衡,② 固 - 气平衡,③ 固 - 液平衡;此时系统的自由度 $f = 1$,即 T 和 p 只有一个能任意变更。因此,在 $T - p$ 图上有三条线各代表上述三种两相平衡。在此系统中可能存在的三相平衡为固 - 液 - 气三相平衡;此时系统的自由度 $f = 0$,即 T 和 p 均已一定,不能变更。因此,在 $T - p$ 图上有一个三相点。虽然根据相律指出了水的相图的大概情况,但所有线和点的具体位置却不能由相律指出,必须依靠实验来测定。水的相图的具体形状见图5.1。其中 $O'A$ 线是液 - 气平衡线,即水的蒸气压曲线;$O'B$ 线是固 - 气平衡线,即冰的蒸气压曲线;$O'C$ 线是固 - 液平衡线;O' 点是冰 - 水 - 汽三相平衡的三相点,从图可以看出,此时的温度和压力均已一定,温度为 $0.01\ ℃$,压力为 $611\ Pa$。此图与相律所指示的完全一致,即有三个单相面、三条两相平衡线和一个三相点。

水的蒸气压曲线 $O'A$ 向上不能无限地延伸,只能延伸到水的临界点,因为在该点以上,液态水将不复存在。水的临界点的温度为 $374\ ℃$;压力为 $2.2 \times 10^7\ Pa$。

$O'A$ 线超过三相点 O' 向下延伸所形成的 $O'F$ 线代表过冷水与蒸汽的平衡,因此 $O'F$ 线为不稳定的液 – 气平衡线,此种液 – 气平衡系统处于介稳状态,只要稍受

干扰,如受到搅动或有小冰块投入系统,立即就会有冰析出。由图 5.1 可以看出,过冷水的饱和蒸气压大于冰的饱和蒸气压,即 $O'F$ 线比 $O'B$ 线略高。

O'B 线向下可延伸到绝对零度。向上延伸不能超过三相点 O',因为不存在过热的冰。

$O'C$ 线向上可延伸到 2.0×10^8 Pa 和 – 20 ℃ 左右。压力再增加,将出现另外的冰晶型,本图中不再介绍。

由图 5.1 还可以看出,$O'A$、$O'B$ 线

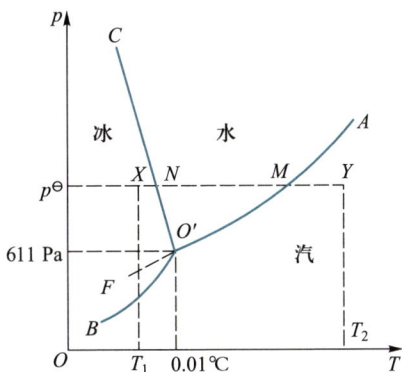

图 5.1　水的相图

的斜率为正值,而 $O'C$ 线的斜率为负值。应当指出,$O'A$、$O'B$、$O'C$ 线的斜率均可用 Clapeyron 方程定量计算而得出。$O'C$ 线的斜率具有负值,是冰的比体积比水的比体积大造成的。冰融化过程的 $\Delta_{fus}H_m > 0$ 而 $\Delta_{fus}V_m < 0$,因此 $dp/dT = \Delta_{fus}H_m/\Delta_{fus}V_m < 0$。

利用这种相图可以指出,系统的某个变量在变化时,系统将发生什么变化。例如,在标准压力下,将温度为 T_1 的冰加热到温度为 T_2,系统将发生什么变化呢? 参看图 5.1,在温度为 T_1 和压力为 $p^\ominus$ 时,系统状态相当于图中的 X 点。在一定压力下将系统加热到温度为 T_2,则系统的状态将沿 XY 线而变化。由图可以看出,当温度升高到 N 点时,冰就开始熔化,此时 $f = K - \Phi + 1 = 1 - 2 + 1 = 0$,温度将保持不变,直到冰全部变成水为止;然后温度又继续升高,到达 M 点时,水开始汽化,这时温度又保持不变,直到水全部变为汽为止;然后温度又可继续升高到 T_2。

习题 13　硫的固相有正交和斜方两种晶型。试判断在硫的 $T-p$ 图(即图 5.2)上应当有哪些单相面、两相线和三相点?

习题 14　硫的相图如图 5.2 所示。(1) 试写出图中的线和点各代表哪些相的平衡;(2) 叙述系统的状态在定压下由 X 加热到 Y 所发生的相变。

习题 15　试根据下列知识,大致画出 HAc 的相图。(1) 固体 HAc 的熔点为 16.6 ℃,此时的饱和蒸气压为 1.2×10^2 Pa;(2) 固体的 HAc 有 α 和 β 两种晶型,这两种晶型的密度都比液体大,α 晶型在低压下是稳定的;(3) α 晶型和 β 晶型与液体达

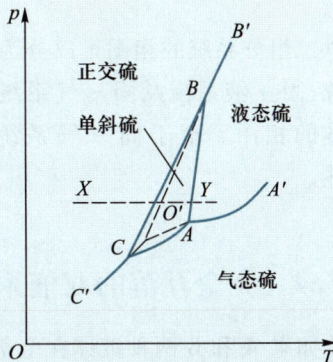

图 5.2　硫的相图

到平衡的温度为 55.2 ℃,压力为 2×10^8 Pa;(4) α 晶型和 β 晶型的转化温度(即 α 和 β 的平衡温度)随压力降低而降低。

习题 16   固态氨的饱和蒸气压与温度的关系为

$$\ln(p/Pa) = 27.92 - \frac{3754}{T/K}$$

液态氨的饱和蒸气压与温度的关系为

$$\ln(p/Pa) = 24.38 - \frac{3063}{T/K}$$

试求(1) 氨的三相点的温度、压力;(2) 氨的汽化焓、升华热和熔化热。

[答案: (1) 195.2 K,5.93×10^3 Pa;(2) 25.47 kJ·mol^{-1},31.21 kJ·mol^{-1},5.74 kJ·mol^{-1}]

(二) 二组分系统

二组分系统相律的一般表示式为

$$f = K - \varPhi + 2 = 2 - \varPhi + 2 = 4 - \varPhi$$

由上式可以看出,$f = 0$ 时,$\varPhi = 4$,即二组分系统最多可以有四相共存达成平衡。另外,$\varPhi = 1$ 时,$f = 3$,即二组分系统最多可以有三个自由度:温度、压力和浓度。因此,要完善地作出二组分系统的状态图,需用三个坐标的立体模型。为了方便起见,往往指定某一变量固定不变,观察另外两个自由度的关系,这样只要用一个平面图就可以表示二组分系统的状态。例如,可指定压力不变,看温度和组成的关系;也可指定温度不变,看压力和组成的关系。在这种情况下,相律应表现为下列形式:

$$f = 2 - \varPhi + 1 = 3 - \varPhi$$

二组分系统的相图可以分为很多类型。以物态来区分,大致可分为液 – 气系统、固 – 液系统及固 – 气系统三类。下面只对前两类系统分别叙述其中最基本的相图。至于固 – 气系统,实际上就是多相化学平衡系统,此处不再赘述。

§5.4   完全互溶的双液系统

如果 A 和 B 两种液体在全部浓度范围内均能互溶形成均匀的单一液相,则 A 和 B 构成的系统叫做完全互溶的双液系统。

1. 蒸气压－组成图

在恒定温度的条件下,以蒸气压 p 为纵坐标、以液相组成及气相组成 x 为横坐标所作的相图,叫做蒸气压－组成图,即 $p-x$ 图。

在由两种完全互溶的液体构成的溶液中,如果各组分的蒸气压与溶液组成均能遵守 Raoult 定律,则此溶液是理想液态混合物。理想液态混合物的蒸气压－组成图见图 5.3。但是绝大多数的完全互溶的双液系统都或多或少与 Raoult 定律有些偏差,偏差的程度与两种液体的性质以及所处的温度有关。图 5.4、图 5.5 及图 5.6 是几种完全互溶双液系统的蒸气压－液相组成图,可以表现出这些系统对 Raoult 定律的偏差情况。

图 5.4 是四氯化碳与环己烷的系统,其总蒸气压和蒸气分压均大于 Raoult 定律所要求的数值,即发生了正偏差;但是在所有的浓度范围内,溶液的蒸气压总是在两个纯组分的蒸气压之间。图 5.5 是甲缩醛和二硫化碳的系统,其蒸气压亦发生正偏差,不过在某一浓度范围内,溶液的总蒸气压高于任何一纯组分的蒸气压,所以有一极大点存在。图 5.6 是丙酮和三氯甲烷的系统,其蒸气压发生负偏差,在某一浓度范围内,溶液的总蒸气压低于任何一纯组分的蒸气压,所以有一极小点存在。

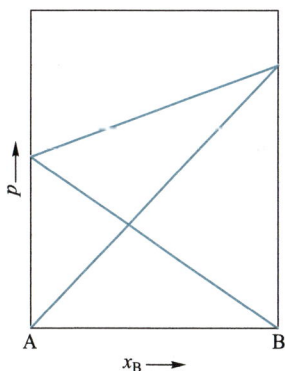

图 5.3　理想液态混合物
的蒸气压－组成图

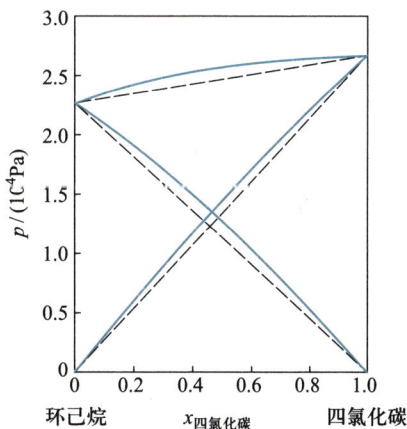

图 5.4　40 ℃时四氯化碳－环己烷
系统的蒸气压－组成图

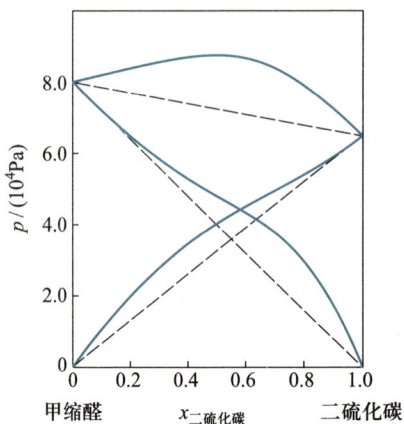

图 5.5　35.2 ℃时甲缩醛－二硫化碳
系统的蒸气压－组成图

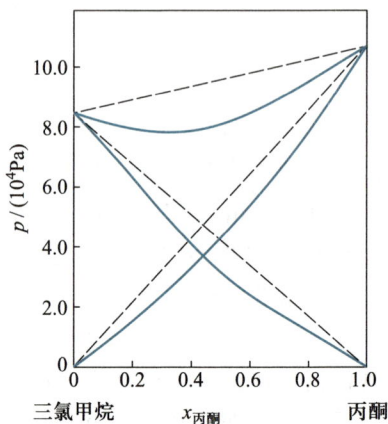

图 5.6　55 ℃时丙酮－三氯甲烷
系统的蒸气压－组成图

以上三个图是完全互溶双液系统的蒸气压－液相组成图的典型例子。由此,可将完全互溶双液系统大体分为三种类型:

第一类:溶液的总蒸气压总是在两纯组分蒸气压之间,如四氯化碳－环己烷、四氯化碳－苯、水－甲醇等系统。

第二类:溶液的总蒸气压曲线上有一极大点,如甲缩醛－二硫化碳、二硫化碳－丙酮、苯－环己烷、水－乙醇等系统。

第三类:溶液的总蒸气压曲线上有一极小点,如丙酮－三氯甲烷,水－盐酸等系统。

应当指出,并不是所有情况都包括在上述三种类型之中。例如,已发现 $C_2H_5OH － CHCl_3$ 系统中的一个组分在全部浓度范围内呈正偏差;另一组分在稀溶液范围内呈负偏差,但随着浓度增大,又转为正偏差。还存在其他类型的偏差情况,读者可参看有关文献[1]。

在二组分的双液系统中,平衡共存的气相与液相的组成并不相同。

1881 年,Коновалов 在大量实验工作的基础上,总结出联系蒸气组成和溶液组成之间关系的两条定性规则:

(1)在二组分溶液中,如果加入某一组分而使溶液的总蒸气压增加(即在一定压力下使溶液的沸点下降),那么,该组分在平衡蒸气相中的浓度将大于它在溶液相中的浓度。

---

❶　McGlasham M L. J Chem Educ. 1963,40:517;赵传均,张常群. 化学通报,1983(1).

（2）在溶液的蒸气压－液相组成图中,如果有极大点或极小点存在,则在极大点或极小点上平衡蒸气相的组成和溶液相的组成相同（见图5.7）。

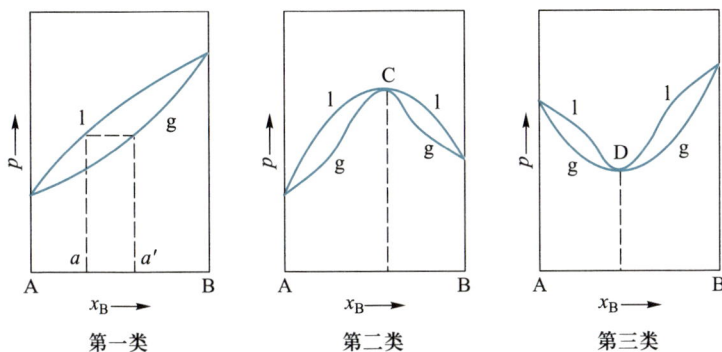

图 5.7 三类溶液的溶液组成和蒸气组成的关系

根据 Коновалов 的经验规则可以确定,在溶液的蒸气压－组成图中:① 各种类型溶液的蒸气组成曲线应在溶液组成曲线的下面;② 在极大点或极小点时,溶液组成曲线和平衡蒸气组成曲线应合二为一。所以,以上所述三类溶液的溶液组成和蒸气组成的关系可用图5.7表示。图中l曲线代表蒸气压－溶液组成曲线,g曲线代表蒸气压－蒸气组成曲线。对第一类溶液来说,由于加入组分B使系统蒸气压增加,故平衡蒸气中B的浓度将大于溶液中B的浓度,因此,g曲线在l曲线下面。例如,当溶液组成为 a 时,与此溶液成平衡的蒸气相组成为 a'。究竟g曲线离开l曲线的位置有多远,这取决于B比A易挥发的程度。对第二类溶液来说,当溶液浓度在A和C之间时,由于加入B将使系统蒸气压增加,故B在平衡蒸气中的浓度将大于B在溶液中的浓度;当溶液浓度在C和B之间时,由于加入A将使系统蒸气压增加,故A在平衡蒸气中的浓度将大于A在溶液中的浓度;当溶液组成为C时,则溶液组成和蒸气组成相同。对第三类溶液来说,当溶液浓度在A和D之间时,A在平衡蒸气中的浓度将大于A在溶液中的浓度;当溶液浓度在D和B之间时,则B在平衡蒸气中的浓度将大于B在溶液中的浓度;当溶液组成为D时,溶液组成和蒸气组成相同。

2. 沸点－组成图

在恒定压力的条件下,表示气、液两相平衡温度与组成之间关系的相图,叫做沸点－组成图,即 $T-x$ 图。

（1）第一类溶液的 $T-x$ 图。

由于较易挥发的物质其沸点较低,因此,参看图 5.7 中第一类溶液的 $p-x$ 图。以纯组分 A 与 B 进行比较,定温下蒸气压较高的物质 B 在定压之下应具有较低的沸点。而具有较低沸点的组分在平衡蒸气中的浓度大于在溶液中的浓度,所以,如图 5.8 所示的 $T-x$ 图,蒸气组成曲线 g 应在溶液组成曲线 l 的上方。

图 5.8 中,在 l 曲线以下为单相区,若代表系统状态的点处于此区域,系统中只有溶液相存在。根据相律可知,$f = 2-1+1 = 2$,即此区域内有温度 T 及组成 x 两个自由度。在 g 曲线以上亦为单相区,若物系点处于此区域,系统中只有蒸气相存在,自由度也为 2。在 l 曲线与

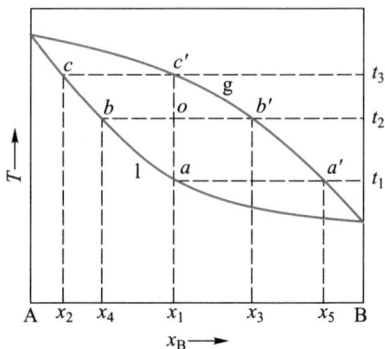

图 5.8　第一类溶液的沸点－组成图

g 曲线之间的区域为溶液与蒸气两相平衡共存区域,根据相律可知,$f = 2-2+1 = 1$,即只有一个自由度,如果温度被指定,则两个平衡相的组成随之即定;反之亦然。例如,将组成为 x_1 的溶液加热,当温度为 t_2 时,系统的状态由 o 点表示,o 点称为此条件下系统的"物系点"。这时系统中实际存在着两个相,溶液相的温度及组成由 b 点表示;蒸气相的温度及组成由 b' 点表示。b 点及 b' 点称为两相的"相点"。这两个相的组成由于温度的确定而已被确定,不能再任意变动。

如果将组成为 x_1 的溶液放在一个带有活塞的密闭容器中加热,由图 5.8 可以看出,当温度为 t_1 时,溶液开始沸腾,这时平衡蒸气的组成为 a'。当温度渐渐升高,溶液继续汽化时,气相的相点由 a' 开始,沿着气相线 g 渐渐向 b'、c' 移动。液相的相点由 a 开始,沿着液相线 l 渐渐向 b、c 移动。当温度上升到 t_3 时,溶液全部蒸发完。在温度由 t_1 变到 t_3 的整个过程中,溶液始终是与蒸气达成平衡的。由此可见,溶液与纯液体不同,纯液体在定压下沸点是恒定的,从开始沸腾到蒸发完毕,温度保持不变;而溶液的沸点在定压下不是恒定的,由开始沸腾到蒸发完毕,有一温度区间。上例中 t_1 至 t_3 就是组成为 x_1 的溶液的沸腾温度区间。

（2）第二类溶液的 $T-x$ 图。

若一个二组分溶液的蒸气压－组成曲线为正偏差且有一最高点,则在此溶液的沸点－组成图中必然有一最低点,参看图 5.9。根据 Коновалов 规则可知,当溶液的组成恰好与具有最低沸点的组成相同时,则此溶液的组成与蒸气的组成相同。而且此溶液与一般溶液不同,由开始沸腾到蒸发完毕,其沸点不变,故

这一浓度的溶液称为"恒沸点混合物"。此混合物沸点低于任一纯组分的沸点，因此称为"最低恒沸点"。应当指出：① 在 $p-x$ 图中的最高点和 $T-x$ 图中的最低点其溶液组成不一定相同，因 $T-x$ 图中的压力为标准压力，而 $p-x$ 图中的最高点的压力不一定是标准压力；② 恒沸点混合物虽然像纯物质一样具有恒定沸点，但仍为混合物而非化合物，因其组成可随压力的不同而不同。

（3）第三类溶液的 $T-x$ 图。

若一个二组分溶液的蒸气压 - 组成曲线为负偏差且有一最低点，则在此溶液的沸点 - 组成图中必然有一最高点，参看图 5.10。与最高点的组成相应的溶液称为"最高恒沸混合物"，其沸点称为"最高恒沸点"。

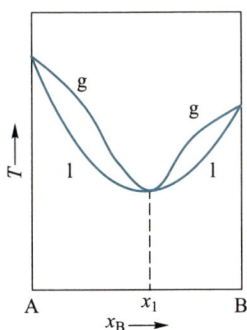

图 5.9　第二类溶液的
沸点 - 组成图

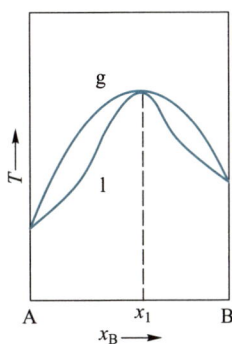

图 5.10　第三类溶液的
沸点 - 组成图

现将一些常见恒沸混合物的有关数据列于表 5.1。

表 5.1　常见恒沸溶液的有关数据

溶液	压力/(10^4 Pa)	恒沸点/℃	质量分数
$HCl + H_2O$	10.13	108.6(最高沸点)	20.22% HCl
$HCl + H_2O$	9.33	106.4(最高沸点)	20.36% HCl
$HNO_3 + H_2O$	10.13	120.5(最高沸点)	68% HNO_3
$HBr + H_2O$	10.13	126(最高沸点)	47.5% HBr
$HCOOH + H_2O$	10.13	107.1(最高沸点)	77.9% HCOOH
$CHCl_3 + (CH_3)_2CO$	10.13	64.7(最高沸点)	80% $CHCl_3$
$C_2H_5OH + H_2O$	10.13	78.15(最低沸点)	95.57% C_2H_5OH
$CCl_4 + CH_3OH$	10.13	55.7(最低沸点)	44.5% CCl_4
$CS_2 + (CH_3)_2CO$	10.13	39.2(最低沸点)	61.0% CS_2
$CH_3COOC_2H_5 + H_2O$	6.67	59.4(最低沸点)	92.5% $CH_3COOC_2H_5$

3. 杠杆规则

如果系统的物系点落在温度－组成图的两相共存区之内,则系统呈两相平衡共存。此时,两个相点即为通过物系点的水平线与两相线的交点。例如,参看图 5.8,当物系点为 o 时,液相的相点为 b,气相相点为 b'。两个相点的连线 bb' 称为"结线"。物系点把结线分成了两个线段,由两线段的长度之比可得知共存两相的"互比量",也就是两相所含物质的数量比。参看图 5.8,现以物系点为 o 的系统为例介绍如下。

设物系点为 o 的系统所含物质的总物质的量为 n,其中物质 B 的摩尔分数为 x_1。此系统分为相点为 b 的液相及相点为 b' 的气相,两相所含物质的物质的量分别为 $n(1)$ 及 $n(g)$,其中物质 B 的摩尔分数分别为 x_4 及 x_3。由于两相中物质的量之和必与系统中总的物质的量相等,因此

$$n = n(1) + n(g) \tag{5.14}$$

又因两相中物质 B 的物质的量之和必与系统中物质 B 的总物质的量相等,所以

$$n\,x_1 = n(1)x_4 + n(g)x_3 \tag{5.15}$$

现将式(5.14)乘以 x_1,可得

$$n\,x_1 = n(1)x_1 + n(g)x_1 \tag{5.16}$$

将式(5.16)代入式(5.15),可得

$$n(1)x_1 + n(g)x_1 = n(1)x_4 + n(g)x_3$$
$$n(1)(x_1 - x_4) = n(g)(x_3 - x_1)$$

由图 5.8 可以看出,$x_1 - x_4 = \overline{ob}$;$x_3 - x_1 = \overline{ob'}$,所以

$$n(1) \cdot \overline{ob} = n(g) \cdot \overline{ob'} \tag{5.17}$$

将此推广到一般情况,可描述为:"以物系点为分界,将两个相点的结线分为两个线段。一相的量乘以本侧线段长度,等于另一相的量乘以另一侧线段的长度。"这一关系称为"**杠杆规则**"。该规则不但在完全互溶双液系统相图的两相共存区内成立,而且在其他系统温度－组成图的任意两相共存区内都成立。需注意,若所用相图以摩尔分数 x 表示组成,使用杠杆规则时要用物质的量 n 表示物质的数量;若所用相图以质量比表示组成,则需用质量分数 w 来表示物质的数量。

例题 5 如右图所示，当 $t = t_1$ 时，由 5 mol A 和 5 mol B 组成的二组分溶液物系点在 O 点。气相点 M 对应的 $x_B(g) = 0.2$；液相点 N 对应的 $x_B(l) = 0.7$，求两相的量。

解: $n(g) \cdot \overline{OM} = n(l) \cdot \overline{ON}$

联立 $\begin{cases} \dfrac{n(g)}{n(l)} = \dfrac{\overline{ON}}{\overline{OM}} = \dfrac{0.7 - 0.5}{0.5 - 0.2} = \dfrac{0.2}{0.3} = \dfrac{2}{3} \\ n(g) + n(l) = 10 \text{ mol} \\ \dfrac{10 - n(l)}{n(l)} = \dfrac{2}{3} \end{cases}$

解得 $n(l) = 6 \text{ mol}$; $n(g) = 4 \text{ mol}$

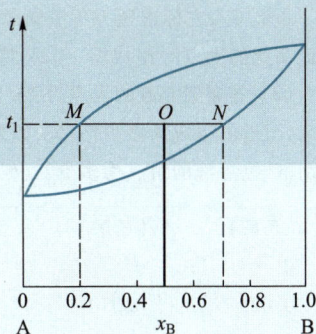

*4. 分馏原理

欲将完全互溶的二组分混合液进行分离与提纯，可以采用分馏的方法。

参看图 5.11，如果将组成为 x 的混合液加热至温度 t_4，则混合液被部分汽化，所剩液相组成为 x_4，较 x 含难挥发组分 A 增多。若将组成为 x_4 的剩余溶液移出，并加热至温度 t_5，则溶液又被部分汽化，所剩液相组成为 x_5，较 x_4 含难挥发组分 A 又有增多。若继续上述步骤，最后所剩少量液体可为纯的难挥发组分 A。再来看 x 溶液被部分汽化时所得的组成为 y_4 的蒸气。若将此蒸气移出，降温至 t_3。则被部分冷凝，所剩气相组成为 y_3，较 y_4 含易挥发组分增多。若再将所剩组成为 y_3 的蒸气移出，并降温到 t_2，则蒸气又被部分冷凝，所剩气相组成为 y_2，较 y_3 含易挥发组分又有增多。若继续上述步骤，最后所剩少量蒸气可为纯的易挥发组分 B。

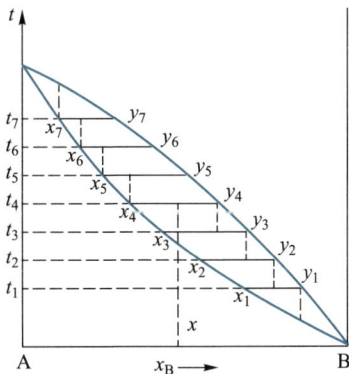

图 5.11 分馏原理

由上述可知，对完全互溶的二组分双液系统来说，把液相部分地汽化，或把气相部分地冷凝，都能起到在液相中浓集难挥发组分、在气相中浓集易挥发组分的作用。进行一连串的部分汽化与部分冷凝，可以得到纯的难挥发组分和纯的易挥发组分，从而起到了分离、提纯的作用。这就是分馏原理。

例题6   在标准压力下蒸馏时,乙醇－乙酸乙酯系统有下列数据。(1)根据下列数据画出此系统的沸点－组成图。(2)将 x(乙醇) = 0.80 的溶液蒸馏时,最初馏出物的组成为多少?(3)蒸馏到溶液的沸点为 75.1 ℃ 时,整个馏出物的组成约为多少?(4)蒸馏到最后一滴时,溶液的组成为多少?(5)如果此溶液在一带有活塞的密闭容器中平衡蒸发到最后一滴溶液时,溶液的组成为多少?(6)将 x(乙醇) = 0.80 的溶液完全分馏,能得到什么产物?

x(乙醇)	y(乙醇)	温度/℃	x(乙醇)	y(乙醇)	温度/℃
0	0	77.15	0.563	0.507	72.0
0.025	0.070	76.70	0.710	0.600	72.8
0.100	0.164	75.0	0.833	0.735	74.2
0.240	0.295	72.6	0.942	0.880	76.4
0.360	0.398	71.8	0.982	0.965	77.7
0.462	0.462	71.6	1.00	1.00	78.3

注:x 为液相组成,y 为气相组成。

解:(1)此系统的沸点－组成图如右图所示。

(2)由图可以看出,x(乙醇) = 0.80 的溶液在 73.7 ℃ 时开始沸腾。此时逸出蒸气的组成为 y(乙醇) = 0.69,故最初馏出物的组成为 x(乙醇) = 0.69。

(3)当溶液沸点为 75.1 ℃ 时,由图可以看出,此时溶液组成为 x(乙醇) = 0.88,逸出蒸气组成为 y(乙醇) = 0.79,故整个馏出物的组成 x(乙醇)应近似 = $\frac{1}{2}$(0.69 + 0.79) = 0.74。

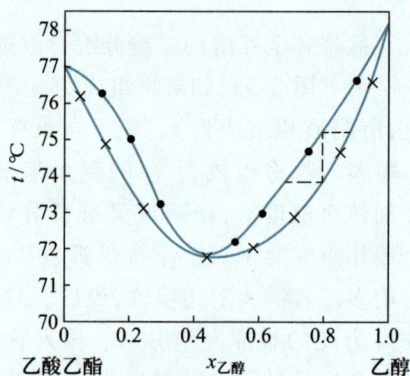

(4)蒸馏到最后一滴溶液时,溶液组成为纯乙醇。

(5)由图可以看出,此时温度为 75.1 ℃,故最后一滴溶液组成为 x(乙醇) = 0.88。

(6)完全分馏能分离出最低恒沸混合物和纯乙醇。

习题17   在标准压力和不同温度下,CH_3COCH_3 － $CHCl_3$ 系统的溶液组成和平衡蒸气组成有下列数据(摩尔分数):

t/℃	56.0	59.0	62.5	65.0	63.5	61.0
$x(CH_3COCH_3, l)$	0.00	0.20	0.40	0.65	0.80	1.00
$y(CH_3COCH_3, g)$	0.00	0.11	0.31	0.65	0.88	1.00

（1）画出此系统的沸点 - 组成图。（2）将 4 mol CHCl₃ 与 1 mol CH₃COCH₃ 的混合液蒸馏,当溶液沸点上升到 60 ℃ 时,试问整个馏出物的组成约为多少?（3）将（2）中所给溶液进行完全分馏,能得到什么产物?　　　　　　　　　　[答案:（2）$y(CH_3COCH_3) = 0.12$]

习题 18　下列数据为乙醇及乙酸乙酯在标准压力下进行蒸馏时所得。

$t/℃$	77.15	75.0	71.8	71.6	72.8	76.4	78.3
$x(乙醇,l)$	0.000	0.100	0.360	0.462	0.710	0.942	1.000
$y(乙醇,g)$	0.000	0.164	0.398	0.462	0.600	0.880	1.000

（1）作出 $T - x$ 图。（2）溶液之 $x(乙醇) = 0.750$ 时,最初馏出物的成分是什么?（3）用蒸馏塔能否将上述溶液分成纯乙醇及乙酸乙酯?　　　　[答案:（2）$y(乙醇) = 0.64$]

习题 19　在标准压力下,HNO₃ - H₂O 系统的组成（摩尔分数）为

$t/℃$	100	110	120	122	120	115	110	100	85.5
$x(HNO_3,l)$	0.00	0.11	0.27	0.38	0.45	0.52	0.60	0.75	1.00
$y(HNO_3,g)$	0.00	0.01	0.17	0.38	0.70	0.90	0.96	0.98	1.00

（1）画出此系统的沸点 - 组成图。（2）将 3 mol HNO₃ 和 2 mol H₂O 的混合气冷却到 114 ℃,互相平衡的两相组成为多少? 互比量为多少?（3）将 3 mol HNO₃ 和 2 mol H₂O 的混合物蒸馏,待溶液沸点升高了 4 ℃ 时,整个馏出物的组成约为多少?（4）将（3）中所给混合物进行完全蒸馏,能得到什么产物?　　　　[答案:（2）$n(g)/n(l) = 0.23$;（3）0.93]

*§5.5　部分互溶的双液系统

当两种液体的性质差异较大时,会发生部分互溶的现象。即在某些温度之下,两种液体相互的溶解度都不大,只有当一种液体的量相对很少而另一种液体的量相对很多时,才能溶成均匀的单一液相,而在其他数量配比条件下,系统将分层而呈两个液相平衡共存。这样的两种液体构成的系统称为部分互溶系统,酚 - 水系统就是一例,它的温度 - 组成图如图 5.12 所示。图中的帽形线 ACB 以外

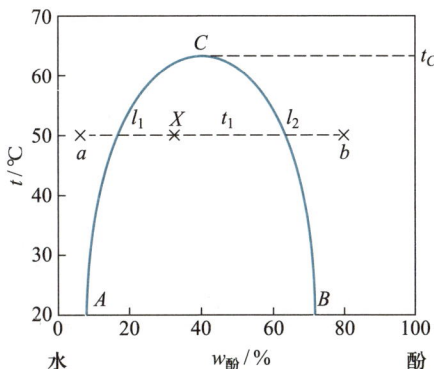

图 5.12　酚 - 水系统的温度 - 组成图

是单一液相区;以内是两液相平衡共存区,共存两相的相点就是温度水平线与帽形线的两个交点。例如,在保持 $t = t_1$ 的定温条件下,向水中加酚,系统的物系点将沿着 ab 水平线由左向右逐渐移动。最初所加的少量酚能全部溶于水中,形成均一液相,如 a 点,它代表酚在水中的不饱和溶液。但当所加的酚量增多,使物系点到达 l_1 时,酚在水中已达饱和。若继续加酚,将开始出现一个新的液相,与原来的液相 l_1 平衡共存。新液相并非纯酚,而是水在酚中的饱和溶液,相点为 l_2。l_1 和 l_2 这两个平衡共存的液相互称为"共轭溶液"。在定温定压条件下,根据相律,$f = K - \Phi + 0 = 2 - 2 + 0 = 0$,共轭溶液的组成已为定值。只要物系点落在 l_1l_2 水平线上,共存两相的相点总为 l_1 和 l_2。但当物系点自 l_1 由左向右移动时,l_1 相的量相对减少,而 l_2 相的量相对增多,两相的互比量遵守杠杆规则。例如,若物系点为 X,则 $w_1 \cdot \overline{l_1X} = w_2 \cdot \overline{l_2X}$。$w_1$ 及 w_2 分别为液相 l_1 及液相 l_2 的质量。若酚量继续增加,使物系点到达 l_2 时,液相 l_1 消失,系统始成单一液相。继续加酚时,系统成为水在酚中的不饱和溶液,如 b 点所示。

如果使温度由低向高逐渐变化,由图可以看出,酚在水中的溶解度沿帽形线的左半边随温度的升高而加大;水在酚中的溶解度沿帽形线的右半边也随温度的升高而加大。达到最高处时,最高点 C 所对应的温度,叫做"临界溶解温度"。在此温度以上,无论两种液体按什么比例混合,都能互溶形成均一液相。

常见的部分互溶系统还有苯胺－己烷、甲醇－环己烷……现将这些系统的临界溶解温度及帽形线最高点所对应的组成列于表 5.2。

表 5.2   部分互溶系统的临界溶解温度和组成

系统		临界溶解温度/℃	质量分数 w_A
A	B		
苯胺	己烷	59.6	0.52
甲醇	环己烷	49.1	0.29
水	酚	65.9	0.66
甲醇	二硫化碳	40.5	0.20
水	苯胺	167	0.15

习题 20   在 30 ℃时,以 60 g 水与 40 g 酚混合,此时系统分为两层。在酚层中酚的质量分数为 70%;在水层中水的质量分数为 92%。试计算两层质量各多少?

[答案:酚层 51.6 g;水层 48.4 g]

习题 21 由实验测得酚 - 水系统的数据列表如下：

t/℃	2.6	23.9	29.6	32.5	38.8	45.7	50.0	55.5	59.8	60.5	61.8	65.0
w_1(酚)/%	6.9	7.8	7.5	8.0	7.8	9.7	11.5	12.0	13.6	14.0	15.0	18.5
w_2(酚)/%	75.6	71.2	70.7	69.0	66.6	64.4	62.0	60.0	57.7	55.5	54.0	50.0
w_1、w_2 平均值/%	41.3	39.5	39.1	38.5	37.2	37.1	36.8	36.0	35.7	34.8	34.5	34.3

（1）画出此系统的温度 - 组成图。（2）试利用不同温度下 w_1、w_2 平均值连线与帽形线的交点，确定临界溶解温度及帽形线最高点的组成。（3）若在 38.8 ℃将 50 g 水与 50 g 酚混合，平衡后两液层的组成与质量各为何值？

[答案：(2) 68 ℃，含酚 34%；(3) 酚层 72 g，水层 28 g]

*§5.6 完全不互溶的双液系统

两种液体完全不互溶，严格说来是没有的。但是有时两种液体的相互溶解度是如此之小，以致实际上可忽略不计，这种系统可近似地看作完全不互溶双液系统。例如，汞 - 水、二硫化碳 - 水、氯苯 - 水等均属于这种系统。

1. 完全不互溶双液系统的饱和蒸气压与沸点

在完全不互溶双液系统中，每一种液体的饱和蒸气压就是它们在纯态时的蒸气压，其大小与另一种液体的存在与否及存在的数量均无关。所以，这种系统的总蒸气压等于互不相溶的两种液体在该温度下纯态的蒸气压之和，即 $p = p_A^* + p_B^*$。因此，不相溶的两种混合物（不是溶液）的沸点应当低于任何一组分的沸点。而且由于总蒸气压与两种液体的相对数量无关，故混合物在蒸馏时的温度亦保持不变，此温度称为共沸点。图 5.13 是完全不互溶的水 - 氯苯系统的蒸气压 - 组成图（a）及沸点 - 组成图（b）。由图可以清楚地看出定温条件下 $p = p_A^* + p_B^*$ 及定压条件下不互溶混合物共沸点 t 低于任一组分沸点 t_A^* 及 t_B^* 的情况。t - x 图中，当物系点在 $L_1 G L_2$ 线上时（不包括 L_1、L_2 两点），出现三相平衡，即水（液）、氯苯（液）和蒸气（相点为 G 点）。根据相律 $f = 2 - 3 + 1 = 0$，平衡时系统的温度及三个相的组成均恒定不变。如果物系点在 G 点左边，加热蒸发时，氯苯相先消失，进入液体水与蒸气的两相平衡共存区。此时，气相中的水蒸气是饱和的，而氯苯蒸气是不饱和的。若物系点在 G 点右边，则先消失的是水相，气相中的氯苯蒸气是饱和的，水蒸气是不饱和的。

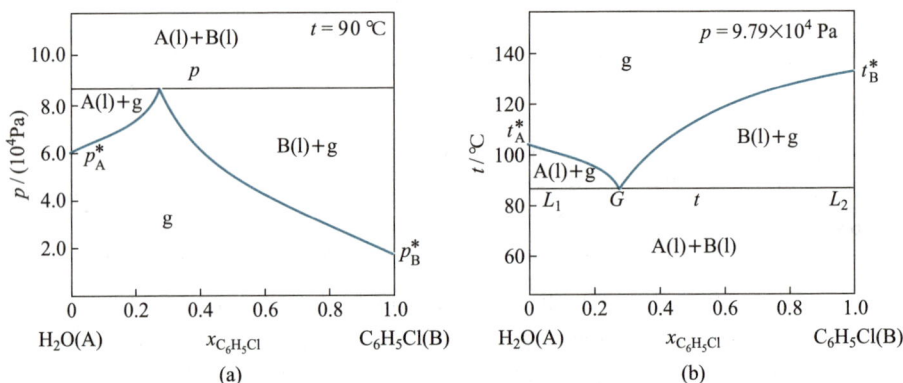

图 5.13　完全不互溶的水－氯苯系统的 $p-x$ 图(a)和 $t-x$ 图(b)

2. 水蒸气蒸馏

有不少有机化合物或因沸点较高,或因性质不稳定,在升温到沸点之前就会分解,因此不能或不易用普通的蒸馏方法进行提纯。对于这类有机化合物,只要与水不互溶,就可采用水蒸气蒸馏的方法进行提纯。将待提纯的有机液体加热到不足 100 ℃,然后使水蒸气以气泡形式通过有机液体,形成完全不互溶的混合物系统。引出混合蒸气将其冷却静置,即可分成易于分离的有机液层和水层。这样,在不到 100 ℃ 的较低温度下提纯了有机物,同时避免其受热分解。

可以算出水蒸气蒸馏的馏出物中两种液体的质量比。当完全不互溶混合物沸腾时,两种组分的蒸气压分别是 p_A^* 和 p_B^*。根据 Dalton 分压定律,气相中两种物质的分压之比等于其物质的量之比:

$$\frac{p_A^*}{p_B^*} = \frac{n_A}{n_B} = \frac{m_A/M_A}{m_B/M_B} = \frac{m_A}{m_B} \cdot \frac{M_B}{M_A}$$

$$\frac{m_A}{m_B} = \frac{p_A^*}{p_B^*} \cdot \frac{M_A}{M_B}$$

式中 m 是纯馏出物的质量;M 是摩尔质量。若其中组分 A 是水而组分 B 是有机液体,则可将此式具体写为

$$\frac{m(H_2O)}{m_B} = \frac{p^*(H_2O)M(H_2O)}{p_B^* M_B} \tag{5.18}$$

$m(H_2O)/m_B$ 称为有机液体 B 的"蒸气消耗系数"。显然,该系数越小,水蒸气蒸馏

的效率越高。由式(5.18)可以看出,对于那些摩尔质量 M_B 较大,而且在100 ℃ 左右饱和蒸气压 p_B^* 不太小的有机液体,用水蒸气蒸馏的方法进行提纯效率较高。

水蒸气蒸馏的方法还可以用来测定与水完全不互溶的有机液体的摩尔质量 M_B,所利用的公式可由式(5.18)得来:

$$M_B = M(H_2O)\frac{p^*(H_2O)m_B}{p_B^* m(H_2O)} \tag{5.19}$$

例题 7 硝基苯和水组成了完全不互溶的二组分系统,在标准压力时,其沸点为99.0 ℃,该温度下水的饱和蒸气压为 9.77×10^4 Pa。若将此混合物进行水蒸气蒸馏,试求馏出物中硝基苯所占质量分数。

解:设馏出物有 100 g,硝基苯的质量 m_B,水的质量 $m(H_2O) = 100\ g - m_B$,根据

$$\frac{m(H_2O)}{m_B} = \frac{p^*(H_2O)M(H_2O)}{p_B^* M_B}$$

其中 $p^*(H_2O) = 9.77 \times 10^4$ Pa;$p_B^* = p^\ominus - 9.77 \times 10^4$ Pa $= 2.3 \times 10^3$ Pa;$M_B = 123\ g \cdot mol^{-1}$;$M(H_2O) = 18\ g \cdot mol^{-1}$

$$m_B = \frac{123 \times 2.3 \times 10^3 \times (100\ g - m_B)}{18 \times 9.77 \times 10^4} = 0.161 \times (100\ g - m_B)$$

$$m_B = 13.9\ g$$

$$\frac{m_B}{m_B + m(H_2O)} = \frac{13.9\ g}{100\ g} = 0.139$$

例题 8 某有机液体用水蒸气蒸馏时,在标准压力下于 90 ℃ 沸腾。馏出物中水的质量分数为 0.240。已知 90 ℃ 时水的饱和蒸气压为 7.01×10^4 Pa,试求此有机液体的摩尔质量。

解:设 $m(H_2O) = 24.0\ g, m_B = 76.0\ g$
已知 $p^*(H_2O) + p_B^* = p^\ominus$,$p_B^* = p^\ominus - 7.01 \times 10^4$ Pa $= 2.99 \times 10^4$ Pa

$$M_B = M(H_2O)\frac{p^*(H_2O)m_B}{p_B^* m(H_2O)} = \left(\frac{18 \times 7.01 \times 10^4 \times 76.0}{2.99 \times 10^4 \times 24.0}\right) g \cdot mol^{-1} = 134\ g \cdot mol^{-1}$$

习题 22 水和一有机液体构成完全不互溶的混合物系统,在外压为 9.79×10^4 Pa 下于 90 ℃ 沸腾。馏出物中有机液体的质量分数为 0.70。已知 90 ℃ 时,水的饱和蒸气压为 7.01×10^4 Pa,试求 (1) 90 ℃ 时此有机液体的饱和蒸气压;(2) 此有机液体的摩尔质量。

[答案:(1) 2.78×10^4 Pa;(2) $106\ g \cdot mol^{-1}$]

习题 23   若在合成某有机化合物之后进行水蒸气蒸馏,混合物的沸腾温度为 95 ℃。实验时的大气压力为 9.92×10^4 Pa,95 ℃时水的饱和蒸气压为 8.45×10^4 Pa。馏出物经分离、称量,已知水的质量分数为 0.45。试估计此有机化合物的摩尔质量。

[答案: $126 \text{ g} \cdot \text{mol}^{-1}$]

习题 24   四氢萘 $C_{10}H_{12}$ 在标准压力下于 207.3 ℃沸腾。假定可以使用 Trouton 规则,即摩尔蒸发熵为 $88 \text{ J} \cdot \text{K}^{-1} \cdot \text{mol}^{-1}$。试粗略估计在标准压力下用水蒸气蒸馏四氢萘时,每 100 g 水将带出多少克四氢萘? [答案: 约 35 g]

§5.7   简单低共熔混合物的固－液系统

在研究固体和液体平衡时,如果外压大于平衡蒸气压,实际上系统的蒸气相是不存在的,所以将只有固体和液体存在的系统称为"凝聚系统"。做实验时,通常将系统放置在大气中即可。应当知道,这时系统的压力并不是平衡压力,而是由于压力对凝聚系统的影响很小,在大气压下所得的结果与平衡压力下所得的结果没有什么差别,因此,研究凝聚系统的平衡时,通常都是在恒定标准压力下讨论平衡温度和组成的关系,这时相律表现为

$$f = K - \Phi + 1$$

二组分固－液系统的相图类型很多,但不论相图如何复杂,都是由若干基本类型的相图构成的,只要掌握基本类型相图的知识,就能看懂复杂相图的含义。这里首先介绍一种具有简单低共熔混合物的固－液系统相图。

1. 水－盐系统相图

由前可知,将某一种盐溶于水中时,会使水的冰点降低,究竟冰点降低多少,与盐在溶液中的浓度有关。如果将此溶液降温,则在零摄氏度以下某个温度,将析出纯冰。但当盐在水中的浓度比较大时,在将溶液冷却的过程中析出的固体不是冰而是盐,这时该溶液称为盐的饱和溶液,盐在水中的浓度称为"溶解度",溶解度的大小与温度有关。图 5.14 即为水和硫酸铵构成的二组分系统的相图。

图中的 *EL* 曲线是冰和溶液成平衡的曲线,一般称为水的冰点线;*EM* 曲线是固体(NH_4)$_2SO_4$ 与溶液成平衡的曲线,一般称为(NH_4)$_2SO_4$ 在水中的溶解度曲线。从这两条曲线的斜率可以看出,水的冰点随(NH_4)$_2SO_4$ 含量的增加而下降,(NH_4)$_2SO_4$ 的溶解度随温度的升高而增大。一般说来,由于盐的熔点很高,超过了饱和溶液的沸点,所以 *EM* 曲线不能延长到(NH_4)$_2SO_4$ 的熔点。在 *EL* 和 *EM* 曲线以上的区域为一单相溶液区域,在此区域中,根据相律 $f = 2 - 1 + 1 = 2$,

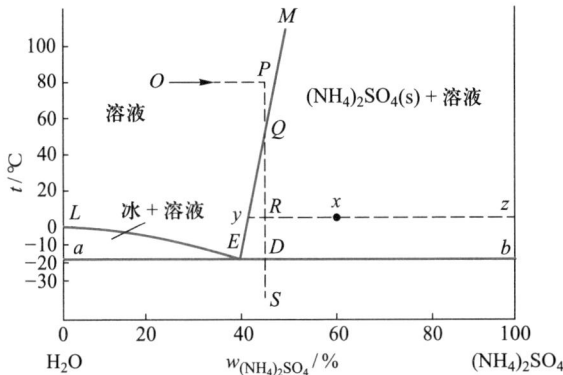

图 5.14　水－硫酸铵系统的相图

有两个自由度。LaE 区域是冰和溶液共存的两相平衡区,溶液的组成一定在 EL 曲线上;MEb 区域是溶液和固体($NH_4)_2SO_4$ 共存的两相平衡区,溶液的组成一定在 EM 曲线上,在这两个区域中,根据相律 $f = 2 - 2 + 1 = 1$,只能有一个自由度,这就是说,当温度指定后,系统和各相的组成亦就一定了。E 点是 EL 曲线和 EM 曲线的相交点,在这一点,冰和固体($NH_4)_2SO_4$ 同时与溶液成平衡,根据相律 $f = 2 - 3 + 1 = 0$,自由度为零,这就是说,两种固体同时与溶液成平衡的温度只能是一个温度($- 18.3$ ℃),同时溶液和两种固体的组成也是一定的。溶液所能存在的最低温度,亦是冰和固体($NH_4)_2SO_4$ 能够共同熔化的温度,所以,E 点称为"最低共熔点"。在 E 点所析出的固体称为"最低共熔混合物"。在 $- 18.3$ ℃以下为固相区,有冰和盐两个固相存在。根据相律此区域只有一个自由度。

LaE 和 MEb 区域内,在 EL 或 EM 曲线上经任何一点作一平行于底边的直线称为"结线"。在此线的两端即为相互平衡的两个相的相点,系统的总组成处在此线上任何一点时,系统中两个相的互比量遵守杠杆规则。例如,有一 60 g 固体($NH_4)_2SO_4$ 和 40 g 水组成的系统。在 10 ℃时,系统的物系点即为图中 x 点。由图可以看出,此时系统中的固体($NH_4)_2SO_4$ 和它的饱和溶液两相共存,这两个相点分别用 z 和 y 表示,y 点的溶液含($NH_4)_2SO_4$ 为 42%。根据杠杆规则,yx 的长度代表固体($NH_4)_2SO_4$ 的量,xz 的长度代表饱和溶液的量。从横坐标的比例尺单位可以看出,yx 的长度为 18,xz 的长度为 40,总长为 $40 + 18 = 58$。所以,固体($NH_4)_2SO_4$ 在系统中所占的质量比为 $18/58 = 31\%$,饱和溶液在系统中所占的质量比 $40/58 = 69\%$;因系统的总质量为 100 g,所以此系统在 10 ℃时应含有 31 g 固体($NH_4)_2SO_4$ 和 69 g 质量分数为 42% 的($NH_4)_2SO_4$ 饱和溶液。

在使用这种相图时,还应掌握两条重要的规则:① 改变系统的温度时,就是通过系统的物系点画一垂直于横坐标的直线,从此线通过的各区域来判断温度变化时,系统所发生的相变。升高温度,就是从物系点垂直向上移动;降低温度,就是从物系点垂直向下移动;② 在定温下改变系统的含水量时,就是通过系统的物系点画一平行于横坐标的直线。如果是增加系统的含水量,就是从物系点向代表纯水的纵坐标方向移动;如果是蒸发脱水或往系统中加盐,就是向代表纯盐的纵坐标方向移动。例如,图中的 O 点是表示组成为含 25%$(NH_4)_2SO_4$ 的不饱和溶液在 80 ℃的物系点。将此溶液在恒定 80 ℃时蒸发,由于溶液中水的含量减少,$(NH_4)_2SO_4$ 的浓度增加,系统的物系点由 O 向 P 移动,到 P 点时,溶液中所含的 $(NH_4)_2SO_4$ 已为 45%。如果将此浓度的溶液冷却,则系统的物系点将由 P 向 S 点移动,当温度下降到 EM 曲线上的 Q 点(约为 60 ℃)时,溶液已达饱和,此时将有固体 $(NH_4)_2SO_4$ 析出。温度继续下降到 R 点(10 ℃)时,系统中有组成为 y 的溶液和固体 $(NH_4)_2SO_4$ 共存并成平衡;两个相的互比量应为 $\overline{Rz}:\overline{yR}$。当温度继续下降到 D 点(-18.3 ℃)时,系统中饱和溶液的组成为 E,E 和固体 $(NH_4)_2SO_4$ 的互比量为 $\overline{Db}:\overline{ED}$。但这时由于饱和溶液的组成为 E,已达最低共熔点,即组成为 E 的溶液不仅与固体 $(NH_4)_2SO_4$ 成平衡,而且与冰亦成平衡,根据相律此时 $f=0$,故温度不能再变,系统中各相组成亦不能变化。所以组成为 E 的溶液就析出组成为 E 的最低共熔混合物,直到液相全部消失,温度方能继续下降。在 -18.3 ℃以下,固体 $(NH_4)_2SO_4$ 和共熔混合物的互比量与原来 -18.3 ℃时固体 $(NH_4)_2SO_4$ 和溶液的互比量相同。应当指出,组成为 E 的溶液所析出的最低共熔混合物是由微小的两种固体的晶体所构成的混乱混合物,它并非是固熔体,所以不是单相,而是两相。另一些水–盐系统的最低共熔点和组成列于表 5.3 中。

表 5.3   某些水–盐系统的最低共熔点和组成

盐	最低共熔点/℃	最低共熔点时盐的质量分数
NaCl	-21.1	0.233
NaBr	-28.0	0.403
NaI	-31.5	0.390
KCl	-10.7	0.197
KBr	-12.6	0.313
KI	-23.0	0.523
$(NH_4)_2SO_4$	-18.3	0.398
$MgSO_4$	-3.9	0.165

续表

盐	最低共熔点/℃	最低共熔点时盐的质量分数
Na$_2$SO$_4$	− 1.1	0.0384
KNO$_3$	− 3.0	0.112
CaCl$_2$	− 55.0	0.299
FeCl$_3$	− 55.0	0.331

习题 25 （1）根据下列数据绘出 H$_2$O - KNO$_3$ 系统的温度－组成图。数据为不同温度下饱和溶液的质量分数及平衡共存的固相。

（2）在相图上标注在 100 ℃时把 25 g KNO$_3$ 及 25 g 水组成的系统定温蒸发至水量减少到 5 g 的过程,并计算析出 KNO$_3$ 晶体的质量。

（3）在相图上标注将上述所配制的溶液由 100 ℃冷却到 30 ℃的过程,并计算析出结晶的质量。

（4）生产 KNO$_3$ 的二次结晶工段上,每次投料"一次结晶"共 800 kg,该"一次结晶"含水 5%,要配成 75 ℃时的饱和溶液,试计算加水量。过滤后进行二次结晶时冷却到 28 ℃,试计算可得"二次结晶"的质量收率。

$t/℃$	0	− 1.4	− 2.9	0	10	20	30	40
$w(KNO_3)/\%$	0.00	4.99	10.0	11.6	17.3	24.0	31.4	39.0
固相	冰	冰	冰 + KNO$_3$	KNO$_3$	KNO$_3$	KNO$_3$	KNO$_3$	KNO$_3$

$t/℃$	50	60	70	80	90	100	125
$w(KNO_3)/\%$	46.1	52.4	58.0	62.8	66.9	70.9	78.9
固相	KNO$_3$	KNO$_3$	KNO$_3$	KNO$_3$	KNO$_3$	KNO$_3$	KNO$_3$

［答案：（2）12.8 g；（3）13.6 g；（4）466.7 kg 水,543 kg 结晶体,71.4%］

2. 热分析法绘制相图

当系统均匀冷却时,如果系统中不发生相变,则系统的温度随时间的变化是均匀的。如果在冷却过程中系统中发生了相变,则由于在相变的同时总伴随有热效应,系统温度随时间变化的速率亦将发生变化。所以,可以从系统的温度－时间曲线上斜率的变化来判断系统中在冷却过程中所发生的相变。这种温度－时间曲线称为"步冷曲线",用此曲线研究固－液相平衡的方法称为"热分析法"。

现以 Bi - Cd 系统相图为例,简单介绍如何用步冷曲线法绘制相图。配制含 Cd 的质量分数分别为 0、0.20、0.40、0.70 和 1 的五个样品,把它们加热至完全熔为液态之后,放在定压的环境中冷却。根据各样品在不同时间的温度数据,可作出如图 5.15(a)所示的步冷曲线,第①及第⑤个样品分别是纯 Bi 和纯 Cd,组分数 $K = 1$,定压下相律表达式为 $f = 1 - \varPhi + 1 = 2 - \varPhi$。当温度处在凝固点以上时,$\varPhi = 1$,$f = 2 - 1 = 1$,这一个自由度是系统的温度。由于周围环境的吸热,系统均匀降温,此即曲线上部的平滑线段所反映的情况。当温度降到凝固点时,开始析出固相。从开始凝固到全部凝完,因 $\varPhi = 2$,$f = 2 - 2 = 0$,所以系统保持凝固点温度不能变化,步冷曲线上出现平台段。当全部凝成固体之后,系统又可均匀地降温,此即步冷曲线下部平滑线段所反映的情况。因此,第①、第⑤两条步冷曲线上平台段所对应的温度,就是纯金属的凝固点。根据这一温度,可在温度 – 组成图,即图 5.15(b)中画出纯 Bi 及纯 Cd 的两相平衡点 A 及 H。

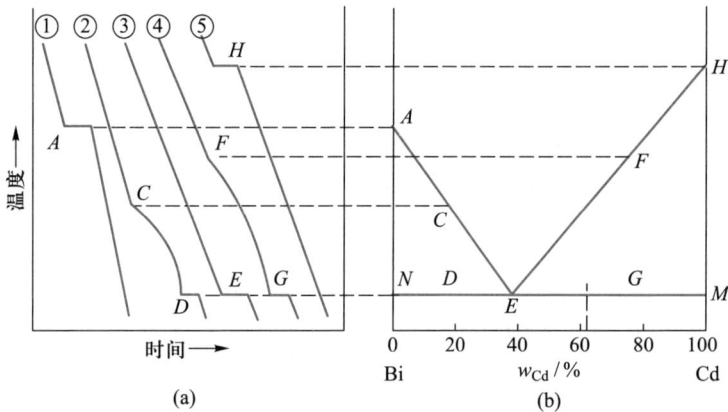

图 5.15   步冷曲线与相图

第②及第④这两个样品的组分数 $K = 2$,相律表示式为 $f = 2 - \varPhi + 1 = 3 - \varPhi$。在较高温度下,系统是单一液相,$f = 3 - 1 = 2$,自由度不为零,系统可均匀降温,此即曲线最上端平滑段所反映的情况。当液体冷却到某温度时,有一种金属已经饱和开始析出,从而开始了固 – 液两相平衡共存的局面。此时 $f = 3 - 2 = 1$,自由度仍不为零,温度仍可下降。但是,由于析出固体时系统放出凝固热,部分地抵偿了环境吸收的热,使冷却速率变得较前缓慢,因此在步冷曲线上出现了较上一段斜率减小了的另一平滑线段。作为两段分界的折点,指明了系统刚刚析出固体金属、开始呈现两相平衡时的温度。据此可在图 5.15(b)上画出固 – 液两相平衡点 C 和 F。当这两个样品系统继续降温到某值,致使开始析出第二种纯金属固体时,形成了三相共存的局面。在三相共存的全部过程中,$f = 3 - \varPhi = 3 - 3 = 0$,温度为确定值。因此在步冷曲线上出现平台段,所对应的温度就是系统的最低共熔点。当熔融液全部凝固之后,系统中只有两个纯物质固相时,又有了一个自由度,又可均匀降温。此即曲线下端平滑线段所反映的情况。

第③号样品的总组成恰好就是最低共熔混合物的组成,所以在降温过程中,并没有一种金属比另一种金属早析出,而是达到低共熔点时,两种纯金属的细晶同时析出,形成最低共熔混合物。因此,第③条步冷曲线上没有斜率不同线段的折点,而只有低共熔点温度时的平台段。

如果所配制的样品比较多,即可作出该系统的温度－组成图。连接各固－液两相平衡点,得曲线 AE 及 HE,并作对应着低共熔温度的水平线,该图即告完成。由图 5.15 可看出,E 为 Bi 和 Cd 的最低共熔点(140 ℃),其组成为含 Cd 0.40、Bi 0.60,此时析出的固体称为"共熔合金"。识别和使用此相图的方法与图 5.14 所示的水－盐系统相图相同。

习题 26　正庚烷和 2,3,4－三甲基戊烷为一具有最低共熔点的系统,实验测得最低共熔温度为 －114.4 ℃。最低共熔混合物的组成为含正庚烷 0.24(摩尔分数)。今有含正庚烷为 0.80、0.90、0.95 的溶液,试分别计算将上述溶液冷却时,最多能结晶出正庚烷的摩尔分数。
[答案:0.74;0.87;0.93]

习题 27　根据右图所示的 HAc－C_6H_6 系统相图:(1)指出各区域所存在的相和自由度。(2)从图中可以看出最低共熔温度为 －8 ℃,最低共熔混合物的质量分数为含 C_6H_6 0.64,试问将含苯 0.75 和 0.25(质量分数)的溶液各 100 g 由 20 ℃冷却时,首先析出的固体为何物?计算最多能析出固体的质量。(3)叙述将含苯 0.75 和 0.25 的溶液冷却到 －10 ℃时,此过程的相变。并画出其步冷曲线。

[答案:(2)苯:30.6 g;HAc:60.9 g]

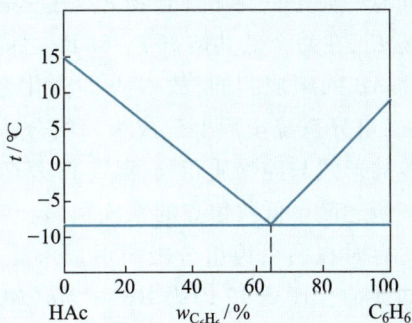

§5.8　有化合物生成的固－液系统

1. 有稳定化合物生成的系统

如果系统中两个纯组分之间可以形成一稳定化合物,如 CuCl 和 $FeCl_3$ 能形成一化合物 $CuCl \cdot FeCl_3$,则其温度－组成图就成为图 5.16 所示的形式。所谓稳定化合物系指该化合物熔化时,所形成的液相与固体化合物有相同的组成,故称此化合物为具有"相合熔点"的化合物。

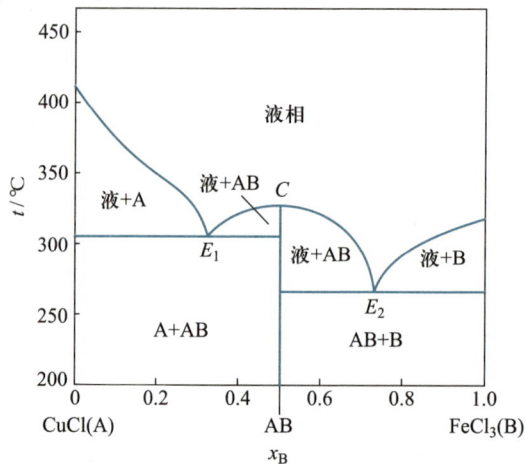

图 5.16   有稳定化合物生成的系统的相图

图 5.16 可看成由两个简单低共熔点的相图拼合而成。一是化合物 AB 和 A 之间有一简单低共熔混合物 E_1，另一是化合物 AB 和 B 之间有一简单低共熔混合物 E_2，在两个低共熔点 E_1 和 E_2 之间有一极大点 C。在 C 点溶液的组成与化合物 AB 的组成相同，故 C 点即为化合物 AB 的"相合熔点"。应注意，在 C 点时，二组分系统实际上已成为一组分系统，因此在此组成的溶液冷却时，其步冷曲线的形式与纯物质相同，温度到达 C 点时将出现一水平线段。其他情况均与前节所述简单低共熔点的系统相同。

有时在两个纯组分之间形成不止一个稳定化合物，特别在水 - 盐系统中是如此的。图 5.17 即为 $H_2O - Mn(NO_3)_2$ 系统的相图。利用这类相图，可以看出欲生成某种水合物时的合理步骤。例如，欲要制备 $Mn(NO_3)_2 \cdot 6H_2O(BW_6)$，则由图 5.17 可以看出，必须使 $Mn(NO_3)_2$ 的水溶液质量分数浓缩在 E_1 和 E_2 之间，即 $Mn(NO_3)_2$ 的质量分数必须在 40.5% 和 64.6% 之间；同理欲制备 $Mn(NO_3)_2 \cdot 3H_2O(BW_3)$，则溶液质量分数必须大于 E_2[64.6% $Mn(NO_3)_2$]而小于 $Mn(NO_3)_2 \cdot 3H_2O$ 的组成。溶液的浓度越接近于 D 点，则将此溶液冷却时所得六水合硝酸锰的结晶亦就越多。由图还可以看出冷却的限制。例如，当溶液质量分数稍小于 BW_6 时，则温度最低可冷到 -36 ℃，此时除 BW_6 之外没有其他物质析出；但当溶液质量分数稍大于 BW_6 时，则温度不能冷到 23.5 ℃ 以下，否则析出的固体既有 $Mn(NO_3)_2 \cdot 6H_2O$ 亦有 $Mn(NO_3)_2 \cdot 3H_2O$。

2. 有不稳定化合物生成的系统

如果系统中两个纯组分之间可形成一不稳定化合物，将此化合物加热，对在

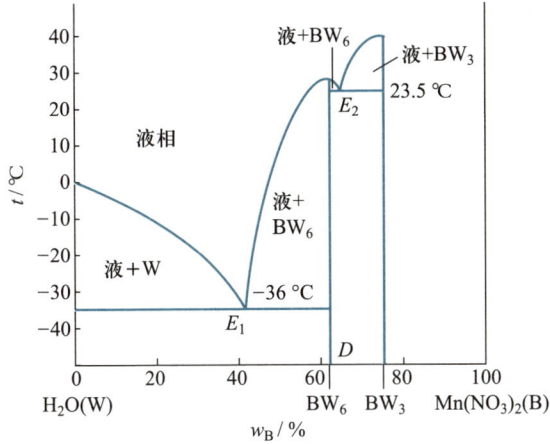

图 5.17 H$_2$O－Mn(NO$_3$)$_2$系统的相图

其熔点以下就会分解为一个新固相和一个组成与化合物不同的溶液。因为所形成的溶液的组成与化合物的组成不同,故称此化合物为具有"不相合熔点"的化合物。这种分解反应称为"转熔反应"。转熔反应可表示为

$$C_2 \Longrightarrow C_1 + S$$

式中 C$_2$ 为所形成的不稳定化合物;C$_1$ 是分解反应所生成的新固相,它可以是一纯组分,亦可以是一化合物;S 为分解反应所生成的溶液。这种转熔反应是可逆反应,加热时反应自左向右移动,冷却时反应就逆回。根据相律 $f = 2 - 3 + 1 = 0$,即发生此反应时的自由度为零。所以系统的温度和各相组成都不能变更,在步冷曲线上此时出现一水平线段。Na 和 K 的系统即为能生成一不稳定化合物的例子,其相图见图 5.18。

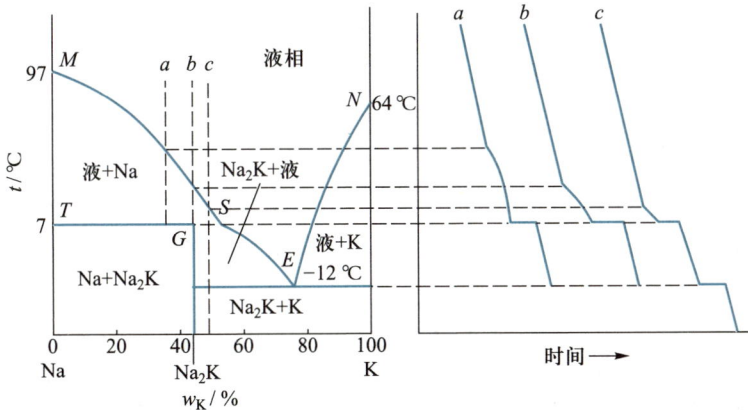

图 5.18 Na－K 系统的相图及步冷曲线

由图可以看出,Na 和 K 形成一化合物 Na_2K,此化合物加热到 7 ℃即分解为纯 Na 和组成为 S 的溶液,按杠杆规则,纯 Na 和组成为 S 的溶液的互比量应为 $\overline{GS}:\overline{GT}$。图中 MS 线是溶液和固体 Na 的平衡线,SE 线是溶液和固体 Na_2K 的平衡线,EN 线是溶液和固体 K 的平衡线。E 点是 Na_2K 和 K 的最低共熔点。S 点所对应的温度称为化合物 Na_2K 的"不相合熔点"。由于 S 点是 MS 线和 SE 线的交点,因此 S 点所代表的溶液同时与 Na_2K 和 Na 成平衡。在此相图中,K 的浓度大于组成为 S 的溶液,其步冷曲线和冷却过程的相变与简单低共熔点的相图中所叙述的相同。现在讨论组成为 a、b、c 的溶液的冷却过程的相变和步冷曲线。

(1) 溶液 b 的冷却。溶液 b 的组成与化合物 Na_2K 的相同,因此,将此溶液冷却将得到化合物 Na_2K。但在冷却过程中并非一开始析出的固体即为 Na_2K,而是当冷却到 MS 线上时,首先析出固体 Na,此时步冷曲线相应有一转折点。继续冷却,则溶液的组成沿 MS 线向 S 点移动,但在 7 ℃以前只有 Na 析出。当温度到达 7 ℃时,组成为 S 的溶液(以下简称溶液 S)和固体 Na 的互比量为 $\overline{GS}:\overline{GT}$,这时发生转熔反应:

$$S + Na \Longleftrightarrow Na_2K$$

$f = 2 - 3 + 1 = 0$,温度不变,步冷曲线上相应有一水平线段。由于 Na 和溶液 S 的比例恰好能全部生成化合物 Na_2K,故没有多余的 Na 和溶液 S。与样品 a 及 c 相比,因样品 b 所得 Na_2K 的量最多,所以其步冷曲线上相应的水平线段应该最长。

(2) 溶液 a 的冷却。在此冷却过程中的相变基本上与溶液 b 的冷却过程相同。但由于溶液 a 中所含 Na 的量大于化合物中所含 Na 的量,因此,当温度冷却到 7 ℃发生转熔反应时,在溶液 S 全部转化以后还有多余的固体 Na,此时系统中为固体 Na_2K 和 Na 的混合物,温度又可继续下降。所有组成在 G 和 T 之间的溶液冷却情况均是如此,不过最后系统中 Na_2K 和 Na 的比例不同罢了。

(3) 溶液 c 的冷却。在 7 ℃以前的冷却情况与前相同。但由于溶液 c 中所含 Na 的量小于化合物中所含 Na 的量,因此,在 7 ℃发生转熔反应时,固体 Na 全部转化以后还有多余的溶液 S 存在。此时系统中只有 Na_2K 和溶液 S,温度又可下降,溶液 S 析出固体 Na_2K,则溶液组成沿 SE 曲线改变。当温度到达 -12 ℃时,溶液组成到达 E 点。这时 Na_2K 和 K 同时析出,由于 $f = 0$,温度又保持不变,相应于此的步冷曲线上又有一水平线段。待所有 E 组成的溶液变成固体(共熔混合物)以后,温度方可继续下降。

有时两个纯组分之间可能生成不止一个不稳定化合物,图 5.19 所表示的 $NaI - H_2O$ 系统的相图即为一例。欲利用此相图从 NaI 的水溶液中制备 $NaI \cdot 5H_2O$,则从图中可看出,即使将组成与 $NaI \cdot 5H_2O(BW_5)$ 相同的溶液(含 NaI 62.5%)冷

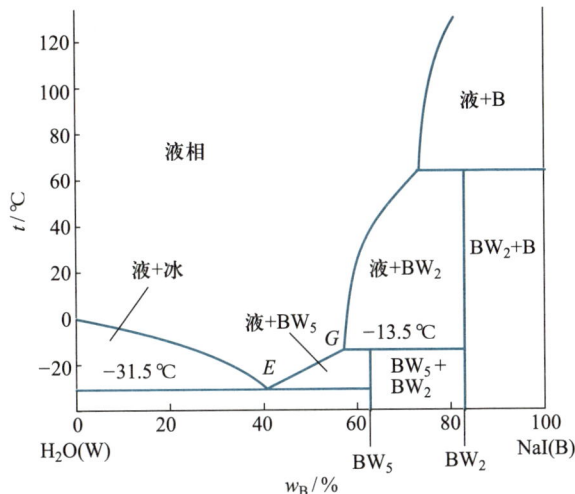

图 5.19　NaI－H₂O 系统的相图

却,首先得到的是 $NaI \cdot 2H_2O(BW_2)$ 而不是 $NaI \cdot 5H_2O$。当温度冷却到 -13.5 ℃ 时,从理论上说,$NaI \cdot 2H_2O$ 应当与组成为 G 的溶液转化为 $NaI \cdot 5H_2O$,但由于固相转化速率很慢,所以生成的 $NaI \cdot 5H_2O$ 中往往夹杂有 $NaI \cdot 2H_2O$。因此,欲制备 $NaI \cdot 5H_2O$,最好溶液的组成在 E 和 G 之间,最多不超过 G,此种溶液冷却时所得的 $NaI \cdot 5H_2O$ 比较纯净。

习题 28　由 Sb－Cd 系统的一系列不同组成熔点的步冷曲线得到下列数据:

w_{Cd}	0	0.20	0.375	0.475	0.50	0.583	0.70	0.90	1.00
开始凝固温度/℃	—	550	460	—	419	—	400	—	—
全部凝固温度/℃	630	410	410	410	410	439	295	295	321

(1) 试根据上列数据画出 Sb－Cd 系统的相图,标出各区域存在的相和自由度;(2) 将 1 kg 含 Cd 0.80(质量分数)的溶液由高温冷却,刚到 295 ℃ 时,系统中有哪两个相存在,此两相的质量各有多少?　　　　　　　　　[答案:(2) Cd_3Sb_2 固体 315 g;低共熔液 685 g]

习题 29　在 NaCl－H₂O 系统中,有一低共熔点,其温度为 -21.1 ℃,含 NaCl 0.233(质量分数)。在低共熔点析出的固体为冰和 $NaCl \cdot 2H_2O$ 的混合物。-9 ℃ 为 $NaCl \cdot 2H_2O$ 的不相合熔点,在 -9 ℃ 时 $NaCl \cdot 2H_2O$ 发生转熔反应,分解为无水 NaCl 和组成为 0.27 的 NaCl 溶液。无水 NaCl 的溶解度变化很小,但温度升高时溶解度略有增加。试根据上述知识大概画出 NaCl－H₂O 系统的相图。

习题 30　下图为 MgSO₄－H₂O 系统的相图。(1) 试标出各区域存在的相;(2) 试设计由 MgSO₄ 的稀溶液制备 $MgSO_4 \cdot 6H_2O$ 的最佳操作步骤。

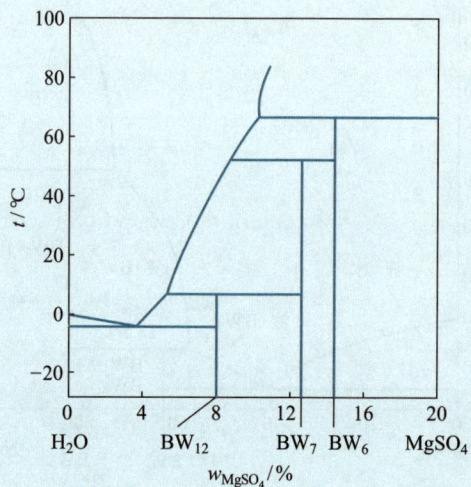

习题 31　下图为 Al－Ca 系统的相图。(1) 试标出各区域存在的相;(2) 画出含 Ca 各为 0.20、0.40 和 0.60(质量分数)的溶液的步冷曲线,并叙述其冷却过程的相变。

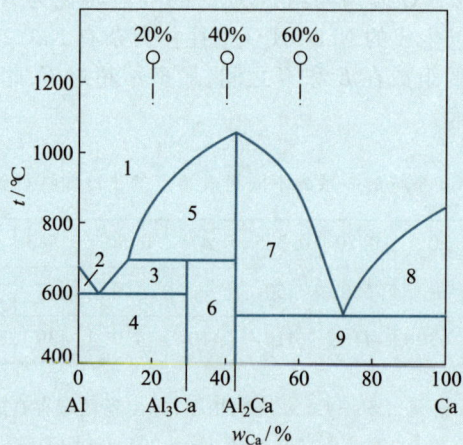

*§5.9　有固溶体生成的固－液系统

有一些二组分固－液系统,在熔融液降温时所凝成的固体不是纯组分,而是两种组分的固体溶液,即"固溶体"。根据两种组分在固相中互溶的程度不同,一般分为"完全互溶"和"部分互溶"两种情况。

1. 固相完全互溶系统的相图

当系统中的两个组分不仅能在液相中完全互溶,而且在固相中也能完全互溶时,其温度−组成图与简单低共熔的固−液系统的温度−组成图有较大差异,却与完全互溶双液系统的沸点−组成图形式相似。在这种系统中,析出的固相只能有一个相,所以系统中最多只有液相和固相两个相共存。根据相律 $f = 2 - 2 + 1 = 1$,即在压力恒定时,系统的自由度最少为 1 而不是 0。因此,这种系统的步冷曲线上不可能出现水平线段。图 5.20 所示的 Bi−Sb 系统的相图及步冷曲线即为一例。

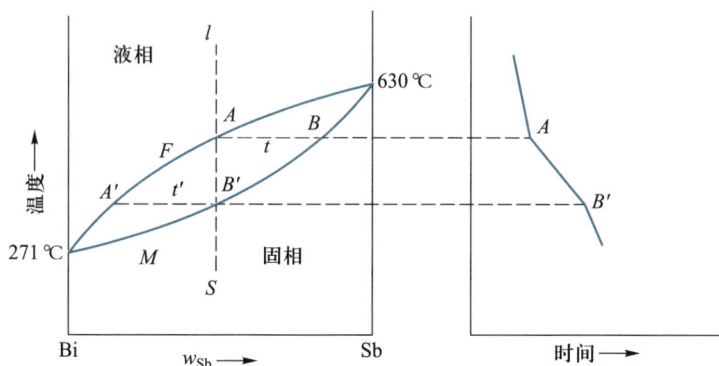

图 5.20 Bi−Sb 系统的相图及步冷曲线

图中 F 线以上的区域为液相区,M 线以下的区域为固相区,F 线和 M 线之间的区域为液相和固相共存的两相平衡区。F 线为液相冷却时开始凝出固相的"凝点线",M 线为固相加热时开始熔化的"熔点线"。由图可以看出,平衡液相的组成与固相的组成是不同的,平衡液相中熔点较低的组分的质量分数要大于固相中该组分的质量分数。例如,与组成为 A 的液相成平衡的固相组成为 B。

将 l 点所代表的液相冷却时,当冷却到 A 点,将有组成为 B 的固相析出。如果在降温过程中始终能保持固、液两相的平衡,则随着固相的析出,液相组成沿 AA' 方向移动,与液相平衡的固相组成就沿 BB' 方向移动。当液相组成到达 A' 时,固相组成就到达 B',这时固相组成与原先冷却液相的组成相同,即液相全部固化了。在冷却过程中,为了使液相和固相始终保持平衡,必须具备两个条件:① 要使析出的固相与液相保持接触;② 为了保持固相组成均匀一致,固相中的扩散速率必须大于固相析出的速率。以上两个条件只有在冷却过程很慢时方能满足。如果冷却速率比较快,固相析出的速率超过了固相内部扩散的速率,这时液相只来得及与固相的表面达到平衡,固相内部还保持着最初析出的固相组成,其中含有较多的高熔点组分。此时固相析出的温度范围将要扩大。因为当温度达到 t' 时,固相只有表面的组成为 B',整个固相组成在 B 和 B' 之间,此时液相不会全部消失,而且固相和液相亦不成平衡。所以随着温度的降低,继续有固相析出,直到液相组成与固相表面组成相同时为止;这就是说,可一直冷却到低熔点组分 Bi 的熔点时液相方全部固化。在上述冷却过程中,所析出的固相其组成是不均匀的,先析出者高熔点组分较多,越往后析出的固相中高熔点组分就越少,最后析出的一点固相则几乎是纯 Bi 了。根据这个道理,可用此法提纯金属。但在制备合金时,快速冷却会因固相组成不均匀而造成合金性能上的缺陷。为了使固相组成均匀一致,可将固相温度升高到接近于熔化的温度,在此温度保持相当长的时间,让固相扩散达到组成均匀一致,这种方法称为"扩散退火"。

与液 – 气平衡的温度 – 组成图类似,有时在生成固溶体的相图中出现最高熔点或最低熔点。在此最高熔点或最低熔点处,液相组成和固相组成相同,此时的步冷曲线上应出现水平线段。这种类型的相图见图 5.21 和图 5.22。不过,具有最高熔点的相图发现得还很少。

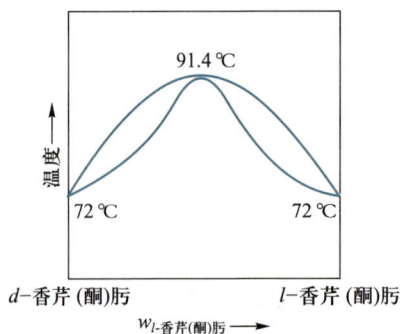

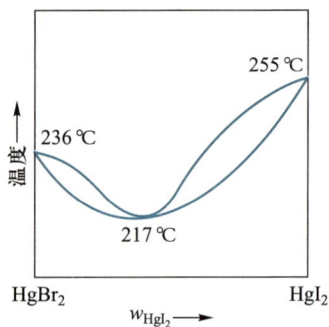

图 5.21   具有最高熔点的相图   图 5.22   具有最低熔点的相图

2. 固相部分互溶系统的相图

固体部分互溶的现象与液体部分互溶的现象很相似,亦是一种物质在另一种物质中有一定的溶解度,超过此浓度将有另一固溶体产生。两物质的互溶度往往与温度有关。对这种系统来说,系统中可以有三个相(两个固溶体和一个液相)共存。因此,根据相律 $f = 2 - 3 + 1 = 0$,在步冷曲线上可能出现水平线段。KNO_3 – $TiNO_3$ 系统即为一例,其相图见图 5.23。图中 $TiNO_3$ 溶于 KNO_3 的固溶体用 α 表示,KNO_3 溶于 $TiNO_3$ 的固溶体用 β 表示。AE 曲线为与 α 相成平衡的熔化物的"凝点线",BE 曲线为与 β 相成平衡的熔化物的"凝点线";AC 曲线和 BD 曲线分别为 α 相和 β 相的"熔点线"。AEC 区域为熔化物与 α 相的两相

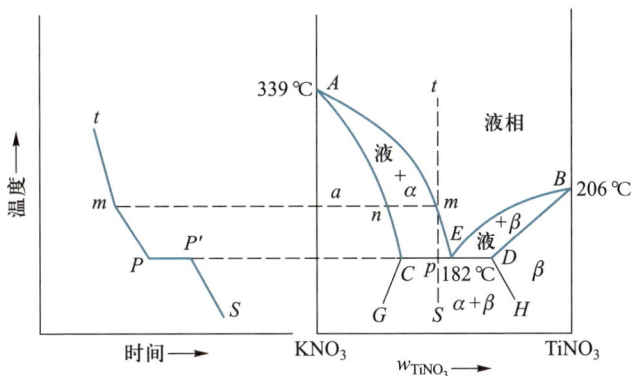

图 5.23　KNO_3 – $TiNO_3$ 系统的相图及步冷曲线

平衡区,BED 区域为熔化物与 β 相的两相平衡区;ACG 线的左边是 α 相的单相区,BDH 线的右边是 β 相的单相区,$GCDH$ 区域内是 α 相和 β 相共存的两相区。E 点是组成为 C 的 α 相和组成为 D 的 β 相的最低共熔点。因此,它是两种固溶体的最低共熔点,并非两纯物质的最低共熔点。

　　如果将组成为 t 的熔化物冷却,当温度降到 m 点时,开始有组成为 n 的 α 固溶体析出;随着温度的降低,液相和 α 相的组成分别沿 AE 曲线和 AC 曲线移动;当温度降到 P 点（182 ℃）时,α 相的组成为 C,液相组成为 E,按杠杆规则,这两个相的互比量为 $\overline{pE}:\overline{Cp}$;由于 E 组成的熔化物同时与 C 组成和 D 组成两种固溶体平衡,根据相律,此时 $f = 2 - 3 + 1 = 0$,故温度和各组成都不能变更,步冷曲线上相应的呈现水平线段;待所有熔化物固化以后,只剩下组成为 C 和 D 的 α 和 β 固溶体,其互比量为 $\overline{pD}:\overline{Cp}$,这时温度又可继续下降,$\alpha$ 相和 β 相的组成分别沿 CG 线和 DH 线移动。其步冷曲线见图 5.23。

　　如果组成在 E 和 D 之间的熔化物冷却时,首先析出的将是 β 固溶体。冷却到 182 ℃时,组成为 E 的熔化物与组成为 C 的 α 固溶体和组成为 D 的 β 固溶体平衡,此时温度和各相组成都不能变更。待所有熔化物固化后最终亦只剩下组成为 C 和 D 的 α 和 β 固溶体,不过互比量与上述情况不同。

3. 区域熔炼

　　20 世纪 50 年代以来,尖端技术的发展,需要有高纯度的金属。例如,作为半导体原料的锗,需要达到的纯度为 99.999999%。把金属提纯到这样高的纯度,显然是任何化学处理方法所办不到的。1952 年以后,发展起来的一种叫做"区域熔炼"的方法,对于提纯、制备高纯度金属既有效又易行。现将该法的原理及操作介绍如下。

图 5.24 是二组分固相部分互溶或完全互溶系统相图的一角。组分 A 是所需要的金属,组分 B 是杂质。如图所示,上方是熔融液相区;中间是固 – 液两相平衡区;下方是固相区。两相区上界为液相线,下界为固相线。如果把含有杂质的、相点为 P 的熔融液冷却,最先凝出的固体相点为 Q,杂质含量已比 P 中减少。再把相点为 Q 的固相加热熔融,相点为 R,冷凝时最初得到的固体相点为 S,杂质含量又有减少。利用上述原理发展起来的区域熔炼法是这样操作的:把待提纯的金属做成长形金属锭,放在管式高温炉中(见图 5.25)。管外套一个可以移动的加热环,加热环移到哪里,哪里的一小段金属锭就被加热熔融,而加热环离开以后,又重新凝固。把加热环先放在最左端,使左端金属熔化。当加热环右移时,左端金属凝结,凝出的固相中,杂质含量比原来减少,而液相中杂质含量有所提高。随着加热环的右移,富集了的杂质也右移。加热环移到最右端之后取下,重新放回最左端,然后又自左至右逐渐移动,使左端金属先熔化而后又凝固,比前次凝固后杂质含量又有减少。如此把加热环从左到右移动多次,在左端可得到高纯度的金属 A。加热环就像一把扫帚一样,把杂质 B 一次又一次"扫"到了右端。

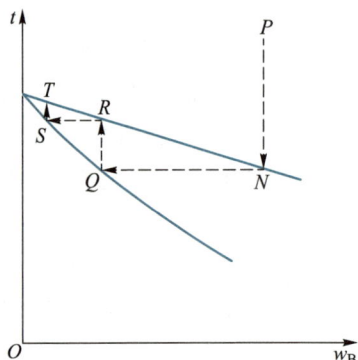

图 5.24　区域熔炼原理

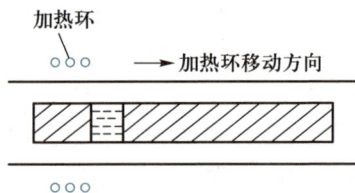

图 5.25　区域熔炼提纯示意图

习题 32　Si – Ge 系统的熔融液体由高温缓慢冷却时,取得下列数据:

x_{Si}	0	0.25	0.40	0.62	0.80	0.90	1.00
开始凝固温度/℃	940	1160	1235	1310	1370	1395	1412
全部凝固温度/℃	940	1010	1070	1170	1275	1340	1412

(1) 试画出此系统的相图,标明每个区域和每条线的含义;(2) 任何组成的 Si – Ge 熔融液体冷却时所形成的固相有何特征?

习题 33　钴和钼的系统其相图如下图所示。(1) 标明各区域所具有的相及各条线所代表的含义;(2) 叙述组成为 A 的液相在冷却过程中的相变,并画出其步冷曲线。

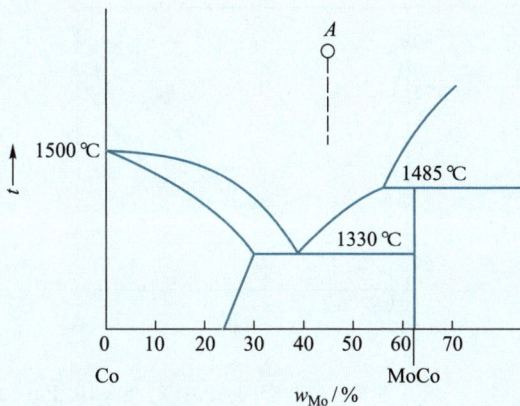

习题 34　根据下图所示的 Bi－Zn 系统的相图,若以含 Zn 0.40(质量分数)的熔化物 100 g 由高温冷却,试计算(1) 温度刚到 416 ℃ 时,组成为 A 的液相和组成为 C 的液相各含有的质量;(2) 在 416 ℃ 组成为 C 的液相恰好消失时,组成为 A 的液相和固体 Zn 的质量;(3) 温度刚降到 254 ℃ 时,固体 Zn 和组成为 E 的熔化物的质量;(4) 全部凝固时,共熔混合物的质量。

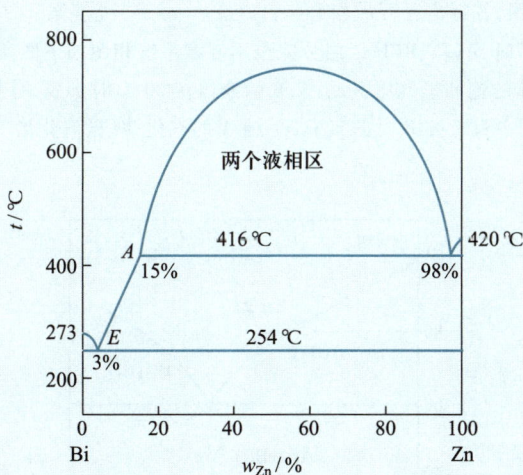

[答案:(1) m_A = 69.9 g,m_C = 30.1 g;(2) m_A = 70.6 g,m_{Zn} = 29.4 g;(3) m_E = 61.9 g,m_{Zn} = 38.1 g;(4) $m_{共熔}$ = m_E = 61.9 g]

习题 35　A、B 二组分完全互溶双液系统,在 $p^\ominus$ 时其相图如下图所示。求(1) 75 ℃ 时,组分 A 的 p_A^*;(2) 组分 B 的 Henry 系数 k_x;(3) 组分 A 的汽化焓(设汽化焓不随温度变化,蒸气可视为理想气体)。

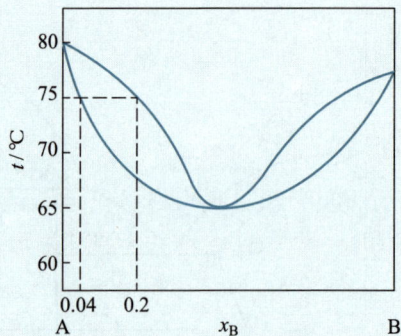

[答案：(1) 83.3 kPa；(2) 5×10^5 Pa；(3) 37.3 kJ·mol^{-1}]

习题 36   A 和 B 可形成理想液态混合物,在 80 ℃时,有 A 与 B 构成的理想混合气体,其组成为 y_B。在此温度下,等温压缩到 $p_1 = \dfrac{2}{3} p^\ominus$ 时,出现第一滴液滴,其液相组成为 $x_{B,1} = \dfrac{1}{3}$,继续压缩到 $p_2 = \dfrac{3}{4} p^\ominus$,刚好全部液化,其最后一气泡的组成为 $y_{B,2} = \dfrac{2}{3}$。(1) 求在 80 ℃时,p_A^*、p_B^* 和最初理想混合气体的组成 y_B;(2) 根据以上数据,画出 80 ℃时 A 与 B 的压力 – 组成示意图,并标出各区域相态与自由度。   [答案：(1) 0.5 $p^\ominus$；$p^\ominus$；0.5]

习题 37   在 $p^\ominus$ 时,A(l)、B(l) 二组分完全不互溶系统相图如下图所示。(1) 求 60 ℃时,纯 A 和纯 B 液体的饱和蒸气压;(2) A、B 两液体在 80 ℃时沸腾,分别求当液相中只有纯 A 时的 p_A 和液相中只有纯 B 时的 p_B;(3) 纯 A 的汽化焓(设汽化焓不随温度变化,蒸气可视为理想气体)。

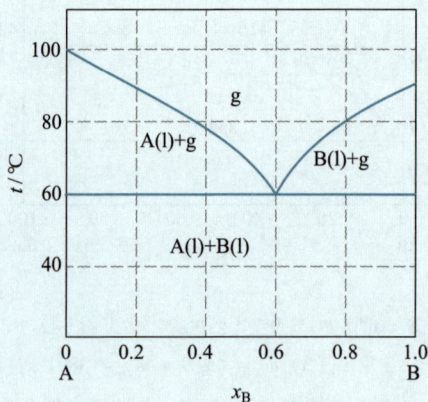

[答案：(1) 0.4 $p^\ominus$, 0.6 $p^\ominus$；(2) 0.6 $p^\ominus$, 0.8 $p^\ominus$；(3) 27.96 kJ·mol^{-1}]

（三）三组分系统

三组分系统 $K = 3$，因此相律变为下列形式：

$$f = 5 - \Phi$$

由上式可以看出，当 $f = 0$ 时，$\Phi = 5$，即在三组分系统中最多可以有五相平衡。当 $\Phi = 1$ 时，$f = 4$，即在三组分系统中最多可以有四个独立变量。因此，要完整地表示三组分系统的相图，需用四维坐标，这是不可能做到的。对凝聚系统来说，压力对平衡影响不大，故通常在恒定压力下，$f = 3$，就可用立体图形表示不同温度下平衡系统的状态。为了讨论问题方便起见，往往把温度亦加以恒定。于是在定温定压下，$f = 2$，只要用平面图就可以表示系统的状态。将各部分不同温度下的平面图叠起来就是系统在不同温度下的立体图。下面讨论的均为一定压力下某温度时的平面状态图。

§5.10　三角坐标图组成表示法

通常都用等边三角形的方法来表示三组分系统的组成，见图 5.26。等边三角形的三个顶点各代表一纯组分，三角形的三条边各代表 A 和 B、B 和 C、C 和 A 所组成的二组分系统，三角形中任何一点表示着三组分系统的组成，如 d 点的位置表示系统中含 A 20%、B 30%、C 50%，这三个数值是如何确定的呢？确定系统组成的方法基于等边三角形的几何性质，参看图 5.27。经等边二角形中任何一点 p，作平行于三条边的直线交三边于 a、b、c 三点，则 $pa + pb + pc = AB = AC =$

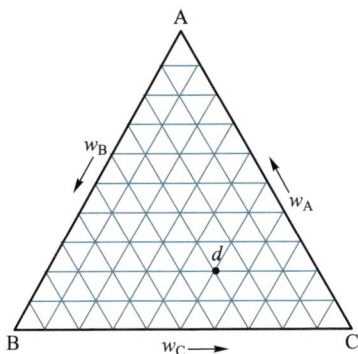

图 5.26　三组分系统的组成表示　　　　图 5.27　三组分系统的组成表示法

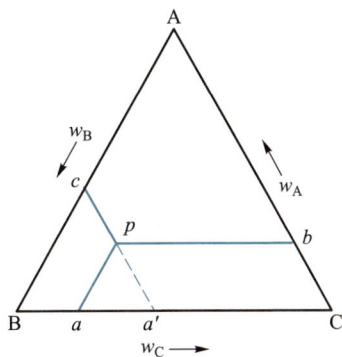

BC。如果每条边分为 10 等份,则 $pa = w_A, pb = w_B, pc = w_C$,此法可简化成这样:通过 p 点作平行于 AB 和 AC 的两条直线,交 BC 于 a 和 a' 点,于是 $Ba = w_C, aa' = w_A, a'c = w_B$。

用等边三角形表示三组分系统的组成有以下几个特点:

(1)在与等边三角形的某边平行的任意一条直线上各点所代表的三组分系统中,与此线相对的顶点其组分的含量一定相同。例如,图 5.28 中 ee' 线上各点所含 A 的质量分数一定相同。

(2)在通过等边三角形某一顶点的任意一条直线上各点所代表的三组分系统中,另外两个顶点组分的质量分数之比一定相同。例如,图 5.28 中 Ad 线上各点所含 B 和 C 的质量分数之比一定相同。

(3)如果两个三组分系统 M 和 N 合并成一新的三组分系统,则新系统的组成一定在 M、N 两点的连线上,见图 5.29。新系统在线上的位置与 M 和 N 两个系统的互比量有关,在这里可应用杠杆规则。例如,新组成为 O 点,则 M 和 N 的比例一定是 $\overline{ON} : \overline{MO}$。

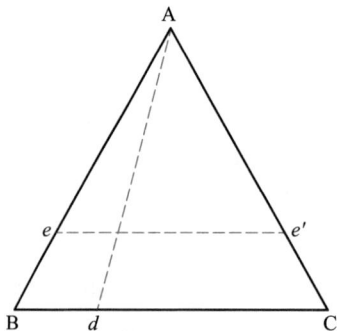

图 5.28   三组分系统的组成表示法   图 5.29   三组分系统的组成表示法

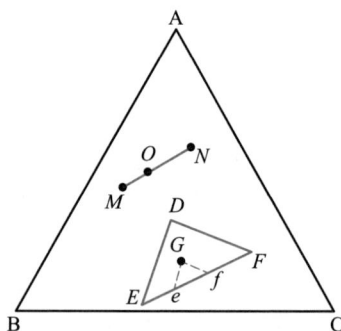

(4)如果由 D、E、F 三个三组分系统合并成一新的三组分系统,则新系统的组成一定在三角形 DEF 的中间,见图 5.29。新系统在三角形 DEF 中的位置与 D、E、F 三个系统的互比量有关。例如,新系统为 G 点,则 D、E、F 的互比量可以这样表示:通过 G 点画平行于 DE 和 DF 的两条平行线,交 EF 于 e 和 f 两点,则 ef 线段表示 D 的量,Ee 线段表示 F 的量,fF 线段表示 E 的量。这一规则称为"**重心规则**"。

以上这些规则都是可以用几何原理证明的。

*§ 5.11　二盐—水系统

二盐—水的水盐系统类型很多,但是目前只是对有一相同离子的两种盐和水组成的三组分系统研究得比较多,如 $KBr - NaBr - H_2O$、$NaCl - Na_2CO_3 - H_2O$、$NH_4Cl - NH_4NO_3 - H_2O$ 等系统。

1. 固相是纯盐的系统

$NH_4Cl - NH_4NO_3 - H_2O$ 系统的相图即为一例,见图 5.30。图中的 D 点和 E 点分别代表在该温度下 NH_4Cl 和 NH_4NO_3 在水中的溶解度,即盐在水中的饱和溶液的组成。如果在已经饱和了 S_1 的溶液中加入 S_2,则饱和溶液的组成沿 DF 线而改变;同理,在饱和了 S_2 的溶液中加入 S_1,则饱和溶液的组成沿 EF 线而改变。

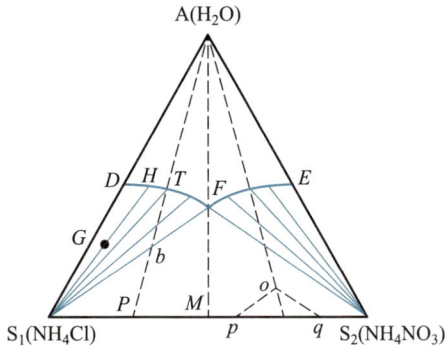

图 5.30　$NH_4Cl - NH_4NO_3 - H_2O$ 系统的相图

DF 线代表 S_1 在含有 S_2 的溶液中的饱和溶解度曲线。

EF 线代表 S_2 在含有 S_1 的溶液中的饱和溶解度曲线。

F 点是 DF 线和 EF 线的交点,即此组成的溶液同时饱和了 S_1 和 S_2。根据相律,此时 $f = K - \Phi = 3 - 3 = 0$,故自由度等于零。

DFS_1 区域代表饱和溶液和 S_1 两相平衡的区域,在此区域内,DF 线上任何一点与 S_1 的连线即为"结线",杠杆规则在此亦适用。例如,组成为 G 点的系统一定有 S_1 和组成为 H 的饱和溶液同时存在,而且 S_1 和 H 溶液的互比量为 $\overline{GH} : \overline{S_1 G}$。

EFS_2 区域代表饱和溶液和 S_2 两相平衡的区域。EF 线上任一点与 S_2 的连线亦是"结线",两相互比量遵守杠杆规则。

$ADFE$ 区域代表 S_1 和 S_2 在水中的不饱和溶液的区域。

FS_1S_2 区域代表 S_1、S_2 和组成为 F 的溶液三相共存区域,在此区域中 $f = 0$。例如,组成为 o 点的系统中,一定有 S_1、S_2 和组成为 F 的溶液三相共存,这三个相的互比量可表示如下:通过 o 点作平行于 FS_1 和 FS_2 的两条直线,交 S_1S_2 于 p 点和 q 点,于是按重心规则,pq 线段代表组成为 F 的液相的量,S_1p 线段代表 S_2 的量,qS_2 线段代表 S_1 的量。

利用这样的相图,可以初步判断在两种盐的混合物中加水稀释取得某一种纯盐的可能性,或将含有两种盐的稀溶液等温蒸发以获得某一种纯盐的可能性。以前者的情况为例,如果有一 NH_4Cl 和 NH_4NO_3 的混合物,其组成在 P 点,往此系统中加水,由于加水时系统中 NH_4Cl 和 NH_4NO_3 的比例不变,所以系统的组成将沿着 PA 线而改变。当加入水的量还不多,系统的总组成还在 FS_1S_2 区域内时,系统中有 F 溶液、S_1 和 S_2 三相共存,这三相的互比量可按重心规则求算。当加入水的量使系统的总组成到达 b 点时,饱和溶液的组成虽然仍在 F 点,但在固相中却只有 $S_1(NH_4Cl)$ 而没有 $S_2(NH_4NO_3)$ 了,此时 F 和 S_1 两相的互比量为 $\overline{S_1b} : \overline{bF}$。过滤即可得纯 S_1 固体。

由图 5.30 可以看出,当 S_1 和 S_2 的混合物组成在 S_1 和 M 之间时,往此系统加水可得纯 S_1;当混合物组成在 M 和 S_2 之间时,加水可得纯 S_2;当混合物组成在 M 点时,则往系统中加水不能得纯盐,因 S_1 和 S_2 同时溶尽。

如果是稀溶液等温蒸发,则由图 5.30 可以看出,如果原料溶液组成在 AF 线的左边,则蒸发可得纯 S_1;如果溶液组成在 AF 线的右边,则蒸发可得纯 S_2;如果组成在 AF 线上,则蒸发不能得纯盐,因 S_1 和 S_2 将同时析出。

2. 生成水合物的系统

例如,$NaCl$ – Na_2SO_4 – H_2O 系统为含有一个相同离子的两种盐溶于水的系统,其中 Na_2SO_4 能形成水合物。在 17.5 ℃ 以下某一温度的相图如图 5.31 所示。图中 D 点为 S_1 的溶解度,B 点为 S_2 与 $10H_2O$ 形成水合物的组成,E 点为水合物($S_2 \cdot 10H_2O$)在水中的溶解度。S_1DF 为饱和溶液与 S_1 成平衡的两相区域;BEF 为饱和溶液与 $S_2 \cdot 10H_2O$ 成平衡的两相区域;$ADFE$ 为不饱和溶液的区域;F 点为同时饱和了 S_1 和 $S_2 \cdot 10H_2O$ 的溶液的组成,根据相律,此时 $f = 0$;FS_1B 为 S_1、$S_2 \cdot 10H_2O$ 和组

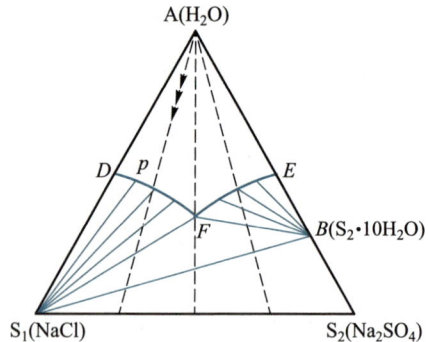

图 5.31 $NaCl$ – Na_2SO_4 – H_2O 系统的相图

成为 F 的溶液的三相区域;S_1BS_2 为 S_1、S_2 和 $S_2\cdot10H_2O$ 的三相区域。

如果将组成为 p 的不饱和溶液等温蒸发,则物系点将沿 Ap 线的箭头方向变化。当物系点落在 DF 线上时,将有 S_1 析出。继续蒸发,析出 S_1 的量增加,同时溶液组成沿 DF 曲线向 F 点移动,当物系点到达 S_1F 线上时,溶液组成为 F 点。如果继续蒸发,将有 $S_2\cdot10H_2O$ 和 S_1 同时析出;当物系点达到 S_1B 线上时,组成为 F 的溶液相消失,再脱水,$S_2\cdot10H_2O$ 就逐渐转化为 S_2,系统成为 S_1、S_2 和 $S_2\cdot10H_2O$ 的三相共存系统,彻底脱水后,$S_2\cdot10H_2O$ 相消失。

由图 5.31 可以看出,组成在 AF 线左边的不饱和溶液蒸发可获得纯 S_1;组成在 AF 线右边的不饱和溶液蒸发可得 $S_2\cdot10H_2O$,但不能得到纯 S_2。

3. 生成复盐的系统

如果两种盐能形成一复盐,则其相图如图 5.32 所示。图中 M 点为复盐的组成,FG 曲线为复盐 M 的饱和溶解度曲线,F 点为同时饱和了 S_1 和复盐的溶液组成,G 点为同时饱和了 S_2 和复盐的溶液组成,G 点和 F 点都是三相点。FS_1M 为 S_1、复盐和组成为 F 的溶液的三相区域;GMS_2 为 S_2、复盐和组成为 G 的溶液的三相区域;FMG 是饱和溶液与复盐成平衡的两相区域。其他曲线和区域的含义与前述相同。

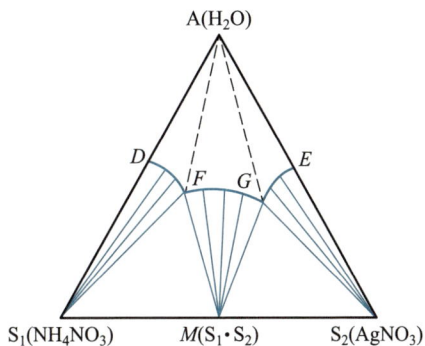

图 5.32 $NH_4NO_3-AgNO_3-H_2O$ 系统的相图

由图 5.32 可以看出,组成在 AF 线左边的不饱和溶液蒸发可得纯 S_1;组成在 AG 线右边的不饱和溶液蒸发可得纯 S_2;组成在 AF 线和 AG 线中间的不饱和溶液蒸发可得复盐。

习题 38 $KNO_3-NaNO_3-H_2O$ 系统在 5 ℃时有一三相点,在这一点无水 KNO_3 和无水 $NaNO_3$ 同时与一饱和溶液达成平衡。已知此饱和溶液含 KNO_3 质量分数为 0.0904,含 $NaNO_3$ 质量分数为 0.4101。如果有一 70 g KNO_3 和 30 g $NaNO_3$ 的混合物,欲用重结晶方法回收 KNO_3,试计算在 5 ℃时最多能回收 KNO_3 的质量是多少? [答案:63.4 g]

习题 39 试用下列数据作 $Na_2SO_4-Al_2(SO_4)_3-H_2O$ 系统的相图,其中的复盐是 $Na_2SO_4\cdot Al_2(SO_4)_3\cdot14H_2O$。

液相	$\dfrac{w(Na_2SO_4)}{\%}$	33.2	32.0	31.8	28.8	24.5	16.8	10.9	4.72	1.75	0.00
	$\dfrac{w[Al_2(SO_4)_3]}{\%}$	0.00	1.52	1.87	1.71	2.84	5.63	10.50	17.20	18.60	16.50
固相		钠盐	钠盐	钠盐+复盐	复盐	复盐	铝盐+复盐	铝盐	铝盐	铝盐	铝盐

（1）标明各区域的相态及自由度；（2）一系统含 20 g 水、50 g Al$_2$(SO$_4$)$_3$和 30 g Na$_2$SO$_4$，则此系统中共有几相？质量大约各为多少？如何才能得到纯的复盐？

[答案：（2）Na$_2$SO$_4$ 19 g；Al$_2$(SO$_4$)$_3$ 24 g；复盐 57 g]

*§5.12 部分互溶的三组分系统

对于部分互溶的三组分系统，只举例介绍其相图的形状及相图得来的一般方法。

A、B、C 三种液体，可以两两地组成三个液对：A－B、B－C 及 C－A。现在以两个液对完全互溶、一个液对部分互溶的系统为例，作简单介绍。

甲苯、水和乙酸这三种液体中，甲苯与水部分互溶，而水与乙酸以及甲苯与乙酸是完全互溶的。图 5.33 中三角形的底边 AB 代表由甲苯及水构成的二组分系统。当甲苯中含水很少或水中含甲苯很少时，系统溶成均匀一相。但当甲苯中的水饱和之后若再增加水，或水中的甲苯饱和之后若再增加甲苯，系统就会分成 a、b 两个液层平衡共存。a 代表水在甲苯中的饱和溶液的组成；b 代表甲苯在水中的饱和溶液的组成。只要甲苯－水二组分系统的物系点处在 a、b 两点之间，系统就会分成相点为 a 和 b 的

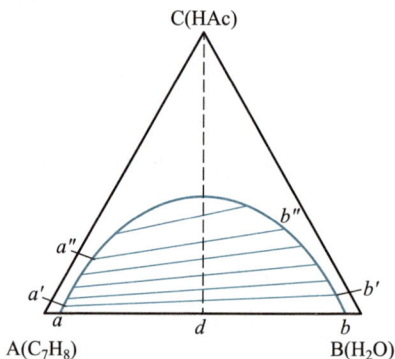

图 5.33 甲苯－水－乙酸系统的相图

两个液层平衡共存。平衡共存的两个液层称为"共轭溶液"。

现在假定配制了一个物系点为 d 的甲苯－水二组分系统，必定分成 a、b 两个液层平衡共存。若逐渐向该系统中加入乙酸，则物系点将从 d 点出发沿着

dC 直线向 C 趋近。实验结果表明,随着乙酸的加入,甲苯在水中的溶解度以及水在甲苯中的溶解度都逐渐有所增加。换言之,平衡共存的两个共轭溶液的相点 a'、b';a''、b''……在逐渐靠近。又由于平衡共存的两层溶液中乙酸的浓度并不一样。所以连接各对共轭溶液相点的结线 $a'b'$、$a''b''$……并不与底边平行。每向系统中加一次乙酸,就测定一次两液层的组成,将所得数据标在图上,可得一条如图 5.33 所示的帽形平滑曲线。其左半部分是水在甲苯中的溶解度曲线;右半部分是甲苯在水中的溶解度曲线。帽形线以内区域是两液相共存区;帽形线以外是单一液相区。

　　假定所研究的三组分系统中有两对液对部分互溶,或三对液对都是部分互溶的,系统的相图将分别是图 5.34(a)或(b)所示的形状。曲线以内是两液相共存区;曲线以外是单一液相区。

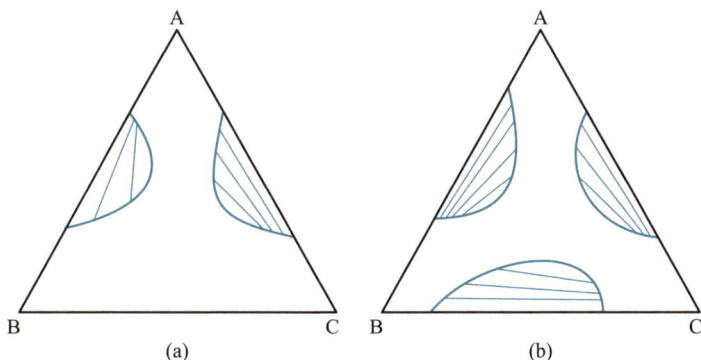

图 5.34　两对及三对液对部分互溶系统的相图

　　部分互溶液体三组分系统的相图对于萃取过程有重要用途。

思考题

　　1. 在沸点时液体沸腾的过程,下列各量何者增加? 何者不变?

　　(1) 蒸气压;(2) 摩尔汽化焓;(3) 摩尔熵;(4) 摩尔热力学能;(5) 摩尔 Gibbs 函数。

　　2. 有下列化学反应存在:

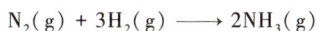
$$N_2(g) + 3H_2(g) \longrightarrow 2NH_3(g)$$

$$NH_4HS(s) \longrightarrow NH_3(g) + H_2S(g)$$

$$NH_4Cl(s) \longrightarrow NH_3(g) + HCl(g)$$

在一定温度下,一开始向反应器中放入 NH_4HS、NH_4Cl 两种固体以及物质的量之比为 3∶1 的氢气及氮气。问达到平衡时,组分数为多少? 自由度为多少?

3. 水的蒸气压方程为 $\qquad \ln(p/\mathrm{Pa}) = 24.62 - \dfrac{4885}{T/\mathrm{K}}$

（1）将 10 g 水引入体积为 10 dm^3 的真空器皿中,问 323 K 时尚有水的质量为多少?

（2）逐渐升高温度,问水全部变成水蒸气的温度为何值?

4. 气体饱和法是测定液体饱和蒸气压的方法之一。该法是温度为 T、压力为 p、体积为 V_{g} 的不溶于待测液体的气体缓缓地鼓泡,通过温度恒定为 T 的待测液体。若摩尔质量为 M_1 的待测液体质量降低值为 m_1（单位:g）,试推导出液体在温度 T 时的饱和蒸气压为

$$p_1 = \frac{Am_1 p_{\mathrm{g}}}{Am_1 + 1}$$

其中 $\qquad\qquad\qquad\qquad A = \dfrac{RT}{M_1 V_{\mathrm{g}} p_{\mathrm{g}}}$

5. 试证明液体的饱和蒸气压 $p_{\text{饱和}}$ 随外压 p 的变化符合下列关系:

$$\frac{\mathrm{d} \ln(p_{\text{饱和}}/\mathrm{Pa})}{\mathrm{d}p} = \frac{V_{\mathrm{m}}(\mathrm{l})}{RT}$$

并估计一般液体的饱和蒸气压随外压的变化率大不大?

6. 滑冰鞋下面的冰刀与冰接触面长 7.62 cm,宽 0.00245 cm。

（1）若滑冰人的体重为 60 kg,试问施加于冰上的压力为多少?

（2）在该压力下,冰的熔点是多少? 已知冰的熔化焓 $\Delta_{\mathrm{fus}} H_{\mathrm{m}} = 6.008 \times 10^3 \ \mathrm{J \cdot mol^{-1}}$;冰和水的密度分别为 0.92 $\mathrm{g \cdot cm^{-3}}$ 及 1.00 $\mathrm{g \cdot cm^{-3}}$。

7. 试根据下式:

$$\mathrm{d}(\Delta H) = \left[\frac{\partial(\Delta H)}{\partial T}\right]_p \mathrm{d}T + \left[\frac{\partial(\Delta H)}{\partial p}\right]_T \mathrm{d}p$$

推导出单组分系统两相平衡相变热 ΔH 随温度变化的关系式——Planck 方程:

$$\frac{\mathrm{d}(\Delta H)}{\mathrm{d}T} = \Delta C_p + \frac{\Delta H}{T} - \Delta H \left[\frac{\partial \ln(\Delta V)}{\partial T}\right]_p$$

8. 一个水溶液中共有 n 种物质,其摩尔分数分别为 $x_1, x_2, \cdots, x_n$。用一张只允许水通过的半透膜将此溶液与纯水分开。平衡时,纯水面上压力为 p_{W};溶液面上的压力为 p_{S}。

（1）此系统相律的一般表达式是何种形式? $f = K - \Phi + 2$ 是否仍能适用?

（2）求此系统的自由度与物种数 n 的关系。

9. 已知 CO_2 的临界温度为 31.1 ℃,临界压力为 7.4×10^6 Pa,三相点为 -56.6 ℃、5.18×10^5 Pa,试画出 CO_2 相图的示意图,并说明:

（1）在室温及常压下,若迅速地将贮有气液共存的 CO_2 的钢瓶阀门打开,放出来的 CO_2 可能处于什么状态?

（2）若缓慢地把阀门打开,放出来的 CO_2 处于什么状态?

（3）试估计在什么温度、压力范围内，CO_2 能以液态存在？

10. 根据下图所示的碳的相图，说明：

（1）点 O 及曲线 OA、OB、OC 具有什么含义？

（2）试讨论常温、常压下石墨与金刚石的稳定性。

（3）2000 K 时，将石墨变为金刚石需要多大压力？

（4）在任意给定的温度、压力下，金刚石与石墨哪个具有较高的密度？

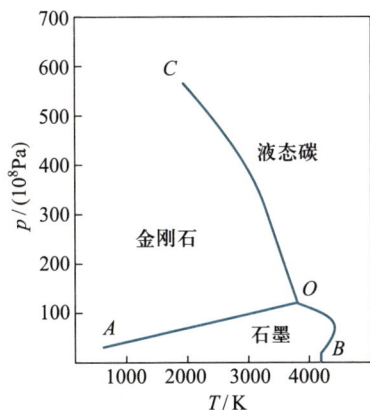

11. 若将水蒸气蒸馏操作中的"以水蒸气气泡通过待提纯的有机液"改为"以空气气泡通过待提纯的有机液"，将会有怎样的结果？

12. 以下示出 Au - Pt 及 Al - Zn 系统的温度 - 组成图。左图中 A 点所对应的温度是 Au 的熔点；右图中 B 点所对应的温度是 Al 的熔点。试指出两个相图中各区域的相态及自由度。

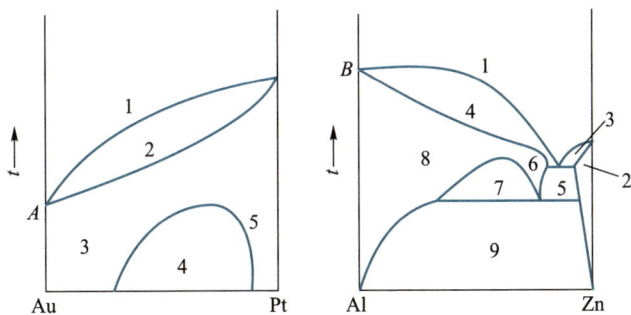

教学课件

拓展例题

第六章

统计热力学初步

§6.1　引言

1. 统计热力学的研究对象和方法

统计热力学的研究对象和热力学一样,是由大量微观粒子构成的宏观系统。由前几章的讨论可知,热力学是依据几个经验定律,通过逻辑推理导出平衡系统的宏观性质及其变化规律的。热力学的特点在于它所得出的结论具有高度的可靠性,而且不依赖于人们对物质微观结构的认识程度。这既是热力学方法的优点,亦是其局限性所在。宏观物体的任何性质总是微观粒子运动的宏观反映,人们自然不会仅仅满足于热力学揭示的"所以然",而且亦希望从物质的微观结构来了解物质宏观性质的本质,这正是统计热力学的任务。从分析微观粒子的运动形态入手,用统计平均的方法确立微观粒子的运动与物质宏观性质之间的联系,这在物理学科中称为统计力学。统计力学已发展成为一门独立的学科,它是沟通宏观学科和微观学科的桥梁。在物理化学中,应用统计力学方法研究平衡系统的热力学性质,称为统计热力学。

任何一个宏观系统中都含有大量的微观粒子(如原子、分子、离子、电子……),每个粒子都在永不停息地运动着。因此,从宏观上说一个系统处于平衡状态时,从微观上看其状态却是瞬息万变的。企图通过了解每个微观粒子在每个瞬时的状态来描述宏观系统的状态,既无可能,亦无必要。例如,欲求算一个平衡系统的热力学能 U 值,如果要去求算每个分子在每个瞬时的能量然后再去加和,这是不可能的。然而,统计热力学依据微观粒子能量量子化的概念认为,虽然每个分子在每一瞬时可以处于不同的能级,但从平衡系统中大量分子来看,处于某个能级 ε_i 的平均分子数 n_i 却是一定的,因此 $U = \sum n_i \varepsilon_i$。这样求出的宏观系统热力学能当然不是瞬时值而是统计平均值。统计平均的方法是统计热力学的基本特点。

将统计热力学原理应用于结构比较简单的系统,如低压气体、原子晶体等,其计算结果与实验测量值能很好地吻合。但在处理结构比较复杂的系统时,统计热力学常会遇到种种困难,因而不得不作一些近似假设,其结果往往不如热力学那样准确可靠。此外,在统计热力学计算中常常要用到一些热力学的基本关系和公式,所以可以说热力学和统计热力学是相互补充、相辅相成的。

19 世纪末期,Boltzmann 运用经典力学处理微观粒子的运动,创立了经典统计热力学。1900 年,Planck 提出量子论,将能量量子化的概念引入统计热力学,对经典统计进行某些修正,发展了 Maxwell - Boltzmann 统计热力学方法。Maxwell - Boltzmann 统计一般简称为 Boltzmann 统计。1924 年以后产生量子力学,统计热力学中的力学基础和方法也相应发展,又出现了一些新的统计方法,如 Bose - Einstein 统计和 Fermi - Dirac 统计;这两种统计方法分别适用于不同系统,而且在一定条件下可以等同于 Maxwell - Boltzmann 统计。本章主要介绍 Maxwell - Boltzmann 统计,它主要应用于分子间或微观粒子间没有相互作用的系统,如低压气体及稀溶液的溶质等。

对于分子间或微观粒子间有相互作用的系统,早在 20 世纪初就出现了更普遍的平衡统计力学原理。由 Gibbs 将 Boltzmann 统计应用到这样的系统中,创立了统计系综理论,扩大了统计力学的使用范围。在统计力学中,常用的有三种性质不同的系综:微正则系综(U、V、N 恒定)、正则系综(T、V、N 恒定)和巨正则系综(T、V、μ 恒定)。其中,最基本的是微正则系综,但应用最广的则是正则系综和巨正则系综。还有一种定温定压系综,是 T、p、N 保持恒定的系综。原则上这些系综可以应用于实际气体、电解质溶液、高分子系统等。

2. 统计系统的分类

统计热力学中,根据构成系统的微观粒子(分子、原子或离子等)的不同特性,可将系统分为不同的类型。

按照粒子是否可以分辨(即区别),系统可分为定域子系统(或称定位系统、可别粒子系统)和离域子系统(或称非定位系统、等同粒子系统)。前者的粒子可以彼此分辨,而后者则不能。例如,原子晶体,由于每个原子都固定在一定的晶格位置上振动,尽管原子之间并无差别,但它们的位置可以分辨,所以原子晶体属于定域子系统。气体分子处于混乱运动之中,分子之间没有差别,又无确定的位置,彼此无法分辨,所以气体属于离域子系统。

按照粒子之间有无相互作用,系统又可分为独立粒子系统和非独立粒子系统。前者粒子之间无相互作用,如理想气体,系统的总能量等于各个粒子能量的总和;后者粒子之间有不容忽略的相互作用,如高压下的实际气体,总能量中应包含粒子间相互作用的位能。显然,在实际情况中,粒子之间绝对无相互作用的系统是不存在的,但可以把那些粒子之间的相互作用非常微弱而可以忽略不计的系统,如低压气体,当做独立粒子系统处理,这正是本章所要讨论的主要对象。

3. 统计热力学的基本假定

参看图 2.9,假定某系统有 4 个可辨粒子 a、b、c、d,分配于两个相连的、容积相等的空间 I 及 II 之中,所有可能的分配形式如表 6.1 所列。

表 6.1　4 个可辨粒子分配于两个等容积空间的分配形式

分布方式	空间 I	空间 II	微观状态数	数学概率
(4,0)分布	a b c d	0	$C_4^4 = 1$	1/16
(3,1)分布	a b c a b d a c d b c d	d c b a	$C_4^3 = 4$	4/16
(2,2)分布	a b a c a d b c b d c d	c d b d b c a d a c a b	$C_4^2 = 6$	6/16
(1,3)分布	a b c d	b c d a c d a b d a b c	$C_4^1 = 4$	4/16
(0,4)分布	0	a b c d	$C_4^0 = 1$	1/16

表 6.1 中列出的每一种可能的分配形式称为一个微观状态,所有可能的分配形式总数称为系统的总微观状态数,用 Ω 表示。由表 6.1 可见,上述系统的总微观状态数 Ω = 16。统计热力学认为:对于宏观处于一定平衡状态的系统,任何一个可能出现的微观状态都具有相同的数学概率。也就是说,在众多可能出现的微观状态中,任何一个都没有明显理由比其他微观状态更可能出现,这称为等概率假定。等概率假定是统计热力学的基本假定。这个假定的合理性已经由其引出的结论与实际相符而得到证明。根据等概率假定,上例中每一个微观状态出现的数学概率都是 1/16。

　　根据粒子分配方式的不同特点,众多的微观状态可以归并为若干类,每类称为一种分布。上例中按照分配在两个空间中粒子数目的不同可以分为五种分布。区别不同分布的特征分配数以 n_i 表示。例如,上例中(3,1)分布,其分配数 $n_Ⅰ = 3, n_Ⅱ = 1$,表示该分布的特征是分配在空间 Ⅰ 中有 3 个粒子,分配在空间 Ⅱ 中有 1 个粒子。设每种分布的微观状态数为 t_j,那么系统的总微观状态数就等于各种分布的微观状态数之和。即

$$\Omega = \sum t_j$$

在统计热力学中,将一定的宏观状态或分布所拥有的微观状态数定义为它们的热力学概率,以表示它们出现的可能性大小。热力学概率和数学概率不同,前者为正整数,而后者通常小于1,为分数。由表 6.1 可见,尽管各微观状态具有相同的数学概率,但各种分布所拥有的状态数或热力学概率却是不相同的,其中热力学概率最大的分布称为最概然分布。上例中(2,2)分布就是该系统的最概然分布。

　　统计热力学认为,最概然分布可以代表系统的平衡分布。也就是说,对一个粒子数众多的实际平衡系统而言,其微观状态虽然千变万化,但基本上都是辗转于最概然分布以及与最概然分布几乎没有实质差别的那些分布之中。因此,最概然分布是统计热力学最关注的分布。

§6.2　Boltzmann 分布

1. 研究系统的特性

运用 Maxwell – Boltzmann 统计所研究的系统应具有下列特性:
(1)宏观状态确定的密闭系统。
　　所谓密闭系统是指系统中的粒子数 N 一定,所谓宏观状态确定是指描述系统宏观状态的热力学参数具有确定值。通常在统计热力学中选择 U 和 V 为宏观状态参量,因此,这个特性可归结为所研究的系统是 N、U、V 均一定的系统。
(2)独立粒子系统。
　　所谓"独立"是指粒子之间相互作用很小,可不予考虑。因此,系统的总能量就是系统内所有粒子能量的总和,即

$$U = \sum n_i \varepsilon_i$$

2. Boltzmann 定理

本书第二章中曾提到,对于孤立系统,系统总是向熵值增大的方向变化,同

时系统的微观状态数亦是向增大的方向变化,而熵 S 和微观状态数 Ω 又都是 N、U、V 的函数,二者之间必然有某种函数关系,这种关系可表示为

$$S = k\ln\Omega \tag{6.1}$$

这个公式称为 Boltzmann 定理,常数 k 称为 Boltzmann 常数,可以证明 $k = R/L = 1.38 \times 10^{-23}$ J·K^{-1}。Boltzmann 定理的重要意义在于,它将系统的宏观性质(S) 与微观性质(Ω)联系起来了。依据式(6.1),只要设法求出系统的微观状态数 Ω,就可求出系统的熵值。对 N、U、V 均一定的系统来说,Ω 应为系统的总微观状态数,亦即应为各种分布的微观状态数之和,即

$$\Omega = \sum t_j$$

但是统计热力学认为,当系统中粒子数 N 足够大时,在各种分布中,微观状态数最多的最概然分布就可以代表系统的平衡分布。即式(6.1)可以近似改写为

$$S = k\ln t_{max} \tag{6.2}$$

这一方法称为撷取最大项法。因此,Ω 的求算就可转化为最概然分布的微观状态数 t_{max} 的求算,它使统计力学的推导大为简化。

例题 1   用量热法测得的 CO 气体的熵值与统计热力学的计算结果不一致,这是由于在 0 K 时 CO 分子在其晶体中有两种可能的取向——CO 和 OC,因此不满足热力学第三定律所要求的"完美晶体"的条件,即 0 K 时标准熵值不为零。试求算 CO 晶体在 0 K 时的摩尔熵值。

解:根据 Boltzmann 定理,在 0 K 时,完美晶体中分子的空间取向都是相同的(即不可区分的),因此其微观状态数 $\Omega = 1$,故 $S = 0$。而 CO 晶体中的分子既然可能有两种不同的空间取向,则其 $\Omega \neq 1$,故 $S \neq 0$。1 mol CO 共有 6.02×10^{23} 个分子,每个分子都可能有两种空间取向,是 CO 或是 OC,因此其微观状态数应为 $2^L = 2^{6.02 \times 10^{23}}$,故

$$S = k\ln\Omega = (1.38 \times 10^{-23} \times \ln 2^{6.02 \times 10^{23}}) \text{ J·K}^{-1} = 5.76 \text{ J·K}^{-1}$$

习题 1   当热力学系统的熵值增加 0.5 J·K^{-1} 时,系统的微观状态数是原来的多少倍?

[答案:$\Omega_2/\Omega_1 = 10^{1.57 \times 10^{22}}$]

习题 2   一氧化氮晶体由形成二聚物的 N_2O_2 分子组成,该分子在晶格中有两种随机的空间取向 $\left(\begin{matrix} N{-}O \\ | \quad | \\ O{-}N \end{matrix} \text{ 和 } \begin{matrix} O{-}N \\ | \quad | \\ N{-}O \end{matrix} \right)$,求算 1 mol NO 在 0 K 时的熵值。   [答案:2.88 J·K^{-1}]

3. Boltzmann 分布

例题 1 是一种微观粒子空间分布的实例。微观粒子具有一定空间分布的情况很常见,如不对称分子所组成的晶体、不同气体的混合等。按照 Boltzmann 定理,空间分布的微观状态数对系统宏观性质会产生一定的影响,但是一般说来,主要决定系统宏观性质的还是微观粒子的能量分布。

量子理论指出,任何微观粒子的能量都不可能连续变化,而是量子化的。也就是说,任何微观粒子的能量都只可能是一些特定的数值,通常称为能级。任何微观粒子都具有若干个可能的能级,其中能量最低的能级称为基态,其余都称为激发态。当温度处于 0 K 时,系统内所有微观粒子均处于基态。通常在温度高于 0 K 的情况下,任一微观粒子都有从基态激发的倾向,这就引起它们在众多能级间形成许多不同方式的分布。Boltzmann 指出,其中最概然分布方式为

$$\frac{n_i}{N} = \frac{g_i \mathrm{e}^{-\varepsilon_i/kT}}{\sum g_i \mathrm{e}^{-\varepsilon_i/kT}} \tag{6.3}$$

式中 n_i 是分配于 i 能级的粒子数;ε_i 是 i 能级的能量值;g_i 是 i 能级的简并度,所谓简并度就是具有相同能量的量子状态数;N 是系统中微观粒子总数;k 是 Boltzmann 常数;T 是热力学温度。式(6.3)称为 Boltzmann 分布,$\mathrm{e}^{-\varepsilon_i/kT}$ 称为 Boltzmann 因子。Boltzmann 分布指出了微观粒子在各能级间平衡分布的方式,应用十分广泛。大量事实已经证明,无论是定域子系统还是离域子系统,它们的能量分布都遵守 Boltzmann 分布。

令

$$Q = \sum g_i \mathrm{e}^{-\varepsilon_i/kT} \tag{6.4}$$

称为分子配分函数,关于分子配分函数以后还要专门讨论。若将分子配分函数的定义代入式(6.3),Boltzmann 分布亦可以表示为

$$n_i = \frac{N}{Q} g_i \mathrm{e}^{-\varepsilon_i/kT} \tag{6.5}$$

Boltzmann 分布指出了微观粒子能量分布中最概然的分布方式,那么这种最概然分布的微观状态数是多少呢? 运用数学中排列组合原理不难证明,当系统中粒子数足够多(约为 10^{23} 数量级)时,对于定域子系统,一种分布的微观状态数为

$$t = N! \prod_i \frac{g_i^{n_i}}{n_i!} \qquad (6.6)$$

定域子系统粒子可以分辨,而离域子系统的粒子不可以分辨,相同方式分布的微观状态数定域子系统应是离域子系统的 $N!$ 倍,所以离域子系统一种分布的微观状态数为

$$t = \prod_i \frac{g_i^{n_i}}{n_i!} \qquad (6.7)$$

将 Boltzmann 分布代入式(6.6)和式(6.7)就可以分别求算定域子系统和离域子系统最概然分布的微观状态数 t_{max}。式(6.6)和式(6.7)的推导涉及一些数学知识,有兴趣的读者可以阅读有关参考书,本书不再赘述。

4. Stirling 近似

由式(6.6)和式(6.7)求算系统的微观状态数时,常常需要求算 $N!$ 或 $n_i!$ 值。任一宏观系统都含有大量粒子(可能有 10^{23} 数量级),N 和 n_i 都是很大的数,直接求算其阶乘值是很困难的。这时就需要一近似关系——Stirling 近似公式:

$$\ln N! \approx N\ln N - N \qquad (6.8)$$

N 越大,运用该式的相对误差越小;当 N 足够大时,其相对误差可以忽略不计。

习题3 通常情况下,分子的平动、转动和振动能级的间隔 $\Delta\varepsilon_t$、$\Delta\varepsilon_r$ 和 $\Delta\varepsilon_v$ 分别约为 $10^{-16}kT$、$10^{-2}kT$ 和 $10kT$,求相应的 Boltzmann 因子 $e^{-\Delta\varepsilon/kT}$ 各等于多少?

[答案:$1;0.99;4.54 \times 10^{-5}$]

§6.3 分子配分函数

1. 分子配分函数的物理意义

由式(6.4)可知,分子配分函数的定义为

$$Q = \sum g_i e^{-\varepsilon_i/kT}$$

式中 g_i 为 i 能级的简并度,即 i 能级所有的量子状态数。由于系统总能量的限制,并不是所有能级及其量子状态都能被粒子所占据,Boltzmann 因子 $e^{-\varepsilon_i/kT}$ 小于

1 就是与 i 能级的能量 ε_i 有关的有效分数,因此,$g_i\mathrm{e}^{-\varepsilon_i/kT}$ 是表示 i 能级的有效量子状态数,或称有效状态数。$\sum g_i\mathrm{e}^{-\varepsilon_i/kT}$ 则表示所有能级的有效状态数之和,通常简称为"状态和"。这就是分子配分函数的物理意义。

由 Boltzmann 分布可知:

$$\frac{n_i}{N} = \frac{g_i\mathrm{e}^{-\varepsilon_i/kT}}{\sum g_i\mathrm{e}^{-\varepsilon_i/kT}} \tag{6.9}$$

该式表明分配在 i 能级的粒子数 n_i 与系统总粒子数 N 之比等于该能级的有效状态数与所有能级的有效状态数总和之比。由式(6.9)很容易证明有下列关系:

$$\frac{n_i}{n_j} = \frac{g_i\mathrm{e}^{-\varepsilon_i/kT}}{g_j\mathrm{e}^{-\varepsilon_j/kT}} \tag{6.10}$$

这个关系表明分配在不同能级 i 和 j 上的粒子数之比等于两能级的有效状态数之比。式(6.9)和式(6.10)亦都称为 Boltzmann 分布。因此,人们常说系统中 N 个粒子按 Boltzmann 分布分配于各个能级。

习题 4 应用 Boltzmann 分布,求 25 ℃时在两个非简并的不同能级上的能级分配数之比。设这两个能级之差(1) $\Delta E = 8.37 \text{ kJ} \cdot \text{mol}^{-1}$;(2) $\Delta E = 418 \text{ kJ} \cdot \text{mol}^{-1}$。

[答案:(1) 0.034;(2) 5.35×10^{-74}]

习题 5 某分子的两个能级的能量值分别为 $\varepsilon_1 = 6.1 \times 10^{-21}$ J,$\varepsilon_2 = 8.4 \times 10^{-21}$ J,相应的简并度分别为 $g_1 = 3$,$g_2 = 5$。求该分子组成的系统中,在(1) 300 K 时;(2) 3000 K 时分配数之比 n_1/n_2 各为多少? [答案:(1) 1.05;(2) 0.63]

习题 6 HCl 分子的振动能级间隔是 5.94×10^{-20} J,计算在 25 ℃时,某一能级与其较低一能级上分子数的比值。对于 I_2 分子,振动能级间隔是 0.43×10^{-20} J,请作同样计算。(已知振动能级均为非简并的。) [答案:HCl,5.33×10^{-7};I_2,0.351]

习题 7 某系统的第一电子激发态能量比基态能量高 400 kJ·mol^{-1},而且这两个能级都是非简并的,请计算在多高温度下,分配于此激发态的分子数占系统总分子数的 10%?

[答案:2.2×10^4 K]

2. 能量标度零点的选择

分子配分函数是分子各能级有效状态的总和,而各能级的有效状态数又与该能级的能量 ε_i 有关,因此能级能量的量度对于分子配分函数的求算十分重要。而量度能级能量必须首先选定标度零点。

通常,分子能级能量标度零点有两种选择方法。一种是选取能量的绝对零点为起点,从而确定基态能量为某一数值 ε_0,于是分子配分函数:

$$Q = \sum g_i \mathrm{e}^{-\varepsilon_i/kT} = g_0 \mathrm{e}^{-\varepsilon_0/kT} + g_1 \mathrm{e}^{-\varepsilon_1/kT} + g_2 \mathrm{e}^{-\varepsilon_2/kT} + \cdots$$

另一种选择的方法是规定基态能量 $\varepsilon_0 = 0$,称为相对零点。这样求出的分子配分函数以 Q_0 表示,即

$$Q_0 = \sum g_i \mathrm{e}^{-\Delta\varepsilon_i/kT} = g_0 + g_1 \mathrm{e}^{-\Delta\varepsilon_1/kT} + g_2 \mathrm{e}^{-\Delta\varepsilon_2/kT} + \cdots$$

式中 $\Delta\varepsilon_i = \varepsilon_i - \varepsilon_0$,表示 i 能级相对于基态的能量值。能量标度零点的选择不同,求得的分子配分函数值也不同,很明显两者的关系为

$$Q = Q_0 \mathrm{e}^{-\varepsilon_0/kT} \tag{6.11}$$

但是这种不同对于 Boltzmann 分布没有影响,即

$$n_i = \frac{N}{Q} g_i \mathrm{e}^{-\varepsilon_i/kT} = \frac{N}{Q_0} g_i \mathrm{e}^{-\Delta\varepsilon_i/kT} \tag{6.12}$$

可见,能量标度零点的选择不同,不会影响 Boltzmann 分布关系,然而对某些热力学量的数值却会有一定的影响。

3. 分子配分函数与热力学函数的关系

统计热力学的重要任务之一就是要建立微观性质和宏观性质之间的关系。Boltzmann 定理:

$$S = k\ln\Omega = k\ln t_{max}$$

其重要意义就在于此。但在统计热力学中往往并不是直接通过具体计算 t_{max} 来沟通微观和宏观,而是通过分子配分函数来建立二者的联系。分子配分函数在统计力学中占有极其重要的地位,系统中的各种热力学函数都可以通过分子配分函数来表示,而统计热力学最重要的任务之一就是通过配分函数来计算系统的热力学函数。

(1)热力学能。

独立粒子系统的热力学能等于各粒子能量的总和,即 $U = \sum n_i \varepsilon_i$。根据 Boltzmann 分布 $n_i = \frac{N}{Q} g_i \mathrm{e}^{-\varepsilon_i/kT}$,故

$$U = \frac{N}{Q} \sum g_i \mathrm{e}^{-\varepsilon_i/kT} \cdot \varepsilon_i \tag{6.13}$$

若将 Q 对 T 求偏微商,可得

$$\left(\frac{\partial Q}{\partial T}\right)_{V,N} = \sum g_i e^{-\varepsilon_i/kT} \cdot \frac{\varepsilon_i}{kT^2}$$

即

$$\sum g_i e^{-\varepsilon_i/kT} \cdot \varepsilon_i = kT^2\left(\frac{\partial Q}{\partial T}\right)_{V,N}$$

所以

$$U = \frac{N}{Q}kT^2\left(\frac{\partial Q}{\partial T}\right)_{V,N} = NkT^2\left(\frac{\partial \ln Q}{\partial T}\right)_{V,N} \tag{6.14}$$

显然这个关系对于定域子系统和离域子系统都是适用的。

若将式(6.11)代入式(6.14),可得

$$U = NkT^2\left(\frac{\partial \ln Q_0}{\partial T}\right)_{V,N} + N\varepsilon_0$$

令 $U_0 = N\varepsilon_0$,其意义是系统中的 N 个粒子全部处于基态时的总能量,即系统为 0 K 时的热力学能。于是上式可表示为

$$U - U_0 = NkT^2\left(\frac{\partial \ln Q_0}{\partial T}\right)_{V,N}$$

若规定 $\varepsilon_0 = 0$,则 $U_0 = 0$,其含义就是规定系统在 0 K 时的热力学能为零。可见,能量标度零点的选择不同,对求算系统热力学能值有直接影响。

（2）熵。

不同系统的 t_{max} 不同,根据 Boltzmann 定理,则其熵值也不同。对于定域子系统, $t_{max} = N!\prod_i \frac{g_i^{n_i}}{n_i!}$,所以

$$S = k\ln t_{max} = k\ln\left(N!\prod_i \frac{g_i^{n_i}}{n_i!}\right)$$

将 Stirling 近似公式代入上式,得

$$S = Nk\ln N - k\sum n_i \ln \frac{n_i}{g_i}$$

将 Boltzmann 分布代入上式,即得

$$S(\text{定域子}) = k\ln Q^N + \frac{U}{T} = k\ln Q^N + NkT\left(\frac{\partial \ln Q}{\partial T}\right)_{V,N} \tag{6.15}$$

而对于离域子系统，$t_{\max} = \prod_i \dfrac{g_i^{n_i}}{n_i!}$，所以

$$S = k\ln\left(\prod_i \frac{g_i^{n_i}}{n_i!}\right) = Nk - k\sum n_i\ln\frac{n_i}{g_i}$$

将 Boltzmann 分布代入上式，即得

$$S(\text{离域子}) = k\ln\frac{Q^N}{N!} + \frac{U}{T} = k\ln\frac{Q^N}{N!} + NkT\left(\frac{\partial\ln Q}{\partial T}\right)_{V,N} \tag{6.16}$$

比较两种结果可见，在相同情况下，定域子系统和离域子系统的 $t_{\max}$ 相差 $N!$ 倍，故两者的熵值相差 $k\ln N!$。

将式(6.11)代入式(6.15)或式(6.16)都可以证明，能量标度零点的选择不同，对求算系统的熵值没有影响。

(3) 其他热力学量。

根据 U、S 与 Q 的关系式，借助热力学关系不难得到其他热力学量的统计热力学表达式。

例如，Helmholtz 函数 $A = U - TS$，对定域子系统而言，引入式(6.15)，有

$$A(\text{定域子}) = U - T\left(k\ln Q^N + \frac{U}{T}\right) = -kT\ln Q^N \tag{6.17}$$

对离域子系统而言，将式(6.16)代入定义式：

$$A(\text{离域子}) = U - T\left(k\ln\frac{Q^N}{N!} + \frac{U}{T}\right) = -kT\ln\frac{Q^N}{N!} \tag{6.18}$$

又如，压力 p，由 $dU = TdS - pdV$ 可得

$$p = T\left(\frac{\partial S}{\partial V}\right)_{T,N} - \left(\frac{\partial U}{\partial V}\right)_{T,N}$$

由式(6.15)式(6.16)均可得到

$$p = NkT\left(\frac{\partial\ln Q}{\partial V}\right)_{T,N} \tag{6.19}$$

再如，定容热容 $C_V = (\partial U/\partial T)_{V,N}$，所以

$$C_V = 2NkT\left(\frac{\partial\ln Q}{\partial T}\right)_{V,N} + NkT^2\left(\frac{\partial^2\ln Q}{\partial T^2}\right)_{V,N} \tag{6.20}$$

其他热力学量的统计热力学关系可以类推。从以上的表达式可以看出,只要知道分子配分函数,就能求出各个热力学函数。应注意的是,对于定域子系统和离域子系统,U、H、p、C_V 的关系式相同,而 S、A、G 的关系式相差一个常数项。不难证明,能量标度零点的选择不同,对系统的 S、p、C_V 等值没有影响,而对 U、H、A、G 等值有影响,都是相差一项 U_0。

习题 8 证明:

(1) $H = NkT^2\left(\dfrac{\partial \ln Q}{\partial T}\right)_{V,N} + NkTV\left(\dfrac{\partial \ln Q}{\partial V}\right)_{T,N}$

(2) $G(\text{定域子}) = -kT\ln Q^N + NkTV\left(\dfrac{\partial \ln Q}{\partial V}\right)_{T,N}$

$G(\text{离域子}) = -kT\ln \dfrac{Q^N}{N!} + NkTV\left(\dfrac{\partial \ln Q}{\partial V}\right)_{T,N}$

习题 9 证明对理想气体而言,熵可以表达为

$$S = Nk\ln\dfrac{Q}{N} + NkT\left(\dfrac{\partial \ln Q}{\partial T}\right)_{p,N}$$

因此焓也可以表示为
$$H = NkT^2\left(\dfrac{\partial \ln Q}{\partial T}\right)_{p,N}$$

[提示:理想气体是独立离域子系统,$pV = NkT$,$S = -(\partial G/\partial T)_{p,N}$,$H = G + TS$]

习题 10 证明对于 1 mol 理想气体(独立离域子系统):

(1) $(G - U_0)_m = -RT\ln(Q_0/L)$

(2) $(H - U_0)_m = RT^2\left(\dfrac{\partial \ln Q_0}{\partial T}\right)_{p,N}$

4. 分子配分函数的析因子性质

分子的运动可以分成平动(t)、转动(r)、振动(v)、电子运动(e)、核运动(n)等。对独立粒子而言,分子的各种运动形式可以认为是彼此独立的,分子的能量可以认为是各种运动形式能量的加和,即

$$\varepsilon_i = \varepsilon_j^t + \varepsilon_k^r + \varepsilon_l^v + \varepsilon_m^e + \varepsilon_n^n$$

各种运动形式分别具有相应的简并度,它们和分子运动总简并度的关系为

$$g_i = g_j^t \cdot g_k^r \cdot g_l^v \cdot g_m^e \cdot g_n^n$$

所以

$$Q = \sum g_i e^{-\varepsilon_i/kT}$$

$$= \sum_j \sum_k \sum_l \sum_m \sum_n g_j^t g_k^r g_l^v g_m^e g_n^n \cdot \exp\left(-\frac{\varepsilon_j^t + \varepsilon_k^r + \varepsilon_l^v + \varepsilon_m^e + \varepsilon_n^n}{kT}\right)$$

$$= \left[\sum_j g_j^t \cdot \exp\left(-\frac{\varepsilon_j^t}{kT}\right)\right]\left[\sum_k g_k^r \cdot \exp\left(-\frac{\varepsilon_k^r}{kT}\right)\right]\left[\sum_l g_l^v \cdot \exp\left(-\frac{\varepsilon_l^v}{kT}\right)\right] \cdot$$

$$\left[\sum_m g_m^e \cdot \exp\left(-\frac{\varepsilon_m^e}{kT}\right)\right]\left[\sum_n g_n^n \cdot \exp\left(-\frac{\varepsilon_n^n}{kT}\right)\right]$$

$$= Q_t Q_r Q_v Q_e Q_n \tag{6.21}$$

式中 Q_t、Q_r、Q_v、Q_e、Q_n 分别称为平动配分函数、转动配分函数、振动配分函数、电子配分函数、核配分函数,分别代表各运动形式对分子配分函数的贡献。式(6.21)表明分子配分函数能够解析成各种运动贡献的乘积,称为分子配分函数的析因子性质。应指出,分子配分函数的析因子性质只有对独立粒子系统才是正确的。

将式(6.21)运用于各热力学量表达式,可得

$$U = NkT^2\left(\frac{\partial \ln Q}{\partial T}\right)_{V,N}$$

$$= NkT^2\left(\frac{\partial \ln Q_t}{\partial T}\right)_{V,N} + NkT^2\left(\frac{\partial \ln Q_r}{\partial T}\right)_{V,N} + NkT^2\left(\frac{\partial \ln Q_v}{\partial T}\right)_{V,N} +$$

$$NkT^2\left(\frac{\partial \ln Q_e}{\partial T}\right)_{V,N} + NkT^2\left(\frac{\partial \ln Q_n}{\partial T}\right)_{V,N}$$

$$= U_t + U_r + U_v + U_e + U_n \tag{6.22}$$

$$S(\text{定域子}) = k\ln Q^N + \frac{U}{T}$$

$$= \left(k\ln Q_t^N + \frac{U_t}{T}\right) + \left(k\ln Q_r^N + \frac{U_r}{T}\right) + \left(k\ln Q_v^N + \frac{U_v}{T}\right) +$$

$$\left(k\ln Q_e^N + \frac{U_e}{T}\right) + \left(k\ln Q_n^N + \frac{U_n}{T}\right)$$

$$= S_t + S_r + S_v + S_e + S_n \tag{6.23}$$

$$S(\text{离域子}) = k\ln\frac{Q^N}{N!} + \frac{U}{T}$$

$$= \left(k\ln\frac{Q_t^N}{N!} + \frac{U_t}{T}\right) + \left(k\ln Q_r^N + \frac{U_r}{T}\right) + \left(k\ln Q_v^N + \frac{U_v}{T}\right) +$$

$$\left(k\ln Q_e^N + \frac{U_e}{T}\right) + \left(k\ln Q_n^N + \frac{U_n}{T}\right)$$

$$= S_t + S_r + S_v + S_e + S_n \tag{6.24}$$

　　类似处理,其他热力学量均可分解为各种运动的贡献之和,这样为分别求算提供了方便。应注意的是,比较式(6.23)和式(6.24)可见,定域子系统和离域子系统的平动熵 S_t 相差 $k\ln N!$,而其他都一样。这是因为两种粒子的区别就在于分子整体的运动,即平动,而分子内部的运动则是一样的。

§6.4　分子配分函数的求算及应用

　　根据分子配分函数的析因子性质,只要分别求算出分子各配分函数值,就可以得到分子总配分函数,进而可求得系统各热力学量。

1. 平动配分函数

　　分子的平动,就是把分子看成一个整体,分析它在容许体积内的运动,这相当于一个粒子在三维势箱中的运动,分子可简化为三维平动子。根据量子力学原理,在长、宽、高分别为 a、b、c 的三维势箱中,质量为 m 的三维平动子的能级公式为

$$\varepsilon_t(n_x, n_y, n_z) = \frac{h^2}{8m}\left(\frac{n_x^2}{a^2} + \frac{n_y^2}{b^2} + \frac{n_z^2}{c^2}\right)$$

式中 h 是 Planck 常数;n_x、n_y、n_z 分别为 x、y、z 三个轴上平动量子数,它们都只能是任意正整数 $1, 2, 3, \cdots$。当 n_x、n_y、n_z 都确定时,就对应了一个平动量子态,量子态是非简并的。所以,分子的平动配分函数应为

$$Q_t = \sum_{n_x, n_y, n_z} \exp\left[-\frac{h^2}{8mkT}\left(\frac{n_x^2}{a^2} + \frac{n_y^2}{b^2} + \frac{n_z^2}{c^2}\right)\right]$$

$$= \left[\sum_{n_x} \exp\left(-\frac{h^2}{8mkT} \cdot \frac{n_x^2}{a^2}\right)\right]\left[\sum_{n_y} \exp\left(-\frac{h^2}{8mkT} \cdot \frac{n_y^2}{b^2}\right)\right] \cdot$$

$$\left[\sum_{n_z} \exp\left(-\frac{h^2}{8mkT} \cdot \frac{n_z^2}{c^2}\right)\right]$$

$$= Q_x Q_y Q_z$$

式中 Q_x、Q_y、Q_z 分别为三个方向上单维平动子的配分函数,各与一个平动自由度相对应。其中

$$Q_x = \sum_{n_x=1}^{\infty} \exp\left(-\frac{h^2}{8mkT} \cdot \frac{n_x^2}{a^2}\right) = \sum_{n_x=1}^{\infty} \exp(-\alpha^2 n_x^2)$$

$\alpha^2 = h^2/(8mkTa^2)$,一般说来,其数值是非常小的,说明在通常情况下,上式是一系列连续相差很小的数值的加和,因此可用积分代替,即

$$Q_x = \int_0^{\infty} \exp(-\alpha^2 n_x^2) \, \mathrm{d}n_x = \frac{\sqrt{\pi}}{2\alpha} = \left(\frac{2\pi mkT}{h^2}\right)^{1/2} \cdot a$$

同理

$$Q_y = \left(\frac{2\pi mkT}{h^2}\right)^{1/2} \cdot b \qquad Q_z = \left(\frac{2\pi mkT}{h^2}\right)^{1/2} \cdot c$$

所以

$$Q_t = \left(\frac{2\pi mkT}{h^2}\right)^{3/2} \cdot abc = \left(\frac{2\pi mkT}{h^2}\right)^{3/2} \cdot V \qquad (6.25)$$

式中 $V = abc$,是系统的体积。这样求得的 Q_t,其能量标度零点可以近似认为选在平动的基态能级。

将平动配分函数应用于理想气体(独立离域子)系统:

$$U_t = NkT^2\left(\frac{\partial \ln Q_t}{\partial T}\right)_{V,N} = NkT^2 \cdot \frac{3}{2}\left(\frac{\partial \ln T}{\partial T}\right)_{V,N} = \frac{3}{2}NkT \qquad (6.26)$$

$$C_{V,t} = \left(\frac{\partial U_t}{\partial T}\right)_{V,N} = \frac{3}{2}Nk \qquad (6.27)$$

$$S_t = k\ln\frac{Q_t^N}{N!} + \frac{U_t}{T} = Nk\ln Q_t - k\ln N! + \frac{3}{2}Nk$$

$$= Nk\ln\frac{Q_t}{N} + \frac{5}{2}Nk \qquad (6.28)$$

式(6.28)称为 Sackur-Tetrode 方程,可直接用于求算理想气体平动熵值。平动对其他热力学量的贡献亦可类似求得。

例题 2　求算 25 ℃ 及 10^5 Pa 时,1 mol NO 气体中分子的平动配分函数 Q_t 和系统的平动热力学能 U_t、平动熵 S_t 及平动定容热容 $C_{V,t}$。

解:低压气体可近似当做理想气体。所以系统的体积:

$$V = \frac{RT}{p} = \left(\frac{8.314 \times 298}{10^5} \right) m^3 = 0.0248 \ m^3$$

NO 的摩尔质量 $M = 30 \ g \cdot mol^{-1}$,其分子质量:

$$m = \frac{M}{L} = \left(\frac{30}{6.023 \times 10^{23}} \right) g = 4.98 \times 10^{-23} \ g = 4.98 \times 10^{-26} \ kg$$

$$Q_t = \left(\frac{2\pi mkT}{h^2} \right)^{3/2} \cdot V$$

$$= \left[\frac{2 \times 3.14 \times 4.98 \times 10^{-26} \times 1.38 \times 10^{-23} \times 298}{(6.626 \times 10^{-34})^2} \right]^{3/2} \times 0.0248$$

$$= 3.93 \times 10^{30}$$

$$U_t = \frac{3}{2}LkT = \frac{3}{2}RT = \left(\frac{3}{2} \times 8.314 \times 298 \right) J \cdot mol^{-1} = 3716 \ J \cdot mol^{-1}$$

$$S_t = Lk\ln\frac{Q_t}{L} + \frac{5}{2}Lk = R\ln\frac{Q_t}{L} + \frac{5}{2}R$$

$$= \left(8.314 \times \ln\frac{3.93 \times 10^{30}}{6.023 \times 10^{23}} + \frac{5}{2} \times 8.314 \right) J \cdot K^{-1} \cdot mol^{-1}$$

$$= 151.2 \ J \cdot K^{-1} \cdot mol^{-1}$$

$$C_V = \frac{3}{2}Lk = \frac{3}{2}R = \left(\frac{3}{2} \times 8.314 \right) J \cdot K^{-1} \cdot mol^{-1} = 12.5 \ J \cdot K^{-1} \cdot mol^{-1}$$

应注意,求算分子各配分函数时,公式中各量的单位制必须一致,最后结果均无量纲。

习题 11 求算 300 K,$a = 1$ cm 时,氢原子的 α^2 $\left(\alpha^2 = \dfrac{h^2}{8mkTa^2} \right)$ 值,并与 1 比较。

[答案:8×10^{-17}]

习题 12 证明理想气体分子的平动配分函数可写成下式:

$$Q = 5.939 \times 10^{30} \times (MT)^{3/2} \times V$$

式中 M 为摩尔质量($kg \cdot mol^{-1}$);体积 V 以 cm^3 为单位。若氧为理想气体,用上式求算 25 ℃和 1 cm^3 内,氧分子的平动配分函数值。 [答案:1.75×10^{26}]

习题 13 计算 25 ℃及标准压力时,氖($M = 20.18 \ g \cdot mol^{-1}$)的摩尔平动熵,并与实验值 146.4 $J \cdot K^{-1} \cdot mol^{-1}$ 比较。 [答案:$146.2 \ J \cdot K^{-1} \cdot mol^{-1}$]

习题 14 求算 25 ℃及标准压力时,氢气的摩尔平动热力学能 U_t 及摩尔平动熵 S_t 值。

[答案:$3716 \ J \cdot mol^{-1}$;$117.5 \ J \cdot K^{-1} \cdot mol^{-1}$]

习题 15 证明无结构理想气体在任何温度区间内,当温度变化相同,压力保持不变时的熵变为体积保持不变时熵变的 5/3。

2. 转动配分函数

对于双原子分子,除平动外,分子内部还有转动和振动。一般说来,这两种运动形式互相有联系,但为了简化,可近似认为两者彼此独立,并将转动看做刚性转子绕质心的运动。

根据量子力学原理,线型刚性转子的能级公式为

$$\varepsilon_r(J) = J(J+1)\frac{h^2}{8\pi^2 I}$$

式中 J 是转动量子数,可取 $0,1,2,\cdots$ 整数;I 是转动惯量,对于双原子分子:

$$I = \mu r^2 = \frac{m_1 m_2}{m_1 + m_2}r^2 \qquad (6.29)$$

式中 m_1、m_2 分别是两个原子的质量;μ 称为折合质量;r 是两原子的质心距离。

分子转动角动量的空间取向是量子化的,转动能级的简并度 $g_r = 2J+1$,所以

$$Q_r = \sum_{J=0}^{\infty}(2J+1)\exp\left[-J(J+1)\frac{h^2}{8\pi^2 IkT}\right]$$

令 $\Theta_r = h^2/(8\pi^2 Ik)$,称为分子的转动特征温度(见表6.2)。通常温度下,对大多数气体来说,$\Theta_r \ll T$,因此亦可用积分代替加和,即

$$Q_r = \int_0^{\infty}(2J+1)\exp\left[-\frac{J(J+1)\Theta_r}{T}\right]dJ = \frac{T}{\Theta_r}$$

$$= \frac{8\pi^2 IkT}{h^2} \qquad (6.30)$$

式(6.30)适用于异核双原子分子,也适用于非对称的线型多原子分子,如 HCN 等。但对于同核双原子分子或对称的线型多原子分子,由于分子对称性:

$$Q_r = \frac{T}{\sigma\Theta_r} = \frac{8\pi^2 IkT}{\sigma h^2} \qquad (6.31)$$

式中 σ 称为分子的对称数,即分子围绕对称轴旋转 $360°$ 时具有相同位置的次数。对于同核双原子分子,$\sigma = 2$;对于异核双原子分子,$\sigma = 1$。

非线型多原子分子的情况比较复杂,可以导出:

$$Q_r = \frac{\sqrt{\pi}\,(8\pi^2 kT)^{3/2}(I_x I_y I_z)^{1/2}}{\sigma h^3} \tag{6.32}$$

式中 I_x、I_y、I_z 分别是 x、y、z 三个轴向上的转动惯量。根据式(6.30)、式(6.31)和式(6.32)求算分子的转动配分函数,其能量标度零点均选在转动的基态能级。

将分子的转动配分函数应用于双原子分子或线型多原子分子系统:

$$U_r = NkT^2\left(\frac{\partial \ln Q_r}{\partial T}\right)_{V,N} = NkT^2\left(\frac{\partial \ln T}{\partial T}\right)_{V,N} = NkT \tag{6.33}$$

$$C_{V,r} = \left(\frac{\partial U_r}{\partial T}\right)_{V,N} = Nk \tag{6.34}$$

$$S_r = k\ln Q_r^N + \frac{U_r}{T} = Nk\ln Q_r + Nk \tag{6.35}$$

对于非线型多原子分子,则

$$U_r = \frac{3}{2}NkT \tag{6.36}$$

$$C_{V,r} = \frac{3}{2}Nk \tag{6.37}$$

$$S_r = Nk\ln Q_r + \frac{3}{2}Nk \tag{6.38}$$

表6.2 一些双原子分子的转动特征温度和振动特征温度

气体	转动特征温度 Θ_r/K	振动特征温度 Θ_v/K	转动惯量 $I/(10^{-46}\,kg\cdot m^2)$	核间距 $r/(10^{-10}\,m)$	基态的振动频率 $\nu_1/(10^{12}\,s^{-1})$
H_2	85.4	6100	0.0460	0.742	131.8
N_2	2.86	3340	1.394	1.095	70.75
O_2	2.07	2230	1.935	1.207	47.38
CO	2.77	3070	1.449	1.128	65.05
NO	2.42	2690	1.643	1.151	57.09
HCl	15.2	4140	0.2645	1.275	80.63
HBr	12.1	3700	0.331	1.414	—
HI	9.0	3200	0.431	1.604	—

例题 3 已知 NO 的转动惯量 $I = 1.643 \times 10^{-46}$ kg·m², 求算 25 ℃ 时 NO 分子的转动配分函数 Q_r 和该气体的摩尔转动热力学能 $U_{r,m}$、摩尔转动熵 $S_{r,m}$、定容摩尔热容 $C_{V,r,m}$。

解: NO 是异核双原子分子, $\sigma = 1$, 所以

$$Q_r = \frac{8\pi^2 IkT}{h^2} = 8 \times 3.14^2 \times 1.643 \times 10^{-46} \times 1.38 \times 10^{-23} \times 298 / (6.626 \times 10^{-34})^2$$

$$= 121.4$$

$$U_{r,m} = LkT = RT = (8.314 \times 298) \text{ J·mol}^{-1} = 2478 \text{ J·mol}^{-1}$$

$$S_{r,m} = Lk\ln Q_r + Lk = R\ln Q_r + R$$

$$= (8.314 \times \ln 121.4 + 8.314) \text{ J·K}^{-1}\text{·mol}^{-1} = 48.2 \text{ J·K}^{-1}\text{·mol}^{-1}$$

$$C_{V,r,m} = Lk = R = 8.314 \text{ J·K}^{-1}\text{·mol}^{-1}$$

习题 16 求算 H_2、N_2 和 NO 分子在 300 K 时的转动配分函数 Q_r。这些数值的物理意义是什么? Q_r 有没有量纲?(所需数据查表 6.2。)　　　　　　　　　[答案: 1.76; 52.4; 124]

习题 17 已知 HBr 分子的平均核间距离 $r = 0.1414$ nm, 求该分子的转动惯量, 转动特征温度 Θ_r, 25 ℃ 时的转动配分函数 Q_r, 以及 HBr 气体的摩尔转动熵值。

[答案: 3.30×10^{-47} kg·m²; 12.2 K; 24.4; 34.9 J·K^{-1}·mol^{-1}]

习题 18 求算 25 ℃ 时氮气的摩尔转动熵。已知 N_2 分子的转动惯量为 1.394×10^{-46} g·cm²。　　　　　　　　　　　　　　　　　[答案: 41.1 J·K^{-1}·mol^{-1}]

3. 振动配分函数

分子的振动可以近似简化为若干个简谐振动, 每个振动自由度相当于一个单维简谐振子。双原子分子只有一个振动自由度, 可以看做一个单维简谐振子。

根据量子力学原理, 单维简谐振子的能级公式为

$$\varepsilon_v(v) = \left(v + \frac{1}{2}\right)h\nu$$

式中 v 为振动量子数, 可为 $0, 1, 2, \cdots$ 整数; ν 为简谐振子的基本频率。按照上式, 当 $v = 0$ 时, $\varepsilon_v(0) = \frac{1}{2}h\nu$, 称为零点振动能, 即振动基态能级的能量。单维简谐振子都是非简并的。所以

$$Q_v = \sum_{v=0}^{\infty} \exp\left[\frac{-\left(v + \frac{1}{2}\right)h\nu}{kT}\right] = \exp\left(-\frac{h\nu}{2kT}\right) + \exp\left(-\frac{3h\nu}{2kT}\right) + \exp\left(-\frac{5h\nu}{2kT}\right) + \cdots$$

$$= \exp\left(-\frac{h\nu}{2kT}\right) \cdot \left[1 + \exp\left(-\frac{h\nu}{kT}\right) + \exp\left(-\frac{2h\nu}{kT}\right) + \cdots\right]$$

$$= \exp\left(-\frac{h\nu}{2kT}\right) \cdot \frac{1}{1 - \exp(-h\nu/kT)} \qquad (6.39)$$

$\Theta_v = h\nu/k$，称为分子的振动特征温度。于是

$$Q_v = \exp\left(-\frac{\Theta_v}{2T}\right) \cdot \frac{1}{1 - \exp(-\Theta_v/T)} \qquad (6.40)$$

由表 6.2 可见，绝大多数气体的 Θ_v 都很高，通常温度下 $\Theta_v \gg T$。于是式 (6.40) 可近似为

$$Q_v = e^{-\frac{1}{2}\Theta_v/T} = e^{-\frac{1}{2}h\nu/kT} \qquad (6.41)$$

这说明在通常温度下，气体分子几乎总是处于振动基态；只有当温度 T 接近 Θ_v 时，其他各能级对其配分函数才有实际的贡献。当温度很高，$T \gg \Theta_v$ 时，上述求和可用积分代替而得

$$Q_v = \frac{T}{\Theta_v} = \frac{kT}{h\nu} \qquad (6.42)$$

说明此时振动各能级均实际有效。

若将能量标度零点选在振动基态能级，即令 $\varepsilon_v(0) = 0$，则

$$(Q_0)_v = \frac{1}{1 - e^{-\Theta_v/T}} = \frac{1}{1 - e^{-h\nu/kT}} \qquad (6.43)$$

当 $\Theta_v \gg T$ 时，$(Q_0)_v = 1$，于是分子振动对热力学各量贡献的计算便可大大简化。

以上是对双原子分子（即单维简谐振子）只有一个振动自由度而言的。对由 n 个原子所组成的多原子分子来说，则其振动自由度不止一个，需将各单维简谐振子的配分函数相乘。可区分以下几种情况：

如果是线型多原子分子，则其总自由度为 $3n$，其中平动自由度为 3，转动自由度为 2，振动自由度应为 $(3n-5)$，故其振动配分函数应为

$$(Q_0)_v = \prod_i^{3n-5} \frac{1}{1 - e^{-h\nu_i/kT}} \qquad (6.44)$$

如果是非线型多原子分子,其总自由度亦为 $3n$,其中平动自由度为 3,转动自由度为 3,振动自由度应为 $(3n-6)$,故其振动配分函数应为

$$(Q_0)_v = \prod_i^{3n-6} \frac{1}{1 - e^{-h\nu_i/kT}} \tag{6.45}$$

上两式中,ν_i 表示 i 自由度的基本振动频率。应注意,不同自由度的振动频率可能是不一样的。

例题 4 已知 NO 分子的振动波数 $\tilde{\nu} = \nu/c = 1907 \text{ cm}^{-1}$,求 25 ℃时该分子的振动配分函数和 NO 气体的摩尔振动能及摩尔振动熵。

解:$\Theta_v = \dfrac{h\nu}{k} = \dfrac{hc\tilde{\nu}}{k} = \left(\dfrac{6.626 \times 10^{-34} \times 3 \times 10^8 \times 1907 \times 10^2}{1.38 \times 10^{-23}} \right) \text{K} = 2747 \text{ K}$

因为 $\qquad\qquad\qquad\qquad \Theta_v(2747 \text{ K}) \gg T(298 \text{ K})$

所以 $\qquad\qquad\qquad\qquad\qquad (Q_0)_v \approx 1$

$$(U_m - U_{0,m})_v = LkT^2 \left[\frac{\partial \ln(Q_0)_v}{\partial T} \right]_{v,N} \approx 0$$

$$S_{v,m} = Lk\ln(Q_0)_v + \frac{U_m - U_{0,m}}{T} \approx 0$$

习题 19 已知 CO 分子的基态振动波数 $\tilde{\nu} = \nu/c = 2168 \text{ cm}^{-1}$,求 CO 分子的特征温度 Θ_v,25 ℃时的振动配分函数 Q_v 和 $(Q_0)_v$,以及该气体的摩尔振动熵。

[答案:3123 K;5.33×10^{-3};1;0]

习题 20 根据公式 $(Q_0)_v = \dfrac{1}{1 - \exp(-hc\tilde{\nu}/kT)}$ 计算 N_2 在 300 K 及 1000 K 时的振动配分函数,式中 $\tilde{\nu}(N_2) = 2360 \text{ cm}^{-1}$。并计算 N_2 在 300 K 时,在振动能级 v 为 0 和 1 时的粒子分配分数。

[答案:1.000012;1.03459;0.999988;1.2×10^{-5}]

4. 电子配分函数和核配分函数

(1) 电子配分函数。

若将能量零点选在基态,则电子配分函数

$$(Q_0)_e = \sum g_i^e \exp\left(-\frac{\Delta\varepsilon_i^e}{kT} \right) = g_0^e + g_1^e \exp\left(-\frac{\Delta\varepsilon_1^e}{kT} \right) + \cdots$$

由于电子能级间隔较大,$\Delta\varepsilon_i^e$ 一般均在数百千焦每摩尔,除非在几千摄氏度以上

的高温下,电子总是处于基态,当增高温度时,常常是在电子尚未激发之前分子就已经分解,因此上式第二项及以后各项均可忽略不计,即

$$(Q_0)_e = g_0^e \qquad (6.46)$$

也就是说,电子配分函数等于电子运动基态的简并度。若电子运动总角动量量子数为 j,对应 j 有 $(2j+1)$ 个简并度,所以电子配分函数亦可以表示为

$$(Q_0)_e = 2j + 1 \qquad (6.47)$$

但亦有少数原子(如卤素原子)和分子(如 NO),它们的电子基态与第一激发态之间的能量间隔不是很大,这时就需要考虑第二项,但第二项以后各项仍不必考虑,即

$$(Q_0)_e = g_0^e + g_1^e \exp\left(-\frac{\Delta \varepsilon_1^e}{kT}\right) \qquad (6.48)$$

(2)核配分函数。

核运动的能级间隔更大,在通常的物理和化学变化中,原子核总是处于基态,若将核基态的能量选为零,则也可得

$$(Q_0)_n = g_0^n = 2I + 1 \qquad (6.49)$$

式中 I 是核自旋量子数。

5. 分子的全配分函数

对独立粒子系统而言,由于分子配分函数的析因子性质,可以将分子的配分函数写为

$$Q = Q_t \cdot Q_r \cdot Q_v \cdot Q_e \cdot Q_n$$

在一般的化学问题中,电子和核的运动状态不会发生变化。相应的电子配分函数和核配分函数没有必要计算。因此,分子的全配分函数可简化为

$$Q = Q_t \cdot Q_r \cdot Q_v \qquad (6.50)$$

在某些化学反应中,电子转移会导致价电子运动状态的变化,这时分子的全配分函数应表示为

$$Q = Q_t \cdot Q_r \cdot Q_v \cdot Q_e \qquad (6.51)$$

式中 Q_e 只是价电子的配分函数。

综合前面对各种运动形式的配分函数的讨论,在不考虑电子和核运动的情况下,若采取基态能量值为零的规定,则各种不同分子的全配分函数可表示如下:

（1）单原子分子。

由于单原子分子既无转动亦无振动，只需考虑平动，故

$$Q_0 = Q_t = \left(\frac{2\pi mkT}{h^2}\right)^{3/2} \cdot V \tag{6.52}$$

（2）双原子分子。

由于双原子分子有三个平动自由度、两个转动自由度和一个振动自由度，故

$$Q_0 = \left(\frac{2\pi mkT}{h^2}\right)^{3/2} \cdot V \cdot \frac{8\pi^2 IkT}{\sigma h^2} \cdot \frac{1}{1 - e^{-h\nu/kT}} \tag{6.53}$$

（3）线型多原子分子。

$$Q_0 = \left(\frac{2\pi mkT}{h^2}\right)^{3/2} \cdot V \cdot \frac{8\pi^2 IkT}{\sigma h^2} \cdot \prod_{i=1}^{3n-5} \left(\frac{1}{1 - e^{-h\nu_i/kT}}\right) \tag{6.54}$$

（4）非线型多原子分子。

$$Q_0 = \left(\frac{2\pi mkT}{h^2}\right)^{3/2} \cdot V \cdot \frac{\sqrt{\pi}(8\pi^2 kT)^{3/2}(I_x I_y I_z)^{1/2}}{\sigma h^3} \cdot \prod_{i=1}^{3n-6} \left(\frac{1}{1 - e^{-h\nu_i/kT}}\right)$$

$$\tag{6.55}$$

由这些关系可知，只要知道了粒子的质量 m、粒子的转动惯量 I（可由粒子的核间距及质量求得）、对称数 σ 和振动频率 ν_i 等微观性质就可求算分子的全配分函数，进而可求得宏观系统的热力学量。

例题 5 求氩（Ar）气在其正常沸点 87.3 K 和标准压力时的摩尔热力学能 U_m、摩尔熵 S_m 及定压摩尔热容 $C_{p,m}$。

解：氩气可视为单原子分子理想气体。

$$Q = Q_t = \left(\frac{2\pi mkT}{h^2}\right)^{3/2} \cdot V = 5.939 \times 10^{30} \times (MT)^{3/2} \times V$$

Ar 的摩尔质量 $M = 39.9 \text{ g} \cdot \text{mol}^{-1}$，标准压力时的摩尔体积：

$$V_m = \frac{RT}{p^\ominus} = (8.314 \times 87.3/10^5) \text{ m}^3 = 7.26 \times 10^{-3} \text{ m}^3 = 7.26 \times 10^3 \text{ cm}^3$$

$$Q = 5.939 \times 10^{30} \times (0.0399 \times 87.3)^{3/2} \times 7.26 \times 10^{-3} = 2.805 \times 10^{29}$$

$$U_m = \frac{3}{2}RT = \left(\frac{3}{2} \times 8.314 \times 87.3\right) \text{ J} \cdot \text{mol}^{-1} = 1089 \text{ J} \cdot \text{mol}^{-1}$$

$$C_{V,m} = \frac{3}{2}R = \left(\frac{3}{2} \times 8.314\right) \text{J} \cdot \text{K}^{-1} \cdot \text{mol}^{-1} = 12.47 \text{ J} \cdot \text{K}^{-1} \cdot \text{mol}^{-1}$$

$$C_{p,m} = C_{V,m} + R = (12.47 + 8.314) \text{ J} \cdot \text{K}^{-1} \cdot \text{mol}^{-1} = 20.78 \text{ J} \cdot \text{K}^{-1} \cdot \text{mol}^{-1}$$

$$S_m = R\ln\frac{Q}{L} + \frac{5}{2}R = \left[8.314 \times \left(\ln\frac{2.805 \times 10^{29}}{6.022 \times 10^{23}} + 2.5\right)\right] \text{J} \cdot \text{K}^{-1} \cdot \text{mol}^{-1}$$

$$= 129.3 \text{ J} \cdot \text{K}^{-1} \cdot \text{mol}^{-1}$$

根据热力学第三定律,采用量热法求得的结果是 129.1 J · K⁻¹ · mol⁻¹,两者非常一致。

例题 6 求算 25 ℃ 及 10⁵ Pa 时 NO 分子的全配分函数和一氧化氮气体的摩尔热力学能、摩尔熵及摩尔 Gibbs 函数。

解:NO 是双原子分子,若不考虑电子和核运动,利用例题 2、3、4 的结果可得

$$Q_0 = Q_t \cdot Q_r \cdot (Q_0)_v = 3.93 \times 10^{30} \times 121.4 \times 1 = 4.77 \times 10^{32}$$

$$(U_m - U_{0,m}) = U_{t,m} + U_{r,m} + (U_m - U_{0,m})_v$$

$$= (3716 + 2478 + 0) \text{ J} \cdot \text{K}^{-1} \cdot \text{mol}^{-1} = 6194 \text{ J} \cdot \text{mol}^{-1}$$

或者

$$(U_m - U_{0,m}) = LkT^2\left(\frac{\partial \ln Q_0}{\partial T}\right)_{N,V} = \frac{5}{2}RT$$

$$= \left(\frac{5}{2} \times 8.314 \times 298\right) \text{J} \cdot \text{mol}^{-1} = 6194 \text{ J} \cdot \text{mol}^{-1}$$

$$S_m = S_{t,m} + S_{r,m} + S_{v,m} = (151.2 + 48.2 + 0) \text{ J} \cdot \text{K}^{-1} \cdot \text{mol}^{-1} = 199.4 \text{ J} \cdot \text{K}^{-1} \cdot \text{mol}^{-1}$$

或者

$$S = k\ln\frac{Q_0^L}{L!} + \frac{(U_m - U_{0,m})}{T} = R\ln\frac{Q_0}{L} + \frac{7}{2}R$$

$$= \left(8.314 \times \ln\frac{4.77 \times 10^{32}}{6.023 \times 10^{23}} + \frac{7}{2} \times 8.314\right) \text{J} \cdot \text{K}^{-1} \cdot \text{mol}^{-1} = 199.4 \text{ J} \cdot \text{K}^{-1} \cdot \text{mol}^{-1}$$

$$(G_m - U_{0,m}) = (U_m - U_{0,m}) + pV_m - TS_m$$

$$= (6194 + 8.314 \times 298 - 298 \times 199.4) \text{ J} \cdot \text{mol}^{-1} = -5.075 \times 10^4 \text{ J} \cdot \text{mol}^{-1}$$

或者由习题 10 的结果:

$$(G_m - U_{0,m}) = -RT\ln\frac{Q_0}{L} = \left(-8.314 \times 298 \times \ln\frac{4.76 \times 10^{32}}{6.023 \times 10^{23}}\right) \text{J} \cdot \text{mol}^{-1}$$

$$= -5.076 \times 10^4 \text{ J} \cdot \text{mol}^{-1}$$

习题 21 试根据分子配分函数证明,在通常温度下,双原子分子理想气体的定容摩尔热容 $C_{V,m} = 5R/2$。

习题 22　已知 84 K 时固态氩(Ar)的熵值为 38.3 J·K^{-1}·mol^{-1},升华熵为 7940 J·mol^{-1},求固态氩在 84 K 时的平衡蒸气压。(设氩气为理想气体,摩尔质量 $M = 39.9$ g·mol^{-1}。)

[答案:5.94×10^4 Pa]

习题 23　已知 CO 分子的转动特征温度 $\Theta_r = 2.77$ K,振动特征温度 $\Theta_v = 3070$ K,求一氧化碳气体在 500 K 时的标准摩尔熵 $S_m^\ominus$ 和定压摩尔热容 $C_{p,m}$。

[答案:212.6 J·K^{-1}·mol^{-1},29.10 J·K^{-1}·mol^{-1}]

习题 24　已知 F$_2$ 分子的转动特征温度 $\Theta_r = 1.24$ K,振动特征温度 $\Theta_v = 1284$ K,求氟气在 25 ℃时的标准摩尔熵 $S_m^\ominus$ 和定压摩尔热容 $C_{p,m}$。

[答案:202.8 J·K^{-1}·mol^{-1};31.23 J·K^{-1}·mol^{-1}]

习题 25　已知 HI 分子的转动特征温度 $\Theta_r = 9.0$ K,振动特征温度 $\Theta_v = 3200$ K,摩尔质量 $M = 127.9$ g·mol^{-1},求 500 K 时 HI 气体的标准摩尔 Gibbs 函数($G_m^\ominus - U_{0,m}^\ominus$)值。

[答案:-96.3 kJ·mol^{-1}]

习题 26　CO 分子在其晶体中存在两种可能的空间取向(CO 和 OC),已知 CO 分子的转动特征温度 $\Theta_r = 2.77$ K,振动特征温度 $\Theta_v = 3070$ K,求 25 ℃时一氧化碳气体的标准摩尔统计熵 $S_{m,spec}^\ominus$ 和标准摩尔量热熵 $S_{m,cal}^\ominus$。(提示:$S_{m,spec}^\ominus = S_{m,cal}^\ominus + S_M$,$S_M$ 是 0 K 时冻结在其晶体中的空间构型熵。)　[答案:197.6 J·K^{-1}·mol^{-1};191.8 J·K^{-1}·mol^{-1}]

习题 27　已知 I$_2$ 分子的振动特征温度 $\Theta_v = 308.3$ K,碘蒸气在 25 ℃时的标准摩尔熵 $S_m^\ominus = 261.9$ J·K^{-1}·mol^{-1},求 25 ℃和标准压力下,I$_2$(g)的振动熵在系统总熵中所占百分数。　[答案:3.2%]

习题 28　求 25 ℃时,H$_2$O(g)的标准摩尔熵 $S_m^\ominus$。已知 H$_2$O 分子的三个转动惯量 I_A、I_B、I_C 分别为 1.02×10^{-47} kg·m^2、1.92×10^{-47} kg·m^2、2.94×10^{-47} kg·m^2,三个基态振动波数 $\tilde{\nu} = \nu/c$ 分别为 3652 cm^{-1}、1592 cm^{-1}、3756 cm^{-1},对称数 $\sigma = 2$。

[答案:188.5 J·K^{-1}·mol^{-1}]

思考题

1. 部分氘化的氨样品经分析后发现含有等物质的量的氢和氘。假定分布是完全任意的,那么 NH$_3$、NH$_2$D、NHD$_2$ 和 ND$_3$ 的比例如何?

2. 在相同条件下,定域子系统的微观状态数是离域子系统的 $N!$ 倍,所以定域子系统的熵值应该比离域子系统的大 $k\ln N!$。但实际上,固体物质的摩尔熵值总是比其蒸气的小,道理何在?

3. 从热力学数据表查得,298 K 及标准压力下,惰性气体 He、Ne、Ar、Kr、Xe、Rn 的摩尔熵值分别为 126.1 J·K^{-1}·mol^{-1}、144.1 J·K^{-1}·mol^{-1}、154.7 J·K^{-1}·mol^{-1}、164.0 J·K^{-1}·mol^{-1}、

$169.9 \text{ J} \cdot \text{K}^{-1} \cdot \text{mol}^{-1}$、$176.2 \text{ J} \cdot \text{K}^{-1} \cdot \text{mol}^{-1}$。试作图表示 $S_m^{\ominus}$ 与 $\ln M$ 的关系,并讨论所得结果。

4. 按照下列状况分别写出分子平动配分函数的表达式:

(1)体积为 1 cm^3 的气体;

(2)标准压力下的 1 mol 气体;

(3)压力为 p,分子数为 N 的气体。

并比较所得的结果。

5. 低温条件下,能否应用公式 $Q_r = T/(\sigma \Theta_r)$ 求算分子转动配分函数?为什么?

6. 单维简谐振子的能级公式为 $\varepsilon_v(v) = \left(v + \dfrac{1}{2}\right) h\nu$。若选择振动基态为能量标度零

点,则 $\varepsilon_v(0) = 0$。比较二式可得 $\dfrac{1}{2}h\nu = 0$,所以振动频率 $\nu = 0$。如此推论错在哪里?

7. 根据配分函数的概念,导出在重力作用下,气体密度随高度的分布:

$$n(h) = n(0) e^{-mgh/kT}$$

教学课件

拓展例题

第七章

电化学

电化学是研究化学现象与电现象之间的相互关系以及化学能与电能相互转化规律的学科。在物理化学中,电化学是一门重要的分支学科,其涉及领域十分广泛,从日常生活、生产实际直至基础理论研究,都经常会遇到电化学问题。

化学现象与电现象的联系,化学能与电能的转化,都必须通过电化学装置方可实现。电化学装置可分为两大类:将化学能转化为电能的装置称为原电池;将电能转化为化学能的装置称为电解池。无论是原电池还是电解池,都必须包含有电解质溶液和电极两部分。

电化学的内容十分丰富,本章分三部分讨论其最基本的原理,即电解质溶液、可逆电池电动势、不可逆电极过程。

(一)电解质溶液

§7.1 离子的迁移

1. 电解质溶液的导电机理

能够导电的物质称为导体。导体主要有两类:第一类导体是金属,靠自由电子的迁移导电;第二类导体是电解质溶液、熔融电解质或固体电解质,靠离子的迁移导电。电解质溶液的连续导电过程必须在电化学装置中实现,而且总是伴随有电化学反应和化学能与电能相互转换发生。

图 7.1(a)所示为一电解池,系由与外电源相连接的两个铂电极插入 HCl 溶液而构成。在溶液中,由于电场力的作用,H^+ 向着与外电源负极相连的、电势较低的 Pt 电极——负极迁移,而 Cl^- 向着与外电源正极相连的、电势较高的 Pt

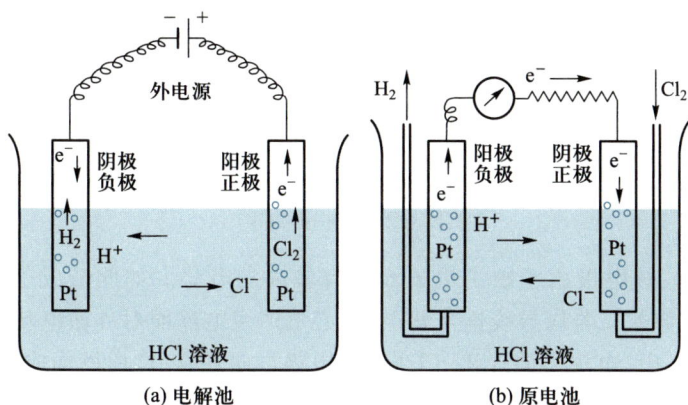

图 7.1　电化学装置示意图

电极——正极迁移。这些带电荷离子的定向迁移,形成了电流在溶液中通过。但电流在电极与溶液界面如何连续呢? 只要外加电压达到足够数值,负极附近的 H^+ 就会与电极上的电子结合,发生还原作用而放出氢气:

$$2H^+ + 2e^- \longrightarrow H_2$$

正极附近的 Cl^- 向电极放出电子,发生氧化作用而形成氯气:

$$2Cl^- \longrightarrow Cl_2 + 2e^-$$

氧化还原作用使两电极分别得到和放出电子,其效果就好像在负极有电子进入了溶液,而正极得到了从溶液跑出来的电子一样,如此使电流在电极与溶液界面处得以连续。两电极间的外电路靠第一类导体的电子迁移导电。这样就构成了整个回路中连续的电流。

该电解池的总结果是,外电源消耗了电功 $W' = QV$(Q 是电荷量,V 是外加电压),导致电化学系统(电解池)内发生了 $\Delta G_{T,p} > 0$ 的非自发反应:

$$2HCl \longrightarrow H_2 + Cl_2$$

使该系统的 Gibbs 函数升高。由热力学原理可知,如果电解时的化学变化是在可逆条件下进行的,则系统 Gibbs 函数升高值 $\Delta G_{T,p}$,与外界消耗的电功 QV 相等,即

$$\Delta G_{T,p} = W'_r = QV \tag{7.1}$$

图 7.1(b)表示在盛有 HCl 溶液的容器中插入两个 Pt 片,并使氢气和氯气分别冲击到一个 Pt 片上,这样就构成了一个原电池。该电池中,有 $\Delta G_{T,p} < 0$ 的

自发反应 $H_2 + Cl_2 \longrightarrow 2HCl$ 发生。在 H_2 电极上发生了氧化作用：

$$H_2 \longrightarrow 2H^+ + 2e^-$$

H^+ 进入溶液, 电子 e^- 留在 H_2 电极上, 使该电极具有较低的电势; 而 Cl_2 电极上的 Cl_2 夺取电极上的电子, 发生还原作用:

$$Cl_2 + 2e^- \longrightarrow 2Cl^-$$

Cl^- 进入溶液, 该电极由于缺了电子而具有较高的电势。如此造成了 H_2、Cl_2 两电极间的电势差。若以导线连接两电极, 必然产生电流而对外做电功。同时, 溶液中的 H^+ 向 Cl_2 电极方向迁移, Cl^- 向 H_2 电极方向迁移, 这样就构成了整个回路中连续的电流。

该原电池的总结果是, 由于 $\Delta G_{T,p} < 0$ 的自发反应:

$$H_2 + Cl_2 \longrightarrow 2HCl$$

的进行, 使电化学系统(原电池)的 Gibbs 函数降低, 转化成了对外所做的电功。若电池反应在可逆条件下进行, 则系统 Gibbs 函数降低值 $\Delta G_{T,p}$ 等于对外做出的电功 $W'_r = -QE$, 即

$$\Delta G_{T,p} = W'_r = -QE \tag{7.2}$$

E 为该电池的电动势。

综上所述, 可以归纳两点结论:

(1) 借助电化学装置可以实现电能与化学能的相互转化。在电解池中, 电能转变为化学能; 在原电池中, 化学能转化为电能。

(2) 电解质溶液的导电机理是: ① 电流通过溶液是由正、负离子的定向迁移来实现的; ② 电流在电极与溶液界面处得以连续, 是由于两电极上分别发生氧化还原反应而导致电子得失。

应强调指出, 借助电化学装置实现电能与化学能的相互转换时, 必须既有电解质溶液中的离子定向迁移, 又有电极上发生的电化学反应。若二者缺一, 则转换是不可能持续进行的。

关于电化学装置的电极命名法, 目前各书刊尚不统一。为避免混乱, 本书采用如下规定:

① 电化学装置的两电极中, 电势高者称为正极, 电势低者称为负极;

② 电化学装置的两电极中, 发生氧化反应者称为阳极, 发生还原反应者称为阴极;

③ 一般在习惯上对原电池常用正极和负极命名, 对电解池常用阴极和阳极

命名。但有些场合下,不论对原电池还是电解池,都需要既用正、负极,又用阴、阳极,此时需明确正、负极和阴、阳极的对应关系(见表 7.1)。

表 7.1 电极命名的对应关系

原电池	电解池
正极是阴极(还原极)	正极是阳极(氧化极)
负极是阳极(氧化极)	负极是阴极(还原极)

2. Faraday 定律

1833 年,Faraday 在研究电解作用时,归纳实验结果得出 Faraday 定律。实际上,该定律不论对电解反应或电池反应都是适用的。

Faraday 定律的主要内容是:"当电流通过电解质溶液时,通过电极的电荷量与发生电极反应的物质的量成正比。"

由电解质溶液的导电机理可以看出,如果电极上只有电化学反应,Faraday 定律则是必然的结果。电流通过电极是由电化学反应而实现的。通过的电荷量越多,表明电极与溶液间得失电子的数目越多,发生化学变化的物质的量必然会越多,因为电子的电荷量是一定的。1 mol 电子的电荷量是 96485 C(库仑),称为 Faraday 常数,以 F 表示。通常取值为 $1\ F = 96500\ C \cdot mol^{-1}$。

由于不同离子的价态变化不同,1 mol 物质发生电极反应所需的电子数会不同,通过电极的电荷量自然也不同。例如,1 mol Cu^{2+} 在电极上还原为 Cu 需要 2 mol 电子,而 1 mol Ag^+ 在电极上还原为 Ag 仅需 1 mol 电子,所以通过电极的电荷量:

$$Q = nF \qquad (7.3)$$

上式即为 Faraday 定律的数学表达式,式中 n 是电极反应时得失电子的物质的量。若发生电极反应的物质的量为 1 mol,一般说来,n 的数值就等于该离子的价态变化数。例如,对于 Cu 电极 $n = 2$ mol,对于 Ag 电极 $n = 1$ mol。

Faraday 定律的正确性是显而易见的,随着实验精确度的日益提高,其正确性越发得到证实。因此,人们常常从电解过程中电极上析出或溶解的物质的量来精确推算所通过的电荷量,所用装置称为电量计或库仑计。常用的有铜电量计、银电量计和气体电量计等。

习题 1 将一恒定电流通过硫酸铜溶液 1 h,阴极上沉积出铜 0.0300 g,串联在电路中的毫安计读数为 25 mA。试求该毫安计刻度误差有多大? [答案:- 1.23%]

习题 2 将两个银电极插入 $AgNO_3$ 溶液,通以 0.2 A 电流共 30 min,试求阴极上析出 Ag 的质量。   [答案: 0.4025 g]

习题 3 在 Na_2SO_4 溶液中通过 1000 C 电荷量时,在阴极和阳极上分别生成 NaOH 和 H_2SO_4 的质量各多少?   [答案: 0.415 g;0.508 g]

3. 离子迁移数

假定有 $1F$ 电荷量通过一 HCl 溶液,则在阴极有 1 mol H^+ 还原成 0.5 mol H_2,同时在阳极有 1 mol Cl^- 氧化成 0.5 mol Cl_2,两电极上均有 $1F$ 电荷量通过。

由于电路中各个截面上所通过的电荷量一定相等,所以在电解质溶液中,与电流方向垂直的任何一个截面上通过的电荷量必然也是 $1F$。而这 $1F$ 电荷量是由在电场力作用下向阴极方向迁移的 H^+ 和向阳极方向迁移的 Cl^- 共同传输的。因此,通过该截面的 H^+ 和 Cl^- 都不是 1 mol,而是两者之和为 1 mol。这就是说,通过电极的电荷量与通过溶液任一垂直截面的电荷量是相等的,但在电极上放电的某种离子的数量与在该溶液中通过某截面的该种离子的数量是不相同的。

每一种离子所传输的电荷量在通过溶液的总电荷量中所占的分数,称为该种离子的迁移数,用符号 t 表示。对于最简单的,即只含有正、负离子各一种的电解质溶液来说:

$$正离子迁移数 \qquad t_+ = \frac{正离子传输的电荷量 \ Q_+}{总电荷量 \ Q}$$

$$负离子迁移数 \qquad t_- = \frac{负离子传输的电荷量 \ Q_-}{总电荷量 \ Q}$$

而 $t_+ + t_- = 1$。

那么,正、负离子的迁移数是否相等呢?不难理解,一种离子传输电荷量的多少,是与离子的迁移速率成正比的。对多数电解质来说,由于不同离子在相同电场力作用下迁移速率并不相同,所以一般说来,$t_+ \neq t_-$。

假设在面积为 1 m^2 的两电极 A 与 B 之间盛以一电解质溶液(见图 7.2),此溶液中正、负离子的浓度分别为 c_+ 和 c_-(单位为 mol·m^{-3}),正、负离子的价数分别为 z_+ 和 z_-,两电极间距离为 l(单位为 m),外加电压为 V,在此电势梯

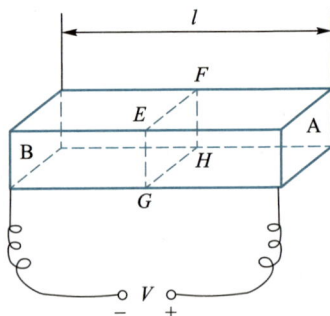

图 7.2   离子速率与传输
电荷量的关系

度之下,正、负离子的迁移速率分别为 u_+ 和 u_-。今取溶液中任一截面 $EFHG$(截面积为 A),则单位时间内由正、负离子通过此截面传输的电荷量 Q_+、Q_- 以及总电荷量 Q 分别为

$$Q_+ = c_+ u_+ z_+ FA \qquad Q_- = c_- u_- z_- FA$$

$$Q = Q_+ + Q_- = c_+ u_+ z_+ FA + c_- u_- z_- FA$$

由于任何电解质均有 $c_+ z_+ = c_- z_-$ 的关系存在,所以

$$t_+ = \frac{Q_+}{Q} = \frac{u_+}{u_+ + u_-} \qquad t_- = \frac{Q_-}{Q} = \frac{u_-}{u_+ + u_-} \tag{7.4}$$

此即迁移数与离子迁移速率的关系。

可以通过 Hittorf 法、界面移动法等多种方法测量离子的迁移数。表 7.2 列出了 25 ℃时一些电解质在不同浓度下正离子迁移数的实验测定值。

表 7.2　25 ℃时一些电解质在不同浓度下正离子迁移数的实验测定值

电解质	$c/(\mathrm{mol \cdot dm^{-3}})$				
	0.01	0.02	0.05	0.10	0.20
HCl	0.825	0.827	0.829	0.831	0.834
KCl	0.490	0.490	0.490	0.490	0.489
NaCl	0.392	0.390	0.388	0.385	0.382
LiCl	0.329	0.326	0.321	0.317	0.311
NH_4Cl	0.491	0.491	0.491	0.491	0.491
KBr	0.483	0.483	0.483	0.483	0.484
KI	0.488	0.488	0.488	0.488	0.489
$AgNO_3$	0.465	0.465	0.466	0.468	—
KNO_3	0.508	0.509	0.509	0.510	0.512
NaAc	0.554	0.555	0.557	0.559	0.561

由表可见,离子迁移数随电解质溶液的浓度而变化。同一种离子在不同电解质中,其迁移数是不相同的。外加电压的大小能改变离子的迁移速率,但由于正、负离子处于相同的电场强度作用下,其迁移速率会按照相同的比例变化,因此外加电压的大小不会影响离子迁移数。

§7.2   电解质溶液的电导

1. 电导、电导率和摩尔电导率

电解质溶液和金属导体一样,有下列关系:

(1) 溶液的电阻 R、外加电压 V 和通过溶液的电流 I 服从欧姆定律,即 $V = IR$;

(2) 溶液的电阻 R 与两电极间的距离 l 成正比,而与浸入溶液的电极面积 A 成反比,即 $R = \rho(l/A)$。ρ 称为电阻率,即两电极相距为 1 m,电极面积各为 1 m^2 时溶液的电阻。

不过对电解质溶液来说,更常使用的不是它的电阻 R 和电阻率 ρ,而是 R 的倒数电导 G 和 ρ 的倒数电导率 κ。电导 G 以 S(西门子)为单位,电导率符合下列关系:

$$\kappa = \frac{1}{\rho} = G \cdot \frac{l}{A} \tag{7.5}$$

可以看出,κ 的单位是 $S \cdot m^{-1}$;电导率 κ 的物理意义是电极面积各为 1 m^2、两电极间相距 1 m 时溶液的电导。其数值与电解质种类、溶液浓度及温度等因素有关。

为研究电解质溶液的导电能力,还常使用摩尔电导率。在相距为 1 m 的两个平行板电极之间充入含 1 mol 电解质的溶液时所具有的电导(见图 7.3),称为该溶液的摩尔电导率,以符号 Λ_m 表示。

如上定义中,由于电极相距 1 m,所以浸入溶液的电极面积应等于含 1 mol 电解质的溶液体积 V_m,按 Λ_m 的定义应有 $\Lambda_m = \kappa V_m$,而溶液的物质的量浓度 c(单位为 $mol \cdot m^{-3}$)与 V_m 的关系为 $V_m = 1/c$,因此

$$\Lambda_m = \kappa/c \tag{7.6}$$

由此式可看出,Λ_m 的单位是 $S \cdot m^2 \cdot mol^{-1}$。

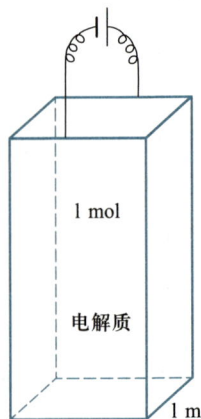

图 7.3   摩尔电导率定义

2. 电导的测定

实验测定溶液的电导,是将待测溶液充入具有两个固定 Pt 电极的电导池 M 中,将电导池 M 连入 Wheatstone 电桥的一臂(见图 7.4),测定其中溶液的电阻

R, 然后求倒数而得电导 G 值。其原理、方法与测定金属导体电阻相同, 但技术上需作一些改变。第一, 测量时不能用直流电源而应改用频率约为 1000 Hz 的交流电源 S。因为用直流电将使溶液因发生电极反应而改变浓度, 致使测量失真。用交流电, 前半周期的电极反应可被后半周期的作用相抵消, 因此测量较为准确。第二, 因采用交流电源, 所以桥中零电流指示器不能用直流检流计, 而需改用耳机或示波器 T。第三, 为了补偿电导池的电容, 需于桥的另

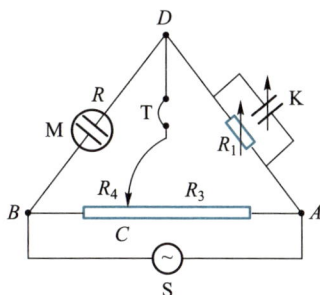

图 7.4　测定电解质溶液
电阻的 Wheatstone 电桥

一臂的可变电阻 R_1 上并联一可变电容器 K。按图 7.4 所示, 当电桥平衡时:

$$\frac{R_1}{R} = \frac{R_3}{R_4}$$

因此被测溶液的电导:

$$G = \frac{1}{R} = \frac{R_3}{R_1 R_4}$$

溶液的电导率按式(7.5)求算。对电导池而言, (l/A) 称为电导池常数, 可将一精确已知电导率值的标准溶液(通常用 KCl 溶液)充入待用电导池中, 在指定温度下测定其电导, 然后按照式(7.5)算出该电导池常数 (l/A) 值。常用的 KCl 标准溶液的电导率列于表 7.3。

表 7.3　KCl 标准溶液的电导率

$c/(\text{mol} \cdot \text{dm}^{-3})$	1000 g 水中 KCl 的质量/g	电导率 $\kappa/(\text{S} \cdot \text{m}^{-1})$		
		0 ℃	18 ℃	25 ℃
0.01	0.74625	0.077364	0.122052	0.140877
0.10	7.47896	0.71379	1.11667	1.28560
1.00	76.6276	6.5176	9.7838	11.1342

若已知该电解质溶液的物质的量浓度, 则依据式(7.6)即可求出其摩尔电导率 Λ_m 值。

例题 1　在 25 ℃时, 一电导池中盛以 0.01 mol·dm^{-3} KCl 溶液, 电阻为 150.00 Ω; 盛以 0.01 mol·dm^{-3} HCl 溶液, 电阻为 51.40 Ω。试求 0.01 mol·dm^{-3} HCl 溶液的电导率和摩尔电导率。

解：从表 7.3 查得 25 ℃ 时 0.01 mol·dm⁻³ KCl 溶液的 $\kappa = 0.140877$ S·m⁻¹，由式（7.5）得

$$\frac{l}{A} = \kappa/G = \kappa \cdot R = (0.140877 \times 150.00)\ \mathrm{m}^{-1} = 21.13\ \mathrm{m}^{-1}$$

所以 25 ℃ 时 0.01 mol·dm⁻³ HCl 溶液的电导率及摩尔电导率分别为

$$\kappa = G\frac{l}{A} = (21.13/51.40)\ \mathrm{S \cdot m}^{-1} = 0.4111\ \mathrm{S \cdot m}^{-1}$$

$$\Lambda_m = \kappa/c = [0.4111/(1000 \times 0.01)]\ \mathrm{S \cdot m^2 \cdot mol}^{-1} = 0.04111\ \mathrm{S \cdot m^2 \cdot mol}^{-1}$$

习题 4　在 18 ℃ 时，用同一电导池测出 0.01 mol·dm⁻³ KCl 溶液和 0.001 mol·dm⁻³ K₂SO₄ 溶液的电阻分别为 145.00 Ω 和 712.2 Ω。试计算（1）电导池常数；（2）0.001 mol·dm⁻³ K₂SO₄ 溶液的摩尔电导率。　　　　［答案：（1）17.70 m⁻¹；（2）0.02485 S·m²·mol⁻¹］

习题 5　已知 18 ℃ 时 0.020 mol·dm⁻³ KCl 溶液的 $\kappa = 0.2397$ S·m⁻¹。在 18 ℃ 时，以某电导池分别充以 0.020 mol·dm⁻³ KCl 和 0.00141 mol·dm⁻³ NaCNS 的乙醇溶液时，测得电阻分别为 15.946 Ω 和 663.45 Ω。试计算（1）电导池常数；（2）该 NaCNS 的乙醇溶液的摩尔电导率。　　　　［答案：（1）3.822 m⁻¹；（2）4.086 × 10⁻³ S·m²·mol⁻¹］

3. 电导率和摩尔电导率随浓度的变化

　　电解质溶液的电导率及摩尔电导率均随溶液的浓度而变化，但强、弱电解质的变化规律却不尽相同。几种不同的强、弱电解质的电导率随浓度变化的关系示于图 7.5。由图可以看出，对强电解质来说，浓度在达到 5 mol·dm⁻³ 之前，κ 随浓度增大而明显增大，几乎成正比。这是因为随着浓度的增大，单位体积溶液中的离子数目不断增加。当浓度超过一定范围之后，κ 反而有减小的趋势。这是因为溶液中的离子已相当密集，正、负离子间的引力明显增大，从而限制了离子的导电能力。

　　对弱电解质来说，电导率 κ 虽然也随浓度增大而有所增大，但变化并不显著。这是因为浓度增大时，虽然单位体积溶液中电解质分子数增加了，但解离度却随之减小，因此使离子数目增加得并不显著。

　　与电导率不同，无论是强电解质还是弱电解质，溶液的摩尔电导率 Λ_m 均随浓度的增大而减小。一些电解质的摩尔电导率随浓度变化的规律如图 7.6 所示。从图可以看出，强电解质与弱电解质的摩尔电导率随浓度变化的规律也是不同的。

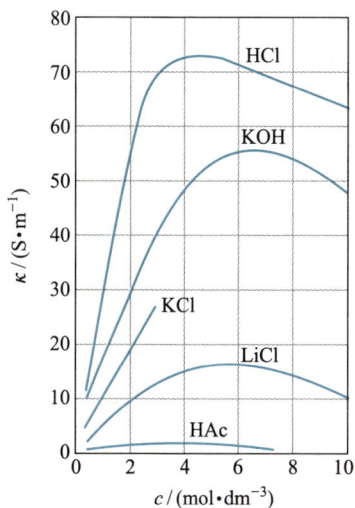

图 7.5　电导率与浓度的关系

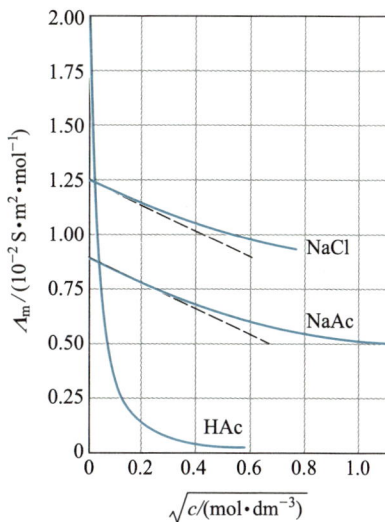

图 7.6　摩尔电导率与浓度的关系

对强电解质来说,随着浓度的减小,摩尔电导率 Λ_m 很快接近一极限值——无限稀释的摩尔电导率 Λ_m^∞(应注意 Λ_m^∞ 并不是纯溶剂的 Λ_m)。在浓度较低的范围内,强电解质的摩尔电导率 Λ_m 与物质的量浓度 c 有下列经验关系:

$$\Lambda_m = \Lambda_m^\infty (1 - \beta\sqrt{c}) \tag{7.7}$$

式中 β 为常数。

但对弱电解质来说,在溶液稀释过程中,Λ_m 的变化比较剧烈,即使在浓度已很小时,摩尔电导率 Λ_m 仍与 Λ_m^∞ 相差甚远,Λ_m 与 c 之间也不存在如式(7.7)所示的简单关系。

强、弱电解质的 Λ_m 与 c 关系的这种差别并不难理解。根据摩尔电导率的定义,溶液在稀释过程中两电极之间的电解质数量并没有减少,仍为 1 mol,只不过是溶液体积增大了而已。强电解质溶液在稀释过程中 Λ_m 变化不大,因为参加导电的离子数目并没有变化,仅仅是随着浓度的下降,离子间引力变小,离子迁移速率略有增加,导致 Λ_m 略有增加而已。而弱电解质溶液在稀释过程中,虽然电极之间的电解质数量未变,但解离度却大为增加,致使参加导电的离子数目大为增加,因此 Λ_m 随浓度的降低而显著增大。

4. 离子独立移动定律及离子摩尔电导率

电解质无限稀释时的摩尔电导率 Λ_m^∞ 是电解质的重要性质之一,它反映了离子之间没有引力时电解质所具有的导电能力。Λ_m^{∞} 的数值无法由实验直接测定。对强电解质来说,可依据式(7.7),将 Λ_m 对 $\sqrt{c}$ 作图所得的直线外推至 $c = 0$ 时,所得截距即为 Λ_m^{∞}。但对弱电解质来说,一则由于 Λ_m 与 c 的关系不符合式(7.7),二则在极稀浓度范围内,Λ_m 变化仍甚剧,因此不能用外推法求得 Λ_m^{∞}。那么弱电解质的 Λ_m^{∞} 如何求得呢?

Kohlrausch 在研究极稀溶液的摩尔电导率时得出离子独立运动定律:在无限稀释时,所有电解质都全部解离,而且离子间一切相互作用均可忽略,因此离子在一定电场作用下的迁移速率只取决于该种离子的本性而与共存的其他离子的性质无关。

由这一定律可得两点推论:

(1) 由于无限稀释时离子间一切相互作用均可忽略,所以电解质的摩尔电导率 Λ_m^{∞} 应是正、负离子单独对电导的贡献——离子摩尔电导率 λ_m^{∞} 的简单加和。如对于某电解质 $M_{\nu_+}A_{\nu_-}$,则

$$\Lambda_m^{\infty} = \nu_+ \lambda_{m,+}^{\infty} + \nu_- \lambda_{m,-}^{\infty} \tag{7.8}$$

(2) 由于无限稀释时离子的导电能力取决于离子本性而与共存的其他离子的性质无关,因此在一定溶剂和一定温度下,任何一种离子的 λ_m^{∞} 均为一定值。

由上所述不难看出,利用有关强电解质的 Λ_m^{∞} 值可求出一弱电解质的 Λ_m^{∞}。例如:

$$
\begin{aligned}
\Lambda_m^{\infty}(\text{HAc}) &= \lambda_m^{\infty}(\text{H}^+) + \lambda_m^{\infty}(\text{Ac}^-) \\
&= \lambda_m^{\infty}(\text{H}^+) + \lambda_m^{\infty}(\text{Cl}^-) + \lambda_m^{\infty}(\text{Na}^+) + \lambda_m^{\infty}(\text{Ac}^-) - \lambda_m^{\infty}(\text{Na}^+) - \lambda_m^{\infty}(\text{Cl}^-) \\
&= \Lambda_m^{\infty}(\text{HCl}) + \Lambda_m^{\infty}(\text{NaAc}) - \Lambda_m^{\infty}(\text{NaCl})
\end{aligned}
$$

或者

$$
\begin{aligned}
\Lambda_m^{\infty}(\text{HAc}) &= \lambda_m^{\infty}(\text{H}^+) + \lambda_m^{\infty}(\text{Ac}^-) \\
&= \lambda_m^{\infty}(\text{H}^+) + \frac{1}{2}\lambda_m^{\infty}(\text{SO}_4^{2-}) + \lambda_m^{\infty}(\text{Na}^+) + \lambda_m^{\infty}(\text{Ac}^-) - \lambda_m^{\infty}(\text{Na}^+) - \frac{1}{2}\lambda_m^{\infty}(\text{SO}_4^{2-}) \\
&= \frac{1}{2}\Lambda_m^{\infty}(\text{H}_2\text{SO}_4) + \Lambda_m^{\infty}(\text{NaAc}) - \frac{1}{2}\Lambda_m^{\infty}(\text{Na}_2\text{SO}_4)
\end{aligned}
$$

不难想见,若能得知各种离子的 λ_m^{∞} 值,则无论对强电解质还是弱电解质,求算 Λ_m^{∞} 均将十分方便。表 7.4 列出 25 ℃ 无限稀释时一些常见离子的摩尔电导率 λ_m^{∞}。

表 7.4　25 ℃无限稀释时一些常见离子的摩尔电导率 λ_m^∞

正离子	$\lambda_{m,+}^\infty/(10^{-2}\ S\cdot m^2\cdot mol^{-1})$	负离子	$\lambda_{m,-}^\infty/(10^{-2}\ S\cdot m^2\cdot mol^{-1})$
H^+	3.4982	OH^-	1.98
Tl^+	0.747	Br^-	0.784
K^+	0.7352	I^-	0.768
NH_4^+	0.734	Cl^-	0.7634
Ag^+	0.6192	NO_3^-	0.7144
Na^+	0.5011	ClO_4^-	0.68
Li^+	0.3869	ClO_3^-	0.64
Cu^{2+}	1.08	MnO_4^-	0.62
Zn^{2+}	1.08	HCO_3^-	0.4448
Cd^{2+}	1.08	Ac^-	0.409
Mg^{2+}	1.0612	$C_2O_4^{2-}$	0.480
Ca^{2+}	1.190	SO_4^{2-}	1.596
Ba^{2+}	1.2728	CO_3^{2-}	1.66
Sr^{2+}	1.1892	$[Fe(CN)_6]^{3-}$	3.030
La^{3+}	2.088	$[Fe(CN)_6]^{4-}$	4.420

从表 7.4 可见,H^+ 和 OH^- 的 λ_m^∞ 比大部分其他离子的 λ_m^∞ 要高出好几倍。这是因为在电场作用下,有如图 7.7 示意的 H^+ 和 OH^- 在相邻水分子之间的链式传递方式,其效果恰如 H^+ 和 OH^- 以很高的速率向两极迁移一样,因此导致 H^+ 和 OH^- 的 λ_m^∞ 数值较高。

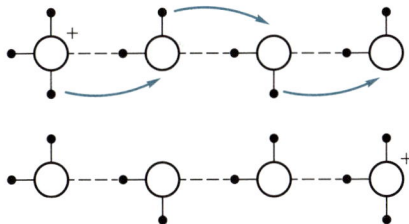

图 7.7　H^+ 和 OH^- 在相邻水分子之间的链式传递方式

习题 6　在 25 ℃时,一电导池中充以 0.01 mol·dm^{-3} KCl 溶液,测出的电阻值为 484.0 Ω;在同一电导池中充以不同浓度的 NaCl 溶液,测得下表所列数据。(1)求算各浓度时 NaCl 溶液的摩尔电导率;(2)以 Λ_m 对 $\sqrt{c}$ 作图,用外推法求出 Λ_m^∞。

$c/(\mathrm{mol \cdot dm^{-3}})$	0.0005	0.0010	0.0020	0.0050
R/Ω	10910	5494	2772	1128.9

[答案：(1) 0.01250 S·m²·mol⁻¹,0.01241 S·m²·mol⁻¹,

0.01230 S·m²·mol⁻¹,0.01208 S·m²·mol⁻¹;

(2) 0.01269 S·m²·mol⁻¹]

习题 7   在 18 ℃时,已知 $Ba(OH)_2$、$BaCl_2$ 和 NH_4Cl 溶液无限稀释时的摩尔电导率分别为 0.04576 S·m²·mol⁻¹、0.02406 S·m²·mol⁻¹、0.01298 S·m²·mol⁻¹,试计算该温度时 $NH_3 \cdot H_2O$ 溶液的 Λ_m^∞。   [答案：0.02383 S·m²·mol⁻¹]

§7.3   电导测定的应用示例

1. 求算弱电解质的解离度 α 及解离平衡常数 K_c

对弱电解质来说,无限稀释时的摩尔电导率 Λ_m^∞ 反映了该电解质全部解离且离子间没有相互作用时的导电能力,而一定浓度下的摩尔电导率反映的是部分解离且离子间存在一定相互作用时的导电能力。如果一弱电解质的解离度比较小,解离产生出的离子浓度较低,使离子间作用力可以忽略不计,那么 Λ_m 与 Λ_m^∞ 的差别就可近似看成由部分解离与全部解离产生的离子数目不同所致,所以弱电解质的解离度 α 可表示为

$$\alpha = \Lambda_m / \Lambda_m^\infty \qquad (7.9)$$

若电解质为 MA 型(即 1-1 价型或 2-2 价型),电解质浓度为 c,那么解离平衡常数为

$$K_c = \frac{c\alpha^2}{1-\alpha}$$

代入式(7.9)后整理可得

$$K_c = \frac{c\Lambda_m^2}{\Lambda_m^\infty(\Lambda_m^\infty - \Lambda_m)} \qquad (7.10)$$

该式称为 Ostwald 稀释定律。实验证明,弱电解质的解离度 α 越小,式(7.10)越精确。

例题 2 25 ℃ 时测得浓度为 0.1000 mol · dm⁻³ 的 HAc 溶液的 Λ_m 为 5.201 × 10⁻⁴ S · m² · mol⁻¹,求 HAc 在该浓度下的解离度 α 及其解离平衡常数 K_c。

解:查表得 25 ℃ 时 HAc 溶液的 Λ_m^∞ 为 0.039071 S · m² · mol⁻¹,因此

$$\alpha = \Lambda_m/\Lambda_m^\infty = 5.201 \times 10^{-4}/0.039071 = 0.01331$$

$$K_c = \frac{c\alpha^2}{1-\alpha} = \frac{0.1000 \times (0.01331)^2}{1 - 0.01331} = 1.796 \times 10^{-5}$$

2. 求算微溶盐的溶解度和溶度积

BaSO₄、AgCl 和 AgIO₃ 等微溶盐的溶解度是很难直接测定的,但利用电导测定方法却能方便地求出其溶解度。步骤大致为:用一已预先测知了电导率 $\kappa(H_2O)$ 的高纯水,配制待测微溶盐的饱和溶液,然后测定此饱和溶液的电导率 κ,显然测出值是微溶盐和水的电导率之和,所以

$$\kappa(\text{盐}) = \kappa - \kappa(H_2O) \tag{7.11}$$

由于微溶盐的溶解度很小,盐又是强电解质,所以其饱和溶液的摩尔电导率可认为是 $\Lambda_m^\infty(\text{盐})$,数值可从表 7.4 或有关手册中查得。因此,根据式(7.6),该微溶盐的饱和溶液的浓度 c 为

$$c = \frac{\kappa(\text{盐})}{\Lambda_m^\infty(\text{盐})}$$

例题 3 在 25 ℃ 时,测出 AgCl 饱和溶液及配制此溶液的高纯水之电导率 κ 分别为 3.41 × 10⁻⁴ S · m⁻¹ 和 1.60 × 10⁻⁴ S · m⁻¹,试求 AgCl 在 25 ℃ 时的溶解度和溶度积(K_{sp})。

解:$\kappa(\text{AgCl}) = \kappa - \kappa(H_2O) = (3.41 - 1.60) \times 10^{-4}$ S · m⁻¹ = 1.81 × 10⁻⁴ S · m⁻¹ 查表得 $\Lambda_m^\infty(\text{AgCl}) = 0.01383$ S · m² · mol⁻¹,所以 AgCl 饱和溶液的浓度为

$$c = \kappa(\text{AgCl})/\Lambda_m^\infty(\text{AgCl}) = (1.81 \times 10^{-4}/0.01383)\ \text{mol} \cdot \text{m}^{-3}$$
$$= 0.0131\ \text{mol} \cdot \text{m}^{-3} = 1.31 \times 10^{-5}\ \text{mol} \cdot \text{dm}^{-3}$$

习惯上溶解度常以 s 表示,以 g · dm⁻³ 为单位。AgCl 的摩尔质量 $M = 143.4$ g · mol⁻¹,则

$$s = Mc = (143.4 \times 1.31 \times 10^{-5})\ \text{g} \cdot \text{dm}^{-3} = 1.88 \times 10^{-3}\ \text{g} \cdot \text{dm}^{-3}$$

AgCl 的溶度积为

$$K_{sp} = c(\text{Ag}^+) \cdot c(\text{Cl}^-) = c^2 = (1.31 \times 10^{-5})^2 = 1.72 \times 10^{-10}$$

3. 电导滴定

分析化学中用容量滴定法测定溶液中某物质的浓度时,常用指示剂的变色指示滴定终点。若将滴定与电导测定相结合,则可利用滴定过程中系统电导的变化转折指示滴定终点,称为电导滴定。电导滴定可用于酸碱中和、生成沉淀、氧化还原等各类滴定反应。当溶液有颜色,不便利用指示剂时,电导滴定的方法就更加显得方便、有效。

以强碱 NaOH 滴定强酸 HCl 为例,以溶液电导对加碱溶液的体积作图所得之滴定曲线如图 7.8 中 ABC 所示。加 NaOH 之前,系统中的电解质全部是 HCl,溶液中因 H$^+$ 有较大的 λ_m^∞ 而表现出较高的电导。滴加 NaOH 的过程中,由于 H$^+$ 与 OH$^-$ 结合成 H$_2$O,其效果与用电导率较小的 Na$^+$ 代替电导率较大的 H$^+$ 一样,溶液电导将逐渐降低。达到滴定终点时,溶液电导应为最低。越过终点后,由于 NaOH 的存在,其中 OH$^-$ 的 λ_m^∞ 较大,所以溶液的电导又急骤升高。

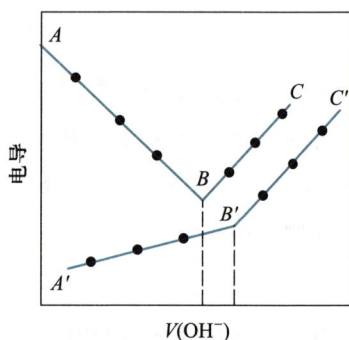

图 7.8   酸碱电导滴定

若以强碱 NaOH 滴定弱酸 HAc,则测定曲线如图 7.8 中 A'B'C' 所示。因 HAc 是弱酸,电导率较小,随着碱液的加入,弱酸渐由完全解离的盐 NaAc 所代替,因此溶液的电导逐渐升高,沿 A'B' 而变化。当超过了滴定终点,碱过量时,因具有较高电导率的 OH$^-$ 增多而使溶液的电导迅速升高。

以上两例中,如果滴定液 NaOH 浓度适当加大些,使滴定过程中溶液的稀释效应不显著,则 AB、BC 及 A'B'、B'C' 均可是较好的直线,所以做电导滴定与用指示剂的滴定不同,不必过分关心终点是否将到,不必担心滴过终点。只需大致在终点两边做数次测定,就可画出两条直线,其交点即为滴定终点。

电导测定的应用除上述三方面以外尚有很多,如求算盐类水解度,判别水的纯度,测定反应速率,某些工业过程利用电导信号实现自动控制,医学上依据电导区分人的健康皮肤和不健康皮肤,等等。在此不再详述。

习题 8   在 25 ℃时,一电导池充以 0.01 mol·dm^{-3} KCl 溶液和 0.1 mol·dm^{-3} NH$_3$·H$_2$O,测出的电阻分别为 525 Ω 和 2030 Ω,试求算此时 NH$_3$·H$_2$O 的解离度。

[答案:1.34%]

习题 9 在 18 ℃时,0.05 mol·dm⁻³ HAc 溶液的电导率是 0.044 S·m⁻¹,相同温度下,H⁺和 Ac⁻的无限稀释摩尔电导率分别为 0.0310 S·m²·mol⁻¹ 和 0.0077 S·m²·mol⁻¹,试求 HAc 的解离平衡常数。　　　　　　　　　　　　　　　[答案:2.65 × 10⁻⁵]

习题 10 在 18 ℃时,0.01 mol·dm⁻³ NH₃·H₂O 的摩尔电导率为 9.62 × 10⁻⁴ S·m²·mol⁻¹,0.1 mol·dm⁻³ NH₃·H₂O 的摩尔电导率为 3.09 × 10⁻⁴ S·m²·mol⁻¹。试计算该温度时 NH₃·H₂O 的解离平衡常数以及 0.01 mol·dm⁻³ 和 0.1 mol·dm⁻³ NH₃·H₂O 解离度。

[答案:2.10 × 10⁻⁵;0.0448;0.0144]

习题 11 在 25 ℃时,0.0275 mol·dm⁻³ H₂CO₃ 溶液的电导率为 3.86 × 10⁻³ S·m⁻¹。试计算 H₂CO₃ ⟶ H⁺ + HCO₃⁻ 的解离平衡常数。　　[答案:3.50 × 10⁻⁷]

习题 12 在 18 ℃时,测得 CaF₂ 饱和水溶液及配制该溶液的纯水之电导率分别为 3.86 × 10⁻³ S·m⁻¹ 和 1.5 × 10⁻⁴ S·m⁻¹。已知在 18 ℃时,无限稀释溶液中下列物质的摩尔电导率分别为 Λ_m^∞(CaCl₂) = 0.02334 S·m²·mol⁻¹;Λ_m^∞(NaCl) = 0.01089 S·m²·mol⁻¹;Λ_m^∞(NaF) = 0.00902 S·m²·mol⁻¹,求 18 ℃时 CaF₂ 的溶度积。　　[答案:2.71 × 10⁻¹¹]

习题 13 在 25 ℃时,AgBr 饱和水溶液的电导率减去纯水的电导率等于 1.174 × 10⁻⁵ S·m⁻¹,试求 AgBr 的溶解度。　　　　　　　　[答案:1.57 × 10⁻⁴ g·dm⁻³]

习题 14 在 25 ℃时,SrSO₄ 饱和水溶液及纯水的电导率分别为 1.482 × 10⁻² S·m⁻¹ 和 1.50 × 10⁻⁴ S·m⁻¹,试求 SrSO₄ 的溶解度。　　　　[答案:9.68 × 10⁻² g·dm⁻³]

习题 15 在 25 ℃时,测得高度纯化的蒸馏水的电导率为 5.80 × 10⁻⁶ S·m⁻¹。已知 HAc、NaOH 及 NaAc 的 Λ_m^∞ 分别为 0.03907 S·m²·mol⁻¹、0.02481 S·m²·mol⁻¹、0.00910 S·m²·mol⁻¹,试求水的离子积。　　　　　　　[答案:1.12 × 10⁻¹⁴]

§7.4 强电解质的活度和活度系数

1. 溶液中离子的活度和活度系数

在本书第三章讨论非理想溶液中物质的化学势时,以活度代替浓度,将其化学势表示为 $\mu_B = \mu_B^\ominus + RT\ln a_B$。原则上讲,这一原理同样适用于电解质溶液。但是电解质溶液的情况要比非电解质溶液复杂一些。

在溶液中,强电解质完全解离,独立运动的粒子不再是电解质分子,而是正、负离子。按照上述原理,正、负离子的化学势可以分别表示为

$$\mu_+ = \mu_+^\ominus + RT\ln a_+ \qquad \mu_- = \mu_-^\ominus + RT\ln a_-$$

式中正离子活度 $a_+ = \gamma_+ m_+/m^\ominus$;负离子活度 $a_- = \gamma_- m_-/m^\ominus$。那么电解质整体的

化学势 μ 与 μ_+、μ_- 关系如何呢?

任一强电解质 $M_{\nu_+}A_{\nu_-}$ 在溶液中完全解离:

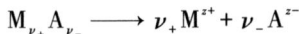

$$M_{\nu_+}A_{\nu_-} \longrightarrow \nu_+ M^{z+} + \nu_- A^{z-}$$

依据电解质的化学势可用各个离子的化学势之和来表示,则

$$\mu = \nu_+ \mu_+ + \nu_- \mu_- = (\nu_+ \mu_+^\ominus + \nu_- \mu_-^\ominus) + RT\ln a_+^{\nu_+} a_-^{\nu_-}$$
$$= \mu^\ominus + RT\ln a \tag{7.12}$$

所以
$$\mu^\ominus = \nu_+ \mu_+^\ominus + \nu_- \mu_-^\ominus$$

$$a = a_+^{\nu_+} a_-^{\nu_-}$$

这就是电解质的活度 a 与正、负离子的活度 a_+、a_- 的关系。

但是,由于溶液总是电中性的,不可能制成只有正离子或只有负离子单独存在的溶液,因此单独离子的活度及活度系数均无法直接由实验测量。实验直接测量得到的只能是离子的平均活度 $a_\pm$、离子的平均活度系数 $\gamma_\pm$ 以及与之相关的离子平均质量摩尔浓度 $m_\pm$。

对强电解质 $M_{\nu_+}A_{\nu_-}$ 来说,令 $\nu_+ + \nu_- = \nu$,定义其离子平均活度 $a_\pm$ 为

$$a_\pm^\nu \stackrel{\text{def}}{=\!=\!=} a_+^{\nu_+} a_-^{\nu_-} \tag{7.13}$$

离子平均活度 $a_\pm$ 与离子平均质量摩尔浓度 $m_\pm$ 及离子平均活度系数 $\gamma_\pm$ 的关系为

$$a_\pm = \gamma_\pm m_\pm / m^\ominus \tag{7.14}$$

将活度与浓度的关系代入式(7.13)可得

$$(\gamma_\pm m_\pm / m^\ominus)^\nu = (\gamma_+ m_+ / m^\ominus)^{\nu_+} (\gamma_- m_- / m^\ominus)^{\nu_-}$$

即
$$\gamma_\pm^\nu m_\pm^\nu = (\gamma_+^{\nu_+} \gamma_-^{\nu_-})(m_+^{\nu_+} m_-^{\nu_-})$$

所以

$$\gamma_\pm^\nu = \gamma_+^{\nu_+} \gamma_-^{\nu_-} \tag{7.15}$$

$$m_\pm^\nu = m_+^{\nu_+} m_-^{\nu_-} \tag{7.16}$$

应注意的是,如上定义的离子平均活度、离子平均活度系数和离子平均质量摩尔浓度都是几何平均值。

离子平均质量摩尔浓度 $m_\pm$ 与电解质质量摩尔浓度 m 的关系如何? 对强电解质 $M_{\nu_+}A_{\nu_-}$ 来说,若电解质质量摩尔浓度为 m,由于完全解离,正离子质量摩尔

浓度 $m_+ = \nu_+ m$，负离子质量摩尔浓度 $m_- = \nu_- m$，代入式(7.16)：

$$m_\pm^\nu = (\nu_+ m)^{\nu_+} (\nu_- m)^{\nu_-} = (\nu_+^{\nu_+} \nu_-^{\nu_-}) m^\nu$$

$$m_\pm = (\nu_+^{\nu_+} \nu_-^{\nu_-})^{1/\nu} m \tag{7.17}$$

式中 ν 及 ν_+、ν_- 可由电解质类型 $M_{\nu_+} A_{\nu_-}$ 来确定；$m_\pm$ 可根据 m 及 ν_+、ν_- 计算；$\gamma_\pm$ 可由实验直接测量，常用的实验方法有蒸气压法、凝固点降低法及电动势法等。然后，便可求算出 $a_\pm$ 及 a。为处理问题方便，现将不同价型电解质的 a、m 及 $\gamma_\pm$、$m_\pm$ 间的关系列于表 7.5。

表 7.5　不同价型电解质的 a、m 及 $\gamma_\pm$、$m_\pm$ 间的关系

价型	例子	$\gamma_\pm$	$m_\pm = (\nu_+^{\nu_+} \cdot \nu_-^{\nu_-})^{1/\nu} m$	$a = a_\pm^\nu = \gamma_\pm^\nu (m_\pm/m^\ominus)^\nu$
非电解质	蔗糖	—	—	$\gamma(m/m^\ominus)$
1 – 1	KCl	$(\gamma_+ \gamma_-)^{1/2}$	m	$\gamma_\pm^2 (m/m^\ominus)^2$
2 – 2	$ZnSO_4$	$(\gamma_+ \gamma_-)^{1/2}$	m	$\gamma_\pm^2 (m/m^\ominus)^2$
3 – 3	$LaFe(CN)_6$	$(\gamma_+ \gamma_-)^{1/2}$	m	$\gamma_\pm^2 (m/m^\ominus)^2$
2 – 1	$CaCl_2$	$(\gamma_+ \gamma_-^2)^{1/3}$	$4^{1/3} m$	$4\gamma_\pm^3 (m/m^\ominus)^3$
1 – 2	Na_2SO_4	$(\gamma_+^2 \gamma_-)^{1/3}$	$4^{1/3} m$	$4\gamma_\pm^3 (m/m^\ominus)^3$
3 – 1	$LaCl_3$	$(\gamma_+ \gamma_-^3)^{1/4}$	$27^{1/4} m$	$27\gamma_\pm^4 (m/m^\ominus)^4$
1 – 3	$K_3Fe(CN)_6$	$(\gamma_+^3 \gamma_-)^{1/4}$	$27^{1/4} m$	$27\gamma_\pm^4 (m/m^\ominus)^4$
4 – 1	$Th(NO_3)_4$	$(\gamma_+ \gamma_-^4)^{1/5}$	$256^{1/5} m$	$256\gamma_\pm^5 (m/m^\ominus)^5$
1 – 4	$K_4Fe(CN)_6$	$(\gamma_+^4 \gamma_-)^{1/5}$	$256^{1/5} m$	$256\gamma_\pm^5 (m/m^\ominus)^5$
3 – 2	$Al_2(SO_4)_3$	$(\gamma_+^2 \gamma_-^3)^{1/5}$	$108^{1/5} m$	$108\gamma_\pm^5 (m/m^\ominus)^5$

习题 16　计算下列电解质的离子平均质量摩尔浓度 $m_\pm$ 和离子平均活度 $a_\pm$：

电解质	$K_3Fe(CN)_6$	$CdCl_2$	H_2SO_4
$m/(\mathrm{mol} \cdot \mathrm{kg}^{-1})$	0.010	0.100	0.050
$\gamma_\pm$	0.571	0.219	0.397

［答案：$m_\pm$：0.0228 mol·kg^{-1}，0.159 mol·kg^{-1}，0.0794 mol·kg^{-1}；

$a_\pm$：0.0130，0.0348，0.0315］

2. 影响离子平均活度系数的因素

采用各种不同的方法测定强电解质的离子平均活度系数 $\gamma_\pm$，一般所得结果均能吻合得较好。大量实验结果表明，在稀溶液情况下，影响强电解质离子平均活度系数 $\gamma_\pm$ 的主要因素是浓度和离子价数，而且离子价数比浓度的影响更加显著。1921 年，Lewis 提出"离子强度"的概念，并总结出了强电解质溶液离子平均活度系数 $\gamma_\pm$ 与离子强度之间的经验关系。溶液离子强度 I 的定义为

$$I \stackrel{\text{def}}{=\!=\!=} \frac{1}{2} \sum_B m_B z_B^2 \tag{7.18}$$

式中 m 是离子的质量摩尔浓度；z 是离子价数；B 是指溶液中某种离子。$\gamma_\pm$ 与 I 的经验关系为

$$\ln\gamma_\pm = -A'\sqrt{I} \tag{7.19}$$

在指定温度和溶剂时，A' 为常数。由式（7.19）看出，在稀溶液中，影响电解质离子平均活度系数 $\gamma_\pm$ 的不是该电解质离子的本性，而是与溶液中所有离子的浓度及价数有关的离子强度。某电解质若处于离子强度相同的不同溶液中，尽管该电解质在各溶液中浓度可能不一样，但其 $\gamma_\pm$ 却相同。强电解质离子平均活度系数的这一重要特性，得到了人们的普遍重视和应用。

习题 17　分别求算 $m = 1 \text{ mol} \cdot \text{kg}^{-1}$ 的 KNO_3、K_2SO_4 和 $K_4Fe(CN)_6$ 溶液的离子强度。
　　　　　［答案：$1 \text{ mol} \cdot \text{kg}^{-1}$；$3 \text{ mol} \cdot \text{kg}^{-1}$；$10 \text{ mol} \cdot \text{kg}^{-1}$］

*§7.5　强电解质溶液理论简介

1. 离子氛模型及 Debye – Hückel 极限公式

1923 年，Debye 和 Hückel 首先提出了关于强电解质溶液的理论。他们认为，强电解质在溶液中是完全解离的，强电解质溶液与理想溶液的偏差，主要是由正、负离子之间的静电引力所引起的。他们分析离子间静电引力和离子热运动的关系，提出了强电解质溶液中的"离子氛"模型。可以这样设想：正、负离子之间的静电吸引要使离子像在晶格中那样有规则地排列，但离子在溶液中的热运动又要使离子混乱地分布。由于热运动不足以抵消静电引力的影响，所以在溶液中离子虽然不能完全有规则地排列，但势必形成这样的情况：在一个正离

子周围,负离子出现的概率要比正离子大;同理,在一个负离子周围,正离子出现的概率要比负离子大。也就是说,在强电解质溶液中,每一个离子的周围,以统计力学的观点来分析,带相反电荷的离子有相对的集中,因此形成了一个反电荷的氛围,称为"离子氛"。每一个离子都作为"中心离子"而被带有相反电荷的离子氛包围;同时,每一个离子又对构成另一个或若干个电性相反的中心离子外围离子氛做出贡献。

在没有外加电场作用时,离子氛球形对称地分布在中心离子周围,离子氛的总电荷量与中心离子电荷量相等,如图 7.9 所示。

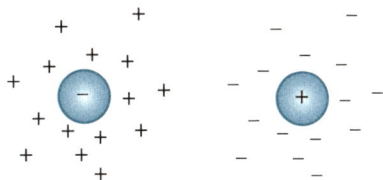

Debye-Hückel 理论借助离子氛模型,成功地把电解质溶液中众多离子之间错综复杂的相互作用主要地归结为各中心离子与其周围离子氛的静电引力作用,从而使电解质溶液的理论分析得以大大

图 7.9 离子氛示意图

简化。然后,根据静电理论和 Boltzmann 分布,他们导出了离子活度系数的公式:

$$\ln\gamma_B = -Az_B^2\sqrt{I} \tag{7.20}$$

式中 z_B 是离子价数;I 是离子强度;A 是与温度 T 及溶剂介电常数 D 有关的常数。在指定温度和溶剂后,A 为定值。例如,在水溶液中,$A(298K) = 1.172\ kg^{1/2} \cdot mol^{-1/2}$,$A(273K) = 1.123\ kg^{1/2} \cdot mol^{-1/2}$。

式(7.20)称为 Debye-Hückel 活度系数极限公式。"极限"二字是指因推导过程中所引入的一些条件使该公式只能在接近无限稀释时方严格成立。

由于单独离子的活度系数无法直接测定,因此要验证式(7.20)是否正确,需将它转换成离子平均活度系数的表达式。根据 $\gamma_\pm$ 与 γ_+、γ_- 的关系,并考虑到 $\nu_+ z_+ = |\nu_- z_-|$(电中性)条件,可有

$$\begin{aligned}
\nu\ln\gamma_\pm &= \nu_+\ln\gamma_+ + \nu_-\ln\gamma_- \\
&= -A\nu_+ z_+^2\sqrt{I} - A\nu_- z_-^2\sqrt{I} \\
&= -(\nu_+ + \nu_-)A|z_+ z_-|\sqrt{I}
\end{aligned}$$

即

$$\ln\gamma_\pm = -A|z_+ z_-|\sqrt{I} \tag{7.21}$$

依据式(7.21),$\ln\gamma_\pm$ 对 $\sqrt{I}$ 作图应为直线,其斜率是 $A|z_+ z_-|$,这已得到了实验结果的证实。图 7.10 中虚线是 Debye-Hückel 极限公式预期的结果,实线是实验测定的结果。由图可看出在稀溶液范围内虚线与实线能较好地吻合,说明

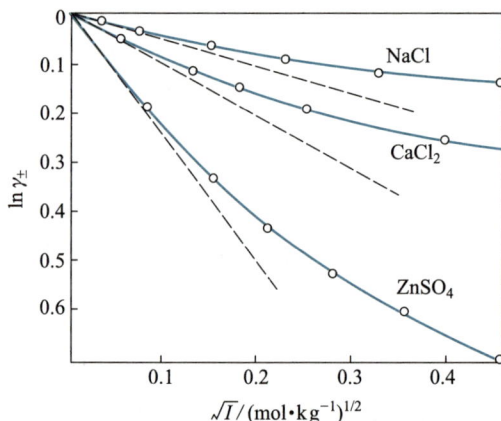

图 7.10　Debye - Hückel 极限公式的验证

Debye - Hückel 理论反映了强电解质稀溶液的客观情况,是正确的。Debye - Hückel 极限公式能适用的范围是离子强度在 0.01 mol·kg^{-1}以下的稀溶液。当溶液的离子强度增大时,虚线与实线偏离渐趋明显,需要对 Debye - Hückel 极限公式加以修正,或提出新的理论。

2. 不对称离子氛及 Debye - Hückel - Onsager 电导公式

1927 年,Onsager 将 Debye - Hückel 理论应用到有外加电场下的电解质溶液,从理论上推导出了摩尔电导率 Λ_m 与浓度平方根的线性关系,形成了 Debye - Hückel - Onsager 电导公式,从而对由实验数据总结得出的经验关系式(7.7)做出了理论的解释。

在无限稀释时,离子间相距甚远,静电作用可以忽略不计,此时可以认为没有离子氛形成,每个离子都不受其他离子的影响,电解质所表现出的导电能力是 Λ_m^{∞}。但在低浓度的电解质溶液中,中心离子受到周围离子氛的影响,迁移速率降低,因此导电能力下降为 Λ_m。离子氛影响中心离子迁移速率,进而影响电解质导电能力的因素主要有如下两个方面。现以中心离子带正电荷的情况为例略作说明。

(1)在无外加电场作用的平衡状态下,负离子氛球形对称地分布在中心正离子周围。而当中心正离子在外加电场作用下向阴极迁移时,其外围离子氛部分地被破坏了。由于离子间的静电作用力仍存在,仍有恢复平衡的趋势,所以中心正离子的前方有重建新的负离子氛的趋势,而在其后方,旧离子氛有拆散的趋势。由于重建与拆散离子氛都是需要时间的,因此在不断前进着的中心正离子周围只能形成一个负电荷中心偏向于后方的不对称离子氛,如图 7.11 所示。它对中心正离子的前进起着阻碍作用,使迁移速率下降。这一阻力称为"松弛力"。

(2)在电场中,当正离子带着溶剂化分子一起向阴极迁移时,其周围的负离子也带着溶剂化分子一起向相反的方向迁移,这使得离子的迁移如作逆水泳进一般,所受到的阻力称为"电泳力"。

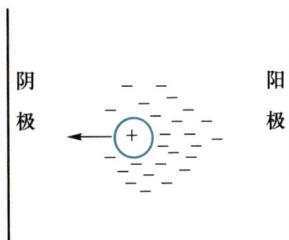

图 7.11 不对称离子氛示意图

根据如上分析,利用静电理论可导出电解质摩尔电导率 Λ_m 与其浓度平方根 $\sqrt{c}$ 的线性函数关系,即 Debye - Hückel - Onsager 电导公式。对 1 - 1 价型的电解质来说,该公式为

$$\Lambda_m = \Lambda_m^\infty - [p + q\Lambda_m^\infty]\sqrt{c} \tag{7.22}$$

式中 p 是与溶剂介电常数、黏度及温度有关的因子;q 是与溶剂介电常数及温度有关的因子。前者是"电泳力"所造成的 Λ_m 之降低,后者是"松弛力"所造成的 Λ_m 之降低,都与 $\sqrt{c}$ 成正比。

式(7.22)的正确性,已被实验所证实。图 7.12 中各圆点是实验数据,虚线是 Debye - Hückel - Onsager 电导公式所预期的结果。由图看出,当浓度较低时,该电导公式与实验结果吻合得很好。当浓度加大时,按该电导公式计算得到的 Λ_m 比实验值小些,原因之一是推导公式时把离子当成点电荷看待,未考虑离子有一定大小。当对此加以修正后,可获得更加满意的结果。

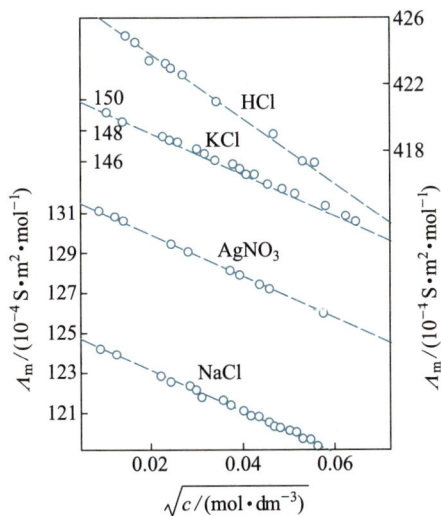

图 7.12 Debye - Hückel - Onsager 电导公式的验证

习题 18 应用 Debye - Hückel 极限公式,试计算(1) 25 ℃ 时 0.002 mol·kg⁻¹ CaCl₂ 和 0.002 mol·kg⁻¹ ZnSO₄ 混合液中 Zn²⁺ 的活度系数;(2) 25 ℃ 时 0.001 mol·kg⁻¹ K₃Fe(CN)₆ 溶液的离子平均活度系数。　　　　　　　　[答案:(1) 0.574;(2) 0.762]

(二)可逆电池电动势

§7.6   可逆电池

1. 可逆电池必须具备的条件

可将化学能转化为电能的装置称为电池,若此转化是以热力学可逆方式进行的,则称为"可逆电池"。在可逆电池中,系统 Gibbs 函数的降低$(\Delta_r G_m)_{T,p}$,等于系统对外所做的最大电功 W_r',此时电池两电极间的电势差可达最大值,称为该电池的电动势 E,即

$$(\Delta_r G_m)_{T,p} = W_r' = -nFE \qquad (7.23)$$

具体说来,热力学意义上的可逆电池必须具备两个条件,现以图 7.13 所示的例子来说明。

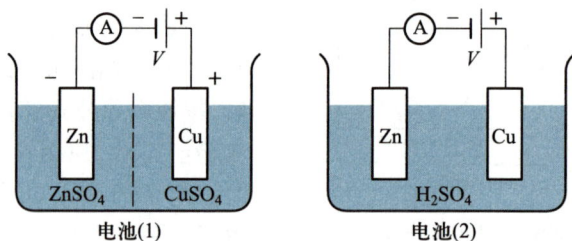

图 7.13   电池与外加电动势并联

(1)可逆电池放电时的反应与充电时的反应必须互为逆反应。

例如,图 7.13 中 V 为可调外加电压。对于电池(1),当 $E > V$,电池放电时:

$$
\begin{array}{ll}
锌极 & Zn \longrightarrow Zn^{2+} + 2e^- \\
+)铜极 & Cu^{2+} + 2e^- \longrightarrow Cu \\
\hline
放电反应 & Zn + Cu^{2+} \longrightarrow Zn^{2+} + Cu
\end{array}
$$

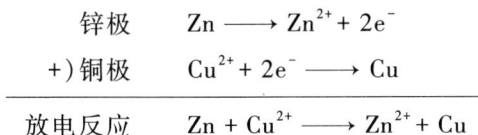

当 $E < V$，电池充电时：

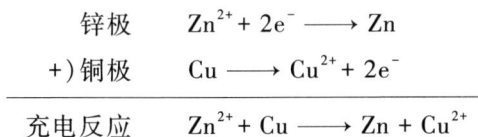

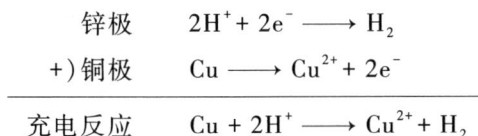

$$
\begin{array}{ll}
锌极 & Zn^{2+} + 2e^- \longrightarrow Zn \\
+)铜极 & Cu \longrightarrow Cu^{2+} + 2e^- \\
\hline
充电反应 & Zn^{2+} + Cu \longrightarrow Zn + Cu^{2+}
\end{array}
$$

可见电池（1）的充电、放电反应互为逆反应。

但是，对于电池（2），当 $E > V$，电池放电时：

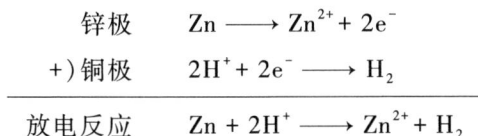

$$
\begin{array}{ll}
锌极 & Zn \longrightarrow Zn^{2+} + 2e^- \\
+)铜极 & 2H^+ + 2e^- \longrightarrow H_2 \\
\hline
放电反应 & Zn + 2H^+ \longrightarrow Zn^{2+} + H_2
\end{array}
$$

当 $E < V$，电池充电时：

$$
\begin{array}{ll}
锌极 & 2H^+ + 2e^- \longrightarrow H_2 \\
+)铜极 & Cu \longrightarrow Cu^{2+} + 2e^- \\
\hline
充电反应 & Cu + 2H^+ \longrightarrow Cu^{2+} + H_2
\end{array}
$$

可见电池（2）的充电、放电反应不互为逆反应，因此电池（2）不可能是可逆电池。

（2）可逆电池所通过的电流必须为无限小。

并不是充电、放电反应互为逆反应的电池在任何时候都是可逆电池。根据热力学可逆过程的概念，只有当 E 与 V 只相差无限小，即 $V = E \pm dE$ 时，使通过的电流为无限小，因而不会有电功不可逆地转化为热的现象发生，方符合可逆过程的条件。

只有同时满足上述两个条件的电池才是可逆电池。即可逆电池在充电、放电时，不仅物质的转变是可逆的，而且能量的转变也是可逆的。

凡是不能同时满足上述两个条件的电池均是不可逆电池。不可逆电池两电极之间的电势差 E' 将随具体工作条件而变化，且恒小于该电池的电动势，此时 $-\Delta G_{T,p} > nFE'$。

研究可逆电池电动势十分重要。一方面它能指示化学能转化为电能的最高极限，从而为改善电池性能提供依据；另一方面在研究可逆电池电动势的同时，也为解决热力学问题提供了电化学的手段和方法。

2. 可逆电极的种类

一个电池至少包含两个电极。构成可逆电池的电极,其本身亦必须是可逆的。

可逆电极主要有如下三种类型。

第一类电极:包括金属电极和气体电极等。

金属电极是将金属浸在含有该种金属离子的溶液中所构成的,以符号 $M^{z+} \mid M$ 表示,电极反应为

$$M^{z+} + ze^- \longrightarrow M$$

氢电极、氧电极和氯电极,分别是将被 H_2、O_2 和 Cl_2 气体冲击着的铂片浸入含有 H^+、OH^- 和 Cl^- 的溶液中而构成的,可使用符号 $H^+ \mid H_2(g,p)(Pt)$ 或 $OH^- \mid H_2(g,p)(Pt)$,$OH^- \mid O_2(g,p)(Pt)$ 或 $H_2O, H^+ \mid O_2(g,p)(Pt)$ 以及 $Cl^- \mid Cl_2(g,p)(Pt)$ 表示。其电极反应分别为

$$2H^+ + 2e^- \longrightarrow H_2 \quad 或 \quad 2H_2O + 2e^- \longrightarrow 2OH^- + H_2$$
$$O_2 + 2H_2O + 4e^- \longrightarrow 4OH^- \quad 或 \quad O_2 + 4H^+ + 4e^- \longrightarrow 2H_2O$$
$$Cl_2 + 2e^- \longrightarrow 2Cl^-$$

第二类电极:包括微溶盐电极和微溶氧化物电极。

微溶盐电极是将金属覆盖一薄层该金属的一种微溶盐,然后浸入含有该微溶盐负离子的溶液中而构成的。这种电极的特点是不对金属离子可逆,而是对微溶盐的负离子可逆。最常用的微溶盐电极有甘汞电极和银 - 氯化银电极,分别用符号 $Cl^- \mid Hg_2Cl_2(s) - Hg(l)$ 和 $Cl^- \mid AgCl(s) - Ag(s)$ 表示。现以 $Cl^- \mid AgCl(s) - Ag(s)$ 为例来考察这种电极的反应如何表示。首先,此电极与金属电极一样,应有反应:

$$Ag^+ + e^- \longrightarrow Ag$$

同时,由于微溶盐有一定的溶度积,存在如下平衡:

$$AgCl \longrightarrow Ag^+ + Cl^-$$

所以,此电极总反应应为上两式相加,即

$$AgCl + e^- \longrightarrow Ag + Cl^-$$

同理,$Cl^- \mid Hg_2Cl_2(s) - Hg(l)$ 的电极反应可表示为

$$Hg_2Cl_2 + 2e^- \longrightarrow 2Hg + 2Cl^-$$

微溶氧化物电极是将金属覆盖一薄层该金属的氧化物,然后浸在含有 H^+ 或 OH^- 的溶液中而构成的。以汞 – 氧化汞电极为例,可表示为 $H^+ | HgO(s) - Hg(l)$ 或 $OH^- | HgO(s) - Hg(l)$,其电极反应为

在酸性溶液中　　$HgO + 2H^+ + 2e^- \longrightarrow Hg + H_2O$

在碱性溶液中　　$HgO + H_2O + 2e^- \longrightarrow Hg + 2OH^-$

在电化学中,第二类电极有较重要的意义,因为有许多负离子,如 SO_4^{2-}、$C_2O_4^{2-}$ 等,没有对应的第一类电极存在,但可形成对应的第二类电极。还有一些负离子,如 Cl^- 和 OH^-,虽有对应的第一类电极,亦常常制成第二类电极,因为后者比较容易制备而且使用方便。

第三类电极: 又称氧化还原电极,是由惰性金属如铂片插入含有某种离子(有时可能是化合物)的两种不同氧化态的溶液中而构成的。应指出,任何电极上发生的反应都是氧化或还原反应,这里的氧化还原电极专指不同价态的离子之间相互转化而言,电极金属片只起传导电流作用。以 $Fe^{3+} - Fe^{2+}$ 电极为例,用符号 $Fe^{3+}, Fe^{2+} | (Pt)$ 表示,电极反应为

$$Fe^{3+} + e^- \longrightarrow Fe^{2+}$$

上述三类电极的充电、放电反应都互为逆反应。用这样的电极组成电池,若其他条件亦合适,有可能成为可逆电池。

3. 电池电动势的测定

一般采用对消法(或称补偿法)测定电池电动势,常用仪器称为电势差计,其线路如图 7.14 所示。AR 为均匀滑线电阻,通过可变电阻 R 与电压为 V_w 的工作电池构成回路,AB 上产生均匀的电势降,可以均匀刻度标志。X 和 S 分别为待测电池和已精确得知电动势的标准电池。K 为双向开关,换向时,可选 X 与 S 之一与 AC 相通。C 为与 K 相连的可在 AB 上移动的接触点,G 为高灵敏度检流计。

图 7.14　对消法测电池电动势

测定步骤如下:先将 C 点移到标准电池 S 电动势值的相应刻度 C_1 处,将 K 与 S 接通,迅速调节可变电阻 R 直至 G 中无电流通过。此时 S 的电动势与 AC_1 的电势降等值反向而对消,就校准了 AB 上电势降的标度。固定 R,将 K 与 X 接通,迅速调节 C 至 C_2 点,使 G 中无电流通过,此时 X 的电动势与 AC_2 的电势降等值反向而

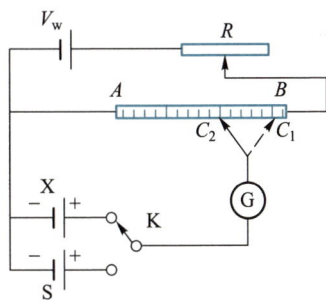

对消,C_2 点所标记的电势降数值即为 X 的电动势。

在电势差计的使用中,无论校准还是测量,都必须保证 G 中无电流通过,即保证标准电池或待测电池中无电流通过。因为若有电流通过,电池失去可逆性,电池内阻要消耗电势降,所测数值只是电池的工作电压,此值必定小于电池电动势。

电势差计中所用的标准电池,其电动势必须精确已知,且其数值能保持长期稳定不变。常用的是 Weston 标准电池,其结构示意图如图 7.15 所示。其正极是汞和硫酸亚汞的糊状物,下方放少许汞;负极是含 12.5%镉的汞齐。在糊状物和镉汞齐的上方分别放有 $CdSO_4 \cdot \dfrac{8}{3}H_2O$ 晶体和其饱和溶液。电极反应和电池反应分别为

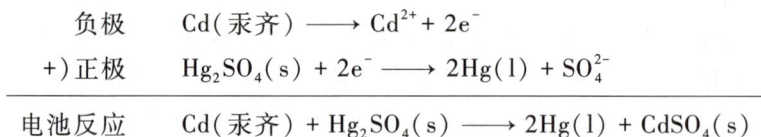

负极 $Cd(汞齐) \longrightarrow Cd^{2+} + 2e^-$

+)正极 $Hg_2SO_4(s) + 2e^- \longrightarrow 2Hg(l) + SO_4^{2-}$

电池反应 $Cd(汞齐) + Hg_2SO_4(s) \longrightarrow 2Hg(l) + CdSO_4(s)$

该电池的电动势 E_s 很稳定。20 ℃时,$E_s = 1.01865$ V,其他温度下 E_s 可按下式计算:

$$E_s = \left[1.01865 - 4.05 \times 10^{-5} \left(\frac{T}{K} - 293 \right) - 9.5 \times 10^{-7} \times \left(\frac{T}{K} - 293 \right)^2 + \right.$$
$$\left. 1 \times 10^{-8} \left(\frac{T}{K} - 293 \right)^3 \right] V \tag{7.24}$$

由式(7.24)可知,温度对该电池电动势的影响是很小的。

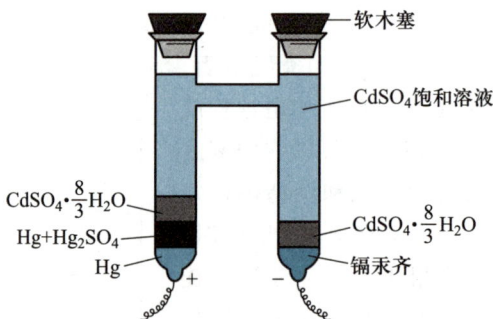

图 7.15   Weston 标准电池结构示意图

4. 电池表示式

书写上要表达一个电池的组成和结构,若都像图 7.13 和图 7.15 那样画出来,未免过于费事。因此,有必要为书写电池规定一些方便而科学的表达方式。在这方面,通用的惯例有如下几点:

（1）以化学式表示电池中各种物质的组成，并需分别注明固、液、气等物态。对气体注明压力，对溶液注明浓度。

（2）以"|"表示不同物相之间的界面，包括电极与溶液的接界和不同溶液间的接界。通常在实验中用盐桥连接一电池中的两种溶液，以消除溶液接界处的电势差，如图 7.16 所示。书写中，盐桥用"‖"表示。书写电池表示式时，各化学式及符号的排列顺序要真实反映电池中各种物质的接触顺序。

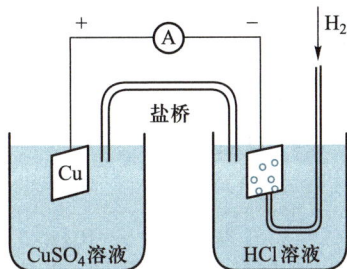

图 7.16　盐桥使用示意

（3）电池中的负极写在左方，正极写在右方。

按上述惯例，图 7.13 中电池（1）可表示为

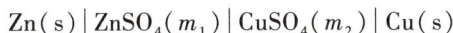

$$Zn(s)\,|\,ZnSO_4(m_1)\,|\,CuSO_4(m_2)\,|\,Cu(s)$$

而图 7.15 所示 Weston 标准电池可表示为

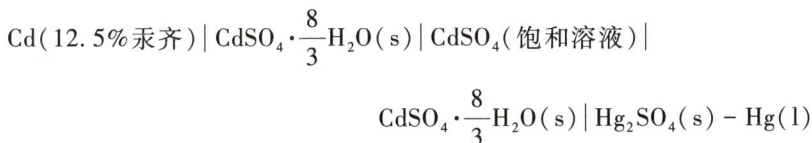

$$Cd(12.5\%汞齐)\,|\,CdSO_4\cdot\frac{8}{3}H_2O(s)\,|\,CdSO_4(饱和溶液)\,|$$

$$CdSO_4\cdot\frac{8}{3}H_2O(s)\,|\,Hg_2SO_4(s)-Hg(l)$$

图 7.16 中电池可表示为

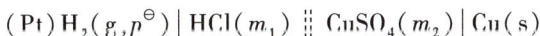

$$(Pt)H_2(g,p^\ominus)\,|\,HCl(m_1)\,\|\,CuSO_4(m_2)\,|\,Cu(s)$$

与上述电池表示法惯例相配合，还有两条常用规则：

（1）对于只由正、负两极组成，不存在不同溶液接界面或已采用盐桥消除溶液接界电势差的电池，其电动势 E 等于正、负两电极的电势之差，即

$$E = \varphi_+ - \varphi_- = \varphi_右 - \varphi_左$$

（2）对于一个电池表示式，按上述规则算出其电动势 E。若 $E>0$，则表明该电池表示式确实代表一个电池；若 $E<0$，则表明该电池表示式并不真实代表电池，若要正确表示成电池，需将表示式中左、右两极互换位置。

5. 电池表示式与电池反应的"互译"

欲写出一个电池表示式所对应的化学反应，只需分别写出左侧电极发生氧化作用与右侧电极发生还原作用的电极反应，然后将两者相加即成。

例题 4   写出下列电池所对应的化学反应：

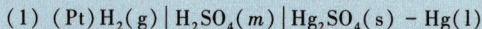

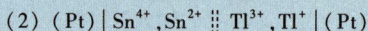

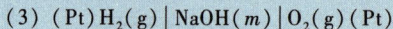

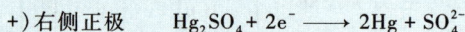

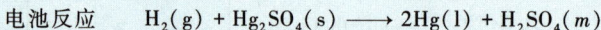

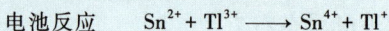

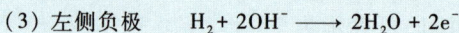

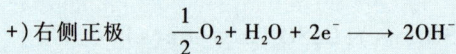

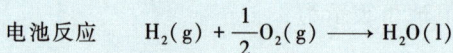

(1) $(Pt)H_2(g) | H_2SO_4(m) | Hg_2SO_4(s) - Hg(l)$

(2) $(Pt) | Sn^{4+}, Sn^{2+} \| Tl^{3+}, Tl^+ | (Pt)$

(3) $(Pt)H_2(g) | NaOH(m) | O_2(g)(Pt)$

解：(1) 左侧负极　　　　$H_2 \longrightarrow 2H^+ + 2e^-$

　　　+)右侧正极　　　　$Hg_2SO_4 + 2e^- \longrightarrow 2Hg + SO_4^{2-}$

　　　　电池反应　　　　$H_2(g) + Hg_2SO_4(s) \longrightarrow 2Hg(l) + H_2SO_4(m)$

　　(2) 左侧负极　　　　$Sn^{2+} \longrightarrow Sn^{4+} + 2e^-$

　　　+)右侧正极　　　　$Tl^{3+} + 2e^- \longrightarrow Tl^+$

　　　　电池反应　　　　$Sn^{2+} + Tl^{3+} \longrightarrow Sn^{4+} + Tl^+$

　　(3) 左侧负极　　　　$H_2 + 2OH^- \longrightarrow 2H_2O + 2e^-$

　　　+)右侧正极　　　　$\frac{1}{2}O_2 + H_2O + 2e^- \longrightarrow 2OH^-$

　　　　电池反应　　　　$H_2(g) + \frac{1}{2}O_2(g) \longrightarrow H_2O(l)$

欲将一个化学反应设计成电池,有时并不那么直观,一般说来,必须抓住三个环节:

(1) 确定电解质溶液。这对有离子参加的反应比较直观,对总反应中没有离子出现的反应,需依据参加反应的物质找出相应的离子。

(2) 确定电极。就目前而言,电极的选择范围就是前面所述的三类电极,因此熟悉这三类电极的组成及其对应的电极反应对熟练设计电池是十分有利的。

(3) 复核反应。在设计电池过程中,首先确定的是电解质溶液还是电极,要视具体问题而定,以方便为原则。一旦电解质溶液和电极都确定,即可组成电池。但电池组成后必须写出该电池所对应的反应,并与给定反应相对照,两者一致则表明该电池设计成功,若不一致则需重新设计。复核反应十分重要,不进行复核,即使很熟练的人也难免会发生错误。

例题 5   将下列化学反应设计成电池：

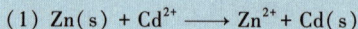

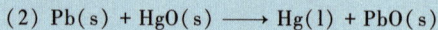

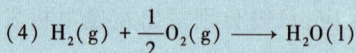

(1) $Zn(s) + Cd^{2+} \longrightarrow Zn^{2+} + Cd(s)$

(2) $Pb(s) + HgO(s) \longrightarrow Hg(l) + PbO(s)$

(3) $H^+ + OH^- \longrightarrow H_2O(l)$

(4) $H_2(g) + \frac{1}{2}O_2(g) \longrightarrow H_2O(l)$

解: (1) 该反应中既有离子又有相应的金属,因此电解质溶液和电极的确定都很直观,而且反应中 Zn 被氧化成 Zn^{2+}, Cd^{2+} 被还原成 Cd,因此 Zn 极为负极,Cd 极为正极,设计电池为

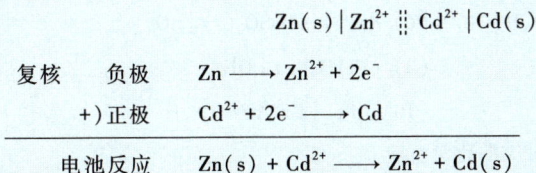

$$Zn(s) \mid Zn^{2+} \mathrel{\vdots\vdots} Cd^{2+} \mid Cd(s)$$

复核   负极 $Zn \longrightarrow Zn^{2+} + 2e^-$

+)正极 $Cd^{2+} + 2e^- \longrightarrow Cd$

电池反应 $Zn(s) + Cd^{2+} \longrightarrow Zn^{2+} + Cd(s)$

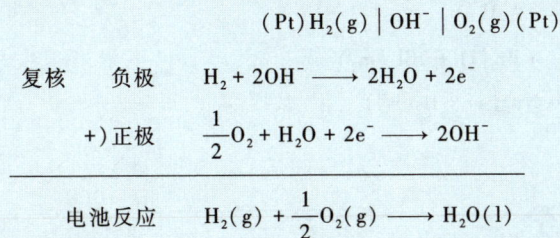

与给定反应一致。

(2) 该反应中没有离子,但有金属及其氧化物,故可选择微溶氧化物电极。反应中 Pb 氧化,Hg 还原,故氧化铅电极为负极,氧化汞电极为正极。这类电极均可对 OH^- 可逆,因此设计电池为

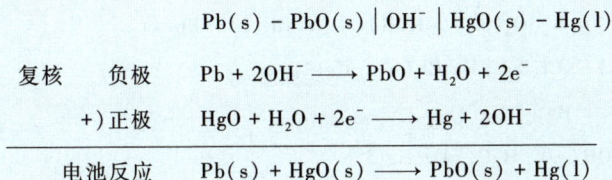

$$Pb(s) - PbO(s) \mid OH^- \mid HgO(s) - Hg(l)$$

复核   负极 $Pb + 2OH^- \longrightarrow PbO + H_2O + 2e^-$

+)正极 $HgO + H_2O + 2e^- \longrightarrow Hg + 2OH^-$

电池反应 $Pb(s) + HgO(s) \longrightarrow PbO(s) + Hg(l)$

与给定反应一致。

(3) 该反应中有离子,电解质溶液比较明确,但反应中没有氧化还原变化,故电极选择不明显。氢电极对 H^+ 和 OH^- 均可逆,故设计电池为

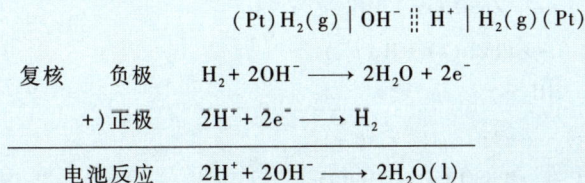

$$(Pt)H_2(g) \mid OH^- \mathrel{\vdots\vdots} H^+ \mid H_2(g)(Pt)$$

复核   负极 $H_2 + 2OH^- \longrightarrow 2H_2O + 2e^-$

+)正极 $2H^+ + 2e^- \longrightarrow H_2$

电池反应 $2H^+ + 2OH^- \longrightarrow 2H_2O(l)$

电池反应与给定反应仅有倍数差,亦属吻合。对于不是氧化还原的给定反应,复核尤其重要。

(4) 对于该反应显然宜选择气体电极。由于 H_2 氧化应为负极,O_2 还原应为正极。两电极对 OH^- 或 H^+ 均可逆,故设计电池为

$$(Pt)H_2(g) \mid OH^- \mid O_2(g)(Pt)$$

复核   负极 $H_2 + 2OH^- \longrightarrow 2H_2O + 2e^-$

+)正极 $\dfrac{1}{2}O_2 + H_2O + 2e^- \longrightarrow 2OH^-$

电池反应 $H_2(g) + \dfrac{1}{2}O_2(g) \longrightarrow H_2O(l)$

与给定反应一致。

习题 21 试写出下列电极分别作为电池正极和负极时的电极反应。

(1) $Cu(s) \mid Cu^{2+}$

(2) $(Pt)I_2(s) \mid I^-$

(3) $Hg(l) - Hg_2Cl_2(s) \mid Cl^-$

(4) $Ag(s) - Ag_2O(s) \mid H_2O, OH^-$

(5) $Sb(s) - Sb_2O_3(s) \mid H_2O, H^+$

(6) $Ba(s) - BaSO_4(s) \mid SO_4^{2-}$

(7) $Na(Hg_x) \mid Na^+$

(8) $(Pt)H_2(g) \mid OH^-$

(9) $(Pt)O_2(g) \mid H^+$

(10) $(Pt) \mid Cr^{3+}, Cr_2O_7^{2-}, H^+$

习题 22 写出下列电池所对应的化学反应。

(1) $(Pt)H_2(g) \mid HCl(m) \mid Cl_2(g)(Pt)$

(2) $Ag(s) - AgCl(s) \mid CuCl_2(m) \mid Cu(s)$

(3) $Cd(s) \mid Cd^{2+}(m_1) \:\vdots\vdots\: HCl(m_2) \mid H_2(g)(Pt)$

(4) $Cd(s) \mid CdI_2(m) \mid AgI(s) - Ag(s)$

(5) $Pb(s) - PbSO_4(s) \mid K_2SO_4(m_1) \:\vdots\vdots\: KCl(m_2) \mid PbCl_2(s) - Pb(s)$

(6) $Ag(s) - AgCl(s) \mid KCl(m) \mid Hg_2Cl_2(s) - Hg(l)$

(7) $Pt(s) \mid Fe^{3+}, Fe^{2+} \:\vdots\vdots\: Hg_2^{2+} \mid Hg(l)$

(8) $(Pt)H_2(g) \mid NaOH(m) \mid HgO(s) - Hg(l)$

(9) $Hg(l) - Hg_2Cl_2(s) \mid KCl(m_1) \:\vdots\vdots\: HCl(m_2) \mid Cl_2(g)(Pt)$

(10) $Sn(s) \mid SnSO_4(m_1) \:\vdots\vdots\: H_2SO_4(m_2) \mid H_2(g)(Pt)$

习题 23 试将下列化学反应设计成电池。

(1) $Zn(s) + H_2SO_4(m_1) \longrightarrow ZnSO_4(m_2) + H_2(g)$

(2) $Pb(s) + 2HCl(m_1) \longrightarrow PbCl_2(s) + H_2(p^{\ominus})$

(3) $H_2(g) + I_2(s) \longrightarrow 2HI(m)$

(4) $Fe^{2+}(m_1) + Ag^+(m_2) \longrightarrow Fe^{3+}(m_3) + Ag(s)$

(5) $Pb(s) + Hg_2SO_4(s) \longrightarrow PbSO_4(s) + 2Hg(l)$

(6) $AgCl(s) + I^-(m_1) \longrightarrow AgI(s) + Cl^-(m_2)$

(7) $\dfrac{1}{2}H_2(g) + AgCl(s) \longrightarrow Ag(s) + HCl(m)$

(8) $Ag^+(m_1) + I^-(m_2) \longrightarrow AgI(s)$

(9) $2Br^-(m_1) + Cl_2(g) \longrightarrow Br_2(l) + 2Cl^-(m_2)$

(10) $Ni(s) + H_2O(l) \longrightarrow NiO(s) + H_2(p^{\ominus})$

§7.7 可逆电池热力学

本节将应用热力学方法讨论可逆电池电动势与浓度的关系、电池电动势及其温度系数与电池反应热力学量之间的关系等。可逆电池电动势与电池反应热力学量之间的基本关系是式(7.23)所表述的 $(\Delta_r G_m)_{T,p} = -nFE$,此即讨论可逆电池热力学关系的出发点。

1. 可逆电池电动势与浓度的关系

(1) Nernst 方程。

若反应温度为 T,电池反应为

$$aA + bB \Longrightarrow gG + hH$$

产物与反应物的活度商为 Q_a,则根据 van't Hoff 等温式,反应的

$$\Delta_r G_m = \Delta_r G_m^\ominus + RT\ln Q_a$$

由式(7.23),$E = -\Delta_r G_m/nF$;令 $E^\ominus = -\Delta_r G_m^\ominus/nF$ 称为电池的标准电动势。于是上式可改写为

$$E = E^\ominus - \frac{RT}{nF}\ln Q_a = E^\ominus - \frac{RT}{nF}\ln\frac{a_G^g a_H^h}{a_A^a a_B^b} \qquad (7.25)$$

式中 n 就是电极反应中得失电子数;a_B 是参与反应物质 B 的活度。该式反映了可逆电池电动势与参与电池反应各物质活度之间的关系,称为 Nernst 方程。

(2) 电池标准电动势 $E^\ominus$ 的测定和求算。

根据反应标准 Gibbs 函数变化 $\Delta_r G_m^\ominus$ 的物理意义,电池标准电动势 $E^\ominus$ 的意义显然是参与电池反应各物质的活度均为 1 时电池的电动势。与反应的 $\Delta_r G_m^\ominus$ 相类似,电池的 $E^\ominus$ 是很重要的物理量,有着广泛的用途。因此,测定和求算 $E^\ominus$ 是件很有意义的工作。

由上可知,若能求算出电池反应的 $\Delta_r G_m^\ominus$,根据定义,$E^\ominus = -\Delta_r G_m^\ominus/nF$,不难求出电池的 $E^\ominus$。有很多方法可以用于反应 $\Delta_r G_m^\ominus$ 的求算,如通过各物质的标准生成 Gibbs 函数或反应的平衡常数等,这些方法显然亦可用于电池标准电动势 $E^\ominus$ 的求算。

有些电池,如 $Pb(s) - PbO(s) | OH^-(m) | HgO(s) - Hg(l)$,其电池反应为 $Pb(s) + HgO(s) \longrightarrow PbO(s) + Hg(l)$,参与反应的物质均以纯态形式出现,它们的活度均为 1,此时电池的电动势 E 就等于 $E^\ominus$。所以这类电池的标准电动势 $E^\ominus$ 可用电势差计直接测定。

一般说来,对于参与反应各物质的活度不一定为 1 的电池,通常采用外推法测定其 $E^\ominus$。例如电池:

$$(Pt)H_2(g,p^\ominus) \mid HCl(m) \mid AgCl(s) - Ag(s)$$

负极 $\dfrac{1}{2}H_2 \longrightarrow H^+ + e^-$

+)正极 $AgCl + e^- \longrightarrow Ag + Cl^-$

电池反应 $\dfrac{1}{2}H_2(g,p^\ominus) + AgCl(s) \longrightarrow Ag(s) + HCl(m)$

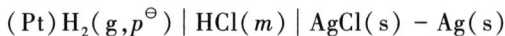

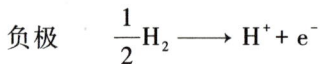

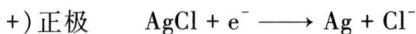

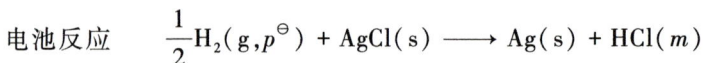

其 Nernst 方程为

$$E = E^\ominus - \frac{RT}{F}\ln\frac{a(Ag)\cdot a(HCl)}{[a(H_2)]^{1/2}\cdot a(AgCl)}$$

由于 $a(Ag) = 1, a(AgCl) = 1, a(H_2) = p(H_2)/p^\ominus = 1, a(HCl) = a_\pm^2 = (\gamma_\pm m/m^\ominus)^2$，
所以

$$E = E^\ominus - \frac{RT}{F}\ln\left[\left(\frac{m}{m^\ominus}\right)^2\cdot\gamma_\pm^2\right] = E^\ominus - \frac{2RT}{F}\ln\frac{m}{m^\ominus} - \frac{2RT}{F}\ln\gamma_\pm$$

上式可改写为

$$E + \frac{2RT}{F}\ln\frac{m}{m^\ominus} = E^\ominus - \frac{2RT}{F}\ln\gamma_\pm \qquad (7.26)$$

由于当 m 趋于零即无限稀释时，$\gamma_\pm = 1$，所以

$$E^\ominus = \lim_{m\to 0}\left(E + \frac{2RT}{F}\ln\frac{m}{m^\ominus}\right) \qquad (7.27)$$

因电池内 HCl 溶液的 m 为已知，不同 m 时的 E 可测，因此可得一系列 $\left(E + \dfrac{2RT}{F}\ln\dfrac{m}{m^\ominus}\right)$ 的数值。若以 $\left(E + \dfrac{2RT}{F}\ln\dfrac{m}{m^\ominus}\right)$ 对 $\sqrt{m}$ 作图，将曲线外推到 $m = 0$，所得截距即为 $E^\ominus$ 的数值。

在离子强度 $I < 0.01\ mol\cdot dm^{-3}$ 的稀溶液情况下，亦可用 Debye-Hückel 极限公式计算出 $\gamma_\pm$，然后再由式(7.26)，根据测得的 E 求算 $E^\ominus$ 值。

例题6   在 25 ℃ 时，电池 $(Pt)H_2(p^\ominus) \mid HBr(m) \mid AgBr(s) - Ag(s)$ 的电动势在不同质量摩尔浓度 m 时有下列数据：

$m/(10^{-4}\ mol\cdot kg^{-1})$	1.262	4.172	10.994	37.19
E/V	0.53300	0.47211	0.42280	0.36173

试求算该电池的标准电动势 $E^\ominus$。

解法一：此电池的化学反应为

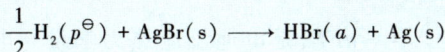

$$\frac{1}{2}H_2(p^{\ominus}) + AgBr(s) \longrightarrow HBr(a) + Ag(s)$$

因此

$$E = E^{\ominus} - \frac{RT}{F}\ln a(HBr) = E^{\ominus} - \frac{2RT}{F}\ln\frac{m}{m^{\ominus}} - \frac{2RT}{F}\ln\gamma_{\pm}$$

即

$$E + \frac{2RT}{F}\ln\frac{m}{m^{\ominus}} = E^{\ominus} - \frac{2RT}{F}\ln\gamma_{\pm}$$

将 $T = 298\ K$, $R = 8.314\ J \cdot K^{-1} \cdot mol^{-1}$, $F = 96500\ C \cdot mol^{-1}$ 代入, 上式可化为

$$E + 0.05135\ln(m/m^{\ominus}) = E^{\ominus} - 0.05135\ln\gamma_{\pm}$$

根据题给数据, 分别算出 $[E + 0.05135\ln(m/m^{\ominus})]$ 和 $\sqrt{m}$ 的数值：

$10^2 \times \sqrt{m/(mol \cdot kg^{-1})}$	1.123	2.043	3.316	6.098
$[E + 0.05135\ln(m/m^{\ominus})]/V$	0.0720	0.0725	0.0730	0.0745

以 $[E + 0.05135\ln(m/m^{\ominus})]$ 对 $\sqrt{m}$ 作图, 外推到 $\sqrt{m} = 0$ 得截距为 0.0714 (见下图), 因此 $E^{\ominus} = 0.0714\ V$。

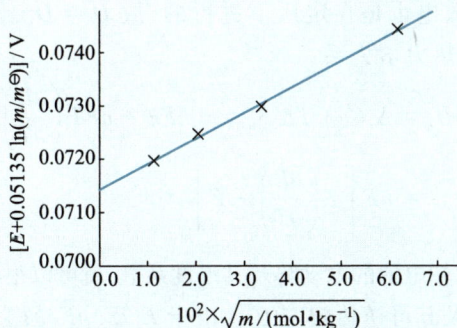

解法二：当 $m(HBr) = m(H^+) = m(Br^-) = 1.262 \times 10^{-4}\ mol \cdot kg^{-1}$ 时, 离子强度为

$$I = \frac{1}{2}\sum[m(H^+)z^2(H^+) + m(Br^-)z^2(Br^-)] = m = 1.262 \times 10^{-4}\ mol \cdot kg^{-1}$$

$$\ln\gamma_{\pm} = -1.17|z_+z_-|\sqrt{I} = -1.17 \times \sqrt{1.262 \times 10^{-4}} = -0.01314$$

$$\gamma_{\pm} = 0.987$$

$$E^{\ominus} = E + \frac{2RT}{F}\ln\left(\gamma_{\pm}\frac{m}{m^{\ominus}}\right)$$

$$= \left[0.53300 + \frac{2 \times 8.314 \times 298}{96500} \times \ln(1.262 \times 10^{-4} \times 0.987)\right]\ V = 0.07134\ V$$

2. 电动势 E 及其温度系数 $(\partial E/\partial T)_p$ 与电池反应热力学量的关系

式(7.23)$(\Delta_r G_m)_{T,p} = -nFE$,是电池反应热力学量与电池电动势最基本的关系。在一定压力下,将该式对 T 求偏微商:

$$\left(\frac{\partial \Delta_r G_m}{\partial T}\right)_p = -nF\left(\frac{\partial E}{\partial T}\right)_p$$

式中 $(\partial E/\partial T)_p$ 是电池电动势随温度的变化率,称为电池电动势的温度系数。根据热力学关系,$(\partial \Delta_r G_m/\partial T)_p = -\Delta_r S_m$,所以

$$\Delta_r S_m = nF\left(\frac{\partial E}{\partial T}\right)_p \tag{7.28}$$

在定温条件下,反应的可逆热效应 $Q_r = T\Delta_r S_m$,故

$$Q_r = T\Delta_r S_m = nFT\left(\frac{\partial E}{\partial T}\right)_p \tag{7.29}$$

因此,可由电池的 $(\partial E/\partial T)_p$ 是正是负来判断电池放电时将吸热还是放热。值得注意的是,可逆电池放电也是在定压下进行的,故 $Q_r = Q_p$,但由于有电功存在,此时 $Q_p \neq \Delta H$。根据热力学关系:

$$\Delta_r H_m = \Delta_r G_m + T\Delta_r S_m = -nFE + nFT\left(\frac{\partial E}{\partial T}\right)_p$$

$$= nF\left[T\left(\frac{\partial E}{\partial T}\right)_p - E\right] \tag{7.30}$$

由上可知,只要已知电池的电动势及其温度系数,就可以很方便地求得电池反应的 $\Delta_r G_m$、$\Delta_r S_m$、$\Delta_r H_m$ 及其可逆热效应 Q_r。由于 E 及 $(\partial E/\partial T)_p$ 的测量可以做到比较准确,因此用此法所得到的热力学量往往比通常的热化学方法测得的数据准确。

例题7　25 ℃时,电池 $Ag(s) - AgCl(s) | KCl(m) | Hg_2Cl_2(s) - Hg(l)$ 的电动势 $E = 0.0455\ V$,$(\partial E/\partial T)_p = 3.38 \times 10^{-4}\ V \cdot K^{-1}$。试写出该电池的反应,并求出该温度下的 $\Delta_r G_m$、$\Delta_r S_m$、$\Delta_r H_m$ 及可逆放电时的热效应 Q_r。

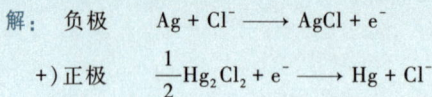

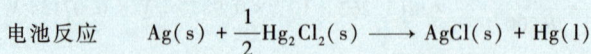

解: 负极　　$Ag + Cl^- \longrightarrow AgCl + e^-$

　+)正极　　$\dfrac{1}{2}Hg_2Cl_2 + e^- \longrightarrow Hg + Cl^-$

电池反应　　$Ag(s) + \dfrac{1}{2}Hg_2Cl_2(s) \longrightarrow AgCl(s) + Hg(l)$

由式(7.23):

$$\Delta_r G_m = -nFE = (-1 \times 96500 \times 0.0455) \text{ J} \cdot \text{mol}^{-1} = -4391 \text{ J} \cdot \text{mol}^{-1}$$

由式(7.28):

$$\Delta_r S_m = nF\left(\frac{\partial E}{\partial T}\right)_p = (1 \times 96500 \times 3.38 \times 10^{-4}) \text{ J} \cdot \text{K}^{-1} \cdot \text{mol}^{-1} = 32.62 \text{ J} \cdot \text{K}^{-1} \cdot \text{mol}^{-1}$$

$$Q_r = T\Delta_r S_m = (298 \times 32.62) \text{ J} \cdot \text{mol}^{-1} = 9721 \text{ J} \cdot \text{mol}^{-1}$$

$$\Delta_r H_m = \Delta_r G_m + T\Delta_r S_m = (-4391 + 9721) \text{ J} \cdot \text{mol}^{-1} = 5330 \text{ J} \cdot \text{mol}^{-1}$$

3. 离子的热力学量

通过电池电动势及其温度系数的测定,可以准确得知电池反应的各热力学量;反过来,若能求得化学反应的各热力学量,亦可预知某电池的电动势及其温度系数。由物质的生成 Gibbs 函数、生成焓及标准熵求算化学反应的 $\Delta_r G_m^\ominus$、$\Delta_r H_m^\ominus$ 及 $\Delta_r S_m^\ominus$ 十分方便,但是电化学反应往往有离子参与,如何确定离子的 $\Delta_f G_m^\ominus$、$\Delta_f H_m^\ominus$ 及 $S_m^\ominus$ 则是首先需要解决的问题。

任何溶液总是保持电中性,因此按照过去的规定,由稳定单质生成单独离子是不可能的。但是正由于电中性,正、负离子总是同时存在于同一溶液中,只要选定一种离子,规定它的 $\Delta_f G_m^\ominus$、$\Delta_f H_m^\ominus$ 及 $S_m^\ominus$ 为某一数值,那么其他离子的问题即可迎刃而解。于是补充规定:

"在任何温度下,H^+ 的标准摩尔生成 Gibbs 函数 $\Delta_f G_m^\ominus$、标准摩尔生成焓 $\Delta_f H_m^\ominus$ 及标准摩尔熵 $S_m^\ominus$ 均为零。"

根据这条规定,可以很方便地求得其他离子的 $\Delta_f G_m^\ominus$、$\Delta_f H_m^\ominus$ 及 $S_m^\ominus$ 的数值。例如:

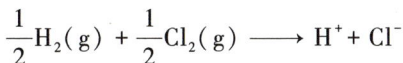

$$\frac{1}{2}H_2(g) + \frac{1}{2}Cl_2(g) \longrightarrow H^+ + Cl^-$$

测得反应的 $\Delta_r G_m^\ominus$、$\Delta_r H_m^\ominus$ 及 $\Delta_r S_m^\ominus$,由于上述规定,于是 Cl^- 的

$$\Delta_f G_m^\ominus(Cl^-) = \Delta_r G_m^\ominus, \quad \Delta_f H_m^\ominus(Cl^-) = \Delta_r H_m^\ominus$$

$$S_m^\ominus(Cl^-) = \Delta_r S_m^\ominus + \frac{1}{2}S_m^\ominus(H_2) + \frac{1}{2}S_m^\ominus(Cl_2)$$

有了 Cl^- 的数据又可测知其他正离子的数据。例如:

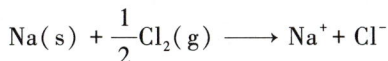

$$Na(s) + \frac{1}{2}Cl_2(g) \longrightarrow Na^+ + Cl^-$$

根据反应的 $\Delta_r G_m^\ominus$、$\Delta_r H_m^\ominus$、$S_m^\ominus$ 及 Cl^- 的数据,就可求得 Na^+ 的数据:

$$\Delta_f G_m^\ominus(Na^+) = \Delta_r G_m^\ominus - \Delta_f G_m^\ominus(Cl^-)$$

$$\Delta_f H_m^\ominus(Na^+) = \Delta_r H_m^\ominus - \Delta_f H_m^\ominus(Cl^-)$$

$$S_m^\ominus(Na^+) = \Delta_r S_m^\ominus + S_m^\ominus(Na) + \frac{1}{2}S_m^\ominus(Cl_2) - S_m^\ominus(Cl^-)$$

其余类推,于是可得一系列离子的数据。在标准压力及 298 K 下,各种离子的这些数据均可在本书附录或有关手册中查到,运用十分方便。

如此规定,对于任何一种单独离子而言,似乎不尽合理,但运用于离子反应却能得到完全合理的结果,这正是由于"电中性"条件的保证作用。

例题 8　查表知 298 K 时的下列数据:

物质	$PbSO_4(s)$	Pb^{2+}	SO_4^{2-}
$\Delta_f H_m^\ominus/(kJ \cdot mol^{-1})$	− 918.4	1.63	− 907.5
$\Delta_f G_m^\ominus/(kJ \cdot mol^{-1})$	− 811.2	− 24.3	− 742.0

试求 25 ℃时,电池: $\quad Pb(s) - PbSO_4(s) \mid SO_4^{2-} \vdots Pb^{2+} \mid Pb(s)$

的标准电动势 $E^\ominus$ 及其温度系数 $(\partial E^\ominus/\partial T)_p$。

解:　电池　　$Pb(s) - PbSO_4(s) \mid SO_4^{2-} \vdots Pb^{2+} \mid Pb(s)$

　　　　负极　　$Pb + SO_4^{2-} \longrightarrow PbSO_4 + 2e^-$

　　+)正极　　$Pb^{2+} + 2e^- \longrightarrow Pb$

电池反应　　$Pb^{2+} + SO_4^{2-} \longrightarrow PbSO_4(s)$

反应的　　$\Delta_r G_m^\ominus = \Delta_f G_m^\ominus(PbSO_4) - \Delta_f G_m^\ominus(Pb^{2+}) - \Delta_f G_m^\ominus(SO_4^{2-})$

　　　　　　$= (-811.2 + 24.3 + 742.0) \; kJ \cdot mol^{-1} = -44.9 \; kJ \cdot mol^{-1}$

所以　　　　$E^\ominus = -\dfrac{\Delta_r G_m^\ominus}{nF} = \left(\dfrac{44.9 \times 10^3}{2 \times 96500}\right) V = 0.233 \; V$

反应的　　$\Delta_r H_m^\ominus = \Delta_f H_m^\ominus(PbSO_4) - \Delta_f H_m^\ominus(Pb^{2+}) - \Delta_f H_m^\ominus(SO_4^{2-})$

　　　　　　$= (-918.4 - 1.63 + 907.5) \; kJ \cdot mol^{-1} = -12.5 \; kJ \cdot mol^{-1}$

　　　　$\Delta_r S_m^\ominus = \dfrac{\Delta_r H_m^\ominus - \Delta_r G_m^\ominus}{T} = \left[\dfrac{1}{298} \times (-12.5 + 44.9) \times 10^3\right] J \cdot K^{-1} \cdot mol^{-1}$

　　　　　　$= 109 \; J \cdot K^{-1} \cdot mol^{-1}$

所以　　　　$\left(\dfrac{\partial E^\ominus}{\partial T}\right)_p = \dfrac{\Delta_r S_m^\ominus}{nF} = \left(\dfrac{109}{2 \times 96500}\right) V \cdot K^{-1} = 5.65 \times 10^{-4} \; V \cdot K^{-1}$

习题 24 已知 25 ℃时,HgO(s)的 $\Delta_f G_m^{\ominus} = -58.5$ kJ·mol^{-1},电池:

$$(Pt)H_2(p^{\ominus}) \mid KOH(m) \mid HgO(s) - Hg(l)$$

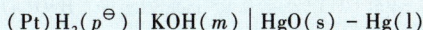

的 $E^{\ominus} = 0.926$ V,水的离子积 $K_w = 10^{-14}$。求 OH$^-$ 的标准摩尔生成 Gibbs 函数 $\Delta_f G_m^{\ominus}$。

[答案: -157.3 kJ·mol^{-1}]

习题 25 计算 25 ℃时下列两电池电动势之差:

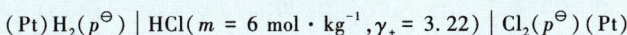

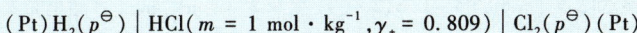

$$(Pt)H_2(p^{\ominus}) \mid HCl(m = 6\ mol·kg^{-1}, \gamma_{\pm} = 3.22) \mid Cl_2(p^{\ominus})(Pt)$$

$$(Pt)H_2(p^{\ominus}) \mid HCl(m = 1\ mol·kg^{-1}, \gamma_{\pm} = 0.809) \mid Cl_2(p^{\ominus})(Pt)$$

[答案: 0.163 V]

习题 26 在 25 ℃时,电池 Pb(Hg$_x$) $\mid$ PbCl$_2(m)$ $\mid$ AgCl(s) - Ag(s)在不同的质量摩尔浓度 m 之下,电动势有下列表中的数值。试求此电池的标准电动势 $E^{\ominus}$。

$m/(10^{-3}\ mol·kg^{-1})$	2.348	1.337	1.034	0.6197	0.2116
E/mV	567.7	587.0	596.0	614.3	653.7

[答案: 0.3426 V]

习题 27 在 25 ℃时,电池 Zn(s) $\mid$ Zn^{2+}($a = 0.0004$) $\vdots$ Cd^{2+}($a = 0.2$) $\mid$ Cd(s)的标准电动势 $E^{\ominus} = 0.360$ V,试写出该电池的电极反应和电池反应,并计算其电动势 E 值。

[答案: 0.440 V]

习题 28 已知 25 ℃时,AgCl 的标准摩尔生成焓是 -127.03 kJ·mol^{-1},Ag、AgCl 和 Cl$_2$(g)的标准摩尔熵分别是 42.702 J·K^{-1}·mol^{-1}、96.11 J·K^{-1}·mol^{-1}、222.95 J·K^{-1}·mol^{-1}。对于电池(Pt)Cl$_2(p^{\ominus})$ $\mid$ HCl(0.1 mol·dm^{-3}) $\mid$ AgCl(s) - Ag(s),试计算 25 ℃时(1)该电池的电动势;(2)该电池可逆放电时的热效应;(3)该电池电动势的温度系数。

[答案: (1) -1.137 V;(2) 17.30 kJ;(3) 6.02×10^{-4} V·K^{-1}]

习题 29 在标准压力下,白锡和灰锡在 18 ℃时达成平衡,由白锡直接转化为灰锡的热效应是 -2.01 kJ·mol^{-1},试计算电池 Sn(白) $\mid$ SnCl$_2(m)$ $\mid$ Sn(灰)在 0 ℃及 25 ℃时电动势。

[答案: 6.4×10^{-4} V;-2.5×10^{-4} V]

习题 30 已知 25 ℃时,电池:

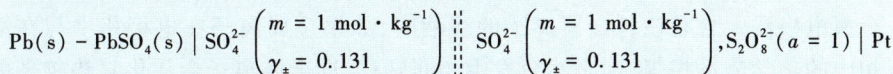

$$Pb(s) - PbSO_4(s) \mid SO_4^{2-}\begin{pmatrix} m = 1\ mol·kg^{-1} \\ \gamma_{\pm} = 0.131 \end{pmatrix} \vdots\vdots SO_4^{2-}\begin{pmatrix} m = 1\ mol·kg^{-1} \\ \gamma_{\pm} = 0.131 \end{pmatrix}, S_2O_8^{2-}(a = 1) \mid Pt$$

的标准电动势 $E^{\ominus} = 2.401$ V,Pb、PbSO$_4$、S$_2$O$_8^{2-}$ 和 SO$_4^{2-}$ 的标准摩尔熵分别为 64.89 J·K^{-1}·mol^{-1}、147.3 J·K^{-1}·mol^{-1}、146.44 J·K^{-1}·mol^{-1}、17.15 J·K^{-1}·mol^{-1}。试计算 25 ℃时(1)该电池的电动势;(2)该电池可逆放电时的热效应;(3)该电池的温度系数。

[答案: (1) 2.427 V;(2) -13.97 kJ;(3) -2.43×10^{-4} V·K^{-1}]

习题31   已知 25 ℃时,下列两电池电动势:

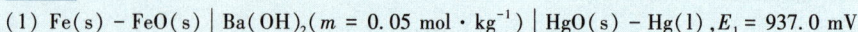

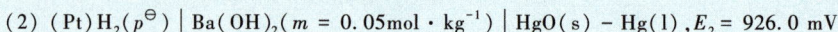

(1) Fe(s) – FeO(s) | Ba(OH)$_2$(m = 0.05 mol · kg^{-1}) | HgO(s) – Hg(l),E_1 = 937.0 mV

(2) (Pt)H$_2$($p^\ominus$) | Ba(OH)$_2$(m = 0.05mol · kg^{-1}) | HgO(s) – Hg(l),E_2 = 926.0 mV

又知液态水的 $\Delta_f G_m^\ominus$(H$_2$O,l) = – 2.372 × 10^5 J · mol^{-1},求 FeO(s)的标准摩尔生成 Gibbs 函数 $\Delta_f G_m^\ominus$。   [答案: – 2.392 × 10^5 J · mol^{-1}]

习题32   在 25 ℃附近,电池 Hg(l) – Hg$_2$Br$_2$(s) | Br$^-$(m) | AgBr(s) – Ag(s) 的电动势与温度的关系为 E = [– 68.04 – 0.312 × (T/℃ – 25)] mV,试计算通电量 2F 时,电池反应的 $\Delta_r G_m$、$\Delta_r H_m$ 和 $\Delta_r S_m$。   [答案:1.313 × 10^4 J; – 4.81 × 10^3 J; – 60.22 J · K^{-1}]

习题33   电池(Pt)H$_2$($p^\ominus$) | H$_2$SO$_4$(0.01 mol · kg^{-1}) | O$_2$($p^\ominus$)(Pt) 在 25 ℃时 E = 1.228 V,已知液态水的 $\Delta_f H_m^\ominus$(298 K) = – 2.858 × 10^5 J · mol^{-1}。(1) 计算此电池电动势的温度系数;(2)假定温度在 0~25 ℃之间,此反应的 $\Delta_r H_m$ 为常数,计算电池在 0 ℃时的电动势。   [答案:(1) – 8.52 × 10^{-4} V · K^{-1};(2) 1.25 V]

习题34   电池(Pt)H$_2$($p^\ominus$) | NaOH(m) | Bi$_2$O$_3$(s) – Bi(s) 在 18 ℃时 E = 384.6 mV,在 10~35 ℃之间,($\partial E/\partial T$)$_p$ = – 0.39 mV · K^{-1}。已知 18 ℃时液态水的 $\Delta_f H_m^\ominus$(291 K) = – 2.859 ×10^5 J · mol^{-1},试求 Bi$_2$O$_3$(s)在 18 ℃时的摩尔生成焓。

[答案: – 5.69 × 10^5 J · mol^{-1}]

§7.8   电极电势

1. 电池电动势产生的机理

（1）电极 – 溶液界面电势差。

前已述及,电池电动势的产生是由于电池内发生了自发的化学反应。这是将电池作为一个整体,研究其化学能与电能的相互转换关系。电池总是由电解质溶液和电极组成,那么在电极和溶液界面处究竟是如何产生电势差的呢?

以金属电极为例,金属晶格中有金属离子和能够自由移动的电子存在。将一金属电极浸入含有该种金属离子的溶液时,如果金属离子在电极相中与在溶液相中的化学势不相等,则必然会发生相间转移,即金属离子会从化学势较高的相转移到化学势较低的相中。可能发生的情况有两种,或者是金属离子由电极相进入溶液相而将电子留在电极上,导致电极相荷负电而溶液相荷正电;或者是金属离子由溶液相进入电极相,使电极相荷正电而溶液相荷负电。无论哪种情况,都破坏了电极和溶液各相的电中性,使相间出现电势差。可以想见,由于静电引力的作用,这种金属离子的相间转移很快就会达到平衡状态,于是相间电势差亦趋于稳定。

电极相所带的电荷是集中在电极表面的,而溶液中带异号电荷的离子,一方面受到电极表面电荷的吸引,趋向于排列在紧靠电极表面附近;另一方面,由于热运动,这种集中了的离子又会向远离电极的方向分散。当静电吸引与热分散平衡时,在电极与溶液界面处就形成了一个双电层。以电极荷负电为例,图 7.17 示意出双电层的结构。双电层由电极表面电荷层与溶液中过剩的反号离子层所构成,而溶液中又分为紧密层和分散层两部分。紧密层厚度 d 约为 10^{-10} m,而分散层厚度 δ 稍大,且与溶液中离子浓度有关,浓度越大,分散层厚度越小;浓度越小,其厚度越大。

设电极的电势为 φ_M,溶液本体的电势为 φ_1,则电极 − 溶液界面电势差 $\varepsilon = |\varphi_M - \varphi_1|$。$\varepsilon$ 在双电层中的分布情况如图 7.18 所示。即 ε 是紧密层电势差 ψ_1 和分散层电势差 ψ_2 之加和。

$$\varepsilon = |\varphi_M - \varphi_1| = \psi_1 + \psi_2 \tag{7.31}$$

综上所述,电极 − 溶液界面电势差是化学势之差造成的。化学势的高低与物质本性、浓度及温度有关,因此影响电极 − 溶液界面电势差的因素有电极种类、溶液中相应离子的浓度及温度等。

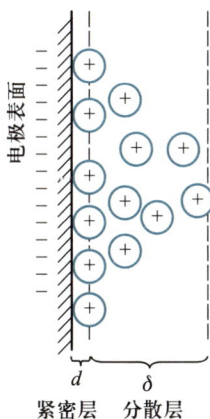

图 7.17 双电层结构示意图

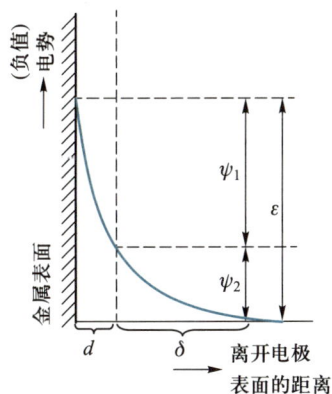

图 7.18 双电层电势分布示意图

(2) 溶液 − 溶液界面电势差和盐桥。

电池中,不仅在电极和溶液界面上能够形成电势差,而且在两种不同的电解质溶液,或者是同种电解质但浓度不同的溶液与溶液界面上也会形成双电层,产生电势差,称为液体接界电势。这种电势差是由于离子扩散速率不同而产生的,故又称扩散电势。

例如,两种不同浓度的 HCl 溶液接界,HCl 将会由浓的一侧向稀的一侧扩散。由于 H^+ 比 Cl^- 扩散得快,所以在浓溶液一边因 Cl^- 过剩而荷负电,因此在溶液接界处产生了电势差。又如,浓度相同的 $AgNO_3$ 溶液与 HNO_3 溶液接界时,可以认为界面上没有 NO_3^- 的扩散,但 H^+ 向 $AgNO_3$ 一侧扩散比 Ag^+ 向 HNO_3 一侧扩散得快,必然使界面处 $AgNO_3$ 一侧荷正电而 HNO_3 一侧荷负电,因此在溶液接界处亦产生电势差(见图 7.19)。当界面两侧荷电后,由于静电作用,会使扩散快的离子减慢而扩散慢的离子加快,并很快达成稳定状态,使两种离子以等速通过界面,并在界面处形成稳定的液体接界电势。

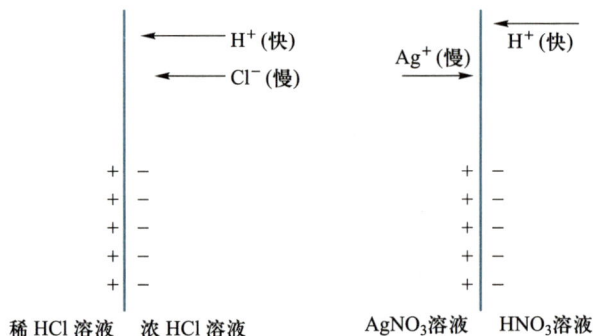

图 7.19   液体接界电势的形成示意图

扩散是不可逆过程,因此液体接界电势的存在能使电池的可逆性遭到破坏。同时,液体接界电势目前既难以单独测量,又不便准确计算。鉴于此,人们总是设法尽可能消除电池中的液体接界电势,通常采用的方法是"盐桥法"。就是在两个溶液之间,放置一 KCl 溶液,以两个液体接界代替一个液体接界。由于 K^+ 和 Cl^- 的迁移数很相近,在界面上产生的液体接界电势数值很小,而且这两个数值很小的液体接界电势又常常是符号相反的,因此这两个液体接界电势之和比原来的一个液体接界电势要降低很多。当 KCl 为饱和溶液时,液体接界电势可降低到只有 $1\sim2$ mV,这在一般的电动势测量中已可略去不计。

若电解质溶液遇 KCl 会产生反应时,可用 NH_4NO_3 代替 KCl 作盐桥,因 NH_4^+ 和 NO_3^- 的迁移数也是颇接近的。

(3)电池电动势的产生。

明确了界面电势差的产生原因,就不难理解电池电动势的产生机理。若将两个电极组成一个电池,例如:

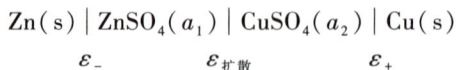

$$Zn(s) \mid ZnSO_4(a_1) \mid CuSO_4(a_2) \mid Cu(s)$$

$$\varepsilon_- \qquad\qquad \varepsilon_{扩散} \qquad\qquad \varepsilon_+$$

那么,各界面电势差之和就是电池电动势,即

$$E = \varepsilon_- + \varepsilon_{扩散} + \varepsilon_+ \tag{7.32}$$

采用盐桥消除液体接界电势后,式(7.32)则变为

$$E = \varepsilon_- + \varepsilon_+ \tag{7.33}$$

若能测出各种电极的界面电势差,那么由式(7.33)就能算出电池电动势。然而,测定电极界面电势差的绝对值目前尚无法做到。

根据式(7.31),$\varepsilon_+ = \varphi(Cu) - \varphi_{1_2}$,$\varepsilon_- = \varphi_{1_2} - \varphi(Zn)$,采用盐桥消除液体接界电势后,$\varepsilon_{扩散} = 0$,故 $\varphi_{1_1} = \varphi_{1_2}$,因此:

$$\begin{aligned}E &= \left[\varphi(Cu) - \varphi_{1_2}\right] + \left[\varphi_{1_1} - \varphi(Zn)\right] = \varphi(Cu) - \varphi(Zn) \\ &= \varphi_+ - \varphi_-\end{aligned} \tag{7.34}$$

这就是说,虽不能测定电极的界面电势差,但若能测知电极电势的量值,也可以求算电池电动势。可惜的是,各种电极的绝对电势量值目前也无法直接测定。然而,式(7.34)却给予人们重要启示,那就是,如果没有液体接界电势存在,或者采用盐桥消除液体接界电势之后,可逆电池电动势 E 总是组成电池的两电极电势之差。这样的关系,完全可以采用人为规定的标准,测定电极电势的相对值,于是由电极电势求算电池电动势的问题就能很方便地解决。

2. 电极电势

(1)标准氢电极。

为测定任意电极的相对电极电势数值,目前普遍采用标准氢电极作为标准电极。把镀有铂黑的铂片浸入 $a(H^+) = 1$ 的溶液中,并以标准压力($p^{\ominus}$)的干燥氢气不断冲击到铂电极上,就构成了标准氢电极,如图 7.20 所示。规定在任意温度下标准氢电极的电极电势 $\varphi^{\ominus}(H^+/H_2)$ 等于零。其他电极的电极电势均是相对于标准氢电极而得到的数值。

(2)任意电极电势数值和符号的确定。

1953 年,国际纯粹与应用化学联合会(IUPAC)统一规定:将标准氢电极作为发生氧化作用的负极,而将待定电极作为发生还原作用的正极,组成如下电池:

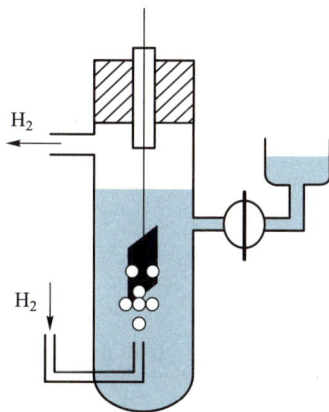

图 7.20　氢电极结构

$$(Pt)H_2(p^\ominus) \mid H^+(a = 1) \vdots 待定电极$$

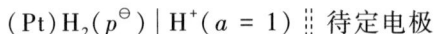

该电池电动势的数值和符号,就是待定电极电势的数值和符号。

例如,要确定锌电极 $Zn^{2+}(a = 0.1) \mid Zn(s)$ 的电极电势,可组成如下电池:

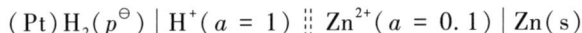

$$(Pt)H_2(p^\ominus) \mid H^+(a = 1) \vdots Zn^{2+}(a = 0.1) \mid Zn(s)$$

测得此电池电动势为 -0.792 V,因此,该锌电极 $Zn^{2+}(a = 0.1) \mid Zn(s)$ 的电极电势 $\varphi(Zn^{2+}/Zn) = -0.792$ V。现代电子电势差计可直接测出电动势的正负值,负值说明上述电池的正负极与实际情况正好相反。

再以确定铜电极 $Cu^{2+}(a = 0.1) \mid Cu(s)$ 的电极电势为例,可组成电池:

$$(Pt)H_2(p^\ominus) \mid H^+(a = 1) \vdots Cu^{2+}(a = 0.1) \mid Cu(s)$$

测得电池电动势为 $+0.342$ V,因此待定电极 $Cu^{2+}(a = 0.1) \mid Cu(s)$ 的电极电势 $\varphi(Cu^{2+}/Cu) = +0.342$ V。

(3) 电极电势的 Nernst 方程。

如上所测电极电势数值是相对值,其实质是一特定电池的电动势。因此,Nernst 方程依然适用于电极电势,例如电池:

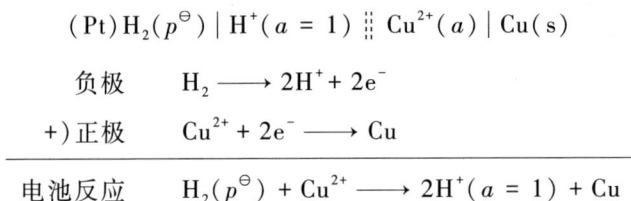

$$(Pt)H_2(p^\ominus) \mid H^+(a = 1) \vdots Cu^{2+}(a) \mid Cu(s)$$

负极 $H_2 \longrightarrow 2H^+ + 2e^-$

+)正极 $Cu^{2+} + 2e^- \longrightarrow Cu$

电池反应 $H_2(p^\ominus) + Cu^{2+} \longrightarrow 2H^+(a = 1) + Cu$

其电池电动势的 Nernst 方程为

$$E = E^\ominus - \frac{RT}{nF} \ln \frac{[a(H^+)]^2 \cdot a(Cu)}{a(H_2) \cdot a(Cu^{2+})}$$

由于该特定电池:

$$E = \varphi(Cu^{2+}/Cu), \quad a(H_2) = p(H_2)/p^\ominus = 1, \quad a(H^+) = 1$$

并令 $E^\ominus = \varphi^\ominus(Cu^{2+}/Cu)$,上式即变为

$$\varphi(Cu^{2+}/Cu) = \varphi^\ominus(Cu^{2+}/Cu) - \frac{RT}{2F} \ln \frac{a(Cu)}{a(Cu^{2+})}$$

推广到任意电极,其电极电势可表示为

$$\varphi = \varphi^\ominus - \frac{RT}{nF} \ln \frac{a(还原态)}{a(氧化态)} = \varphi^\ominus + \frac{RT}{nF} \ln \frac{a(氧化态)}{a(还原态)} \tag{7.35}$$

此式即称为电极电势的 Nernst 方程,其实质是与电池电动势的 Nernst 方程一致的。其中 $\varphi^{\ominus}$ 就是特定电池的标准电动势 $E^{\ominus}$,即电极反应中各物质的活度均为 1 时的电极电势,称为"标准电极电势"。因此,各种电极的标准电极电势 $\varphi^{\ominus}$ 的求算和测定,与标准电动势相同。表 7.6 列出部分常见电极在 25 ℃时的标准电极电势。

表 7.6 25 ℃时常见电极的标准电极电势

电极	$\varphi^{\ominus}/V$	电极	$\varphi^{\ominus}/V$
$Li^+ \mid Li$	-3.045	$H_2O, H^+ \mid O_2(Pt)$	1.229
$K^+ \mid K$	-2.925	$H_2O, OH^- \mid O_2(Pt)$	0.401
$Ba^{2+} \mid Ba$	-2.906	$I^- \mid I_2(Pt)$	0.5362
$Ca^{2+} \mid Ca$	-2.866	$Br^- \mid Br_2(Pt)$	1.065
$Na^+ \mid Na$	-2.714	$Cl^- \mid Cl_2(Pt)$	1.360
$Mg^{2+} \mid Mg$	-2.363	$F^- \mid F_2(Pt)$	2.87
$Al^{3+} \mid Al$	-1.662	$OH^- \mid PbO - Pb$	-0.580
$Zn^{2+} \mid Zn$	-0.763	$SO_4^{2-} \mid PbSO_4 - Pb$	-0.358
$Fe^{2+} \mid Fe$	-0.4402	$I^- \mid AgI - Ag$	-0.152
$Cd^{2+} \mid Cd$	-0.4029	$Br^- \mid AgBr - Ag$	0.0711
$Tl^+ \mid Tl$	-0.3365	$OH^- \mid HgO - Hg$	0.0986
$Co^{2+} \mid Co$	-0.277	$H^+ \mid Sb_2O_3 - Sb$	0.152
$Ni^{2+} \mid Ni$	-0.250	$Cl^- \mid AgCl - Ag$	0.2224
$Sn^{2+} \mid Sn$	-0.136	$Cl^- \mid Hg_2Cl_2 - Hg$	0.2680
$Pb^{2+} \mid Pb$	-0.126	$SO_4^{2-} \mid Hg_2SO_4 - Hg$	0.615
$H_2O, OH^- \mid H_2(Pt)$	-0.8281	$Cr^{3+}, Cr^{2+} \mid (Pt)$	-0.408
$H^+ \mid H_2(Pt)$	0.0000	$Sn^{4+}, Sn^{2+} \mid (Pt)$	0.15
$Cu^{2+} \mid Cu$	0.337	$Cu^{2+}, Cu^+ \mid (Pt)$	0.153
$Cu^+ \mid Cu$	0.521	$Fe^{3+}, Fe^{2+} \mid (Pt)$	0.771
$Ag^+ \mid Ag$	0.799	$Tl^{3+}, Tl^+ \mid (Pt)$	1.25
$Hg_2^{2+} \mid Hg$	0.788		

（4）参比电极。

由于氢电极在制备和使用过程中要求很严格,如氢气需经多次纯化以除去微量氧,溶液中不能有氧化性物质存在,铂黑表面易被玷污等原因,因此使用氢电极并不很方便。所以实际测量电极电势时,经常使用一种易于制备、使用方便、电势稳定的电极作为"参比电极"。其电极电势已经与氢电极相比而求出了比较精确的数值,只要将此参比电极与待测电极组成电池,测量其电动势,就可求出待测电极的电势值。常用的参比电极有甘汞电极、银－氯化银电极等,其中以甘汞电极的使用最为经常,它的电极电势稳定且易重现。甘汞电极结构示意如图 7.21 所示。将少量汞、甘汞和氯化钾溶液研成糊状物覆盖在素瓷上,上部放入纯汞,然后浸入饱和了甘汞的氯化钾溶液中即成。

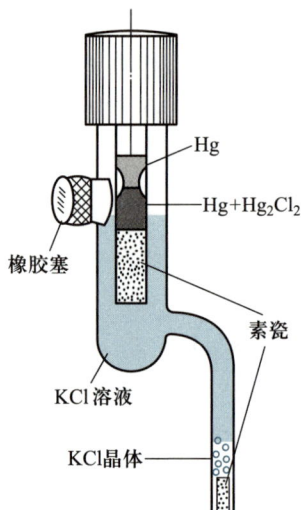

图 7.21　甘汞电极的结构

甘汞电极的电极电势公式为

$$\varphi(\mathrm{Hg_2Cl_2/Hg}) = \varphi^{\ominus}(\mathrm{Hg_2Cl_2/Hg}) - \frac{RT}{F}\ln a(\mathrm{Cl^-})$$

经与氢电极相比,测知 25 ℃时,$\varphi^{\ominus}(\mathrm{Hg_2Cl_2/Hg}) = 0.2681$ V。实际使用的甘汞电极的电极电势还与 KCl 溶液的浓度有关。装有饱和 KCl 溶液者称为"饱和甘汞电极",25 ℃时其电极电势 $\varphi = 0.2444$ V。KCl 溶液为其他浓度的甘汞电极,其电极电势值可查阅有关手册。

习题 35　求算 25 ℃时,Ag(s) | AgCl(s)电极在 AgCl 溶液中（$m_1 = 10^{-5}$ mol · kg^{-1}）及在 NaCl 溶液中（$m_2 = 0.01$ mol · kg^{-1},$\gamma_{\pm} = 0.889$）,电极电势之差为多少?

[答案：0.174 V]

习题 36　25 ℃时,实验测得电池(Pt)H$_2$($p^{\ominus}$) | HCl(m) | AgCl(s)－Ag(s)的电动势 $E = 0.4658$ V,$m = 0.00992$ mol · kg^{-1},$\gamma_{\pm} = 0.8930$。试求银－氯化银电极的标准电极电势 $\varphi^{\ominus}$。

[答案：0.2229 V]

习题 37　25 ℃时,已知电极 Fe(s) | Fe^{2+}和(Pt) | Fe^{2+}, Fe^{3+}的标准电极电势分别为 － 0.440 V 和 0.771 V,试求算电极 Fe(s) | Fe^{3+}的标准电极电势。　　[答案： － 0.0363 V]

习题 38 某电极的电极反应为

$$H_2O_2 + 2H^+ + 2e^- \longrightarrow 2H_2O$$

试求算 25 ℃时该电极的标准电极电势 $\varphi^\ominus$。已知水的离子积 $K_w = a(H^+)a(OH^-) = 10^{-14}$，电极 $O_2 + 2H^+ + 2e^- \longrightarrow H_2O_2$ 和 $O_2 + 2H_2O + 4e^- \longrightarrow 4OH^-$ 的标准电极电势分别为 0.680 V 和 0.401 V。

[答案：1.778 V]

习题 39 下表列出 25 ℃时电池 $(Pt)H_2(p^\ominus) \mid HBr(m) \mid AgBr(s) - Ag(s)$ 的电动势测定数据，试用外推法求出银–溴化银电极的标准电极电势 $\varphi^\ominus$。

$m/(10^{-4} \text{ mol} \cdot \text{kg}^{-1})$	4.042	8.444	13.55	18.50	23.96	37.19
E/V	0.4738	0.4364	0.4124	0.3967	0.3838	0.3617

[答案：0.0713 V]

§7.9 由电极电势计算电池电动势

运用不同的可逆电极可以组成多种类型的可逆电池。按照电池中物质所发生的变化，可将电池分为两类：凡电池中物质的变化为化学反应者称为"化学电池"；凡电池中物质的变化仅是由高浓度变成低浓度者称"浓差电池"，按照电池包含电解质溶液的种数，又可将电池分为单液电池和双液电池等。此外，还有其他的类型。下面将举例讨论一些电池类型及其电动势的计算方法。

1. 单液化学电池

这类电池的例子很多，例如：

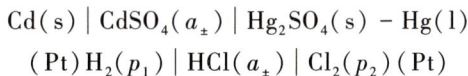

$$Cd(s) \mid CdSO_4(a_\pm) \mid Hg_2SO_4(s) - Hg(l)$$
$$(Pt)H_2(p_1) \mid HCl(a_\pm) \mid Cl_2(p_2)(Pt)$$

等均属单液化学电池。以后一电池为例，其反应为

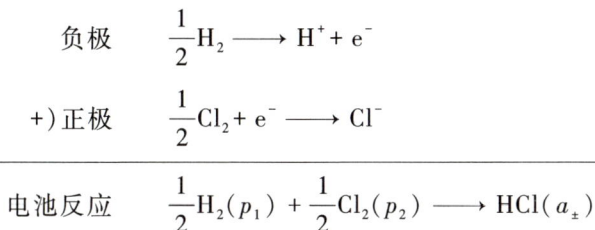

负极 $\quad \frac{1}{2}H_2 \longrightarrow H^+ + e^-$

+）正极 $\quad \frac{1}{2}Cl_2 + e^- \longrightarrow Cl^-$

电池反应 $\quad \frac{1}{2}H_2(p_1) + \frac{1}{2}Cl_2(p_2) \longrightarrow HCl(a_\pm)$

电池电动势为

$$E = \varphi_{右} - \varphi_{左}$$

$$= \left[\varphi^{\ominus}(Cl_2/Cl^-) - \frac{RT}{F}\ln\frac{a(Cl^-)}{(p_2/p^{\ominus})^{1/2}} \right] - \left[\varphi^{\ominus}(H^+/H_2) - \frac{RT}{F}\ln\frac{(p_1/p^{\ominus})^{1/2}}{a(H^+)} \right]$$

$$= \varphi^{\ominus}(Cl_2/Cl^-) - \frac{RT}{F}\ln\frac{(a_{\pm})^2}{(p_1/p^{\ominus})^{1/2}(p_2/p^{\ominus})^{1/2}}$$

$$= \varphi^{\ominus}(Cl_2/Cl^-) - \frac{RT}{F}\ln\frac{\gamma_{\pm}^2(m/m^{\ominus})^2}{(p_1/p^{\ominus})^{1/2}(p_2/p^{\ominus})^{1/2}}$$

由上式可看出,在单液化学电池 E 的表示式中只出现同一溶液的 $a_{\pm}$ 或 $\gamma_{\pm}$。某一溶液的 $a_{\pm}$ 或 $\gamma_{\pm}$ 是有明确的热力学意义的,也是可以精确测量的。因此,按上式可精确计算这类电池的电动势。单液化学电池的用途很多。例如,一般在实验室中测定电极电势、电池电动势以及电解质溶液的 $a_{\pm}$ 或 $\gamma_{\pm}$ 等经常采用这类电池。

2. 双液化学电池

这类电池有两种电解质溶液,中间以盐桥消除液体接界电势。例如:

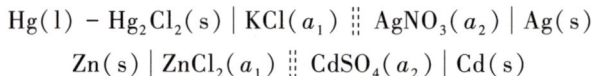

$$Hg(l) - Hg_2Cl_2(s) \mid KCl(a_1) \ \vdots \ AgNO_3(a_2) \mid Ag(s)$$

$$Zn(s) \mid ZnCl_2(a_1) \ \vdots \ CdSO_4(a_2) \mid Cd(s)$$

等均属双液化学电池。以后一电池为例,其反应为

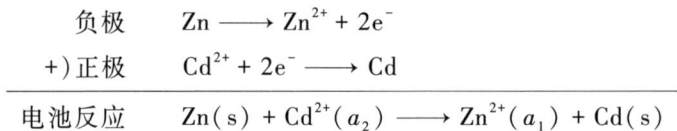

负极	$Zn \longrightarrow Zn^{2+} + 2e^-$
+)正极	$Cd^{2+} + 2e^- \longrightarrow Cd$

电池反应 $Zn(s) + Cd^{2+}(a_2) \longrightarrow Zn^{2+}(a_1) + Cd(s)$

电池电动势为

$$E = \varphi_{右} - \varphi_{左}$$

$$= \left[\varphi^{\ominus}(Cd^{2+}/Cd) + \frac{RT}{2F}\ln a(Cd^{2+}) \right] - \left[\varphi^{\ominus}(Zn^{2+}/Zn) + \frac{RT}{2F}\ln a(Zn^{2+}) \right]$$

$$= \left[\varphi^{\ominus}(Cd^{2+}/Cd) - \varphi^{\ominus}(Zn^{2+}/Zn) \right] + \frac{RT}{2F}\ln\frac{a(Cd^{2+})}{a(Zn^{2+})}$$

$$= \left[\varphi^{\ominus}(Cd^{2+}/Cd) - \varphi^{\ominus}(Zn^{2+}/Zn) \right] + \frac{RT}{2F}\ln\frac{\gamma(Cd^{2+})m(Cd^{2+})}{\gamma(Zn^{2+})m(Zn^{2+})}$$

由上式可看出,在这类电池 E 的表示式中出现了不同溶液中单独离子的 a_B

或 γ_B，这是无法测定的，一般也很难求算。因此用上式计算电池电动势时，通常需作近似处理，即假设每一溶液中 $\gamma_+ = \gamma_- = \gamma_\pm$，于是以可测量的 $\gamma_\pm$ 代替不可测量的 γ_+ 或 γ_-。双液化学电池亦有广泛应用，尤其在两种溶液混合会因沉淀、中和等导致溶液成分发生较大变化时，采用双液化学电池就可避免这些问题。

3. 单液浓差电池

单液浓差电池亦称电极浓差电池。例如：

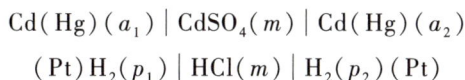

$$Cd(Hg)(a_1) \mid CdSO_4(m) \mid Cd(Hg)(a_2)$$

$$(Pt)H_2(p_1) \mid HCl(m) \mid H_2(p_2)(Pt)$$

等均属单液浓差电池。前者是不同活度的镉汞齐电极浸于同一 $CdSO_4$ 溶液中；后者为不同压力的氢电极浸于同一 HCl 溶液中。以后一电池为例，其反应为

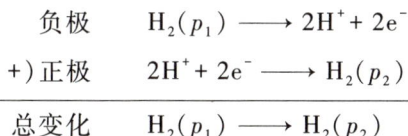

$$
\begin{array}{lll}
\text{负极} & H_2(p_1) \longrightarrow 2H^+ + 2e^- \\
\text{+)正极} & 2H^+ + 2e^- \longrightarrow H_2(p_2) \\
\hline
\text{总变化} & H_2(p_1) \longrightarrow H_2(p_2)
\end{array}
$$

电池电动势为

$$
\begin{aligned}
E &= \varphi_{右} - \varphi_{左} \\
&= \left[\varphi^{\ominus}(H^+/H_2) - \frac{RT}{2F}\ln \frac{p_2/p^{\ominus}}{[a(H^+)]^2} \right] - \left[\varphi^{\ominus}(H^+/H_2) - \frac{RT}{2F}\ln \frac{p_1/p^{\ominus}}{[a(H^+)]^2} \right] \\
&= \frac{RT}{2F}\ln \frac{p_1/p^{\ominus}}{p_2/p^{\ominus}}
\end{aligned}
$$

由上式可看出，这类电池的电动势与电解质溶液的浓度无关，与标准电极电势亦无关，而与电极反应物质在电极上的活度有关。

4. 双液浓差电池

双液浓差电池亦称溶液浓差电池。例如：

$$Ag(s) \mid AgNO_3(a_1) \ \vdots\vdots\ AgNO_3(a_2) \mid Ag(s)$$

即属于此类。其反应为

$$负极 \qquad Ag \longrightarrow Ag^+(a_1) + e^-$$

$$+)正极 \qquad Ag^+(a_2) + e^- \longrightarrow Ag$$

$$总变化 \qquad Ag^+(a_2) \longrightarrow Ag^+(a_1)$$

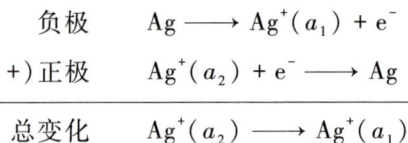

电池电动势为

$$E = \varphi_右 - \varphi_左$$

$$= \left[\varphi^\ominus(Ag^+/Ag) + \frac{RT}{F} \ln a_2 \right] - \left[\varphi^\ominus(Ag^+/Ag) + \frac{RT}{F} \ln a_1 \right]$$

$$= \frac{RT}{F} \ln \frac{a_2}{a_1} = \frac{RT}{F} \ln \frac{\gamma_2 m_2}{\gamma_1 m_1}$$

由上式可看出,这类电池的 E 与两个溶液中有关离子的活度有关。用上式求算其电动势时,因式中有单独离子的活度,所以需借助每一溶液中 $\gamma_+ = \gamma_- = \gamma_\pm$ 的假定,以 $\gamma_\pm$ 代替 γ_+ 或 γ_- 作近似处理。

5. 双联浓差电池

用两个相同的电极联接在一起,代替双液浓差电池中的盐桥,即构成双联浓差电池。例如:

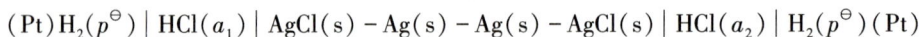

$$(Pt)H_2(p^\ominus) \mid HCl(a_1) \mid AgCl(s) - Ag(s) - Ag(s) - AgCl(s) \mid HCl(a_2) \mid H_2(p^\ominus)(Pt)$$

这类电池实际上是由两个单液电池组合而成的。左电池的反应为

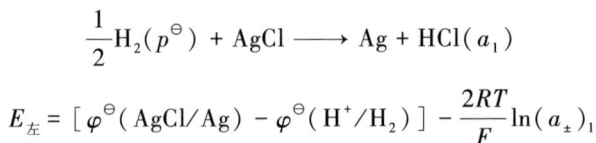

$$\frac{1}{2}H_2(p^\ominus) + AgCl \longrightarrow Ag + HCl(a_1)$$

$$E_左 = \left[\varphi^\ominus(AgCl/Ag) - \varphi^\ominus(H^+/H_2) \right] - \frac{2RT}{F} \ln(a_\pm)_1$$

右电池的反应为

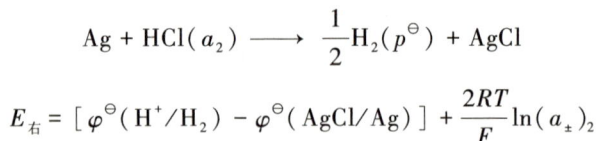

$$Ag + HCl(a_2) \longrightarrow \frac{1}{2}H_2(p^\ominus) + AgCl$$

$$E_右 = \left[\varphi^\ominus(H^+/H_2) - \varphi^\ominus(AgCl/Ag) \right] + \frac{2RT}{F} \ln(a_\pm)_2$$

双联浓差电池的总变化应为两个电池反应之和,即

$$HCl(a_2) \longrightarrow HCl(a_1)$$

这与浓差电池相当。其总电势 E 亦应为两个电池电动势之和,即

$$E = E_{左} + E_{右} = \frac{2RT}{F}\ln\frac{(a_\pm)_2}{(a_\pm)_1} = \frac{2RT}{F}\ln\frac{(\gamma_\pm m)_2}{(\gamma_\pm m)_1}$$

由上式可看出,采用双联浓差电池取代盐桥,不仅可消除液体接界面,而且还能保留单液浓差电池的优点,即其 E 的表达式中不出现单独离子的 a_B 或 γ_B。因此,按上式可精确计算这类电池的电动势。

习题 40 试计算下列电池在 25 ℃的电动势。

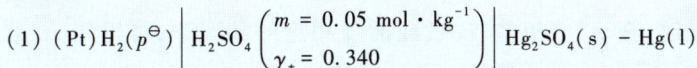

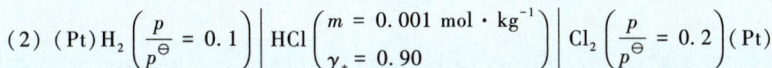

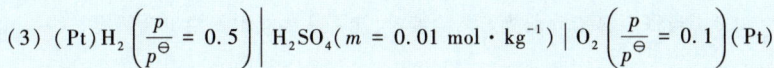

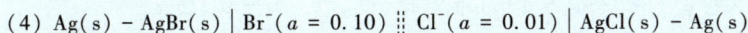

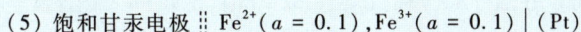

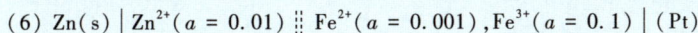

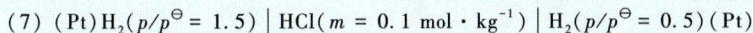

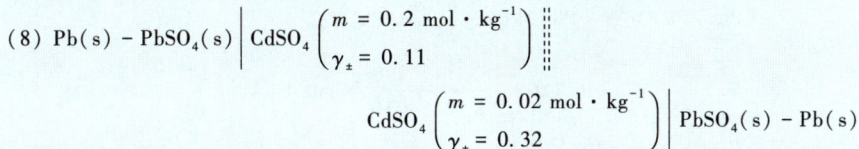

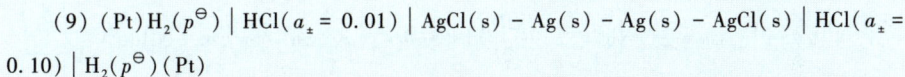

(1) $(Pt)H_2(p^\ominus)\left|H_2SO_4\left(\begin{matrix}m = 0.05\ mol\cdot kg^{-1}\\ \gamma_\pm = 0.340\end{matrix}\right)\right|Hg_2SO_4(s) - Hg(l)$

(2) $(Pt)H_2\left(\frac{p}{p^\ominus} = 0.1\right)\left|HCl\left(\begin{matrix}m = 0.001\ mol\cdot kg^{-1}\\ \gamma_\pm = 0.90\end{matrix}\right)\right|Cl_2\left(\frac{p}{p^\ominus} = 0.2\right)(Pt)$

(3) $(Pt)H_2\left(\frac{p}{p^\ominus} = 0.5\right)\left|H_2SO_4(m = 0.01\ mol\cdot kg^{-1})\right|O_2\left(\frac{p}{p^\ominus} = 0.1\right)(Pt)$

(4) $Ag(s) - AgBr(s)\left|Br^-(a = 0.10)\ \vdots\ Cl^-(a = 0.01)\right|AgCl(s) - Ag(s)$

(5) 饱和甘汞电极 $\vdots\ Fe^{2+}(a = 0.1), Fe^{3+}(a = 0.1)\left|(Pt)\right.$

(6) $Zn(s)\left|Zn^{2+}(a = 0.01)\ \vdots\ Fe^{2+}(a = 0.001), Fe^{3+}(a = 0.1)\right|(Pt)$

(7) $(Pt)H_2(p/p^\ominus = 1.5)\left|HCl(m = 0.1\ mol\cdot kg^{-1})\right|H_2(p/p^\ominus = 0.5)(Pt)$

(8) $Pb(s) - PbSO_4(s)\left|CdSO_4\left(\begin{matrix}m = 0.2\ mol\cdot kg^{-1}\\ \gamma_\pm = 0.11\end{matrix}\right)\right|\vdots$

$CdSO_4\left(\begin{matrix}m = 0.02\ mol\cdot kg^{-1}\\ \gamma_\pm = 0.32\end{matrix}\right)\left|PbSO_4(s) - Pb(s)\right.$

(9) $(Pt)H_2(p^\ominus)\left|HCl(a_\pm = 0.01)\right|AgCl(s) - Ag(s) - Ag(s) - AgCl(s)\left|HCl(a_\pm = 0.10)\right|H_2(p^\ominus)(Pt)$

[答案:(1) 0.754 V;(2) 1.67 V;(3) 1.21 V;(4) 0.210 V;(5) 0.527 V;(6) 1.71 V;(7) 0.014 V;(8) 0.0159 V;(9) 0.118 V]

§7.10 电极电势及电池电动势的应用

在电化学中,标准电极电势是重要物理量,有关手册中已收集许多 $\varphi^\ominus$ 数据,而电池电动势的实验测定是一种行之有效的方法。运用 $\varphi^\ominus$ 数据和测定电池电动势的方法,可以解决许多化学中的实际问题。前面已涉及电池反应的有关热力学量的求算,下面再讨论一些方面的应用实例。

1. 判断反应趋势

电极电势的高低,反映了电极中反应物质得到或失去电子能力的大小。电极电势越低,越易失去电子;电极电势越高,越易得到电子。因此,可依据有关电极电势数据判断反应进行的趋势。例如,电极电势较低的金属能从溶液中置换出电极电势较高的金属。

应注意,一定温度下电极电势 φ 是由 $\varphi^{\ominus}$ 和相应离子活度两因素决定的。两个电极进行比较时,在 $\varphi^{\ominus}$ 值相差较大,或活度相近的情况下,可以用 $\varphi^{\ominus}$ 数据直接判断反应趋势,否则,均必须比较 φ 值方可判断。

> **例题 9**   25 ℃时,有两溶液:(1) $a(Sn^{2+}) = 1.0, a(Pb^{2+}) = 1.0$;(2) $a(Sn^{2+}) = 1.0,$ $a(Pb^{2+}) = 0.1$。当将金属铅分别放入两溶液时,能否从溶液中置换出金属锡?

解:查表得 $\varphi^{\ominus}(Sn^{2+}/Sn) = -0.136\ V$;$\varphi^{\ominus}(Pb^{2+}/Pb) = -0.126\ V$。

(1) 由于 $a(Sn^{2+}) = a(Pb^{2+})$,$\varphi^{\ominus}(Sn^{2+}/Sn) < \varphi^{\ominus}(Pb^{2+}/Pb)$,所以 Pb 不能置换溶液中的 Sn。

(2) 当 $a(Sn^{2+}) = 1.0, a(Pb^{2+}) = 0.1$ 时,有

$$
\begin{aligned}
\varphi(Pb^{2+}/Pb) &= \varphi^{\ominus}(Pb^{2+}/Pb) + \frac{RT}{2F}\ln a(Pb^{2+}) \\
&= \left(-0.126 + \frac{8.314 \times 298}{2 \times 96.5 \times 10^3} \times \ln 0.1\right)\ V \\
&= -0.156\ V
\end{aligned}
$$

$$
\varphi(Sn^{2+}/Sn) = \varphi^{\ominus}(Sn^{2+}/Sn) + \frac{RT}{2F}\ln a(Sn^{2+}) = \varphi^{\ominus}(Sn^{2+}/Sn) = -0.136\ V
$$

$\varphi(Sn^{2+}/Sn) > \varphi(Pb^{2+}/Pb)$,因此 Pb 可以从该溶液中置换出 Sn。

2. 求化学反应的平衡常数

由电池的标准电动势 $E^{\ominus}$ 与电池反应 $\Delta_r G_m^{\ominus}$ 的关系,很容易导出 $E^{\ominus}$ 与电池反应标准平衡常数 $K^{\ominus}$ 的关系:

$$
\Delta_r G_m^{\ominus} = -nFE^{\ominus} = -RT\ln K^{\ominus}
$$

故
$$
E^{\ominus} = \frac{RT}{nF}\ln K^{\ominus} \tag{7.36}
$$

由式(7.36)可知,通过实验测定或从标准电极电势数据计算出电池的标准电动势 $E^{\ominus}$,便可求出电池反应的标准平衡常数。

例题 10 试利用标准电极电势数据求算 25 ℃时反应：

$$Zn(s) + Cu^{2+}(a_2) \longrightarrow Zn^{2+}(a_1) + Cu(s)$$

的标准平衡常数 $K^{\ominus}$。

解： 该反应对应的电池是

$$Zn(s) \mid Zn^{2+}(a_1) \vdots Cu^{2+}(a_2) \mid Cu(s)$$

查表可得 25 ℃时，$\varphi^{\ominus}(Cu^{2+}/Cu) = 0.337 \text{ V}$，$\varphi^{\ominus}(Zn^{2+}/Zn) = -0.763 \text{ V}$，则

$$E^{\ominus} = \varphi^{\ominus}(Cu^{2+}/Cu) - \varphi^{\ominus}(Zn^{2+}/Zn) = [0.337 - (-0.763)] \text{ V} = 1.100 \text{ V}$$

由式(7.36)
$$\ln K^{\ominus} = \frac{nFE^{\ominus}}{RT} = \frac{2 \times 96500 \times 1.100}{8.314 \times 298} = 85.69$$
$$K^{\ominus} = 1.64 \times 10^{37}$$

3. 求微溶盐活度积

微溶盐的活度积(习惯上称溶度积)K_{sp} 实质就是微溶盐溶解过程的平衡常数。如果将微溶盐溶解形成离子的变化设计成电池，则可利用两电极的 $\varphi^{\ominus}$ 值求出其 K_{sp}。

例题 11 试用 $\varphi^{\ominus}$ 数据求 25 ℃时 AgBr 的活度积 K_{sp}。

解法一： 溶解过程为 $\qquad AgBr \longrightarrow Ag^+ + Br^-$

溶解平衡时，由于 $a(AgBr) = 1$，则

$$K^{\ominus} = \frac{a(Ag^+)\, a(Br^-)}{a(AgBr)} = a(Ag^+)\, a(Br^-) = K_{sp}$$

溶解过程对应的电池为

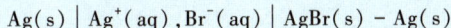

$$Ag(s) \mid Ag^+(aq), Br^-(aq) \mid AgBr(s) - Ag(s)$$

查表可得 25 ℃时，$\varphi^{\ominus}(AgBr/Ag) = 0.0711 \text{ V}$，$\varphi^{\ominus}(Ag^+/Ag) = 0.799 \text{ V}$，则

$$E^{\ominus} = \varphi^{\ominus}(AgBr/Ag) - \varphi^{\ominus}(Ag^+/Ag) = (0.0711 - 0.799) \text{ V} = -0.7279 \text{ V}$$

$$\ln K_{sp} = \frac{nFE^{\ominus}}{RT} = \frac{1 \times 96500 \times (-0.7279)}{8.314 \times 298} = -28.35$$

$$K_{sp} = 4.87 \times 10^{-13}$$

解法二： 对于电极 $Ag(s) - AgBr(s) \mid Br^-$，可设想其电极反应为

$$AgBr(s) \longrightarrow Ag^+(aq) + Br^-(aq); \quad \Delta_r G_{m,1}^{\ominus} = -RT\ln K_{sp}$$

$$+)\, Ag^+ + e^- \longrightarrow Ag(s); \quad \Delta_r G_{m,2}^{\ominus} = -F\varphi^{\ominus}(Ag^+/Ag)$$

电极反应

$$AgBr(s) + e^- \longrightarrow Ag(s) + Br^-(aq); \quad \Delta_r G_m^{\ominus} = \Delta_r G_{m,1}^{\ominus} + \Delta_r G_{m,2}^{\ominus}$$
$$= -F\varphi^{\ominus}(AgBr/Ag)$$

因此

$$RT\ln K_{sp} + F\varphi^{\ominus}(Ag^+/Ag) = F\varphi^{\ominus}(AgBr/Ag)$$

$$\ln K_{sp} = \frac{F}{RT}\left[\varphi^{\ominus}(AgBr/Ag) - \varphi^{\ominus}(Ag^+/Ag)\right]$$

$$= \frac{96500}{8.314 \times 298} \times (0.0711 - 0.799) = -28.35$$

$$K_{sp} = 4.87 \times 10^{-13}$$

4. 求离子平均活度系数

实验测定一电池的电动势 E，再由 $\varphi^{\ominus}$ 数据求得 $E^{\ominus}$ 后，可依据 Nernst 方程求算该电池电解质溶液的离子平均活度 $a_{\pm}$ 及离子平均活度系数 $\gamma_{\pm}$。

例题 12   25 ℃时，电池：

$$(Pt)H_2(p^{\ominus}) \mid HCl(m = 0.1 \text{ mol} \cdot \text{kg}^{-1}) \mid AgCl(s) - Ag(s)$$

电动势 $E = 0.3524$ V。求该 HCl 溶液离子的平均活度系数 $\gamma_{\pm}$。

解：查表可得 $\varphi^{\ominus}(AgCl/Ag) = 0.2224$ V。

$$E^{\ominus} = \varphi^{\ominus}(AgCl/Ag) - \varphi^{\ominus}(H^+/H_2) = (0.2224 - 0.0000) \text{ V} = 0.2224 \text{ V}$$

该电池反应为

$$\frac{1}{2}H_2(p^{\ominus}) + AgCl(s) \longrightarrow HCl(m = 0.1 \text{ mol} \cdot \text{kg}^{-1}) + Ag(s)$$

由 Nernst 方程：

$$E = E^{\ominus} - \frac{RT}{F}\ln\frac{a(HCl)a(Ag)}{[p(H_2)/p^{\ominus}]^{1/2}a(AgCl)}$$

由于 $a(Ag) = 1, a(AgCl) = 1, p(H_2)/p^{\ominus} = 1$，而 $a(HCl) = a_{\pm}^2$，故

$$E = E^{\ominus} - \frac{RT}{F}\ln a_{\pm}^2$$

即

$$\ln a_{\pm} = \frac{F}{2RT}(E^{\ominus} - E) = \frac{96500}{2 \times 8.314 \times 298} \times (0.2224 - 0.3524) = -2.5317$$

$$a_{\pm} = 0.0795 \qquad \gamma_{\pm} = 0.0795/0.1 = 0.795$$

5. pH 的测定

按定义,一溶液的 pH 是其氢离子活度的负对数,即 $pH = -\lg a(H^+)$。由于单独离子的活度尚无法确知,所以在测定 pH 时必须作某些非热力学的假设和近似。因此通常所测之 pH 只是近似值。要用电动势法测量溶液的 pH,组成电池时必须有一个电极是已知电极电势的参比电极,通常用甘汞电极;另一个电极是对 H^+ 可逆的电极,常用的有氢电极和玻璃电极。

(1)氢电极测 pH。

通常将待测溶液组成下列电池:

$$(Pt)H_2(p^\ominus) \mid 待测溶液[a(H^+)] \vdots 甘汞电极$$

此电池在 25 ℃时的电动势为

$$E = \varphi(甘汞) - \varphi(H_2) = \varphi(甘汞) - \frac{RT}{F}\ln a(H^+)$$

$$= \varphi(甘汞) + (0.05915 \text{ V pH})$$

因此

$$pH = \frac{E - \varphi(甘汞)}{0.05915 \text{ V}} \tag{7.37}$$

(2)玻璃电极测 pH。

用一玻璃薄膜将两个 pH 不同的溶液隔开时,在膜两侧会产生电势差,其值与两侧溶液的 pH 有关。若将一侧溶液的 pH 固定,则此电势差仅随另一侧溶液的 pH 而改变,这就是用玻璃电极测 pH 的根据。通常玻璃电极的构造如图 7.22 所示。将一种特殊玻璃吹制成很薄的小泡,泡中放置 0.1 mol·kg^{-1} 的 HCl 溶液

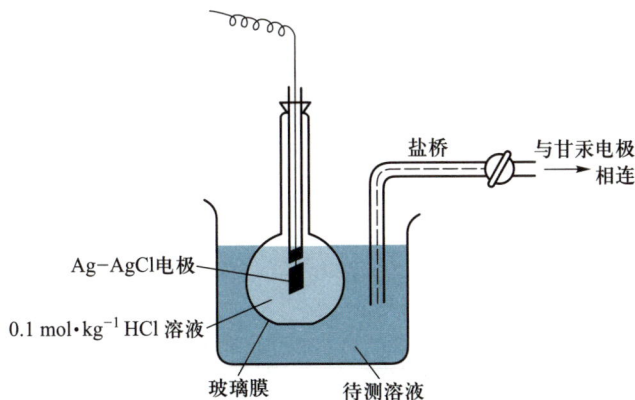

图 7.22 玻璃电极

和 Ag - AgCl 电极(或甘汞电极)。将此玻璃泡放入待测溶液中,即成玻璃电极,其电极电势公式为

$$\varphi(玻璃) = \varphi^{\ominus}(玻璃) + \frac{RT}{F}\ln a(H^+) = \varphi^{\ominus}(玻璃) - \frac{RT}{F} \times 2.303\ \mathrm{pH}$$

将玻璃电极和甘汞电极组成下列电池:

$$Ag(s) - AgCl(s)\,|\,HCl(0.1\ mol \cdot kg^{-1})\,|\,玻璃膜\,|\,待测溶液[\,a(H^+)\,]\,\vdots\,甘汞电极$$

要用这一电池的电动势计算待测液的 pH,必须先知道 $\varphi^{\ominus}$(玻璃),但不同的玻璃电极有不同的 $\varphi^{\ominus}$(玻璃),即使同一玻璃电极,$\varphi^{\ominus}$(玻璃)也往往随时间而变化。因此,在实际测量中通常先用 pH 已知的标准缓冲溶液进行标定,然后再对未知溶液进行测量。不难证明,若令 pH_x 和 pH_s 分别表示未知溶液和标准缓冲溶液的 pH,E_x 和 E_s 分别表示未知溶液和标准缓冲溶液所构成电池的电动势,则

$$pH_x = pH_s + \frac{E_x - E_s}{2.303RT/F} \tag{7.38}$$

由于玻璃膜的电阻很大,一般在 $10^9 \sim 10^{12}\ \Omega$,因此测量 E 时不能用通常的电势计,而要用专门的 pH 计。因为玻璃电极不受溶液中氧化性物质及各种杂质的影响,而且所用待测溶液数量很少,操作简便,故已在工业上及实验室中得到了广泛的应用。

6. 电势滴定

滴定分析时,亦可在含有待分析离子的溶液中放入一个对该种离子可逆的电极和另一参比电极(如甘汞电极)组成电池,然后在不断滴加滴定液的过程中,记录与所加滴定液体积相对应的电池电动势之值。随着滴定液的不断加入,电池电动势亦随之不断变化。接近滴定终点时,少量滴定液的加入便可引起待分析离子浓度改变很多倍,因此电池电动势亦会随之突变。根据电池电动势的突变指示滴定终点,即根据电动势突变时对应的加入滴定液的体积便可确定待分析离子的浓度。此法称为"电势滴定"。电势滴定可用于酸碱中和、沉淀生成及氧化还原等各类滴定反应。

习题 41   试求 25 ℃时欲从纯水中置换出氢气,金属的电极电势需要多大数值? 从表 7.6 看,有哪些金属可能从纯水中置换出氢气?   [答案: - 0.414 V]

习题 42   在 25 ℃时,电池 $(Pt)\,H_2(p^{\ominus})\,\left|\,HCl\begin{pmatrix} m = 0.1\ mol \cdot kg^{-1} \\ \gamma_{\pm} = 0.798 \end{pmatrix}\,\right|\,AgCl(s) - Ag(s)$

的电动势 $E = 0.3522$ V,试求

(1) 反应 $H_2(g) + 2AgCl(s) \longrightarrow 2Ag(s) + 2HCl(0.1\ mol \cdot kg^{-1})$ 的标准平衡常数;

(2) 金属银在 $\gamma_\pm = 0.809$ 的 $1\ mol \cdot kg^{-1}\ HCl$ 溶液中所能产生 H_2 的平衡分压。

[答案:(1) 3.342×10^7;(2) $1.28 \times 10^{-3}\ Pa$]

习题 43 在 18 ℃时,电池$(Pt) H_2(p^\ominus) \mid H_2SO_4(aq) \mid O_2(p^\ominus) (Pt)$ 的电动势 $E = 1.229\ V$。试求(1) 反应 $2H_2(g) + O_2(g) \longrightarrow 2H_2O(l)$ 在 18 ℃时的标准平衡常数;(2) 反应 $2H_2(g) + O_2(g) \longrightarrow 2H_2O(g)$ 在 18 ℃时的标准平衡常数,已知水在 18 ℃时蒸气压为 2064 Pa;(3) 在 18 ℃时,饱和水蒸气解离成 $H_2(g)$ 和 $O_2(g)$ 的解离度。

[答案:(1) 1.44×10^{85};(2) 6.13×10^{81};(3) 2.51×10^{-27}]

习题 44 试求反应 $2Hg + 2Fe^{3+} \longrightarrow Hg_2^{2+} + 2Fe^{2+}$ 在 25 ℃时的平衡常数 $K^\ominus$,所需 $\varphi^\ominus$ 数据自行查表。 [答案:0.266]

习题 45 (1) 将反应 $H_2(p^\ominus) + I_2(s) \longrightarrow 2HI(a_\pm = 1)$ 设计成电池;(2) 求此电池的 $E^\ominus$ 及电池反应在 25 ℃时的 $K^\ominus$;(3) 若反应写成 $\frac{1}{2}H_2(p^\ominus) + \frac{1}{2}I_2(s) \longrightarrow HI(a_\pm = 1)$,电池的 $E^\ominus$ 值及反应的 $K^\ominus$ 值与(2)相同否?为什么? [答案:(2) $0.5362\ V$,1.38×10^{18}]

习题 46 电池 $Zn(s) - ZnO(s) \mid NaOH(0.02\ mol \cdot kg^{-1}) \mid H_2(p^\ominus) (Pt)$ 在 25 ℃时 $E = 0.420\ V$,已知液态水的标准生成 Gibbs 函数 $\Delta_f G_m^\ominus = -2.372 \times 10^5\ J \cdot mol^{-1}$,求固体 ZnO 的标准生成 Gibbs 函数。 [答案:$-3.183 \times 10^5\ J \cdot mol^{-1}$]

习题 47 在 25 ℃时,电池

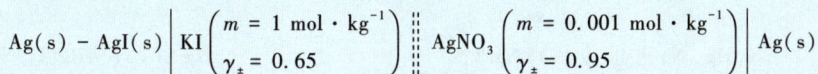

$$Ag(s) - AgI(s) \left| KI \begin{pmatrix} m = 1\ mol \cdot kg^{-1} \\ \gamma_\pm = 0.65 \end{pmatrix} \right\vert\!\vert AgNO_3 \begin{pmatrix} m = 0.001\ mol \cdot kg^{-1} \\ \gamma_\pm = 0.95 \end{pmatrix} \right| Ag(s)$$

的电动势 $E = 0.720\ V$。试求(1) AgI 的 K_{sp};(2) AgI 在纯水中的溶解度;(3) AgI 在 $1\ mol \cdot kg^{-1}\ KI$ 溶液中的溶解度。

[答案:(1) 4.04×10^{-16};(2) $2.01 \times 10^{-8}\ mol \cdot kg^{-1}$;(3) $9.59 \times 10^{-16}\ mol \cdot kg^{-1}$]

习题 48 在 25 ℃时,电池

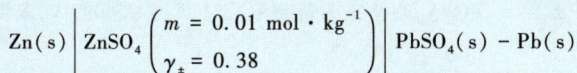

$$Zn(s) \left| ZnSO_4 \begin{pmatrix} m = 0.01\ mol \cdot kg^{-1} \\ \gamma_\pm = 0.38 \end{pmatrix} \right| PbSO_4(s) - Pb(s)$$

的电动势 $E = 0.5477\ V$。(1) 已知 $\varphi^\ominus(Zn^{2+}/Zn) = -0.763\ V$,求 $\varphi^\ominus(PbSO_4/Pb)$;(2) 已知 25 ℃时 $PbSO_4$ 的 $K_{sp} = 1.58 \times 10^{-8}$,求 $\varphi^\ominus(Pb^{2+}/Pb)$;(3) 当 $ZnSO_4$ 的 $m = 0.05\ mol \cdot kg^{-1}$ 时,$E = 0.5230\ V$,求此浓度下 $ZnSO_4$ 的 $\gamma_\pm$。

[答案:(1) $-0.358\ V$;(2) $-0.127\ V$;(3) 0.200]

习题 49 在 25 ℃时,电池

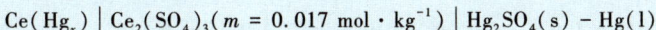

$$Ce(Hg_x) \mid Ce_2(SO_4)_3(m = 0.017\ mol \cdot kg^{-1}) \mid Hg_2SO_4(s) - Hg(l)$$

的 $E = 2.1648$ V，$E^{\ominus} = 2.0525$ V，试写出电池反应并求算该浓度下 $Ce_2(SO_4)_3$ 的平均活度系数。

[答案：0.122]

习题 50   在 25 ℃时，电池(Pt)$H_2(p^{\ominus})$ | NaOH(m) | HgO(s) − Hg(l)的 $E = 0.9255$ V。已知 $\varphi^{\ominus}(HgO/Hg) = 0.0976$ V，试求水的离子积 K_w。   [答案：1.01×10^{-14}]

习题 51   在 25 ℃时，电池 Ag(s) − AgBr(s) | KBr(m) | $Br_2(l)$(Pt)的 $E = 0.9940$ V，溴在溴化钾中的饱和溶液上蒸气压为 2.126×10^4 Pa，已知 $\varphi^{\ominus}(AgBr/Ag) = 0.071$ V，求电极(Pt)$Br_2(p^{\ominus})$ | $Br^-(aq)$的标准电极电势。   [答案：1.085 V]

习题 52   试根据 $\varphi^{\ominus}(Cu^+/Cu)$ 和 $\varphi^{\ominus}(Cu^{2+}/Cu)$ 之值，求 $\varphi^{\ominus}(Cu^{2+}/Cu^+)$ 的数值。

[答案：0.153 V]

习题 53   在 25 ℃时，电池(Pt)$H_2(p^{\ominus})$ | HCl(m) | AgCl(s) − Ag(s)有下列数据：

$m/(mol \cdot kg^{-1})$	0.005	0.010	0.020	0.050	0.100
E/V	0.49841	0.46416	0.43022	0.38587	0.35239

(1) 求 $\varphi^{\ominus}(AgCl/Ag)$；(2) 已知 25 ℃时 AgCl 的 $K_{sp} = 1.69 \times 10^{-10}$，求 $\varphi^{\ominus}(Ag^+/Ag)$；(3) 在 25 ℃时，电池 Ag(s) − AgCl(s) | HCl(aq) | $Hg_2Cl_2(s)$ − Hg(l)的 $E = 0.0456$ V，求 $\varphi^{\ominus}(Hg_2Cl_2/Hg)$。   [答案：(1) 0.222 V；(2) 0.801 V；(3) 0.268 V]

习题 54   两个电池

(1) Na(s) | NaI 溶于 $C_2H_5NH_2$ 中 | Na(Hg_x，Na 占 0.206%)

(2) Na(Hg_x，Na 占 0.206%) | NaCl $\begin{pmatrix} m = 1.022 \ mol \cdot kg^{-1} \\ \gamma_{\pm} = 0.650 \end{pmatrix}$ | $Hg_2Cl_2(s)$ − Hg(l)

25 ℃时，$E(1) = 0.8453$ V，$E(2) = 2.1582$ V。试写出两个电池的反应，并根据 $\varphi^{\ominus}(Hg_2Cl_2/Hg) = 0.2680$ V，求电极 Na(s) | $Na^+(aq)$的标准电极电势。

[答案：− 2.714 V]

习题 55   在 25 ℃时，电池(Pt)$H_2(p^{\ominus})$ | 溶液 | 甘汞电极，当溶液为磷酸缓冲溶液(已知 pH = 6.86)时，$E_1 = 0.7409$ V，当溶液为待测溶液时，$E_2 = 0.6097$ V，求待测溶液的 pH。

[答案：4.64]

习题 56   在 25 ℃时，电池 Ag(s) − AgCl(s) | HCl(0.1 mol · kg^{-1}) | 玻璃膜 | 溶液 ┊┊ 饱和甘汞电极，用 pH = 4.00 的缓冲溶液充入，$E = 0.1120$ V；当用未知溶液时，$E = 0.3865$ V。求未知溶液的 pH。   [答案：8.64]

习题 57   电池 Hg(l) | 亚汞盐溶液(m_1) ┊┊ 亚汞盐溶液(m_2) | Hg(l)在 18 ℃时 $E = 0.029$ V。已知两溶液的离子强度相当，$m_2/m_1 = 10$，试确定亚汞离子在溶液中的形态。

[答案：Hg_2^{2+}]

习题 58   用 0.100 mol · kg^{-1} 的 NaOH 溶液滴定 100 cm^3 0.010 mol · kg^{-1} 的 HCl 溶液。用饱和甘汞电极作参比电极，用 $\varphi^{\ominus}$(玻璃) = 0.3690 V 的玻璃电极作指示电极，分别计算

当加入 0.00 cm³、9.00 cm³、9.90 cm³、9.99 cm³、10.00 cm³、10.01 cm³、10.10 cm³、11.00 cm³、20.00 cm³ 碱液后,玻璃电极的电势 φ(玻璃),并以 φ(玻璃)为纵坐标,以滴定液体积为横坐标作出滴定曲线。假定滴定中系统体积变化可忽略。

（三）不可逆电极过程

§7.11　电极的极化

1. 不可逆条件下的电极电势

前面所讨论的电极电势是在可逆地发生电极反应时电极所具有的电势,称为可逆电极电势。可逆电极电势对于许多电化学和热力学问题的解决是十分有用的。但是,在许多实际的电化学过程中,如进行电解操作或使用化学电池做电功等,并不是在可逆情况下实现的。当有电流通过电极时,发生的必然是不可逆的电极反应,此时的电极电势 φ_i 与可逆电极电势 φ_r 显然会有所不同。电极在有电流通过时所表现的电极电势 φ_i 与可逆电极电势 φ_r 产生偏差的现象称为"电极的极化";偏差的大小(绝对值)称为"过电势",记作 η,即

$$\eta = |\varphi_i - \varphi_r| \tag{7.39}$$

依据热力学原理可以推知,对于原电池,可逆放电时,两电极的端电压最大,为其电动势 E,其值可用可逆电极电势 φ_r 表示为

$$E = \varphi_r(\text{正极}) - \varphi_r(\text{负极}) = \varphi_r(\text{阴极}) - \varphi_r(\text{阳极})$$

在不可逆条件下放电时,两电极的端电压 E_i 一定小于其电动势 E,即 $E_i = E - \Delta E$。产生偏差的原因是电池内阻 R 所引起的电势降 IR 和不可逆条件下两电极的极化。若通过的电流密度不是很大,电势降 IR 可以忽略不计时,ΔE 的大小可以表示为两电极过电势之和,即

$$\Delta E = \eta(\text{阴极}) + \eta(\text{阳极})$$

因此　　　$E_i = E - \Delta E$

$$= \varphi_r(\text{阴极}) - \varphi_r(\text{阳极}) - [\eta(\text{阴极}) + \eta(\text{阳极})]$$

$$= (\varphi_r - \eta)_{\text{阴极}} - (\varphi_r + \eta)_{\text{阳极}}$$

$$= \varphi_i(\text{阴极}) - \varphi_i(\text{阳极})$$

对于电解池,在可逆情况下发生电解反应时所需的外加电压最小,可称为"理论分解电压",其值与电动势 E 相等,可用可逆电极电势 φ_r 表示为

$$E = \varphi_r(正极) - \varphi_r(负极) = \varphi_r(阳极) - \varphi_r(阴极)$$

在不可逆情况下发生电解反应时,外加电压 V_i 一定大于电动势 E,即 $V_i = E + \Delta V$。同理,若通过的电流不是很大,电势降 IR 可以忽略不计时,ΔV 的大小亦可以表示为两电极过电势之和,即

$$\Delta V = \eta(阳极) + \eta(阴极)$$

因此

$$\begin{aligned}
V_i &= E + \Delta V \\
&= \varphi_r(阳极) - \varphi_r(阴极) + [\eta(阳极) + \eta(阴极)] \\
&= (\varphi_r + \eta)_{阳极} - (\varphi_r - \eta)_{阴极} \\
&= \varphi_i(阳极) - \varphi_i(阴极)
\end{aligned}$$

综上所述,无论是原电池还是电解池,相对于可逆电极电势 φ_r,当有电流通过电极时,由于电极的极化,阳极电势升高,而阴极电势降低,即

$$\begin{aligned}
\varphi_i(阳极) &= \varphi_r + \eta \\
\varphi_i(阴极) &= \varphi_r - \eta
\end{aligned} \tag{7.40}$$

2. 电极极化的原因

当有电流通过电极时,为什么会发生阳极电势升高、阴极电势降低的电极极化现象呢? 最主要的原因有以下两种:

(1) 浓差极化。

当有电流通过电极时,若在电极－溶液界面处电化学反应的速率较快,而离子在溶液中的扩散速率较慢,则在电极表面附近有关离子的浓度将会与远离电极的本体溶液中有所不同。现以电极 $Cu(s) \mid Cu^{2+}$ 为例,分别叙述它作为阴极和阳极时的情况。$Cu(s) \mid Cu^{2+}$ 电极作为阴极时,附近的 Cu^{2+} 很快沉积到电极上去而远处的 Cu^{2+} 来不及扩散到阴极附近,使电极附近的 Cu^{2+} 浓度 $c'(Cu^{2+})$ 比本体溶液中的浓度 $c(Cu^{2+})$ 要小,其结果如同将 Cu 电极插入一浓度较小的溶液中一样。当 $Cu(s) \mid Cu^{2+}$ 作为阳极时,Cu^{2+} 溶入电极附近的溶液中而来不及扩散开,使电极附近的 Cu^{2+} 浓度 $c''(Cu^{2+})$ 较本体溶液中的浓度 $c(Cu^{2+})$ 为大,其结果如同将 Cu 电极插入浓度较大的溶液中一样。若近似以浓度代替活度,则

$$\varphi_r(Cu^{2+}/Cu) = \varphi^{\ominus}(Cu^{2+}/Cu) + \frac{RT}{2F}\ln c(Cu^{2+})$$

$$\varphi_i(Cu^{2+}/Cu,阴极) = \varphi^{\ominus}(Cu^{2+}/Cu) + \frac{RT}{2F}\ln c'(Cu^{2+})$$

$$\varphi_i(Cu^{2+}/Cu,阳极) = \varphi^{\ominus}(Cu^{2+}/Cu) + \frac{RT}{2F}\ln c''(Cu^{2+})$$

由于 $\qquad c'(Cu^{2+}) < c(Cu^{2+}), \quad c''(Cu^{2+}) > c(Cu^{2+})$

故 $\quad \varphi_i(Cu^{2+}/Cu,阴极) < \varphi_r(Cu^{2+}/Cu), \quad \varphi_i(Cu^{2+}/Cu,阳极) > \varphi_r(Cu^{2+}/Cu)$

将此推广到任意电极,可得到具有普遍意义的结论:当有电流通过电极时,因离子扩散的迟缓性而导致电极表面附近离子浓度与本体溶液不同,从而使电极电势 φ_i 与 φ_r 发生偏离的现象,称为"浓差极化"。电极发生浓差极化时,阴极电势总是变得比 φ_r 低,而阳极电势总是变得比 φ_r 高。因浓差极化而造成的电极电势 φ_i 与 φ_r 之差的绝对值,称为"浓差过电势"。浓差过电势的大小是电极浓差极化程度的量度。其值取决于电极表面离子浓度与本体溶液中离子浓度差值的大小。因此,凡能影响这一浓差大小的因素,皆能影响浓差过电势的数值。例如,需要减小浓差过电势时,可将溶液强烈搅拌或升高温度,以加快离子的扩散;而需要造成浓差电势时,则应避免对于溶液的扰动并保持不太高的温度。

离子扩散的速率与离子的种类及离子的浓度梯度 (dc/dx) 密切相关。因此,在同等条件下,不同离子的浓差极化程度不同;同一种离子在不同浓度时的浓差极化程度亦不同。极谱分析就是基于这一原理而建立起来的一种电化学分析方法,可用于对溶液中的多种金属离子进行连续的定性和定量分析。关于极谱分析方法,仪器分析课程中会有详细介绍,此处不再重复。

(2) 活化极化。

活化极化又称为电化学极化。一个电极,在可逆情况下,有一定的带电荷程度,建立了相应的电极电势 φ_r。当有电流通过电极时,若电极-溶液界面处的电极反应进行得不够快,导致电极带电荷程度的改变,也可使电极电势偏离 φ_r。以电极 $H^+ | H_2(g)(Pt)$ 为例,作为阴极发生还原作用时,由于 H^+ 变成 H_2 的速率不够快,则有电流通过时到达阴极的电子不能被及时消耗掉,致使电极比可逆情况下带有更多的负电荷,从而使电极电势变得比 φ_r 低,这一较低的电势能促使反应物活化,即加速 H^+ 转化成 H_2。当 $H^+ | H_2(g)(Pt)$ 作为阳极发生氧化作用时,由于 H_2 变成 H^+ 的速率不够快,电极上因有电流通过而缺电子的程度较可逆情况时更为严重,致使电极带有更多的正电荷,从而电极电势变得比 φ_r 高。这一较高的电势有利于促进反应物活化,加速使 H_2 变为 H^+。将此推广到所有电极,可得具有普遍意义的结论:当有电流通过时,由于电化学反应进行的迟缓性造成电极带电荷程度与可逆情况时不同,从而导致电极电势偏离 φ_r 的现象,称

为"活化极化"。电极发生活化极化时与发生浓差极化时一样,阴极电势总是变得比 φ_r 低,而阳极电势总是变得比 φ_r 高。因活化极化而造成的电极电势 φ_i 与 φ_r 之差的绝对值,称为"活化过电势"。活化过电势的大小是电极活化极化程度的量度。

实验表明,在电解过程中,除了 Fe、Co、Ni 等一些过渡元素的离子之外,一般金属离子在阴极上还原成金属时,活化过电势的数值都比较小。但在有气体析出时,如在阴极上析出 H_2、阳极上析出 O_2 或 Cl_2 时,活化过电势的数值相当大。由于气体的活化过电势相当大,而且在电化学工业中又经常遇到与气体活化过电势有关的实际问题,因此对其研究比较多。1905 年,Tafel 在研究氢气的活化过电势与电流密度 i 的关系时曾提出如下经验关系:

$$\eta = a + b\lg i \tag{7.41}$$

称为 Tafel 公式。其中 a 和 b 是经验常数,称为 Tafel 常数。表 7.7 列出氢气在不同金属上析出的 Tafel 常数值。分析表中数据可以看出,对于不同的电极材料,a 值可以相差很大,而 b 值却近似相同,大约为 0.12 V(Pt、Pd 等贵金属除外)。这说明不同金属上析出氢气时产生活化过电势的原因有其内在的共同性;由式(7.41)可见,氢气的活化过电势 η 与 $\lg i$ 呈线性关系,如图 7.23 所示。

表 7.7   氢气在不同金属上析出的 Tafel 常数值(20 ℃,酸性溶液)

电极材料	Ag	Al	Co	Cu	Fe	Hg	Mn	Ni	Pb	Pd	Pt	Sn	Zn
a/V	0.95	1.00	0.62	0.87	0.70	1.41	0.8	0.63	1.56	0.24	0.10	1.20	1.24
b/V	0.10	0.10	0.14	0.12	0.12	0.11	0.10	0.11	0.11	0.03	0.03	0.13	0.12

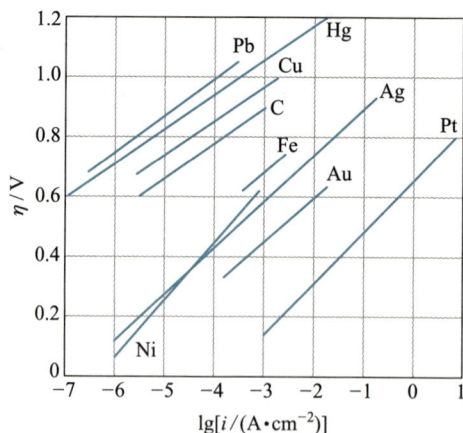

图 7.23   氢过电势与电流密度的关系

值得指出,当电流密度非常小时,Tafel 公式是不适用的。后来的研究发现,氧等气体析出时的活化过电势与电流密度的关系也有类似于 Tafel 公式的形式。

除电极材料和电流密度之外,温度对气体析出时的过电势也有影响。一般说来,升高温度会使过电势降低。此外,电极中所含的杂质、电极的表面状态、溶液的 pH 等因素都对过电势的数值有一定影响。

3. 过电势的测量

测量电极的过电势,一般采用如图 7.24 所示的装置。带有搅拌器的电解池 A 中有面积已知的待测电极 B 和辅助电极 C,经一可变电阻 D 与直流电源 E 联成回路,内接有电流计 M 以测量回路中的电流。改变电阻 D 可调节回路中电流的大小,从而调节通过待测电极的电流密度 i。

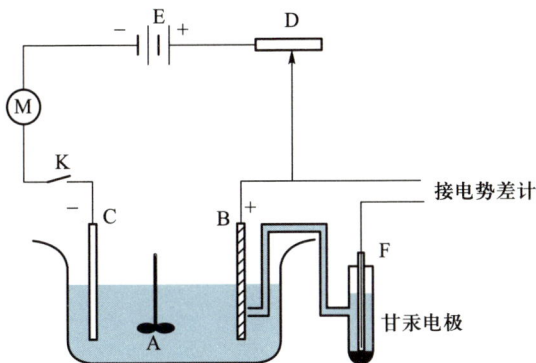

图 7.24　测量过电势的装置

将待测电极 B 与电极电势已知的参比电极 F(通常用甘汞电极)组成一个电池,接到电势差计上,采用对消法测量该电池电动势。应注意电极 B、F 与电势差计组成的回路上并无电流通过,因此根据 $E = \varphi_+ - \varphi_-$ 的关系,利用所测电动势与参比电极电势 φ(甘汞)的数值,可算出待测电极的电势 φ_i。φ_i 与对应的 φ_r 相减所得绝对值就是过电势 η。若测定时通过搅拌溶液等方法消除浓差过电势,其值可视为是活化过电势。若不搅拌或搅拌不充分未消除浓差过电势,则为活化过电势与浓差过电势之和。

由于影响过电势的因素颇多,而且由于电极表面状态不稳定,有时过电势的数值会随时间而变化,因此要准确测量过电势并不是一件很容易的事。

已知过电势之值与通过电极的电流密度有关,可在不同的电流密度 i 之下分别测定电极电势 φ_i。以电流密度 i 对电极电势 φ_i 作图,所得曲线称为电极的"极化曲线"。实验测定的结果表明,阴极和阳极的极化曲线有所不同,如图 7.25

所示。极化的结果使阳极电势 $\varphi_i(阳)$ 比 φ_r 高,使阴极电势 $\varphi_i(阴)$ 比 φ_r 低。这一实验测定结果与前面的分析所得结论是一致的。

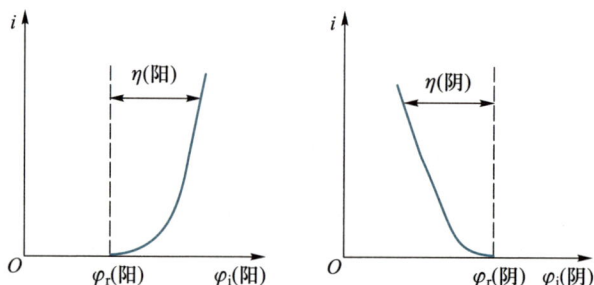

图 7.25   电极的极化曲线示意图

由两电极组成电池时,因为阴极是正极、阳极是负极,所以阴极电势高于阳极电势,组成电池的端电压 $V(端)$ 与电流密度的关系如图 7.26(a)所示。由图可知,电流密度越大,即电池放电的不可逆程度越高,电池端电压越小,所能获得的电功也越少。

对于电解池,因为阳极是正极、阴极是负极,所以阳极电势高于阴极电势。外加电压,即分解电压 $V(分)$ 与电流密度的关系如图 7.26(b)所示。由图可知,电解池工作时,所通过的电流密度越大,即不可逆程度越高,两电极上所需的外加电压越大,消耗掉的电功也越多。

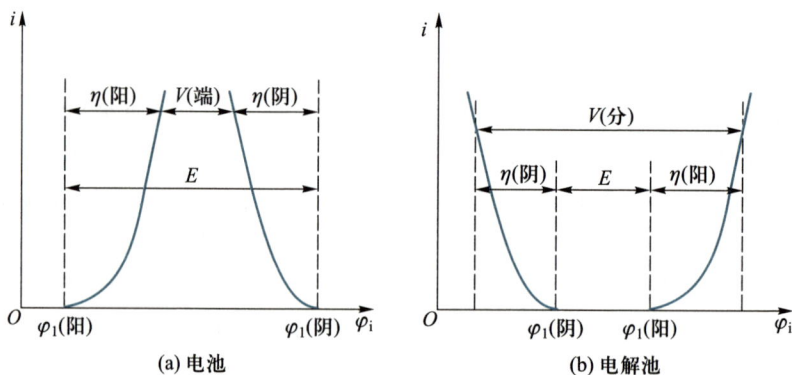

(a)电池   (b)电解池

图 7.26   电池的端电压、电解池的分解电压与电流密度的关系

§7.12　电解时的电极反应

当电解池上的外加电压由小到大逐渐变化时,其阳极电势随之逐渐升高,同时阴极电势逐渐降低。从整个电解池来说,只要外加电压加大到分解电压 $V(分)$ 的数值,电解反应即开始进行;从各个电极来说,只要电极电势达到对应离子的"析出电势",则电解的电极反应即开始进行。各种离子的析出电势可按式(7.40)计算。下面分别讨论电解时的阴极反应和阳极反应。

1. 阴极反应

阴极上发生的是还原反应,即金属离子还原成金属或 H^+ 还原成 H_2。

各种金属析出的过电势一般都很小,可近似用 φ_r 代替析出电势。因此,若电解液中含 $1\ mol \cdot kg^{-1}$ 的 Cu^{2+},则当电极电势达到 $+0.337\ V$ 时,开始析出铜。随着铜的析出,Cu^{2+} 浓度下降,阴极电势也逐渐变低。由 $\varphi_r(Cu^{2+}/Cu) = \varphi^{\ominus}(Cu^{2+}/Cu) + (RT/2F)\ln c(Cu^{2+})$ 关系可以计算出,当 Cu^{2+} 浓度下降为 $0.1\ mol \cdot kg^{-1}$ 时,阴极电势降至 $+0.307\ V$。若电解液中含 $1\ mol \cdot kg^{-1}$ 的 Tl^+,则当阴极电势达到 $-0.336\ V$ 时,开始析出金属铊。随着铊的析出,Tl^+ 浓度下降,阴极电势也逐渐降低。当 Tl^+ 浓度降为 $0.01\ mol \cdot kg^{-1}$ 时,由 $\varphi_r(Tl^+/Tl) = \varphi^{\ominus}(Tl^+/Tl) + (RT/F)\ln c(Tl^+)$ 可以计算出,阴极电势应降至 $-0.455\ V$。

如果电解液中含有多种金属离子,则析出电势越高的离子,越易获得电子而优先还原成金属。所以,在阴极电势逐渐由高变低的过程中,各种离子是按其对应的电极电势由高到低的次序先后析出的。例如,若电解液中含有浓度各为 $1\ mol \cdot kg^{-1}$ 的 Ag^+、Cu^{2+} 和 Cd^{2+},则因 $\varphi^{\ominus}(Ag^+/Ag) > \varphi^{\ominus}(Cu^{2+}/Cu) > \varphi^{\ominus}(Cd^{2+}/Cd)$ 而首先析出 Ag,其次析出 Cu,最后析出 Cd,依据这一原理控制阴极电势,能够将几种金属依次分离。但是,若要分离得完全,相邻两种离子的析出电势必须相差足够的数值,一般至少要差 $0.2\ V$,否则分离不完全。在上述溶液中,当阴极电势达到 $+0.799\ V$ 时,Ag 首先开始析出。随着 Ag 的析出,阴极电势逐渐下降。当阴极电势降至第二种金属 Cu 开始析出的 $+0.337\ V$ 时,由 Nernst 方程可以算出,此时 Ag^+ 的浓度已降至 $1.5 \times 10^{-8}\ mol \cdot kg^{-1}$。而当阴极电势降至第三种金属 Cd 开始析出的 $-0.403\ V$ 时,Cu^{2+} 的浓度已降至 $10^{-25}\ mol \cdot kg^{-1}$,可以认为已经分离得非常完全了。

由上不难推断,当两种金属析出电势相同时,它们会在阴极上同时析出。电解法制造合金就是依据这一原理。例如,Sn^{2+} 和 Pb^{2+} 浓度相同时,析出电势十分接近。因此,只要对浓度稍加调整很容易在阴极上析出铅锡合金。但是 Cu^{2+} 和 Zn^{2+} 在浓度相同时,析出电势相差较多,达 1 V 以上,所以直接用 Cu^{2+} 和 Zn^{2+} 的放电不能形成锌铜合金。如果在电解液中加入 CN^-,使成为 $[Cu(CN)_3]^-$ 和 $[Zn(CN)_4]^{2-}$ 配合物离子时,二者的析出电势可变得相当接近,若进一步控制温度、电流密度和 CN^- 的浓度,就可用电解法制得不同成分的锌铜合金——黄铜。

应注意到,所有的水溶液中都有 H^+ 存在,因此电解含金属离子的水溶液时,必须考虑到 H^+ 放电而逸出 H_2 的可能性。假若溶液为中性,$a(H^+) = 10^{-7}$,此时 H_2 的 $\varphi_r = (RT/F)\ln a(H^+) = -0.41$ V。如果 H_2 析出没有过电势,则当电解池的阴极电势下降到 -0.41 V 时开始析出 H_2,从而使一切析出电势低于 -0.41 V 的离子均不可能从水溶液中析出,如析出电势为 -0.76 V 的 $1 \ mol \cdot kg^{-1} \ Zn^{2+}$ 即是如此。然而 H_2 的析出在多数电极上均有较大的过电势。例如,在金属锌上为 $0.6 \sim 0.8$ V,因此,中性水溶液中 H_2 在 Zn 电极上的析出电势不是 -0.41 V,按式 (7.40) 计算应为 $\varphi_i(H_2,阴极) = \varphi_r(H_2) - \eta(阴极) = (-0.41 - 0.7)$ V ≈ -1.1 V,比 $1 \ mol \cdot kg^{-1} \ Zn^{2+}$ 的析出电势要低,使得 Zn^{2+} 在 Zn 电极上放电而析出成为可能。这是电解法制 Zn 的基础。

例题 13　在 25 ℃时,电解 $0.5 \ mol \cdot kg^{-1} \ CuCl_2$ 中性溶液。若 H_2 在 Cu 上的过电势为 0.230 V,试求在阴极上开始析出 H_2 时,残留的 Cu^{2+} 浓度为多少?

解：析出 H_2 的反应为

$$2H^+(a = 10^{-7}) + 2e^- \longrightarrow H_2(p^\ominus)(Cu)$$

其析出电势

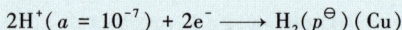

$$\varphi(H^+/H_2) = \varphi^\ominus(H^+/H_2) + \frac{RT}{2F}\ln[a(H^+)]^2 - \eta(H_2)$$

$$= -0.414 \text{ V} - 0.230 \text{ V} = -0.644 \text{ V}$$

当 H_2 开始析出,即阴极电势为 -0.644 V 时,Cu^{2+} 的浓度 $m(Cu^{2+})$,则

$$\varphi(阴极) = -0.644 \text{ V} = \varphi^\ominus(Cu^{2+}/Cu) + \frac{RT}{2F}\ln\frac{m(Cu^{2+})}{m^\ominus}$$

$$\ln\frac{m(Cu^{2+})}{m^\ominus} = (-0.644 - 0.337) \times \frac{2 \times 96500}{8.314 \times 298} = -76.4$$

$$m(Cu^{2+}) = 6.61 \times 10^{-34} \ mol \cdot kg^{-1}$$

2. 阳极反应

在阳极发生的是氧化反应。析出电势越低的离子,越易在阳极上放出电子

而氧化。因此电解时,在阳极电势逐渐由低变高的过程中,各种不同的离子依其析出电势由低到高的顺序先后放电进行氧化反应。

如果阳极材料是 Pt 等惰性金属,则电解时的阳极反应只能是溶液中的离子放电,如负离子 Cl^-、Br^-、I^- 及 OH^- 等氧化成 Cl_2、Br_2、I_2 和 O_2。一般含氧酸根离子,如 SO_4^{2-}、PO_4^{3-}、NO_3^- 等因析出电势很高,在水溶液中是不可能在阳极上放电的。

如果阳极材料是 Zn、Cu 等较为活泼的金属,则电解时的阳极反应既可能是电极溶解为金属离子,又可能是水或 OH^- 放电生成金属氧化物或放出氧气,哪一个反应的放电电势低,就优先发生哪一个反应。例如,将 Cu 电极插入 pH = 1 的 $1\ mol \cdot kg^{-1}$ $CuSO_4$ 水溶液中,电解时 Cu 溶解为 Cu^{2+} 的阳极电势是 0.337 V,而 H_2O 放电析出 O_2 的阳极电势,若忽略过电势,其值为

$$\varphi(O_2/H_2O, H^+) = \varphi^{\ominus}(O_2/H_2O, H^+) + \frac{RT}{F}\ln a(H^+)$$

$$= \left(1.229 + \frac{8.314 \times 298}{96500} \times \ln 10^{-1}\right) V = 1.170\ V$$

因此,首先发生的是 Cu 的溶解而不是 O_2 的析出。

活泼金属的电化学反应往往与溶液的 pH 有关,因此可以借助 pH - 电势图对可能发生的反应进行判断。所谓 pH - 电势图就是将相关电极反应的电极电势与 pH 的关系作成的平面图,相当于电化学系统的相图,有很多重要应用。图 7.27 是铜 - 水体系的 pH - 电势图[❶]。

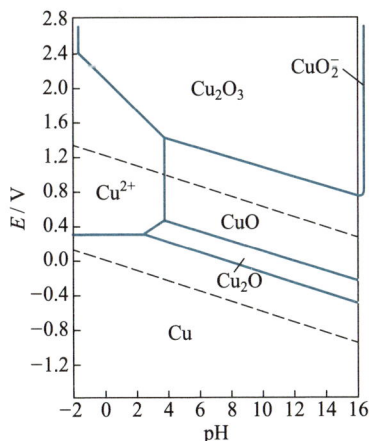

图 7.27　铜 - 水体系的 pH - 电势图

[❶]　请参考:杨熙珍,杨武. 金属腐蚀电化学热力学电位 - pH 图及其应用. 北京:化学工业出版社,1991:105.

由图 7.27 可见,在 pH = 1 时,金属铜发生氧化生成 Cu^{2+} 进入溶液;而当电解质溶液的 pH 大于 4 时,金属铜表面则可能形成组成为 Cu_2O 的氧化物层,电势升高时会发生 Cu_2O 向 CuO 的转化,电势进一步升高时 CuO 表面可能析出氧气;而在水溶液中不可能形成 Cu_2O_3。可见,借助金属的 pH - 电势图可以判断不同 pH 和不同电势下电极上的反应。

例题 14   一含有 KCl、KBr、KI 的浓度均为 0.1000 mol·kg^{-1} 的溶液,放入插有铂电极的多孔杯中。将此杯放入一盛有大量 0.1000 mol·kg^{-1} $ZnCl_2$ 溶液及一锌电极的大器皿中。若溶液接界电势可忽略不计,求 25 ℃时下列情况所需施加的电解电压 U:(1) 析出 99% 的碘;(2) 使 Br^- 浓度降至 0.0001 mol·kg^{-1};(3) 使 Cl^- 浓度降到 0.0001 mol·kg^{-1}。

解:阴极反应: $Zn^{2+} + 2e^- \longrightarrow Zn$

阳极反应: $2X^- \longrightarrow X_2 + 2e^-$

电解过程中因 $a(Zn^{2+})$ 基本不变,故阴极电势恒为

$$\varphi(Zn^{2+}/Zn) = \varphi^{\ominus}(Zn^{2+}/Zn) + \frac{RT}{2F}\ln a(Zn^{2+})$$

$$= \left(-0.763 + \frac{8.314 \times 298}{2 \times 96500} \times \ln 0.1000\right) V = -0.793 \ V$$

(1) 析出 99% 的 I^- 时,I^- 浓度降为 $(0.1000 \times 1\%)$ mol·kg^{-1} = 0.0010 mol·kg^{-1},此时的阳极电势应为

$$\varphi(I_2/I^-) = \varphi^{\ominus}(I_2/I^-) - \frac{RT}{F}\ln a(I^-)$$

$$= \left(0.5362 - \frac{8.314 \times 298}{96500} \times \ln 0.0010\right) V = 0.714 \ V$$

因此,外加电压应为

$$U = \varphi(阳) - \varphi(阴) = \varphi(I_2/I^-) - \varphi(Zn^{2+}/Zn) = (0.714 + 0.793) \ V = 1.507 \ V$$

(2) 使 Br^- 浓度降为 0.0001 mol·kg^{-1} 时,阳极电势应为

$$\varphi(Br_2/Br^-) = \varphi^{\ominus}(Br_2/Br^-) - \frac{RT}{F}\ln a(Br^-)$$

$$= \left(1.065 - \frac{8.314 \times 298}{96500} \times \ln 0.0001\right) V = 1.301 \ V$$

因此,外加电压应为

$$U = \varphi(阳) - \varphi(阴) = \varphi(Br_2/Br^-) - \varphi(Zn^{2+}/Zn) = (1.301 + 0.793) \ V = 2.094 \ V$$

（3）使 Cl^- 浓度降为 $0.0001\ mol \cdot kg^{-1}$，阳极电势应为

$$\varphi(Cl_2/Cl^-) = \varphi^{\ominus}(Cl_2/Cl^-) - \frac{RT}{F}\ln a(Cl^-)$$

$$= \left(1.360 - \frac{8.314 \times 298}{96500} \times \ln 0.0001\right) V = 1.596\ V$$

因此，外加电压应为

$$U = \varphi(阳) - \varphi(阴) = \varphi(Cl_2/Cl^-) - \varphi(Zn^{2+}/Zn) = (1.596 + 0.793)\ V = 2.389\ V$$

习题 59 25 ℃时，一含 $Fe^{2+}(a=1)$ 的溶液，已知电解时 H_2 在 Fe 上析出的过电势为 0.40 V，试计算溶液的 pH 最低为多少 Fe 方可以析出？ ［答案：0.676］

习题 60 溶液中含有活度均为 1.00 的 Zn^{2+} 和 Fe^{2+}。已知 H_2 在 Fe 上析出的过电势为 0.40 V，如果要使离子析出的次序为 Fe、H_2、Zn，问 25 ℃时溶液的 pH 最大不得超过多少？在此最大 pH 的溶液中，H^+ 开始放电时 Fe^{2+} 浓度为多少？

［答案：$6.14; 1.20 \times 10^{-11}\ mol \cdot kg^{-1}$］

习题 61 有人建议用电解沉积 Cd^{2+} 的方法来分离溶液中的 Cd^{2+} 和 Zn^{2+}。已知原料液中 Cd^{2+} 和 Zn^{2+} 浓度均为 $0.1\ mol \cdot kg^{-1}$，H_2 在 Cd 和 Zn 上析出的过电势分别为 0.48 V 和 0.70 V。试讨论 25 ℃时的分离效果。

习题 62 在 25 ℃时电解一含有 H_2SO_4 和 $CuSO_4$ 的浓度均为 $0.0500\ mol \cdot kg^{-1}$ 的溶液，阴极为汞，阳极为铂。假定溶液中盐完全解离，而 H_2SO_4 有 35% 解离成 $2H^+$ 和 SO_4^{2-}，有 65% 解离为 H^+ 和 HSO_4^-。若忽略过电势，试计算（1）使 Cu 析出所需之最小外加电压。（2）待 99% 的 Cu 析出后，欲使 Cu 继续析出，外加电压最少要增加到多少？假定各物质解离度不变。（3）如果在阴极上氢气的有效压力为标准压力，要继续析出 H_2 所需最小外加电压为多少？ ［答案：（1）0.861 V；（2）0.938 V；（3）1.229 V］

§7.13 金属的腐蚀与防护

1. 金属的腐蚀

金属和金属制品在一定环境中使用或放置时，会自发地发生氧化反应，逐渐变成其氧化物、氢氧化物或各种金属盐，而金属本身则遭到破坏。例如，钢铁在潮湿的空气中生锈、铝锅盛装食盐而穿孔等。这类现象就称为金属的腐蚀。

金属的腐蚀，就其反应特性而论，一般可分为化学腐蚀、生物化学腐蚀和电

化学腐蚀。化学腐蚀是氧化剂直接与金属表面接触,发生化学反应而引起的,如金属锌在高温干燥的空气中直接被氧化的过程。金属的生物化学腐蚀是各种微生物的生命活动引起的。例如,某些微生物以金属为营养基,或者以其排泄物侵蚀金属。一定组成的土壤、污水和某些有机物质能加速生物化学腐蚀。金属的电化学腐蚀是发生电化学反应而引起的。这种腐蚀现象最为普遍,造成的危害也最严重,因此,人们对此进行了广泛深入的研究。

将金属铁放入酸性溶液中,铁会自动溶解,同时放出氢气:

$$Fe + 2H^+ \longrightarrow Fe^{2+} + H_2$$

这是铁自溶解的腐蚀反应。从电化学角度来说,Fe - 溶液界面同时发生了两个电极反应:

$$Fe \longrightarrow Fe^{2+} + 2e^-$$
$$2H^+ + 2e^- \longrightarrow H_2$$

对于铁的溶解,Fe 是阳极;对于 H_2 在 Fe 上的析出,Fe 又是阴极,故称为"二重电极"或"腐蚀电偶"。这两个同时存在的电极反应,称为"共轭反应"。在潮湿的环境中,金属表面往往附着水分形成液膜,大气中的 CO_2、SO_2 等酸性气体溶解在液膜中,就会产生这种金属自溶解的腐蚀现象。如果溶液中还有 O_2,也可能发生氧的还原反应:

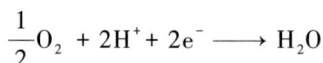

$$\frac{1}{2}O_2 + 2H^+ + 2e^- \longrightarrow H_2O$$

作为阴极,在接近中性的介质中,O_2 还原的电极电势高于 H_2 析出的电极电势,因此有氧存在时腐蚀更加严重。

当两种金属相连接,同时与含电解质溶液的介质相接触时,会直接形成两电极分离的原电池,发生电化学反应。例如,铜板上镶有铁铆钉,长期暴露在潮湿的空气中,就会形成这种电池,其中铁是阳极,铜是阴极,故此铆钉部位的铁特别容易生锈。

实际上,金属中往往含有各种杂质,若与潮湿介质相接触时,围绕杂质会形成若干个细小的原电池,称为"微电池"。微电池作用是造成金属腐蚀的重要原因。金属中含有杂质是构成微电池最常见的情况。此外,金属金相组织的不同、晶粒与晶粒边缘以及应力不同等都可以构成微电池。介质不均匀有时也能构成浓差微电池。例如,一根铁管插入水中,常常是水面稍下的部位比水面的部位腐蚀严重,这就是水中含氧量的差异造成的。

2. 金属的钝化

将铁丝浸在稀硝酸中,铁丝会很快被腐蚀,同时产生 NO 气体。而且硝酸浓度增大,铁丝的溶解速率也加快。但是,如果将铁丝浸入浓硝酸(>65%)中,可以观察到在短时间出气之后腐蚀会突然停止,这时若将铁丝取出再放入稀硝酸中,铁丝也不再溶解。这种现象称为金属的钝化。不只是浓硝酸,其他氧化剂如 $K_2Cr_2O_7$、H_2O_2 等也能引发类似的钝化现象。

采用电化学方法也能使金属钝化。将金属 Ni 浸入 $NiSO_4$ 溶液中,并与外电源的正极相连,连续改变电极电势,观察相应的电流,可测得如图 7.28 所示的阳极极化曲线。在曲线的 AB 段,电流 I 随电势 φ 的升高而增大,这是金属的正常溶解范围。但是到达 B 点,电流突然减至很小,随后,电势升高而电流几乎不变,在 CD 段金属处于钝化状态。D 点以后,随电势升高电流又继续增大,一般认为这是由于在很高的电势之下,又出现新的电极反应。

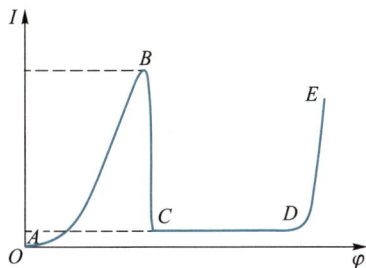

图 7.28　阳极极化曲线

关于金属钝化的原因曾有过许多解释,但是人们通过各种电化学方法和其他物理化学方法,已能充分说明处于钝化状态的金属,其表面是被一层致密的氧化物膜所覆盖,因而大大阻滞了金属的腐蚀。该氧化物膜厚度为 1~10 nm,因此非肉眼所能觉察。

实验表明,对于很多金属,都可以用阳极极化的方法或者添加钝化剂的方法使之处于钝化状态。然而使它们钝化的难易程度以及维持钝化状态的稳定性各有不同。其中以 Cr、Mo、Al、Ni、Fe、Ti、Ta、Nd 等金属比较容易钝化。

3. 金属腐蚀的防护

金属的腐蚀不仅造成材料的浪费,而且由于设备遭损坏,往往造成更大的损失。一般估计,世界上每年因腐蚀而不能使用的金属制品的质量,相当于金属年产量的五分之一到四分之一。因此,必须采取防护措施。下面简要介绍几种常用的方法。

（1）在金属表面涂覆各种防护层。

将耐腐蚀的物质,如油漆、搪瓷、沥青、塑料等,涂在金属表面,使金属与腐蚀介质分隔开来,当这些保护层完整时能够防止金属的腐蚀。

电镀可将耐腐蚀性较强的金属或合金覆盖在被保护的金属表面。当镀层完整时,其作用也是使被保护金属与腐蚀介质分隔开来。然而,一旦镀层损坏,不同的镀层就会产生不同的效果。例如,在铁上镀锌,由于锌的电极电势低于铁,当两者同时接触腐蚀介质时,锌为阳极,铁为阴极,遭腐蚀的仍然是锌镀层。假若在铁上镀锡,由于锡的电极电势高于铁,一旦镀层损坏,反而会加速铁的腐蚀。但是,在柠檬酸等果汁酸中,由于络合锡离子的形成,锡的电极电势变得比铁还低,因此食品可以用镀锡铁皮来罐装。

（2）选择合适的金属或合金。

金属的强度高而且有延展性,便于加工成型,因此是较好的构件材料,至今尚无其他材料可以全面替代,但是有腐蚀问题。如果能找到不易腐蚀的金属自然是最理想的。如实验室中常用铂作坩埚或惰性电极,效果较好。但是,贵金属成本高,不可能在工业上大量使用,为此一般需考虑使用合金。"不锈钢"是用得较多的耐腐蚀合金。型号"1818 不锈钢"就是钢中含有约 18%的 Cr 和约 18%的 Ni。Cr 的钝化电势比较低,其钝化电流可以比铁低两个数量级,故 Cr 是一种易于钝化的金属。铁中只需含 Cr 12%～18%,其钝化性能就与铬相似,在氧化介质中具有较好的耐腐蚀性能。加 Ni 是为了改善不锈钢在非氧化介质中的耐腐蚀性能,同时还能改善耐高温和焊接性能。

铝是用得很普遍的轻金属。虽然铝的电极电势很低,但由于其表面能形成致密的氧化铝膜,因而在中性介质和空气中耐腐蚀性能很好。

（3）改变介质的性质。

金属的腐蚀与介质密切相关。加入介质,能明显抑制金属腐蚀的物质称为缓蚀剂。缓蚀剂可以是无机盐类,也可以是有机物。无机盐类有硅酸盐、磷酸盐、亚硝酸盐、铬酸盐等。有机缓蚀剂一般是含有 N、S、O 和三键的化合物,如胺类、吡啶类、硫脲类、甲醛、丙炔醇等。缓蚀剂的作用往往是由于吸附或与腐蚀产物生成沉淀,在金属表面形成保护层。缓蚀剂的用量一般都很小,但防腐作用很显著,因此工业上已广泛应用。

（4）电化学保护。

电化学保护方法又分为阴极保护和阳极保护。

阴极保护,又称为阳极牺牲法保护。将电极电势更低的金属与被保护金属相连接,构成原电池。例如,将锌或镁与铁相连接,锌或镁为阳极,发生溶解,而铁是阴极,得到保护。海轮壳体上常附上一些锌块就是为了保护船体。阴极保护也可以用外加直流电源来实现。将被保护金属与外电源的负极相连,正极与废钢铁或石墨相连,构成电解池。由于被保护金属为阴极,不会发生氧化反应。有些地下管道、船闸等就可以采用这种方法保护。

阳极保护是通过外加直流电源使被保护金属发生阳极极化,并进入钝化状态。阳极保护要求钝化电势区的范围不小于 50 mV,致钝电流密度越小越好,而且介质中卤素离子的浓度不宜太高。

金属的腐蚀与防护关系到国计民生,值得研究的问题很多。本书限于学时和篇幅,不可能详细叙述,有兴趣的读者可以参阅有关专著和文献。

*§7.14　化学电源简介

将自发反应的化学能转变成电能作为电能来源的装置叫化学电源。有实用价值的化学电源需要具备以下几个条件:

(1) 电极物质及电解质有充分来源且价格低廉;

(2) 电池电动势较高;

(3) 放电时电压比较稳定;

(4) 单位质量或单位体积电池所能输出的电能(即质量比能量或体积比能量)比较大。

由于化学电源需要具备上述条件,而且制造电池有许多技术要求,所以,虽然能设计成电池的自发化学反应颇多,但能广泛应用的化学电源种类并不很多。

电池内参加电极反应的反应物称为“活性物质”。化学电源按其工作方式可分为“一次电池”和“二次电池”两类。一次电池是放电到活性物质耗尽时只能废弃不能再生的电池;而二次电池是指活性物质耗尽后,可以用外来直流电源进行充电使活性物质再生的电池。二次电池又叫“蓄电池”,可以放电、充电反复使用多次。

下面简单介绍几种最常用的化学电源和某些高能电池。

1. 常用化学电源

(1) 锌锰干电池。

这是一种人们在日常生活和实验室中常用的化学电源,是一次电池。它的负极是锌,正极是被二氧化锰包围着的石墨电极,电解质是含氯化锌及氯化铵的糊状物。其结构如图 7.29 所示,书面表达式可写成:

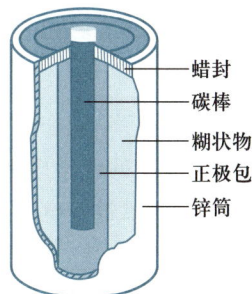

蜡封
碳棒
糊状物
正极包
锌筒

$$Zn(s) \mid ZnCl_2, NH_4Cl \mid MnO_2(s) \mid C(s)$$

虽然这种电池的应用相当广泛而且已有一百多年　　图 7.29　锌锰干电池的结构

的历史,但它的电极反应及最终产物仍未被彻底弄清楚。一般认为它的电极反应及电池反应是

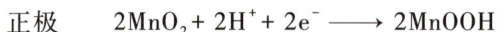

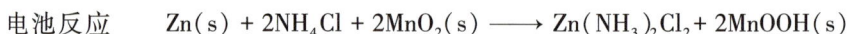

负极 　　$Zn + 2NH_4Cl \longrightarrow Zn(NH_3)_2Cl_2 + 2H^+ + 2e^-$

正极 　　$2MnO_2 + 2H^+ + 2e^- \longrightarrow 2MnOOH$

电池反应 　　$Zn(s) + 2NH_4Cl + 2MnO_2(s) \longrightarrow Zn(NH_3)_2Cl_2 + 2MnOOH(s)$

这种电池在开路时电压为 1.5 V,质量比能量在 $31 \sim 53$ W·h·kg^{-1} 的范围。

（2）铅蓄电池。

酸式铅蓄电池是工业上和实验室中最常用的二次电池。它的负极是海绵状铅;正极是涂有二氧化铅的铅板;电解质是密度为 1.28 g·cm^{-3} 的硫酸溶液。电池表示式为

$$Pb(s) - PbSO_4(s) \mid H_2SO_4 \mid PbSO_4(s) - PbO_2(s) - Pb(s)$$

电极反应和电池反应为

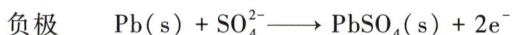

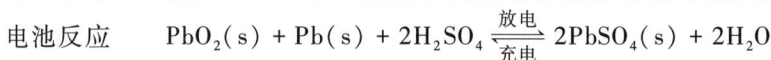

负极 　　$Pb(s) + SO_4^{2-} \longrightarrow PbSO_4(s) + 2e^-$

正极 　　$PbO_2(s) + H_2SO_4 + 2H^+ + 2e^- \longrightarrow PbSO_4(s) + 2H_2O$

电池反应 　　$PbO_2(s) + Pb(s) + 2H_2SO_4 \underset{充电}{\overset{放电}{\rightleftharpoons}} 2PbSO_4(s) + 2H_2O$

该电池的开路电压约为 2 V,电池内的硫酸溶液浓度随着放电的进行而降低,电池内硫酸溶液的密度与开路电压的对应关系见表 7.8。当硫酸溶液的密度降至约 1.05 g·cm^{-3} 时,电池工作电压下降到约 1.9 V 时,应暂停使用,以外来直流电源充电直至硫酸溶液的密度恢复到约 1.28 g·cm^{-3} 时为止。

表 7.8　25 ℃时铅蓄电池内硫酸溶液的密度与开路电压的对应关系

$\rho(H_2SO_4)/(g \cdot cm^{-3})$	1.020	1.030	1.040	1.050	1.100	1.150	1.200	1.250	1.280	1.300
开路电压/V	1.855	1.876	1.892	1.906	1.962	2.005	2.050	2.095	2.128	2.148

2. 高能电池

比能量高的化学电源称为高能电池。现代用于各种特殊用途的高能电池很多,此处仅介绍银锌电池、锂离子电池和燃料电池三种。

（1）银锌电池。

银锌电池可以做成一次电池,也可以做成二次电池。其负极是锌,正极是氧化银,电解质是 40%KOH 溶液,可表示为

$$Zn(s) \mid KOH(40\%) \mid Ag_2O(s) - Ag(s)$$

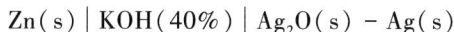

电极反应及电池反应为

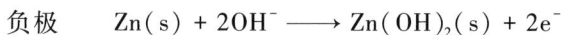

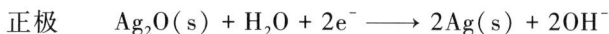

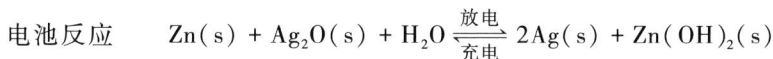

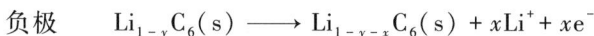

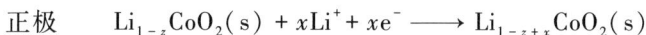

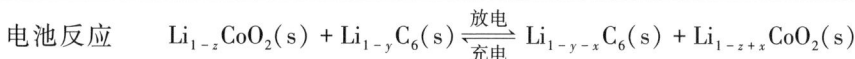

$$负极 \quad Zn(s) + 2OH^- \longrightarrow Zn(OH)_2(s) + 2e^-$$

$$正极 \quad Ag_2O(s) + H_2O + 2e^- \longrightarrow 2Ag(s) + 2OH^-$$

$$电池反应 \quad Zn(s) + Ag_2O(s) + H_2O \underset{充电}{\overset{放电}{\rightleftharpoons}} 2Ag(s) + Zn(OH)_2(s)$$

若做成二次电池,其充电、放电可达 100～150 次循环。这种电池质量比能量高,约为 150 $W \cdot h \cdot kg^{-1}$,能大电流放电,因此适用于火箭、导弹和人造卫星及宇宙飞船等方面。

（2）锂离子电池[1]。

锂离子电池是 20 世纪 90 年代在锂电池研究的基础上发展起来的新型高能电源。其正极通常采用层状结构的复合金属氧化物如 $LiCoO_2$ 等,负极则采用鳞片状石墨等材料,电解质为锂盐的有机溶液(如碳酸丙烯酯,PC),可表示为

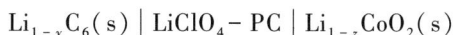

$$Li_{1-y}C_6(s) \mid LiClO_4 - PC \mid Li_{1-z}CoO_2(s)$$

电极反应及电池反应为

$$负极 \quad Li_{1-y}C_6(s) \longrightarrow Li_{1-y-x}C_6(s) + xLi^+ + xe^-$$

$$正极 \quad Li_{1-z}CoO_2(s) + xLi^+ + xe^- \longrightarrow Li_{1-z+x}CoO_2(s)$$

$$电池反应 \quad Li_{1-z}CoO_2(s) + Li_{1-y}C_6(s) \underset{充电}{\overset{放电}{\rightleftharpoons}} Li_{1-y-x}C_6(s) + Li_{1-z+x}CoO_2(s)$$

可见,该电池的充放电过程实际就是锂离子在正负极材料的层间嵌入或脱嵌的过程,所以,锂离子电池又称为"摇椅式"电池。该电池具有 3.7 V 左右的高工作电压,比能量高、剩余电荷量容易监测、安全、环保,在手机、便携式计算机等方面有广泛的应用。

（3）燃料电池。

利用煤、石油、煤气、甲烷等燃料的燃烧,推动蒸汽机或内燃机来发电时,能量的利用率较低。如果将燃烧的化学反应设计成化学电源,使化学能不经过热能这一中间形式,而在电池内直接转化为电能,从理论上说其能量的利用率远远高于热机,甚至可达 100%,这是一个很诱人的前景。近 70 年来,关于燃料电池的研究,取得了迅速的发展。

---

[1]　请参阅:郭炳焜,徐徽,王先友,等. 锂离子电池. 长沙:中南大学出版社,2002;吴宇平,戴晓兵,马军旗,等. 锂离子电池——应用与实践. 北京:化学工业出版社,2004.

燃料电池的负极由一惰性电极和燃料组成,燃料可为氢气、甲烷、煤、煤气、天然气以及甲醇、乙醇等;正极是一惰性电极和氧气或空气。以氢－氧燃料电池为例,可表示为

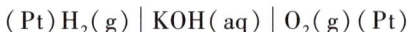

$$(Pt)H_2(g) \mid KOH(aq) \mid O_2(g)(Pt)$$

电极反应及电池反应为

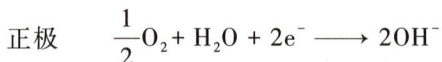

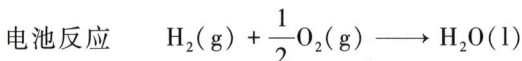

负极 $H_2 + 2OH^- \longrightarrow 2H_2O + 2e^-$

正极 $\dfrac{1}{2}O_2 + H_2O + 2e^- \longrightarrow 2OH^-$

电池反应 $H_2(g) + \dfrac{1}{2}O_2(g) \longrightarrow H_2O(l)$

该电池电动势与氢气和氧气的分压有关。出现于 20 世纪 60 年代的氢－氧燃料电池,其开路电压已可达到 1.12 V。燃料电池可用作民用电源,也可用于军事工业和宇宙航行,既可提供仪器工作所需的电能,又能为航天员提供清洁的饮用水。

> **习题 63** 试根据银锌电池和氢-氧燃料电池的总反应,分别估算它们的理论电动势。已知各有关物质的 $\Delta_f G_m^\ominus$ 值为 ZnO(s) -318.2 kJ·mol^{-1};Ag$_2$O(s) -10.9 kJ·mol^{-1};H$_2$O(l) -237.4 kJ·mol^{-1};Zn(OH)$_2$(s) -553.6 kJ·mol^{-1}。假设 H$_2$ 和 O$_2$ 的分压均为标准压力。   [答案:1.58 V;1.23 V]

思考题

1. 由于离子迁移数与离子的迁移速率成正比,因此,一种离子的迁移速率一定时,其迁移数也一定,凡是能够改变离子迁移速率的因素都能改变离子迁移数。这个推论是否正确,为什么?

2. 电解质溶液的导电能力和哪些因素有关? 在表示溶液的导电能力方面,已经有了电导率的概念,为什么还要提出摩尔电导率的概念?

3. 极限摩尔电导率是无限稀释时电解质溶液的摩尔电导率。既然溶液已经"无限稀释",为什么还会有摩尔电导率? 此时溶液的电导率应为多少?

4. 一定温度时,在 AgCl 的饱和溶液中加入少量 KCl 会使 AgCl 的溶解度减小,若加入少量 KNO$_3$,反而会使 AgCl 的溶解度增加,如何解释?

5. Ostwald 稀释定律[即式(7.10)]能否适用于强电解质溶液? 为什么?

6. 为什么离子平均活度、离子平均活度系数、离子平均浓度都是几何平均值而不是算术平均值? 若定义它们为算术平均值将会导致怎样的后果?

7. 为什么不能用普通电压表直接测量可逆电池的电动势？

8. 水溶液系统中离子的热力学函数值能否应用于熔盐系统，为什么？

9. 在 25 ℃时，有电池

$$\text{Pb(s)} - \text{PbSO}_4(\text{s}) \left| \text{SO}_4^{2-} \left(\begin{array}{l} m = 1 \text{ mol} \cdot \text{kg}^{-1} \\ \gamma_{\pm} = 0.131 \end{array} \right) \right. \vdots$$

$$\left. \text{SO}_4^{2-} \left(\begin{array}{l} m = 1 \text{ mol} \cdot \text{kg}^{-1} \\ \gamma_{\pm} = 0.131 \end{array} \right), \text{S}_2\text{O}_8^{2-}(a = 1) \right| \text{Pt(s)}$$

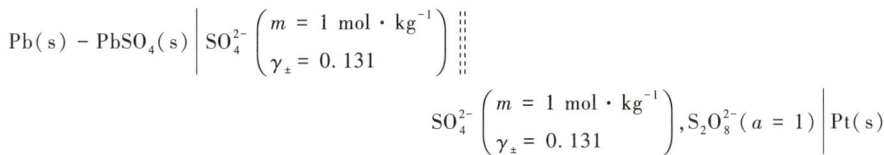

已知 $\varphi^{\ominus}(\text{S}_2\text{O}_8^{2-}/\text{SO}_4^{2-}) = 2.05 \text{ V}$，$\varphi^{\ominus}(\text{PbSO}_4/\text{Pb}) = -0.351 \text{ V}$；Pb、PbSO$_4$、S$_2O_8^{2-}$、SO$_4^{2-}$ 的标准摩尔熵值分别为 64.89 J·K^{-1}·mol^{-1}、147.3 J·K^{-1}·mol^{-1}、146.44 J·K^{-1}·mol^{-1}、17.15 J·K^{-1}·mol^{-1}。试计算该温度下，电池以端电压为 2.0 V 不可逆放电时的热效应。

[答案：-96.4 kJ·mol^{-1}]

10. 一个可逆电动势为 1.07 V 的原电池，在恒温槽中定温在 20 ℃，当将此电池短路时，有 1000 C 电荷量通过。假定此电池中发生的化学反应与可逆放电时的化学反应相同，试求以此电池和恒温槽为系统的总熵增加。如果要分别求算恒温槽和电池的熵变化，尚需何种数据？

[答案：$\Delta S_{\text{总}} = 3.65 \text{ J·K}^{-1}$]

11. 已知电池 Ag(s) - AgCl(s) $|$ HCl($m = 0.01$ mol·kg^{-1}) $|$ Cl$_2$(g, $p^{\ominus}$)(Pt) 在 25 ℃时，$E = 1.135$ V。如果以 $m = 0.10$ mol·kg^{-1} 的 HCl 溶液代替 $m = 0.01$ mol·kg^{-1} 的 HCl 溶液，电池电动势将改变多少？

12. 当电流通过下列电解池时，判断有哪些物质生成或消失，并写出反应式。

(1) 碳为阳极、铁为阴极、溶液为氯化钠；

(2) 银为阳极、镀有氯化银的银为阴极、溶液为氯化钠；

(3) 锌汞齐为阳极、覆盖有固体 Hg$_2$SO$_4$ 的汞为阴极、溶液为硫酸锌；

(4) 两铂电极之间盛以硫酸钾溶液。

13. 某原电池，当有 1 mol 电池反应发生时，其体积变化为 ΔV，试证明在定温条件下，该电池可逆电动势随压力的变化遵循下列关系：

$$\left(\frac{\partial E}{\partial p} \right)_T = -\frac{\Delta V}{nF}$$

14. 在 18 ℃时，有电池

Hg(l) $|$ 硝酸亚汞(m_1) + 0.1 mol·kg^{-1}HNO$_3$ $\vdots$ 硝酸亚汞(m_2) + 0.1 mol·kg^{-1}HNO$_3$ $|$ Hg(l)

实验测得该电池的电动势与 m_1 和 m_2 的关系为

m_1/(mol·kg^{-1})	0.02	0.01	0.001	0.0001
m_2/(mol·kg^{-1})	0.2	0.1	0.01	0.001
E/V	0.0266	0.0274	0.0290	0.0304

试确定亚汞离子的形式是 Hg$^+$ 还是 Hg$_2^{2+}$。

15. 电解 $ZnCl_2$ 水溶液,两极均用铂电极,电解反应如何? 若均改用锌电极,结果又如何? 两者的理论分解电压有何差异?

16. 在电化学中为什么可以用电流密度来表示电极反应的速率?

17. 常用下列固体电解质电池测量氧化物的标准生成 Gibbs 函数:

$$Ni(s) - NiO(s) \mid ZrO_2(s) + CaO(s) \mid Cu_2O(s) - Cu(s)$$

其电池反应是 $Ni(s) + Cu_2O(s) \longrightarrow NiO(s) + 2Cu(s)$。但有人却称此电池是氧浓差电池。到底这是化学电池还是氧浓差电池?

教学课件

拓展例题

第八章

表面现象与分散系统

本章讨论一个相的表面分子与相内部分子性质上的差异以及由于这种差异而在气－液、气－固、液－固等各种不同相界面上发生的一系列表面现象,并讨论具有巨大相界面的分散系统的性质。

表面现象及分散系统的知识在生物学、气象学、地质学、医学等学科以及石油、选矿、油漆、橡胶、塑料、日用化工等工业中有着重要的意义及广泛的应用。

（一）表面现象

§ 8.1　表面 Gibbs 函数与表面张力

任何一个相,其表面分子与内部分子所具有的能量是不相同的。图 8.1 所示是与其蒸气呈平衡的纯液体,图中蓝色圆圈代表分子引力范围。在液体内部的分子 A,因四面八方均有同类分子包围着,所受周围分子的引力是对称的,可以相互抵消而总和为零,因此它在液体内部移动时并不需要外界对它做功。但是靠近表面的分子 B 及表面上的分子 C,其处境就与分子 A 大不相同。由于下面密集的液体分子对它的引力远大于上方稀疏气体分子对它的引力,所以不能相互抵消。这些力的总和垂直于液面而指向液体内部,即液体表面分子受到向

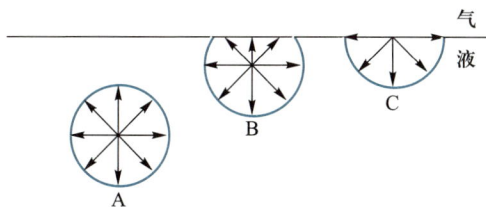

图 8.1　表面分子与内部分子能量不同

内的拉力。因此,在没有其他作用力存在时,所有的液体都有缩小其表面积的自发趋势。相反地,若要扩展液体的表面,即把一部分分子由内部移到表面上来,则需要克服向内的拉力而做功。此功称为"表面功",即扩展表面而做的功。表面扩展完成后,表面功转化为表面分子的能量,因此,表面分子比内部分子具有更高的能量。

在一定的温度与压力下,对一定的液体来说,扩展表面所做的表面功 $\delta W'$ 应与增加的表面积 dA 成正比。若以 σ 表示比例系数,则

$$\delta W' = \sigma dA$$

若表面扩展过程可逆,则 $\delta W' = dG_{T,p}$,所以上式又可以表示为

$$dG_{T,p} = \sigma dA \quad 或 \quad \sigma = \left(\frac{\partial G}{\partial A}\right)_{T,p} \tag{8.1}$$

由式(8.1)看出,σ 的物理意义是:在定温定压条件下,增加单位表面积引起系统 Gibbs 函数的增量。也就是单位表面积上的分子比相同数量的内部分子"超额"Gibbs 函数,因此 σ 称为"表面 Gibbs 函数",或简称为"表面能",单位为 $J \cdot m^{-2}$。由于 $J = N \cdot m$,所以 σ 的单位也可以为 $N \cdot m^{-1}$,此时 σ 称为"表面张力",其物理意义是:在相表面的切面上,垂直作用于表面上任意单位长度切线的表面紧缩力。一种物质的表面能与表面张力数值完全一样,量纲也相同,但物理意义有所不同,所用单位也不同。

表面能或表面张力 σ 是强度性质,其值与物质的种类、共存另一相的性质以及温度、压力等因素有关。对纯液体来说,若不特别指明,共存的另一相就是指标准压力时的空气或饱和蒸气。如果共存的另一相不是空气或饱和蒸气,表面张力的数值可能有相当大的变化,因此必须注明共存相,此时的表面张力通常又称为"界面张力"。表 8.1 和表 8.2 分别列出一些液体在 20 ℃ 和常压下的表面张力和界面张力。

表 8.1   一些液体的表面张力 σ (常压、20 ℃)

物质	$\sigma/(N \cdot m^{-1})$	物质	$\sigma/(N \cdot m^{-1})$
水	0.0728	四氯化碳	0.0269
硝基苯	0.0418	丙酮	0.0237
二硫化碳	0.0335	甲醇	0.0226
苯	0.0289	乙醇	0.0223
甲苯	0.0284	乙醚	0.0169

表 8.2　汞或水与一些物相接触的界面张力 σ（常压、20 ℃）

第一相	第二相	$\sigma/(\mathrm{N\cdot m^{-1}})$	第一相	第二相	$\sigma/(\mathrm{N\cdot m^{-1}})$
汞	汞蒸气	0.4716	水	水蒸气	0.0728
汞	乙醇	0.3643	水	异戊烷	0.0496
汞	苯	0.3620	水	苯	0.0326
汞	水	0.375	水	丁醇	0.00176

由于升高温度时液体分子间引力减弱,所以表面分子的超额 Gibbs 函数减少。因此,表面张力一般随温度升高而降低。

固体的表面分子与液体情况一样,比内部分子有超额的 Gibbs 函数。但是,对于固体的表面能或表面张力,目前还不能像对液体那样有各种实验方法可直接测定。但据间接推算,固体的表面能或表面张力一般比液体要大得多。

由上可知,由于表面分子与相内部分子性质不同,严格说来,完全均匀一致的相是不存在的。通常情况下可以不考虑这一点,是因为如果一个物系的表面分子在所有分子中所占比例不大,系统的表面能对系统总 Gibbs 函数值的影响很小,可以忽略不计。例如,1 g 水作为一个球滴存在时,表面积为 4.85×10^{-4} m^2,表面能约为$(4.85 \times 10^{-4} \times 0.0728)$ J $= 3.5 \times 10^{-5}$ J,这是一个微不足道的数值。但是,当固体或液体被高度分散时,表面能可以相当可观。例如,将 1 g 水分散成半径为 10^{-7} cm 的小液滴时,可得 2.4×10^{20} 个,表面积共 3.0×10^3 m^2,表面能约为$(3.0 \times 10^3 \times 0.0728)$ J $= 218$ J,相当于使这 1 g 水温度升高 50 ℃所需供给的能量,显然这是不容忽视的数值。此时,表面能过高使得系统处于不稳定状态。例如,大量处理固体粉尘的工厂,必须高度重视,防止粉尘爆炸。粉尘易爆正是上述原因造成的。

习题 1　在 20 ℃及常压条件下,将半径为 1.00 cm 的水滴分散成半径为 1.00 μm（10^{-6} m）的雾沫,需要做多少功?　　　　　　　　　　　　　　［答案: 0.914 J］

习题 2　常压下,水的表面能 σ（单位为 J·m^{-2}）与温度 t（单位为℃）的关系可表示为 $\sigma = (7.564 \times 10^{-2} - 1.4 \times 10^{-4}\,t/℃)$ J·m^{-2}。若在 10 ℃时,保持水的总体积不变而改变其表面积,试求(1) 使水的表面积可逆地增加 1.00 cm^2,必须做多少功? (2) 上述过程中水的 ΔU、ΔH、ΔA、ΔG 以及所吸收的热各为多少? (3) 上述过程后,除去外力,水将自发收缩到原来的表面积,此过程对外不做功。试计算此过程中的 Q、ΔU、ΔH、ΔA 及 ΔG 值。(提示:应首先导出各量与表面能、表面积的热力学关系。)

［答案: (1) 7.42×10^{-6} J;(2) 1.14×10^{-5} J,1.14×10^{-5} J,7.42×10^{-6} J,
7.42×10^{-6} J,3.96×10^{-6} J;(3) -1.14×10^{-5} J,-1.14×10^{-5} J,
-1.14×10^{-5} J,-7.42×10^{-6} J,-7.42×10^{-6} J］

§8.2 纯液体的表面现象

1. 附加压力

由于表面能的作用,任何液面都有尽量紧缩而减小表面积的趋势。如果液面是弯曲的,则这种紧缩趋势会对液面产生附加压力。

如图 8.2 所示,一较大容器连有毛细管。具有水平液面的大量液体通过毛细管与位于管端的半径为 r 的小液滴相连接。小液滴外压力为 p,弯曲液面给小液滴的附加压力为 Δp,大液面上活塞施加的压力为 p'。当大量液体与小液滴压力平衡时,应有下列关系:

$$p' = \Delta p + p \qquad \Delta p = p' - p$$

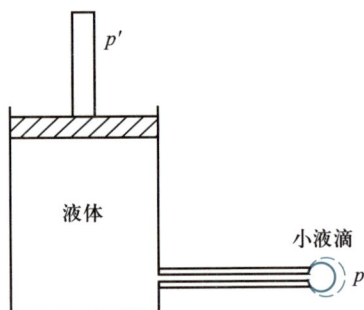

图 8.2 附加压力与曲率半径的关系

当活塞的位置向下作一无限小的移动时,大量液体的体积减小了 dV,而小液滴的体积增大了 dV。此过程中液体净得功为

$$p'\mathrm{d}V - p\mathrm{d}V = \Delta p\mathrm{d}V$$

此功用于克服表面张力 σ 而增大液滴的表面积 dA,因此有

$$\Delta p\mathrm{d}V = \sigma\mathrm{d}A \qquad \Delta p = \frac{\sigma\mathrm{d}A}{\mathrm{d}V}$$

因为球面积 $A = 4\pi r^2$,$\mathrm{d}A = 8\pi r\mathrm{d}r$;球体积 $V = \frac{4}{3}\pi r^3$,$\mathrm{d}V = 4\pi r^2\mathrm{d}r$,所以上式可改写为

$$\Delta p = \frac{\sigma 8\pi r\mathrm{d}r}{4\pi r^2\mathrm{d}r} = \frac{2\sigma}{r} \qquad (8.2)$$

该式称为 Laplace 公式,它表明附加压力与液体的表面张力成正比,而与曲率半径成反比,半径越大附加压力越小,平面的曲率半径无穷大,故附加压力 $\Delta p = 0$。

应强调指出,由于表面紧缩力总是指向曲面的球心,球内的压力一定大于球外的压力。因此,对空气中的液滴(凸液面)来说,液体的压力 p' 是空气压力 p 与附加压力 Δp 之和,即 $p' = p + \Delta p$;而对液体中的气泡(凹液面)来说,则气泡内

的压力 $p = p' + \Delta p$；倘若是液泡，如肥皂泡，则泡内气体的压力比泡外压力大，其差值为

$$\Delta p = \frac{4\sigma}{r} \tag{8.3}$$

因为液膜有内、外两个表面，其半径几乎相同。

2. 曲率对蒸气压的影响

弯曲液面的附加压力使小液滴比平面液体具有更大的饱和蒸气压。如图 8.3 所示，平面液体的压力与外压 p 相等。由于附加压力，半径为 r 的小液滴内液体的压力 $p_r = p + \Delta p$。一定温度下，若将 1 mol 平面液体分散成半径为 r 的小液滴，则 Gibbs 函数的变化为

图 8.3 平面液体与小液滴

$$\Delta G = \mu_r - \mu = V_m(p_r - p) = V_m\Delta p \tag{8.4}$$

式中 μ_r 和 μ 分别为小液滴液体和平面液体的化学势。设小液滴液体和平面液体的饱和蒸气压分别为 p'_r 和 p'（注意 p'_r 和 p' 与 p 和 p_r 是不同的），根据液体化学势与其蒸气压的关系：

$$\mu_r = \mu^\ominus + RT\ln(p'_r/p^\ominus) \qquad \mu = \mu^\ominus + RT\ln(p'/p^\ominus)$$

所以

$$\mu_r - \mu = RT\ln(p'_r/p') \tag{8.5}$$

比较式(8.2)、式(8.4)和式(8.5)，并考虑 $V_m = M/\rho$（M 为液体的摩尔质量；ρ 为液体的密度），则

$$\ln\frac{p'_r}{p'} = \frac{2\sigma M}{RTr\rho} \tag{8.6}$$

该式称为 Kelvin 公式。一定温度下，对一定液体来说，σ、M、ρ、R、T 均为常数。由式(8.6)可见，小液滴半径越小，其饱和蒸气压 p'_r 比平面液体蒸气压 p' 大得越多。当小液滴的半径小到 10^{-7} cm 时，p'_r 几乎是 p' 的 3 倍。

Kelvin 公式可以说明一些常见的现象。例如，在高空中如果没有灰尘，水蒸气可以达到相当高的过饱和程度而不致凝结成水。因为此时高空中的水蒸气压力虽然对平液面的水来说已是过饱和的了，但对将要形成的小水滴来说尚未饱和，故小水滴难以形成。若在空中撒入凝聚核心，使凝聚水滴的初始曲率半径加

大,其相应的饱和蒸气压可小于高空中已有的水蒸气压力,因此水蒸气会迅速凝结成水。这就是人工降雨的基本原理。

又如,对于液体中有小气泡的情况,即液面的曲率半径为负值时,由式(8.6)可见,$p_r' < p'$,即液体在小气泡中的饱和蒸气压小于平面液体的饱和蒸气压,而且气泡半径越小,泡内饱和蒸气压越小。在沸点时,平面液体的饱和蒸气压等于外压,但沸腾时气泡的形成必经过从无到有、从小变大的过程,而最初形成的半径极小的气泡内的饱和蒸气压远小于外压,因此在外压的压迫下,小气泡难以形成,致使液体不易沸腾而形成过热液体。过热较多时,容易暴沸。如果加热时在液体中加入沸石,则可避免暴沸现象。这是因为沸石表面多孔,其中已有曲率半径较大的气泡存在,所以泡内蒸气压不致很小,达到沸点时液体易于沸腾而不致过热。

3. 液体的润湿与铺展

在固体表面放一滴液体,图 8.4 示出该液滴两种常见形状的剖面。在固体、液滴和空气三相相交处 O 点,同时有 σ_{s-g}、σ_{l-g} 和 σ_{s-l} 三个表面张力的作用,这三个表面张力都趋于缩小各自的表面积,作用方向如图所示,其中 σ_{l-g} 与 σ_{s-l} 的夹角 θ 称为"接触角"。如果三个力在 MON 直线上的合力指向 M 方向,则 O 点会被拉向左方使液滴展开;如果合力指向 N 方向,则 O 点会被拉向右方使液滴收缩。当液滴的展开或收缩达到平衡时,合力应为零,此时接触角 θ 有确定值,液滴亦保持一定形状。即

$$\sigma_{s-g} - \sigma_{s-l} - \sigma_{l-g}\cos\theta = 0$$

所以

$$\cos\theta = \frac{\sigma_{s-g} - \sigma_{s-l}}{\sigma_{l-g}} \tag{8.7}$$

由式(8.7)可见,对一定的液体和固体来说,两者相互接触达到平衡时,接触角 θ 具有确定值。因此,常从接触角 θ 值的大小来衡量液体对固体的润湿程度,通常以 90° 为分界线,若 $\theta < 90°$,则称为"润湿";若 $\theta > 90°$,则称为"不润湿"。接触角 θ 值可通过实验直接测定,亦可根据表面张力数据由式(8.7)计算。但是

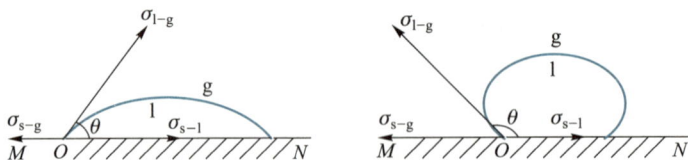

图 8.4   接触角与各表面张力的关系

需注意,应用式(8.7)计算 θ 的前提是必须达到平衡,即合力为零。有时,若三个表面张力同时作用于 O 点而无法达到平衡,就不能由式(8.7)计算 θ 值。若 $\sigma_{s-g} - \sigma_{s-l} - \sigma_{l-g} > 0$,液体会在固体表面完全展开,如水在洁净的玻璃上,称为完全润湿,此时取 $\theta = 0°$;若 $\sigma_{s-g} - \sigma_{s-l} + \sigma_{l-g} < 0$,液体会在固体表面缩成圆珠,如汞在洁净的玻璃上,称为完全不润湿,此时取 $\theta = 180°$。

能被某种液体润湿的固体称为该种液体的亲液性固体;反之则称为该种液体的憎液性固体。某种液体对某种固体的润湿与不润湿往往与固、液分子结构有无共性有关,如水是极性分子,所以极性固体皆为亲水性的,而非极性固体大多是憎水性的。常见的亲水性固体有石英、无机盐等,憎水性固体有石蜡、石墨等。

两种不互溶的液体相接触,也有类似上述液、固接触时的润湿现象。例如,将一滴水放在大量汞的表面上,水会缩成圆珠;而将某些有机液体滴在水面上却能自动形成一层极薄的液膜,这种现象称为液体的铺展现象。

4. 毛细管现象

众所周知的毛细管现象也是表面张力的作用所致。以玻璃毛细管插入水中为例,由于毛细管内水面呈凹液面,水会沿毛细管上升,如图 8.5 所示。设大气压力为 p,管内液面相对管外液面的垂直高度为 h,管内液面下 A 点的压力为 p_A,那么弯曲液面的附加压力 $\Delta p = p - p_A = \rho g h$,其中 ρ 为液体密度,g 为重力加速度。引入式(8.2)可得

$$h = \frac{\Delta p}{\rho g} = \frac{2\sigma}{\rho g r}$$

式中 r 为弯曲液面的曲率半径,它与毛细管半径 R 的关系如图 8.6 所示,其中 θ 为接触角,由图不难看出 $r = R/\cos\theta$,所以

$$h = \frac{2\sigma\cos\theta}{\rho g R} \tag{8.8}$$

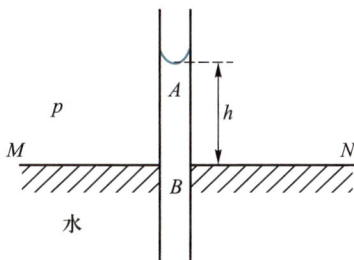

图 8.5 毛细管现象

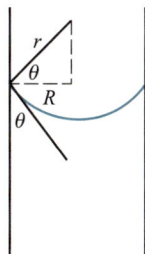

图 8.6 弯曲液面的曲率半径与毛细管半径的关系

分析式(8.8)可见,若液体对毛细管壁润湿,即 $\theta < 90°$, $\cos\theta > 0$,此时液体会沿毛细管上升,上升的高度与毛细管半径成反比;若液体对毛细管壁不润湿,即 $\theta > 90°$,此时 $\cos\theta < 0$,表明液体会沿毛细管下降,下降的高度仍可由式(8.8)计算。

毛细管现象早就被人类所认识。天旱时,农民通过锄地可以保持土壤水分,称为锄地保墒。一方面,锄地可以切断地表的毛细管,防止土壤中的水分沿毛细管上升到表面而挥发。另一方面,由于水在土壤毛细管中呈凹液面,饱和蒸气压小于平水面,因此,锄地切断的毛细管又易于使大气中水汽凝结,增加土壤水分。这就是锄地保墒的科学原理。

习题3 已知 20 ℃时水的表面张力为 0.0728 N·m^{-1},如果把水分散成小水滴,试计算当小水滴半径分别为 1.00×10^{-3} cm、1.00×10^{-4} cm、1.00×10^{-5} cm 时,曲面下的附加压力为多少? [答案:1.46×10^4 Pa;1.46×10^5 Pa;1.46×10^6 Pa]

习题4 已知 20 ℃时水的饱和蒸气压为 2.34×10^3 Pa,试求半径为 1.00×10^{-8} m 的小水滴的蒸气压为多少? [答案:2.61×10^3 Pa]

习题5 如果水中仅含有半径为 1.00×10^{-3} mm 的空气泡,试求这样的水开始沸腾的温度为多少?已知 100 ℃以上水的表面张力为 0.0589 N·m^{-1},汽化焓为 40.7 kJ·mol^{-1}。 [答案:123 ℃]

习题6 水蒸气迅速冷却到 25 ℃时会发生过饱和现象。已知 25 ℃时水的表面张力为 0.0715 N·m^{-1},当过饱和水蒸气压为水的平衡蒸气压的 4 倍时,试求最初形成的水滴半径为多少?此种水滴中含有多少个水分子? [答案:7.5×10^{-10} m;59个]

习题7 汞对玻璃表面完全不润湿,若将直径为 0.100 mm 的玻璃毛细管插入大量汞中,试求管内汞界面的相对位置。已知汞的密度为 1.35×10^4 kg·m^{-3},表面张力为 0.520 N·m^{-1}。 [答案:-15.7 cm]

习题8 假定一固体溶于某溶剂后形成理想溶液。试导出固体溶解度与颗粒大小有如下关系:

$$\ln \frac{X_r}{X} = \frac{2\sigma M}{RTr\rho}$$

式中 σ 为固-液界面张力;M 为固体的摩尔质量;ρ 为固体的密度;r 为小颗粒半径;X_r 和 X 分别为小颗粒和大颗粒的溶解度。并解释为什么会有过饱和溶液不结晶的现象发生,为什么在过饱和溶液中投入晶种会大批析出晶体?

习题9 25 ℃时,已知大颗粒 $CaSO_4$ 在水中的溶解为 1.533×10^{-2} mol·dm^{-3},$r = 3.0 \times 10^{-5}$ cm 的 $CaSO_4$ 细晶在水中的溶解为 1.82×10^{-2} mol·dm^{-3},$\rho(CaSO_4) = 2.96$ g·cm^{-3},试根据习题8中公式求算 $CaSO_4$ 与水的界面张力。 [答案:1.39 N·m^{-1}]

习题 10　由于天气干旱,白天空气相对湿度仅为 56%(相对湿度即实际水蒸气压力与饱和蒸气压之比)。设白天温度为 35 ℃(饱和蒸气压为 5.62×10^3 Pa),夜间温度为 25 ℃(饱和蒸气压为 3.17×10^3 Pa)。试求空气中的水分在夜间时能否凝结成露珠? 若在直径为 0.1 μm 的土壤毛细管中是否会凝结? 设水对土壤完全润湿,25 ℃时水的表面张力 $\sigma = 0.0715$ N·m^{-1},水的密度 $\rho = 1$ g·cm^{-3}。

§8.3　气体在固体表面上的吸附

1. 气固吸附的一般常识

固体表面分子与液体表面分子一样,也具有表面 Gibbs 函数。由于固体不具有流动性,不能像液体那样以尽量减小表面积的方式降低表面能。但是,固体表面分子能对碰到固体表面上来的气体分子产生吸引力,使气体分子在固体表面上发生相对聚集,以降低固体的表面能,使具有较大表面积的固体系统趋于稳定。这种气体分子在固体表面上相对聚集的现象称为气体在固体表面上的吸附,简称"气固吸附",吸附气体的固体称为"吸附剂",被吸附的气体称为"吸附质"。

气固吸附知识在生产实践和科学实验中应用较为广泛,如复相催化作用、色谱分析方法、气体的分离与纯化、废气中有用成分的回收等,都与气固吸附现象有关。

(1) 吸附的类型。

按固体表面分子对被吸附气体分子作用力性质的不同,可将吸附区分为"物理吸附"和"化学吸附"两种类型。在物理吸附中,固体表面分子与气体分子之间的吸附力是 van der Waals 引力,即使气体分子凝聚为液体的力,所以物理吸附类似于气体在固体表面上发生液化。在化学吸附中,固体表面分子与气体分子之间可有电子的转移、原子的重排、化学键的破坏与形成等,吸附力远大于 van der Waals 引力而与化学键力相似,所以化学吸附类似于发生化学反应。这两种吸附力性质上的不同,导致物理吸附与化学吸附特征上的一系列差异,表 8.3 列出其中几项主要的差别。

许多系统,气体在固体表面上往往同时发生物理吸附与化学吸附,如氧在钨表面上的吸附。有些系统,在低温时发生物理吸附而在高温时发生化学吸附,如氢在镍表面上的吸附。

表 8.3   物理吸附与化学吸附特征之比较

特征	物理吸附	化学吸附
吸附力	van der Waals 力	化学键力
吸附分子层	被吸附分子可以形成单分子层,也可形成多分子层	被吸附分子只能形成单分子层
吸附选择性	无选择性,任何固体皆能吸附任何气体,易液化者易被吸附	有选择性,指定吸附剂只对某些气体有吸附作用
吸附热	较小,与气体凝聚热相近,为 $2 \times 10^4 \sim 4 \times 10^4$ J·mol^{-1}	较大,接近化学反应热,为 $4 \times 10^4 \sim 4 \times 10^5$ J·mol^{-1}
吸附速率	较快,速率少受温度影响,易达平衡,较易脱附	较慢,升温时速率加快,不易达平衡,较难脱附

(2) 吸附平衡与吸附量。

气相中的分子可被吸附到固体表面上来,已被吸附的分子也可以脱附(或称解吸)而逸回气相。在温度及气相压力一定的条件下,当吸附速率与脱附速率相等,即单位时间内被吸附到固体表面上来的气体量与脱附而逸回气相的气体量相等时,达到吸附平衡状态,此时吸附在固体表面上的气体量不再随时间而变化。达到吸附平衡时,单位质量吸附剂所能吸附的气体的物质的量或这些气体在标准状况下所占的体积,称为吸附量,以 a 表示。即 $a = n/m$ 或 $a = V/m$,其中 m 为吸附剂的质量。吸附量可用实验方法直接测定。

(3) 吸附曲线。

由实验结果得知,对一定的吸附剂和吸附质来说,吸附量 a 由吸附温度 T 及吸附质的分压 p 所决定。在 a、T、p 三个因素中固定其一而反映另外两者关系的曲线,称为吸附曲线,共分三种:

① 吸附等压线。吸附质平衡分压 p 一定时,反映吸附温度 T 与吸附量 a 之间关系的曲线称为吸附等压线。吸附等压线可用于判别吸附类型。无论物理吸附或化学吸附都是放热的,所以温度升高时两类吸附的吸附量都应下降。物理吸附速率快,较易达到平衡,所以实验中确能表现出吸附量随温度而下降的规律。但是化学吸附速率较慢,温度低时,往往难以达到吸附平衡,而升温会加快吸附速率,此时会出现吸附量随温度升高而增大的情况,直到真正达到平衡之后,吸附量才随温度升高而减小。因此,在吸附等压线上,若在较低温度范围内先出现吸附量随温度升高而增大,后又随温度升高而减小的现象,则可判定有化学吸附现象,如图 8.7 所示。

② 吸附等量线。吸附量一定时,反映吸附温度 T 与吸附质平衡分压 p 之间关系的曲线称为吸附等量线。在吸附等量线中,T 与 p 的关系类似于 Clapeyron 方程,可用来求算吸附热 $\Delta_{ads}H_m$。即

$$\left(\frac{\partial \ln p}{\partial T}\right)_a = -\frac{\Delta_{ads}H_m}{RT^2} \qquad (8.9)$$

$\Delta_{ads}H_m$ 一定是负值,它是研究吸附现象的重要参数之一,其数值的大小常被看做吸附作用强弱的一种标志。

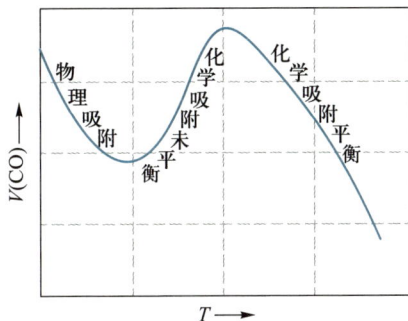

图 8.7 CO 在 Pt 上的吸附等压线

例题 1 某吸附剂吸附 CO 气体 $10.0~cm^3$(标准状况下体积),在不同温度下对应的 CO 平衡分压数据列于下表,试确定 CO 在该吸附剂上的吸附热 $\Delta_{ads}H_m$。

T/K	200	210	220	230	240	250
p/kPa	4.00	4.95	6.03	7.20	8.47	9.85

解:近似将 $\Delta_{ads}H_m$ 看做常数,对式(8.9)积分可得 $\ln p = \dfrac{\Delta_{ads}H_m}{RT} + C$,其中 C 为积分常数。若以 $\ln p$ 对 $1/T$ 作图(见下图),所得直线的斜率是 $\Delta_{ads}H_m/R$,作图所需数据为

$10^3 K/T$	5.00	4.76	4.55	4.35	4.17	4.00
$\ln(p/kPa)$	8.29	8.51	8.70	8.88	9.04	9.20

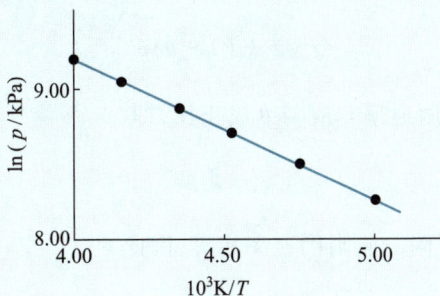

直线斜率为 $-904~K^{-1}$,所以 $\Delta_{ads}H_m =$ 斜率 $\times R = -7.5~kJ \cdot mol^{-1}$。

③ 吸附等温线。温度一定时,反映吸附质平衡分压 p 与吸附量 a 之间关系的曲线称为吸附等温线,常见的有如图 8.8 所示的五种类型。其中 I 型为单分子层吸附,其余均为多分子层吸附的情况。在所有吸附曲线中,人们对吸附等温线的研究最多,导出了一系列解析方程,称为吸附等温式,下面将专题讨论。

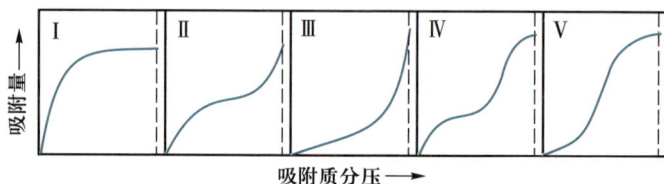

图 8.8　五种类型的吸附等温线

2. Langmuir 单分子层吸附等温式

1916 年,Langmuir 提出了第一个气固吸附理论,并导出 Langmuir 单分子层吸附等温式。其基本假定如下:

(1) 气体在固体表面上的吸附是单分子层的。因此,只有当气体分子碰撞到固体的空白表面上时才有可能被吸附,如果碰撞到已被吸附的分子上则不能被吸附。

(2) 吸附分子之间无相互作用力。因此,吸附分子从固体表面解吸时不受其他吸附分子的影响。

一定温度下,吸附分子在固体表面上所占面积占表面总面积的分数称为覆盖度,以 θ 表示。固体表面未被吸附分子覆盖的分数即为 $(1 - \theta)$。根据基本假定(1),吸附速率 r_{ads} 正比于 $(1 - \theta)$ 和吸附质在气相的分压 p,即

$$r_{ads} = k_1(1 - \theta)p$$

根据基本假定(2),脱附速率 r_d 应与 θ 成正比,即

$$r_d = k_2\theta$$

当达到吸附平衡时,吸附与脱附的速率相等,因此

$$k_1(1 - \theta)p = k_2\theta$$

$$\theta = \frac{k_1 p}{k_2 + k_1 p} = \frac{bp}{1 + bp} \qquad (8.10)$$

式中 $b = k_1/k_2$。气体在固体表面上的吸附量 a 当然与 θ 成正比,因此

$$a = k\theta = \frac{kbp}{1 + bp} \tag{8.11}$$

此式即 Langmuir 单分子层吸附等温式。分析此式可得出以下几点:

(1) 当气体压力很小时,$bp \ll 1$,式(8.11)变为

$$a = kbp$$

即吸附量 a 与气体平衡分压成正比,这与第 I 类吸附等温线的低压部分相符合。

(2) 当压力相当大时,$bp \gg 1$,式(8.11)变为

$$a = k$$

即吸附量 a 为一常数,不随吸附质分压而变化,反映了气体分子已经在固体表面铺满一层,达到了饱和吸附的情况。这与第 I 类吸附等温线的高压部分相符合。

(3) 若将式(8.11)改写成:

$$\frac{p}{a} = \frac{1 + bp}{kb} = \frac{1}{kb} + \frac{p}{k} \tag{8.12}$$

可以看出,以 p/a 对 p 作图应得一直线。直线的斜率为 $1/k$,截距为 $1/kb$,因此可由斜率和截距求出常数 k 和 b 的值。

如果将覆盖度 θ 表示成 V/V_m,其中 V 和 V_m 分别是气体分压为 p 时和饱和吸附时被吸附气体在标准状况下的体积,则式(8.10)可变为

$$\frac{p}{V} = \frac{1}{bV_m} + \frac{p}{V_m} \tag{8.13}$$

因此,若以 p/V 对 p 作图应得一直线,斜率为 $1/V_m$,截距为 $1/bV_m$,可由斜率和截距求得 b 和 V_m 之值。

例题 2 0 ℃时,CO 在 3.022 g 活性炭上的吸附有下列数据,体积已校正到标准状况下。试证明它符合 Langmuir 吸附等温式,并求 b 和 V_m 的值。

$p/(10^4\ Pa)$	1.33	2.67	4.00	5.33	6.67	8.00	9.33
V/cm^3	10.2	18.6	25.5	31.4	36.9	41.6	46.1

解:根据式(8.13)以 p/V 对 p 作图(见下图),数据为

$p/(10^4\ Pa)$	1.33	2.67	4.00	5.33	6.67	8.00	9.33
$(p/V)/(10^3\ Pa \cdot cm^{-3})$	1.30	1.44	1.57	1.70	1.81	1.92	2.02

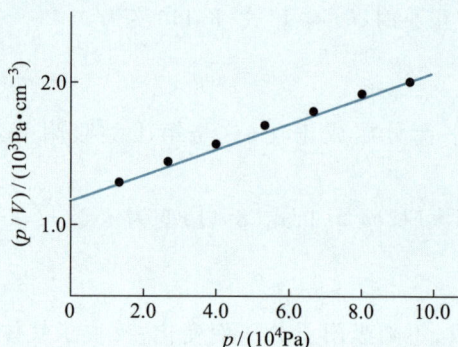

作图所得确为直线,证明符合 Langmuir 吸附等温式。斜率为 $0.0090\ cm^{-3}$,因此

$$V_m = 1/\text{斜率} = 111\ cm^3$$

截距为 $1.20 \times 10^3\ Pa \cdot cm^{-3}$,因此

$$b = \text{斜率}/\text{截距} = [0.0090/(1.20 \times 10^3)]\ Pa^{-1} = 7.5 \times 10^{-6}\ Pa^{-1}$$

不少吸附实验在中等压力范围内,其 p/a 或 p/V 对 p 作图能得直线,即符合 Langmuir 吸附等温式。但应当指出,Langmuir 的两个基本假定局限于它只能较满意地解释单分子层理想吸附,如第 I 类吸附等温线。而对于多分子层吸附,或者单分子层吸附但吸附分子之间有较强相互作用的情况,如第 II 至 V 类吸附等温线,都不能给予解释。尽管如此,Langmuir 吸附等温式仍不失为一个重要的吸附公式,特别在复相催化中应用十分广泛。此外,它的推导过程第一次对气固吸附的机理作了形象的描述,为以后其他吸附等温式的建立起了奠基的作用。

3. BET 多分子层吸附等温式

在 Langmuir 吸附理论的基础上,1938 年 Brunauer、Emmett 和 Teller 三人提出了多分子层的气固吸附理论,导出了 BET 公式:

$$V = \frac{V_m Cp}{(p^* - p)[1 + (C-1)p/p^*]} \tag{8.14}$$

式中 V 与 V_m 分别是气体分压为 p 时与吸附剂表面铺满单分子层时被吸附气体

在标准状况下的体积;p^* 是实验温度下能使气体凝聚为液体的最低压力,即饱和蒸气压;C 是与吸附热有关的常数。BET 公式适用于单分子层及多分子层吸附,能对第 I、II、III 类三种吸附等温线给予说明。BET 公式的重要应用是测定和计算固体吸附剂的比表面积(即单位质量吸附剂所具有的表面积)。若将式(8.14)重排:

$$\frac{p}{V(p^*-p)} = \frac{1}{V_m C} + \frac{C-1}{V_m C} \cdot \frac{p}{p^*} \tag{8.15}$$

可以看出,以 $p/[V(p^*-p)]$ 对 p/p^* 作图应得直线,斜率为 $(C-1)/(V_m C)$,截距为 $1/(V_m C)$,所以

$$V_m = \frac{1}{斜率 + 截距}$$

如果已知吸附质分子的截面积 A,就可以计算固体吸附剂的比表面积 $S_比$,若 V_m 以 cm^3 为单位,则

$$S_比 = \frac{V_m L}{22400} \cdot \frac{A}{m} \tag{8.16}$$

式中 m 是固体吸附剂的质量;L 是 Avogadro 常数。由于固体吸附剂和催化剂的比表面积是吸附性能和催化性能研究中的重要参数,所以测定固体比表面积是重要的。目前,利用 BET 公式测定、计算比表面积的方法被公认为所有方法中较好的一种,其相对误差一般在 10% 左右。

例题 3   0 ℃时,丁烷蒸气在某催化剂上有如下吸附数据:

$p/(10^4\ Pa)$	0.752	1.193	1.669	2.088	2.350	2.499
V/cm^3	17.09	20.62	23.74	26.09	27.77	28.30

p 和 V 分别是吸附平衡时气体的压力和被吸附气体在标准状况下的体积。0 ℃时丁烷饱和蒸气压 p^* 为 $1.032 \times 10^5\ Pa$,催化剂质量为 1.876 g,单个丁烷分子的截面积 σ 为 0.4460 nm^2,试用 BET 公式求该催化剂的总表面积和比表面积。

解:由题给数据计算可得

$(p/p^*) \times 10^2$	7.287	11.56	16.17	20.23	22.77	24.22
$\{p/[V(p^*-p)]\}/(10^{-3}\ cm^{-3})$	4.599	6.339	8.127	9.722	10.62	11.29

以 $p/[V(p^* - p)]$ 对 p/p^* 作图得直线(见下图),斜率为 3.91×10^{-2} cm^{-3},截距为 1.78×10^{-3} cm^{-3},所以

$$V_m = \left[\frac{1}{(39.1 + 1.78) \times 10^{-3}} \right] cm^3 = 24.5 \ cm^3$$

$$S_{\text{总}} = \left(\frac{24.5}{22400} \times 6.023 \times 10^{23} \times 44.6 \times 10^{-20} \right) m^2 = 294 \ m^2$$

$$S_{\text{比}} = \left(\frac{294}{1.876} \right) m^2 \cdot g^{-1} = 157 \ m^2 \cdot g^{-1}$$

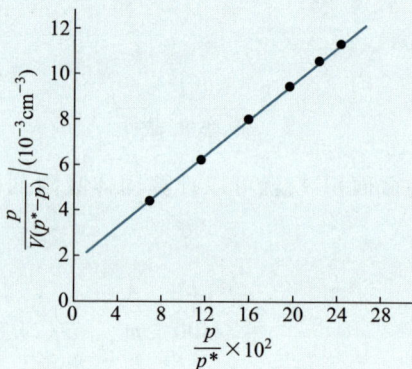

*4. 其他吸附等温式

除 Langmuir 吸附等温式和 BET 公式以外,人们还提出了多种其他吸附等温式,现就其中两个较常用的简单介绍如下:

(1) Темкин 吸附等温式。

该吸附等温式中,吸附量 a 与吸附质平衡分压 p 的函数关系为

$$a = k\ln\{bp\} \tag{8.17}$$

式中 k 和 b 都是与吸附热有关的常数。

(2) Freundlich 吸附等温式。

该吸附等温式是经验公式:

$$a = kp^{1/n} \tag{8.18}$$

式中 k 和 n 都是与吸附剂、吸附质种类以及温度等有关的常数,一般 n 是大于 1 的。若将式(8.18)取对数可得

$$\ln a = \ln k + \frac{1}{n}\ln p \tag{8.19}$$

可以看出,对符合 Freundlich 吸附等温式的气固吸附来说,以 $\ln a$ 对 $\ln p$ 作图应得直线。该经验公式只是近似地概括了一部分实验事实,但由于它简单方便,应用是相当广泛的。

值得指出的是,Freundlich 吸附等温式还适用于固体吸附剂自溶液吸附溶质的情况。此时需将压力 p 换成浓度 c,即

$$\ln a = \ln k + \frac{1}{n}\ln c \tag{8.20}$$

以 $\ln a$ 对 $\ln c$ 作图可得直线。

习题 11 N_2 在活性炭上的吸附数据如下:

吸附气体标准状况体积 V/cm^3	0.145	0.894	3.468	12.042
194 K 时平衡压力 $p/(10^5\ Pa)$	1.52	4.66	12.67	67.28
273 K 时平衡压力 $p/(10^5\ Pa)$	5.67	35.87	152.0	703.2

计算 N_2 在活性炭上的吸附热。

[答案:$-7.34\ kJ\cdot mol^{-1}$;$-11.4\ kJ\cdot mol^{-1}$;$-13.9\ kJ\cdot mol^{-1}$;$-13.1\ kJ\cdot mol^{-1}$]

习题 12 在 0 ℃时,CO 在 2.964 g 木炭上吸附的平衡压力 p 与吸附气体标准状况体积 V 如下:

$p/(10^4\ Pa)$	0.97	2.40	4.12	7.20	11.76
V/cm^3	7.5	16.5	25.1	38.1	52.3

(1) 试用图解法求 Langmuir 吸附等温式中的常数 V_m 和 b。(2) 求 CO 压力为 $5.33\times10^4\ Pa$ 时,1 g 木炭吸附的 CO 标准状况体积。

[答案:(1) 114 cm^3,$7.08\times10^{-6}\ Pa^{-1}$;(2) 10.5 $cm^3\cdot g^{-1}$]

习题 13 在 -192.4 ℃时,用硅胶吸附氮气,不同压力下每克硅胶吸附氮气的标准状况体积如下:

$p/(10^4\ Pa)$	0.889	1.393	2.062	2.773	3.377	3.730
V/cm^3	33.55	36.56	39.80	42.61	44.66	45.92

已知在 -192.4 ℃时氮气的饱和蒸气压为 $1.47\times10^5\ Pa$,氮气分子截面积为 $0.1620\ nm^2$。求所用硅胶的比表面积。 [答案:153 $m^2\cdot g^{-1}$]

习题 14 在 18 ℃时,每克活性炭从水溶液中吸附乙酸量 a 与乙酸浓度 c 有如下关系:

$c/(10^{-3}\ mol\cdot dm^{-3})$	2.34	14.56	41.03	88.62	177.69	268.97
$a/(10^{-3}\ mol\cdot g^{-1})$	0.208	0.618	1.075	1.50	2.08	2.88

试用图解法求 Freundlich 吸附等温式中的常数 k 和 n。   [答案：0.138；1.86]

习题 15   在 0 ℃时，以 10 g 炭黑吸附甲烷，不同平衡压力 p 下被吸附气体的标准状况体积 V 如下：

$p/(10^4\ Pa)$	1.33	2.67	4.00	5.53
V/cm^3	97.5	144	182	214

试判断该吸附系统对 Langmuir 吸附等温式和 Freundlich 吸附等温式中的哪一个符合得更好些？

习题 16   在 90 K 时，以云母吸附 CO，不同平衡分压 p 下被吸附气体标准状况体积 V 如下：

$p/(10^4\ Pa)$	1.33	2.67	4.00	5.33	6.67	8.00
V/cm^3	0.130	0.150	0.162	0.166	0.175	0.180

（1）判断该吸附系统对 Langmuir 吸附等温式和 Freundlich 吸附等温式中的哪一个符合得更好些？（2）若符合 Langmuir 吸附等温式，求常数 b 值。（3）样品总表面积为 $6.2 \times 10^3\ cm^2$，试计算每个吸附质分子截面积。

[答案：（2）$1.29 \times 10^{-4}\ Pa^{-1}$；（3）$0.122\ nm^2$]

§8.4 溶液的表面吸附

1. 溶液表面的吸附现象

一般说来，由于溶质分子的存在，溶液的表面张力与纯溶剂有所不同。如果在表面层中溶质分子比溶剂分子所受到的指向溶液内部的引力还要大些，则这种溶质的溶入会使溶液的表面张力增高。由于尽量降低系统表面能的自发趋势，这种溶质趋向于较多地进入溶液内部而较少地留在表面层中，这样就造成溶质在表面层中比在本体溶液中浓度小的现象。如果在表面层中溶质分子比溶剂分子所受到的指向溶液内部的引力要小些，则这种溶质的溶入会使溶液的表面张力下降。而且，溶质分子趋向在表面层相对浓集，造成溶质在表面层中比在本体溶液中浓度大的现象。溶质在表面层中与在本体溶液中浓度不同的现象称为"溶液的表面吸附"。溶质在表面层浓度小于本体浓度，称为"负吸附"；溶质在表面层浓度大于本体浓度，称为"正吸附"。实验表明，对水溶液来说，能使溶液表面张力略有升高，发生负吸附现象的溶质主要是无机电解质，如无机盐和不挥发性无机酸、碱等，这类物质的水溶液表面张力随溶液浓度变化的趋势如图 8.9

中曲线Ⅰ所示。能使溶液表面张力下降,发生正吸附现象的溶质主要是可溶性有机化合物,如醇、醛、酸、胺等,其表面张力变化趋势如图8.9中曲线Ⅱ所示。图8.9中曲线Ⅲ所示的是少量溶质的溶入可使溶液的表面张力急剧下降,但降低到一定程度之后变化又趋于平缓(图中出现的最低点往往是由杂质造成的)。这类溶质称为"表面活性剂",常见的有硬脂酸钠、长碳氢链有机酸盐和烷基磺酸盐,即肥皂和各种洗涤剂等。表面活性剂在结构上都具有双亲性特点,即一个分子包含亲水的极性基团,如—OH、—COOH、—COO$^-$、—SO$_3^-$;同时还包含憎水的非极性基团,如烷基、苯基。亲水的极性基团趋向进入溶液内部,而憎水的非极性基团趋向逃逸水溶液而伸向空气,因此表面活性物质的分子极易在溶液表面上浓集是很自然的。

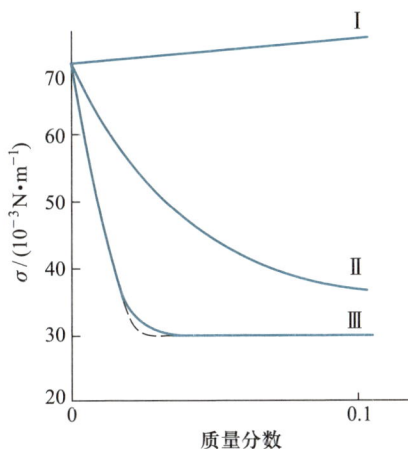

图 8.9 溶液浓度对表面张力的影响

2. Gibbs 吸附公式

1878 年,Gibbs 用热力学方法导出了溶液表面张力随浓度变化率 $d\sigma/dc$ 与表面吸附量 Γ 之间的关系,即著名的 Gibbs 吸附公式:

$$\Gamma = -\frac{c}{RT} \cdot \frac{d\sigma}{dc} \tag{8.21}$$

式中 c 是溶液本体浓度;σ 是溶液表面张力。表面吸附量 Γ 的定义为:单位面积的表面层所含溶质的物质的量比同量溶剂在本体溶液中所含溶质的物质的量的超出值。

在式(8.21)中,当 $\mathrm{d}\sigma/\mathrm{d}c < 0$,即增加浓度使表面张力下降时,$\Gamma > 0$,即溶质在表面层发生正吸附;当 $\mathrm{d}\sigma/\mathrm{d}c > 0$,即增加浓度使表面张力上升时,$\Gamma < 0$,即溶质在表面层发生负吸附。这一结论与实验结果完全一致。

运用 Gibbs 吸附公式计算某溶质的表面吸附量,需知道 $\mathrm{d}\sigma/\mathrm{d}c$ 值,一般可由两种方法求得:

(1) 在不同浓度 c 时测定溶液表面张力 σ,以 σ 对 c 作图。然后作切线求曲线上各指定浓度处的斜率,即为该浓度的 $\mathrm{d}\sigma/\mathrm{d}c$ 值。

(2) 归纳溶液表面张力 σ 与浓度 c 的解析关系式,然后求微商。例如,Шищковский 曾归纳大量实验数据,提出有机酸同系物的如下经验公式:

$$\frac{\sigma^* - \sigma}{\sigma^*} = b\ln\left(1 + \frac{c}{a}\right) \tag{8.22}$$

式中 σ^* 和 σ 分别是纯溶剂和浓度为 c 的溶液的表面张力;a 和 b 都是经验常数。同系物之间 b 值相同而 a 值各异。

对浓度 c 求微商可得

$$-\frac{\mathrm{d}\sigma}{\mathrm{d}c} = \frac{b\sigma^*}{a+c}$$

代入式(8.21):

$$\Gamma = \frac{b\sigma^*}{RT} \cdot \frac{c}{a+c}$$

温度一定时,$b\sigma^*/RT$ 是常数,记为 K,则上式可改写为

$$\Gamma = \frac{Kc}{a+c} \tag{8.23}$$

此式与 Langmuir 单分子层吸附等温式十分类似。只要知道了某溶质的 K 和 a,由此式就可求算浓度为 c 时的表面吸附量 Γ。

例题 4   21.5 ℃时,测得 β - 苯丙基酸水溶液的表面张力 σ 和浓度 c 的数据如下:

$c/[\mathrm{g} \cdot (\mathrm{kg} \text{水})^{-1}]$	0.5026	0.9617	1.5007	1.7506	2.3515	3.0024	4.1146	6.1291
$\sigma/(10^{-3} \mathrm{N} \cdot \mathrm{m}^{-1})$	69.00	66.49	63.63	61.32	59.25	56.14	52.46	47.24

试求当浓度为 1.5 $\mathrm{g} \cdot (\mathrm{kg} \text{水})^{-1}$ 时溶质的表面吸附量。

解：以 σ 对 c 作图(见下图)。在 $c = 1.5$ g·(kg 水)$^{-1}$ 处作切线,求得曲线在该点的斜率为

$$\frac{\mathrm{d}\sigma}{\mathrm{d}c} = -5.10 \times 10^{-3} \text{ N} \cdot \text{m}^{-1} \cdot \text{g}^{-1} \cdot (\text{kg 水})$$

$$\Gamma = -\frac{c}{RT} \cdot \frac{\mathrm{d}\sigma}{\mathrm{d}c} = \left(\frac{1.5 \times 5.10 \times 10^{-3}}{8.314 \times 294.5}\right) \text{ mol} \cdot \text{m}^{-2} = 3.1 \times 10^{-6} \text{ mol} \cdot \text{m}^{-2}$$

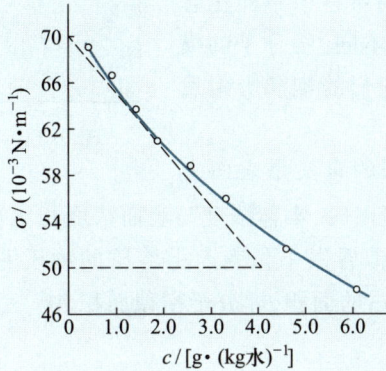

3. 表面活性剂的吸附层结构

对于表面活性剂,根据式(8.23),以 Γ 对 c 作图所得曲线如图 8.10 所示。可以看出,吸附量随浓度的变化在不同浓度范围内有不同的规律。

(1) 当浓度很低时,$c \ll a$,$a + c \approx a$,所以式(8.23)演化为

$$\Gamma = K'c$$

即吸附量与浓度成正比,其中 $K' = \dfrac{K}{a} = \dfrac{b\sigma^*}{RTa}$。

图 8.10　吸附量随浓度的变化

(2) 当浓度适中时,Γ 随 c 增大而上升,但不成正比关系,斜率逐渐减小。

(3) 当浓度足够大时,$c \gg a$,$a + c \approx c$,式(8.23)则演化为

$$\Gamma = K = \frac{b\sigma^*}{RT} = \Gamma_\infty \tag{8.24}$$

则此时吸附量为一恒定值,不再随浓度而变化,表明已达到饱和状态,此时的吸附量称为饱和吸附量 Γ_∞。由式(8.24)可以看出,Γ_∞ 只与同系物共有常数 b

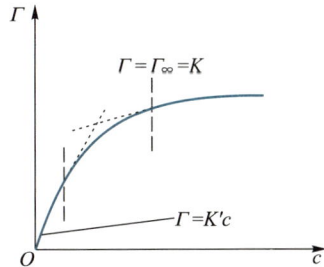

有关,而与同系物中各不同化合物的特性常数 a 无关。因此,同系物中各不同化合物的饱和吸附量是相同的,这已得到实验的证实。这是因为表面活性剂的分子定向而整齐地排列在溶液的表面上,极性基伸向水中,非极性基暴露在空气中,如图 8.11 所示。饱和吸附时,表面几乎完全被溶质分子所占据,同系物中不同化合物的差别只是碳链长短不同,而分子的横截面积是相同的,所以它们的饱和吸附量是相同的。

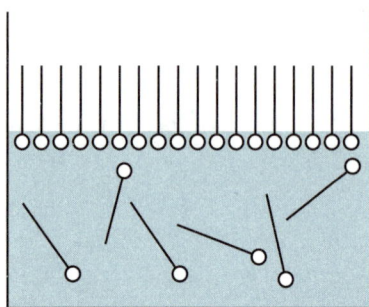

图 8.11　吸附层结构示意图

表面吸附量 Γ 本来的含义是表面上溶质的超出量,但饱和吸附时,本体浓度与表面浓度相比很小,可以忽略不计,因此可以将饱和吸附量近似看做单位表面上溶质的物质的量。所以,可以由 Γ_∞ 值计算每个吸附分子所占的面积,即分子横截面积 A:

$$A = \frac{1}{\Gamma_\infty L} \tag{8.25}$$

计算结果一般比用其他方法所得值稍大,因为实际上表面层中完全被溶质分子占据而没有溶剂分子是不可能的。

4. 表面膜

溶液表面正吸附现象不只可以在气－液界面上发生,其实在极性不同的任意两相界面,包括气－液、气－固、液－液、液－固界面上,均可发生上述表面活性剂分子的相对浓集和定向排列,其亲水的极性基朝向极性较大的一相,而憎水的非极性基朝向极性较小的一相。根据这一特性,可以制备各种具有特殊功用的表面膜。

例如,将一种不溶于水的磷脂酸类化合物溶于某种挥发性有机溶剂中,然后将该溶液滴在水面上,任其铺展成很薄的一层。由于表面吸附作用,磷脂酸类化合物会在两液相的界面上定向排列,待有机溶剂挥发后,水面上就会留下一层不溶性表面膜。如果浓度控制适当,可以制得厚度为单分子层或双分子层的不溶性表面膜。这类表面膜有序性很高,具有特殊性能,可以用作半透膜、水蒸发阻止剂及仿生学研究中的细胞膜等。

Langmuir 和 Blodgget 等人分别采用插入或抽提的方法将液体表面膜转移到玻璃、金属或晶体等固体物质的表面,其制备方法如图 8.12 所示。将玻璃板缓慢浸入有单分子膜的水中,在玻璃板上就会形成亲油基指向玻璃板的单分子膜;

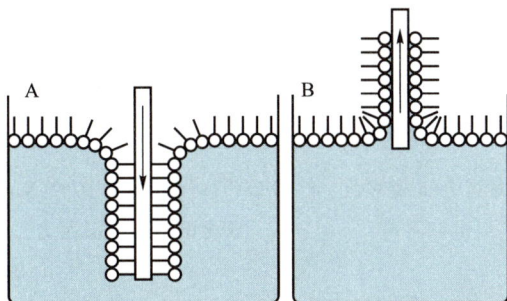

图 8.12　制备 LB 膜的示意图

或将玻璃板缓慢从水中拔出,在玻璃板上则形成亲水基指向玻璃板的单分子膜。重复上述操作,可以实现在固体表面沉积多层单分子膜,这种膜称为 Langmuir – Blodgget 膜,简称 LB 膜❶。精心选择不同系统和操作方法,可以制备出各种 LB 膜,膜中分子排列具有特定取向并且有序,从而改变固体的表面性质,制成特殊材料,广泛应用于微电子材料和非线性光学材料的制备中。

　　表面膜的制备和性能研究目前仍十分活跃,有兴趣的读者可以参阅有关文献和专著,此处不再详细介绍。

习题 17　19 ℃时,丁酸水溶液的表面张力与浓度的关系可以准确地用下式表示:

$$\sigma = \sigma^* - A\ln(1 + Bc)$$

式中 σ^* 是纯水的表面张力;c 为丁酸浓度;A 和 B 均为常数。(1) 导出此溶液表面吸附量 Γ 与浓度 c 的关系;(2) 已知 $A = 0.0131$ N·m^{-1},$B = 19.62$ dm^3·mol^{-1},求丁酸浓度为 0.20 mol·dm^{-3}时的吸附量 Γ;(3) 求丁酸在溶液表面的饱和吸附量 Γ_∞;(4) 假定饱和吸附时表面全部被丁酸分子占据,计算每个丁酸分子的横截面积。

　　〔答案: (2) 4.30×10^{-6} mol·m^{-2};(3) 5.40×10^{-6} mol·m^{-2};(4) 0.3070 nm^2〕

习题 18　为了证实 Gibbs 吸附公式,有人做了下列实验:在 25 ℃ 时配制一浓度为 4.00 g·(1000 g 水)$^{-1}$的苯基丙酸溶液,然后用特制的刮片机在 310 cm^{2}的溶液表面上刮下 2.3 g 溶液,经分析知表面层与本体溶液浓度差为 1.30×10^{-5} g·(g 水)$^{-1}$。试根据此计算表面吸附量 Γ。另外,已知不同浓度 c 下该溶液的表面张力 σ 为

$c/[\text{g·(g 水)}^{-1}]$	0.0035	0.0040	0.0045
$\sigma/(\text{N·m}^{-1})$	0.056	0.054	0.052

---

❶　请参考: 欧阳健明. LB 膜原理与应用. 广州: 暨南大学出版社,1999;毕亚东,韩恩山,张西慧. LB 膜技术的应用研究进展. 化工进展,2002,21(12): 894-902.

试用 Gibbs 吸附公式计算表面吸附量,并比较二者结果。

$$[答案:6.4 \times 10^{-6}\ \text{mol} \cdot \text{m}^{-2};6.5 \times 10^{-6}\ \text{mol} \cdot \text{m}^{-2}]$$

习题 19　有人归纳得到油酸钠水溶液的表面张力 σ 与其浓度 c 呈线性关系:

$$\sigma = \sigma^* - bc$$

式中 σ^* 为纯水的表面张力;b 为常数。已知 25 ℃时,$\sigma^* = 0.0715\ \text{N} \cdot \text{m}^{-1}$,测得油酸钠在溶液表面的吸附量 $\varGamma = 4.33 \times 10^{-6}\ \text{mol} \cdot \text{m}^{-2}$,求此溶液的表面张力。

$$[答案:0.061\ \text{N} \cdot \text{m}^{-1}]$$

习题 20　如下图所示,一个带有毛细管颈的漏斗,其底部装有半透膜,内盛浓度为 $1.00 \times 10^{-3}\ \text{mol} \cdot \text{dm}^{-3}$ 的某聚氧乙烯醚水溶液。若溶液的表面张力 $\sigma = \sigma^* - bc$,其中 $\sigma^* = 0.07288\ \text{N} \cdot \text{m}^{-1}$,$b = 19.62\ \text{N} \cdot \text{m}^{-1} \cdot \text{mol}^{-1} \cdot \text{dm}^3$,298.2 K 时将此漏斗缓慢地插入盛水的烧杯中,测得毛细管颈内液柱超出水面 30.71 cm 时达成平衡,求毛细管的半径。若将此毛细管插入水中,液面上升多少?

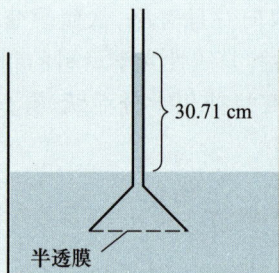

$$[答案:2.009 \times 10^{-4}\ \text{m};7.4\ \text{cm}]$$

§8.5　表面活性剂及其作用

1. 表面活性剂的分类

前已述及,作为溶质能使溶液表面张力显著降低的物质称为表面活性剂。表面活性剂分子在结构上都是不对称的,均由亲水的极性基和憎水的非极性基两部分组成。

表面活性剂的分类方法很多,常见的一种是依据分子结构上的特点来分类。表面活性剂溶于水后,凡能发生解离的,称为离子型表面活性剂;不能解离的则称为非离子型表面活性剂。离子型的按其具有活性作用的是正离子还是负离子,又分为正离子型和负离子型(表 8.4)。应当注意,正离子型和负离子型表面活性剂一般不能混合使用,否则容易发生沉淀而失去表面活性作用。

表 8.4 表面活性剂的分类

类别		举例
离子型	负离子型	羧酸盐、硫酸酯盐、磺酸盐、磷酸酯盐,如 $C_{17}H_{35}COO^-Na^+$(肥皂)、$C_{12}H_{25}SO_3^-Na^+$(洗涤剂)
	正离子型	铵盐,如 $C_{16}H_{33}NH_3^+Cl^-$
非离子型		酯类、酰胺类、聚氧乙烯醚类

2. 胶束和临界胶束浓度

表面活性剂分子,由于其结构上的双亲性特点,能够在两相界面上相对浓集。当浓度大到一定程度时,能达成饱和吸附,此时在界面上,表面活性剂分子整齐地定向排列着,形成一紧密的单分子层,使两相几乎完全脱离了接触。

在溶液内部,当浓度很小时,表面活性剂分子会三三两两地将憎水基相靠拢而分散在水中。当浓度大到一定程度时,众多的表面活性剂分子会结合成很大的集团,形成如图 8.13 所示的球状、棒状或层状的"胶束"。此时,形成胶束的众多表面活性剂分子其亲水的极性基朝外,与水分子相接触;而非极性基朝里,被包藏在胶束内部,几乎完全脱离了与水分子的接触。因此,以胶束形式存在于水中的表面活性剂是比较稳定的。

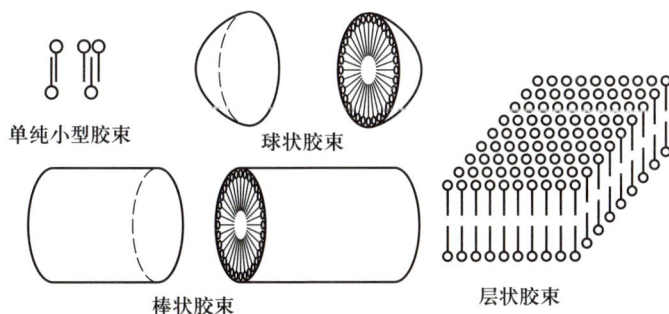

单纯小型胶束　　球状胶束

棒状胶束　　层状胶束

图 8.13　各种形状的胶束

表面活性剂在水溶液中形成胶束所需的最低浓度,称为**临界胶束浓度**,用 CMC 表示。临界胶束浓度与在溶液表面形成饱和吸附所对应的浓度基本上一致。表面活性剂的水溶液在浓度加大过程中,系统许多性质的变化规律,如表面张力、电导率、渗透压、去污作用等,都以临界胶束浓度为分界而出现明显转折(见图 8.14)。可以通过这些性质随浓度变化规律的测量而得知临界胶束浓度的数值。表面活性剂的临界胶束浓度都很小,一般在 $0.001 \sim 0.002 \ \text{mol} \cdot \text{dm}^{-3}$。

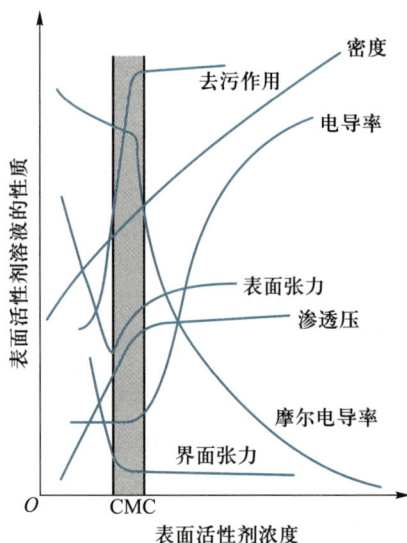

图 8.14   十二烷基硫酸钠溶液的性质与浓度的关系

3. 表面活性剂的作用

（1）润湿作用。

在生产和生活中，人们常常需要改变某种液体对某种固体的润湿程度。有时要把不润湿者变为润湿，有时则正好相反。这些都可以借助表面活性剂而实现。

例如，普通的棉布因纤维中有醇羟基而呈亲水性，所以很易被水沾湿，不能防雨。过去曾采用将棉布涂油或上胶的办法制成雨布，虽能防雨但透气性变得很差，做成雨衣穿着既不舒适又较笨重。后经研究采用表面活性剂处理棉布，使其极性基与棉纤维的醇羟基结合，而非极性基伸向空气，使得与水的接触角加大，变原来的润湿为不润湿，制成了既能防水又可透气的雨布。实验证明，用季铵盐与氟氢化合物混合处理过的棉布经大雨冲淋 168 h 而不透湿。

再如，有些矿石中所含有用矿物较少，冶炼前需经富集。为此先将矿石粉碎成细末，投入水中。由于矿物和矿渣都易润湿，均沉于水底。在水中加入少量某种表面活性剂，其极性基仅能与有用矿物表面发生选择性化学吸附，而非极性基向外伸展，因此当向水中鼓空气泡时，矿物粉末便逃离水相而附着在气泡上随之升到水面。与此同时，矿渣因不能吸附所加表面活性剂，其表面依然亲水，所以仍沉在水底。这就是浮选法富集矿物的基本原理。

有时，也需要增加固液润湿程度。如喷洒农药杀灭害虫时，若农药溶液对植物茎叶表面润湿性不好,喷洒时药液易呈珠状而滚落地面造成浪费,留在植物上的也不能很好展开,杀虫效果不佳。若在药液中加入少许某种表面活性剂,提高润湿程度,喷洒时药液易在茎叶表面展开,可大大提高农药利用率和杀虫效果。

(2)增溶作用。

一些非极性的碳氢化合物,如苯、己烷、异辛烷等在水中的溶解度是非常小的。但浓度达到或超过临界胶束浓度的表面活性剂水溶液却能"溶解"相当量的碳氢化合物,形成完全透明、外观与真溶液非常相似的系统。例如,100 cm^3质量分数为 0.10 的油酸钠水溶液可"溶解"10 cm^3苯而不呈现混浊。这种现象称为表面活性剂的增溶作用。

表面活性剂是由于胶束而产生增溶作用的。在胶束内部,相当于液态的碳氢化合物。根据性质相近相溶原理,非极性有机溶质较易溶于胶束内部的碳氢化合物之中,这就形成了增溶现象。因此,只有表面活性剂的浓度达到临界胶束浓度以上有胶束形成时,才能有增溶作用。

应当注意,碳氢化合物被增溶后,能形成非常类似真溶液的稳定系统,但实验证明,这类系统不同于真溶液,如溶液依数性值比相应的真溶液小得多,这证明增溶系统并未分散至分子水平的均匀程度,溶质是以分子集团整体而溶入的。

增溶作用的应用相当广泛。例如,用肥皂或合成洗涤剂洗去大量油污时,增溶有相当重要的作用。一些生理现象也与增溶作用有关,如脂肪类食物只有靠胆汁的增溶作用"溶解"之后才能被人体有效吸收。

(3)乳化作用。

一种液体以细小液珠的形式分散在另一种与它不互溶的液体之中所形成的系统称为"乳状液"。这两种不互溶液体,其中之一是水,另一种是有机物,统称为"油"。若油以小液珠形式分散在水中,则称为水包油型乳状液,记作"O/W",如牛奶就是奶油分散在水中形成的 O/W 型乳状液;若水以小水珠分散在油中,则称为油包水型乳状液,记作"W/O",如含水分的石油就是细小水珠分散在油中形成的 W/O 型乳状液。

乳状液一般都不稳定,分散的小液珠有自动聚结而使系统分成油、水两层的趋势。有时,人们需要制备较稳定的乳状液。例如,金属切削时所用的润滑冷却液是 O/W 型乳状液,其中水主要起冷却作用,油起防腐蚀和润滑作用;农药、杀虫剂常制成 O/W 型乳状液然后喷洒,便于用少量药物处理较大面积的作物。制备较稳定的乳状液可通过加入少量表面活性剂而实现,称为"乳化作用"。只要把少量表面活性剂加入两种互不相溶的液体之中,经剧烈搅拌或超声振荡,就可制成较稳定的乳状液。制备不同类型的乳状液应选择不同的表面活性剂。例如,一价金属皂(Cs、K、Na 皂),其亲水的极性基一端比亲油的非极性基一端的横截面积要大些,有利于形成 O/W 型乳状液,如图 8.15(a)所示;而二价或三价金属皂(Zn、Fe、Ca、Mg、Al 皂),其亲水的极性基一端比具有两三个碳链的亲油的非极性基一端的横截面积要小些,有利于形成 W/O 型乳状液,如图 8.15(b)所示。表面活性剂分子在油 - 水界面上的吸附,使界面张力减小,即使系统的表面能降低,所以系统能够较为稳定。

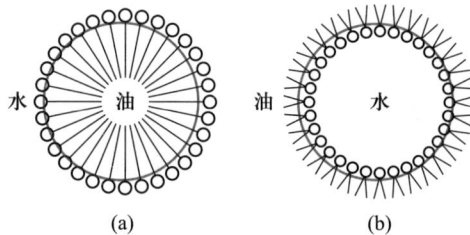

图 8.15 不同乳化剂对乳状液类型的影响

　　选择适当的表面活性剂和助表面活性剂,可制得分散相液滴 10 ~ 100 nm 的微乳液。由于高度分散和助表面活性剂的作用,微乳液比普通乳状液稳定得多,长时间存放,甚至用高速离心机也不能使之分层。有些 W/O 型微乳液常可用来制备纳米粒子❶,这种微乳液的分散水珠被称为水核,设法让化学反应在水核内进行生成晶体,由于受水核大小的控制,晶体无法长大,便可得到纳米粒子。例如,由硝酸银和氯化钠在水核中反应可制备氯化银纳米粒子。除无机化合物纳米粒子外,利用微乳液还可制备各种聚合物、金属单质或合金、磁性化合物等纳米粒子,也可用于高温超导体的制备。自 21 世纪初,微乳化技术的研究迅速发展,已在许多技术领域,如三次采油、污水处理、萃取分离、催化、食品、生物医学、化妆品、材料、涂料等领域展现出广阔的应用前景。

　　有时,人们希望能破坏乳状液使分散液珠聚结。例如,原油中的水分严重腐蚀石油设备,应该破坏乳状液以除去水分;又如,需要破坏橡胶乳浆以制得橡胶等。乳状液的破坏称为"去乳化",表面活性剂亦具有去乳化作用。例如,以某种负离子型表面活性剂乳化的 O/W 型系统可加入另一种正离子型表面活性剂,使得两种不同的表面活性剂分子的极性基相互结合,于是伸向水中的就是非极性基,原来较稳定的系统就变成不稳定的了。

　　乳化或去乳化,除采用表面活性剂外,还有其他多种方法。

---

❶ 请参考:连洪洲,石春山. 用于纳米粒子合成的微乳液. 化学通报,2004,05:333-340;尹荔松,沈辉. 微乳技术制备纳米微粒的研究进展. 功能材料,2001,32(6): 580-582.

　　总之,表面活性剂在工业生产和日常生活中均有广泛应用,其作用除上述的润湿、增溶、乳化和去乳化外,还有起泡、去污等,这里不再一一介绍。

(二) 分散系统

§8.6　分散系统的分类

　　一种或几种物质分散在另一种物质中所构成的系统统称为"分散系统"。被分散的物质称"分散相";另一种连续相的物质,即分散相存在的介质,称"分散介质"。

　　按照分散相被分散的程度,即分散粒子的大小,分散系统大致可分为三类:

　　(1) 分子分散系统。分散粒子的半径小于 10^{-9} m,相当于单个分子或离子的大小。此时,分散相与分散介质形成均匀的一相,属单相系统。例如,氯化钠或蔗糖溶于水后形成的"真溶液"即为分子分散系统。

　　(2) 胶体分散系统。分散粒子的半径在 $10^{-9} \sim 10^{-7}$ m 范围内,比普通的单个分子大得多,是众多分子或离子的集合体。虽然用眼睛或普通显微镜观察时,这种系统是均匀的,与真溶液差不多,但实际上分散相与分散介质已不是一相,存在相界面。这就是说,胶体分散系统是高度分散的多相系统,具有很大的比表面积和很高的表面能,因此胶体粒子有自动聚结的趋势,是热力学不稳定系统。难溶于水的物质高度分散在水中所形成的胶体分散系统,简称"溶胶",如 AgI 溶胶、SiO_2 溶胶、金溶胶、硫溶胶等。

　　(3) 粗分散系统。分散粒子的半径在 $10^{-7} \sim 10^{-5}$ m 范围内,用普通显微镜甚至眼睛直接观察已能分辨出这是多相系统。例如,"乳状液"(如牛奶)、"悬浮液"(如泥浆)等即为粗分散系统。

　　对于多相分散系统,人们还常按照分散相和分散介质的聚集状态将其分为八类,如表 8.5 所列。其中最重要的是第一、二两类。本书将简要介绍属于胶体分散系统的溶胶及其有关性质。

表 8.5　多相分散系统的八种类型

分散相	分散介质	名称	实例
固体	液体	溶胶、悬浮液	$Fe(OH)_3$溶胶、泥浆
液体	液体	乳状液	牛奶
气体	液体	泡沫	肥皂水泡沫

分散相	分散介质	名称	实例
固体	固体	固溶胶	有色玻璃
液体	固体	凝胶	珍珠
气体	固体	固体泡沫	馒头、泡沫塑料
固体	气体	气溶胶	烟、尘
液体	气体	气溶胶	雾、云

§8.7 溶胶的光学及动力学性质

1. Tyndall 效应

在暗室中,让一束光线通过一透明的溶胶,从垂直于光束的方向可以看到溶胶中显出一浑浊发亮的光柱,仔细观察可以看到内有微粒闪烁。这种现象称为 Tyndall 效应。

由光学原理可知,当光线照射到分散系统时,如果分散相粒子直径比光的波长大很多倍,则粒子表面对入射光产生反射作用。例如,粗分散的悬浮液属于这种情况。如果粒子直径比光的波长小,则粒子对入射光产生散射作用,其实质是入射光使粒子中的电子与入射光波作同频率的强迫振动,致使粒子本身像一个新的光源一样向各个方向发出与入射光同频率的光波。而且,分散相粒子的体积越大,散射光越强;分散相与分散介质对光的折射率差别越大,散射光亦越强。

由于溶胶和真溶液的分散相粒子直径(< 100 nm)都比可见光的波长($400 \sim 800$ nm)小,所以都可以对可见光产生散射作用。但是,对真溶液来说,一则由于溶质粒子体积太小,二则由于溶质有较厚的溶剂化层,使分散相和分散介质的折射率变得差别不大,所以散射光相当微弱,一般很难观察到。对于溶胶,分散相和分散介质的折射率可有较大的差别,分散相粒子的体积也有一定的大小,因此有较强的光散射作用,这就是 Tyndall 效应产生的原因。因此,对于透明的液体,可以借助有没有明显的 Tyndall 效应来鉴别它是溶胶,还是真溶液或纯液体。

2. Brown 运动

用超显微镜观察溶胶,可以发现溶胶粒子在介质中不停地无规则运动。对于一个粒子,每隔一定时间记录其位置,可得类似图 8.16 所示的完全不规则的运动轨迹。这种运动称为溶胶粒子的 Brown 运动。粒子作 Brown 运动无须消耗能量,而是系统中分子固有热运动的体现。如果浮于液体介质中的固体远较溶胶粒子大,则该固体在每一时刻都会受到周围分子千百次从不同方向而来的撞击。一则由于不同方向的撞击力大体已互相抵消,二则因粒子质量较大,故其运动极不显著或根本不动。但对于胶体分散程度的粒子,每一时刻受到周围分子撞击的次数要少得多,不能相互抵消,其合力足以推动质

图 8.16　Brown 运动示意图

量不大的溶胶粒子,因而形成了不停的无规则运动。Brown 运动的速率取决于粒子的大小、温度及介质黏度等,粒子越小、温度越高、黏度越小则 Brown 运动速率越快。

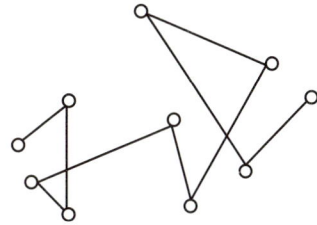

3. 扩散

由于溶胶有 Brown 运动,因此与真溶液一样,在有浓差的情况下,会发生由高浓度处向低浓度处的扩散。但因溶胶粒子比普通分子大得多,热运动也弱得多,因此扩散慢得多。但其扩散速率仍能与真溶液一样服从菲克(Fick)定律:

$$\frac{\mathrm{d}m}{\mathrm{d}t} = DA\frac{\mathrm{d}c}{\mathrm{d}x} \tag{8.26}$$

即单位时间内通过某截面的扩散量 $\mathrm{d}m/\mathrm{d}t$ 与该截面面积 A 及浓度梯度 $\mathrm{d}c/\mathrm{d}x$ 成正比。比例常数 D 称为"扩散系数",其值与粒子的半径 r、介质黏度 η 及温度 T 有关。

4. 沉降与沉降平衡

如果溶胶粒子的密度比分散介质的密度大,那么在重力场作用下粒子就有向下沉降的趋势。沉降的结果将使底部粒子浓度大于上部粒子浓度,即造成上下浓差,而扩散将促使浓度趋于均一。可见,重力作用下的沉降与浓差作用下的扩散,其效果是相反的。当这两种效果相反的作用相等时,粒子随高度的分布形成稳定的浓度梯度,达到平衡状态,这种状态称为"沉降平衡"。粒子体积大小均一的溶胶达到沉降平衡时,其浓度随高度分布的规律符合下列关系:

$$\ln\frac{n_1}{n_2} = \frac{LV}{RT}(\rho - \rho_0)(h_1 - h_2)g \tag{8.27}$$

式中 n_1 和 n_2 分别是高度为 h_1 和 h_2 处粒子的浓度(数密度);ρ 和 ρ_0 分别是分散相和分散介质的密度;V 是单个粒子的体积;g 是重力加速度。由该式可看出,粒子的体积 V 越大,分散相与分散介质的密度差越大,达到沉降平衡时粒子的浓度

梯度也越大。

§8.8　溶胶的电性质

溶胶是高度分散的多相系统,具有较高的表面能,是热力学不稳定系统,因此溶胶粒子有自动聚结变大的趋势。但事实上很多溶胶可以在相当长的时间内稳定存在而不聚结。经研究得知,这与溶胶粒子带有电荷密切相关。也就是说,粒子带电是溶胶相对稳定的重要因素。

1. 电动现象

在外电场作用下,分散相与分散介质发生相对移动的现象,称为溶胶的"电动现象"。电动现象是溶胶粒子带电的最好证明。电动现象主要有"电泳"和"电渗"两种。

在电场作用下,分散相粒子在液体介质中做定向移动,称为"电泳"。观察电泳现象的仪器是带有旋塞的 U 形管,如图 8.17 所示。实验时,旋开旋塞 1、2,将溶胶经漏斗 4 放入管中,关上旋塞 1、2,倾出旋塞上方的余液,在管的两臂中各放少许密度较溶胶小的某种电解质溶液。慢慢旋开旋塞 1、2,再由漏斗放入溶胶,使溶胶液面上升,同时将上方电解质溶液顶到管端直至浸没电极 5。正确的操作可使溶胶与电解质溶液之间保持一清晰的界面。停止放入溶胶后,给电极接上 100~300 V 直流电源,即可观察溶胶移动情况。

对各种溶胶进行观察的结果发现,有的是溶胶液面在负极一侧下降而在正极一侧上升,证明该溶胶的粒子荷负电,如硫溶胶、金属硫化物溶胶及贵金属溶胶通常属于这种情况;有的是溶胶液面在正极一侧下降而在负极一侧上升,证明该溶胶的粒子荷正电,如金属氧化物溶胶通常属于这种情况。但有些物质,既可形成荷负电的溶胶,也可形成荷正电的溶胶。

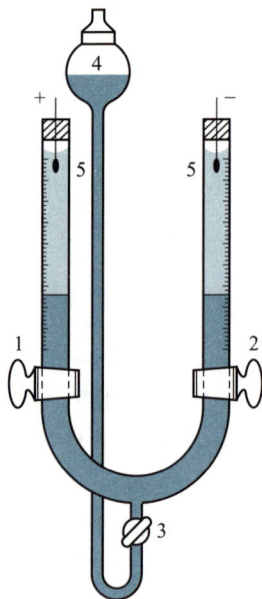

图 8.17　电泳仪

溶胶粒子的电泳速率与粒子所带电荷量及外加电势梯度成正比,而与介质黏度及粒子大小成反比。溶胶粒子比离子大得多,但实验表明溶胶电泳速率与离子电迁移速率数量级大体相当,由此可见溶胶粒子所带电荷的数量是相当大的。

研究电泳现象不仅有助于了解溶胶粒子的结构及电性质,在生产和科研实验中也有许多应用。例如,根据不同蛋白质分子、核酸分子电泳速率的不同来对它们进行分离,已成为生物化学中一项重要实验技术。又如,利用电泳的方法使橡胶的乳状液凝结而浓缩;利用电泳使橡胶电镀在金属模具上,可得到易于硫化、弹性及拉力均好的产品,通常医用橡胶手套就是这样制成的。还可以利用电泳的方法对工件进行涂漆,称为电泳涂漆。该工艺是将工件作为一个电极浸在水溶性涂料中并通以电流,带电胶粒便会沉积在工件表面。

与电泳现象相反,使固体胶粒不动而液体介质在电场中发生定向移动的现象称为"电渗"。把溶胶充满在具有多孔性物质如棉花或凝胶中,使溶胶粒子被吸附而固定,利用如图8.18所示的仪器,在多孔性物质两侧施加电压之后,可以观察到电渗现象,如胶粒荷正电而介质荷负电,则液体介质向正极一侧移动;反之亦然。观察侧面刻度毛细管中液面的升或降,就可分辨出介质移动的方向。

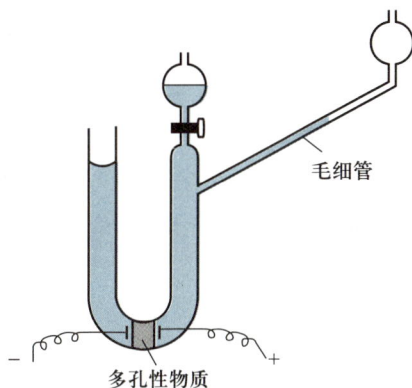

图 8.18 电渗仪

电渗现象在工业上也有应用。例如,在电沉积法涂漆操作中,使漆膜内所含水分排到膜外以形成致密的漆膜,工业及工程中泥土或泥炭脱水、水的净化等,都可借助电渗法实现。

2. 溶胶粒子带电的原因

溶胶粒子带电主要有两种可能的原因:

(1) 吸附。胶体分散系统比表面积大、表面能高,所以很容易吸附杂质。如果溶液中有少量电解质,溶胶粒子就会吸附离子。当吸附了正离子时,溶胶粒子荷正电;吸附了负离子则荷负电。不同情况下溶胶粒子容易吸附何种离子,这与被吸附离子的本性及溶胶粒子表面结构有关。Fajans 规则表明:与溶胶粒子有相同化学元素的离子能优先被吸附。以 AgI 溶胶为例,当用 $AgNO_3$ 和 KI 溶液制备 AgI 溶胶时,若 KI 过量,则 AgI 粒子会优先吸附 I^-,因而荷负电;若 $AgNO_3$ 过量,AgI 粒子则优先吸附 Ag^+,因而荷正电。

(2) 解离。当分散相固体与液体介质接触时,固体表面分子发生解离,有一种离子溶于液相,因而使固体粒子带有电荷。

3. 溶胶粒子的双电层

由于吸附或解离,溶胶粒子带有电荷,而整个溶液一定保持电中性,因此分散介质亦必然带有电性相反的电荷。与电极－溶液界面处相似,溶胶粒子周围也会形成双电层,其反电荷离子层也由紧密层与分散层两部分构成。紧密层中反号离子被束缚在粒子的周围,若处于电场之中,会随着粒子一起向某一电极移动;分散层中反号离子虽受到溶胶粒子静电引力的影响,但可脱离溶胶粒子而移动,若处于电场中,则会与溶胶粒子反向而朝另一电极移动。

分散相固体表面与溶液本体之间的电势差称为“热力学电势”,记作 ε;由于紧密层外界面与溶液本体之间的电势差决定溶胶粒子在电场中的运动速率,故称为“电动电势”,记作 ζ(读作 zeta),所以也常称电动电势为 ζ 电势。与电化学中电极－溶液界面电势差相似,热力学电势 ε 只与被吸附的或解离下去的那种离子在溶液中的活度有关,而与其他离子的存在与否及浓度大小无关。ζ 电势只是热力学电势 ε 的一部分,而且对其他离子十分敏感,外加电解质浓度的变化会引起电动电势的显著变化。因为外加电解质浓度加大时会使进入紧密层的反号离子增多,从而使分散层变薄,ζ 电势下降(见图 8.19)。当电解质浓度增加到一定程度时,分散层厚度可变为零。这就是溶胶电泳速率随电解质浓度加大而变小,甚至变为零的原因。

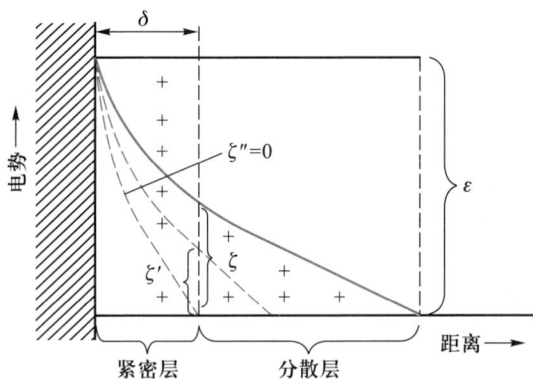

图 8.19   双电层示意图——电解质对电动电势的影响

溶胶的电泳或电渗速率与热力学电势 ε 无直接关系,而与电动电势 ζ 直接相关。电泳速率 u(单位 m·s^{-1})与电动电势 ζ(单位 V)的定量关系为

$$\zeta = \frac{\eta u}{\varepsilon_0 \varepsilon_r E} \tag{8.28}$$

式中 ε_r 是介质相对于真空的介电常数(相对介电常数);ε_0 是真空的介电常数 $(8.85 \times 10^{-12} \text{ F} \cdot \text{m}^{-1})$;$\eta$ 是介质的黏度(单位 $\text{Pa} \cdot \text{s}$);E 是电势梯度(单位 $\text{V} \cdot \text{m}^{-1}$)。

4. 溶胶粒子的结构

依据上述溶胶粒子带电原因及其双电层知识,可以推断溶胶粒子的结构。以 $AgNO_3$ 和 KI 溶液混合制备 AgI 溶胶为例,如图 8.20 所示。

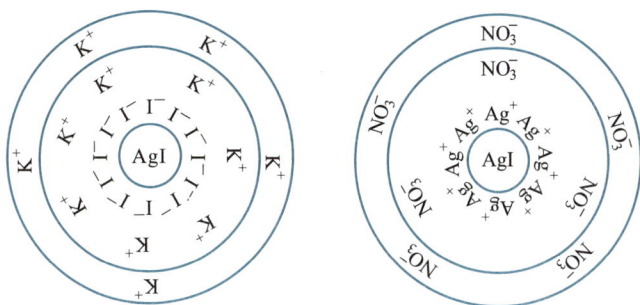

图 8.20　AgI 溶胶粒子结构示意图

固体粒子 AgI 称为"胶核"。若制备时 KI 过量,则胶核吸附 I^- 而荷负电,反号离子 K^+ 一部分进入紧密层,另一部分在分散层;若制备时 $AgNO_3$ 过量,则胶核吸附 Ag^+ 而荷正电,反号离子 NO_3^- 一部分进入紧密层,另一部分在分散层。胶核、被吸附的离子以及在电场中能被带着一起移动的紧密层共同组成"胶粒",而"胶粒"与"分散层"一起组成"胶团",整个胶团保持电中性。可以用下列简式表示胶团的结构:

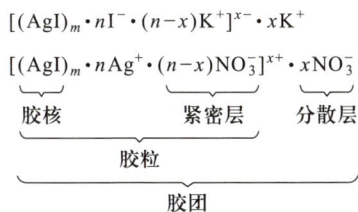

$$[(AgI)_m \cdot nI^- \cdot (n-x)K^+]^{x-} \cdot xK^+$$

$$[(AgI)_m \cdot nAg^+ \cdot (n-x)NO_3^-]^{x+} \cdot xNO_3^-$$

胶核　　　　紧密层　　　分散层

胶粒

胶团

习题 21　由电泳实验测得 Sb_2S_3 溶胶在电压为 210 V,两极间距离为 38.5 cm 时,通电 2172 s,引起溶胶界面向正极移动 3.20 cm,已知溶胶的相对介电常数 $\varepsilon_r = 81.1$,黏度 $\eta = 1.03$ mPa $\cdot$ s,求算此溶胶的电动电势。　　　　　　　　　　　　　[答案:38.8 mV]

习题 22　(1) 玻璃微粒悬浮在水中 $(\eta = 1 \text{ mPa} \cdot \text{s})$,在电势梯度为 6 V $\cdot$ cm^{-1} 时以 2.10×10^{-3} cm $\cdot$ s^{-1} 的速率移动,求算玻璃–水界面的电动电势。(2) 采用(1)中的电动电

势数值,求算在电势梯度为 $1 \ V \cdot cm^{-1}$ 时由于电渗作用水流过半径为 $0.05 \ cm$ 的玻璃毛细管的速率应为多少(用 $cm^3 \cdot s^{-1}$ 表示)? [答案:(1) 49 mV;(2) $2.7 \times 10^{-6} \ cm^3 \cdot s^{-1}$]

§8.9 溶胶的聚沉和絮凝

溶胶是热力学不稳定系统,其不稳定性是绝对的。虽然由于胶粒带电,能使溶胶暂时稳定地存在几天、几个月、甚至几年、几十年,但这种稳定性终究只是暂时的、相对的和有条件的,最终还是要聚集成大颗粒的。当颗粒聚集到一定程度时,溶胶便失去表观上的均匀性,此时就要沉降下来,这称为"聚沉过程"。为促进聚沉过程,可以外加其他物质作为聚沉剂,如电解质等。聚沉过程所得的沉淀物,一般比较紧密,沉淀过程也较缓慢,这种沉淀物称为"聚沉物"。

1. 外加电解质对溶胶聚沉的影响

电解质对溶胶稳定性的影响具有两重性。当电解质浓度较小时,有助于胶粒带电形成电动电势,使粒子之间因同性电荷的斥力而不易聚结,因此电解质对溶胶起稳定作用。但是,当电解质浓度足够大时,使分散层变薄而电动电势下降,因此能引起溶胶聚沉。关于外加电解质对溶胶聚沉的影响有以下几点经验规则:

(1)外加电解质需要达到一定浓度方能使溶胶发生明显聚沉。使溶胶发生明显聚沉所需电解质的最低浓度称为"聚沉值"。聚沉值是电解质对溶胶聚沉能力的衡量,聚沉能力越强,聚沉值越小;反之亦然。实验表明,当电解质浓度达到聚沉值时,并未使胶粒的荷电荷量减少到零,亦即 ζ 不等于零。一般说来,此时电动电势的数值仍有 $25 \sim 30 \ mV$,但胶粒的 Brown 运动已足以克服胶粒之间所剩的较小静电斥力,故能发生聚沉。当 $\zeta = 0$ 时,溶胶聚沉速率可达到最大,如图 8.21 所示。

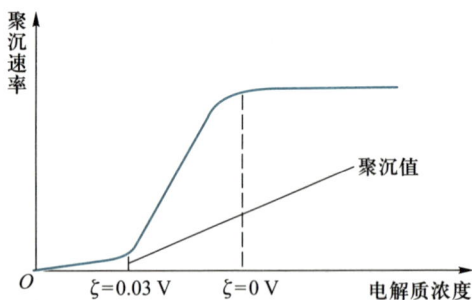

图 8.21 聚沉速率与电解质浓度的关系

（2）电解质使溶胶发生聚沉,主要起作用的是与胶粒带相反电荷的离子,称为反离子。反离子价数越高,聚沉能力越强,聚沉值越小。这一规律称为 Hardy‑Schulze 规则。通常一价反离子的聚沉值比二价反离子的大 20~30 倍,比三价反离子的大 500~1500 倍。应当指出,当离子在胶粒表面强烈吸附或发生表面化学反应时,Hardy‑Schulze 规则不能应用。例如,对 As_2S_3 溶胶来说,一价吗啡离子的聚沉能力比二价 Mg^{2+} 和 Ca^{2+} 还要强得多。

（3）同价反离子的聚沉能力虽然相近,但依离子的大小不同其聚沉能力也略有不同,不过比不同价数离子聚沉能力的差别要小得多。对于负溶胶,一价金属离子的聚沉能力可排成下列顺序:

$$Cs^+ > Rb^+ > K^+ > Na^+ > Li^+$$

对于正溶胶,一价负离子的聚沉能力可排成下列顺序:

$$Cl^- > Br^- > NO_3^- > I^-$$

这种顺序称为感胶离子序。

（4）与胶粒带有相同电荷的同离子对溶胶的聚沉也略有影响。当反离子相同时,同离子的价数越高,聚沉能力越弱。

2. 溶胶的相互聚沉

将两种电性相反的溶胶混合,能发生相互聚沉的作用。溶胶相互聚沉与电解质促使溶胶聚沉的不同之处在于其要求的浓度条件比较严格。只有其中一种溶胶的总电荷量恰能中和另一种溶胶的总电荷量时才能发生完全聚沉,否则只能发生部分聚沉,甚至不聚沉。我国自古以来沿用的明矾净水、两种不同牌号墨水混合会出现沉淀等都是溶胶相互聚沉的实例。

3. 大分子化合物对溶胶稳定性的影响

大分子化合物对溶胶稳定性的影响亦具有两重性。一方面,若在溶胶中加入一定量的某种大分子溶液,可以显著提高溶胶的稳定性,使再加入少量电解质时不致聚沉。这称为大分子化合物对溶胶的保护作用。另一方面,加入少量某种大分子溶液,有时能明显地破坏溶胶的稳定性,或使电解质的聚沉值显著减小,称为敏化作用;有时大分子化合物直接导致溶胶聚集而沉降,称为絮凝过程。絮凝过程中所得沉淀称为"絮凝物",促使溶胶发生絮凝的物质称为"絮凝剂"。

为了说明大分子化合物对溶胶的絮凝作用,LaMer 提出"架桥效应"的概念,认为大分子化合物吸附于胶粒的表面,通过架桥方式将两个或更多的胶粒连在一起,由于大分子的"痉挛"作用,直接导致絮凝。但若所加大分子化合物过多,在每个胶粒表面上均形成一大分子覆盖层,防止了胶粒之间或胶粒与电解质离子之间的直接接触,反而会起到稳定和保护溶胶的作用,使之不再出现絮凝现象。

具有亲水性质的明胶、蛋白质、淀粉等大分子化合物都是良好的溶胶保护剂,应用很广泛。例如,在工业上一些贵金属催化剂,如 Pt 溶胶、Cd 溶胶等,加入大分子溶液进行保护以后,可以烘干以便于运输,使用时只要加入溶剂,就可又复为溶胶。要注意的是,用大分子溶液保护溶胶所用的量必须达到一定值,若用量过少,不但不能起保护作用,反而会使溶胶出现絮凝现象。

大分子化合物对溶胶絮凝作用的研究,自 20 世纪 60 年代以来发展很快,广泛应用于各种工业部门的污水处理和净化、化工操作中的分离和沉淀,以及有用矿泥的回收等。与无机聚沉剂相比,大分子絮凝过程有不少优点,如效率高,一般只需要加入质量分数约为 10^{-6} 的絮凝剂即可有明显的絮凝作用;絮凝物沉淀迅速,通常可在数分钟内完成,并且沉淀物块大而疏松,便于过滤;此外在合适条件下还可以有选择性絮凝,这对有用矿泥的回收特别有利。

目前,市售絮凝剂牌号较多的是聚丙烯酰胺类,各种牌号标志着它的不同水解度和摩尔质量,适应各种不同的实际需要。这类絮凝剂约占各种絮凝剂总量的 70%。其他絮凝剂还有聚氧乙烯、聚乙烯醇、聚乙二醇、聚丙烯酸钠以及动物胶、蛋白质等。微生物絮凝剂因不存在二次污染、使用方便,在水处理技术发展中有广阔的应用前景。

影响溶胶稳定性的因素还有很多,如溶胶的浓度、温度、pH,非电解质的作用等,在此不再详述。了解溶胶稳定性的规律,有助于根据需要,通过调节外界条件达到使溶胶稳定存在或使溶胶破坏的目的。

习题 23 下列电解质对某溶胶的聚沉值(单位为 mmol·dm^{-3})分别为 $c(\text{Na}_2\text{SO}_4) = 590$;$c(\text{NaNO}_3) = 300$;$c(\text{MgCl}_2) = 50$;$c(\text{AlCl}_3) = 1.5$。问此溶胶的电荷是正还是负?

习题 24 有一 Al(OH)$_3$溶胶,在加入 KCl 使其浓度为 80 mmol·dm^{-3}时恰能聚沉,加入 K$_2$C$_2$O$_4$浓度为 0.4 mmol·dm^{-3}时恰能聚沉。(1) Al(OH)$_3$溶胶的电荷是正还是负?(2) 为使该溶胶聚沉,大约需要 CaCl$_2$的浓度为多少?

[答案:(1) 正溶胶;(2) 40 mmol·dm^{-3}]

习题 25 以等体积的 0.08 mmol·dm^{-3} KI 溶液和 0.10 mmol·dm^{-3} AgNO$_3$溶液混合制备 AgI 溶胶,试写出该溶胶的胶团结构示意式,并比较电解质 CaCl$_2$、MgSO$_4$、Na$_2$SO$_4$、NaNO$_3$对该溶胶聚沉能力的强弱。

[答案:Na$_2$SO$_4$ > MgSO$_4$ > CaCl$_2$ > NaNO$_3$]

§8.10　溶胶的制备与净化

1. 溶胶的制备

学习了溶胶的上述各种性质,有助于掌握如何制备较稳定的溶胶。前已述及,胶体分散系统的分散相粒子大小为 $10^{-9} \sim 10^{-7}$ m,要使与分散介质亲和性较小的固体达到胶体分散程度,并相对稳定地分散于介质之中,一般采用如下方法:

(1) 分散法。

工业上常用机械分散法,使用特殊的"胶体磨"将粗分散程度的悬浮液进行研磨而制成溶胶。为了使新制成的溶胶稳定,需加入明胶或单宁类的化合物作为"稳定剂"。一般工业上用的胶体石墨、颜料以及医药用硫溶胶等都是使用胶体磨制成的。

实验室常用"胶溶法"将固体分散而制备溶胶。新生成的固体沉淀物在适当条件下能重新分散而达到胶体分散程度的现象,称为"胶溶作用"。如果在新生成的某种沉淀[如 $Fe(OH)_3$]中加入与沉淀具有相同离子的电解质(如 $FeCl_3$)溶液进行搅拌,借助胶溶作用则可制成较稳定的溶胶。

(2) 凝聚法。

凝聚法是将分子、离子等凝聚而形成溶胶粒子的方法。其中最常用到的是借化学反应来实现凝聚。溶液中进行的氧化还原、水解、复分解等反应,只要有一种产物的溶解度很小,就可控制反应条件使析出的产物分子凝聚而形成溶胶粒子。例如,将含 $AuCl_3$ 的质量分数约为 1.0×10^{-4} 的稀溶液加热至沸腾,慢慢加入甲醛或单宁类有机还原剂,即可得到红色的金溶胶。反应过程中,起先所得产物为分子状态,随着反应的进行,逐渐形成过饱和溶液便开始聚集。为使聚集粒子的大小恰好在胶体范围内,不致过大而发生聚沉,必须控制好反应条件。反应物的浓度、介质的 pH、操作的程序以及温度、搅拌等都对溶胶的形成有很大影响。一般说来,反应物浓度较稀,两种反应物中有一种稍有过量,反应物的混合比较缓慢等均有利于制成溶胶。用化学反应法制备溶胶是一项技术性较强的工作,只有通过实践方能逐渐掌握。

2. 溶胶的净化

新制备的溶胶,往往含有过多的电解质或其他杂质,不利于溶胶的稳定存在,需要将其除去或部分地除去,称为溶胶的净化。目前净化溶胶的方法都利用了溶胶粒子不能透过半透膜而一般低分子杂质及电解质能透过半透膜的性质。最经典的是 Graham 提出的"渗析法",方法是将待净化的溶胶与溶剂用半透膜隔开,溶胶一侧的杂质就穿过半透膜进入溶剂一侧,不断更换新鲜溶剂,即可达到净化目的。常用的半透膜有牛膀胱等动物膜、羊皮纸及低氮硝化纤维薄膜等。此渗析法虽然简单,但费时太长,往往需要数十小时甚至数十天。为了加快渗析速率,可在半透膜两侧施加电场,促使电解质迁移加快,这就是"电渗析法",比普通渗析法可加速几十倍或更多。其装置如图 8.22 所示。应注意的是,采用渗析法净化溶胶时不宜持续过久,否则电解质除去过多反而影响溶胶的稳定性。

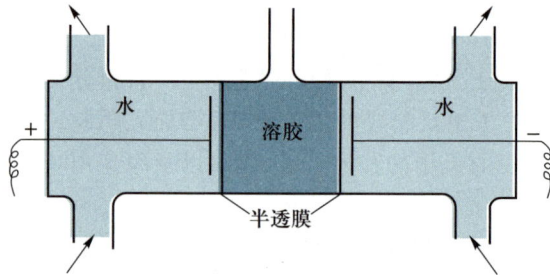

图 8.22　电渗析装置示意图

*§8.11　高分子溶液

高分子溶液的溶质分子大小通常在胶体分散系统的范围内,所以早期曾被认为是典型的胶体。例如,天然的蛋白质溶液和明胶溶液等,都具有扩散缓慢、不能穿过半透膜等溶胶的基本物理化学性能。因此,早期人们把高分子溶液称为亲液溶胶。随着胶体化学的发展,人们发现高分子溶液与溶胶存在着本质上的差别,高分子溶液与溶胶的主要相同之处有:

① 高分子溶液与溶胶的粒子大小均在 1 nm~1 μm;
② 扩散速率都比较缓慢;
③ 均不能透过半透膜。

不同之处有:

① 高分子化合物能自动溶解在溶剂中,而溶胶粒子不会自动分散在分散介质中;
② 高分子溶液属于热力学稳定系统,而溶胶是热力学不稳定系统;
③ 高分子溶液是均相系统,没有明确界面,Tyndall 效应弱,而溶胶是多相系统,系统内存在大量界面,Tyndall 效应强;
④ 高分子溶液的黏度要比溶胶大得多。

高分子溶液的溶质是高分子化合物,许多性质也不同于小分子溶液,所以小分子溶液的热力学结论也不能直接用于高分子溶液。

1. 高分子溶液的渗透压

在讨论稀溶液的依数性时,曾推导出理想稀溶液的渗透压 $\varPi$ 与溶质浓度 c_B 之间的关系式:

$$\varPi = c_B RT$$

上式原则上也适用于高分子溶液,但在实际应用时往往需要略作修正。

在高分子溶液中,溶质与介质之间存在着较强的亲和力,产生明显的溶剂化效应,这势必影响溶液的渗透压。若以 ρ_B 代表溶质的质量浓度,M 为溶质的摩尔质量,上式可改写为

$$\varPi = \frac{RT\rho_B}{M} \tag{8.29}$$

实验表明,在恒温下,$\varPi/\rho_B$ 不是常数,而是随 ρ_B 的变化而变化,在这种情况下,可采用 Virial 方程的模型,来表示渗透压 $\varPi$ 与高分子溶液溶质的质量浓度 ρ_B 之间的关系,即

$$\frac{\varPi}{\rho_B} = RT\left(\frac{1}{M} + A_2\rho_B + A_3\rho_B^2 + \cdots\right) \tag{8.30}$$

式中 $A_2, A_3, \cdots$ 皆为常数,称为 Virial 系数。当高分子溶液的质量浓度很小时,可忽略高次方项,式(8.30)变为

$$\frac{\varPi}{\rho_B} = RT\left(\frac{1}{M} + A_2\rho_B\right) \tag{8.31}$$

在恒温下,若以 $\varPi/\rho_B$ 对 ρ_B 作图,应得一直线,可由该直线的斜率及截距计算高分子化合物的摩尔质量 M 及第二 Virial 系数 A_2。

渗透压法测定高分子化合物摩尔质量的范围是 $10 \sim 10^3$ kg·mol^{-1},摩尔质量太小时,高分子化合物容易通过半透膜,制膜有困难;摩尔质量太大时,渗透压很低,测量误差大。式(8.31)只适用于不能解离的高分子溶液。

对电解质溶液来讲,一个强电解质 $M_{\nu_+}A_{\nu_-}$ 分子可以解离出 $\nu_+ + \nu_-$ 个质点,故依数性的公式应用于电解质溶液时要作相应的修改。

许多高分子化合物是电解质,如蛋白质 Na$_z$P 在水中即发生如下的解离:

$$\text{Na}_z\text{P} \longrightarrow z\text{Na}^+ + \text{P}^{z-}$$

这时如将蛋白质水溶液与纯水用只允许溶剂和小离子透过而 P^{z-} 不能透过的半透膜隔开,因半透膜两侧溶液均是电中性的;若以 c 代表蛋白质 Na_zP 的浓度,因一个 Na_zP 产生 $z+1$ 个离子,故此溶液的渗透压为

$$\Pi = (z+1)cRT \tag{8.32}$$

但是,如果半透膜另一侧不是纯水,而是电解质水溶液,如 NaCl 水溶液,由于 Na^+、Cl^- 均可透过半透膜,蛋白质水溶液的渗透压就要发生变化。在达到渗透平衡时,不仅半透膜两侧溶液成平衡,电解质也达到平衡,此即 Donnan 平衡。Donnan 平衡最重要的应用是控制溶液的渗透压,这对医学、生物学等研究细胞膜内外的渗透平衡有重要意义。

2. 高分子溶液的黏度

高分子溶液具有高黏性,这是它的主要特征之一。产生高黏性的主要原因是:① 高分子化合物的分子所占体积很大,阻碍了介质的自由流动;② 高分子化合物的溶剂化作用束缚了大量溶剂分子;③ 高分子化合物之间的相互作用。由于这些因素,高分子溶液常表现出高黏性。

外加添加剂,如无机电解质、表面活性剂和大分子化合物等,能够显著影响高分子溶液的黏度。通常,无机盐的加入会显著降低高分子溶液的黏度,因为水化能力很强的无机盐离子会夺取大分子链周围的水化水,使大分子链卷缩。对于聚电解质溶液,无机盐的加入不仅会抑制大分子链上反离子的解离,使其有效电荷减少,而且会压缩扩散双电层,破坏水化膜,从而导致高分子溶液的黏度显著降低。不同结构的大分子相互混合使系统的黏度发生不同的变化。例如,聚乙烯吡咯烷酮可以导致水解聚丙烯酰胺水溶液的黏度显著升高,却使羟乙基纤维水溶液素的黏度降低。大多数高分子溶液的黏度随温度升高而显著下降。

对高分子溶液黏度的研究不仅可应用于大分子摩尔质量的测定,也可以了解高分子化合物在溶液中的尺寸、形态变化以及高分子化合物与溶剂之间的相互作用等。

3. 高分子溶液的盐析、胶凝与溶胀

前面曾讨论过电解质对于溶胶(主要指水溶胶)的聚沉作用。溶胶对电解质是很敏感的,但对高分子溶液来说,加入少量电解质时,它的稳定性并不会受到影响,到了等电点也不会聚沉,直到加入更多的电解质,才能使它发生聚沉。高分子溶液的这种聚沉现象称为盐析。

离子在水溶液中都是水化的。当大量电解质加入高分子溶液时,离子发生强烈水化作用的结果,致使原来高度水化的高分子化合物去水化,因而发生聚沉作用。有些高分子化合物中存在着可以解离的极性基团,由于解离可使分子带电荷。对于这样的高分子溶液,少量电解质的加入可以引起电动电势降低,但这并不能使它失去稳定性,这时高分子化合物的分子仍是高度水化的,只有继续加入较多的电解质时,才出现盐析现象。

高分子溶液在适当条件下,可以失去流动性,整个系统变为弹性半固体状态。这是因为系统中大量的大分子好像许多弯曲的细线,互相联结形成立体网状结构,网架间充满的溶剂不能自由流动,而构成网架对大分子仍具有一定柔顺性,所以表现出弹性半固体状态。这种系统叫做凝胶。液体含量较多的凝胶也叫做胶冻。如琼脂、血块、肉冻等含水量有时可达 99% 以上。高分子溶液(或溶胶)形成凝胶的过程叫做胶凝作用。分散质点形状的不对称性,降低温度,加入胶凝剂(如电解质),提高分散物质的浓度,有时延长放置时间都能促进凝胶的形成。

胶凝作用并非凝聚过程的终点,在许多情况下,如将凝胶放置时,就开始渗出微小的液滴,这些液滴逐渐合并而形成一个液相,与此同时凝胶本身的体积将缩小。这种使凝胶分为两相的过程,称为脱水收缩。脱水收缩后,凝胶体积虽变小,但仍能保持最初的几何形状。脱水收缩现象一般是粒子在系统内所发生的相互吸引作用的结果,各成分间并不发生任何化学反应,它们的总体积一般没有变化,也不引起溶剂化程度的改变。脱水收缩现象在许多实际生产中,如纺织工业、人造纤维和糖果工业等都会遇到。

凝胶按其性质,可分为脆性凝胶和弹性凝胶。脆性凝胶失去或重新吸收分散介质时,形状和体积几乎都不改变,如硅胶、TiO_2、SnO_2 等凝胶。而弹性凝胶失去分散介质后,体积显著缩小,但当重新吸收分散介质时,体积又重新膨胀,如琼脂、白明胶及皮革、纸张等。干燥的弹性凝胶吸收分散介质而体积增大的现象称为溶胀。

溶胀是高分子化合物溶解的第一阶段。对于某些物质在一定溶剂中,例如,生橡胶在苯中随着溶胀的进行,最后达到全部溶解,称为无限溶胀。但另一些高分子化合物,如硫化橡胶,由于形成了有交联的网状结构,在溶胀过程中,所吸收的液体量达到最大值,而不再继续膨胀,这种溶胀现象称为有限溶胀。

弹性凝胶的溶胀对溶剂是有选择性的。例如,琼脂和白明胶仅能在水和甘油的水溶液中溶胀,而不能在酒精和其他有机液体中溶胀。橡胶只能在二硫化碳和苯等有机液体中溶胀,而不能在水中溶胀。

溶胀时除溶胀物的体积增大外,还伴随有热效应,这种热效应称为溶胀热,除个别情况外,溶胀都是放热的。当一物质溶胀时,它对外界施加一定的压力,称为溶胀压力。这种压力在某些情况下可能达到很大。在古代就有利用溶胀压力来分裂岩石的例子,在岩石裂缝中间塞入木块,再注入大量的水,于是木质纤维发生溶胀产生巨大的溶胀压力使岩石裂开。

对溶胀过程的研究,除有理论价值外,在食品工业、有关的化学工业以及其他方面也是需要的。

思考题

1. 已知水在两块玻璃板间形成凹液面,而在两块石蜡板间形成凸液面。试解释为什么两块玻璃板间放一点水后很难拉开,而两块石蜡板间放一点水后很容易拉开。

2. 如下图所示,在一玻璃管两端各有一大小不等的肥皂泡。当开启旋塞使两泡相通时,试问两泡体积将如何变化? 为什么?

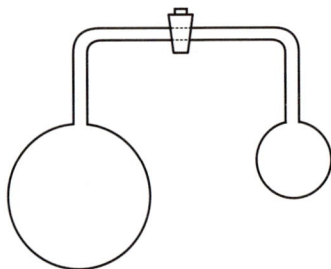

3. 如下图所示,试标出玻璃毛细管 2～4 中水面位置及凹凸情况。玻璃毛细管 1 水面的高度是平衡位置,四支毛细管直径相同。

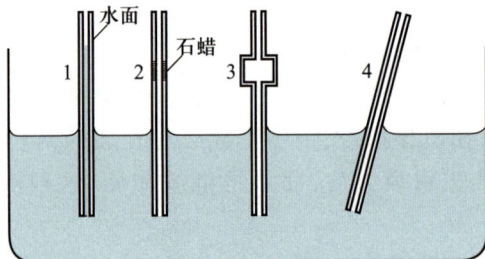

4. 如下图所示,玻璃毛细管 A 插入水中后,水面上升高度能超过 h,因此推断水会从弯口 B 处不断滴出,于是便可构成第一类永动机。如此推想是否合理?为什么?

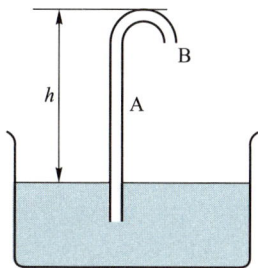

5. 试判断分散度很高的细小固体颗粒的熔点比普通晶体的熔点要高些、低些,还是一样?为什么会有过冷液体不凝固的现象?

6. 将水滴在洁净的玻璃上,水会自动铺展开来,此时水的表面积不是变小而是变大了,这与液体有自动缩小其表面积的趋势是否矛盾?请说明理由。

7. 有体积各为 100 dm^3 和 10 dm^3,内含同种气体各 100 mg 和 10 mg 的同温容器各一个,各加入 1 g 活性炭时,哪一容器中气体被吸附得多?为什么?

8. 自行查找数据,试判断在 15 ℃时用活性炭吸附乙烯、乙烷、正戊烷、氩、氮、氯等气体,其中哪种气体最易被吸附?

9. 试根据热力学原理推断气体在固体表面吸附过程一定放热。

10. 在两个充有 0.001 $mol \cdot dm^{-3}$ KCl 溶液的容器之间连接一个 AgCl 多孔塞,塞中细孔里充满了 KCl 溶液,在多孔塞两侧放两个电极接以直流电源。问溶液将向什么方向移动?当以 0.1 $mol \cdot dm^{-3}$ KCl 溶液代替 0.001 $mol \cdot dm^{-3}$ KCl 溶液时,溶液在相同电压之下流动速率变快还是变慢?如果用 $AgNO_3$ 溶液代替 KCl 溶液,液体流动方向又怎样?

11. 有一金溶胶,先加明胶溶液再加 NaCl 溶液,与先加 NaCl 溶液再加明胶溶液相比较,其结果有何不同?

12. 有人用 0.05 $mol \cdot dm^{-3}$ NaI 溶液与 0.05 $mol \cdot dm^{-3}$ $AgNO_3$ 溶液缓慢混合以制备碘化银溶胶。为了净化此溶胶,小心地将其放置在渗析池中,渗析液蒸馏水的水面与溶液液面相平。结果发现,先是溶胶液面逐渐上升,随后又自动下降。试解释此现象的原因。

教学课件

拓展例题

第九章
化学动力学基本原理

§9.1 引言

1. 化学动力学的任务和目的

对任何化学反应来说,都有两个最基本的问题。第一,此反应有没有可能实现,其最后的结果将如何,亦即反应的方向和限度;第二,此反应欲达到最后的结果需多长时间,亦即反应的速率。前者属于化学热力学的范畴,后者属于化学动力学的范畴。例如,氢和氧化合成水,此反应的摩尔 Gibbs 函数变化 $\Delta_r G_m^\ominus = -237.2 \text{ kJ} \cdot \text{mol}^{-1}$,其反应趋势是很大的,但实际上将氢气和氧气放在一个容器中,好几年也觉察不到有水生成的痕迹,这是由于此反应在该条件下的速率太慢了;而盐酸和氢氧化钠的中和反应,其 $\Delta_r G_m^\ominus = -79.91 \text{ kJ} \cdot \text{mol}^{-1}$,反应趋势比上述反应要小,但此反应的速率却非常快,瞬时即可完成。因此说化学热力学只解决了反应可能性的问题,反应究竟能否实现还需由化学动力学来解决。

化学动力学就是研究化学反应速率的学科。它的基本任务是研究各种因素(如反应系统中各种物质的浓度、温度、催化剂、光、介质……)对反应速率的影响,揭示化学反应发生的具体过程(即反应机理),研究物质的结构与反应性能的关系(即构效关系)。在实际工作中,人们有时希望反应速率快些,有时又希望反应速率慢些,研究化学动力学就是为了更深入了解并进而控制反应的进行,使反应按人们所希望的速率进行并得到人们所希望的产品。因此,化学动力学研究具有十分重要的理论意义和应用价值。

2. 化学动力学发展简史❶

化学动力学研究可追溯到 19 世纪中叶。一百多年来,化学动力学的发展主要历经了三个重要发展阶段:宏观反应动力学阶段、基元反应动力学阶段和微观反应动力学阶段。

宏观反应动力学阶段大体上是从 19 世纪中叶到 20 世纪初,主要通过改变温度、压力、浓度等宏观条件,研究外界条件对反应速率的影响,其主要标志性成果是质量作用定律和 Arrhenius 公式。

各种化学反应的速率差别很大,有的反应速率很慢,难以觉察,如岩石的风化和地壳中的一些反应。有的反应速率很快,如离子反应、爆炸反应等,瞬时即可完成。有的反应速率则比较适中,完成反应所需时间在几十秒到几十天的范围,大多数有机化学反应即属此类。宏观反应动力学所研究的对象几乎都是速率比较适中的反应,其研究方法是基于宏观统计的,但由此所得到的有关反应速率的基本规律仍有着重要的意义。

基元反应动力学阶段大体上从 20 世纪初至 20 世纪 50 年代。这是动力学研究从宏观向微观过渡的重要阶段。这一阶段建立了一系列反应速率理论,发现和研究了链反应,建立了快速化学反应研究方法和同位素示踪法。链反应理论的建立,标志着化学动力学由研究总反应过渡到研究基元反应的新阶段。链反应动力学研究直接促使了大量检测活性中间体的实验新方法的建立,如电子学、激光技术、真空技术、低温技术、光电子检测和控制技术等。而连续流动、停止流动、弛豫法、闪光光解等方法的建立,促进了快速反应动力学研究的发展。过渡态理论的建立和发展为后来采用量子力学方法研究化学反应奠定了理论基础。这一时期,新概念、新理论、新技术、新方法不断提出、建立和完善,对化学动力学的发展起到了巨大的推动作用。

20 世纪 50 年代以后化学动力学发展到微观反应动力学阶段。这一阶段最重要的特点是研究方法和技术手段的不断创新,特别是激光技术、分子束技术、微弱信号检测技术和计算机技术的应用。将激光、光电子能谱与分子束相结合,化学家就可以在电子、原子和分子层次上研究化学反应;采用飞秒激光技术,化学家可以进一步研究超快过程和过渡态;而采用 Kohn 密度泛函理论和 Pople 计算方法,化学家可以借助计算机对复杂分子的性质和化学反应过程作深入的理论探讨。借助这些方法和手段,化学家可以直接获得反应过程中的微观信息,探究化学反应的微观机理和作用机制,使化学动力学研究进入了微观反应动力学

❶ 请参考:姚兰英,彭蜀晋.化学动力学的发展与百年诺贝尔化学奖.大学化学,2005,20(1):59-64.

研究的新阶段。

今天,微观反应动力学已成为现代化学动力学发展的新前沿,光谱分辨技术、空间分辨技术、分子运动控制技术与质谱技术、光电检测技术极大地促进了动力学研究,并发展了如量子分子动力学、立体化学反应动力学、非绝热过程动力学等一系列新的研究领域。

3. 反应机理的概念

化学动力学研究结果表明,人们所熟悉的许多化学反应如:

$$H_2 + Cl_2 \longrightarrow 2HCl$$

实际并不是按照其计量方程式所表示的那样,由反应物直接作用而生成产物,而是经历了一系列具体步骤而最终实现的。因此,计量方程式仅表示反应的宏观总效果,称为"总反应"。已经证明,上述总反应的具体步骤包括下列四个反应:

① $Cl_2 \longrightarrow 2Cl\cdot$

② $Cl\cdot + H_2 \longrightarrow HCl + H\cdot$

③ $H\cdot + Cl_2 \longrightarrow HCl + Cl\cdot$

④ $2Cl\cdot + M \longrightarrow Cl_2 + M$

这四个反应才是由反应物分子直接作用而生成产物的,它们的总效果在宏观上与总反应一致。这种由反应物分子(或离子、原子、自由基等)直接作用而生成新产物的反应,称为"基元反应"。值得注意的是,基元反应不仅是反应物分子直接作用,而且必须是生成新产物的过程。反应物分子虽经直接作用但未生成新产物的过程,如分子碰撞后仅发生能量转移的过程等,不是基元反应,有人建议称这种过程为"基元化学物理步骤"。反应物分子往往需要经过多次的直接作用方可实现基元反应。

组成宏观总反应的基元反应的总和及其序列,称为"反应机理"或"反应历程"。如上例中四步基元反应的总和就称为氯化氢气相合成反应的机理。根据总反应中所包含的基元反应的数量可对总反应进行分类。仅由一个基元反应组成的总反应称为"简单反应",由两个或两个以上基元反应组成的总反应称为"复合反应"。绝大多数宏观总反应都是复合反应,氯化氢气相合成反应就是一例。

对于基元反应,直接作用所必需的反应物微观粒子(分子、原子、离子、自由基)数,称为"反应分子数"。依据反应分子数的不同,基元反应可分为"单分子反应"、"双分子反应"和"三分子反应"。在氯化氢气相合成反应机理中,基元反应①为单分子反应,②和③都是双分子反应,④是三分子反应,其中 M 可以是气相中的任何分子,也可以是器壁,其作用只是转移能量。绝大多数基元反应都是双分子反应,而四分子以上的反应,由理论分析可知其概率甚微,实际上至今也未发现。

应当强调指出,反应分子数是针对基元反应而言的,表示反应微观过程的特征。简单反应和复合反应是针对宏观总反应而言的。这些概念不可混为一谈。

§9.2　反应速率和速率方程

1. 反应速率的表示法

所谓反应速率就是化学反应进行的快慢程度。历史上曾出现过各种方法定量地表示反应速率。目前,国际上已普遍采用以反应进度 ξ 随时间的变化率来定义反应速率 J,即

$$J \overset{\text{def}}{=\!=\!=} \frac{\mathrm{d}\xi}{\mathrm{d}t} \tag{9.1}$$

按照式(1.50)对反应进度的定义,上式亦可表示为

$$J = \frac{1}{\nu_B} \frac{\mathrm{d}n_B}{\mathrm{d}t} \tag{9.2}$$

对于任意化学反应:

$$a\mathrm{A} + b\mathrm{B} \longrightarrow g\mathrm{G} + h\mathrm{H}$$

其反应速率可写为

$$J = -\frac{1}{a} \frac{\mathrm{d}n_A}{\mathrm{d}t} = -\frac{1}{b} \frac{\mathrm{d}n_B}{\mathrm{d}t} = \frac{1}{g} \frac{\mathrm{d}n_G}{\mathrm{d}t} = \frac{1}{h} \frac{\mathrm{d}n_H}{\mathrm{d}t} \tag{9.3}$$

如上定义的反应速率与物质 B 的选择无关,而且无论反应进行的条件如何,总是严格的、正确的。例如,对于体积不恒定的反应系统、多相反应系统及流动反应系统等,式(9.1)都能够正确地表示出反应进行的快慢程度。然而,具体应用式(9.1)时,必须测定一种物质的物质的量的变化,往往不是十分方便。因此,结合具体系统,人们常常采用一些其他形式来表示反应速率,但不论采用何种具体形式,都不能与式(9.1)所示的基本定义相抵触。

对于体积一定的密闭系统,人们常用单位体积的反应速率 r,即

$$r = \frac{J}{V} = \frac{1}{V} \frac{\mathrm{d}\xi}{\mathrm{d}t} = \frac{1}{V\nu_B} \frac{\mathrm{d}n_B}{\mathrm{d}t} = \frac{1}{\nu_B} \frac{\mathrm{d}c_B}{\mathrm{d}t} = \frac{1}{\nu_B} \frac{\mathrm{d}[\mathrm{B}]}{\mathrm{d}t} \tag{9.4}$$

应用于任意化学反应,有

$$r = -\frac{1}{a}\frac{d[A]}{dt} = -\frac{1}{b}\frac{d[B]}{dt} = \frac{1}{g}\frac{d[G]}{dt} = \frac{1}{h}\frac{d[H]}{dt} \qquad (9.5)$$

式中$[B] = c_B = n_B/V$,表示参加反应的物质 B 的浓度。r 的 SI 单位是 $\mathrm{mol \cdot m^{-3} \cdot s^{-1}}$,实际应用中也时常采用 $\mathrm{mol \cdot dm^{-3} \cdot s^{-1}}$ 等单位。

例如,对于气相反应:

$$2NO + Br_2 \longrightarrow 2NOBr$$

在定温定容条件下,其反应速率可表示为

$$r = -\frac{1}{2}\frac{d[NO]}{dt} = -\frac{d[Br_2]}{dt} = \frac{1}{2}\frac{d[NOBr]}{dt}$$

很显然,在参加反应的三种物质中,选用任何一种,反应速率的值都是相同的。实际工作中,常选择其中浓度比较容易测量的物质来表示其反应速率。本书将主要采用式(9.4)的形式讨论定容系统反应速率的规律。

2. 反应速率的实验测定

对于定容反应系统,实验测定其反应速率必须知道 dc/dt 的数值。需在反应开始后的不同时刻 t_1, t_2, $\cdots$ 分别测量出反应中某个物质的浓度 c_1, c_2, $\cdots$,并以浓度 c 对时间 t 作图,如图 9.1 所示。该图也称为动力学曲线。图中曲线上某一点切线的斜率 dc/dt 即是相应时刻的瞬时反应速率。因此,反应速率的实验测定实际上就是测定不同时刻反应物或产物的浓度。就浓度测定方法而言,可分为化学法和物理法两大类。

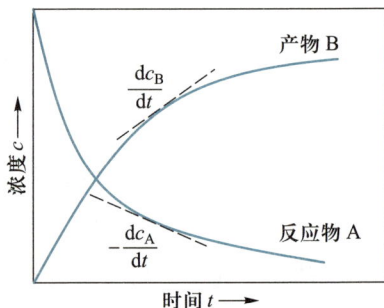

图 9.1 浓度随反应时间的变化

(1)化学法。就是用化学分析法来测定不同时刻反应物或产物的浓度,一般用于液相反应。此方法的要点是当取出样品后,必须立即"冻结"反应,亦即使反应不再继续进行,并尽可能快地测定浓度。冻结的方法有骤冷、冲稀、加阻化剂或移走催化剂等。化学法的优点是设备简单,可直接测得浓度;但其最大的缺点是在没有合适的冻结反应的方法时,很难测得指定时刻的浓度,因而往往误差较大,目前已很少采用。

(2)物理法。这种方法通过测量与某种物质浓度呈单值关系的一些物理性质随时间的变化,然后换算成不同时刻的浓度值。可利用的物理性质有压力、体积、旋光度、折射率、电导、电容率、颜色、光谱⋯⋯物理法的优点是迅速而且方便,特别是无须取样,可以不中止反应进行连续测定,还便于自动记录。其缺点是由于测量浓度是通过间接关系,如果反应系统有副反应或少量杂质对所测量物理性质有较灵敏的影响时,易造成较大误差。

例如,在定容反应器中氯代甲酸三氯甲酯分解为光气的反应:

$$ClCOOCCl_3(g) \longrightarrow 2COCl_2(g)$$

显然,随着反应的进行,系统总压力将增加,若通过压力计记录反应的起始压力 p_0,然后连续记录不同时刻系统的总压力 $p_总$,就可求算出不同时刻反应物的分压 $p(酯)$ 和产物的分压 $p(光气)$。因为 $t = 0$ 时,$p_0 = p(酯)$,$p(光气) = 0$;随着反应的进行,系统的压力增加:

$$\Delta p = p_总 - p_0$$

则 t 时刻时: $p(酯) = p_0 - \Delta p = p_0 - (p_总 - p_0) = 2p_0 - p_总$

当系统的温度和体积一定时,各气体的分压即可代表其浓度。

但对同样类型的反应如:

$$C_2H_6(g) \longrightarrow C_2H_4(g) + H_2(g)$$

由于副反应使产物中有一定量的甲烷存在,因此就不能用系统总压力的增加来求算上述反应中各组分的分压,亦即不能用压力这一物理性质来测量反应速率。

3. 反应速率的经验表达式

一定温度下,化学反应的速率大多与参与化学反应的物质(反应物、产物或催化剂等)浓度密切相关。反应速率 r 与各物质浓度 c_B 的函数关系 $r = f(c_B)$,或者各物质浓度 c_B 与时间 t 的函数关系 $c_B = f(t)$,都称为反应速率公式,前者是微分形式,后者是积分形式。

一般说来,只知道化学反应的计量方程式是不能预言其速率公式的。反应速率公式的形式通常只能通过实验方可确定。例如,H_2 与三种不同卤素的气相反应,其化学计量方程式是类似的:

$$H_2 + I_2 \longrightarrow 2HI$$
$$H_2 + Br_2 \longrightarrow 2HBr$$
$$H_2 + Cl_2 \longrightarrow 2HCl$$

但实验证明,它们的速率公式却有着完全不同的形式,依次为

$$r = k[\mathrm{H_2}][\mathrm{I_2}]$$

$$r = \frac{k[\mathrm{H_2}][\mathrm{Br_2}]^{1/2}}{1 + k'[\mathrm{HBr}]/[\mathrm{Br_2}]}$$

$$r = k[\mathrm{H_2}][\mathrm{Cl_2}]^{1/2}$$

这三个反应的速率公式之所以不同,是由于它们的反应机理不同。由实验确立的速率公式虽然是经验性的,却有着很重要的作用。一方面可以由此而知哪些组分以怎样的关系影响反应速率,为化学工程有效控制反应提供依据;另一方面也可以为研究反应机理提供线索。

4. 反应级数

许多反应的速率公式可表达为下列形式:

$$r = k[\mathrm{A}]^{\alpha}[\mathrm{B}]^{\beta}\cdots \tag{9.6}$$

对这类反应,为了衡量浓度对速率的影响,人们定义了"反应级数"的概念。上式中浓度项的指数 $\alpha,\beta,\cdots$ 分别称为各组分 A,B,$\cdots$ 的级数,而各指数之和 n 称为总反应的级数。即

$$n = \alpha + \beta + \cdots$$

例如,对于反应 $\mathrm{H_2 + I_2 \longrightarrow 2HI}$,其速率公式为 $r = k[\mathrm{H_2}][\mathrm{I_2}]$,故称为二级反应,而对于 H$_2$ 和 I$_2$ 来说则均为一级。对于反应 $\mathrm{H_2 + Cl_2 \longrightarrow 2HCl}$,其速率公式为 $r = k[\mathrm{H_2}][\mathrm{Cl_2}]^{1/2}$,则反应对 H$_2$ 为一级,对 Cl$_2$ 为 0.5 级,总反应级数为 1.5 级。反应级数可以是整数或分数,也可以是正数、零或负数。一个反应的级数,无论是 $\alpha,\beta,\cdots$ 或是 n,都是由实验确定的。应当注意,$\alpha,\beta,\cdots$ 与反应的化学计量数 ν_B 不一定相同,不宜混为一谈。凡是速率公式的微分形式不符合式(9.6)的反应,如反应 $\mathrm{H_2 + Br_2 \longrightarrow 2HBr}$,反应级数的概念是不适用的,类似的反应称为无确定反应级数的反应。

5. 质量作用定律

人们发现,在一定温度下,基元反应的速率只与反应物浓度有关,其速率公式的微分形式均符合式(9.6),而且式中浓度项的指数 $\alpha,\beta,\cdots$ 均与反应方程式中相应反应物的化学计量数相同。例如,有基元反应:

$$a\mathrm{A} + b\mathrm{B} \longrightarrow g\mathrm{G} + h\mathrm{H}$$

其反应速率公式可表示为

$$r = k[A]^a[B]^b$$

这种简单的关系称为"质量作用定律"。严格而论,质量作用定律只适用于基元反应,这是因为基元反应方程式体现了反应物分子直接作用的关系。简单反应只包含一种基元反应,其总反应方程式与基元反应一致,故质量作用定律对简单反应亦可直接应用。但复合反应方程式不能体现反应物分子直接作用的关系,故质量作用定律不能直接应用于复合反应,然而对于组成复合反应的任何一步基元反应,质量作用定律依然适用。

由质量作用定律可知,简单反应的反应级数与其相应的基元反应的反应分子数是相同的。但值得注意的是,反应级数与反应分子数毕竟是两个不同的概念。前者对总反应而言,后者对基元反应而言。对于复合反应,说其反应分子数是没有意义的。例如,复合反应中有零级、分数级或负数级反应,但反应分子数是不可能有零分子、分数分子或负数分子反应的。此外,简单反应可以直接应用质量作用定律,但速率公式与质量作用定律吻合的总反应不一定就是简单反应。判断一个总反应是否是简单反应,除其速率公式必须符合质量作用定律之外,还必须有其他方面的验证。例如,对于反应 $H_2 + I_2 \longrightarrow 2HI$,实验证明其速率公式为 $r = k[H_2][I_2]$,与质量作用定律吻合,是二级反应,历史上曾有很长时期一直误以为该反应就是简单的双分子反应,但后来的研究表明该反应是复合反应,其反应机理为

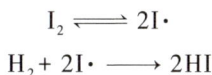

$$I_2 \Longleftrightarrow 2I\cdot$$
$$H_2 + 2I\cdot \longrightarrow 2HI$$

其中包含一步三分子基元反应。

6. 速率常数

式(9.6)中的比例系数 k 称为反应的"速率常数"。对于指定反应,k 值与浓度无关而与反应的温度及所用的催化剂有关。不同的反应 k 值不同,有时相差很大。k 值的大小可直接体现反应进行的难易程度,因而是重要的动力学参数之一。

将式(9.6)改写为

$$k/[(mol \cdot dm^{-3})^{1-n} \cdot s^{-1}] = \frac{r/(mol \cdot dm^{-3} \cdot s^{-1})}{[A]^\alpha[B]^\beta \cdots /(mol \cdot dm^{-3})^n}$$

由此可看出两点:① k 在数值上等于各有关物质的浓度均为一个单位时的瞬时速率,所以有时亦称为比速常数;② k 是有量纲的量,其单位与反应级数 n 有关。

例如,一级反应 k 的单位为 s^{-1},而二级反应 k 的单位通常为 $mol^{-1} \cdot dm^3 \cdot s^{-1}$。因此,从 k 的单位可以看出反应的级数是多少。

> **习题1** 下列复合反应分别由所示的若干基元反应组成。请用质量作用定律写出复合反应中 $d[A]/dt$、$d[B]/dt$、$d[C]/dt$、$d[D]/dt$ 与各物质浓度的关系。
>
> (1) $A \overset{k_1}{\longrightarrow} \begin{matrix} B \underset{k_3}{\overset{k_2}{\rightleftharpoons}} C \\ \overset{k_4}{\longrightarrow} D \end{matrix}$ (2) $A \underset{k_2}{\overset{k_1}{\rightleftharpoons}} B$; $B + C \overset{k_3}{\longrightarrow} D$
>
> (3) $A \underset{k_2}{\overset{k_1}{\rightleftharpoons}} 2B$ (4) $2A \underset{k_2}{\overset{k_1}{\rightleftharpoons}} B \overset{k_3}{\longrightarrow} C$

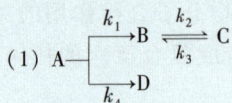

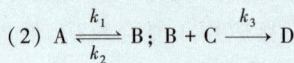

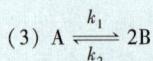

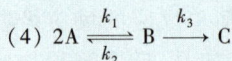

§9.3 简单级数反应的动力学规律

凡是反应速率只与反应物浓度有关,而且反应级数,无论是 α, β, $\cdots$ 或 n 都只是零或正整数的反应,统称为"简单级数反应"。

简单反应都是简单级数反应,但简单级数反应不一定就是简单反应,前已述及的 HI 气相合成反应就是一例。具有相同级数的简单级数反应的速率遵循某些简单规律,本节将分析这类反应速率公式的微分形式、积分形式及其特征。

1. 一级反应

反应速率与反应物浓度的一次方成正比的反应称为一级反应。其速率公式可表示为

$$-\frac{dc}{dt} = k_1 c \tag{9.7}$$

式中 c 为 t 时刻的反应物浓度。将式(9.7)改写成 $-dc/c = k_1 dt$ 形式,积分可得

$$\ln c = -k_1 t + B \tag{9.8}$$

式中 B 为积分常数,其值可由 $t = 0$ 时反应物起始浓度 c_0 确定,$B = \ln c_0$。故一级反应速率公式积分形式可表示为

$$\ln \frac{c_0}{c} = k_1 t \tag{9.9}$$

或

$$k_1 = \frac{1}{t} \ln \frac{c_0}{c} \tag{9.10}$$

或 $$c = c_0 e^{-k_1 t} \qquad (9.11)$$

使用这些公式可求算速率常数 k_1 的数值,只要知道了 k_1 和 c_0 的值,即可求算任意 t 时刻反应物的浓度。

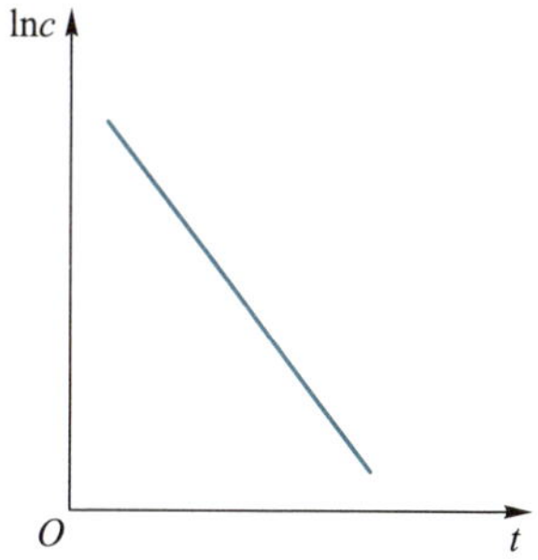

从式(9.8)可看出,以 $\ln c$ 对 t 作图应得一直线,其斜率即为 $-k_1$,如图9.2所示。

反应物浓度由 c_0 消耗到 $c = c_0/2$ 所需的反应时间,称为反应的**半衰期**,以 $t_{1/2}$ 表示。由式(9.9)可知,一级反应的 $t_{1/2}$ 表示式为

图9.2 一级反应的 $\ln c$ 对 t 图

$$t_{1/2} = \frac{1}{k_1}\ln 2 = \frac{0.6932}{k_1} \qquad (9.12)$$

可以看出,一级反应的半衰期与反应物起始浓度 c_0 无关。

许多分子的重排反应和热分解反应属于一级反应。另外,放射性同位素(如 ^{14}C、^{235}U、^{238}U 等)的衰变也是典型的一级反应。根据这些放射性同位素衰变的动力学特征和其残余量,就可以推断物体的年龄,称为"同位素断代法",在地质、考古等领域有重要应用。还有些反应如蔗糖水解:

$$C_{12}H_{22}O_{11} + H_2O \longrightarrow C_6H_{12}O_6(葡萄糖) + C_6H_{12}O_6(果糖)$$

实际上是二级反应,但由于水溶液中反应物之一 H_2O 大大过量,其浓度在整个反应过程中可视为常数,故表观上表现为一级反应,这类反应称为"准一级反应"。

例题1 30 ℃时,N_2O_5 在 CCl_4 中的分解反应:

$$N_2O_5 \longrightarrow N_2O_4 + \frac{1}{2}O_2$$

$$\Downarrow$$

$$2NO_2$$

为一级反应,由于 N_2O_4 和 NO_2 均溶于 CCl_4 中,只有 O_2 能逸出,用量气管测定不同时刻逸出 O_2 的体积,得到下列数据:

t/s	0	2400	4800	7200	9600	12000	14400	16800	19200	∞
$V(O_2)/cm^3$	0	15.65	27.65	37.70	45.85	52.67	58.30	63.00	66.85	84.85

求算此反应的速率常数 k_1 和半衰期 $t_{1/2}$。

解：从式(9.10)可看出，一级反应的特点是速率常数 k 的数值与所用浓度单位无关，因此用任何一种与 N_2O_5 的浓度成正比的物理量来代替浓度都不会影响 k 的数值。所以可以用逸出 O_2 的体积来求算 k 的值。因为每产生一个 O_2 分子一定有两个 N_2O_5 分子分解，因此逸出 O_2 的体积与 N_2O_5 的浓度有一定的比例关系。最后逸出 O_2 的总体积 V_∞ 是指 N_2O_5 全部分解后的体积，故可用来表示 N_2O_5 的起始浓度 c_0，设 V 为 t 时刻逸出 O_2 的体积，则 $V_\infty - V$ 就代表尚未分解的 N_2O_5 的浓度 c，于是(9.10)式可写为

$$k_1 = \frac{1}{t}\ln\frac{V_\infty}{V_\infty - V}$$

利用题中所给数据求出 $(V_\infty - V)$ 与 k_1 的数值如下：

t/s	0	2400	4800	7200	9600	12000	14400	16800	19200	∞
$V(O_2)/cm^3$	0	15.65	27.65	37.70	45.85	52.67	58.30	63.00	66.85	84.85
$(V_\infty - V)/cm^3$	84.85	69.20	57.20	47.15	39.00	32.18	26.55	21.85	18.00	0.00
$k_1/(10^{-5}\ s^{-1})$	—	8.50	8.22	8.16	8.10	8.08	8.07	8.08	8.08	—

取平均值，得 $k_1 = 8.16 \times 10^{-5}\ s^{-1}$

用式(9.12)求得

$$t_{1/2} = \frac{0.6932}{k_1} = 8.50 \times 10^3\ s$$

2. 二级反应

反应速率与反应物浓度的二次方(或两种反应物浓度的乘积)成正比的反应称为二级反应，有两种类型：

① $2A \longrightarrow$ 产物

② $A + B \longrightarrow$ 产物

对于第②种类型的反应，如果设 a 和 b 分别代表反应物 A 和 B 的起始浓度；x 为 t 时刻已反应掉的浓度，则其反应速率公式可写为

$$\frac{dx}{dt} = k_2(a - x)(b - x) \tag{9.13}$$

当 A 和 B 的起始浓度相等即 $a = b$ 时，式(9.13)变为

$$\frac{dx}{dt} = k_2(a - x)^2 \tag{9.14}$$

对于第①种类型的反应,其速率公式形式与式(9.14)相似。积分式(9.14)可得

$$\frac{1}{a-x} = k_2 t + B \tag{9.15}$$

式中 B 为积分常数。当 $t = 0$ 时,$x = 0$;因此,$B = 1/a$。故式(9.15)可改写为

$$\frac{1}{a-x} - \frac{1}{a} = k_2 t \quad 或 \quad k_2 = \frac{1}{t}\frac{x}{a(a-x)} \tag{9.16}$$

由式(9.15)和式(9.16)可看出,二级反应有以下特性:

(1)当浓度单位用 $mol \cdot dm^{-3}$,时间单位用 s(秒)时,速率常数 k_2 的单位为 $dm^3 \cdot mol^{-1} \cdot s^{-1}$。因此其数值不仅与所用的时间单位有关,还与所用浓度单位有关。

(2)由式(9.15)可看出,以 $1/(a-x)$ 对 t 作图应得一直线,其斜率即为 k_2。

(3)当反应恰好完成一半时,$x = (1/2)a$,将此代入式(9.16)可得

$$t_{1/2} = \frac{1}{k_2 a} \tag{9.17}$$

这说明二级反应的半衰期与反应物的起始浓度成反比。

例题 2　乙醛的气相分解反应为二级反应:

$$CH_3CHO \longrightarrow CH_4 + CO$$

在定容下反应时系统压力将增加。在 518 ℃时测量反应过程中不同时刻 t 时定容器皿内的总压力 p,得下列数据:

t/s	0	73	242	480	840	1440
p/kPa	48.40	55.60	66.25	74.25	80.90	86.25

试求此反应的速率常数。

解:首先要找出器皿中压力与反应物浓度的关系。设起始压力为 p_0,在 t 时刻乙醛的压力降低 x,此时乙醛的分压应为 $(p_0 - x)$,由于乙醛压力降低 x 的同时,CH_4 和 CO 的压力各增加了 x,故器皿中总压力应为

$$p = p_0 - x + x + x = p_0 + x$$

因此

$$x = p - p_0$$

由于气相中各物质的浓度与其分压成正比,将此代入式(9.16)即得

$$k_2 = \frac{1}{t} \frac{x}{a(a-x)} = \frac{p-p_0}{t \cdot p_0(2p_0-p)}$$

利用题给数据可求出:

t/s	0	73	242	480	840	1440
$(p-p_0)/kPa$	0	7.20	17.85	25.85	32.50	37.85
$(2p_0-p)/kPa$	—	41.20	30.55	22.55	15.90	10.55
$k_2/(kPa^{-1} \cdot s^{-1})$	—	4.96×10^{-5}	4.98×10^{-5}	4.94×10^{-5}	5.03×10^{-5}	5.15×10^{-5}

则 k_2 的平均值为 $\qquad k_2 = 5.01 \times 10^{-5} kPa^{-1} \cdot s^{-1}$

当 A 和 B 的起始浓度不同,即 $a \neq b$ 时,则对式(9.13)积分,可得

$$\frac{1}{a-b} \ln \frac{b(a-x)}{a(b-x)} = k_2 t \qquad\qquad (9.18)$$

从式(9.18)可看出,以 $\ln \dfrac{b(a-x)}{a(b-x)}$ 对 t 作图应得一直线,由此直线的斜率可求出 k_2。由于 A 和 B 的半衰期不同,因此很难说总反应的半衰期是多少。

二级反应是常见的一种反应,特别是在溶液中进行的有机化学反应很多都是二级反应。

例题 3 在 15.8 ℃时,乙酸乙酯在水溶液中的皂化反应为

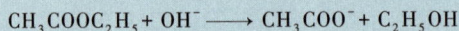

$$CH_3COOC_2H_5 + OH^- \longrightarrow CH_3COO^- + C_2H_5OH$$

该反应对酯及碱各为一级,总反应级数为 2。酯和碱的起始浓度 a 和 b 分别为 0.01211 mol · dm^{-3} 及 0.02578 mol · dm^{-3}。在不同时刻 t 取样,用标准酸滴定其中碱的浓度 $(b-x)$,所得数据如下:

t/s	224	377	629	816
$(b-x)/(mol \cdot dm^{-3})$	0.02256	0.02101	0.01921	0.01821

(1)求速率常数 k;(2)求反应进行 1 h 后所剩酯的浓度;(3)求酯被消耗掉一半所需时间。

解：(1) 根据题给数据可得下列数据：

t/s	224	377	629	816
$(b-x)/(\text{mol}\cdot\text{dm}^{-3})$	0.02256	0.02101	0.01921	0.01821
$(a-x)/(\text{mol}\cdot\text{dm}^{-3})$	0.00889	0.00734	0.00554	0.00454
$\ln[(a-x)/(b-x)]$	-0.9313	-1.0517	-1.2434	-1.3890

由式(9.18)可知：
$$t = \frac{1}{k_2(a-b)}\ln\frac{b}{a} + \frac{1}{k_2(a-b)}\ln\frac{a-x}{b-x}$$

因此，以 t 对 $\ln\dfrac{a-x}{b-x}$ 作图应得一直线，斜率是 $\dfrac{1}{k_2(a-b)}$。利用上表数据作图(见下图)，斜率为 $-1.30\times10^3\,\text{s}$。

$$k_2 = [1.30\times10^3\times(0.02578-0.01211)]^{-1}\,\text{mol}^{-1}\cdot\text{dm}^3\cdot\text{s}^{-1}$$
$$= 5.64\times10^{-2}\,\text{mol}^{-1}\cdot\text{dm}^3\cdot\text{s}^{-1}$$

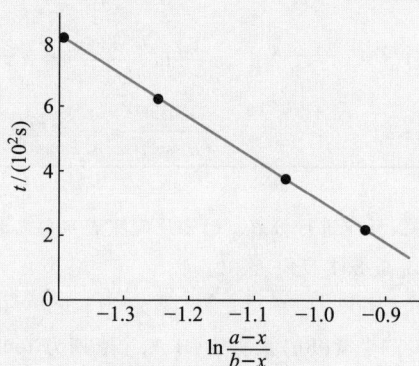

(2) 利用式(9.18)，将 $t=3600\,\text{s}$ 代入，解得
$$x = 0.01170\,\text{mol}\cdot\text{dm}^{-3}$$

故反应 1 h 后酯的浓度为　　　$a-x = 4.1\times10^{-4}\,\text{mol}\cdot\text{dm}^{-3}$

(3) 酯被消耗掉一半时：　　$t = \dfrac{1}{k_2(a-b)}\ln\dfrac{b\cdot a/2}{a(b-a/2)}$

将 a、b、k_2 的数据代入可求得　　　$t = 552\,\text{s}$

3. 三级反应和零级反应

三级反应比较少见，到目前为止，人们发现的气相三级反应只有五个，都与

NO 有关,是 NO 与 Cl_2、Br_2、O_2、H_2、D_2 的反应。溶液中三级反应比气相中的多。在乙酸或硝基苯溶液中含有不饱和 C $=$ C 键的化合物的加成作用常是三级反应。另外,水溶液中 $FeSO_4$ 的氧化、Fe^{3+} 和 I^- 的作用等也是三级反应的例子。

零级反应是速率与反应物浓度无关的反应。一些光化学反应及一定条件下的复相催化反应可表现为零级反应。

根据前述方法,读者可以自行推出三级与零级反应的速率公式及半衰期公式。现仅将一些简单级数反应的速率公式及半衰期表示式列于表 9.1,以兹查用。

表 9.1   一些简单级数反应的速率公式及半衰期

级数	速率公式的微分形式	速率公式的积分形式	半衰期
0	$\dfrac{dx}{dt} = k_0$	$x = k_0 t$	$t_{1/2} = \dfrac{a}{2k_0}$
1	$\dfrac{dx}{dt} = k_1(a-x)$	$\ln \dfrac{a}{a-x} = k_1 t$	$t_{1/2} = \dfrac{0.6932}{k_1}$
2	$\dfrac{dx}{dt} = k_2(a-x)^2$	$\dfrac{1}{a-x} - \dfrac{1}{a} = k_2 t$	$t_{1/2} = \dfrac{1}{k_2 a}$
2	$\dfrac{dx}{dt} = k_2(a-x)(b-x)$	$\dfrac{1}{a-b}\ln \dfrac{b(a-x)}{a(b-x)} = k_2 t$	—
3	$\dfrac{dx}{dt} = k_3(a-x)^3$	$\dfrac{1}{(a-x)^2} - \dfrac{1}{a^2} = 2k_3 t$	$t_{1/2} = \dfrac{3}{2k_3 a^2}$

习题 2   某物质按一级反应进行分解。已知反应完成 40% 需时 50 min,试求(1) 以 s^{-1} 为单位的速率常数;(2) 完成 80% 反应所需时间。

[答案:(1) $1.7 \times 10^{-4} s^{-1}$;(2) $9.47 \times 10^3 s$]

习题 3   镭(Ra)蜕变产生氡(Rn)及氦核(He),半衰期为 1662 a(年)。试问(1) 24 h 内;(2) 10 a 内,1.00 g 无水溴化镭蜕变所放出的氦气在标准状况下的体积分别为多少?

[答案:(1) $6.70 \times 10^{-5} cm^3$;(2) 0.245 cm^3]

习题 4   在 25 ℃ 时 N_2O_5 分解反应的半衰期为 5.70 h,且与 N_2O_5 的初始压力无关。试求此反应在 25 ℃ 条件下完成 90% 所需时间。   [答案:18.9 h]

习题 5   高温时气态二甲醚的分解为一级反应:

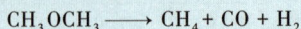

$$CH_3OCH_3 \longrightarrow CH_4 + CO + H_2$$

迅速将二甲醚引入一个 504 ℃ 的已抽成真空的瓶中,并在不同时刻 t 测定瓶内压力 $p_总$,数据如下:

t/s	0	390	665	1195	2240	3155	∞
$p_总/kPa$	41.60	54.40	62.40	74.93	95.19	103.9	124.1

(1) 用作图法求速率常数;(2) 求半衰期。 [答案:(1) 4.5×10⁻⁴s⁻¹;(2) 1.6×10³s]

习题6 在 0 ℃用铂溶胶催化 H_2O_2 分解为 O_2 及 H_2O。在不同时刻 t 各取出 $5\ cm^3$ 样品用 $KMnO_4$ 溶液滴定之,所消耗的 $KMnO_4$ 溶液的体积 V 数据如下:

t/min	124	127	130	133	136	139	142
V/cm^3	10.60	9.40	8.25	7.00	6.05	5.25	4.50

试求(1) 反应级数;(2) 速率常数;(3) 半衰期。

[答案:(1) 一级;(2) $4.8×10^{-2}min$;(3) 14.4 min]

习题7 一级反应 $C_6H_5N_2Cl$ 在水溶液中的分解按下式进行:

$$C_6H_5N_2Cl(aq) \longrightarrow C_6H_5Cl(aq) + N_2(g)$$

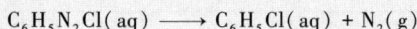

在反应过程中,用量气管测量所释放的 N_2 的体积。假设 t 时刻体积为 V,$t = \infty$ 时体积为 V_∞。试证明速率常数为

$$k = \frac{1}{t}\ln\frac{V_\infty}{V_\infty - V}$$

习题8 A + B $\longrightarrow$ C 是二级反应。A 和 B 的初始浓度均为 $0.20\ mol \cdot dm^{-3}$;初始反应速率为 $5.0×10^{-7}\ mol \cdot dm^{-3} \cdot s^{-1}$。试求速率常数,分别以 (1) $mol^{-1} \cdot dm^3 \cdot s^{-1}$;(2) $mol^{-1} \cdot cm^3 \cdot min^{-1}$ 为单位。 [答案:(1) $1.25×10^{-5}\ mol^{-1} \cdot dm^3 \cdot s^{-1}$;(2) $0.75\ mol^{-1} \cdot cm^3 \cdot min^{-1}$]

习题9 有一反应,其速率正比于一反应物浓度和一催化剂浓度。因催化剂浓度在反应过程中不变,故表现为一级反应。某温度下,当催化剂浓度为 $0.01\ mol \cdot dm^{-3}$ 时,其速率常数为 $5.8×10^{-6}s^{-1}$。试问其真正的二级反应速率常数是多少? 如果催化剂浓度改为 $0.10\ mol \cdot dm^{-3}$,表现为一级反应的速率常数是多少?

[答案:(1) $5.8×10^{-4}mol^{-1} \cdot dm^3 \cdot s^{-1}$;(2) $5.8×10^{-5}s^{-1}$]

习题10 叔戊烷基碘在乙醇水溶液中水解:

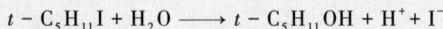

$$t - C_5H_{11}I + H_2O \longrightarrow t - C_5H_{11}OH + H^+ + I^-$$

随着反应的进行,离子的浓度增大,反应系统的电导也将增加。测得在不同时刻 t 反应系统的电导 G 值如下:

t/min	0.0	1.5	4.5	9.0	16.0	22.0	∞
$G/(10^{-3}\ S)$	0.39	1.78	4.09	6.32	8.36	9.34	10.50

(1) 证明此反应为一级反应;(2) 求实验温度下的速率常数。

[答案:(2) $9.8×10^{-2}\ min^{-1}$]

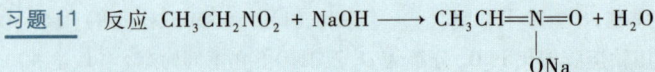

习题 11   反应 $CH_3CH_2NO_2 + NaOH \longrightarrow CH_3CH{=}N{=}O + H_2O$

$$\underset{ONa}{\big|}$$

在 0 ℃时速率常数为 $3.91\ mol^{-1} \cdot dm^3 \cdot s^{-1}$。$CH_3CH_2NO_2$ 和 NaOH 的初始浓度分别为 $0.0050\ mol \cdot dm^{-3}$ 和 $0.0030\ mol \cdot dm^{-3}$,试求 NaOH 被反应掉99%所需时间。

[答案:474 s]

习题 12   对硝基苯甲酸乙酯与 NaOH 在丙酮水溶液中反应:

$$p - NO_2(C_6H_4)COOC_2H_5 + NaOH \longrightarrow p - NO_2(C_6H_4)COONa + C_2H_5OH$$

两种反应物的初始浓度 a 均为 $0.0500\ mol \cdot dm^{-3}$。在不同时刻 t 测得 NaOH 的浓度$(a-x)$数据为

t/s	0	120	180	240	330	530	600
$(a-x)/(mol \cdot dm^{-3})$	0.0500	0.0335	0.0291	0.0256	0.0209	0.0155	0.0148

(1)试用作图法证明此反应是二级反应;(2)试求实验温度下的速率常数及半衰期。

[答案:(2) $0.084\ mol^{-1} \cdot dm^3 \cdot s^{-1}$;238 s]

§9.4   反应级数的测定

在一般的动力学研究中,通常并不能直接测得反应的瞬时速率,而只能以某种直接或间接的方法,测得在不同时间反应物或产物的浓度。动力学研究的目的之一就是建立反应的速率公式,即找出反应速率与反应物浓度(有时还包括产物及催化剂浓度)的关系。如何根据不同时刻的浓度求算反应的级数,对建立速率公式是至关重要的。如果反应有简单级数,则只要测出反应的级数就可建立速率公式;如果反应没有简单级数,则表明反应比较复杂,对推断反应机理亦将有直接的帮助。

测定反应级数的常用方法有三类,分别介绍如下。

1. 积分法

所谓积分法就是利用速率公式的积分形式来确定反应级数的方法。可分为以下三种:

(1)尝试法。将不同时刻测出的反应物浓度的数据代入各级数反应的积分公式,求算其速率常数 k 的数值,如果按某个公式计算的 k 为一常数,则该公式的级数即为反应的级数。

（2）作图法。因为

对一级反应，以 $\ln c$ 对 t 作图应得直线；

对二级反应，以 $1/c$ 对 t 作图应得直线；

对三级反应，以 $1/c^2$ 对 t 作图应得直线；

对零级反应，以 c 对 t 作图应得直线；

所以将实验数据按上述不同形式作图，如果有一种图呈直线，则该图代表的级数即为反应的级数。

例题 4　乙酸乙酯在碱性溶液中的反应如下：

$$CH_3COOC_2H_5 + OH^- \longrightarrow CH_3COO^- + C_2H_5OH$$

在 25 ℃ 条件下进行反应，两种反应物初始浓度 a 均为 0.064 mol·dm^{-3}。在不同时刻 t 取样 25.00 cm^3，立即向样品中加入 25.00 cm^3 0.064 mol·dm^{-3} 的盐酸使反应"冻结"。多余的酸用 0.1000 mol·dm^{-3} 的 NaOH 溶液滴定，所用碱液体积列于下表：

t/min	0.00	5.00	15.00	25.00	35.00	55.00	∞
$V(OH^-)/\text{cm}^3$	0.00	5.76	9.87	11.68	12.69	13.69	16.00

（1）用尝试法求反应级数及速率常数；（2）用作图法求反应级数及速率常数。

解：设 t 时刻已被反应掉的反应物浓度为 x。根据题意可得

$$25.00 \text{ cm}^3 \times x = 0.1000 \text{ mol·dm}^{-3} \times V(OH^-)$$

$$x = \frac{0.1000 \text{ mol·cm}^{-3} \times V(OH^-)}{25.00 \text{ cm}^3}$$

（1）尝试法。尝试其是否是一级或二级反应，计算出所需数据列于下表：

t/min	0.00	5.00	15.00	25.00	35.00	55.00
$x/(\text{mol·dm}^{-3})$	0.000	0.023	0.039	0.047	0.050	0.055
$(a-x)/(\text{mol·dm}^{-3})$	0.064	0.041	0.025	0.017	0.014	0.009

将第二对及第六对数据分别代入一级反应速率公式 $k = \dfrac{1}{t}\ln\dfrac{a}{a-x}$，得

$$k = \left(\frac{1}{5} \times \ln\frac{0.064}{0.041}\right) \text{min}^{-1} = 8.90 \times 10^{-2} \text{min}^{-1}$$

$$k = \left(\frac{1}{55} \times \ln\frac{0.064}{0.009}\right) \text{min}^{-1} = 3.57 \times 10^{-2} \text{min}^{-1}$$

所得之 k 不一致,故反应不属一级。

将第二对及第六对数据分别代入二级反应速率公式 $k = \dfrac{1}{t} \dfrac{x}{a(a-x)}$,得

$$k = \left(\frac{1}{5} \times \frac{0.023}{0.064 \times 0.041} \right) mol^{-1} \cdot dm^3 \cdot min^{-1} = 1.75 \ mol^{-1} \cdot dm^3 \cdot min^{-1}$$

$$k = \left(\frac{1}{55} \times \frac{0.55}{0.064 \times 0.009} \right) mol^{-1} \cdot dm^3 \cdot min^{-1} = 1.74 \ mol^{-1} \cdot dm^3 \cdot min^{-1}$$

两 k 值很接近。继续用其他数据代入,求出的 k 为 1.71 $mol^{-1} \cdot dm^3 \cdot min^{-1}$、1.73 $mol^{-1} \cdot$ $dm^3 \cdot min^{-1}$、1.60 $mol^{-1} \cdot dm^3 \cdot min^{-1}$,$k$ 值基本一致,故是二级反应。

$$k = \frac{1}{4}(1.75 + 1.74 + 1.71 + 1.73) mol^{-1} \cdot dm^3 \cdot min^{-1}$$

$$= 1.73 \ mol^{-1} \cdot dm^3 \cdot min^{-1}$$

(2) 作图法。列出数据如下:

t/min	0.00	5.00	15.00	25.00	35.00	55.00
$\ln(a-x)$	-2.7489	-3.1942	-3.6889	-4.0745	-4.2687	-4.7105
$\dfrac{1}{a-x} \Big/ (mol^{-1} \cdot dm^3)$	15.6	24.4	40.0	58.8	71.4	111.1

以 $\ln(a-x)$ 对 t 作图,不为直线(见下图),可知反应不属一级。以 $1/(a-x)$ 对 t 作图得一直线,所以 $n = 2$。由斜率可得

$$k = \left[(111.1 - 15.6)/55.00 \right] mol^{-1} \cdot dm^3 \cdot min^{-1} = 1.73 \ mol^{-1} \cdot dm^3 \cdot min^{-1}$$

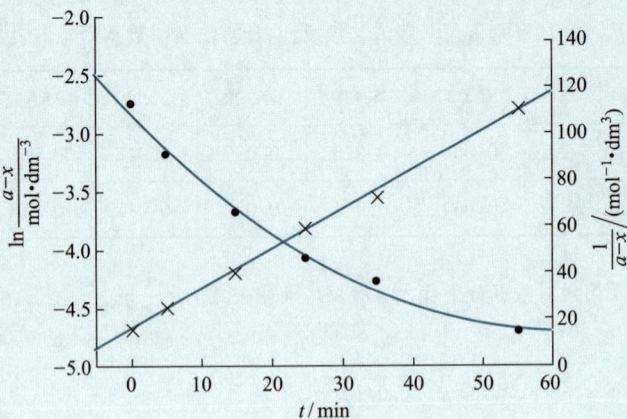

以上两种方法经常用来测定反应级数。其优点是只要一次实验的数据就能进行尝试或作图;其缺点是不够灵敏,只能运用于简单级数反应,例如当级数是1.6~1.7时,究竟应算作二级反应还是1.5级反应就无法确定。对于实验持续时间不够长,转化率又低的反应所得的 c – t 数据很可能按一级、二级甚至三级特征作图均得线性关系。

（3）半衰期法。由表9.1可以看出,不同级数的反应,其半衰期与反应物起始浓度的关系不同,但可归纳出半衰期 $t_{1/2}$ 与起始浓度 a 有下列关系:

$$t_{1/2} = ka^{1-n} \tag{9.19}$$

式中 k 为与速率常数有关的比例常数。将式(9.19)取对数可得

$$\ln t_{1/2} = \ln k + (1-n)\ln a \tag{9.20}$$

由式(9.20)可以看出,如果采用不同的起始浓度 a,并找出对应的 $t_{1/2}$ 值,则以 $\ln t_{1/2}$ 对 $\ln a$ 作图应为一直线,由其斜率可以得到反应级数 n。另外,由式(9.20)不难导出:

$$n = 1 + \frac{\ln(t_{1/2}/t'_{1/2})}{\ln(a'/a)} \tag{9.21}$$

当有两组 a 和 $t_{1/2}$ 数据时,可由式(9.21)计算出 n。

利用半衰期法求反应级数比前述两种方法要可靠些。半衰期法的原理实际上并不限于半衰期 $t_{1/2}$,也可用反应物反应 $1/3, 2/3, 3/4, \cdots$ 的时间代替半衰期,而且也只需要一次实验的 c – t 曲线即可求得反应级数。它的缺点是反应物不止一种而起始浓度又不相同时,就变得较为复杂了。

2. 微分法

所谓微分法就是用速率公式的微分形式来确定反应级数的方法。如果各反应物浓度相同或只有一种反应物时,其反应速率公式为

$$r = -\frac{dc}{dt} = kc^n$$

测定不同时刻反应物的浓度,作浓度 c 对时间 t 的曲线,在曲线上任何一点切线的斜率即为该浓度下的瞬时速率 r。只要在 c – t 曲线上任取两个点,则这两点上的瞬时速率应为

$$r_1 = kc_1^n \qquad r_2 = kc_2^n$$

将上两式取对数后相减即得反应级数 n:

$$n = \frac{\ln r_1 - \ln r_2}{\ln c_1 - \ln c_2} = \frac{\ln(r_1/r_2)}{\ln(c_1/c_2)} \qquad (9.22)$$

另外,对瞬时速率的通式取对数可得

$$\ln r = \ln k + n \ln c \qquad (9.23)$$

由式(9.23)可看出,以 $\ln r$ 对 $\ln c$ 作图应为一直线,其斜率就是反应级数 n,其截距即为 $\ln k$。

使用微分法确定反应级数时,如果处理方法不同,所得级数的含义也有所不同。

一种处理方法是在 c-t 图上,求出不同时刻,相应于不同浓度时切线的斜率,即为反应在该时刻的瞬时速率,见图 9.3(a)。然后将瞬时速率的对数 $\ln r$ 对 $\ln c$ 作图,见图 9.3(b),所得直线的斜率即为反应级数。因为用这样的斜率确定反应级数时,反应时间是不同的,这样确定的级数可称为对时间而言的级数,用符号 n_t 表示。

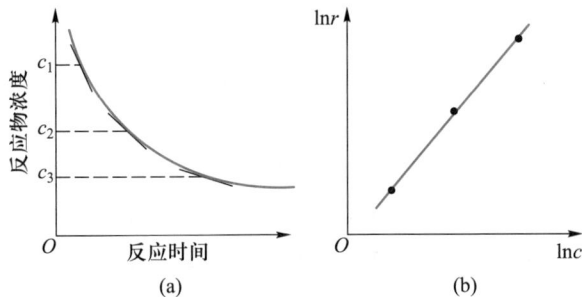

图 9.3　微分法测反应级数 n_t

另一种处理方法是在不同的起始浓度时测量不同的起始速率,相当于图 9.4(a)中各曲线在 $t=0$ 时切线的斜率。然后将这些起始速率的对数 $\ln r$ 对相应的起始浓度的对数 $\ln c_0$ 作图,应得一直线,见图 9.4(b),此直线的斜率即为反应级数。因为在反应开始时,人们能确切地知道反应系统中究竟存在什么物质,而随着反应的进行,可能会由于副反应或中间产物的形成而导致一些干扰因素,因此用这种起始速率微分法可以避免上述因素的干扰,故所确定的反应级数相当于无干扰因素时的级数。用这种方法确定的级数可称为对浓度而言的级数,或称为真实级数,用符号 n_c 表示。

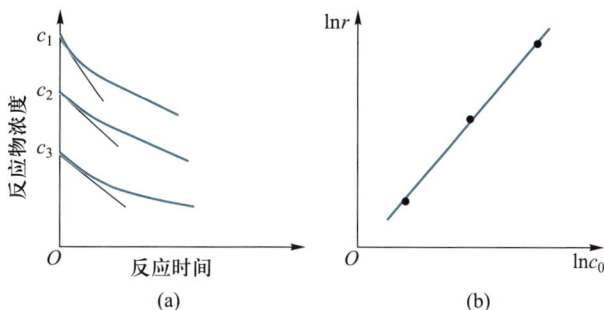

图 9.4　起始速率微分法测反应级数 n_c

　　基于上述讨论,显然用半衰期法确定反应级数比起微分法来就不那么可靠了。因为半衰期本身是与 n_t 有关的,而半衰期随起始浓度的变化却是与 n_c 有关的。如果 $n_t = n_c$,则用半衰期法没有什么问题;如果 $n_t \neq n_c$,则用半衰期法所确定的级数将介于二者之间。

3. 过量浓度法和孤立法

　　如果有两种或两种以上的物质参加反应,而各反应物的起始浓度又不相同,其速率公式为

$$r = k[A]^\alpha [B]^\beta \cdots$$

则不论用上述哪种方法,都比较麻烦。这时可用过量浓度法或孤立法。可以这样选择实验条件,即在一组实验中保持除 A 以外的 B⋯物质大大过量,则反应过程中只有 A 的浓度有变化,而 B⋯物质的浓度基本保持不变(即过量浓度法);或者在各次实验中固定 B⋯物质的起始浓度而只改变 A 的起始浓度(即孤立法),这时速率公式就简化为

$$r = k'[A]^\alpha \quad (k' = k[B]^\beta \cdots)$$

然后用上述积分法或微分法中任何一种方法先求 α。再在另一组实验中保持除 B 以外的物质过量或除 B 以外的物质的起始浓度均固定而只改变 B 的起始浓度,求出 β。余类推。则反应级数应为

$$n = \alpha + \beta + \cdots$$

例题 5　用例题 4 中的数据以半衰期法和微分法求算该反应的级数。

解:将例题 4 中不同时刻的浓度$(a-x)$对 t 作图,得如下图所示曲线。

（1）半衰期法。由曲线上选取 $a =$ 0.064 mol·dm^{-3}，则 $a/2 = 0.032$ mol·dm^{-3}；对应的 $t_{1/2} = 9.50$ min。选取 $a' = 0.041$ mol·dm^{-3}，则 $a'/2 = 0.021$ mol·dm^{-3}，对应的 $t'_{1/2} = (20.0 - 5.0)$ min $= 15.0$ min。代入式（9.21），可得

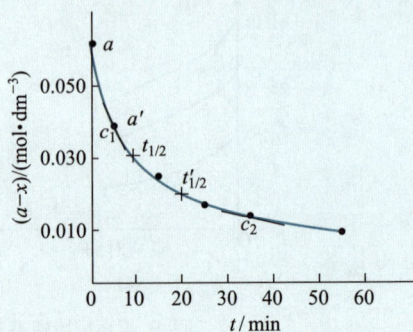

$$n = 1 + \frac{\ln(9.50/15.0)}{\ln(0.041/0.064)} = 1 + \frac{0.456}{0.446} \approx 2$$

是二级反应。

（2）微分法。在 $(a-x)$ 对 t 图的曲线上选取两点：

$$c_1 = 0.041 \text{ mol·dm}^{-3}, \quad -\frac{dc_1}{dt} = (0.028/11.0) \text{ mol·dm}^{-3}\cdot\text{min}^{-1}$$

$$c_2 = 0.014 \text{ mol·dm}^{-3}, \quad -\frac{dc_2}{dt} = (0.009/29.5) \text{ mol·dm}^{-3}\cdot\text{min}^{-1}$$

$$\ln[c_1/(\text{mol·dm}^{-3})] = -3.19, \quad \ln\left[-\frac{dc_1}{dt}\bigg/(\text{mol·dm}^{-3}\cdot\text{min}^{-1})\right] = -5.97$$

$$\ln[c_2/(\text{mol·dm}^{-3})] = -4.27, \quad \ln\left[-\frac{dc_2}{dt}\bigg/(\text{mol·dm}^{-3}\cdot\text{min}^{-1})\right] = -8.10$$

将数据代入式（9.22）：

$$n = \frac{\ln(-dc_1/dt) - \ln(-dc_2/dt)}{\ln c_1 - \ln c_2} = \frac{-5.79 + 8.10}{-3.19 + 4.27} = \frac{2.13}{1.08} \approx 2$$

是二级反应。

例题 6　一氧化氮和氢的反应：

$$2H_2 + 2NO \longrightarrow N_2 + 2H_2O$$

根据实验得如下两组数据：

$p_0(NO) = 53.32$ kPa		$p_0(H_2) = 53.32$ kPa	
$p_0(H_2)/$Pa	$-\dfrac{dp_0(H_2)}{dt}\bigg/(\text{Pa·s}^{-1})$	$p_0(NO)/$Pa	$-\dfrac{dp_0(NO)}{dt}\bigg/(\text{Pa·s}^{-1})$
38520	213	47850	200
27340	147	40000	137
19600	105	20260	33.3

其中 p_0 为起始压力。试分别确定 NO 和 H_2 的反应级数及其速率公式。

解：用式(9.22)[若实验数据较多亦可用式(9.23)作图]先求算 NO 的反应级数 α。

$$\alpha = \frac{\ln 200 - \ln 137}{\ln 47850 - \ln 40000} = \frac{5.30 - 4.92}{10.8 - 10.6} = \frac{0.38}{0.2} \approx 2$$

$$\alpha = \frac{\ln 137 - \ln 33.3}{\ln 40000 - \ln 20260} = \frac{4.92 - 3.51}{10.6 - 9.92} = \frac{1.41}{0.68} \approx 2$$

故对 NO 来说其级数为 2。

再用式(9.22)求 H_2 的级数 β：

$$\beta = \frac{\ln 213 - \ln 147}{\ln 38520 - \ln 27340} = \frac{5.36 - 4.99}{10.56 - 10.22} = \frac{0.37}{0.34} \approx 1$$

$$\beta = \frac{\ln 147 - \ln 105}{\ln 27340 - \ln 19600} = \frac{4.99 - 4.65}{10.22 - 9.88} = \frac{0.34}{0.34} = 1$$

故对 H_2 来说其级数为 1。反应的总级数 $n = \alpha + \beta = 3$。其速率公式为

$$r = k[\text{NO}]^2[\text{H}_2]$$

习题 13 在 326 ℃ 的密闭容器中盛有 1,3 - 丁二烯，其二聚反应为 $2C_4H_6(g) \longrightarrow C_8H_{12}(g)$，在不同时刻 t 测得容器中的压力 p 为

t/min	0.00	3.05	12.18	24.55	42.50	68.05
p/kPa	84.25	82.45	77.87	72.85	67.89	63.26

试用积分法求反应级数与速率常数。　　　　[答案：二级；1.74×10^{-4} $kPa^{-1} \cdot min^{-1}$]

习题 14 氰酸铵在水溶液中转化为尿素的反应为

$$\text{NH}_4\text{OCN} \longrightarrow \text{CO(NH}_2)_2$$

测得如下数据：

初始浓度 $a/(\text{mol} \cdot \text{dm}^{-3})$	0.05	0.10	0.20
半衰期 $t_{1/2}$/h	37.03	19.15	9.45

试确定反应级数。　　　　　　　　　　　　　　　　　[答案：二级]

习题 15 试将反应的半衰期 $t_{1/2}$ 及反应物消耗掉 3/4 所需时间 $t_{3/4}$ 之比值表示成反应级数 n 的函数，并计算对于零级、一级、二级、三级反应来说，此比值各为多少？

[答案：2/3；1/2；1/3；1/5]

习题 16 856 ℃ 时 NH_3 在钨表面上分解，当 NH_3 的初始压力为 13.33 kPa 时，100 s 后，NH_3 的分压降低了 1.80 kPa；当 NH_3 的初始压力为 26.66 kPa 时，100 s 后，NH_3 的分压降低了 1.87 kPa。试求反应级数。　　　　　　　　　　[答案：零级]

习题 17　利用习题 5 所给数据,以微分法确定二甲醚分解反应的级数。〔答案:一级〕

习题 18　有人在某恒定温度下测得了乙醛分解反应在不同分解程度时的反应速率 r:

分解百分数/%	0	5	10	15	20	25	30	35	40	45	50
$r/(Pa \cdot min^{-1})$	1137	998.4	898.4	786.5	685.2	625.2	574.5	500.0	414.6	356.0	305.3

试将 $\ln r$ 对乙醛剩下的百分数之 $\ln c$ 作图,以确定此反应对时间而言的级数。〔答案:二级〕

§9.5　温度对反应速率的影响

1. Arrhenius 经验公式

前面讨论浓度对反应速率的影响时都以温度一定为前提,现在来讨论温度对反应速率的影响时,也需把浓度的影响消除,所以通常都是讨论速率常数 k 随温度的变化。

温度对反应速率的影响比浓度的影响更为显著,一般说来,反应的速率常数随温度的升高而很快增大。关于速率常数 k 与反应温度 T 之间的定量关系,早在 19 世纪末,Arrhenius 等人总结了大量的实验数据,提出了下述经验公式:

$$\frac{\mathrm{d}\ln k}{\mathrm{d}T} = \frac{E_a}{RT^2} \tag{9.24}$$

式中 E_a 称为"实验活化能",一般可将它看做与温度无关的常数,其单位为 $J \cdot mol^{-1}$ 或 $kJ \cdot mol^{-1}$。将式(9.24)作不定积分,可得

$$\ln k = -\frac{E_a}{RT} + B \tag{9.25}$$

式中 B 为积分常数。由式(9.25)可以看出,以 $\ln k$ 对 $1/T$ 作图应得一直线,其斜率为 $-E_a/R$。若将 CH_3CHO 的气相分解反应和 $CO(CH_2COOH)_2$ 的液相分解反应的实验所得数据作 $\ln k - 1/T$ 图,可得图 9.5。大量实验事实表明,对大多数化学反应来说,都有式(9.25)这样的关系式。

此外,式(9.25)也可改写为下列形式:

$$k = Ae^{-E_a/RT} \tag{9.26}$$

式中 A 为一常数,通常称为"指前因子"或"频率因子"。由式(9.26)可见,速率

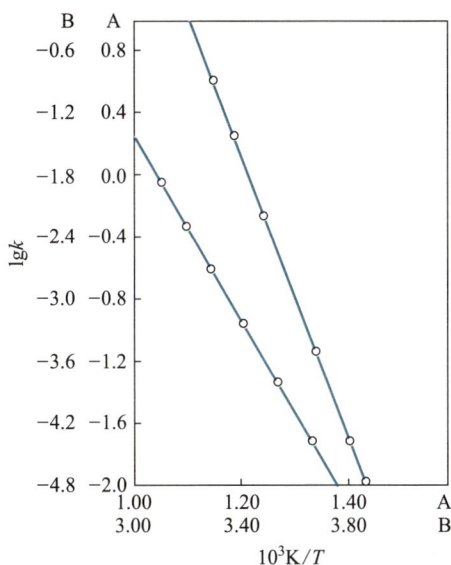

A—CH_3CHO 的气相分解；B—$CO(CH_2COOH)_2$ 的液相分解

图 9.5 反应速率常数与温度的关系

常数 k 与温度 T 呈指数关系，所以人们往往将式(9.26)称为反应速率的指数规律。

式(9.24)、式(9.25)及式(9.26)都称为 Arrhenius 公式，前者是它的微分形式，后二者都是它的积分形式。Arrhenius 公式的适用面相当广，不仅适用于气相反应，也能适用于液相反应和复相催化反应。

但是，并不是所有的反应都能符合 Arrhenius 公式。各种化学反应的速率与温度的关系相当复杂，目前已知的有图 9.6 所示的五种类型。

其中，第 Ⅰ 种类型最为常见，它符合 Arrhenius 公式，故称为 Arrhenius 类型；第 Ⅱ~Ⅳ 种类型的反应不多，不符合 Arrhenius 公式。例如，爆炸反应属于第 Ⅱ类；有的复相催化反应属于第 Ⅲ类；第 Ⅳ 种类型是在碳的氧化反应中观察到的。第 Ⅴ 种类型较为反常，其反应速率随温度升高而下降，但 Arrhenius 公式亦可适用，只不过活化能 E_a 为负值。NO 的氧化反应即属于此。

2. 活化能的概念及其实验测定

Arrhenius 公式的提出，大大促进了反应速率理论的发展。为了解释这个经验公式，Arrhenius 提出了活化分子和活化能的概念。活化能概念的提出具有很大的理论价值，在解释动力学现象时应用得非常广泛。但是亦应指出，关于活化

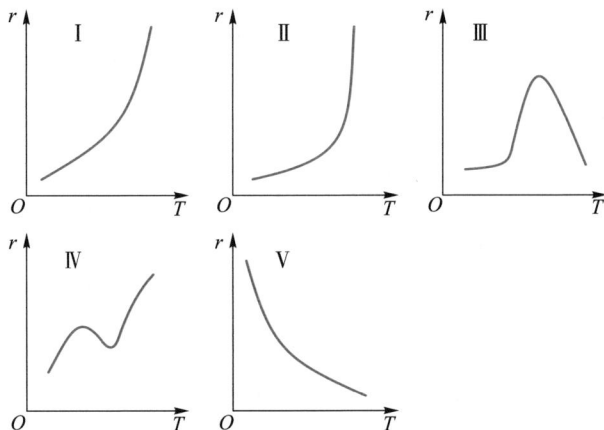

图 9.6   反应速率与温度关系的各种类型

能的定义,目前还没有完全统一,随着反应速率理论的发展,人们对活化能这一概念的理解也在逐步深化。现在先对 Arrhenius 在解释其经验公式时所提出的活化分子和活化能的概念作一介绍。

（1）活化分子和活化能的概念。

为什么不同的反应其速率常数 k 的值相差那么大？为什么反应速率常数随温度的变化呈指数关系？究竟是什么内在因素在决定着 k 值的大小及其随温度变化的程度？为了解释这些问题,Arrhenius 提出了一个设想,即不是反应物分子之间的任何一次直接作用都能发生反应,只有那些能量相当高的分子之间的直接作用方能发生反应。在直接作用中能发生反应的、能量高的分子称为"活化分子"。活化分子的能量比普通分子的能量的超出值称为反应的活化能。后来,Tolman 曾用统计力学证明对基元反应来说,活化能是活化分子的平均能量 $\langle E^* \rangle$ 与所有反应物分子平均能量 $\langle E \rangle$ 之差,可用下式表示：

$$E_a = \langle E^* \rangle - \langle E \rangle \tag{9.27}$$

利用分子运动论可以算出,当气体的浓度为 $1\ mol \cdot dm^{-3}$ 时,每立方厘米、每秒内反应物分子可发生约 10^{28} 次碰撞,如果反应物分子之间的任何一次直接碰撞都能发生反应的话,那么,只需 $10^{-5}s$ 的时间反应即可完成。换言之,任何反应都可以瞬时完成。但实验事实却不是这样,这说明不是反应物分子之间的每一次直接作用都能发生反应,而是只有数量少得多的活化分子之间的直接作用才能发生反应。因为不同的反应所需活化能的数值并不相同,因此对不同的反应来说,在反应物总分子数相同的情况下,活化分子的数目是不同的,所以活化分子的碰撞数也不相同,这正是不同的反应其速率快慢可以相差很多的原因。温度升高能加快反应速率是因为随着升温活化分子数目增多。从这样的观点出发,结合平衡常数随温度变化的热力学公式,Arrhenius 解释了他的经验公式。

假设有一个对峙反应:

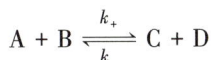

$$A + B \underset{k_-}{\overset{k_+}{\rightleftharpoons}} C + D$$

正、逆向反应都是简单反应,k_+ 及 k_- 分别是其速率常数,则

$$r_+ = k_+[A][B] \qquad r_- = k_-[C][D]$$

反应平衡时 $r_+ = r_-$,所以

$$K_c = \frac{[C][D]}{[A][B]} = \frac{k_+}{k_-}$$

根据热力学的结论,平衡常数 K_c 随温度的变化有下列关系:

$$\frac{\mathrm{d}\ln K_c}{\mathrm{d}T} = \frac{\Delta U}{RT^2}$$

将 $K_c = k_+/k_-$ 及 $\Delta U = U(\text{产物}) - U(\text{反应物})$ 代入上式可得

$$\frac{\mathrm{d}\ln k_+}{\mathrm{d}T} - \frac{\mathrm{d}\ln k_-}{\mathrm{d}T} = \frac{U(\text{产物})}{RT^2} - \frac{U(\text{反应物})}{RT^2} \tag{9.28}$$

根据 Arrhenius 的观点,两个反应物分子直接作用,在变成产物之前需经过一"活化态",图 9.7 表示了反应物、产物和活化态的能量关系。

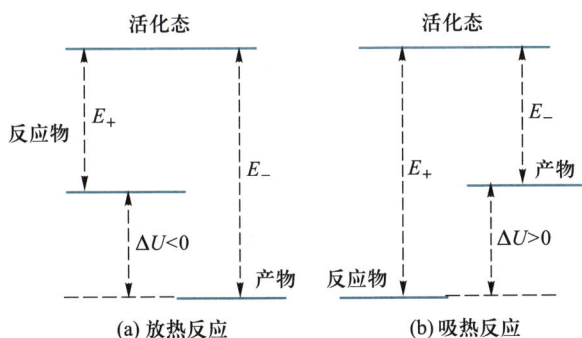

图 9.7　活化能示意图

图中,E_+ 是正向反应的活化能;E_- 是逆向反应的活化能。按 Arrhenius 公式,对上述对峙反应有

$$\frac{\mathrm{d}\ln k_+}{\mathrm{d}T} - \frac{\mathrm{d}\ln k_-}{\mathrm{d}T} = \frac{E_+}{RT^2} - \frac{E_-}{RT^2} \tag{9.29}$$

比较式(9.28)和式(9.29)可得

$$E_+ - E_- = \Delta U = U(\text{产物}) - U(\text{反应物}) \tag{9.30}$$

式(9.30)说明正、逆向反应活化能之差即为反应的定容反应热 ΔU。以 U(活化态)代表活化态能量,则式(9.30)可变为

$$E_+ + U(\text{反应物}) = E_- + U(\text{产物}) = U(\text{活化态}) \tag{9.31}$$
$$U(\text{活化态}) - U(\text{反应物}) = E_+$$
$$U(\text{活化态}) - U(\text{产物}) = E_-$$

由上式可看出,活化态的能量与反应物能量之差即为正向反应的活化能 E_+,而活化态能量与产物能量之差即为逆向反应的活化能 E_-。

(2) 活化能的实验测定。

在动力学研究中,活化能是十分重要的参数。活化能的数值是根据实验数据利用 Arrhenius 公式求得的。通常有两种方法:

① 作图法。由 Arrhenius 公式的不定积分形式[式(9.25)]:

$$\ln k = -\frac{E_a}{RT} + B$$

可知,只要测得几个不同温度下的反应速率常数,以 $\ln k$ 对 $1/T$ 作图,即可得一直线,其斜率为 $-E_a/R$;因此

$$E_a = -(\text{斜率}) \times R$$

② 数值计算法。将 Arrhenius 公式的微分形式[式(9.24)]在两温度之间作定积分,则可得

$$\ln \frac{k(T_2)}{k(T_1)} = \frac{E_a(T_2 - T_1)}{RT_2 T_1} \tag{9.32}$$

将两个任意温度下的 k 值代入式(9.32),即可算出反应的活化能。

例题 7　已测得反应:

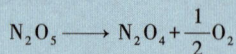

$$N_2O_5 \longrightarrow N_2O_4 + \frac{1}{2}O_2$$

在不同温度 t 时的速率常数 k,数据如下:

$t/$ ℃	0	25	35	45	55	65
$k/(10^{-5}s^{-1})$	0.0787	3.46	13.5	49.8	150	487

求反应活化能 E_a。

解:根据题给数据算出所需数据列于下表:

T/K	273	298	308	318	328	338
$10^3 K/T$	3.66	3.36	3.25	3.14	3.05	2.96
$\ln(k/s^{-1})$	-14.06	-10.27	-8.91	-7.61	-6.50	-5.32

(1) 作图法。以 $\ln k$ 对 $1/T$ 作图(见下图),得一直线。求得斜率为 -12.3×10^3 K。

$$E_a = (8.314 \times 12.3 \times 10^3) \text{ J} \cdot \text{mol}^{-1} = 1.02 \times 10^5 \text{ J} \cdot \text{mol}^{-1}$$

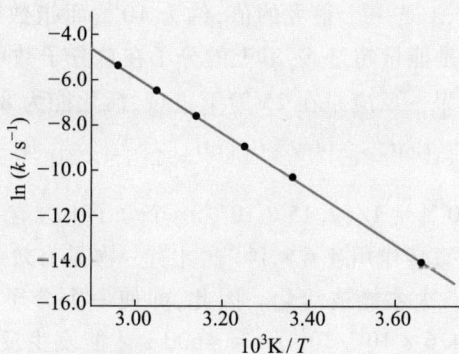

(2) 计算法。取 $T_1 = 273$ K;$T_2 = 338$ K。

$$\ln[k(T_2)/k(T_1)] = -5.32 + 14.06 = 8.74$$

$$E_a = \left(\frac{8.74 \times 8.314 \times 273 \times 338}{338 - 273}\right) \text{ J} \cdot \text{mol}^{-1} = 1.03 \times 10^5 \text{ J} \cdot \text{mol}^{-1}$$

取 $T_1 = 273$ K;$T_2 = 318$ K。

$$\ln[k(T_2)/k(T_1)] = -7.61 + 14.06 = 6.45$$

$$E_a = \left(\frac{6.45 \times 8.314 \times 273 \times 318}{318 - 273}\right) \text{ J} \cdot \text{mol}^{-1} = 1.03 \times 10^5 \text{ J} \cdot \text{mol}^{-1}$$

取 $T_1 = 298$ K;$T_2 = 328$ K。

$$\ln[k(T_2)/k(T_1)] = -6.50 + 10.27 = 3.77$$

$$E_a = \left(\frac{3.77 \times 8.314 \times 298 \times 328}{328 - 298}\right) J \cdot mol^{-1} = 1.02 \times 10^5\ J \cdot mol^{-1}$$

取平均值：

$$E_a = \left[\frac{1}{3}(1.03 + 1.03 + 1.02) \times 10^5\right] J \cdot mol^{-1} = 1.03 \times 10^5\ J \cdot mol^{-1}$$

3. Arrhenius 公式的一些应用

Arrhenius 公式是动力学研究中的基本公式之一，其应用非常广泛。前述反应活化能的求算就是该公式的重要应用之一。下面再从以下三个方面对该公式的应用作些简单介绍。

（1）解释一些实验现象。

Arrhenius 公式的一种形式即所谓指数规律为

$$k = Ae^{-E_a/RT}$$

在一般的二级反应中，A 是一个很大的值，约为 10^{11}；而指数因子 $e^{-E_a/RT}$ 由 Boltzmann 能量分布可知，是能量超过 E_a 以上的分子在总分子数中所占的分数，这是一个很小的数值。如果一反应是在 25 ℃下进行，活化能为 83.68 $kJ \cdot mol^{-1}$，则

$$e^{-E_a/RT} = e^{-83680/(8.314 \times 298)} = 2.15 \times 10^{-15}$$

这就是说，在 $4.6 \times 10^{14}[= 1/(2.15 \times 10^{-15})]$ 个分子中方有一个是活化分子，或者说反应分子之间要直接作用 4.6×10^{14} 次才有一次是有效的，或者说一个分子要直接作用 4.6×10^{14} 次才能被活化。因此，即使一个分子每秒直接作用高达 10^{11} 次之多，也需要 $(4.6 \times 10^{14}/10^{11})$ s = 4600 s 才能发生反应。所以任何一个化学反应其速率的快慢主要取决反应活化能的大小。由式(9.26)也可看出，活化能 E_a 越大，则 k 值越小；活化能 E_a 越小，则 k 值越大。一般化学反应的活化能在 60~250 $kJ \cdot mol^{-1}$。如果活化能小于 40 $kJ \cdot mol^{-1}$，则其速率常数将大到用一般的实验方法无法测量的程度。

由式(9.26)还可看出，对给定的某一化学反应来说，温度 T 升高时，$e^{-E_a/RT}$ 的值增大，亦即活化分子在总分子数中的占比增大，故导致 k 值增大；反之亦然。由于 k 和 T 呈指数关系，所以 k 随 T 的变化甚为显著。

从 Arrhenius 公式的微分形式[式(9.24)]：

$$\frac{d\ln k}{dT} = \frac{E_a}{RT^2}$$

可以看出,一反应的活化能越大,则 k 随温度的变化率也越大;反之,反应的活化能越小,k 随温度的变化率也就越小。

(2) 由已知的某温度下的速率常数求算另一温度下的速率常数。

> 例题 8 $CO(CH_2COOH)_2$ 在水溶液中分解反应的活化能 $E_a = 97.61 \text{ kJ} \cdot \text{mol}^{-1}$。测得 283 K 的速率常数 $k(283 \text{ K}) = 1.08 \times 10^{-4} \text{s}^{-1}$,试求 303 K 的速率常数。
>
> 解:由式(9.32)知:
>
> $$\ln[k(T_2)/\text{s}^{-1}] = \ln[k(T_1)/\text{s}^{-1}] + \frac{E_a(T_2 - T_1)}{RT_1T_2}$$
>
> $$\ln[k(303 \text{ K})/\text{s}^{-1}] = \ln(1.08 \times 10^{-4}) + \frac{9.761 \times 10^4 \times (303 - 283)}{8.314 \times 283 \times 303} = -6.395$$
>
> $$k(303 \text{ K}) = 1.67 \times 10^{-3} \text{s}^{-1}$$

(3) 确定较适宜的反应温度。

原则上说,只需将 Arrhenius 公式代入反应的速率公式,即可解决确定较适宜的反应温度的问题。例如,对于速率公式符合 $-\mathrm{d}c/\mathrm{d}t = kc^n$ 形式的非一级的 n 级反应来说,代入 Arrhenius 公式可得

$$-\frac{\mathrm{d}c}{\mathrm{d}t} = A\mathrm{e}^{-E_a/RT} \cdot c^n$$

积分上式可得

$$-\int_{c_0}^{c} \frac{\mathrm{d}c}{c^n} = \int_0^t A\mathrm{e}^{-E_a/RT} \cdot \mathrm{d}t$$

$$\frac{1}{n-1}(c_0^{1-n} - c^{1-n}) = A\mathrm{e}^{-E_a/RT} \cdot t \qquad (9.33)$$

在测得级数 n 并已知 A、E_a 或者 k 对 T 的函数关系之后,指定在某一时间 t 内反应物所应达到的转化率,即确定 c 值,就可利用式(9.33)求出对应的温度 T。至于一级反应的有关问题,也需利用上述办法解决,仅举一例如下。

> 例题 9 溴乙烷分解反应的活化能 $E_a = 229.3 \text{ kJ} \cdot \text{mol}^{-1}$,650 K 时的速率常数 $k = 2.14 \times 10^{-4} \text{s}^{-1}$。现欲使此反应在 20.0 min 内完成 80%,问应将反应温度控制为多少?

解：根据 $k = Ae^{-E_a/RT}$ 可知：

$$A = ke^{E_a/RT} = 2.14 \times 10^{-4}\ \text{s}^{-1} \times e^{2.293 \times 10^5/(8.314 \times 650)} = 5.73 \times 10^{14}\ \text{s}^{-1}$$

所以该反应的 k 对 T 的函数关系式为

$$k = 5.73 \times 10^{14} \times e^{-2.293 \times 10^5 \text{K}/8.314T}\ \text{s}^{-1}$$

该反应的速率公式为

$$\ln(c_0/c) = kt$$

因此

$$\ln[1.00/(1.00 - 0.80)] = 5.73 \times 10^{14} \times e^{-2.293 \times 10^5 \text{K}/8.314T} \times 20.0 \times 60$$

解得

$$T = 679\ \text{K}$$

欲使溴乙烷分解反应在 20.0 min 时完成 80%，应将反应温度控制在 679 K。

关于复合反应最适宜温度的确定以后再讨论。

综上所述，Arrhenius 公式在化学动力学中的作用是相当重要的，下面还需对它作两点说明：

（1）Arrhenius 公式对简单反应或复合反应中的每一基元反应总是适用的，对某些复合反应来说，只要其速率公式具有 $r = k[\text{A}]^{\alpha}[\text{B}]^{\beta}\cdots$ 的形式，仍然可以应用 Arrhenius 公式。但此时公式中的活化能不像简单反应那样具有明确的含义，而可能是组成该复合反应的某些基元反应活化能的某种组合，因此通常被称为"表观活化能"。但是对于速率公式不具有 $r = k[\text{A}]^{\alpha}[\text{B}]^{\beta}\cdots$ 形式，亦即无确定级数的复合反应，不能应用 Arrhenius 公式。

（2）在 Arrhenius 公式中，将反应的活化能看作一个与温度无关的常数，而实际上它是略与温度有关的。

习题 19　已知某反应活化能 $E_a = 80\ \text{kJ} \cdot \text{mol}^{-1}$，试求（1）由 20 ℃ 变到 30 ℃；（2）由 100 ℃ 变到 110 ℃，其速率常数分别是原来的多少倍？　　[答案：(1) 3 倍；(2) 2 倍]

习题 20　有两个反应其活化能相差 $4.184\ \text{kJ} \cdot \text{mol}^{-1}$，如果忽略这两个反应的指前因子的差异，计算在 300 K 时这两个反应的速率常数之比。　　[答案：5.35]

习题 21　甲酸在金表面上的分解反应在 140 ℃ 及 185 ℃ 时的速率常数分别为 $5.5 \times 10^{-4}\ \text{s}^{-1}$ 及 $9.2 \times 10^{-3}\ \text{s}^{-1}$。试求此反应的活化能。　　[答案：$98.4\ \text{kJ} \cdot \text{mol}^{-1}$]

习题 22　邻硝基氯苯的胺化反应是二级反应。实验测得不同温度的速率常数如下：

T/K	413	423	433
$k/(10^{-4}\ \text{mol}^{-1} \cdot \text{dm}^3 \cdot \text{min}^{-1})$	2.24	3.93	7.10

试用作图法求活化能,并确定 $k = f(T)$ 的具体关系式。　　　　　　　　　[答案:86 kJ·mol^{-1}]

　　习题 23　环氧乙烷的分解是一级反应,380 ℃时的半衰期为 363 min,反应的活化能为 217.57 kJ·mol^{-1}。试求该反应在 450 ℃条件下完成75%所需时间。　　　[答案:15.0 min]

　　习题 24　在水溶液中,2−硝基丙烷与碱作用为二级反应。其速率常数与温度的关系为

$$lg[k/(mol^{-1} \cdot dm^3 \cdot min^{-1})] = 11.9 - \frac{3163}{T/K}$$

试求反应的活化能,并求当两种反应物的初始浓度均为 8.0×10^{-3} mol·dm^{-3},温度为 10 ℃ 时反应半衰期。　　　　　　　　　　　[答案:60.56 kJ·mol^{-1};23.64 min]

　　习题 25　假定下列可逆反应的正、逆向反应都是基元反应,正、逆向反应的速率常数分别为 k_+ 和 k_-:

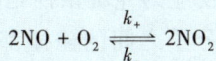

$$2NO + O_2 \underset{k_-}{\overset{k_+}{\rightleftharpoons}} 2NO_2$$

实验测得如下的数据:

T/K	600	645
$k_+/(mol^{-2} \cdot dm^6 \cdot min^{-1})$	6.63×10^5	6.52×10^5
$k_-/(mol^{-1} \cdot dm^3 \cdot min^{-1})$	8.39	40.7

试求(1) 600 K 及 645 K 时反应的平衡常数 K_c;(2) 正向反应的 $\Delta_r U_m$ 及 $\Delta_r H_m$;(3) 正、逆向反应的活化能 E_+ 及 E_-;(4) 判断原假定是否正确。

[答案:(1) 7.90×10^4 dm^3·mol^{-1},1.60×10^4 dm^3·mol^{-1};
(2) -114 kJ·mol^{-1},-119 kJ·mol^{-1};(3) -1.20 kJ·mol^{-1},113 kJ·mol^{-1}]

　　习题 26　实验发现,在定温条件下 NO 分解反应的半衰期 $t_{1/2}$ 与 NO 的初始压力 p_0 成反比。不同温度 t 时测得如下数据:

$t/℃$	694	757	812
p_0/kPa	39.20	48.00	46.00
$t_{1/2}/s$	1520	212	53

试求(1) 反应在 694 ℃时的速率常数;(2) $t = t_{1/2}$ 时反应混合物中 N_2 的摩尔分数;(3) 活化能。　　　　　　[答案:(1) 1.68×10^{-5} kPa^{-1}·s^{-1};(2) 0.25;(3) 237 kJ·mol^{-1}]

§9.6　双分子反应的简单碰撞理论

　　人们在测量了大量反应的速率常数并对速率常数与温度的依赖关系有了相

当了解以后,对于为什么会有这些宏观规律存在,必须从理论上给予回答。更重要的是,人们希望像化学热力学能预言反应的方向和限度一样,化学动力学能预言反应的速率常数。尽管目前反应速率理论的发展还远远落后于实验,但它正是化学动力学研究中很活跃的领域。本节先介绍双分子反应的简单碰撞理论。

简单碰撞理论是在接受了 Arrhenius 关于"活化态"和"活化能"概念的基础上,利用已经建立起来的气体分子动理论,在 1918 年由 Lewis 建立起来的。

现以气相双分子基元反应:

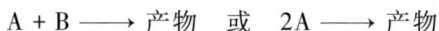

$$A + B \longrightarrow 产物 \quad 或 \quad 2A \longrightarrow 产物$$

为例来讨论。对于反应是如何进行的问题,简单碰撞理论有两点基本看法:

(1)两个反应物分子发生反应的先决条件是必须发生碰撞;

(2)不是任何两个反应物分子之间的碰撞都能发生反应,只有当两个反应物分子的能量超过一定数值时,碰撞后才能发生反应。

根据以上两点基本看法,自然就得出一个结论:分子在单位时间内的有效碰撞数就应该是反应速率。如果用符号 Z 代表反应系统中单位体积、单位时间内分子之间的总碰撞数,用符号 q 代表有效碰撞在总碰撞数中所占的分数,那么,反应速率就可写为

$$r = -\frac{\mathrm{d}c}{\mathrm{d}t} = Zq \tag{9.34}$$

所以只要设法求得 Z 和 q 就可求算反应速率和速率常数。

1. 总碰撞数 Z 的求算

假设分子为刚性球体(对结构比较简单的分子来说,可近似地认为是正确的),根据气体分子动理论可知[1],如果是 A、B 两种不同分子间的碰撞,在单位体积、单位时间中的总碰撞数为

$$
\begin{aligned}
Z &= \left(\frac{\sigma_A + \sigma_B}{2}\right)^2 \left(8\pi RT \frac{M_A + M_B}{M_A M_B}\right)^{1/2} \frac{N_A}{V} \cdot \frac{N_B}{V} \\
&= \pi d_{AB}^2 \left(\frac{8RT}{\pi} \frac{M_A + M_B}{M_A M_B}\right)^{1/2} \frac{N_A}{V} \cdot \frac{N_B}{V}
\end{aligned} \tag{9.35}
$$

式中 V 为体积;N_A、N_B 分别为 A、B 的分子数;M_A、M_B 分别为 A、B 的摩尔质量;σ_A、σ_B 分别为 A、B 分子的直径;$d_{AB} = (\sigma_A + \sigma_B)/2$ 为 A、B 分子的平均直径;

---

❶ 关于碰撞公式的推导,可复习普通物理学的有关内容。

πd_{AB}^2 称为碰撞截面,它可作为碰撞行为的概率大小的一种度量。

如果是同种分子间的碰撞,在单位体积、单位时间中的总碰撞数为

$$Z_{AA} = 2\sigma_A^2 \left(\frac{\pi RT}{M_A}\right)^{1/2} \left(\frac{N_A}{V}\right)^2 = \frac{\sqrt{2}}{2}\pi d_A^2 \left(\frac{8RT}{\pi M_A}\right)^{1/2} \left(\frac{N_A}{V}\right)^2 \qquad (9.36)$$

例题 10 试计算在 1.0×10^5 Pa 和 700 K 时 HI 分子在单位体积、单位时间内的总碰撞数。查表知 HI 的分子碰撞直径为 3.5×10^{-10} m。

解:已知 $\sigma(\text{HI}) = 3.5 \times 10^{-10}$ m;$M(\text{HI}) = 128 \times 10^{-3}$ kg·mol^{-1},则每立方米中的分子数为

$$\frac{N(\text{HI})}{V} = L\frac{p}{RT} = 6.02 \times 10^{23}\text{分子}\cdot\text{mol}^{-1}\times \frac{1.0 \times 10^5 \text{N}\cdot\text{m}^{-2}}{8.314\ \text{N}\cdot\text{m}\cdot\text{mol}^{-1}\cdot\text{K}^{-1}\times 700\ \text{K}}$$

$$= 1.03 \times 10^{25}\text{分子}\cdot\text{m}^{-3}$$

将上述数据代入式(9.36)即得

$$Z(\text{HI}-\text{HI}) = \left[2 \times (3.50 \times 10^{-10})^2 \times \left(\frac{3.142 \times 8.314 \times 700}{128 \times 10^{-3}}\right)^{1/2} \times (1.03 \times 10^{25})^2\right] \text{m}^{-3}\cdot\text{s}^{-1}$$

$$= 9.82 \times 10^{33}\ \text{m}^{-3}\cdot\text{s}^{-1} = 9.82 \times 10^{27}\ \text{dm}^{-3}\cdot\text{s}^{-1}$$

从计算结果可看出,总碰撞数 Z 是如此之大,如果每次碰撞均能发生反应的话,则任何反应都将瞬时完成,而事实却远非如此。

2. 有效碰撞分数 q 的计算

究竟怎样的碰撞才算是有效碰撞呢?从气体分子动理论知道,虽然在温度一定时某种气体的分子有一定的平均平动能,但每个分子的平动能却是千差万别、瞬息万变的。大多数分子的平动能在平均值附近,有少量分子的平动能比平均值要低得多,也有少量分子的平动能比平均值要高很多。对大多数平动能在平均值附近或比平均值低的气体分子来说,它们之间的碰撞并不剧烈,不足以引起分子中化学键的松动和断裂,因此不能引起反应,碰撞后随即分开,这种碰撞称为"弹性碰撞"。只有那些平动能足够高的气体分子,由于碰撞较为剧烈,有可能松动和破坏旧化学键而变为产物分子,这种碰撞称为"反应碰撞",也称为"有效碰撞"。应指出,A 和 B 两个分子碰撞的剧烈程度并不取决于 A、B 两个分子的总平动能,而是取决于 A、B 两个分子在质心连线方向上的相对平动能,只有当 A、B 两个分子的这种相对平动能超过某一数值时方能发生反应,人们将这一数值称为化学反应的临界能或阈能,用 ε_c 来表示。不同的反应具有不同的临

界能 ε_c。在简单碰撞理论中:

$$\varepsilon_c L = E_c$$

称为反应的活化能。如果假设反应速率比分子间能量传递的速率慢很多,即反应发生时分子的能量分布仍然遵守平衡时的 Boltzmann 能量分布律;如果将分子的碰撞看做二维运动,则根据 Boltzmann 能量分布律可知,能量在 E_c 以上的分子数占总分子数的分数为

$$q = e^{-E_c/RT} \tag{9.37}$$

需要强调指出的是,简单碰撞理论中活化能的概念与 Arrhenius 公式中活化能的概念是不同的。简单碰撞理论明确指出,反应的临界能(亦即活化能)是指反应物分子碰撞时质心连线上相对平动能所需具有的最低值;而 Arrhenius 公式中的活化能是指反应分子的平均能量与所有分子的平均能量之差值。但可认为这二者虽然概念不同,但量值上是近乎相等的。令人遗憾的是,简单碰撞理论本身并不能预言 E_c 将有多大,而需借助 Arrhenius 实验活化能 E_a 方可求算 q 值,这是简单碰撞理论的一大缺陷。

3. 速率常数 k 的计算

将式(9.37)代入式(9.34),可得

$$r = -\frac{dc}{dt} = Z e^{-E_c/RT} \tag{9.38}$$

对于双分子反应,按质量作用定律,其速率公式应为

$$r = -\frac{dc}{dt} = k' c_A' c_B' \tag{9.39}$$

应注意,这里 c_A'、c_B' 的单位不是通常二级反应速率公式中的浓度,而是指 N_A/V 和 N_B/V,即单位体积(m^3)中的分子数;k' 为用分子数表示的速率常数。比较式(9.38)和式(9.39),即得

$$k' = \frac{Z}{c_A' c_B'} e^{-E_c/RT} = Z^0 e^{-E_c/RT} \tag{9.40}$$

与 Arrhenius 公式比较,只要将 E_c 和实验活化能 E_a 看成相等,则 $Z^0 = A$。这就是为什么有时将指前因子 A 称为频率因子。由式(9.40)可看出:

$$Z^0 = \frac{Z}{c_A' c_B'}$$

为 $c'_A = c'_B = 1$ 分子·m^{-3} 时单位体积、单位时间内的碰撞数。只要分别将式 (9.35) 和式 (9.36) 代入式 (9.40), 即可分别求算不同分子和相同分子的双分子反应的速率常数 k'。故式 (9.40) 亦就是简单碰撞理论速率常数的数学表达式。由于简单碰撞理论本身并不能预言临界能 E_c 的数值, 需要用实验活化能 E_a 来代替, 故简单碰撞理论实际上只能求算指前因子 A。

欲检验简单碰撞理论是否成功, 只需按式 (9.40) 从理论上计算出速率常数 k', 与实验测得的 k 值比较, 查看二者是否相符。但应注意, 在式 (9.40) 中 k' 的单位是 m^3·分子$^{-1}$·s^{-1}, 而通常实验测出的 k 的单位是 dm^3·mol^{-1}·s^{-1}。为便于比较, 需将 k' 值乘一换算因子方能与 k 值比较, 即

$$k = k' \times 1000L$$

其中 L 为 Avogadro 常数 (6.02×10^{23} 分子·mol^{-1})。

4. 简单碰撞理论的成功与失败

简单碰撞理论对于反应究竟是如何进行的提供了一个简明而清晰的物理图像, 它解释了简单反应的速率公式和 Arrhenius 公式成立的原因。对于一些分子结构简单的反应, 从理论上求算的 k 值与实验测得的 k 值能较好地符合。除此之外, 如果将式 (9.40) Z^0 中与温度有关的部分分出来, 则可将其改写为

$$k' = Z'T^{1/2}e^{-E_c/RT}$$

将上式两边取对数, 然后对 T 微分即得

$$\frac{\mathrm{dln}k'}{\mathrm{d}T} = \frac{E_c + \frac{1}{2}RT}{RT^2} \tag{9.41}$$

将式 (9.41) 与式 (9.24) 加以比较可看出, Arrhenius 公式的实验活化能 E_a 实际上是 $E_c + \frac{1}{2}RT$。所以, 严格地说, 实验活化能是略与温度有关的, 这一点已由实验证实。不过通常由于 $\frac{1}{2}RT \ll E_c$, 所以可粗略看做 $E_a \approx E_c$ 而已。

以上这些都是简单碰撞理论的成功之处, 也说明简单碰撞理论揭示了均相反应过程中若干本质性的问题。

简单碰撞理论本身还存在着很大的缺点, 主要有以下两个方面:

① 要从简单碰撞理论来求算速率常数 k, 必须要知道临界能 E_c, 但简单碰撞理论本身却不能预言 E_c 的大小, 还需通过 Arrhenius 公式来求得, 而 Arrhenius

公式中 E_a 的求得,首先必须从实验测得 k,这就使该理论失去了从理论上预示 k 的意义。

② 简单碰撞理论曾假设反应物分子是个无内部结构的刚性球体。这个假设过于粗糙,因此只是对那些反应物分子结构比较简单的反应,理论计算值与实验值才符合得较好,但对更多的反应来说,计算值与实验值有很大的偏差。例如,乙烯在气相中的二聚反应,理论值比实验值大 2000 倍; $C_2H_5OH + (CH_3CO)_2O$ 在 79 ℃ 下反应,理论值比实验值大 $10^5 \sim 10^6$ 倍;而 $(C_2H_5)_3N + C_2H_5I$ 在 140 ℃ 时的气相反应,理论值比实验值大 10^8 倍。这样大的偏差当然不能用实验误差来解释,而应从理论本身的缺陷去找原因。例如,对反应:

$$O_2N-\!\!\!\!\bigcirc\!\!\!\!-Br \ + \ OH^- \ \longrightarrow \ Br^- \ + \ O_2N-\!\!\!\!\bigcirc\!\!\!\!-OH$$

可以想见,只有 OH^- 与苯环上有 Br 取代基的碳原子碰撞时,才能发生反应,很难设想 OH^- 碰到苯环上其他碳原子也会发生上述反应。这就说明,对复杂分子的反应来说,除需考虑能量因素外,还需考虑碰撞时的空间方位问题,还可能有在反应部位附近较大原子基团起的屏蔽作用以及分子内部能量传递需要一定的时间等问题。因此,有人提出应在简单碰撞理论的速率公式前面乘以校正因子 P,即

$$k' = PZ^0 e^{-E_c/RT} \tag{9.42}$$

式中 P 称为"概率因子",其数值根据反应的不同而处在 $10^{-8} \sim 1$ 之间。但是简单碰撞理论本身不能求算 P 值的大小,因而成为一个经验性的校正系数。

习题 27 在 300 K 条件下将 1 g N_2 及 0.1 g H_2 在体积为 1.00 dm^3 的容器中混合。已知 N_2 和 H_2 分子的碰撞直径分别为 3.5×10^{-10} m 及 2.5×10^{-10} m。试求此容器中每秒内两种分子间的碰撞次数。 [答案:3.4×10^{32} s^{-1}]

习题 28 实验测得反应 $H_A + H_B H_C \longrightarrow H_A H_B + H_C$ 的活化能 $E_a = 31.4$ kJ·mol^{-1};指前因子 $A = 8.45 \times 10^{10}$ mol^{-1}·dm^3·s^{-1}。另外已知 H 及 H_2 的碰撞直径分别为 7.4×10^{-11} m 及 2.5×10^{-10} m。试用(1) Arrhenius 公式;(2) 简单碰撞理论公式计算上述反应在 300 K 条件下的速率常数,并将结果进行比较。

[答案:(1) 2.88×10^5 mol^{-1}·dm^3·s^{-1};(2) 8.61×10^5 mol^{-1}·dm^3·s^{-1}]

习题 29 甲基自由基·CH_3 复合为乙烷分子 C_2H_6 时,碰撞过程中无需第三体分子参加。已知甲基自由基的碰撞直径为 3.08×10^{-10} m;近似视该复合反应的活化能为零,概率

因子 P 为 1。试根据简单碰撞理论公式计算 $T = 300$ K 时的速率常数 k，单位分别以"分子$^{-1}$·m^3·s^{-1}""mol^{-1}·m^3·s^{-1}"和"mol^{-1}·dm^3·s^{-1}"表示。

[答案：1.37×10^{-16} 分子$^{-1}$·m^3·s^{-1}；8.25×10^{7} mol^{-1}·m^3·s^{-1}；

8.25×10^{10} mol^{-1}·dm^3·s^{-1}]

§9.7 基元反应的过渡态理论大意

过渡态理论又称活化络合物理论或绝对反应速率理论，是 1931~1935 年由 Eyring 和 Polanyi 提出的。这个理论的基本看法是：当两个具有足够能量的反应物分子相互接近时，分子的价键要经过重排，能量要经过重新分配，方能变成产物分子，在此过程中要经过一过渡态，处于过渡态的反应系统称为活化络合物。反应物分子通过过渡态的速率就是反应速率。

1. 势能面和过渡态理论中的活化能

过渡态理论在描述反应究竟是如何进行的时，采用了一个物理模型，即反应系统的势能面。由于势能面的求得需要求解量子力学方程，是一项相当复杂的计算工作，故这里只作定性的描述。

原子间的相互作用表现为原子间存在势能 V，势能是原子核间距 r 的函数，即 $V = f(r)$。现以一个原子与一个分子的置换反应为例。

$$A + B—C \longrightarrow A \cdots B \cdots C \longrightarrow A—B + C$$

该反应为三原子反应系统，则其势能应当与 $r_{A—B}$、$r_{B—C}$、$r_{A—C}$（或者与 $r_{A—B}$、$r_{B—C}$ 及 $\angle ABC$）有关，需要四维空间图形来表示，这是不可能的，故必须固定一个变量，以便转化为三维立体图表示。通常固定 $\angle ABC$ 为 180°，即 A、B、C 三个原子在一条直线上进行所谓的共线碰撞，以势能 V 对 $r_{A—B}$ 和 $r_{B—C}$ 作图，即得所谓的势能面。该势能面为空间三维曲面，为方便起见，通常将立体的势能曲面投影到 r_{AB} 和 r_{BC} 平面上，凡势能相同的点连成曲线，这种曲线称为等势能线。这就好像在地图上用等高线来表示地形的高低一样，如图 9.8 所示。图中每一点代表了反应系统中一特定的线性构型 A—B—C 的势能。在等势能线旁标注的数值是指势能的相对值，数值越大，表示系统的势能越高；数值越小，表示系统的势能越低。图中等势能线的密集程度代表势能变化的陡度。例如，当 r_{AB} 和 r_{BC} 很小时，势能急剧升高；当 r_{AB} 和 r_{BC} 很大时，势能缓慢升高。位于"高原"顶端的 S 点，代表三个原子 A、B、C 完全分离的高势能态。图中 R 点处于势能深谷中，代表 A 远离 B—C 分子的状态，即反应的始态；P 点处于另一侧的势能深

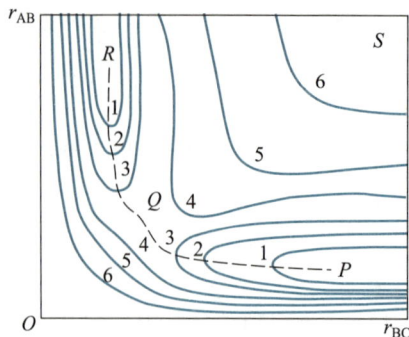

图 9.8 反应系统势能面投影图

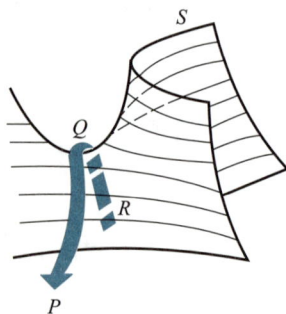

图 9.9 反应途径示意图

谷中,代表 C 远离 A—B 分子的状态,即反应的终态。从反应物到产物,可以有许多途径,但只有图中虚线所表示的途径 $R \cdots Q \cdots P$ 所需爬越的势垒(或称能峰)最低,即所需的能量最小,这是反应最有可能实现的捷径,这条途径称为"最小能量途径"或"反应坐标",亦就是沿 R 点附近的深谷翻过 Q 点附近的马鞍峰地区(见图 9.9),然后直下 P 点处的深谷。沿着反应坐标 $R \cdots Q \cdots P$ 进行反应时,可不必先破坏 B—C 键再进行 A—B 键的形成,而是沿着下述更为有利途径:

$$A + B-C \longrightarrow A \cdots B \cdots C \longrightarrow A-B + C$$

这时 B—C 键的断裂和 A—B 键的形成同时进行,这就要求形成一个中间过渡的三原子状态,即图中 Q 点所表示的状态,这种三原子状态称为反应的过渡态,A $\cdots$ B $\cdots$ C 称为活化络合物。因此可以认为,任何反应进行时均分为两步:① 反应物先一同形成活化络合物;② 活化络合物分解为产物。但这两步并不是截然分开的,也就是说活化络合物或过渡态并不是一个稳定的平衡态。如果用图 9.8 中虚线所示的 $R \cdots Q \cdots P$ 反应途径作为横坐标,以势能为纵坐标作图,则可得图 9.10。图中 R 点和 Q 点的势能差,即势能面上 R 点和 Q 点的高度差,亦即反应进行时所需爬越的势垒 ε_b,因此,$\varepsilon_b L = E_b$,就是过渡态理论中反应的活化能。

原则上可以用量子力学方法计算反应系统的势能面,从势能面上推测出最可能的反应途径,从过渡态在势能面上的位置,可确定活化络合物的构型及反应势垒的高度(即反应的活化能)。虽然计算机技术已得到重大发展并且建立了多种理论运算程序和

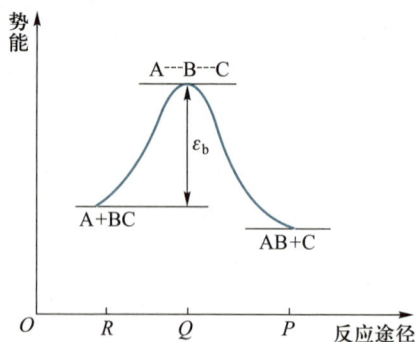

图 9.10 反应途径的势能图

方法,但目前仍然只能对一些相对简单的系统作较准确的计算,而对复杂的反应系统只能作近似的计算。

2. 过渡态理论速率常数公式的建立

过渡态理论是以反应系统的势能面为基础的。这个理论认为,一旦反应物达到过渡态的构型,亦即势能面上的代表点一旦自反应物深谷 R 达到过渡态 Q,则反应物就一定向产物深谷 P 转化。因此,只要计算出单位体积、单位时间内由反应物深谷越过过渡态的分子数,就可得知反应速率。但在具体求算速率常数时,需作以下两点近似和假设。

(1) 反应系统的能量分布总是符合 Boltzmann 分布,而且假设即使系统处于不平衡态,活化络合物的浓度也总是可以从平衡态理论计算。以双分子反应:

$$A + B \rightleftharpoons AB_{\neq} \longrightarrow 产物$$

为例,其中 $AB_{\neq}$ 即为活化络合物,因此可得

$$K_{\neq}^{\ominus} = \frac{c_{AB_{\neq}}/c^{\ominus}}{(c_A/c^{\ominus}) \cdot (c_B/c^{\ominus})} = \frac{c_{AB_{\neq}}}{c_A c_B} \cdot c^{\ominus}$$

或
$$c_{AB_{\neq}} = K_{\neq}^{\ominus} c_A c_B (c^{\ominus})^{-1} \tag{9.43}$$

应该强调指出的是,这里的 $AB_{\neq}$ 并不是一个稳定的物质或是一个反应的中间产物,而仅仅是由反应物到产物的连续过渡中的一个阶段,不存在活化络合物既可转化为产物又可返回为反应物这种情况;所谓平衡也不是活化络合物与反应物有什么真正的化学平衡,而只是近似地可用半衡方法来处理而已。

(2) 容许系统越过过渡态的运动可从与活化络合物相联系的其他运动中分离出来。如果把这种运动看做振动形式(也可以看做平动形式),则此振动自由度可单独从活化络合物的其他振动、转动和平动运动中分离出来。这就是说,活化络合物构型中有某个能断裂成产物的振动自由度很松弛,其振动频率很小,每一次振动均可导致产物的形成,而不可能具有反向变化能力。因此,反应速率应当既与活化络合物的浓度 $c_{AB_{\neq}}$ 有关,又与此种简正振动频率 $\nu_{\neq}$ 有关,可表示为

$$r = \nu_{\neq} c_{AB_{\neq}}$$

将式(9.43)代入上式,可得

$$r = \nu_{\neq} K_{\neq}^{\ominus} c_A c_B (c^{\ominus})^{-1} \tag{9.44}$$

而双分子基元反应的速率公式应为

$$r = k c_A c_B$$

将此式与式(9.44)比较,即可得速率常数公式:

$$k = \nu_{\neq} K_{\neq}^{\ominus} (c^{\ominus})^{-1} \tag{9.45}$$

根据量子力学理论,任一振动自由度的能量为 $h\nu_{\neq}$,其中 h 为 Planck 常数。又根据能量均分原理,任一振动自由度的能量为 $k_B T$,其中 k_B 为 Boltzmann 常数。因此,有

$$h\nu_{\neq} = k_B T$$

$$\nu_{\neq} = \frac{k_B T}{h} \tag{9.46}$$

将式(9.46)代入式(9.45),可得

$$k = \frac{k_B T}{h} K_{\neq}^{\ominus} (c^{\ominus})^{-1} \tag{9.47}$$

这就是基元反应过渡态理论的基本公式。其中 $k_B T/h$ 在一定温度下为一常数。由式(9.47)可看出,只要从理论上求出平衡常数 $K_{\neq}^{\ominus}$,即可求算速率常数。原则上说,用统计力学和量子力学是可以求算 $K_{\neq}^{\ominus}$ 的,但比较复杂,此处不再详述。

3. 过渡态理论速率常数的热力学表达式

过渡态理论亦常常用热力学量来表示反应的速率常数。根据热力学公式,可以定义:

$$\Delta G_{\neq}^{\ominus} = -RT\ln K_{\neq}^{\ominus} \tag{9.48}$$

及

$$\Delta G_{\neq}^{\ominus} = \Delta H_{\neq}^{\ominus} - T\Delta S_{\neq}^{\ominus} \tag{9.49}$$

式中 $\Delta G_{\neq}^{\ominus}$、$\Delta H_{\neq}^{\ominus}$ 和 $\Delta S_{\neq}^{\ominus}$ 分别为标准态下由反应物变为活化络合物的 Gibbs 函数、焓和熵变化,通常简称为"活化 Gibbs 函数""活化焓"和"活化熵"。由式(9.48)和式(9.49)可得

$$K_{\neq}^{\ominus} = \exp\left(\frac{-\Delta G_{\neq}^{\ominus}}{RT}\right) = \exp\left(\frac{-\Delta H_{\neq}^{\ominus}}{RT}\right) \cdot \exp\left(\frac{\Delta S_{\neq}^{\ominus}}{R}\right) \tag{9.50}$$

将式(9.50)代入式(9.47)可得

$$k = \frac{k_B T}{h} \cdot (c^{\ominus})^{-1} \cdot \exp\left(\frac{\Delta S_{\neq}^{\ominus}}{R}\right) \cdot \exp\left(-\frac{\Delta H_{\neq}^{\ominus}}{RT}\right) \tag{9.51}$$

式(9.51)与 Arrhenius 公式很相似。为与 Arrhenius 公式相比较,需找出

Arrhenius 活化能与活化焓 $\Delta H_{\neq}^{\ominus}$ 之间的关系。将式(9.47)取对数后对 T 求导数,可得

$$\frac{\mathrm{d}\ln k}{\mathrm{d}T} = \frac{1}{T} + \frac{\mathrm{d}\ln K_{\neq}^{\ominus}}{\mathrm{d}T} \tag{9.52}$$

式中 $K_{\neq}^{\ominus}$ 为用浓度表示的平衡常数 K_c,引用 Gibbs-Helmholtz 方程:

$$\frac{\mathrm{d}\ln K_{\neq}^{\ominus}}{\mathrm{d}T} = \frac{\Delta U_{\neq}^{\ominus}}{RT^2}$$

式中 $\Delta U_{\neq}^{\ominus}$ 为标准态下活化络合物与反应物的热力学能之差,称为"活化热力学能"。将此式及 $\Delta H_{\neq}^{\ominus} = \Delta U_{\neq}^{\ominus} + p\Delta V_{\neq}^{\ominus}$ 代入式(9.52),即得

$$\frac{\mathrm{d}\ln k}{\mathrm{d}T} = \frac{1}{T} + \frac{\Delta U_{\neq}^{\ominus}}{RT^2} = \frac{RT + \Delta H_{\neq}^{\ominus} - p\Delta V_{\neq}^{\ominus}}{RT^2} \tag{9.53}$$

与 Arrhenius 公式比较,显然有下列关系:

$$E_a = RT + \Delta H_{\neq}^{\ominus} - p\Delta V_{\neq}^{\ominus} \tag{9.54}$$

对液相反应来说,由于 $p\Delta V_{\neq}^{\ominus} \approx 0$,故

$$E_a = \Delta H_{\neq}^{\ominus} + RT \tag{9.55}$$

对气相反应来说,由于 $p\Delta V_{\neq}^{\ominus} = (1-n)RT$,其中 n 为反应分子数,故

$$\begin{aligned} E_a &= \Delta H_{\neq}^{\ominus} + RT - (1-n)RT \\ &= \Delta H_{\neq}^{\ominus} + nRT \end{aligned} \tag{9.56}$$

将式(9.56)代入式(9.51),即得

$$k = \frac{k_B T}{h} \cdot (c^{\ominus})^{-1} \cdot e^{\Delta S_{\neq}^{\ominus}/R} \cdot e^n \cdot e^{-E_a/RT} \tag{9.57}$$

这就是过渡态理论的反应速率常数热力学表达式。与 Arrhenius 公式比较可得

$$A = \frac{k_B T}{h} \cdot (c^{\ominus})^{-1} \cdot e^n \cdot e^{\Delta S_{\neq}^{\ominus}/R} = \frac{RT}{Lh} \cdot (c^{\ominus})^{-1} \cdot e^n \cdot e^{\Delta S_{\neq}^{\ominus}/R} \tag{9.58}$$

这说明指前因子 A 与活化熵 $\Delta S_{\neq}^{\ominus}$ 有关。

如果将式(9.57)与简单碰撞理论中的式(9.42)比较,则可得

$$PZ^0 = \frac{RT}{Lh} \cdot (c^{\ominus})^{-1} \cdot e^n \cdot e^{\Delta S_{\neq}^{\ominus}/R} \tag{9.59}$$

式中,由于 RT/Lh 与 Z^0 在数量级上相近,因此可近似认为 P 与 $e^{\Delta S_{\neq}^{\ominus}/R}$ 相当。这

样,简单碰撞理论用来校正偏差的概率因子 P 可用过渡态理论的活化熵 $\Delta S_{\neq}^{\ominus}$ 来解释。对结构简单的分子来说,在形成活化络合物时,有序性略有增加,即反应系统的混乱度略有降低,$\Delta S_{\neq}^{\ominus}$ 的负值不大,故此时简单碰撞理论中的 P 接近于 1。但对结构复杂的分子来说,在形成活化络合物时,有序性增加较多,即反应系统的混乱度降低较多,因此 $\Delta S_{\neq}^{\ominus}$ 的负值较大,此时简单碰撞理论中的 P 远小于 1。由于速率常数 k 与 $\Delta S_{\neq}^{\ominus}$ 呈指数关系,所以活化熵的数值只要有较小的改变,就会对 k 有显著影响,如 $\Delta S_{\neq}^{\ominus}$ 仅有 -40 J·K^{-1}·mol^{-1} 时,$e^{\Delta S_{\neq}^{\ominus}/R} \approx 10^{-3}$,这意味着碰撞理论中的 P 也将为 10^{-3} 的数量级,已偏离约 1000 倍。原则上说,过渡态理论可根据反应物和活化络合物的结构用统计力学来计算 $\Delta S_{\neq}^{\ominus}$,从而可大致预测概率因子 P 的大小。

由式(9.57)还可看出,各种不同反应的速率常数 k 之所以会有很大的差别,是由两个因素决定的。一是活化能 E_a,另一是活化熵 $\Delta S_{\neq}^{\ominus}$。这是由过渡态理论得到的一个重要结论。一般说来,活化能的大小是由形成活化络合物时将断裂或形成的键的键能所决定的,对于各种不同的反应来说,由于活化能的差别导致速率常数的差别可达 10^{50} 倍,因此,活化能是决定反应速率的主要因素。而活化熵对 k 的影响远不像活化能那样显著,但在需要特殊取向的反应中,其大小亦能使速率常数相差达 10^{10} 倍之多。

例题 11　反应:

$$H + CH_4 \longrightarrow H_2 + CH_3$$

已知 500 K 时其指前因子 $A = 1.00 \times 10^{10}$ dm^3·mol^{-1}·s^{-1},试求算此反应的活化熵 $\Delta S_{\neq}^{\ominus}$。

解: 此反应为双分子反应,由式(9.58)可知:

$$\exp\left(\frac{\Delta S_{\neq}^{\ominus}}{R}\right) = \frac{ALh}{RTe^2} \cdot c^{\ominus}$$

$$
\begin{aligned}
\Delta S_{\neq}^{\ominus} &= R\ln\frac{ALh}{RTe^2} \\
&= \left[8.314 \times \ln\frac{1.00 \times 10^{10} \times 6.02 \times 10^{23} \times 6.63 \times 10^{-34}}{8.314 \times 500 \times (2.72)^2}\right] \text{J·mol}^{-1}\text{·K}^{-1} \\
&= -74.4 \text{ J·mol}^{-1}\text{·K}^{-1}
\end{aligned}
$$

活化熵为负值,说明活化络合物的结构比分离的 H 和 CH$_4$ 要更为有序。

4. 过渡态理论的评价

反应速率理论的主要目的是解释实验现象并预测反应速率的大小。简单碰撞理论虽然揭示了反应进行过程中的一些本质问题,物理图像比较清晰,但它既不能从理论上预测活化能的大小,也不能定量地阐明概率因子 P 的含义。而过渡态理论将反应物分子的微观结构与反应速率联系起来,在统计力学和量子力学计算的基础上,提供了从理论上求算活化能和活化熵的可能性,比简单碰撞理论大大前进了一步。关于势能面、过渡态、活化络合物及活化熵等概念,已应用得相当广泛。它不仅可应用于气相反应,也可应用于溶液中的反应、复相反应、催化反应等。也应当指出,由于人们对活化络合物的结构还无法从实验上确定,因此在很大程度上具有猜测性,再加上计算方法比较复杂,在实际应用上还存在着一定的困难。所以,人们对反应速率理论的认识目前还远未完成,有待于进一步的探索和研究。

习题 30 有两个级数相同的反应其活化能数值相同,但二者的活化熵相差 60.00 J · K^{-1} · mol^{-1}。试求这两个反应在 300 K 时的速率常数之比。   [答案:1.36×10^3]

习题 31 有两个双分子反应,实验测得在 300 K 条件下二者的频率因子 A 分别为 3.2×10^{10} mol^{-1} · cm^3 · s^{-1} 和 5.7×10^7 mol^{-1} · cm^3 · s^{-1},试分别计算这两个反应的活化熵。如果将以上两反应速率常数换成以 mol^{-1} · dm^3 · s^{-1} 为单位,活化熵又为多少?试解释为什么活化熵的数值与速率常数所采用的单位有关。

[答案:-60.5 J · K^{-1} · mol^{-1};-113 J · K^{-1} · mol^{-1};

-118 J · K^{-1} · mol^{-1};-170 J · K^{-1} · mol^{-1}]

习题 32 实验测得丁二烯的气相二聚反应速率常数 k 与温度 T 的关系式为

$$k = [9.2 \times 10^9 \times e^{-12058/(T/K)}] \ mol^{-1} \cdot cm^3 \cdot s^{-1}$$

(1) 此反应的 $\Delta S_{\neq}^{\ominus} = -60.79$ J · K^{-1} · mol^{-1},试用过渡态理论公式求此反应在 600 K 时的指前因子 A;(2) 丁二烯的碰撞直径为 5.00×10^{-10} m,试用简单碰撞理论公式求此反应在 600 K 时的指前因子 A;(3) 讨论两个计算结果。

[答案:(1) 6.17×10^{10} mol^{-1} · cm^3 · s^{-1};(2) 2.67×10^{14} mol^{-1} · cm^3 · s^{-1}]

*§9.8 单分子反应理论简介

单分子反应是只有单一反应物分子参与而实现的反应。现在已知,真正的单分子反应只包括在气相中单一反应物分子的解离与异构化。在有机化学中,存在着许多具有重要意义的异构化反应。此外,许多复合反应的关键步骤也是单分子反应。研究单分子反应,并从理论上探讨其动力学规律具有重要意义。

自从 20 世纪 20 年代 Lindemann 提出单分子反应机理,后又经过许多位学者的工作,单分子反应理论已得到很大的发展。在此,仅将作为单分子反应速率理论基础的 Lindemann 机理作一简要介绍。

在单分子反应的早期研究中,发现反应速率常数随温度的升高而增大。同时又发现许多以多原子分子为反应物的气相单分子反应在压力较高时是一级反应;当压力逐渐降低时,一级反应速率常数也逐渐减小;而当压力足够低时,转化为二级反应。当时,探讨单分子反应理论的焦点集中在下面的问题上:既然单分子反应是由单一反应物分子参与而实现的,似乎就应该排除分子由于碰撞交换能量而获得活化能的可能性。那么,反应物分子究竟是如何取得活化能的呢?为什么单分子反应在压力较高时表现为一级反应,压力足够低时表现为二级反应呢?总之,单分子反应是依怎样的机理而进行的呢?

曾有人提出,单分子反应的反应物分子是因吸收容器壁的红外辐射而获得活化能的,但这一观点很快就被否定了。1922 年,Lindemann 提出了单分子反应的机理。在该机理中,Lindemann 强调:单分子反应系统仍然是因为分子间的频繁碰撞并交换能量而使一部分反应物分子获得了活化能。

Lindemann 单分子反应机理的要点如下:

(1) 反应物多原子分子 A 可通过分子间的碰撞而获得高于反应临界能 ε_c 的能量,变成活化分子 A^*:

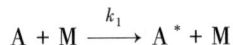

$$A + M \xrightarrow{k_1} A^* + M$$

M 可以是另一个 A 分子,也可以是其他不参与化学反应的惰性分子。

(2) 活化分子 A^* 可通过分子间碰撞而失活,回复到能量较低的稳定状态:

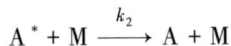

$$A^* + M \xrightarrow{k_2} A + M$$

(3) 活化分子 A^* 也可以发生化学反应生成产物:

$$A^* \xrightarrow{k_3} P$$

可将上述机理简要表示为

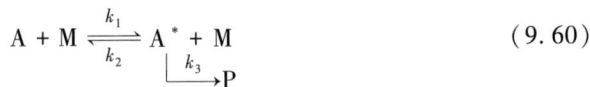

$$A + M \underset{k_2}{\overset{k_1}{\rightleftharpoons}} A^* + M \atop \quad\quad\quad \overset{k_3}{\vdash\!\!\rightarrow} P \tag{9.60}$$

根据这一机理可以推导出单分子反应的速率公式和速率常数表示式。因为活化分子 A^* 极其活泼,很不稳定,寿命很短,生成之后很快就会消耗掉,所以 A^* 的浓度 $[A^*]$ 必然是极小的,据此可以判断 $[A^*]$ 随时间的变化率 $d[A^*]/dt$ 必然也是极低的,可近似视为零。因此,据式(9.60)可得

$$\frac{d[A^*]}{dt} = k_1[A][M] - k_2[A^*][M] - k_3[A^*] = 0$$

由上式可解出:

$$[A^*] = \frac{k_1[A][M]}{k_2[M] + k_3}$$

将单分子反应速率用产物的生成速率表示:

$$r = \frac{d[P]}{dt} = k_3[A^*] = \frac{k_1 k_3[A][M]}{k_2[M] + k_3} \tag{9.61}$$

如果将式(9.61)写为对 A 为一级的速率公式,则可得到下面的形式:

$$r = k_{uni}[A] \tag{9.62}$$

式中 k_{uni} 就是 Lindemann 理论中单分子反应的速率常数,其表示式为

$$k_{uni} = \frac{k_1 k_3[M]}{k_2[M] + k_3} \tag{9.63}$$

从式(9.63)出发,可作出如下分析:

当反应系统中压力足够高时,$k_2[M] \gg k_3$,式(9.63)演化为

$$k_{uni} = \frac{k_1 k_3}{k_2} = k_\infty \tag{9.64}$$

k_∞ 是高压条件下 k_{uni} 的标记。代入式(9.62)可得

$$r = k_\infty[A] - \frac{k_1 k_3}{k_2}[\Lambda] \tag{9.65}$$

因此,单分子反应在高压下表现为一级反应。

当系统中压力逐渐降低时,式(9.63)中[M]逐渐变小,因此 k_{uni} 也逐渐变小。当系统中压力足够低时,$k_2[M] \ll k_3$,式(9.63)变为

$$k_{uni} = k_1[M] = k_0 \tag{9.66}$$

k_0 是低压条件下 k_{uni} 的标记。代入式(9.62)可得

$$r = k_0[A] = k_1[M][A]$$

若系统中并未加入惰性气体,则[M] = [A],上式为

$$r = k_1[A]^2 \tag{9.67}$$

故此单分子反应在低压条件下表现为二级反应。

总括上述可以得知,Lindemann 理论的正确性表现在以下几个方面:指明了

在单分子反应中,反应物分子活化的原因是分子之间的碰撞,而且碰撞活化与压力较高条件下呈一级反应动力学规律并不矛盾,成功地解释了单分子反应在高压下为一级反应,压力降低时速率常数减小,降压至足够低时转化为二级反应等实验事实。另外,式(9.61)揭示,单分子反应从本质上说并无简单级数。总之,Lindemann 理论概括了单分子反应的总的动力学特征。

虽然 Lindemann 理论有许多成功之处,但根据该理论的一些假设所求出的活化过程速率常数 k_1 及单分子反应速率常数 k_{uni} 及 k_∞,k_0 在数值上与实验结果常有较大差距。后来,在修正、改进 Lindemann 理论的基础上,又发展起来了数个单分子反应速率理论,如 Hinshelwood 理论、Slater 理论、RRK 理论及 RRKM 理论。但是,Lindemann 理论是这些单分子反应理论的基石。

习题 33　在 740 K 时,从 2 - 丁烯的顺式 - 反式异构化这一单分子反应中得到如下数据:

$[A]/(10^{-5} mol \cdot dm^{-3})$	0.25	0.30	0.60	1.20	5.90
$k_{uni}/(10^{-5} s^{-1})$	1.05	1.14	1.43	1.65	1.82

试求 k_∞ 及 k_1 $\left($提示:无惰性气体时 $[A] = [M]$;$\dfrac{1}{k_{uni}} = \dfrac{1}{k_\infty} + \dfrac{1}{k_1[A]}\right)$。

[答案:$1.91 \times 10^{-5}\ s^{-1}$;$9.41\ mol^{-1} \cdot dm^3 \cdot s^{-1}$]

思考题

1. 当反应 A ⟶ 产物的级数为分数($n \neq 1$ 而是分数)时,试证明有下列公式存在:

$$\frac{1}{[A]^{n-1}} - \frac{1}{[A_0]^{n-1}} = (n-1)kt$$

2. 当一级反应和二级反应的起始浓度和半衰期相同时,你能画出浓度 c 对时间 t 图的大致形状吗?

3. 对一级反应来说,当反应物浓度降至 $c = c_0/e$ 时,所需的时间称为反应的"平均寿命",用 τ 表示。试证明:$k\tau = 1$。

4. 对于气相二级反应 2A ⟶ A_2,反应进行过程中,实验测得气相的总压力为 p,起始压力为 p_0,试证明:

$$k_2 = \frac{2(p_0 - p)}{p_0(2p - p_0)t}$$

5. 你能在能量对反应坐标所作的图上大致画出 E_b、E_0、$\Delta H_\mathrm{未}^\ominus$、$E_a$ 和 $\Delta U_\mathrm{未}^\ominus$ 各线段的区别吗？

教学课件

拓展例题

第十章
复合反应动力学

　　由两个或两个以上的基元反应可构成各种各样的复合反应。简单级数反应中有一些是简单反应,但不少属于复合反应。然而,更多的复合反应并不具有简单级数,其速率公式也不能用式(9.6)的形式来归纳。本章将对一些常见的复合反应进行动力学分析,并简要介绍如何探索反应机理以及快速反应的一些研究方法。

§10.1　典型复合反应动力学

1. 对峙反应

　　对峙反应又称"可逆反应"。严格地说,任何反应都是可逆反应。设有下列正、逆向都是基元反应的可逆反应:

$$aA + bB \underset{k_-}{\overset{k_+}{\rightleftharpoons}} gG + hH$$

正向反应速率 $r_+ = k_+[A]^a[B]^b$,而逆向反应速率 $r_- = k_-[G]^g[H]^h$。随着反应的进行,反应物浓度[A]、[B]下降,r_+减缓;同时,产物浓度[G]、[H]上升,r_-增快。当 $r_+ = r_-$ 时,达到化学平衡状态。即

$$k_+[A]^a[B]^b = k_-[G]^g[H]^h$$

所以

$$\frac{k_+}{k_-} = \frac{[G]^g[H]^h}{[A]^a[B]^b} = K_c \tag{10.1}$$

　　由热力学原理可知,K_c 正是化学反应平衡常数。由动力学观点看,化学平衡不是化学反应的停止,而是正、逆向反应的速率相等,即动态平衡;平衡常数

K_c 等于正、逆向反应的速率常数之比。

有些化学反应的平衡常数很大,反应达到平衡时,反应物几乎完全转化为产物。即其逆向反应的速率常数很小,比之正向反应的速率常数可以忽略不计。对于这类反应,动力学上往往作为"单向反应"来处理,前一章所讨论的简单级数反应就属于此种情况。有些反应的平衡常数不是很大,即其逆向反应速率常数比较大,不能忽略不计,这种情况就是现在要讨论的对峙反应。最简单的例子是正、逆向反应都是一级反应的对峙反应:

$$A \underset{k_-}{\overset{k_+}{\rightleftharpoons}} B$$

设物质 A 的起始浓度为 a,物质 B 的起始浓度为 0,在 t 时刻 A 物质反应掉的浓度为 x,则 $[A] = a - x$,$[B] = x$,总反应速率为正、逆向反应速率之差。即

$$\frac{\mathrm{d}x}{\mathrm{d}t} = k_+(a - x) - k_- x \qquad (10.2)$$

移项可得
$$\frac{\mathrm{d}x}{k_+(a - x) - k_- x} = \mathrm{d}t$$

当 $t = 0$ 时,$x = 0$,积分上式所得结果为

$$\ln \frac{k_+ a}{k_+ a - (k_+ + k_-)x} = (k_+ + k_-)t \qquad (10.3)$$

当反应达到平衡时,若物质 B 的浓度为 x_e,则

$$k_- = \frac{k_+(a - x_e)}{x_e} \qquad (10.4)$$

只要物质 A 的起始浓度 a 一定,则 x_e 应为确定值。将式(10.4)代入式(10.3),化简后可得

$$k_+ = \frac{x_e}{ta} \ln \frac{x_e}{x_e - x} \qquad (10.5)$$

将式(10.5)代入式(10.4)即得

$$k_- = \frac{a - x_e}{ta} \ln \frac{x_e}{x_e - x} \qquad (10.6)$$

由以上二式可看出,只要确定了反应物起始浓度 a 和平衡时产物浓度 x_e,并由实验测出不同时刻 t 所反应掉的浓度 x,即可分别求算正、逆向反应的速率常数 k_+

和 k_- 之值。

若将 A 和 B 的浓度对时间作图,可得图 10.1 的形式。由图可看出,物质 A 的浓度随反应时间的增长不可能降低到零,而物质 B 的浓度亦不能增加到物质 A 的起始浓度 a,这是对峙反应的动力学特征。最简单的对峙反应的例子有分子重排和异构化反应等。至于比较复杂的对峙反应,其速率公式求解可仿照上述方法具体处理。

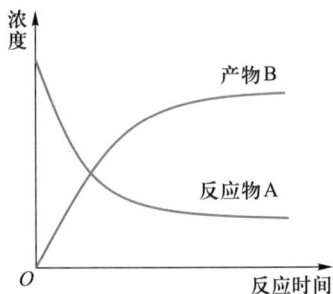

图 10.1   对峙反应中反应物和产物的浓度与反应时间的关系

温度对对峙反应速率的影响与反应的热效应有关。由热力学的结论可知:

$$\frac{\mathrm{d}\ln K_c}{\mathrm{d}T} = \frac{\Delta U}{RT^2}$$

可分两种情况讨论:

(1)对于正向吸热的对峙反应,温度升高将使平衡常数增大,即使平衡转化率提高;从动力学角度分析,温度升高,正、逆反应速率都加快,由平衡常数增大可知,正向速率常数增大的幅度更多,故总反应速率总是加快。所以,不论从热力学角度还是动力学角度,升高温度对反应均是有利的。当然也不能无限升高反应温度,还要考虑到各种其他客观因素的限制。

(2)对于正向放热的可逆反应,升高温度将使平衡常数减小,即使平衡转化率降低;从动力学角度分析,温度升高,虽正、逆向反应速率都会加快,但由平衡常数减小可知,逆向反应速率常数增大的幅度更多,因而总反应速率不一定随温度的升高而加快。一般说来,在温度较低的阶段,升高温度时由于平衡常数减小得不多,亦即逆向速率常数增大的幅度比之正向速率常数不是大得很多,加之还有浓度因素的影响,故而总反应速率还是随温度的升高而加快;在温度较高的阶段,由于升高温度时平衡常数下降得很快,致使逆向反应速率的增加有可能超过正向反应速率的增加,此时总反应速率反而会下降。图 10.2 是上述规律的示意图,图中曲线最高点标志总反应速率达到最大,该点所对应的温度应当是控制反应最适宜的温度($T_{宜}$)。

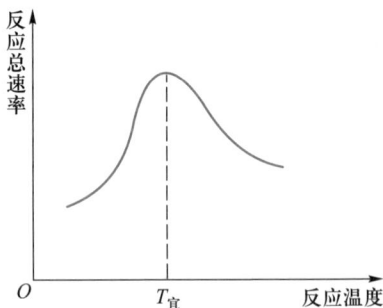

图 10.2   正向放热的对峙反应总速率随温度变化的示意图

例题 1　一定温度时,有 1 - 1 级对峙反应:

$$A \underset{k_-}{\overset{k_+}{\rightleftharpoons}} B$$

实验测得反应进行到不同时刻 t 时物质 B 的浓度数据如下:

t/s	0	180	300	420	1440	∞
$[B]/(mol \cdot dm^{-3})$	0	0.20	0.33	0.43	1.05	1.58

已知反应起始时物质 A 的浓度为 $1.89\ mol \cdot dm^{-3}$,试求正、逆向反应速率常数 k_+ 与 k_- 之值。

解:反应时间无限长时可认为 [B] 是物质 B 的平衡浓度 x_e。由式(10.5):

$$k_+ = \frac{x_e}{ta} \ln \frac{x_e}{x_e - x}$$

将题给数据代入该式可得如下 k_+ 值:

$$6.29 \times 10^{-4}\ s^{-1}; 6.53 \times 10^{-4}\ s^{-1}; 6.32 \times 10^{-4}\ s^{-1}; 6.34 \times 10^{-4}\ s^{-1}$$

取平均值　　　　　　　　$k_+ = 6.37 \times 10^{-4}\ s^{-1}$

由式(10.4):

$$k_- = \frac{k_+(a - x_e)}{x_e} = \left[\frac{6.37 \times 10^{-4} \times (1.89 - 1.58)}{1.58} \right] s^{-1} = 1.25 \times 10^{-4}\ s^{-1}$$

2. 平行反应

由相同的反应物同时进行不同的反应得到不同的产物,这种类型的反应称为"平行反应",也称为"竞争反应"。例如,乙醇的脱水和脱氢反应:

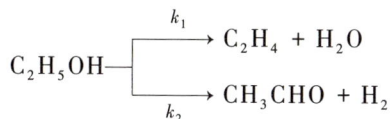

$$C_2H_5OH \begin{cases} \overset{k_1}{\longrightarrow} C_2H_4 + H_2O \\ \overset{k_2}{\longrightarrow} CH_3CHO + H_2 \end{cases}$$

即属于此类。平行反应中最简单的例子由 2 个一级基元反应构成:

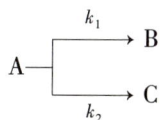

$$A \begin{cases} \overset{k_1}{\longrightarrow} B \\ \overset{k_2}{\longrightarrow} C \end{cases}$$

式中 k_1 和 k_2 分别为生成 B 和 C 的速率常数。如果 $k_1 \gg k_2$,则主要产物为 B,而

C 为副产物；如果 $k_1 \ll k_2$，则 C 为主要产物，而 B 为副产物。反应速率快的通常称为"主反应"，反应速率慢的称为"副反应"。设不同时刻 t 时，A、B、C 的浓度如下：

	[A]	[B]	[C]
$t = 0$	a	0	0
$t = t$	$a - x$	y	z

其中 $x = y + z$。物质 A 消耗的速率公式可写为

$$\frac{\mathrm{d}x}{\mathrm{d}t} = \frac{\mathrm{d}y}{\mathrm{d}t} + \frac{\mathrm{d}z}{\mathrm{d}t} = k_1(a - x) + k_2(a - x) = (k_1 + k_2)(a - x)$$

积分上式得

$$\ln \frac{a}{a - x} = (k_1 + k_2)t \tag{10.7}$$

该式可改写为

$$a - x = a\mathrm{e}^{-(k_1 + k_2)t} \tag{10.8}$$

式(10.8)表示物质 A 的浓度随时间而变化的关系。

物质 B 生成的速率公式：

$$\frac{\mathrm{d}y}{\mathrm{d}t} = k_1(a - x) = k_1 a\mathrm{e}^{-(k_1 + k_2)t}$$

积分上式可得

$$y = \frac{k_1 a}{k_1 + k_2}[1 - \mathrm{e}^{-(k_1 + k_2)t}] \tag{10.9}$$

式(10.9)表示物质 B 的浓度随时间而变化的关系。

同理可得物质 C 的浓度随时间而变化的关系为

$$z = \frac{k_2 a}{k_1 + k_2}[1 - \mathrm{e}^{-(k_1 + k_2)t}] \tag{10.10}$$

将式(10.8)~式(10.10)绘成浓度 - 时间曲线，可得图 10.3。

将式(10.9)与式(10.10)相除即得

$$\frac{y}{z} = \frac{k_1}{k_2} \tag{10.11}$$

该式表明平行反应中产物浓度之比等于其速率常数之比,亦即在反应过程中各产物浓度之比保持恒定,这是平行反应的特征。

应当指出,式(10.11)中 k_1/k_2 之值代表了反应的选择性。人们可以设法改变此比值,使某一反应的速率常数远远超过另一反应的速率常数,以便得到更多的所需产物。通常采用的方法有两种:一种是选择合适的催化剂,使所需反应明显加速;另一种是调节温度,下面简单介绍此法的基本原理。

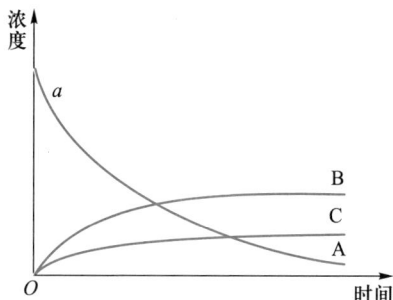

图 10.3　平行反应中反应物和产物的
浓度与时间的关系

由 Arrhenius 公式可知,上述平行反应中的两个反应速率常数随温度变化的积分式分别为

$$\ln k_1 = \ln A_1 - E_1/RT$$
$$\ln k_2 = \ln A_2 - E_2/RT$$

假定 $E_1 > E_2$,以 $\ln k_1$ 对 $1/T$ 作图得直线 L_1,以 $\ln k_2$ 对 $1/T$ 作图得直线 L_2,示于图 10.4。

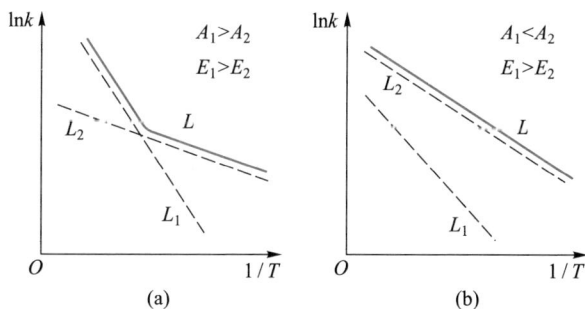

图 10.4　平行反应的 $\ln k - \dfrac{1}{T}$ 曲线

从图 10.4 看出,可分为两种情况:

(1) $E_1 > E_2$,$A_1 > A_2$,则两条直线 L_1 和 L_2 相交,当温度较低即 $1/T$ 较大时,$k_1 \ll k_2$,总反应以生成产物 C 为主;而当温度较高即 $1/T$ 较小时,$k_1 \gg k_2$,总反应以生成产物 B 为主。因此,若希望物质 B 为主产物,应控制反应温度较高为宜。由图还可以看出,这种情况下,总反应的 $\ln k$ 对 $1/T$ 作图所得的曲线 L 如图 10.4(a) 中的实线所示,在一定的温度区间将出现斜率突变的情形。

（2）$E_1>E_2$，$A_1<A_2$，则两条直线 L_1 和 L_2 在该温度区间内不可能相交，k_2 恒大于 k_1，欲通过调节温度使产物 B 的生成速率大于产物 C 的生成速率是不可能的。然而，若希望尽可能多得到一些物质 B，还是应控制反应温度较高为宜。由图还可以看出，这种情况下，总反应的 $\ln k$ 对 $1/T$ 作图所得图形大致亦为一直线 L，如图 10.4(b) 中的实线所示。

$E_1<E_2$ 的情形，分析方法与上述类似，不再叙述。

3. 连串反应

如果一反应要经几个连续的基元反应方能到达最后产物，而前一基元反应的产物为后一基元反应的反应物，则这种类型的反应称为"连串反应"，也称"连续反应"。例如，二元酸酯的逐级皂化就是连串反应的典型例子。这类反应的动力学分析比较复杂，现以最简单的连串反应为例来讨论。

设有单分子基元反应组成的连串反应：

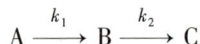

$$A \xrightarrow{k_1} B \xrightarrow{k_2} C$$

如果第一步反应和第二步反应的速率常数相差很大，则总反应的速率总是由速率常数最小的一步所控制，这个速率常数最小的反应称为总反应的"速率控制步骤"，习惯上也称为"慢步骤"。如果 $k_1 \gg k_2$，则 B 变成 C 的反应是总反应的速率控制步骤，即总反应速率近似等于 B 变成 C 的反应速率；如果 $k_1 \ll k_2$，则 A 变成 B 的反应是总反应的速率控制步骤，即总反应速率近似等于 A 变成 B 的反应速率。但是，若 k_1 和 k_2 相差不大，则总反应的速率与 k_1 和 k_2 都有关系。

设物质 A 的起始浓度为 a，在 t 时刻物质 A 反应掉的浓度为 x，所生成物质 C 的浓度为 y，则应有下列关系：

	[A]	[B]	[C]
$t=0$	a	0	0
$t=t$	$a-x$	$x-y$	y

速率公式为

$$-\frac{d[A]}{dt} = \frac{dx}{dt} = k_1(a-x) \tag{10.12a}$$

$$\frac{d[B]}{dt} = \frac{d(x-y)}{dt} = k_1(a-x) - k_2(x-y) \tag{10.12b}$$

$$\frac{\mathrm{d}[C]}{\mathrm{d}t} = \frac{\mathrm{d}y}{\mathrm{d}t} = k_2(x - y) \tag{10.12c}$$

这三个方程中只有两个是独立的,因此只要解出其中任意两个方程,就可求得 A、B、C 的浓度随时间变化的关系。

由式(10.12a)积分可得

$$a - x = a\mathrm{e}^{-k_1 t} \quad 或 \quad x = a(1 - \mathrm{e}^{-k_1 t}) \tag{10.13}$$

将式(10.13)代入式(10.12c)并重排可得

$$\frac{\mathrm{d}y}{\mathrm{d}t} + k_2 y - k_2 a(1 - \mathrm{e}^{-k_1 t}) = 0$$

此式为一阶线性微分方程,其解为

$$y = a\left(1 - \frac{k_2}{k_2 - k_1}\mathrm{e}^{-k_1 t} + \frac{k_1}{k_2 - k_1}\mathrm{e}^{-k_2 t}\right) \tag{10.14}$$

将式(10.13)和式(10.14)代入[A]、[B]、[C]的表达式,可得 A、B、C 三物质的浓度与时间的关系:

$$[A] = a - x = a\mathrm{e}^{-k_1 t} \tag{10.15a}$$

$$[B] = x - y = \frac{k_1}{k_2 - k_1}a\mathrm{e}^{-k_1 t}\left[1 - \mathrm{e}^{-(k_2 - k_1)t}\right] \tag{10.15b}$$

$$[C] = y = a\left(1 - \frac{k_2}{k_2 - k_1}\mathrm{e}^{-k_1 t} + \frac{k_1}{k_2 - k_1}\mathrm{e}^{-k_2 t}\right) \tag{10.15c}$$

依照以上三式作浓度 – 时间曲线,如图 10.5 所示。

由图看出,物质 A 的浓度随时间增长而减小,物质 C 的浓度随时间增长而增大,而物质 B 的浓度先增大,经过一极大点后,又随时间增长而减小。这是连串反应的特征。

掌握上述特征对控制连串反应将有一定的指导意义。如果中间产物 B 是希望得到的产品,则可通过控制反应时间使物质 B 尽可能多而物质 C 尽可能少。由图 10.5 可看出,物质 B 的浓度处于极大点的时间,就是生成 B 最多的适宜时

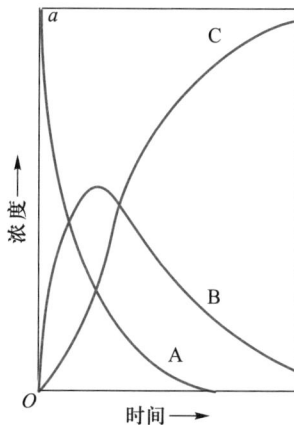

图 10.5 连串反应中 A、B、C 的浓度与时间的关系($k_1/k_2 = 1/2$)

间 $t_{B,max}$。只要将上述物质 B 浓度的表达式对时间求导,并令其等于 0,即

$$\frac{d[B]}{dt} = 0$$

不难求出:

$$t_{B,max} = \frac{\ln(k_1/k_2)}{k_1 - k_2} \qquad (10.16)$$

温度对连串反应速率的影响如何? 对于上述连串反应中两个基元反应的速率常数分别有

$$\ln k_1 = \ln A_1 - E_1/RT$$
$$\ln k_2 = \ln A_2 - E_2/RT$$

假定 $E_1 > E_2$,分别作 $\ln k_1$ 对 $1/T$ 曲线 L_1 及 $\ln k_2$ 对 $1/T$ 曲线 L_2,示于图 10.6 中。亦可分两种情况:

(1) $E_1 > E_2$、$A_1 > A_2$,则 L_1 与 L_2 必相交。温度较低即 $1/T$ 较大时,$k_1 \ll k_2$,总反应的速率由前一步反应控制;当温度较高即 $1/T$ 较小时,$k_1 \gg k_2$,总反应的速率由后一步反应控制。所以,总反应的 $\ln k$ 对 $1/T$ 曲线 L 如图 10.6(a) 中的实线所示,在一定温度范围内出现斜率突变的情形。

(2) $E_1 > E_2$、$A_1 < A_2$,则在此温度区间内 k_2 总大于 k_1,L_1 和 L_2 不会相交,总反应的速率始终由前一步反应所控制,如图 10.6(b) 中的实线所示,L 总是与 L_1 相近而不出现弯折。

关于 $E_1 < E_2$ 情况,分析方法与上述类似,不再叙述。

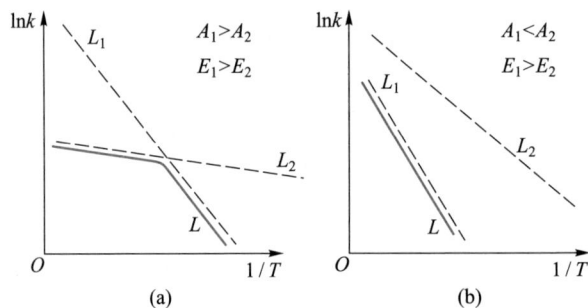

图 10.6 连串反应的 $\ln k - \frac{1}{T}$ 曲线

习题 1　某对峙反应 $A \underset{k_-}{\overset{k_+}{\rightleftharpoons}} B$，其中 $k_+ = 0.006 \text{ min}^{-1}$，$k_- = 0.002 \text{ min}^{-1}$。如果反应开始时为纯 A，试问（1）达到 A 和 B 的浓度相等需多少时间？（2）100 min 时，A 和 B 的浓度比为多少？ 　　　　　　　　　　　　　　　　　　　　　　　　　[答案：（1）137 min；（2）1.42]

习题 2　453 ℃ 时，1,2 - 二甲基环丙烷的顺反异构体的转化是 1 - 1 级对峙反应，顺式异构体的质量分数随时间的变化如下：

t/s	0	45	90	225	360	585	∞
w（顺式异构体）/%	100	89.2	81.1	62.3	50.7	39.9	30.0

试求算此反应的（1）平衡常数 K_c；（2）正、逆向反应速率常数。

[答案：（1）2.33；（2）$2.32 \times 10^{-3} \text{ s}^{-1}$，$9.97 \times 10^{-4} \text{ s}^{-1}$]

习题 3　某对峙反应 $A \underset{k_-}{\overset{k_+}{\rightleftharpoons}} B$，反应起始时，物质 A 的浓度为 18.23 $\text{mol} \cdot \text{dm}^{-3}$；实验测得各时刻物质 B 的浓度数据如下：

t/min	0	21	100	∞
[B]/($\text{mol} \cdot \text{dm}^{-3}$)	0	2.41	8.90	13.28

试求正、逆向反应速率常数。　　　[答案：$7.52 \times 10^{-3} \text{ min}^{-1}$；$2.80 \times 10^{-3} \text{ min}^{-1}$]

习题 4　高温时，乙酸的分解反应按下式进行：

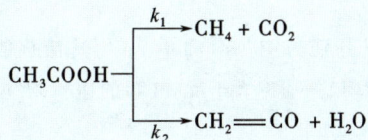

$$CH_3COOH \left\langle \begin{array}{l} \xrightarrow{k_1} CH_4 + CO_2 \\ \xrightarrow{k_2} CH_2{=}CO + H_2O \end{array} \right.$$

在 1189 K 时，$k_1 = 3.74 \text{ s}^{-1}$，$k_2 = 4.65 \text{ s}^{-1}$，试计算（1）乙酸分解掉 99% 所需的时间；（2）这时所得到的 $CH_2{=}CO$ 的产率（以乙酸分解的百分数表示）。

[答案：（1）0.549 s；（2）54.9%]

习题 5　48 ℃ 时，d - 烯酮 - 3 - 羧酸 $C_{10}H_{15}OCOOH$ 在无水乙醇中有平行反应：

（1）$C_{10}H_{15}OCOOH \longrightarrow C_{10}H_{16}O$（樟脑）$+ CO_2$

（2）$C_{10}H_{15}OCOOH + C_2H_5OH \longrightarrow C_{10}H_{15}OCOOC_2H_5 + H_2O$

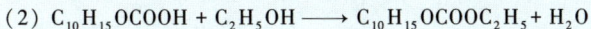

每隔一定时间从反应系统中取出 20 cm^3 样品，用 0.0500 $\text{mol} \cdot \text{dm}^{-3}$ 的 $Ba(OH)_2$ 滴定之。与此同时在完全相同的条件下，另外用 200 cm^3 $C_{10}H_{15}OCOOH$ 的无水乙醇溶液进行平行实验，每隔一定时间，测量所放出的 CO_2 的量，得下列数据：

t/min	0	10	20	30	40	60	80
耗碱体积/cm³	20.00	16.26	13.25	10.68	8.74	5.88	3.99
CO_2/g	0	0.0841	0.1545	0.2095	0.2482	0.3045	0.3556

试分别求算反应(1)和(2)的级数和速率常数。

[答案:均为一级;(1) 1.02×10^{-2}min^{-1};(2) 9.90×10^{-3}min^{-1}]

习题6　某平行反应:

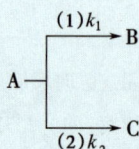

$$A \begin{array}{c} \xrightarrow{(1)k_1} B \\ \xrightarrow{(2)k_2} C \end{array}$$

反应(1)和(2)的频率因子均为 10^{13} s^{-1},而活化能 $E(1) = 108.8$ kJ·mol^{-1},$E(2) = 83.69$ kJ·mol^{-1},试求算 1000 K 时产物 B 和 C 浓度的比值是 300 K 时的多少倍?

[答案:1150 倍]

习题7　某平行反应:

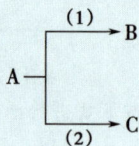

$$A \begin{array}{c} \xrightarrow{(1)} B \\ \xrightarrow{(2)} C \end{array}$$

反应(1)和(2)的频率因子分别为 10^{13} s^{-1} 和 10^{11} s^{-1},其活化能分别为 120 kJ·mol^{-1} 和 80 kJ·mol^{-1},试求欲使反应(1)的速率大于反应(2)的速率,需控制温度最低为多少?

[答案:1045 K]

习题8　某连串反应 $A \xrightarrow{k_1} B \xrightarrow{k_2} C$,其中 $k_1 = 0.1$ min^{-1},$k_2 = 0.2$ min^{-1},在 $t = 0$ 时,$[B] = 0$,$[C] = 0$,$[A] = 1$ mol·dm^{-3}。试计算(1) B 的浓度达到最大的时间 $t_{B,max}$;(2) 该时刻 A、B、C 的浓度。

[答案:(1) 6.93 min;(2) 0.50 mol·dm^{-3},0.25 mol·dm^{-3},0.25 mol·dm^{-3}]

习题9　2,3-4,6-二丙酮古洛糖酸(A)在碱性溶液中水解生成抗坏血酸(B)的反应是一级连串反应:

$$A \xrightarrow{k_1} B \xrightarrow{k_2} C$$

C 是其他分解产物。一定条件下测得 50 ℃时的 $k_1 = 0.42 \times 10^{-2}$ min^{-1},$k_2 = 0.20 \times 10^{-4}$ min^{-1}。试求 50 ℃时生成抗坏血酸最适宜的反应时间及相应的最大产率。

[答案:1279 min;97.5%]

习题 10　某气相 1 - 2 级对峙反应：

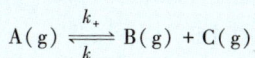

$$A(g) \underset{k_-}{\overset{k_+}{\rightleftharpoons}} B(g) + C(g)$$

298 K 时，$k_+ = 0.20 \text{ s}^{-1}$，$k_- = 5.0 \times 10^{-9} \text{ s}^{-1} \cdot \text{Pa}^{-1}$，当温度升高到 310 K 时，$k_+$ 和 k_- 均增大一倍。试计算（1）该反应在 298 K 时的平衡常数 $K^\ominus$；（2）正、逆向反应的活化能；（3）总反应的 $\Delta_r H_m^\ominus$；（4）298 K 时若反应物 A 的起始压力 $p_{A,0} = 1.0 \times 10^5 \text{ Pa}$，则总压力达到 $1.5 \times 10^5 \text{ Pa}$ 需多少时间？　　　[答案：（1）400；（2）44.4 kJ·mol^{-1}，44.4 kJ·mol^{-1}；（3）0；（4）3.47 s]

§10.2　复合反应近似处理方法

前节讨论的典型复合反应是几种最简单的复合反应。对峙反应中除正、逆向都是一级反应的 1 - 1 级外，还有 1 - 2 级、2 - 1 级、2 - 2 级等，平行反应和连串反应中也有多级数的反应，此外，很多复合反应往往同时包含对峙反应、平行反应或连串反应等。对于这些复杂的复合反应，如果试图通过严格求解微分方程从而找出各物质的浓度随时间的变化关系，往往十分困难，有时甚至是难以办到的。为此，化学动力学中经常采用一些近似方法来处理这些复杂的复合反应。前节提到的"速率控制步骤"就是一种近似处理方法。此外，常用的近似方法还有稳态近似法和平衡态近似法。

1. 稳态近似法

以最简单的连串反应为例：

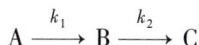

$$A \overset{k_1}{\longrightarrow} B \overset{k_2}{\longrightarrow} C$$

所谓稳态，严格而论，应该是 A、B、C 的浓度均不随时间而变化的状态。显然，这只有在不断引入 A、移走 C 的开放流动系统中方可能实现。对于封闭的反应系统，A 和 C 都不可能达到稳态，除非反应实际上没有进行。但是，反应进行一段时间后，中间产物 B 有可能达到近似的稳态，即物质 B 的生成速率和消耗速率相差甚微，[B]随时间的变化几乎可以忽略不计。即

$$\frac{d[B]}{dt} = k_1[A] - k_2[B] \approx 0$$

由此可以比较方便地求出物质 B 达到稳态时的浓度：

$$[B]_{ss} = \frac{k_1}{k_2}[A] \tag{10.17}$$

$[B]_{ss}$表示物质 B 的稳态浓度。将$[A] = ae^{-k_1t}$，即式(10.15a)代入式(10.17)，则

$$[B]_{ss} = \frac{k_1}{k_2}ae^{-k_1t} \qquad (10.18)$$

前节通过严格求解微分方程，得到$[B]$的表示式即式(10.15b)为

$$[B] = \frac{k_1}{k_2 - k_1}ae^{-k_1t}[1 - e^{-(k_2 - k_1)t}]$$

不难看出，当$k_2 \gg k_1$时，该式即可化简为式(10.18)的形式。

假设中间产物的生成速率和消耗速率近似相等的处理方法称为"稳态近似法"。对于不同的反应机理，稳态近似法的适用条件是不同的。通常，当中间产物非常活泼并因而以极小浓度存在时，运用稳态近似法是适宜的。稳态近似法的应用可以使复合反应的动力学分析大为简化。

例题 2   某复合反应，其机理如下：

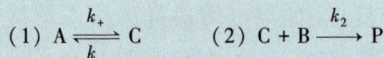

(1) $A \underset{k_-}{\overset{k_+}{\rightleftharpoons}} C$ (2) $C + B \xrightarrow{k_2} P$

其中 C 是非常活泼的中间产物。试用稳态近似法导出总反应的速率公式。

解：一般说来，可用最终产物 P 的生成速率表示总反应的速率，由反应机理可知：

$$\frac{d[P]}{dt} = k_2[B][C]$$

该表达式中含有中间产物 C 的浓度，由于 C 非常活泼，很难直接测定其浓度，因此需要换算成以反应物浓度及产物浓度来表示的形式。根据稳态近似法：

$$\frac{d[C]}{dt} = k_+[A] - k_-[C] - k_2[B][C] = 0$$

$$[C]_{ss} = \frac{k_+[A]}{k_- + k_2[B]}$$

所以

$$\frac{d[P]}{dt} = \frac{k_+ k_2[A][B]}{k_- + k_2[B]}$$

2. 平衡态近似法

如果能够假定反应物和中间产物之间存在着易于达到的平衡，那么复合反应的处理还可以进一步简化。例如，上例中的反应：

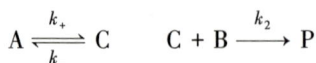

$$A \underset{k_-}{\overset{k_+}{\rightleftharpoons}} C \qquad C + B \xrightarrow{k_2} P$$

若能假定 A 与 C 之间易于达到平衡，那么

$$[C] = K[A] = \frac{k_+}{k_-}[A]$$

故
$$\frac{d[P]}{dt} = k_2[C][B] = \frac{k_+ k_2}{k_-}[A][B] = k[A][B]$$

式中 $k = k_+ k_2/k_-$。这就使比较复杂的反应简化为简单级数反应，在进一步分析时自然要方便得多。这种近似处理方法称为"平衡态近似法"。对比例题 2 的结果不难看出，采用平衡态近似法对复合反应进行处理时，也要受到某些条件的限制。上例中，当 $k_- \gg k_2[B]$ 时，由平衡态近似法得到的结果方是可靠的。通常，对于存在速率控制步骤的复合反应，速率控制步骤之前的各步对峙反应均可认为是易于近似达到平衡的。

例题 3　某复合反应的机理如下：

(1) $A + B \rightleftharpoons C$　　K_1

(2) $C + D \rightleftharpoons E$　　K_2

(3) $E \longrightarrow F$　　k_3

(4) $F \longrightarrow P$　　k_4

其中(3)是速率控制步骤，试导出总反应的速率公式。

解：由于(3)是速率控制步骤，故总反应的速率可以近似以这一步的反应速率来表示，即

$$r = \frac{d[P]}{dt} = k_3[E]$$

由于 E 是中间产物，其浓度应换算成反应物浓度来表示。根据平衡态近似法：

$$[C] = K_1[A][B]$$

$$[E] = K_2[C][D] = K_1 K_2[A][B][D]$$

故
$$r = k_3 K_1 K_2[A][B][D] = k[A][B][D]$$

式中
$$k = k_3 K_1 K_2$$

由该结果可以看出，总反应速率与速率控制步骤以后的各步反应的速率常数无关。

习题 11　某气相复合反应的机理为

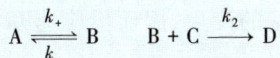

$$A \underset{k_-}{\overset{k_+}{\rightleftharpoons}} B \qquad B + C \xrightarrow{k_2} D$$

其中 B 为不稳定中间产物。试用稳态近似法导出该反应的速率公式,并证明在高压条件下该反应表现为一级,而在低压条件下则表现为二级。

习题 12　一氧化氮氧化反应的机理如下:

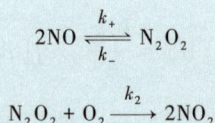

$$2NO \underset{k_-}{\overset{k_+}{\rightleftharpoons}} N_2O_2$$

$$N_2O_2 + O_2 \xrightarrow{k_2} 2NO_2$$

试分别采用稳态近似法和平衡态近似法导出总反应的速率公式,并讨论各种方法的适用条件。

§10.3　链反应

有一类特殊的化学反应,这种反应只要用某种方法引发,一旦开始就可发生一系列的连串反应,使反应自动进行下去,这类反应称为"链反应"。许多重要化工工艺过程如合成橡胶、塑料、纤维,以及其他高分子化合物的制备、烃类的氧化、燃料的燃烧、可燃气体混合物的爆炸、臭氧层的损耗及大气光化学过程等,都与链反应有密切的关系。因此,链反应的研究具有重要的实际意义。

1. 一般原理

对链反应的动力学研究结果表明,链反应与前面所讲反应的不同之处在于参加链反应的物质中,有一种称为"自由基"的特殊物质。所谓自由基,就是一种具有未成对电子的原子或原子团,具有很高的化学活泼性。例如:

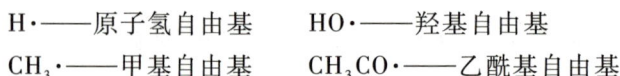

H·——原子氢自由基　　　HO·——羟基自由基

CH_3·——甲基自由基　　　CH_3CO·——乙酰基自由基

自由基中未成对电子用黑点"·"表示。自由基是很不稳定的,不能以较高浓度的状态长期存在,因为它们很容易重新结合成普通分子。

从动力学观点看,自由基在反应中有两个重要作用:一是自由基的高度活泼性可引发一般稳定分子所不能进行的反应;二是一个自由基与一个分子起反应,经常会在产物中重新产生一个或几个自由基。

现举一例说明自由基在链反应中的作用。H_2 和 Cl_2 在黑暗中反应是很慢的,但在日光的照射下反应却非常快,总反应方程式是

$$H_2 + Cl_2 \longrightarrow 2HCl$$

在日光照射下,由于有自由基的产生,因而反应速率大大加快了。其反应机理可表示为

(1) $Cl_2 \xrightarrow{h\nu} Cl\cdot + Cl\cdot$

(2) $Cl\cdot + H_2 \longrightarrow HCl + H\cdot$

(3) $H\cdot + Cl_2 \longrightarrow HCl + Cl\cdot$

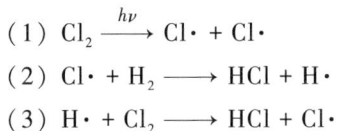

反应(2)和(3)交替进行,使 H_2 分子和 Cl_2 分子不断变成 HCl 分子,好似一根链条一样,一环扣一环,故称"链反应"。此反应可连续不断地进行下去,或是自由基本身相互结合成稳定分子而使反应中断。例如:

(4) $M + Cl\cdot + Cl\cdot \longrightarrow Cl_2 + M$

式中 M 为第三体,它不参与反应,只起传递能量的作用,它可以是器壁,也可以是气相中其他分子。由于有反应(4)的存在,因此实际上并不是只要吸收一个光子就能使反应进行到底,实验证明此反应每吸收一个光子平均可形成 $10^4 \sim 10^6$ 个 HCl 分子。

一个链反应一般均包含以下三个步骤:

(1) 链引发。就是使普通分子形成自由基的步骤。上例中的反应(1)即为链的引发。链引发的方法通常有热引发、引发剂引发和辐射引发。

(2) 链传递。就是自由基与分子起反应生成产物,同时又形成一个(或几个)自由基的步骤。上例中的反应(2)和(3)即为链的传递。

(3) 链中止。就是自由基本身结合为普通分子的步骤。反应(4)即为链的中止。

按照在链传递步骤中机理的不同,可将链反应区分为"直链反应"和"支链反应"。在链传递的过程中,凡是一个自由基消失的同时产生出一个新的自由基,即自由基数目(或称反应链数)不变,则称为"直链反应";凡是一个自由基消失的同时,产生出两个或两个以上新的自由基,即自由基数目(或称反应链数)不断增加,则称为"支链反应",如图 10.7 所示。下面将通过一些具体例子来分析直链反应和支链反应的动力学特征。

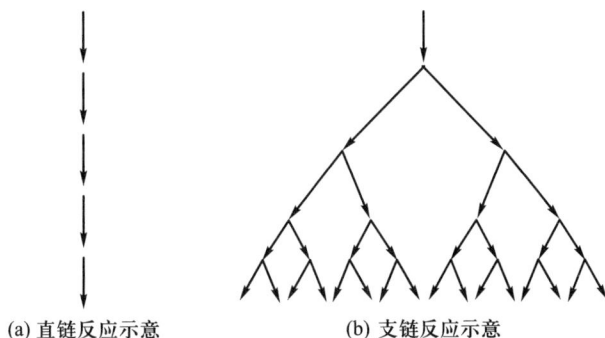

(a) 直链反应示意   (b) 支链反应示意

图 10.7 链传递方式的示意图

2. 直链反应

前述 H_2 和 Cl_2 的反应就是直链反应的典型例子。该反应的总结果是

$$H_2 + Cl_2 \longrightarrow 2HCl$$

经研究，发现此反应的速率公式为

$$\frac{d[HCl]}{dt} = k[H_2][Cl_2]^{1/2}$$

即生成 HCl 的速率与 H_2 浓度的一次方成正比，而与 Cl_2 浓度的 $1/2$ 次方成正比。显然此反应不可能是简单反应。正如上述，此反应是链反应，其机理为

链引发：

(1) $Cl_2 \xrightarrow{k_1} 2Cl\cdot$

链传递：

(2) $Cl\cdot + H_2 \xrightarrow{k_2} HCl + H\cdot$

(3) $H\cdot + Cl_2 \xrightarrow{k_3} HCl + Cl\cdot$

链中止：

(4) $2Cl\cdot + M \xrightarrow{k_4} Cl_2 + M$

由以上四个基元反应可看出，只有反应(2)和(3)是生成 HCl 的，因此生成 HCl 的速率公式可写为

$$\frac{d[HCl]}{dt} = k_2[Cl\cdot][H_2] + k_3[H\cdot][Cl_2] \tag{10.19}$$

上式中不仅含有 $[H_2]$ 和 $[Cl_2]$，还有 $[Cl\cdot]$ 和 $[H\cdot]$，由于自由基非常活泼，它们的浓度都很小，故可采用稳态近似法处理，即

$$\frac{d[H\cdot]}{dt} = k_2[Cl\cdot][H_2] - k_3[H\cdot][Cl_2] = 0$$

故 $$k_2[Cl\cdot][H_2] = k_3[H\cdot][Cl_2] \tag{10.20}$$

$$\frac{d[Cl\cdot]}{dt} = 2k_1[Cl_2] - k_2[Cl\cdot][H_2] + k_3[H\cdot][Cl_2] - 2k_4[Cl\cdot]^2 = 0$$

将式(10.20)代入上式即得

$$k_1[Cl_2] = k_4[Cl\cdot]^2$$

故
$$[\text{Cl}\cdot] = \left(\frac{k_1}{k_4}[\text{Cl}_2]\right)^{1/2} \qquad (10.21)$$

将式(10.20)和式(10.21)代入式(10.19)即得

$$\frac{\text{d}[\text{HCl}]}{\text{d}t} = 2k_2[\text{Cl}\cdot][\text{H}_2] = 2k_2\sqrt{\frac{k_1}{k_4}}[\text{H}_2][\text{Cl}_2]^{1/2}$$
$$= k[\text{H}_2][\text{Cl}_2]^{1/2}$$

该式与实验所得的速率公式一致,反应的总级数为 1.5。

有许多合成高分子化合物的聚合反应也是直链反应。其机理大致如下:

链引发:

$$\text{引发剂} \longrightarrow \text{X}\cdot + \text{Y}\cdot$$

假定自由基 X· 参与链的传递。

链传递:

$$\text{X}\cdot + \text{RCH}\!=\!\text{CH}_2 \longrightarrow \text{XRCHCH}_2\cdot$$
$$\text{XRCHCH}_2\cdot + \text{RCH}\!=\!\text{CH}_2 \longrightarrow \text{XRCHCH}_2\text{RCHCH}_2\cdot$$
$$\cdots\cdots\cdots$$

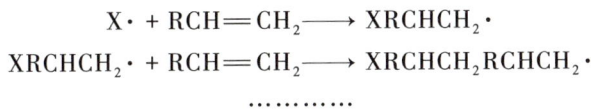

此过程重复 n 次,则得到

$$\text{X}(\text{RCHCH}_2)_n\cdot$$

链中止:

$$\text{X}(\text{RCHCH}_2)_n\cdot + \text{X}\cdot \longrightarrow \text{X}(\text{RCHCH}_2)_n\text{X}$$

或
$$\text{X}(\text{RCHCH}_2)_n\cdot + \text{X}(\text{RCHCH}_2)_m\cdot \longrightarrow \text{X}(\text{RCHCH}_2)_{n+m}\text{X}$$

由上述机理可看出,在链传递过程中分子越来越大,这就是高分子化合物的摩尔质量远远大于普通分子的原因。人们往往可以通过控制引发剂的加入量或控制聚合时间的长短来控制高分子化合物摩尔质量的大小。另外,因每个自由基所引发的链的长度,即 n 和 m 数值不同,故高分子化合物的摩尔质量不一定相同,通常所谓的高分子化合物的摩尔质量是指平均值而言。

3. 支链爆炸反应

爆炸是人们常见的现象,就化学爆炸的原因而言有两种:一种是热爆炸,其原因是在一有限空间内发生强烈的放热反应,所放出的热无法迅速散开,促使温度急速上升,而温度的升高又使反应速率按指数规律加快,又放出更大量的热,如此恶性循环,在短时间内即可导致爆炸。例如,黄色炸药在炸弹内的爆炸、黑火药在爆竹内的爆炸都属于热爆炸。另一种爆炸有一个特点,只在一定的压力范围内方发生爆炸,在此压力范围以外,反应仍可平稳地进行,这就不能用热爆炸来解释其原因,人们在对链反应有所了解以后,方认识到这是由于支链反应而引起的爆炸。

首先以化学计量的 H_2 和 O_2 混合物(即其物质的量之比为 2:1)的燃烧反应为例介绍有关实验现象,其爆炸范围和温度、压力的关系示于图 10.8。由图可看出,在 400 ℃以下,H_2 和 O_2 的反应比较平稳,不会发生爆炸;在 600 ℃以上,则几乎任意压力下均能发生爆炸;在 400~600 ℃这一温度区间是否发生爆炸,要看所处的压力而定。例如,在 500 ℃时,压力在 7 kPa 以上不爆炸,但在 7 kPa 以下就要发生爆炸,如果压力降低到 0.2 kPa 以下,又不会发生爆炸。故在 500 ℃时,只有在压力处于 0.2~7 kPa 才爆炸,所以将 0.2 kPa 称为该温度下的"第一爆炸限",而将 7 kPa 称为该温度下的

图 10.8　H_2 和 O_2 混合物的爆炸范围与温度、压力的关系

"第二爆炸限"。至于图上的第三爆炸限是 H_2 和 O_2 的反应系统所特有的,在其他系统中尚未发现。在第三爆炸限以上一般认为属于热爆炸。图 10.8 还表明,第一爆炸限几乎与温度无关,但实验表明它与容器的大小有关,容器越大,其值越小。而第二爆炸限则与温度有关,温度越高,其值越大,但实验表明它与容器的大小无关。这些实验事实如何解释呢? 近代的研究结果表明,这些现象都与支链反应有关。

假设发生下列链反应:

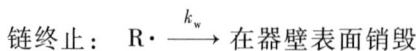

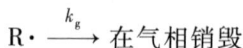

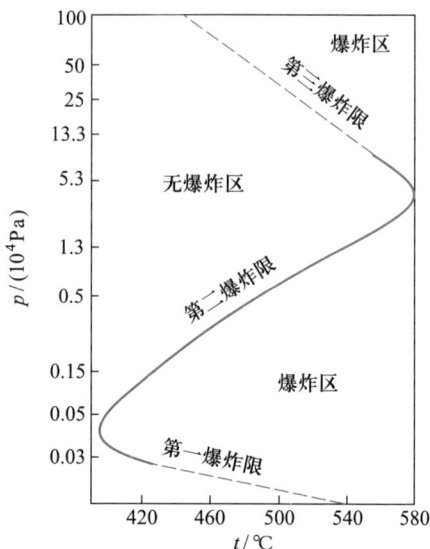

链引发：　$A \xrightarrow{k_1} R\cdot$

链传递：　$R\cdot + A \xrightarrow{k_2} P + \alpha R\cdot$

链终止：　$R\cdot \xrightarrow{k_w}$ 在器壁表面销毁

　　　　　$R\cdot \xrightarrow{k_g}$ 在气相销毁

其中 R·代表作为链传递物的自由基;P 是反应的产物;α 是每一次链传递过程中所产生的链传递物——自由基的数目。链的中止有两种方式,一种是自由基在器壁上发生碰撞变为普通分子;另一种是自由基在气相中经过碰撞变成普通分子。采用稳态近似法处理即得

$$\frac{d[R\cdot]}{dt} = k_1[A] - k_2[R\cdot][A] + \alpha k_2[R\cdot][A] - k_w[R\cdot] - k_g[R\cdot] = 0$$

所以
$$[R\cdot] = \frac{k_1[A]}{k_2[A](1-\alpha) + k_w + k_g} \tag{10.22}$$

生成产物 P 的反应速率应为

$$r = \frac{d[P]}{dt} = k_2[R\cdot][A] = \frac{k_1 k_2[A]^2}{k_2[A](1-\alpha) + k_w + k_g} \tag{10.23}$$

在直链反应中 $\alpha = 1$,故反应速率总是一有限值。但在支链反应中,如果 $\alpha>1$,$k_2[A](1-\alpha)$ 这一项为负值,当 α 大到这样的程度,使 $k_2[A](1-\alpha)$ 的数值接近 $-(k_w + k_g)$,则式(10.23)的分母接近零,此时反应速率趋于无限大,即发生爆炸。

　　对支链反应的动力学有了上述了解之后,就可解释为什么由支链反应所引起的爆炸有第一爆炸限和第二爆炸限之分了。因自由基在器壁销毁的速率取决于自由基扩散到器壁的速率,压力越低,分子之间的碰撞就越少,自由基扩散到器壁销毁的可能性就越大,当压力低到这样的数值,恰好自由基在器壁上销毁的速率和产生自由基的速率相等时,此压力即为第一爆炸限;当低于此压力时,由于自由基销毁速率大于再生速率,故不能发生爆炸;当高于此压力时,由于自由基销毁速率小于再生速率,当然发生爆炸。另外,反应容器越大,自由基能扩散到器壁上去的数目就越少,故第一爆炸限与容器大小有关。

　　在压力较高时,自由基的销毁主要在气相中发生。压力越高,分子间碰撞数越大,自由基在气相中销毁的速率就越大,当压力高到这样的程度,恰好自由基在气相中销毁的速率和再生速率相等时,此压力即为第二爆炸限;当压力超过此值时,由于自由基在气相中销毁的速率大于再生速率,故不能发生爆炸。另外,第二爆炸限随温度而变化,是由于自由基的产生需要活化能,而自由基的销毁不需要活化能,所以升温时,产生自由基的速率增大,故必须提高压力方能增加自由基的销毁速率。

　　关于 H_2 和 O_2 反应的详细机理还没有完全弄清,但反应过程的几个基本步骤大致如下:

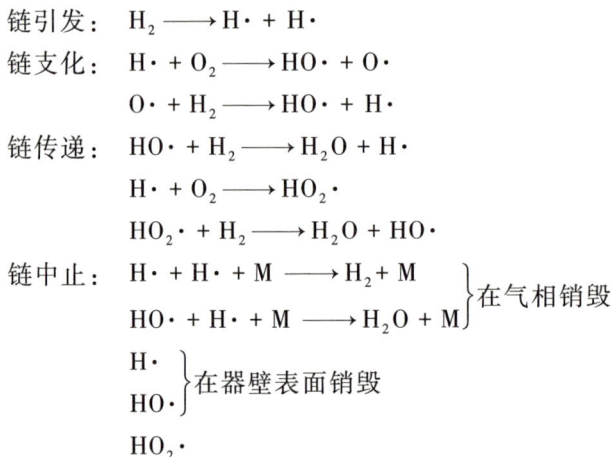

链引发：　$H_2 \longrightarrow H\cdot + H\cdot$

链支化：　$H\cdot + O_2 \longrightarrow HO\cdot + O\cdot$

　　　　　$O\cdot + H_2 \longrightarrow HO\cdot + H\cdot$

链传递：　$HO\cdot + H_2 \longrightarrow H_2O + H\cdot$

　　　　　$H\cdot + O_2 \longrightarrow HO_2\cdot$

　　　　　$HO_2\cdot + H_2 \longrightarrow H_2O + HO\cdot$

链中止：　$\left.\begin{array}{l} H\cdot + H\cdot + M \longrightarrow H_2 + M \\ HO\cdot + H\cdot + M \longrightarrow H_2O + M \end{array}\right\}$ 在气相销毁

　　　　　$\left.\begin{array}{l} H\cdot \\ HO\cdot \\ HO_2\cdot \end{array}\right\}$ 在器壁表面销毁

如果 H_2 和 O_2 不按 $2:1$ 的物质的量之比混合，也可能发生爆炸。实验表明，在 H_2 和 O_2 的混合气中，H_2 的体积分数在 $4\% \sim 94\%$ 这样宽的区间，遇到火种等能产生自由基的条件，均有可能发生爆炸。4% 和 94% 分别称为 H_2 在 O_2 中的"爆炸下限"和"爆炸上限"。

　　测定各种易燃气体在空气中的爆炸下限和爆炸上限，对煤矿开采、石油化工、化工生产和实验室的安全操作有重要意义。表 10.1 列出了一些可燃气体在空气中的爆炸极限数据。

表 10.1　一些可燃气体在空气中的爆炸极限
（按体积比值）

气体	爆炸下限	爆炸上限	气体	爆炸下限	爆炸上限
H_2	4	74	C_5H_{12}	1.6	7.8
NH_3	16	27	C_2H_2	2.5	80
CS_2	1.25	44	C_2H_4	3.0	29
CO	12.5	74	C_6H_6	1.4	6.7
CH_4	5.3	14	CH_3OH	7.3	36
C_2H_6	3.2	12.5	C_2H_5OH	4.3	19
C_3H_8	2.4	9.5	$(C_2H_5)_2O$	1.9	48
C_4H_{10}	1.9	8.4	$CH_3COOC_2H_5$	2.1	8.5

　　应该说明的是，其他一些活泼中间体如碳正离子、碳负离子等也能构成链反应，其动力学处理与自由基的相同，不再赘述。

<u>习题 13</u>　实验表明：　　　　　　$C_2H_6 \longrightarrow C_2H_4 + H_2$

为一级反应。有人认为此反应为链反应,并提出可能的反应机理如下：

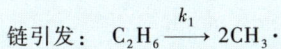

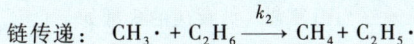

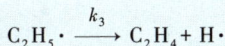

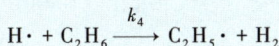

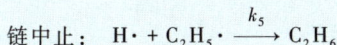

链引发：$C_2H_6 \xrightarrow{k_1} 2CH_3 \cdot$

链传递：$CH_3 \cdot + C_2H_6 \xrightarrow{k_2} CH_4 + C_2H_5 \cdot$

$\qquad\qquad C_2H_5 \cdot \xrightarrow{k_3} C_2H_4 + H \cdot$

$\qquad\qquad H \cdot + C_2H_6 \xrightarrow{k_4} C_2H_5 \cdot + H_2$

链中止：$H \cdot + C_2H_5 \cdot \xrightarrow{k_5} C_2H_6$

试用稳态近似法处理,证明此链反应速率的最后结果与 C_2H_6 浓度的一次方成正比。并写出一级反应速率常数 k 与上述五个基元反应速率常数之间的关系。

<u>习题 14</u>　光气生成和解离的总反应是

$$CO + Cl_2 \Longrightarrow COCl_2$$

其反应机理如下：

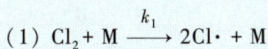

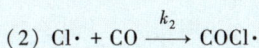

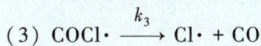

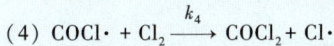

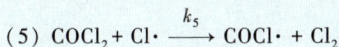

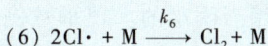

(1) $Cl_2 + M \xrightarrow{k_1} 2Cl \cdot + M$

(2) $Cl \cdot + CO \xrightarrow{k_2} COCl \cdot$

(3) $COCl \cdot \xrightarrow{k_3} Cl \cdot + CO$

(4) $COCl \cdot + Cl_2 \xrightarrow{k_4} COCl_2 + Cl \cdot$

(5) $COCl_2 + Cl \cdot \xrightarrow{k_5} COCl \cdot + Cl_2$

(6) $2Cl \cdot + M \xrightarrow{k_6} Cl_2 + M$

反应(1)、(6)和(2)、(3)均易达到平衡;对于光气的生成,反应(4)为速率控制步骤;对于光气的解离,反应(5)为速率控制步骤,试分别导出光气生成和解离的速率公式。

<u>习题 15</u>　甲醇蒸气在空气中的爆炸下限和上限分别是 7.3% 和 36%(体积分数),已知甲醇饱和蒸气压 p 与温度 T 的关系为

$$\ln(p/Pa) = 25.1499 - \frac{4619.8}{T/K} \qquad (适用于 -10 \sim 80 ℃)$$

工业上以甲醇和空气为原料制备甲醛。(1) 当用银作催化剂时,混合气总压力为 1.07×10^5 Pa,反应器在甲醇过量的条件下操作,即在爆炸上限以上工作,试求反应开始点火时,甲醇蒸发器的温度不得低于多少?(2) 当用铁钼催化剂时,混合气总压力为标准压力,反应器在甲醇不足而空气过量的条件下操作,即在爆炸下限以下工作,试求点火时,甲醇蒸发器的温度不得高于多少?　　　　　　　[答案:(1) $T \geqslant 316$ K;(2) $T \leqslant 283$ K]

习题 16 异丙苯$[C_6H_5C(CH_3)_2\text{—}H]$氧化为过氧化异丙苯$[C_6H_5C(CH_3)_2\text{—}OOH]$的反应式可简单表示为

$$R\text{—}H + O_2 \longrightarrow ROOH$$

一般应在异丙苯中先加入 2.5% 的过氧化异丙苯作为引发剂。此反应的机理如下：

链引发：

(1) $ROOH \xrightarrow{\ k_1\ } RO\cdot + HO\cdot$ $E_1 = 151\ kJ\cdot mol^{-1}$

(2) $RO\cdot + RH \xrightarrow{\ k_2\ } ROH + R\cdot$ $E_2 = 17\ kJ\cdot mol^{-1}$

(3) $HO\cdot + RH \xrightarrow{\ k_3\ } H_2O + R\cdot$ $E_3 = 17\ kJ\cdot mol^{-1}$

链传递：

(4) $R\cdot + O_2 \xrightarrow{\ k_4\ } RO_2\cdot$ $E_4 = 17\ kJ\cdot mol^{-1}$

(5) $RO_2\cdot + RH \xrightarrow{\ k_5\ } ROOH + R\cdot$ $E_5 = 17\ kJ\cdot mol^{-1}$

链中止：

(6) $2RO_2\cdot \xrightarrow{\ k_6\ } ROOR + O_2$ $E_6 = 0$

试导出该反应的速率公式,并求出反应的表观活化能 E_a。说明此反应为什么有一个诱导期使反应越来越快？   [答案:92.5 kJ·mol^{-1}]

*§10.4 反应机理的探索和确定示例

探索和确定反应机理的工作是很重要的但又是相当困难的。现举数例示意一反应的机理是如何确定的。

1. NO 的氧化

此反应的计量反应式为

$$2NO + O_2 \longrightarrow 2NO_2 \qquad (10.24)$$

经实验确定此反应为三级反应,其速率公式为

$$\frac{d[NO_2]}{dt} = k[NO]^2[O_2]$$

此反应的另一动力学特征为温度升高其反应速率下降,即其表观活化能为负值。

从速率方程的形式上看,此反应很可能是一简单的三分子反应,亦即式

(10.24)的写法就代表其反应机理。但是有两点使人们对上述看法有疑问:第一,从理论上说,三个分子同时碰撞到一起的可能性比两个分子碰撞的可能性要小得多;第二,无法解释为什么其表观活化能为负值。因此,虽然此反应为三级反应,但不能简单地认为它就是三分子反应。

人们已知,NO 和 NO_2 都是含有奇数电子的,而 NO_2 很容易按下列方式发生二聚反应:

$$2NO_2 \Longleftrightarrow N_2O_4$$

当温度升高时,平衡向生成 NO_2 的方向移动。因此,可设想 NO 也可能发生二聚反应:

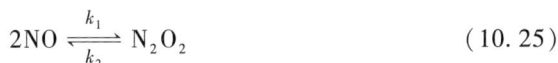

$$2NO \underset{k_2}{\overset{k_1}{\rightleftharpoons}} N_2O_2 \tag{10.25}$$

而且只有 N_2O_2 才能与 O_2 反应生成 NO_2:

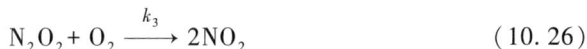

$$N_2O_2 + O_2 \xrightarrow{k_3} 2NO_2 \tag{10.26}$$

其总反应式为

$$2NO + O_2 \longrightarrow 2NO_2$$

按照上述机理,反应速率公式可表示为

$$\frac{d[NO_2]}{dt} = k_3[N_2O_2][O_2] \tag{10.27}$$

由于式(10.25)表示的对峙反应易于达到平衡,那么

$$[N_2O_2] = K[NO]^2 = \frac{k_1}{k_2}[NO]^2 \tag{10.28}$$

将此式代入式(10.27)即得

$$\frac{d[NO_2]}{dt} = \frac{k_1 k_3}{k_2}[NO]^2[O_2] = k[NO]^2[O_2]$$

此结果与实验所得的经验速率公式是一致的。但这样设想的机理中出现的 N_2O_2 分子是否可能存在呢? 最好能有直接或间接的证据表明反应过程中确实有 N_2O_2 的存在。有人在低温下制得了 N_2O_2,更重要的是,有人在室温下发现 NO 的紫外光谱中有某些谱带的强度与 NO 压力的平方成正比,从式(10.28)可看出,这些光谱带很可能是属于 N_2O_2 分子的。

如何解释其反应速率随温度的升高而下降呢? 可以认为式(10.25)所表示

的平衡与 NO_2 的一样,在温度升高时平衡向生成 NO 的方向移动。因此,当温度升高时,虽然能够使式(10.26)的反应速率常数 k_3 增大,但由于反应式(10.25)的平衡向左移动使 N_2O_2 的浓度降低更为显著,故总的表现是反应速率反而随温度的升高而下降。

2. 丙酮与碘的反应

此反应的反应式可写为

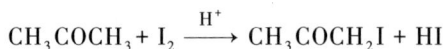

$$CH_3COCH_3 + I_2 \xrightarrow{\ H^+\ } CH_3COCH_2I + HI$$

当在酸性丙酮水溶液中,含 I_2 的浓度较稀时,研究上述反应的动力学,发现在室温下,反应是比较缓慢的。如果酸催化剂的浓度远大于 I_2 的浓度,实验表明此反应为零级反应,即反应速率不随时间而变化,与碘和丙酮的浓度均无关。即

$$r = - \mathrm{d}[CH_3COCH_3]/\mathrm{d}t = k$$

在反应一开始所含有的四种物质中,丙酮、水和酸催化剂的浓度均是过量的。反应过程中,这三种物质的浓度可看做恒定不变,因此在速率公式中不出现它们的浓度是可以理解的,但令人奇怪的是,反应速率与碘的浓度也无关。

按动力学的基本原理判断,上述反应很可能是一连串反应,其中有一步慢反应控制了整个反应的速率,而此速率控制步骤中不包括 I_2,故而出现上述怪现象。如果这样的推断合理,就可拟定此反应的可能机理。当然所拟定的机理必须不违背一般的化学知识,并与实验观察到的动力学结果相一致。在有机化学中有某些酮类存在着酮式与烯醇式的互变异构现象,这种互变异构现象是一缓慢的对峙反应,由此可联想到上述反应中的丙酮是否亦可能有这种酮式与烯醇式的互变异构,故可拟定上述反应的可能机理如下:

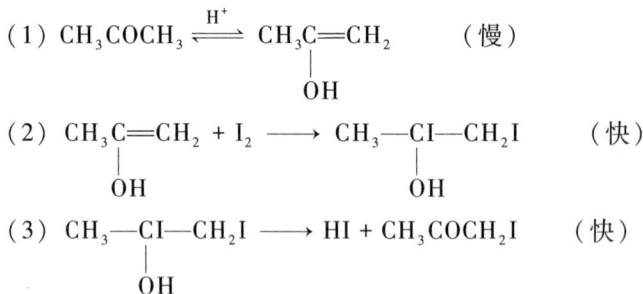

(1) $CH_3COCH_3 \underset{}{\overset{H^+}{\rightleftharpoons}} CH_3C\!\!=\!\!CH_2$ (慢)
                                 |
                             OH

(2) $CH_3C\!\!=\!\!CH_2 + I_2 \longrightarrow CH_3\!-\!CI\!-\!CH_2I$ (快)
        | |
        OH   OH

(3) $CH_3\!-\!CI\!-\!CH_2I \longrightarrow HI + CH_3COCH_2I$ (快)
            |
            OH

按照上述机理,整个反应的速率取决于第一步的对峙反应,在此反应中不包含 I_2,因此这个机理与实验结果是符合的。

上述反应机理的可靠性还可从两个方面加以验证:

（1）如果上述机理是正确的,则丙酮与溴的反应及丙酮与氘的交换反应的速率公式应当与此反应的相同,因为这两个反应亦应包含有烯醇式与酮式的互变异构,而且它也是速率决定步骤。这一点已由实验所证实。

（2）从上述机理的反应（3）可看出,在反应中是要生成酸的,因此只有在酸催化剂浓度相当大时,反应方能呈现为零级。如果酸催化剂的起始浓度很小,则应看到有自催化的现象,即随着反应的进行,由于产物中 HI 浓度的增加,反应速率会越来越快,这亦已由实验所证实。而且当变更丙酮与水的比例时,测定自催化的反应速率,发现有下列关系:

$$r = k[CH_3COCH_3][H^+]$$

因此可得出这样的结论:原来所观察到的零级反应,实际上是一个二级反应,即在速率控制步骤中或之前,存在一个丙酮分子和一个酸分子的反应。这个结论意味着上述机理的反应（1）亦并不是基元反应,其中还应包含有丙酮与酸的反应,但这一部分的详细机理目前尚不清楚。

3. H_2 与 Br_2 的反应

此反应的计量方程式为

$$H_2 + Br_2 \longrightarrow 2HBr$$

有人曾在常压下,205~302 ℃温度范围内对此反应进行了动力学研究,发现其速率公式具有下列形式:

$$\frac{d[HBr]}{dt} = \frac{k[H_2][Br_2]^{1/2}}{1 + k'([HBr]/[Br_2])}$$

式中 k 和 k' 均为常数。显然,此反应为一复合反应。由上述速率公式可以看出以下几点:第一,此反应的产物 HBr 对反应有阻碍作用;第二,HBr 的阻碍作用可被 Br_2 的存在所减缓;第三,Br_2 的浓度出现平方根,意味着很可能有 Br_2 解离的 Br 原子参与反应。

根据上述事实,可以拟出各种可能的机理,但是有一原则,即所拟出的机理必须与经验的速率公式相符合。最可能的机理是由下列基元反应所构成:

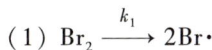

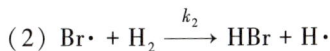

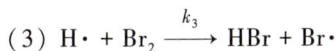

（1）$Br_2 \xrightarrow{k_1} 2Br\cdot$

（2）$Br\cdot + H_2 \xrightarrow{k_2} HBr + H\cdot$

（3）$H\cdot + Br_2 \xrightarrow{k_3} HBr + Br\cdot$

(4) $H \cdot + HBr \xrightarrow{k_4} H_2 + Br \cdot$

(5) $2Br \cdot \xrightarrow{k_5} Br_2$

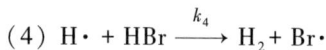

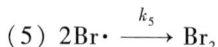

由上述机理可看出,此反应为链反应。反应(1)为链的引发,反应(2)、(3)是链的传递,反应(5)是链的中止。反应(4)是比较特殊的,是为了解释 HBr 对反应的阻碍作用而提出的,它是反应(2)的逆反应;由反应(4)和(3)可看出,这两步反应是 HBr 和 Br_2 争夺 $H \cdot$ 的竞争过程,这亦说明为什么 HBr 的阻碍作用可被 Br_2 所减缓。

按上述机理,其速率公式可写为

$$\frac{d[HBr]}{dt} = k_2[Br \cdot][H_2] + k_3[H \cdot][Br_2] - k_4[H \cdot][HBr] \quad (10.29)$$

式(10.29)含有自由基浓度 $[H \cdot]$ 和 $[Br \cdot]$,可采用稳态近似法处理:

$$\frac{d[Br \cdot]}{dt} = 2k_1[Br_2] - k_2[Br \cdot][H_2] + k_3[H \cdot][Br_2] +$$
$$k_4[H \cdot][HBr] - 2k_5[Br \cdot]^2 = 0 \quad (10.30)$$

及 $$\frac{d[H \cdot]}{dt} = k_2[Br \cdot][H_2] - k_3[H \cdot][Br_2] - k_4[H \cdot][HBr] = 0 \quad (10.31)$$

将上两式相加,得 $2k_1[Br_2] - 2k_5[Br \cdot]^2 = 0$

故 $$[Br \cdot] = \left(\frac{k_1}{k_5}\right)^{1/2}[Br_2]^{1/2} \quad (10.32)$$

将式(10.32)代入式(10.31)或式(10.30)可得

$$[H \cdot] = \frac{k_2(k_1/k_5)^{1/2}[H_2][Br_2]^{1/2}}{k_3[Br_2] + k_4[HBr]} \quad (10.33)$$

将式(10.32)和式(10.33)代入式(10.29)即得

$$\frac{d[HBr]}{dt} = \frac{2k_2(k_1/k_5)^{1/2}[H_2][Br_2]^{1/2}}{1 + (k_4/k_3)[HBr]/[Br_2]}$$

令 $2k_2(k_1/k_5)^{1/2} = k, k_4/k_3 = k'$,则上式与经验速率公式完全一致。

当然,上述机理还曾多方面加以验证,此处不再详细叙述。

上面三个例子的讨论可以为探索和确定一反应的机理给以某些启示。一般说来,探索反应机理大致有以下几步:

(1) 从实验方面确定一反应的速率公式和活化能的数值;

（2）按已经了解的化学知识和物质结构的知识,拟定可能的反应机理,并加以数学处理,分析导出的速率公式与经验速率公式是否一致;

（3）从理论上或其他实验方面,尽可能多方面地对所拟机理加以验证。

应当指出,历史上常发生这样的事,在一定的历史阶段认为是正确的反应机理,随着人们对反应过程认识的深入,可能发现原有的机理是不正确的。

习题 17　高温下,H_2 和 I_2 生成 HI 的气相反应,有人认为其反应机理为

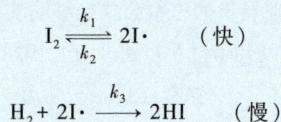

$$H_2 + 2I\cdot \xrightarrow{k_3} 2HI \quad (慢)$$

试证明此反应的速率公式为

$$\frac{d[HI]}{dt} = k[H_2][I_2]$$

习题 18　乙醛的气相热分解反应为 $CH_3CHO \longrightarrow CH_4 + CO$,有人认为此反应由下列几步基元反应构成:

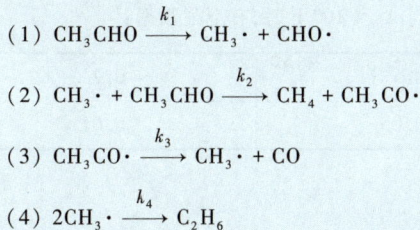

$$(4)\ 2CH_3\cdot \xrightarrow{k_4} C_2H_6$$

试证明此反应的速率公式为　　$\dfrac{d[CH_4]}{dt} = k[CH_3CHO]^{3/2}$

若反应(4)为 $2CH_3CO\cdot \xrightarrow{k_5} CH_3COCOCH_3$,试证明:

$$\frac{d[CH_4]}{dt} = k[CH_3CHO]^{1/2}$$

习题 19　反应 $N_2O_5 + NO \longrightarrow 3NO_2$,在 25 ℃ 时进行。第一次实验:$p_0(N_2O_5) = 1.0 \times 10^2\ Pa$,$p_0(NO) = 1.0 \times 10^4\ Pa$($p_0$ 表示初始分压),以 $\ln[p(N_2O_5)]$ 对 t 作图得一直线,由图求得 N_2O_5 的半衰期为 2 h;第二次实验:$p_0(N_2O_5) = p_0(NO) = 5.0 \times 10^3\ Pa$,并测得下列数据:

t/h	0	1	2
$p_{总}/(10^3\ Pa)$	10.0	11.5	12.5

（1）设实验的速率公式形式为 $r = k[p(N_2O_5)]^{\alpha}[p(NO)]^{\beta}$。试求 α、β 值，并求算反应的表观速率常数 k 值。

（2）设该反应的机理为

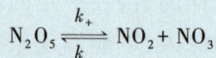

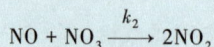

$$N_2O_5 \underset{k_-}{\overset{k_+}{\rightleftharpoons}} NO_2 + NO_3$$

$$NO + NO_3 \xrightarrow{k_2} 2NO_2$$

试推断在怎样的条件下，由该机理导出的速率公式能够与实验结果一致？

（3）当 $p_0(N_2O_5) = 1.0 \times 10^4$ Pa，$p_0(NO) = 1.0 \times 10^2$ Pa 时，NO 反应掉一半需要多少时间？   [答案：(1) $\alpha = 1$，$\beta = 0$，$k = 0.347$ h^{-1}；(3) 52.0 s]

习题 20 （1）对于加成反应：

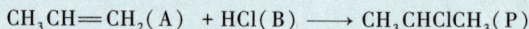

$$CH_3CH{=\!=}CH_2(A) + HCl(B) \longrightarrow CH_3CHClCH_3(P)$$

在一定范围内，发现下列关系：

$$[P]/[A] = k[A]^{m-1}[B]^n \cdot \Delta t$$

式中 k 为此反应的实验速率常数。进一步的实验表明：$[P]/[A]$ 这一比值与 C_3H_6 的浓度无关，$[P]/[B]$ 这一比值与 HCl 的浓度有关。当 $\Delta t = 100$ h 时，有下列数据：

$[B]/(mol \cdot dm^{-3})$	0.4	0.2
$[P]/[B]$	0.05	0.01

试问此反应对每种反应物各为几级反应？

（2）有人认为上述反应的机理可能为

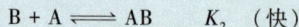

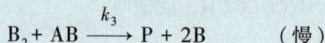

$$2B \rightleftharpoons B_2 \qquad K_1 \quad （快）$$

$$B + A \rightleftharpoons AB \qquad K_2 \quad （快）$$

$$B_2 + AB \xrightarrow{k_3} P + 2B \qquad （慢）$$

请据此机理导出反应速率公式，说明此机理有无道理。   [答案：$m = 1$，$n = 3$]

§10.5 催化反应

一种或几种物质加入某化学反应系统中，可以显著改变反应的速率，但其本身在反应前后的数量及化学性质不发生变化，则该物质称为这一反应的"催化剂"，这类反应称为"催化反应"。从化学动力学角度来看，与浓度和温度一样，催化剂只是影响反应速率的一种因素。但是，催化剂无论在工业生产上还是在科学实验中均应用得非常广泛。有人曾统计,目前化工产品的生产有 80% 以上离不开催化剂的使用。

催化反应可分为三大类:一是均相催化,即催化剂与反应物质处于同一相,如酸对于蔗糖水解的催化;二是复相催化,即催化剂和反应物质不在同一相中,如 V_2O_5 对 SO_2 氧化为 SO_3 反应的催化;三是生物催化,或称酶催化,如馒头的发酵、制酒过程中的发酵等。这三类催化反应的机理各不相同,但它们有若干基本的共同点,即催化反应的基本原理。

1. 催化反应的基本原理

(1) 催化剂不能改变反应的方向和限度。

催化剂能加快反应的速率,有时能达到千百万倍以上。这就很自然地引起一个问题,即催化剂能不能使本来不能进行的反应发生呢? 回答是否定的,即催化剂不能改变反应的方向。因为一化学反应能否发生取决于反应的 Gibbs 函数变化 $\Delta_r G$,只有 $\Delta_r G < 0$ 的反应方能进行。然而,$\Delta_r G < 0$ 的反应不一定能以显著速率进行。催化剂的作用不能使热力学上不能进行的反应发生,而只能加快那些热力学上可能发生的反应的速率。所以当一化学反应在指定条件下经热力学判明不能生成预期的产物时,不要盲目地去寻找催化剂。

催化剂能否改变一反应的平衡常数呢? 回答也是否定的。反应平衡常数的大小,标志该反应的限度,取决于该反应的标准 Gibbs 函数变化 $\Delta_r G^\ominus$。催化剂不能改变反应的 $\Delta_r G^\ominus$,所以也不能改变化学反应的标准平衡常数 $K^\ominus$,而只能缩短反应到达平衡的时间。由前已知,对于对峙反应,其平衡常数等于正、逆向反应速率常数之比,即 $K = k_+ / k_-$。既然催化剂不能改变平衡常数 K,那么催化剂在加快正向反应速率的同时必然也加快逆向反应速率,而且正、逆向反应速率常数是按相同倍数增加的。根据这个原理,一个对正向反应有效的催化剂对逆向反应也一定有效。例如,工业上合成甲醇的反应为

$$CO + 2H_2 \Longrightarrow CH_3OH$$

此反应的速率很慢,需要找优良的催化剂加快其速率。但是按正向反应进行实验需要高压条件。根据上述原理,可以通过甲醇的分解反应来寻找合适的催化剂,而甲醇分解在常压下即可进行,实验条件比较简单,找到合适催化剂以后,再来验证对合成甲醇效果如何。这类例子是很多的。

(2) 催化剂参与化学反应,改变反应活化能。

催化剂在反应前后虽然其数量和化学性质没有变化,但常常发现催化剂的物理性质是有变化的,如粉末变成了块状、晶体大小发生了变化等。这就说明催

化剂以某种形式参与了化学反应。一般认为,催化剂是与反应物中的一种或几种物质生成中间化合物,而这种中间化合物又与另外的反应物进行反应或本身分解,重新产生出催化剂并形成产物。例如,某一反应:

$$A + B \longrightarrow AB$$

催化剂 C 参与反应的形式通常为

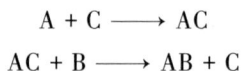

$$A + C \longrightarrow AC$$
$$AC + B \longrightarrow AB + C$$

上述情况表明,催化剂参与反应改变了原来的反应途径。应当指出,催化剂与反应物形成的中间化合物应当是不稳定的,否则系统就会停留在中间化合物而不能变成产物。这一点对选择催化剂有很重要的意义,即催化剂应该与反应物之间有一定的亲和力,使之能形成不稳定的中间化合物,但这种亲和力又不能太大,否则将形成稳定的化合物而不能变成人们所预期的产物。

催化剂参与化学反应,改变了原来的反应途径,致使反应活化能显著降低。图 10.9 是催化反应降低活化能的示意图。表 10.2 列出了催化反应和非催化反应活化能数值的比较。由表可见,不同的催化剂使反应活化能降低的数值不同;但也可看出,催化反应的活化能至少比非催化时降低 80 kJ·mol^{-1},由 Arrhenius 公式不难算出,假若指前因子 A 不变,则催化反应的速率常数比非催化时增大 10^7 倍以上(但一般活化能下降的同时,A 也有所下降)。这是催化剂之所以能够加快反应速率的根本原因。

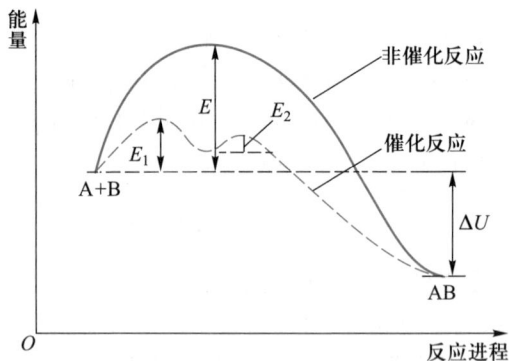

图 10.9   催化反应降低活化能的示意图

表 10.2　催化反应与非催化反应活化能数值的比较

反应	$\dfrac{E_a(非催化)}{kJ \cdot mol^{-1}}$	催化剂	$\dfrac{E_a(催化)}{kJ \cdot mol^{-1}}$
$2HI \longrightarrow H_2 + I_2$	184.1	Au Pt	104.6 58.58
$2NH_3 \longrightarrow N_2 + 3H_2$	326.4	W Fe	163.2 $159 \sim 176$
$2SO_2 + O_2 \longrightarrow 2SO_3$	251.04	Pt	62.7

（3）催化剂具有特殊的选择性。

催化剂的选择性有两个方面的含义。第一，不同类型的反应需要选择不同的催化剂，如氧化反应的催化剂和脱氢反应的催化剂是不同的，即使是同一类型的反应，其催化剂也不一定相同，如 SO_2 的氧化使用 V_2O_5 催化剂，而乙烯的氧化却用金属 Ag 催化剂；第二，对同样的反应物，如果选择不同的催化剂，可以得到不同的产物，如乙醇的分解有以下几种情况：

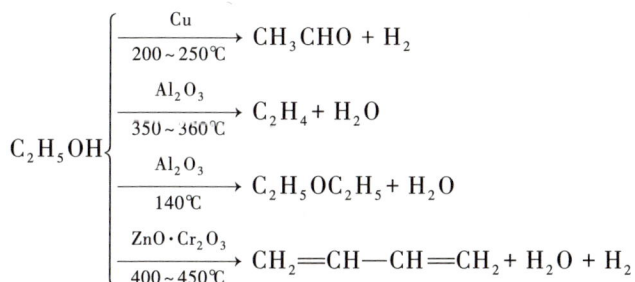

$$C_2H_5OH \begin{cases} \xrightarrow[200\sim250℃]{Cu} CH_3CHO + H_2 \\ \xrightarrow[350\sim360℃]{Al_2O_3} C_2H_4 + H_2O \\ \xrightarrow[140℃]{Al_2O_3} C_2H_5OC_2H_5 + H_2O \\ \xrightarrow[400\sim450℃]{ZnO \cdot Cr_2O_3} CH_2{=}CH{-}CH{=}CH_2 + H_2O + H_2 \end{cases}$$

从热力学角度看，上述这些反应都是可以发生的，但是某种催化剂却只对某一特定反应有催化作用，而不是加速所有热力学上可能的反应，这就是催化剂的选择性。

工业生产中常用一定条件下某一反应物转化的总量中，用于转化成某一产物的量所占百分数来表示催化剂的选择性。即

$$选择性 = \frac{转化成某一产物的量}{某一反应物转化的总量} \times 100\% \tag{10.34}$$

以乙烯氧化生成环氧乙烷为例：一定条件下，如果 Ag 催化剂的选择性为62.5%，这就是说该条件下用于生成环氧乙烷的乙烯占乙烯转化总量的62.5%，

还有 37.5% 是由于其他反应的存在而被消耗掉了。

"选择性"与工业生产中常遇到的"转化率"和"单程产率"有一定关系。转化率和单程产率的定义分别为

$$转化率 = \frac{该反应物被转化的量}{进入反应器的某物质的总量} \times 100\% \qquad (10.35)$$

$$单程产率 = \frac{该反应物转化成某产物的量}{进入反应器的某物质的总量} \times 100\% \qquad (10.36)$$

显然

$$选择性 = \frac{单程产率}{转化率} \times 100\% \qquad (10.37)$$

2. 均相催化反应

最简单的均相催化反应的机理可表示为

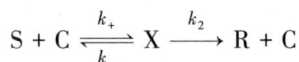

$$S + C \underset{k_-}{\overset{k_+}{\rightleftharpoons}} X \overset{k_2}{\longrightarrow} R + C$$

式中 S 和 R 分别表示反应物和产物;C 是催化剂;X 是不稳定中间化合物。其反应速率可表示为

$$\frac{d[R]}{dt} = k_2[X]$$

由于中间化合物是不稳定的,反应进行一段时间之后,会达到一稳态,即

$$\frac{d[X]}{dt} = k_+[S][C] - k_2[X] - k_-[X] = 0$$

故

$$[X] = \frac{k_+}{k_- + k_2}[S][C]$$

所以

$$\frac{d[R]}{dt} = \frac{k_+ k_2}{k_- + k_2}[S][C] = k[S][C] \qquad (10.38)$$

由式(10.38)可看出,均相催化反应的速率不仅与反应物浓度有关,还与催化剂的浓度成正比。

均相催化有气相催化和液相催化两类。气相催化反应的实际应用例子并不多见。早期铅室法制硫酸,SO_2 直接与 O_2 反应是比较缓慢的,即

$$SO_2 + O_2 \longrightarrow 2SO_3$$

但是当气相中有少量 NO 存在时,反应显著加快,其步骤为

$$2NO + O_2 \longrightarrow 2NO_2$$
$$NO_2 + SO_2 \longrightarrow NO + SO_3$$

其中 NO 就是催化剂。制备硫酸的这种方法目前已被 V_2O_5 作催化剂的复相催化反应所取代。

液相中最常见的催化反应是酸碱催化反应。有的反应只受 H^+ 催化,有的反应只受 OH^- 催化,有的反应既受 H^+ 催化也受 OH^- 催化。例如,蔗糖的转化和酯类的水解是受 H^+ 催化的,其反应式为

$$C_{12}H_{22}O_{11} + H_2O \xrightarrow{H^+} C_6H_{12}O_6(葡萄糖) + C_6H_{12}O_6(果糖)$$
$$CH_3COOCH_3 + H_2O \xrightarrow{H^+} CH_3COOH + CH_3OH$$

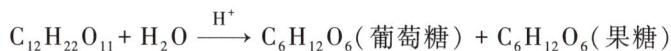

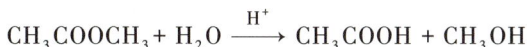

若以 [S] 表示蔗糖或酯的浓度,实验表明其速率公式为

$$r = k_a[S][H^+] \tag{10.39}$$

由于反应过程中 $[H^+]$ 恒定,故表现为一级反应。如果有的反应必须同时考虑 OH^- 的催化作用和没有催化剂时的反应速率,则通用的速率公式应为

$$r = k_0[S] + k_a[H^+][S] + k_b[OH^-][S] = k[S] \tag{10.40}$$

其中
$$k = k_0 + k_a[H^+] + k_b[OH^-] \tag{10.41}$$

式中 k_0 是没有催化剂时的速率常数;k_a 和 k_b 分别是有 H^+ 和 OH^- 催化时的速率常数;k 则表示反应的表观速率常数。结合具体情况,式(10.40)和式(10.41)往往可以适当简化。例如,酯在强酸溶液中水解,由于 $k_0 + k_b[OH^-] \ll k_a[H^+]$,式(10.40)就可化简为式(10.39)的形式。

3. 复相催化反应

复相催化反应中,不论是液体反应物或是气体反应物都是在固体催化剂表面进行反应,其中气体在固体催化剂表面的反应在工业上尤为常见。一般说来,复相催化反应需由下列几个步骤构成:

① 反应物分子扩散到固体催化剂表面;
② 反应物分子在固体催化剂表面发生吸附;
③ 吸附分子在固体催化剂表面进行反应;
④ 产物分子从固体催化剂表面解吸;

⑤ 产物分子通过扩散离开固体催化剂表面。

显然,整个复相催化反应的速率取决于其中最缓慢的步骤。上述五步中究竟哪一步是速率控制步骤,要根据具体情况进行具体分析。一般说来,步骤①和⑤亦即扩散过程不大可能是缓慢步骤;步骤②和④亦即吸附和解吸过程有可能是缓慢步骤;对多数反应来说,步骤③亦即表面反应很可能是整个反应过程的速率控制步骤。

对于吸附分子在固体催化剂表面发生反应的步骤是速率控制步骤的反应,可以认为吸附过程比较快,易于建立吸附平衡。而表面反应的速率应当与固体表面上吸附分子的浓度成正比,亦即与吸附分子在固体表面的覆盖度 θ 成正比。因此,可以通过吸附等温式来建立表面催化反应的速率公式。

如果一种反应物分子在固体催化剂表面发生下列形式的反应:

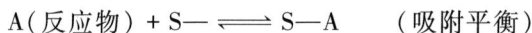

$$A(反应物) + S\!-\!\rightleftharpoons S\!-\!A \qquad (吸附平衡)$$
$$S\!-\!A \longrightarrow X(产物) + S\!-\! \qquad (表面反应)$$

吸附过程易于建立平衡,表面反应为速率控制步骤,那么反应速率应与 A 在催化剂表面的覆盖度 θ_A 成正比。即

$$r = k\theta_A$$

假若 A 在固体催化剂表面的吸附符合 Langmuir 吸附等温式:

$$\theta_A = \frac{bp_A}{1 + bp_A}$$

则速率公式可表示为

$$r = k\frac{bp_A}{1 + bp_A} \qquad (10.42)$$

对于式(10.42),可分几种情况来讨论:

(1) 如果 A 在固体表面的吸附很弱,即 b 的数值很小,或者是压力很低时,则 $bp_A \ll 1$,于是式(10.42)可化为

$$r = kbp_A$$

即表现为一级反应。例如反应:

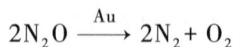

$$2N_2O \xrightarrow{\text{Au}} 2N_2 + O_2$$
$$2HI \xrightarrow{\text{Pt}} H_2 + I_2$$

即属于这种情况。这两个反应在均相中即无固体催化剂时都是典型的二级

反应。

（2）如果 A 在固体表面的吸附很强，即 b 的数值很大，或者是压力很高时，则 $bp_A \gg 1$，于是式（10.42）可化为

$$r = k$$

即表现为零级反应。例如反应：

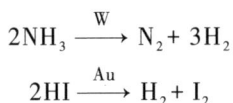

$$2NH_3 \xrightarrow{\text{W}} N_2 + 3H_2$$

$$2HI \xrightarrow{\text{Au}} H_2 + I_2$$

（3）如果产物 X 在固体催化剂表面发生强烈吸附，根据 Langmuir 复合吸附等温式：

$$\theta_A = \frac{b_A p_A}{1 + b_A p_A + b_X p_X}$$

由于 X 是强吸附，$b_X p_X \gg 1 + b_A p_A$，故反应速率公式为

$$r = k\theta_A = k\frac{b_A p_A}{b_X p_X}$$

从上式可见，反应速率与反应物分压 p_A 的一次方成正比，而与产物分压 p_X 的一次方成反比。例如反应：

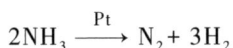

$$2NH_3 \xrightarrow{\text{Pt}} N_2 + 3H_2$$

其反应速率公式的形式为

$$-\frac{dp(NH_3)}{dt} = k\frac{p(NH_3)}{p(H_2)}$$

这说明 NH$_3$ 分解所产生的 H$_2$ 对此反应有抑制效应。有时，其他不参加反应的气体在催化剂表面发生强烈吸附，也会产生类似的抑制效应。此时，称催化剂发生"中毒现象"，抑制反应速率的其他气体就称为催化剂的"毒物"。例如，氮气和氢气在铁催化剂上合成为氨，CO、CO$_2$、H$_2$S 等气体都是对铁催化剂有"毒"的气体。

如果两种反应物分子在固体催化剂表面按下列方式进行反应：

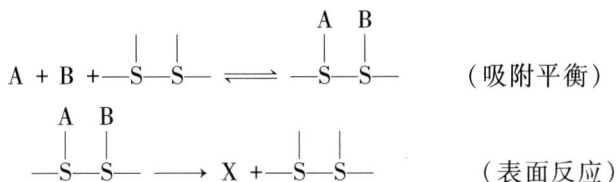

$$A + B + \begin{matrix}|\ \ |\\-S-S-\end{matrix} \rightleftharpoons \begin{matrix}A\ \ B\\|\ \ |\\-S-S-\end{matrix} \quad \text{（吸附平衡）}$$

$$\begin{matrix}A\ \ B\\|\ \ |\\-S-S-\end{matrix} \longrightarrow X + \begin{matrix}|\ \ |\\-S-S-\end{matrix} \quad \text{（表面反应）}$$

根据 Langmuir 复合吸附等温式：

$$\theta_A = \frac{b_A p_A}{1 + b_A p_A + b_B p_B} \qquad \theta_B = \frac{b_B p_B}{1 + b_A p_A + b_B p_B}$$

反应速率公式可表示为

$$r = k\theta_A\theta_B = \frac{k b_A b_B p_A p_B}{(1 + b_A p_A + b_A p_B)^2} \qquad (10.43)$$

仿照表面单分子反应的办法,区别不同条件,亦可对式(10.43)分几种情况进行讨论。

在固体催化剂表面进行的复相催化反应还有一些其他情况。例如,两种反应物中只有一种分子被吸附,表面反应本身是对峙反应,吸附或解吸过程是速率控制步骤,或者是根本没有速率控制步骤,或者是吸附过程不符合 Langmuir 吸附等温式等,有些还表现得相当复杂,这里不再一一分析。

4. 酶催化反应

在生物体内进行的各种复杂的反应,如蛋白质、脂肪、糖类的合成和分解等,基本上都是酶催化反应。目前已知的各种各样的大多数酶,其本身也都是某种蛋白质,其基本质点的直径范围在 $10^{-8} \sim 10^{-7}$ m,相当于溶胶粒子的大小。因此,酶催化反应可以看做介于均相与复相之间,既可以认为反应物(在生物化学中称为"底物")与酶形成了中间化合物,也可以认为在酶的表面上首先吸附了反应物,然后发生反应。酶催化反应既不同于均相催化也不同于复相催化,而是兼备二者的某些特性。实验表明,反应条件温和(常温常压)、反应速率平稳、具有很高的选择性,这些都是酶催化反应突出的特征。例如,目前已经知道有若干种酶能在常温常压下对氮的固定有催化作用,而工业上的复相催化合成氨却需要高温高压。能否仿照酶催化的机理而使合成氨在常温常压下进行,已成为改革合成氨工业中非常吸引人的方向。

Michaelis 对酶催化反应进行动力学研究时,提出酶催化反应中最简单的一种反应机理可以表示为

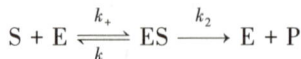

$$S + E \underset{k_-}{\overset{k_+}{\rightleftharpoons}} ES \overset{k_2}{\longrightarrow} E + P$$

式中 E 表示酶。运用稳态近似法处理：

$$\frac{d[ES]}{dt} = k_+[E][S] - k_-[ES] - k_2[ES] = 0 \qquad (10.44)$$

故
$$[ES] = \frac{k_+}{k_- + k_2}[S][E] = \frac{1}{K_M}[S][E] \qquad (10.45)$$

式中 $K_M = (k_- + k_2)/k_+$ 通常称为 Michaelis 常数。于是产物 P 的生成速率可表示为

$$r = \frac{d[P]}{dt} = k_2[ES] = \frac{k_2}{K_M}[S][E] \qquad (10.46)$$

但是,这个公式在实际应用中却很不方便,这是因为在酶催化反应中,酶的浓度总是很小的,式(10.46)中所包含的[E]又是游离酶的实际浓度,一般很难准确测定。实际工作中往往能够确知的是酶的起始浓度[E_0],即游离酶和中间化合物结合酶的总浓度:

$$[E_0] = [E] + [ES] \qquad (10.47)$$

因此希望在速率公式中将[E]换算成[E_0]表示;将式(10.47)代入式(10.44),得

$$[ES] = \frac{k_+[S][E_0]}{k_- + k_2 + k_+[S]} = \frac{[S][E_0]}{K_M + [S]} \qquad (10.48)$$

于是速率公式(10.46)演化为

$$r = \frac{k_2[S][E_0]}{K_M + [S]} \qquad (10.49)$$

式(10.49)称为 Michaelis 方程。根据该式,以 r 对[S]作图,所得曲线如图 10.10 所示。

分析 Michaelis 方程可见,当反应物浓度很小,即[S]$\ll K_M$ 时:

$$r = \frac{k_2}{K_M}[E_0][S] \qquad (10.50)$$

对反应物 S 表现为一级反应。当反应物浓度较大,即[S]$\gg K_M$ 时:

$$r = k_2[E_0] = 常数 \qquad (10.51)$$

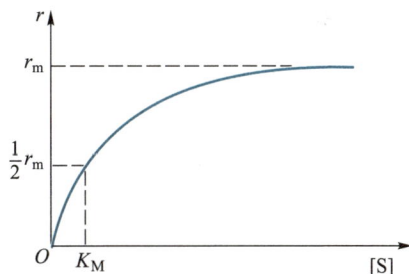

图 10.10 酶催化反应速率示意图

对反应物 S 表现为零级反应。当酶的起始浓度一定时,此时的反应速率为最大的速率,通常以 r_m 表示。这个结论与实验事实是一致的,这就是酶催化反应的速率一般都表现得十分平稳的道理。

对于酶催化反应,最大反应速率 r_m 和 Michaelis 常数 K_M 无疑是十分重要的参数。将式(10.51)代入式(10.49)并重整后可得

$$\frac{r}{r_m} = \frac{[S]}{K_M + [S]} \tag{10.52}$$

由式(10.52)可以看出,当 $r = r_m/2$ 时, $[S] = K_M$,即反应速率为最大速率的一半时所对应的反应物浓度值就等于 Michaelis 常数 K_M 之值。在酶起始浓度一定时,通过实验测定不同反应物浓度时的反应速率值,然后绘成如图 10.10 所示形式的曲线,由图不难求出 r_m 和 K_M 之值。

将式(10.52)重排,可以得到如下各种线性关系:

$$\frac{1}{r} = \frac{K_M}{r_m} \cdot \frac{1}{[S]} + \frac{1}{r_m} \tag{10.53}$$

$$\frac{[S]}{r} = \frac{K_M}{r_m} + \frac{1}{r_m}[S] \tag{10.54}$$

$$r = r_m - K_M \cdot \frac{r}{[S]} \tag{10.55}$$

将实验数据按上述关系式作图可得直线,根据直线的斜率和截距也均可求算出 r_m 和 K_M 之值。

酶催化反应是生物体内新陈代谢的主要方式。根据客观需要,生物体可自动调节反应速率。如通过内分泌系统增加酶的浓度便可加快反应;若需要减慢反应,最简单的抑制方法是分泌另一种酶与活性酶结合,从而降低活性酶的浓度使反应减慢。深入研究酶催化反应,对加深认识生理过程和医药作用等具有明显的意义。

习题 21 合成橡胶的主要原料是丁二烯,有人想由 1 - 丁烯来合成丁二烯,并提出以下两个方案:

(1) 1 - 丁烯脱氢制丁二烯:

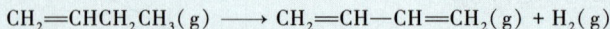

$$CH_2{=}CHCH_2CH_3(g) \longrightarrow CH_2{=}CH{-}CH{=}CH_2(g) + H_2(g)$$

(2) 1 - 丁烯氧化脱水制丁二烯:

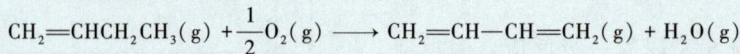

$$CH_2{=}CHCH_2CH_3(g) + \frac{1}{2}O_2(g) \longrightarrow CH_2{=}CH{-}CH{=}CH_2(g) + H_2O(g)$$

为了加速反应需寻求合适的催化剂,试判断上述方案中哪个是可行的?(所需热力学数据自行查找。)

习题 22 反应 $2HI \longrightarrow H_2 + I_2$,在无催化剂存在时,其活化能 E_a(非催化) = 184.1 kJ · mol^{-1};在以 Au 作催化剂时,反应的活化能 E_a(催化) = 104.6 kJ · mol^{-1}。若反应在 503 K 时进行,如果指前因子 A(催化)值为 A(非催化)值的 $\frac{1}{10^8}$,试估计以 Au 为催化剂的反应速率常数是非催化的多少倍?   [答案:1.8 倍]

习题 23 某工厂以 Ag 作催化剂由甲醇氧化制甲醛,其反应为

$$2CH_3OH + \frac{1}{2}O_2 \longrightarrow 2HCHO + H_2O + H_2$$

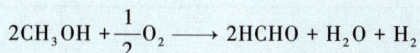

已知原料甲醇每小时的进料量是 2.5×10^3 dm^3,每小时生成含甲醛 36.7%(质量分数)、含甲醇 7.85%(质量分数)的混合水溶液 3400 dm^3,该溶液的相对密度为 1.095。原料甲醇的相对密度为 0.7932,甲醇浓度为 99.5%。试计算 Ag 催化剂对甲醇氧化制甲醛反应的选择性为多少?　　　　　　　　　　　　　　　　　　　　　　　　　　　[答案:86.7%]

习题 24　丙酮和碘的反应为

$$CH_3COCH_3 + I_2 \longrightarrow CH_3COCH_2I + HI$$

此反应能被 H$^+$ 催化,其催化速率常数 $k_a = 4.48 \times 10^{-4}$ dm$^3 \cdot$ mol$^{-1} \cdot$ s^{-1},试分别计算[H$^+$] = 0.05 mol $\cdot$ dm^{-3} 和[H$^+$] = 0.10 mol $\cdot$ dm^{-3} 时此反应的速率常数。

[答案:2.24×10^{-5} s^{-1};4.48×10^{-5} s^{-1}]

习题 25　葡萄糖的变旋异构反应是酸催化反应。试从下列表观一级速率常数求算实验条件下的 k_0 及 k_a。

催化剂浓度 c/(mol $\cdot$ dm^{-3})	0.0048	0.0247	0.0325
k/(10^{-3} min^{-1})	6.0	8.92	10.02

[答案:5.3×10^{-3} min^{-1};0.145 dm$^3 \cdot$ mol$^{-1} \cdot$ min^{-1}]

习题 26　氨在 Pt 上的分解速率可表示成下式:

$$\frac{dx}{dt} = \frac{k(a-x)}{x}$$

a 和 $a-x$ 分别表示 $t = 0$ 和 t 时刻 NH$_3$ 的浓度。(1) x 和 H$_2$ 的浓度关系如何? (2) 此反应的级数是多少? (3) 求出其速率公式的积分形式。(4) 求出此反应的半衰期公式。(5) 如果 H$_2$ 的起始浓度为 b,此反应速率公式的微分形式与积分形式为何种形式?

习题 27　有两个反应物 A 和 B 在某固体催化剂 K 上反应,如果 B 不吸附,但 A 在固体催化剂表面被吸附,并遵守 Langmuir 吸附等温式。其反应机理可表示为

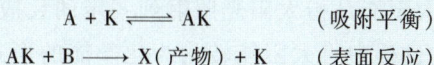

$$A + K \rightleftharpoons AK \qquad (吸附平衡)$$
$$AK + B \longrightarrow X(产物) + K \qquad (表面反应)$$

如果表面反应为速率控制步骤,试导出反应的速率公式并讨论压力对该反应级数的影响。

习题 28　HI 气体在 Pt 上催化分解反应的速率方程,在高压下为 $r = k_1$(100 ℃时 $k_1 = 5.0 \times 10^4$ Pa $\cdot$ s^{-1}),在低压下为 $r = k_2 p(HI)$(100 ℃时 $k_2 = 50$ s^{-1})。假定表面反应速率与 HI 气体在 Pt 上的吸附量成正比。试计算在 100 ℃ 时,$r = 2.5 \times 10^4$ Pa $\cdot$ s^{-1} 的 $p(HI)$。

[答案:1.0×10^3 Pa]

习题 29　实验测得某酶催化反应的下列数据,试用作图法求算该反应的最大反应速率 r_m 和 Michaelis 常数 K_M 之值。

反应物浓度[S]/(10^{-3} mol·dm^{-3})	10	2.0	1.0	0.50	0.33
反应速率 r/(10^{-6} mol·dm^{-3}·s^{-1})	1.17	0.99	0.79	0.62	0.50

[答案:1.22×10^{-6} mol·dm^{-3}·s^{-1};4.88×10^{-5} mol·dm^{-3}]

习题 30 氨在红热的钨表面上分解得到下列数据:

氨的起始压力 p_0/(10^4 Pa)	3.53	1.73	0.77
反应的半衰期 $t_{1/2}$/min	7.6	3.7	1.7

试求此反应的级数和速率常数,并引用合理假设解释所得结果。

[答案:零级;2.3×10^3 Pa·min^{-1}]

§10.6 光化学概要

由于光的作用而发生的化学反应称为"光化学反应"。相对于光化学反应,普通的化学反应称为"热反应"。人们对光化学现象早已熟知,如植物的光合作用、照相底片的感光作用等。但直到最近五六十年,由于人们越来越重视太阳能的利用及激光技术的应用,光化学的研究才随之迅速发展起来。

有人估算,太阳投射到地球表面上的能量占地球总能量的99%以上。而且太阳能取之不尽、用之不竭,且无污染,故一直是人们梦寐以求的理想能源。目前,太阳能的利用大致可分三种类型:一是吸收太阳光直接转化为热;二是通过光电效应使光能转化为电能;三是通过光化学反应使光能转化为化学能。因此,深入探索光化学规律的意义是显而易见的。

1. 光化学定律

以化学方式利用太阳能是指太阳光照射到一定的反应系统,系统吸收光能发生化学反应,并在此过程中将太阳能转化为化学能的形式贮存于光化学反应产物中,该产物回复到原来物质时再释放出这部分能量供人们利用。光化学反应必须遵循两条光化学基本定律:

光化学第一定律,又称 Grotthus 定律,其内容为:"只有为反应系统所吸收的辐射光才能有效地产生光化学变化。"现在看来,这条定律似乎是明显的。对于投射到地球表面的太阳光,通常只有紫外光和可见光部分能够被光化学系统所吸收,红外光由于很难促使分子中的电子激发,一般不能引发光化学反应。

光化学第二定律,又称光化当量定律或 Einstein 定律,其内容为:"在光化学反应的初始阶段,系统吸收一个光子就能活化一个分子。"这种过程称为单光子吸收。由于激光技术的应用,人们发现有时也会有多光子吸收现象,即一个分子同时吸收多个光子而活化。但是,在通常情况下这种多光子吸收的概率甚微,仍可忽略不计。

根据光化当量定律,活化 1 mol 反应物分子就需要吸收 1 mol 光子。1 mol 光子的能量以 E_λ 表示。则

$$E_\lambda = Lh\nu = \frac{Lhc}{\lambda} = \left[\frac{6.02 \times 10^{23} \times 6.626 \times 10^{-34} \times 3.0 \times 10^{8}}{(\lambda/\mathrm{nm}) \times 10^{-9}} \right] \mathrm{J \cdot mol^{-1}}$$

$$= [1.20 \times 10^{8}/(\lambda/\mathrm{nm})] \mathrm{J \cdot mol^{-1}} \tag{10.56}$$

式中 λ 是光的波长,单位为 nm(纳米);E_λ 的单位为 $\mathrm{J \cdot mol^{-1}}$。由式(10.56)可以看出,对于不同波长的光,其 E_λ 值不同,λ 越长,E_λ 值越小;λ 越短,E_λ 值就越大。

分子吸收光能后引发的光化学反应可能有以下几种情况:

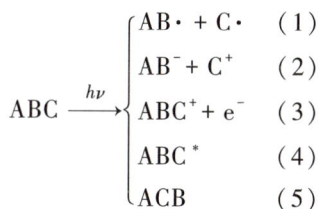

$$\mathrm{ABC} \xrightarrow{h\nu} \begin{cases} \mathrm{AB \cdot + C \cdot} & (1) \\ \mathrm{AB^- + C^+} & (2) \\ \mathrm{ABC^+ + e^-} & (3) \\ \mathrm{ABC^*} & (4) \\ \mathrm{ACB} & (5) \end{cases}$$

其中,(1)化学键均裂产生自由基,(2)化学键异裂产生阴、阳离子,(3)分子电离,(4)分子活化,(5)分子重排。上述这些反应都有光子参加,称为初级光化学过程。

2. 量子效率和能量转换效率

被光子活化了的分子有的可能未及发生反应便已失活,有的可能引发链反应而导致更多分子发生化学变化。发生光化学反应的分子数与被吸收的光子数之比称为"量子效率",以 ϕ 表示。即

$$\phi = \frac{\text{发生反应的分子数}}{\text{吸收的光子数}} = \frac{\text{发生反应的物质的量}}{\text{吸收光子的物质的量}} \tag{10.57}$$

光化学反应能够使光能转换为化学能,即能够增加反应系统的 Gibbs 函数。反应系统增加的化学能与投射在反应系统中光的总能量之比称为"能量转换效率",也称"能量贮存效率",以 η 表示。若使用一定波长的单色光进行光化学反应,则能量转换效率可简单表示为

$$\eta = \frac{\Delta_r G_m \phi}{E_\lambda} \tag{10.58}$$

式中 $\Delta_r G_m$ 为 1 mol 光化学反应的 Gibbs 函数增量。

对于不同的光化学反应,量子效率往往相差很大。例如,Br_2 和 H_2 的反应:

$$Br_2 + H_2 \longrightarrow 2HBr$$

在 600 nm 光照下,反应的初始阶段 Br_2 吸收光子解离为自由基:

$$Br_2 \xrightarrow{h\nu} 2Br\cdot$$

然而后续反应:

$$Br\cdot + H_2 \longrightarrow HBr + H\cdot \qquad E = 88\ kJ \cdot mol^{-1}$$

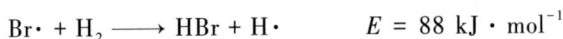

反应速率比较缓慢,$Br\cdot$ 有足够的时间重新复合,因此在通常条件下该反应的量子效率 ϕ 只有 0.01。

对于 Cl_2 和 H_2 的反应:

$$Cl_2 + H_2 \longrightarrow 2HCl$$

在 400 nm 光照下,Cl_2 吸收光子亦解离为自由基:

$$Cl_2 \xrightarrow{h\nu} 2Cl\cdot$$

其两步后续反应:

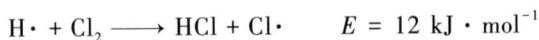

$$Cl\cdot + H_2 \longrightarrow HCl + H\cdot \qquad E = 26\ kJ \cdot mol^{-1}$$

$$H\cdot + Cl_2 \longrightarrow HCl + Cl\cdot \qquad E = 12\ kJ \cdot mol^{-1}$$

都是比较快的反应,于是形成连续不断的链反应。该反应的量子效率可高达 $10^5 \sim 10^6$。

光化学反应的量子效率可能小于 1,亦可能大于 1。但无论量子效率多么大,其能量转换效率都不可能超过 1,这是由能量守恒原理所决定的。研究结果表明:对于太阳能的利用,若发现某系统的能量转换效率 η 可以达到 10%,则该光化学反应系统就具有非常广泛的实用价值。

3. 光化学反应

(1) 光化学反应的速率。

在热反应中,反应物分子依赖分子碰撞而活化,因此热反应的速率与反应物浓度有关;在光化学反应中,反应物分子吸收光子而活化,因此,在反应物量充足

的条件下,光化学反应的速率与吸收光的强度 I_a 成正比,有时与反应物浓度无关。即

$$r = kI_a \qquad (10.59)$$

这是光化学反应与热反应的重要区别之一。

(2)光化学反应的平衡。

对峙反应中,只要有一个方向是光化学反应,则其平衡就称为"光化学平衡"。由于光化学反应的速率关系与热反应不同,故其平衡与热反应亦不相同。例如,苯溶液中蒽(A)在紫外光照射下发生二聚反应:

$$2A \xrightleftharpoons{h\nu} A_2$$

其正向是光化学反应,故其反应速率为

$$r_+ = k_+ I_a$$

而其逆向解离是热反应,故其反应速率应为

$$r_- = k_- [A_2]$$

当 $r_+ = r_-$ 时,即 $k_+ I_a = k_- [A_2]$ 时,反应达到平衡,则

$$[A_2] = \frac{k_+}{k_-} I_a \qquad (10.60)$$

即 A_2 的平衡浓度亦与吸收光强度成正比。

值得指出的是,式(10.59)和式(10.60)中的 I_a 是吸收光强度。反应系统吸收光强度 I_a 与照射光强度 I_0 之间服从 Beer 定律,即

$$I_a = I_0 \times 10^{-\varepsilon_i c_i l} \qquad (10.61)$$

式中 c_i 是吸光物质的浓度;l 是透光层厚度;ε_i 称为该物质的摩尔吸收系数。ε_i 值与吸光物质的种类及照射光的波长等有关。

(3)温度的影响。

由于光化学反应速率和平衡主要取决于吸收光强度,因而温度对其影响甚微,通常均可忽略不计。

(4)光敏反应。

有些物质本身不能直接吸收某些波长的光而发生反应,但是若有适当的其他物质能吸收这些波长的光,然后将能量转移给反应物分子使之活化或反应,而其自身不发生化学变化,则这种物质称为"光敏剂",由光敏剂引发的反应称为"光敏反应"。在光敏反应中,有的光敏剂分子吸光后仅靠分子碰撞将能量转移

给反应物分子,而在多数情况下是光敏剂分子吸光后参与反应,改变了原来的反应途径,其作用与催化剂类似。例如,CO_2 和 H_2O 分子均不能直接吸收太阳光,必须依赖叶绿素作为光敏剂方可发生光合作用。即

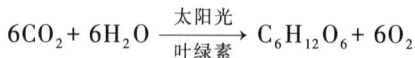

$$6CO_2 + 6H_2O \xrightarrow[\text{叶绿素}]{\text{太阳光}} C_6H_{12}O_6 + 6O_2$$

寻找合适的光敏剂能够使光化学反应的范围拓宽,这对合理利用太阳能具有重大意义。例如,光解水制氢的反应,理论研究预示该反应的能量转化率可高达 40%,非常引人注目。然而 H_2O 分子对太阳能的吸收极其微弱,只有依靠合适的光敏作用方可能实现。科学家现已开发出金属催化剂、金属氧化物催化剂及生物催化剂等,开发新型高效的光催化剂仍是当前的研究热点。

与光敏作用不同,如果加入的物质本身不吸收光能又能将其他分子吸收的光能夺取出来而使这些分子失去活性,则该物质称为"猝灭剂"。其中荧光猝灭已成为荧光分析中检测微量物质的一种有效方法。

(5)化学发光与化学激光[❶]。

化学发光是反应过程中生成的激发态分子通过辐射的方式放出能量而回到基态的过程,可看做光化学过程的逆过程。例如,萤火虫的发光,就是酶催化氧化三磷酸腺苷过程中产生的激发态发生辐射衰变所致。

化学激光器是采用化学方法,将分子从低能级泵浦到较高能级从而实现粒子数反转而实现的激光。1965 年研制成功的世界第一台化学激光器是基于 H_2 与 Cl_2 光照爆炸过程中产生的激发态 HCl^*。化学激光的原理为之后激光冷冻研究态 – 态反应提供了重要的理论依据。

4. 光化学反应与热反应的比较

简单归纳,相对于热反应,光化学反应主要有以下特点:

(1)光化学反应中,反应物分子的活化是通过吸收光子而实现的;

(2)光化学反应的速率及平衡组成与吸收光强度有关,有时与反应物浓度无关;

(3)温度对光化学反应几乎没有影响;

(4)许多光化学反应系统的 Gibbs 函数可以增加,即 $\Delta_r G_m > 0$。如果没有光照,这些反应是不可能自发进行的,这正是研究光化学的特殊意义所在。值得注意的是,这里说的"许多"而不是"全部",有些自发反应,即 $\Delta_r G_m < 0$ 的反应在光

---

❶　请参考:靳东月. 化学激光在 21 世纪的发展和应用前景. 广东教育学院学报,2002,22(2):45-47;张树永,李善君,周伟舫. 导电聚合物电致发光器件的原理与进展. 功能材料,1999,30(3):239-241.

照下反应速率显著加快,如前面提到的 Cl_2 和 H_2 的反应,研究这一类光化学反应也有一定的意义。

人类对于太阳能的利用虽然历史悠久,但长期以来仅局限于用直接方式利用热能,效率甚微。随着光化学研究的日趋深入,使太阳能转化为化学能,将为人类合理利用太阳能开拓出崭新的局面。

习题31 气相中 $Cl_2 + H_2 \xrightarrow{h\nu} 2HCl$ 这一光化学反应,用 480 nm 的光辐照系统时,量子效率为 1.0×10^6,试估计每吸收 1.0 J 的光能将产生多少 HCl? [答案:8.0 mol]

习题32 用波长 $\lambda = 253.7$ nm 的紫外光照射 HI 气体时,因吸收 307 J 的光能而使 1.3×10^{-3} mol HI 分解。(1)试求该反应的量子效率 ϕ;(2)根据 ϕ 值,推测可能的反应机理。 [答案:(1) 2.0]

习题33 某光导池内装有 10.00 cm³ 浓度为 0.0495 mol·dm⁻³ 的草酸溶液,其中加有作为光敏剂的硫酸双氧铀 UO_2SO_4。将波长 $\lambda = 254.0$ nm 的光通过此溶液,在吸收了 88.10 J 的光能之后,草酸溶液的浓度降为 0.0383 mol·dm⁻³。试计算在给定的光作用下,草酸光敏化分解反应的量子效率。 [答案:0.60]

*§10.7 快速反应与分子反应动力学研究方法简介

快速反应一般是指在 1 s 以内或远远小于 1 s 的时间内完成的反应。对于这类反应,需用特殊的实验技术方能研究。近年来,研究快速反应的技术和方法取得了较快的发展,下面仅就其中少数方法的大意作些简单介绍。

1. 阻碍流动技术

快速反应进行的时间很短,这就要求反应物充分混合的时间更短。为此而发展起来的一些特殊方法之一是"阻碍流动技术"。图 10.11 给出为研究溶液中两种反应物的快速反应而设计的装置示意图。反应前,两种反应物溶液分置于注射器 A 及 B 中,注射器活塞可用机械驱动的方法很快推下,此时两种溶液经过混合器 C 中的喷口分散射出而相互冲击,能快速充分混合并立即进入反应室 D。有些设计使混合器和反应器联二为一。该技术可将通常需要数秒乃至 1 min 的反

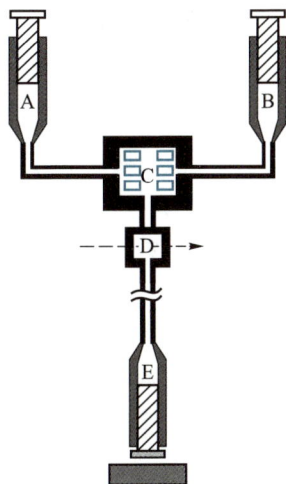

图 10.11 阻碍流动技术装置示意图

应物混合过程加快到千分之一秒内完成。

由于反应进行得很快以至不可能作化学分析,必须选择适当的物理性质,快速自动记录其变化,然后再分析数据得出反应的速率。常用的方法有分光光度法、电导法和旋光或荧光测定法等。

2. 闪光光解技术

将一能量很高、持续时间很短的强烈闪光照射到反应系统中,这种很强的光被反应物吸收的瞬间,将引起电子激发和化学反应,这种技术称为"闪光光解"。光解的初级产物通常是自由基。由于闪光能量比较集中,因此产生的自由基浓度比普通光解法要高得多,故闪光光解法对自由基反应的研究特别有效。

早期的闪光技术,是用一排电容器通过氩、氪等惰性气体放电而产生闪光,这种闪光持续的时间约为毫秒级(10^{-3} s)。激光技术出现以后,目前已可产生纳秒(10^{-9} s)、皮秒(10^{-12} s)、甚至飞秒(10^{-15} s)的超短脉冲,因此可以对在这样短的时间内发生的初级过程加以研究,这就是现代的"激光闪光光解"技术。

在闪光光解技术中的另一个问题是如何检测光解后的产物及其浓度变化,一般所用的方法是在距样品不远处,放置一面分束镜,将闪光光束分成二束,一束作为激发光直接照射到样品上引发反应,另一束通过精确控制使其经过适当的时间延迟后到达样品,作为光谱光源或激发光谱的参比光源进行记录得到反应系统的光谱。

3. 弛豫技术

"弛豫"二字在化学动力学中的含义是:因受外来因素的影响而偏离了平衡位置的系统在新条件下趋向于新的平衡。用弛豫技术研究快速反应,是先使被研究的反应系统在一指定条件下达到平衡,然后用某种方法,如温度或压力的突然改变、超声波的吸收等迅速扰乱平衡,随后用高速电子技术配合分光光度法、电导法等检测系统的浓度变化,测量系统在新条件下趋向于新平衡的速率,即测量其"弛豫时间"。所谓弛豫时间是指反应系统在趋向新平衡的过程中,使系统浓度与新的平衡浓度之偏离值减小到条件突变的瞬间所造成的起始偏离值的某一分数(1/e)所需要的时间。现以 1 - 2 级对峙反应为例,简单介绍温度跃升弛豫法的基本原理。

对峙反应:

$$A \underset{k_-}{\overset{k_+}{\rightleftharpoons}} B + C$$

其速率公式可写为

$$\frac{\mathrm{d}x}{\mathrm{d}t} = k_+(a - x) - k_-x^2 \tag{10.62}$$

式中 a 为物质 A 的起始浓度;x 为时间 t 时物质 A 反应掉的浓度。此反应的速率常数 k_+ 或 k_- 是很大的,不可能用通常的方法来测量。如果先让此系统在某温度下达成平衡,然后让温度发生一突然变化使系统不再平衡,则此系统必然要向新的平衡转移。令在新平衡条件下物质 A 反应掉的浓度为 x_e,则在平衡时应有

$$k_+(a - x_e) - k_-x_e^2 = 0 \tag{10.63}$$

在未达到平衡时,令偏离平衡的程度 $\Delta x = x - x_e$,则

$$\frac{\mathrm{d}\Delta x}{\mathrm{d}t} = \frac{\mathrm{d}x}{\mathrm{d}t} = k_+(a - x) - k_-x^2 = k_+a - k_+x - k_-x^2$$

若用 $x = \Delta x + x_e$,代入上式,则

$$\frac{\mathrm{d}\Delta x}{\mathrm{d}t} = k_+a - k_+\Delta x - k_+x_e - k_-(\Delta x)^2 - 2k_-\Delta x \cdot x_e - k_-x_e^2$$

将式(10.63)代入上式,则

$$\frac{\mathrm{d}\Delta x}{\mathrm{d}t} = -k_+\Delta x - k_-(\Delta x)^2 - 2k_-\Delta x \cdot x_e$$

由于 Δx 很小,故 $(\Delta x)^2$ 这一项可忽略不计,则

$$\frac{\mathrm{d}\Delta x}{\mathrm{d}t} = -(k_+ + 2k_-x_e)\Delta x \tag{10.64}$$

积分式(10.64)可得

$$\ln\frac{\Delta x_i}{\Delta x} = (k_+ + 2k_-x_e)t \tag{10.65}$$

式中 Δx_i 是 $t = 0$,即温度突跃的瞬时起始偏差浓度。定义 $\Delta x/\Delta x_e = \mathrm{e}$(自然对数的底数,其值为 2.7182⋯)时的时间作为弛豫时间 τ,亦即在弛豫时间 τ 时刻,偏离平衡的程度 Δx 为起始偏离平衡程度 Δx_i 的 $1/\mathrm{e}$。由于 $\ln\mathrm{e} = 1$,由式(10.65)可见

$$\tau = \frac{1}{k_+ + 2k_-x_e} \tag{10.66}$$

因此,如果能测出弛豫时间 τ,而新平衡条件下的 x_e 为已知,则可得 k_+ 和 k_- 之间的关系式;再知道新平衡条件下的平衡常数 K 便可分别求算出 k_+ 和 k_- 之值。

这是弛豫技术中的一种方法——"温度跃升法"的基本原理。为了使用这种方法,必须在小于弛豫时间内完成温度跃升,对于最快的反应要求在 1 μs 内完成,这在技术上是相当困难的。较早的温度跃升技术是通过高压电容的电弧放电来实现的,在激光技术出现以后,则可用高功率的超短脉冲激光来实现温度跃升。另外,测量弛豫时间也是不容易的,对很快的反应来说,须在数微秒的时间内进行测量,对稍慢的反应来说,也要求在数毫秒内进行测量。这就必须使用具有高速电子记录装置的电导法或光谱法等方能达到要求。

如上介绍的是测量快速反应速率常数的一些技术。还有其他一些技术如分子束技术、超短脉冲激光技术等已可用来探索某些微观的快速过程,如反应速率与分子振动激发态之间的关系,分子碰撞时能量传递的关系以及能量由一种形式(振动)转化为另一种形式(转动或平动)的速率等。

习题 34   水的解离反应为

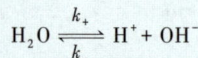

$$H_2O \underset{k_-}{\overset{k_+}{\rightleftharpoons}} H^+ + OH^-$$

当温度由 15 ℃ 跃升到 25 ℃ 后,测得其弛豫时间 $\tau = 37$ μs,已知 25 ℃ 时水的离子积 $K_w = 1.0 \times 10^{-14}$,水的浓度为 55.5 mol·dm^{-3},求此反应的 k_+ 和 k_-。

[答案:$k_+ = 2.43 \times 10^{-5}$ s^{-1};$k_- = 1.35 \times 10^{11}$ mol^{-1}·dm^3·s^{-1}]

经典动力学研究的是宏观的、大量分子的统计规律,并不能反映分子的真实反应状态。要研究分子的真实反应状态,就必须在分子水平上研究分子如何碰撞、如何进行能量交换和能量的重新分配等基本问题,这一从分子水平上研究反应动力学的方法称为分子反应动力学或微观反应动力学,已成为化学动力学研究的重要分支。

4. 交叉分子束技术[❶]

分子间发生碰撞是化学反应的前提。分子间的碰撞有弹性碰撞、非弹性碰撞和反应碰撞三种。设想一个简单的反应体系 A + BC,当 A 原子和 BC 分子发生碰撞时可能发生以下几种情况:

---

❶ 请参考:张君,孙孝敏,蔡政亭,等. 量子反应散射理论及其应用. 化学物理学报,2005,18(6):849-855;霍炳海,区镜添. 分子束技术及其应用. 大学物理,1999,18(1):38-40.

$$A + BC \longrightarrow \begin{cases} A + BC\,(\text{非反应碰撞}) \begin{cases} \text{弹性碰撞} \\ \text{非弹性碰撞} \end{cases} \\ \left.\begin{array}{l} B + AC \\ C + AB \\ ABC \\ A + B + C \end{array}\right\} \text{反应碰撞} \end{cases}$$

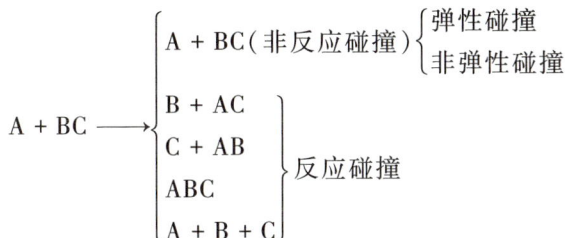

显然,分子反应动力学最好是研究孤立分子的单次碰撞,目前主要通过交叉分子束方法进行。

交叉分子束技术是研究分子碰撞最有力的手段之一。图 10.12 给出了交叉分子束的原理示意图。该技术首先使反应物形成蒸气,经绝热膨胀后温度迅速下降到十几开,形成速率分布很窄、振动和转动基本处于基态的分子束。通过不对称电场的作用可以使束内的分子具有特定的取向。将整个反应系统置于低的背景压力(通常$<10^{-4}$ Pa)下,使分子束内的分子相互间不发生碰撞也不与器壁碰撞,在运动过程中束内分子间没有能量交换,其速率保持不变。两束由反应物分子形成的具有特定取向、沿直线运动的分子束在反应室内垂直交叉发生弹性碰撞、非弹性碰撞和反应碰撞,通过灵敏的光谱方法(如时间分辨光谱或质谱分析、红外化学发光、激光诱导荧光等)记录和分析产物的量子态,即可从分子层面上研究反应的动力学规律。

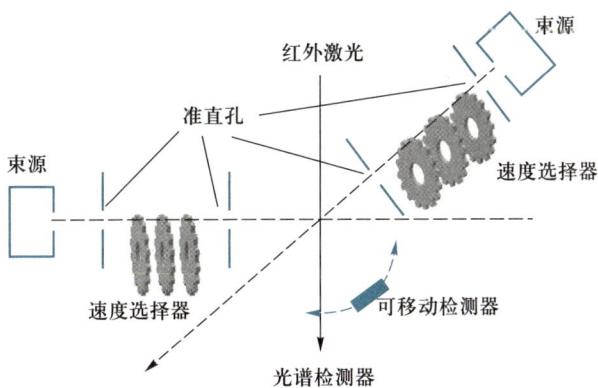

图 10.12　交叉分子束的原理示意图

5. 态 – 态反应技术[1]

交叉分子束技术虽然能够保持分子束内分子的速率和内部量子态(振动、

---

[1]　请参考:何国钟. 分子反应动力学现状和发展趋势. 中国科学院院刊,1996(4):251-258;韩克利,徐大力,何国钟,等. 分子束和激光束反应动态学. 化学物理学报,1998,11(1):1-9.

转动态)不变,但无法得到精确控制量子态的分子,无法研究量子态对反应的影响,因此还需要通过实现所谓的"态－态反应"来研究分子反应动态学。

确定分子量子态通常需要确定分子的平动能或速率、转动能、振动能、电子能级和分子碰撞方位等。目前一般采取准直器和速度选择器控制分子的平动能和速率;通过非均匀电场控制分子的转动能;通过激光选择激发或冷冻确定分子的振动能和电子能级;通过高取向分子束技术确定分子的碰撞方位。通过这些方法可以选择和控制分子的量子态,使反应物分子分别处于确定的振动、转动和电子能级,并与交叉分子束技术相结合,使两束具有确定量子态的分子束进行单次碰撞,而后通过飞行时间质谱、红外化学发光、激光诱导荧光等技术检测碰撞产物的量子态和空间分布,即可进行态－态反应的研究。

用计算机模拟计算也可以从理论上研究某些简单反应的不同量子态分子的反应轨迹。

这些研究必将使人们对反应机理的认识产生新的飞跃,因此,对分子动力学的研究已成为现代化学动力学着重研究的方向。

思考题

1. 试分析对于下列反应,原则上是温度高有利还是温度低有利?

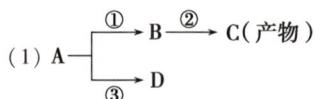

(1) A —①→ B —②→ C(产物) / ③→ D

(a) 若 $E_1 > E_3$;(b) 若 $E_1 < E_3$

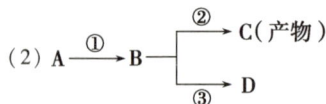

(2) A —①→ B —②→ C(产物) / ③→ D

(a) 若 $E_2 > E_3$;(b) 若 $E_2 < E_3$

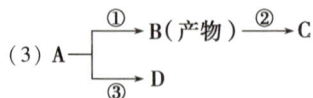

(3) A —①→ B(产物) —②→ C / ③→ D

(a) 若 $E_1 > E_2, E_1 > E_3$;(b) 若 $E_2 > E_1 > E_3$;(c) 若 $E_1 < E_2, E_1 < E_3$;(d) 若 $E_2 < E_1 < E_3$

2. 某连串反应 A $\xrightarrow{k_1}$ B $\xrightarrow{k_2}$ C,试证明:(1) 若 $k_1 \gg k_2$,则 $d[C]/dt$ 只取决于 k_2;(2) 若 $k_1 \ll k_2$,则 $d[C]/dt$ 只取决于 k_1。

3. 一个具有复合机理的反应,其正、逆向反应的速率控制步骤是否一定相同?

4. 若某反应实际是由 A 一步生成 B,是否可能使 B 经中间产物 C 逆向回到 A?

5. 有如下平行反应:

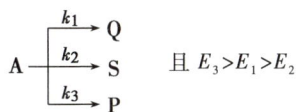

如何控制反应温度可使主要产品 Q 的产量最大?

6. 为什么催化剂不能使 $\Delta_r G_m > 0$ 的反应进行,而光化学反应却可以?

7. 目前,工业上生产金属铝的主要方法是电解。由于此法耗电甚大,有人建议在1200 ℃时以碳还原 Al_2O_3 制取铝,并在寻找催化剂上下功夫。试判断该建议是否可取?

8. 丁二烯与氟在某催化剂上进行氟化反应,已知氟在该催化剂上的吸附遵守 Langmuir 吸附等温式,丁二烯的吸附遵守 Freundlich 等温式($n = 2$),假定此氟化反应是氟和丁二烯在催化剂上的表面反应为速率控制步骤,试导出该反应的速率公式。

9. 在水溶液中,以 Br^- 催化的苯胺与亚硝酸的反应为

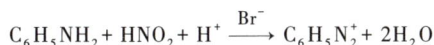

实验表明其速率方程为

$$d[C_6H_5N_2^+]/dt = k[HNO_2][H^+][Br^-]$$

已知有中间产物 $H_2NO_2^+$ 及 NOBr 存在。试拟定该反应可能的反应机理。

10. 对于偶氮化合物 A 的光解反应,最简单的可能机理为

　　　(活化)

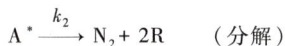　　　(分解)

　　　(去活化)

例如,A 可为 $(CF_3)_2N_2$,R 为 CF_3^*,M 是传递能量的其他分子。设每吸收一个光子就产生一个活化分子 A^*。试证明若上述机理合理,则生成 N_2 的量子效率 ϕ 符合下式:

$$\frac{1}{\phi} = 1 + \frac{k_3}{k_2}[M]$$

教学课件

拓展例题

附 录

Ⅰ. 某些单质、化合物的摩尔热容、标准摩尔生成焓、标准摩尔生成 Gibbs 函数及标准摩尔熵

$$C_{p,\mathrm{m}} = a + bT + cT^2 \text{ 或 } C_{p,\mathrm{m}} = a + bT + \frac{c'}{T^2}$$

表中所列函数值均指 298 K 时的标准摩尔值

$$a = \frac{a}{\mathrm{J \cdot mol^{-1} \cdot K^{-1}}} \qquad b \times 10^3 = \frac{b}{10^{-3}\,\mathrm{J \cdot mol^{-1} \cdot K^{-2}}}$$

$$c' \times 10^{-5} = \frac{c'}{10^5\,\mathrm{J \cdot mol^{-1} \cdot K}} \qquad c \times 10^6 = \frac{c}{10^{-6}\,\mathrm{J \cdot mol^{-1} \cdot K^{-3}}}$$

物质	摩尔热容 $C_{p,m}=f(T)/(\text{J}\cdot\text{K}^{-1}\cdot\text{mol}^{-1})$				温度范围 K	$C_{p,m}$	$\Delta_f H_m^{\ominus}$ kJ·mol⁻¹	$\Delta_f G_m^{\ominus}$ kJ·mol⁻¹	$S_m^{\ominus}$ J·K⁻¹·mol⁻¹
	a	$b\times10^3$	$c'\times10^{-5}$	$c\times10^6$					
Ag(s)	23.98	5.284	−0.251	—	273~1234	25.489	0	0	42.702
Al(s)	20.67	12.38	—	—	273~931.7	24.338	0	0	28.321
As(s)	21.88	9.29	—	—	298~1100	24.978	0	0	35.15
Au(s)	23.68	5.19	—	—	298~1336	25.23	0	0	47.36
B(s)	6.44	18.41	—	—	298~1200	11.97	0	0	6.53
Ba(s)	—	—	—	—	—	26.36	0	0	66.9
Bi(s)	18.79	22.59	—	—	298~544	25.5	0	0	56.9
Br₂(g)	35.2410	4.0735	—	−1.4874	300~1500	35.98	30.71	3.142	245.346
Br₂(l)	—	—	—	—	—	35.56	0	0	152.38
C（金刚石）	9.12	13.22	−6.19	—	298~1200	6.063	1.8962	2.8660	2.4388
C（石墨）	17.15	4.27	−8.79	—	298~2300	8.614	0	0	5.6940
α−Ca(s)	21.92	14.64	—	—	298~673	26.28	0	0	41.63
α−Cd(s)	22.84	10.318	—	—	273~594	25.90	0	0	51.46
Cl₂(g)	36.90	0.25	−2.845	—	298~3000	33.93	0	0	222.949
Co(s)	19.75	17.99	—	—	298~718	25.56	0	0	28.45
Cr(s)	24.43	9.87	−3.68	—	298~1823	23.35	0	0	23.77

续表

| 物质 | 摩尔热容 $C_{p,m}=f(T)/(\mathrm{J\cdot K^{-1}\cdot mol^{-1}})$ | | | | 温度范围 K | $C_{p,m}$ | $\Delta_f H_m^{\ominus}$ kJ·mol⁻¹ | $\Delta_f G_m^{\ominus}$ kJ·mol⁻¹ | $S_m^{\ominus}$ J·K⁻¹·mol⁻¹ |
	a	$b\times10^3$	$c'\times10^{-5}$	$c\times10^6$					
Cu(s)	22.64	6.28	—	—	298~1357	24.468	0	0	33.30
F₂(g)	34.69	1.84	-3.35	—	273~2000	31.46	0	0	203.3
α−Fe(s)	14.10	29.71	-1.80	—	273~1033	25.23	0	0	27.15
H₂(g)	29.0658	-0.8364	—	2.0117	300~1500	28.84	0	0	130.587
Hg(l)	27.66	—	—	—	273~634	27.82	0	0	77.40
I₂(s)	40.12	49.790	—	—	298~386.8	54.98	0	0	116.7
I₂(g)	37.196	—	—	—	456~1500	36.86	62.250	19.37	260.58
K(s)	25.27	13.05	—	—	298~336.6	29.16	0	0	63.60
Mg(s)	25.69	6.28	-3.26	—	298~923	23.89	0	0	32.51
α−Mn(s)	23.85	—	-1.59	—	298~1000	26.32	0	0	31.76
N₂(g)	27.87	4.27	—	—	298~2500	29.121	0	0	191.489
Na(s)	20.92	22.43	—	—	298~371	28.41	0	0	51.04
α−Ni(s)	16.99	29.46	—	—	298~633	25.77	0	0	29.79
O₂(g)	36.162	0.845	-4.310	—	298~1500	29.359	0	0	205.029
O₃(g)	41.254	10.29	5.52	—	298~2000	38.20	142.3	163.43	238.78

物质	摩尔热容 $C_{p,m}=f(T)/(J \cdot K^{-1} \cdot mol^{-1})$				温度范围 K	$C_{p,m}$	$\dfrac{\Delta_f H_m^\ominus}{kJ \cdot mol^{-1}}$	$\dfrac{\Delta_f G_m^\ominus}{kJ \cdot mol^{-1}}$	$\dfrac{S_m^\ominus}{J \cdot K^{-1} \cdot mol^{-1}}$
	a	$b \times 10^3$	$c' \times 10^{-5}$	$c \times 10^6$					
P(s, 黄磷)	23.22	—	—	—	273~317	23.22	0	0	44.35
P(s, 赤磷)	19.83	16.32	—	—	298~800	23.22	-18.41	8.37	63.18
Pb(s)	25.82	6.69	—	—	273~600.5	26.82	0	0	64.89
Pt(s)	24.02	5.16	4.60	—	298~1800	26.57	0	0	41.8
S(s, 单斜晶)	14.90	29.12	—	—	368.6~392	23.64	0.297	0.096	32.55
S(s, 斜方晶)	14.98	26.11	—	—	298~368.6	22.59	0	0	31.88
S(g)	35.73	1.17	-3.31	—	298~2000	23.68	222.80	182.30	167.72
Sb(s)	23.05	7.28	—	—	298~903	25.44	0	0	43.93
Si(s)	23.225	3.6756	-3.79644	—	298~1600	20.179	0	0	18.70
Sn(s, 白锡)	18.46	28.45	—	—	298~505	26.36	0	0	51.46
Zn(s)	22.38	10.01	—	—	298~692.7	25.06	0	0	41.63
AgBr(s)	33.18	64.43	—	—	298~703	52.38	-99.50	-95.94	107.11
AgCl(s)	62.26	4.18	-11.30	—	298~728	50.76	-127.03	-109.72	96.11
AgI(s)	24.35	100.83	—	—	298~423	54.43	-62.38	-66.32	114.2
$AgNO_3$(s)	78.78	66.94	—	—	273~433	93.05	-123.14	-32.17	140.92

续表

物质	摩尔热容						$\dfrac{\Delta_f H_m^\ominus}{kJ \cdot mol^{-1}}$	$\dfrac{\Delta_f G_m^\ominus}{kJ \cdot mol^{-1}}$	$\dfrac{S_m^\ominus}{J \cdot K^{-1} \cdot mol^{-1}}$
	$C_{p,m}=f(T)/(J \cdot K^{-1} \cdot mol^{-1})$				温度范围	$C_{p,m}$			
	a	$b \times 10^3$	$c' \times 10^{-5}$	$c \times 10^6$	K				
$Ag_2CO_3(s)$	—	—	—	—	—	112.1	-506.14	-437.14	167.4
$Ag_2O(s)$	—	—	—	—	—	65.56	-30.568	-10.820	121.71
$AlCl_3(s)$	55.44	117.15	—	—	273~465.6	89.1	-695.38	-636.8	167.4
$\alpha-Al_2O_3(s,刚玉)$	114.77	12.80	-35.44	—	298~1800	78.99	-1669.79	-1576.41	50.986
$Al_2(SO_4)_3(s)$	368.57	61.92	-113.47	—	—	359.41	-3434.98	-3091.93	239.3
$As_2O_3(s)$	35.02	203.34	—	—	—	95.65	-619	(-538.1)	107.11
$Au_2O_3(s)$	98.32	20.08	—	—	—	—	80.8	163.2	126
$B_2O_3(s)$	36.53	106.27	-5.48	—	298~723	62.97	-1263.6	-1184.1	53.85
$BaCl_2(s)$	71.1	13.97	—	—	273~1198	75.3	-860.06	-810.9	125.5
$BaCO_3(s,毒重石)$	110.00	8.79	—	-24.27	298~1083	85.35	-1218.8	-1138.9	112.1
$Ba(NO_3)_2(s)$	125.73	149.4	-16.78	—	298~850	151.0	-991.86	-796.6	213.8
$BaO(s)$	—	—	—	—	—	47.45	-558.1	-528.4	70.3
$BaSO_4(s)$	141.4	—	-35.27	—	298~1300	101.75	-1465.2	-1353.1	132.2
$Bi_2O_3(s)$	103.51	33.47	—	—	298~800	113.8	-557.0	-496.6	151.5
$COl_4(g)$	97.65	9.62	-15.06	—	298~1000	83.43	-106.7	-64.0	309.74
$CO(g)$	26.5366	7.6831	-0.46	—	290~2500	29.142	-110.52	-137.269	197.907
$CO_2(g)$	28.66	35.702	—	—	300~2000	37.129	-393.514	-394.384	213.639

续表

| 物质 | 摩尔热容 | | | | | | $\Delta_f H_m^{\ominus}$ | $\Delta_f G_m^{\ominus}$ | $S_m^{\ominus}$ |
| | $C_{p,m}=f(T)/(J \cdot K^{-1} \cdot mol^{-1})$ | | | | 温度范围 | $C_{p,m}$ | | | |
	a	$b\times10^3$	$c'\times10^{-5}$	$c\times10^6$	K		$kJ \cdot mol^{-1}$	$kJ \cdot mol^{-1}$	$J \cdot K^{-1} \cdot mol^{-1}$
$COCl_2(g)$	67.157	12.108	-9.033	—	298~1000	60.71	-223.01	-210.50	289.24
$CS_2(g)$	52.09	6.69	-7.53	—	298~1800	45.65	115.27	65.06	237.82
$\alpha-CaC_2(s)$	68.62	11.88	-8.66	—	298~720	62.34	-62.76	-67.78	70.3
$CaCO_3(s,方解石)$	104.52	21.92	-25.94	—	298~1200	81.88	-1206.87	-1128.76	92.9
$CaCl_2(s)$	71.88	12.72	-2.51	—	298~1055	72.63	-795.0	-750.2	113.8
$CaO(s)$	48.83	4.52	6.53	—	298~1800	42.80	-635.5	-604.2	39.7
$Ca(OH)_2(s)$	89.5	—	—	—	276~373	84.52	-986.59	-896.76	76.1
$Ca(NO_3)_2(s)$	122.88	153.97	17.28	—	298~800	149.33	-937.22	-741.99	193.3
$CaSO_4(s)$	77.49	91.92	-6.561	—	273~1373	99.6	-1432.69	-1320.30	106.7
$\alpha-Ca_3(PO_4)_2(s)$	201.84	166.02	-20.92	—	298~1373	231.58	-4126.3	-3889.9	241.0
$CdO(s)$	40.38	8.70	—	—	273~1800	43.43	-254.64	-225.06	54.8
$CdS(s)$	54.0	3.77	—	—	273~1273	54.89	-144.3	-140.6	71.1
$CoCl_2(s)$	60.29	61.09	—	—	298~1000	78.7	-325.5	-282.4	106.3
$Cr_2O_3(s)$	119.37	9.20	-15.65	—	298~1800	118.74	-1128.4	-1046.8	81.2
$CuCl(s)$	43.93	40.58	—	—	273~695	(56.1)	-134.7	-118.8	83.7
$CuCl_2(s)$	70.29	35.56	—	—	273~773	(80.8)	-223.4	-166.5	65.3
$CuO(s)$	38.79	20.08	—	—	298~1250	42.30	-155.2	-127.2	42.7

续表

物质	摩尔热容 $C_{p,m}=f(T)/(J \cdot K^{-1} \cdot mol^{-1})$				温度范围 K	$C_{p,m}$	$\dfrac{\Delta_f H_m^{\ominus}}{kJ \cdot mol^{-1}}$	$\dfrac{\Delta_f G_m^{\ominus}}{kJ \cdot mol^{-1}}$	$\dfrac{S_m^{\ominus}}{J \cdot K^{-1} \cdot mol^{-1}}$
	a	$b\times10^3$	$c'\times10^{-5}$	$c\times10^6$					
$CuSO_4(s)$	107.53	17.99	−9.00	—	273~873	100.8	−769.86	−661.9	113.4
$Cu_2O(s)$	62.34	23.85	—	—	298~1200	63.64	−166.69	−142.3	93.89
$FeCO_3(s,菱铁矿)$	48.66	112.1	—	—	298~885	82.13	−747.68	−673.88	92.9
$FeO(s)$	159.0	6.78	−3.088	—	298~1200	48.12	−266.5	(−256.9)	59.4
$FeO_2(s)$	44.77	55.90	—	—	273~773	61.92	−177.90	−166.69	53.1
$Fe_2O_3(s)$	97.74	72.13	−12.89	—	298~1100	104.6	−822.2	−740.99	90.0
$Fe_3O_4(s)$	167.03	78.91	−41.88	—	298~1100	143.43	−1117.1	−1014.2	146.4
$HBr(g)$	26.15	5.86	1.09	—	298~1600	29.12	−36.23	−53.22	198.24
$HCN(g)$	37.32	12.97	−4.69	—	298~2000	35.90	130.5	120.1	201.79
$HCl(g)$	26.53	4.60	1.09	—	298~2000	29.12	−92.312	−95.265	184.81
$HF(g)$	26.90	3.43	—	—	273~2000	29.08	−268.6	−270.70	173.51
$HI(g)$	26.32	5.94	0.92	—	298~2000	29.16	25.94	1.30	205.6
$HNO_3(l)$	—	—	—	—	—	109.87	−173.234	−79.91	155.6
$H_2O(g)$	30.00	10.71	0.33	—	298~2500	33.577	−241.818	−228.597	188.724
$H_2O(l)$	—	—	—	—	—	75.295	−285.830	−237.19	69.940
$H_2O_2(l)$	—	—	—	—	—	82.30	−189.12	−118.11	102.26
$H_2S(g)$	29.37	15.40	—	—	298~1800	33.97	−20.146	−33.020	205.64

续表

物质	摩尔热容 $C_{p,m}=f(T)/(J \cdot K^{-1} \cdot mol^{-1})$				温度范围 K	$C_{p,m}$	$\dfrac{\Delta_f H_m^\ominus}{kJ \cdot mol^{-1}}$	$\dfrac{\Delta_f G_m^\ominus}{kJ \cdot mol^{-1}}$	$\dfrac{S_m^\ominus}{J \cdot K^{-1} \cdot mol^{-1}}$
	a	$b\times10^3$	$c'\times10^{-5}$	$c\times10^6$					
$H_2SO_4(l)$	—	—	—	—	—	130.83	-800.8	(-687.0)	156.86
$HgCl_2(s)$	64.0	43.1	—	—	273~553	73.81	-223.4	-176.6	144.3
$HgI_2(s)$	72.8	16.74	—	—	273~403	78.28	-105.9	-98.7	170.7
$HgO(s,红的)$	—	—	—	—	—	45.73	-90.71	-58.53	70.3
$HgS(s,红的)$	—	—	—	—	—	50.2	-58.16	48.83	77.8
$Hg_2Cl_2(s)$	—	—	—	—	—	101.7	-264.93	-210.66	195.8
$Hg_2SO_4(s)$	—	—	—	—	—	132.00	-741.99	-623.92	200.75
$KAl(SO_4)_2$	234.14	82.34	-58.41	—	298~1000	192.97	-2465.38	-2235.47	204.6
$KBr(s)$	48.37	13.89	—	—	298~1000	53.64	-392.17	-379.20	96.4
$KCl(s)$	41.38	21.76	3.22	—	298~1043	51.51	-435.89	-408.325	82.68
$KClO_3(s)$	—	—	—	—	—	100.2	-391.20	-289.91	142.97
$KI(s)$	—	—	—	—	—	55.06	-327.65	-322.29	104.35
$KMnO_4(s)$	—	—	—	—	—	119.2	-813.4	-713.8	171.71
$KNO_3(s)$	60.88	118.8	—	—	298~401	96.27	-492.71	393.13	132.93
$K_2Cr_2O_7(s)$	453.39	229.3	—	—	298~671	230	-2043.9	—	—
$K_2SO_4(s)$	120.37	99.58	-17.82	—	298~856	130.1	-1433.69	-1316.37	175.7
$MgCO_3(s)$	77.91	57.74	-17.41	—	298~750	75.52	-1113	-1029	65.7

续表

物质	摩尔热容						$\Delta_f H_m^\ominus$ / kJ·mol⁻¹	$\Delta_f G_m^\ominus$ / kJ·mol⁻¹	$S_m^\ominus$ / J·K⁻¹·mol⁻¹
	$C_{p,m}=f(T)/(\text{J·K}^{-1}\text{·mol}^{-1})$				温度范围 K	$C_{p,m}$			
	a	$b\times10^3$	$c'\times10^{-5}$	$c\times10^6$					
$MgCl_2(s)$	79.08	5.94	−8.62	—	298~927	71.30	−641.8	−529.33	89.5
$Mg(NO_3)_2(s)$	44.69	297.90	7.49	—	298~600	142.00	−789.60	−588.40	164.0
$MgO(s)$	42.59	7.28	−6.19	—	298~2100	37.40	−601.83	−569.57	26.8
$Mg(OH)_2(s)$	43.51	112.97	—	—	273~500	77.03	−924.7	−833.75	63.14
$MgSO_4(s)$	—	—	—	—		96.27	−1278.2	−1165.2	95.4
$MnO(s)$	46.48	8.12	−3.68	—	298~1800	44.10	−384.93	−362.8	59.7
$MnO_2(s)$	69.45	10.21	−16.23	—	298~800	54.02	−520.91	−466.1	53.1
$NH_3(g)$	25.895	32.999	—	−3.046	291~1000	35.660	−46.19	−16.64	192.5
$NH_4Cl(s)$	49.37	133.89	—	—	298~457.7	84.10	−315.39	−203.89	94.6
$NH_4NO_3(s)$	—	—	—	—	—	171.5	−364.55	—	—
$(NH_4)_2SO_4(s)$	103.64	281.16	—	—	298~600	187.6	−1191.85	−900.35	220.29
$NO(g)$	29.41	3.85	−0.59	—	298~2500	29.86	90.37	86.69	210.68
$NO_2(g)$	42.93	8.54	−6.74	—	298~2000	37.9	33.85	51.84	240.45
$NOCl_2(g)$	44.89	7.70	−6.95	—	298~2000	38.87	52.59	66.36	263.6
$N_2O(g)$	45.69	8.62	−8.54	—	298~2000	38.71	81.55	103.60	220.00

续表

物质	$C_{p,m}=f(T)/(\text{J}\cdot\text{K}^{-1}\cdot\text{mol}^{-1})$				温度范围 K	$C_{p,m}$	$\Delta_f H_m^\ominus$ kJ·mol⁻¹	$\Delta_f G_m^\ominus$ kJ·mol⁻¹	$S_m^\ominus$ J·K⁻¹·mol⁻¹
	a	$b\times10^3$	$c'\times10^{-5}$	$c\times10^6$					
$N_2O_4(g)$	83.89	39.75	−14.90	—	298~1000	79.08	9.661	98.286	304.30
$N_2O_5(g)$	—	—	—	—	—	108.0	2.5	(109)	343
$NaCl(s)$	45.94	16.32	—	—	298~1073	49.71	−411.00	−384.028	72.38
$NaNO_3(s)$	25.69	225.94	—	—	298~583	93.05	−466.68	−365.89	116.3
$NaOH(s)$	80.33	—	—	—	298~593	59.45	−426.8	−380.7	64.18
$Na_2CO_3(s)$	—	—	—	—	—	110.50	−1133.95	−1050.64	136.0
$NaHCO_3(s)$	—	—	—	—	—	87.51	−947.7	−851.9	102.1
$Na_2SO_4\cdot10H_2O(s)$	—	—	—	—	—	587.4	−4324.08	−3644.0	587.9
$Na_2SO_4(s)$	—	—	—	—	—	127.6	−1384.49	−1266.8	149.4
$NiCl_2(s)$	54.81	54.39	—	—	298~800	71.67	−315.89	−269.9	97.6
$NiO(s)$	47.3	9.00	—	—	273~1273	44.4	−244.3	−216.3	38.58
$PCl_3(g)$	83.965	1.209	−11.322	—	298~1000	(71)	−306.4	−286.27	312.92
$PCl_5(g)$	19.83	449.06	—	−498.7	298~500	(109.6)	−398.9	−324.64	352.7
$PH_3(g)$	18.811	60.132	—	170.37	298~1500	36.11	9.25	18.24	210.0
$PbCl_2(s)$	66.78	33.47	—	—	298~771	77.0	359.20	−313.97	136.4

续表

| 物质 | 摩尔热容 $C_{p,m} = f(T)/(\text{J} \cdot \text{K}^{-1} \cdot \text{mol}^{-1})$ | | | | 温度范围 K | $C_{p,m}$ | $\dfrac{\Delta_f H_m^\ominus}{\text{kJ} \cdot \text{mol}^{-1}}$ | $\dfrac{\Delta_f G_m^\ominus}{\text{kJ} \cdot \text{mol}^{-1}}$ | $\dfrac{S_m^\ominus}{\text{J} \cdot \text{K}^{-1} \cdot \text{mol}^{-1}}$ |
	a	$b \times 10^3$	$c' \times 10^{-5}$	$c \times 10^6$					
$PbCO_3(s)$	51.84	119.7	—	—	298~800	87.4	−700.0	−626.3	131.0
$PbO(s)$	44.35	16.74	—	—	298~900	(49.3)	−219.2	−189.3	67.8
$PbO_2(s)$	53.1	32.64	—	—	—	64.4	−276.65	−219.0	76.6
$PbSO_4(s)$	45.86	129.7	17.57	—	298~1100	104.2	−918.4	−811.24	147.3
$SO_2(g)$	43.43	10.63	−5.94	—	298~1800	39.79	−296.90	−300.37	248.5
$SO_3(g)$	57.32	26.86	−13.05	—	298~1200	50.63	−395.18	−370.37	256.2
$\alpha\text{-}SiO_2(s,石英)$	46.94	34.31	−11.30	—	298~848	44.43	−859.4	−805.0	41.8
$ZnO(s)$	48.99	5.10	—	−9.12	298~1600	40.25	−347.98	−318.19	43.9
$ZnS(s)$	50.88	5.19	−5.69	—	298~1200	45.2	−202.9	−198.3	57.7
$ZnSO_4(s)$	71.42	87.03	—	—	298~1000	117	−978.55	−871.57	124.7
$CH_4(g)$甲烷	14.318	74.663	—	−17.426	291~1500	35.715	−74.848	−50.79	186.19
$C_2H_2(g)$乙炔	50.75	16.07	−10.29	—	298~2000	43.93	226.73	209.20	200.83
$C_2H_4(g)$乙烯	11.322	122.00	—	−37.903	291~1500	43.56	52.292	68.178	219.45
$C_2H_6(g)$乙烷	5.753	175.109	—	−37.852	291~1000	52.68	−84.67	−32.886	229.49
$C_3H_6(g)$丙烯	12.443	188.380	—	−47.597	270~510	63.89	20.42	62.72	266.9

续表

物质	摩尔热容 $C_{p,m}=f(T)/(J \cdot K^{-1} \cdot mol^{-1})$				温度范围 K	$C_{p,m}$	$\dfrac{\Delta_f H_m^\ominus}{kJ \cdot mol^{-1}}$	$\dfrac{\Delta_f G_m^\ominus}{kJ \cdot mol^{-1}}$	$\dfrac{S_m^\ominus}{J \cdot K^{-1} \cdot mol^{-1}}$
	a	$b\times10^3$	$c'\times10^{-5}$	$c\times10^6$					
C_3H_8(g) 丙烷	1.715	270.75	—	−94.483	298~1500	73.51	−103.85	−23.47	269.91
C_4H_6(g) 1,3-丁二烯	9.67	243.84	—	87.65	—	79.83	111.9	153.68	279.78
C_4H_{10}(g) 正丁烷	18.230	303.558	—	−92.65	298~1500	98.78	−124.725	−15.69	310.03
C_6H_6(g) 苯	−21.09	400.12	—	−169.9	—	81.76	82.93	129.08	269.69
C_6H_6(l) 苯	—	—	—	—	—	135.1	49.04	124.140	173.264
C_6H_{12}(g) 环己烷	−32.221	525.824	—	−173.987	298~1500	106.3	−123.14	31.76	298.24
C_6H_{12}(l) 环己烷	—	—	—	—	—	156.5	−156.2	24.73	204.35
C_7H_8(g) 甲苯	19.83	474.72	—	−195.4	—	103.8	50.00	122.30	319.74
C_7H_8(l) 甲苯	—	—	—	—	—	156.1	12.00	114.27	219.2
C_8H_8(g) 苯乙烯	13.10	545.6	—	−221.3	—	122.09	146.90	213.8	345.10
C_8H_{10}(l) 乙苯	—	—	—	—	—	186.44	−12.47	119.75	255.01
$C_{10}H_8$(s) 萘	—	—	—	—	—	165.3	75.44	198.7	166.9
CH_4O(l) 甲醇	—	—	—	—	—	81.6	−238.57	−166.23	126.8
CH_4O(g) 甲醇	20.42	103.7	—	−24.640	300~700	45.2	−201.17	−161.88	237.7
C_2H_6O(l) 乙醇	—	—	—	—	—	111.46	−277.634	−174.77	160.7

续表

物质	摩尔热容 $C_{p,m}=f(T)/(\mathrm{J \cdot K^{-1} \cdot mol^{-1}})$				温度范围 K	$C_{p,m}$	$\dfrac{\Delta_f H_m^\ominus}{\mathrm{kJ \cdot mol^{-1}}}$	$\dfrac{\Delta_f G_m^\ominus}{\mathrm{kJ \cdot mol^{-1}}}$	$\dfrac{S_m^\ominus}{\mathrm{J \cdot K^{-1} \cdot mol^{-1}}}$
	a	$b \times 10^3$	$c' \times 10^{-5}$	$c \times 10^6$					
$C_2H_6O(g)$ 乙醇	14.970	208.560	—	71.090	300~1000	73.60	-235.31	-168.6	282.0
$C_3H_8O(g)$ 丙醇	-2.59	312.419	—	105.52	—	146.0	-261.5	-171.1	192.9
$C_3H_8O(l)$ 异丙醇	—	—	—	—	—	163.2	-319.7	-184.1	179.9
$C_3H_8O(g)$ 异丙醇	—	—	—	—	—	—	-268.6	-175.4	306.3
$C_4H_{10}O(l)$ 乙醚	—	—	—	—	—	168.2	-272.5	-118.4	253.1
$C_4H_{10}O(g)$ 乙醚	—	—	—	—	—	—	-190.8	-117.6	—
$CH_2O(g)$ 甲醛	18.820	58.379	—	-15.61	291~1500	35.35	-115.9	-110.0	220.1
$C_2H_4O(g)$ 乙醛	31.054	121.457	—	-36.577	298~1500	62.8	-166.36	-133.7	265.7
$C_7H_6O(l)$ 苯甲醛	—	—	—	—	—	169.5	-82.0	—	206.7
$C_3H_6O(g)$ 丙酮	22.472	201.782	—	-63.521	298~1500	76.9	-21.96	-152.7	304.2
$CH_2O_2(l)$ 甲酸	—	—	—	—	—	99.04	-409.2	-346.0	128.95
$CH_2O_2(g)$ 甲酸	30.67	89.20	—	-34.539	300~700	54.22	-362.63	-335.72	246.06
$C_2H_4O_2(l)$ 乙酸	—	—	—	—	—	123.4	-487.0	-392.5	159.8
$C_2H_4O_2(g)$ 乙酸	21.76	193.13	—	-76.78	300~700	72.4	-436.4	-381.6	283.5
$C_2H_2O_4(s)$ 草酸	—	—	—	—	—	108.8	-826.8	-697.9	120.1

续表

物质	摩尔热容 $C_{p,m} = f(T)/(J \cdot K^{-1} \cdot mol^{-1})$					$C_{p,m}$	$\dfrac{\Delta_f H_m^\ominus}{kJ \cdot mol^{-1}}$	$\dfrac{\Delta_f G_m^\ominus}{kJ \cdot mol^{-1}}$	$\dfrac{S_m^\ominus}{J \cdot K^{-1} \cdot mol^{-1}}$
	a	$b \times 10^3$	$c' \times 10^{-5}$	$c \times 10^6$	温度范围 K				
$C_7H_6O_2(s)$ 苯甲酸	—	—	—	—	—	145.2	-384.55	-245.6	170.7
$CHCl_3(g)$ 三氯甲烷	29.506	148.942	—	-90.734	273~773	65.40	-100.4	-67	295.47
$CH_3Cl(g)$ 氯甲烷	14.903	96.224	—	-31.552	273~773	40.79	-82.0	-58.6	234.18
$CH_4ON_2(s)$ 尿素	—	—	—	—	—	93.14	-333.189	-197.15	104.60
$C_2H_5Cl(g)$ 氯乙烷	—	—	—	—	—	62.76	-105.0	-53.1	275.73
$C_6H_5Cl(l)$ 氯苯	—	—	—	—	—	145.6	116.3	203.8	197.5
$C_6H_7N(l)$ 苯胺	—	—	—	—	—	190.8	35.31	153.2	191.2
$C_6H_5NO_2(l)$ 硝基苯	—	—	—	—	—	185.8	22.2	146.2	224.3
$C_6H_6O(s)$ 苯酚	—	—	—	—	—	134.7	-155.90	-40.75	142.2
$C_6H_{12}O_6(s)$ 葡萄糖	—	—	—	—	—	—	—	—	212.1

Ⅱ. 某些有机化合物的标准摩尔燃烧焓(298 K)

最终产物:C 生成 $CO_2(g)$;H 生成 $H_2O(l)$;S 生成 $SO_2(g)$;N 生成 $N_2(g)$;Cl 生成 $HCl(aq)$。

化合物	$\Delta_c H_m^\ominus/(kJ \cdot mol^{-1})$	化合物	$\Delta_c H_m^\ominus/(kJ \cdot mol^{-1})$
$C_4H_8(g)$丁烯	−2718.58	$(C_2H_5)_2O(l)$乙醚	−2730.9
$C_5H_{12}(g)$戊烷	−3536.15	HCOOH(l)甲酸	−239.9
正−$C_nH_{2n+2}(g)$	−242.291~658.742n	$CH_3COOH(l)$乙酸	−871.5
正−$C_nH_{2n+2}(l)$	−240.287~653.804n	$(COOH)_2(cr)$草酸	−246.0
正−$C_nH_{2n+2}(cr)$	−91.63~656.89n	$C_6H_5COOH(cr)$苯甲酸	−3227.5
$C_6H_6(l)$苯	−3267.7	$C_{17}H_{35}COOH(cr)$硬脂酸	−11274.6
$C_6H_{12}(l)$环己烷	−3919.9	$CCl_4(l)$四氯化碳	−156.0
$C_7H_8(l)$甲苯	−3909.9	$CHCl_3(l)$三氯甲烷	−373.2
$C_8H_{10}(l)$对二甲苯	−4552.86	$CH_3Cl(g)$氯甲烷	−689.1
$C_{10}H_8(cr)$萘	−5153.9	$C_6H_5Cl(l)$氯苯	−3140.9*
$CH_3OH(l)$甲醇	−726.64	COS(g)硫化碳	−553.1
$C_2H_5OH(l)$乙醇	−1366.75	$CS_2(l)$二硫化碳	−1075.3
$(CH_2OH)_2(l)$乙二醇	−1192.9	$C_2N_2(g)$氰	−1087.8
$C_3H_8O_3(l)$甘油	−1664.4	$CO(NH_2)_2(cr)$尿素	−631.99
$C_6H_5OH(cr)$苯酚	−3062.7	$C_6H_5NO_2(l)$硝基苯	−3097.8
HCHO(g)甲醛	−56.36	$C_6H_5NH_2(l)$苯胺	−3397.0
$CH_3CHO(g)$乙醛	−1192.4	$C_6H_{12}O_6(cr)$葡萄糖	−2815.8
$CH_3COCH_3(l)$丙酮	−1802.9	$C_{12}H_{22}O_{11}(cr)$蔗糖	−564.8
$CH_3COOC_2H_5(l)$乙酸乙酯	−2254.21	$C_{10}H_{16}O(cr)$樟脑	−5903.6

Ⅲ. 不同能量单位的换算关系

单位	J	erg	cal	atm · dm³	kW · h
1 J =	1	10^7	2.39006×10^{-1}	9.86894×10^{-3}	2.7778×10^{-7}
1 erg =	10^{-7}	1	2.39006×10^{-8}	9.86894×10^{-10}	2.7778×10^{-14}
1 cal =	4.18400	4.18400×10^7	1	4.12916×10^{-2}	1.16222×10^{-8}
1 atm · L =	1.01328×10^2	1.01328×10^9	2.42180×10	1	2.81467×10^{-5}
1 kW · h =	3.600×10^6	3.600×10^{13}	8.60421×10^5	3.55282×10^4	1
1 eV =	1.602189×10^{-19}	1.602189×10^{-12}			

Ⅳ. 元素的相对原子质量表

原子序数	元素符号	元素名称	相对原子质量	原子序数	元素符号	元素名称	相对原子质量
1	H	氢	1.0079	15	P	磷	30.97376
2	He	氦	4.00260	16	S	硫	32.06
3	Li	锂	6.941	17	Cl	氯	35.453
4	Be	铍	9.01218	18	Ar	氩	39.948
5	B	硼	10.81	19	K	钾	39.0983
6	C	碳	12.011	20	Ca	钙	40.08
7	N	氮	14.0067	21	Sc	钪	44.9559
8	O	氧	15.9994	22	Ti	钛	47.88
9	F	氟	18.998403	23	V	钒	50.9415
10	Ne	氖	20.179	24	Cr	铬	51.996
11	Na	钠	22.98977	25	Mn	锰	54.9380
12	Mg	镁	24.305	26	Fe	铁	55.847
13	Al	铝	26.98154	27	Co	钴	58.9332
14	Si	硅	28.0855	28	Ni	镍	58.69

原子序数	元素符号	元素名称	相对原子质量	原子序数	元素符号	元素名称	相对原子质量
29	Cu	铜	63.546	55	Cs	铯	132.9054
30	Zn	锌	65.38	56	Ba	钡	137.33
31	Ga	镓	69.72	57	La	镧	138.9055
32	Ge	锗	72.59	58	Ce	铈	140.12
33	As	砷	74.9216	59	Pr	镨	140.9077
34	Se	硒	78.96	60	Nd	钕	144.24
35	Br	溴	79.904	61	Pm	钷	[145]
36	Kr	氪	83.80	62	Sm	钐	150.36
37	Rb	铷	85.4678	63	Eu	铕	151.96
38	Sr	锶	87.62	64	Gd	钆	157.25
39	Y	钇	88.9059	65	Tb	铽	158.9254
40	Zr	锆	91.22	66	Dy	镝	162.50
41	Nb	铌	92.6064	67	Ho	钬	164.9304
42	Mo	钼	95.94	68	Er	铒	167.26
43	Tc	锝	[98]	69	Tm	铥	168.9342
44	Ru	钌	101.07	70	Yb	镱	173.04
45	Rh	铑	102.9055	71	Lu	镥	174.967
46	Pd	钯	106.42	72	Hf	铪	178.49
47	Ag	银	107.868	73	Ta	钽	180.9479
48	Cd	镉	112.41	74	W	钨	183.85
49	In	铟	114.82	75	Re	铼	186.207
50	Sn	锡	118.69	76	Os	锇	190.2
51	Sb	锑	121.75	77	Ir	铱	192.22
52	Te	碲	127.60	78	Pt	铂	195.08
53	I	碘	126.9045	79	Au	金	196.9665
54	Xe	氙	131.29	80	Hg	汞	200.59

续表

原子序数	元素符号	元素名称	相对原子质量	原子序数	元素符号	元素名称	相对原子质量
81	Tl	铊	204.383	96	Cm	锔	[247]
82	Pb	铅	207.2	97	Bk	锫	[247]
83	Bi	铋	208.9804	98	Cf	锎	[251]
84	Po	钋	[209]	99	Es	锿	[252]
85	At	砹	[210]	100	Fm	镄	[257]
86	Rn	氡	[222]	101	Md	钔	[258]
87	Fr	钫	[223]	102	No	锘	[259]
88	Ra	镭	226.0254	103	Lr	铹	[260]
89	Ac	锕	227.0278	104	Rf	鑪	[261]
90	Th	钍	232.0381	105	Db	𬭊	[262]
91	Pa	镤	231.0359	106	Sg	𨭎	[263]
92	U	铀	238.0289	107	Bh	𨨏	[264]
93	Np	镎	237.0482	108	Hs	𨭆	[265]
94	Pu	钚	[244]	109	Mt	鿏	[268]
95	Am	镅	[243]				

注:表中数值加方括号者是放射性元素的半衰期最长的同位素的质量数。

V. 常用数学公式

1. 微分

u 和 v 是 x 的函数,a 为常数。

$$\frac{\mathrm{d}a}{\mathrm{d}x} = 0$$

$$\frac{\mathrm{d}x^n}{\mathrm{d}x} = nx^{n-1}$$

$$\frac{\mathrm{d}(u/v)}{\mathrm{d}x} = \frac{v\dfrac{\mathrm{d}u}{\mathrm{d}x} - u\dfrac{\mathrm{d}v}{\mathrm{d}x}}{v^2}$$

$$\frac{\mathrm{d}(au)}{\mathrm{d}x} = a\frac{\mathrm{d}u}{\mathrm{d}x}$$

$$\frac{\mathrm{d}a^x}{\mathrm{d}x} = a^x \ln a \qquad\qquad \frac{\mathrm{d}(u^n)}{\mathrm{d}x} = nu^{n-1} \cdot \frac{\mathrm{d}u}{\mathrm{d}x}$$

$$\frac{\mathrm{d}e^x}{\mathrm{d}x} = e^x \qquad\qquad \frac{\mathrm{d}a^u}{\mathrm{d}x} = a^u \cdot \ln a \cdot \frac{\mathrm{d}u}{\mathrm{d}x}$$

$$\frac{\mathrm{d}\ln x}{\mathrm{d}x} = \frac{1}{x} \qquad\qquad \frac{\mathrm{d}e^u}{\mathrm{d}x} = e^u \frac{\mathrm{d}u}{\mathrm{d}x}$$

$$\frac{\mathrm{d}\ln u}{\mathrm{d}x} = \frac{1}{u} \cdot \frac{\mathrm{d}u}{\mathrm{d}x} \qquad\qquad \frac{\mathrm{d}\lg x}{\mathrm{d}x} = \frac{1}{2.303x}$$

$$\frac{\mathrm{d}(u+v)}{\mathrm{d}x} = \frac{\mathrm{d}u}{\mathrm{d}x} + \frac{\mathrm{d}v}{\mathrm{d}x} \qquad\qquad \frac{\mathrm{d}\lg u}{\mathrm{d}x} = \frac{1}{2.303u} \cdot \frac{\mathrm{d}u}{\mathrm{d}x}$$

$$\frac{\mathrm{d}(uv)}{\mathrm{d}x} = u\frac{\mathrm{d}v}{\mathrm{d}x} + v\frac{\mathrm{d}u}{\mathrm{d}x}$$

2. 积分

u 和 v 是 x 的函数, a、b 是常数。C 是积分常数。

$$\int \mathrm{d}x = x + C \qquad\qquad \int x^n \mathrm{d}x = \frac{1}{n+1}x^{n+1} + C$$

$$\int \frac{\mathrm{d}x}{x} = \ln x + C \qquad\qquad \int e^x \mathrm{d}x = e^x + C$$

$$\int a^x \mathrm{d}x = \frac{a^x}{\ln a} + C \qquad\qquad \int \ln x \mathrm{d}x = x\ln x - x + C$$

$$\int au\mathrm{d}x = a\int u\mathrm{d}x \qquad\qquad \int (u+v)\mathrm{d}x = \int u\mathrm{d}x + \int v\mathrm{d}x$$

$$\int u\mathrm{d}v = uv - \int v\mathrm{d}u$$

$$\int (ax+b)^n \mathrm{d}x = \frac{(ax+b)^{n+1}}{a(n+1)} + C \ (n \neq 1)$$

$$\int \frac{\mathrm{d}x}{ax+b} = \frac{\ln(ax+b)}{a} + C$$

$$\int \frac{x\mathrm{d}x}{ax+b} = \frac{x}{a} - \frac{b}{a^2}\ln(ax+b) + C$$

$$\int \frac{x^2\mathrm{d}x}{ax+b} = \frac{1}{a^3}\left[\frac{(ax+b)^2}{2} - 2b(ax+b) + b^2\ln(ax+b)\right] + C$$

$$\int e^{ax} x^n dx = \frac{n!}{a^{n+1}} e^{ax} \left[\frac{(ax)^n}{n!} - \frac{(ax)^{n-1}}{(n-1)!} + \frac{(ax)^{n-2}}{(n-2)!} + \cdots + \right.$$
$$\left. (-1)^r \frac{(ax)^{n-r}}{(n-r)!} + \cdots + (-1)^n \right] + C$$

$$\int_0^{+\infty} e^{-ax^2} dx = \frac{1}{2} \sqrt{\frac{\pi}{a}}$$

3. 函数展成级数

二项式

$$(1+x)^n = 1 + nx + \frac{n(n-1)}{2!} x^2 + \frac{n(n-1)(n-2)}{3!} x^3 + \cdots$$

$$(1-x)^n = 1 - nx + \frac{n(n-1)}{2!} x^2 - \frac{n(n-1)(n-2)}{3!} x^3 + \cdots$$

$$(1+x)^{-n} = 1 - nx + \frac{n(n+1)}{2!} x^2 - \frac{n(n+1)(n+2)}{3!} x^3 + \cdots$$

$$(1-x)^{-n} = 1 + nx + \frac{n(n+1)}{2!} x^2 + \frac{n(n+1)(n+2)}{3!} x^3 + \cdots$$

$$(1+x)^{-1} = 1 - x + x^2 - x^3 + \cdots$$

$$(1-x)^{-1} = 1 + x + x^2 + x^3 + \cdots$$

对数

$$\ln(1+x) = x - \frac{1}{2} x^2 + \frac{1}{3} x^3 - \frac{1}{4} x^4 + \cdots$$

$$\ln(1-x) = -\left(x + \frac{1}{2} x^2 + \frac{1}{3} x^3 + \frac{1}{4} x^4 + \cdots \right)$$

指数

$$e^x = 1 + x + \frac{x^2}{2!} + \frac{x^3}{3!} + \cdots$$

$$e^{-x} = 1 - x + \frac{x^2}{2!} - \frac{x^3}{3!} + \cdots$$

Ⅵ. 常见物理和化学常数

阿伏加德罗常数	$L = 6.0221 \times 10^{23} \text{ mol}^{-1}$
光速（真空）	$c = 2.997925 \times 10^8 \text{ m} \cdot \text{s}^{-1}$

电子质量	$m_e = 9.1094 \times 10^{-31}$ kg
单位电荷	$e = 1.6022 \times 10^{-19}$ C
法拉第常数	$F = 96485$ C·mol^{-1}
普朗克常数	$h = 6.626 \times 10^{-34}$ J·s
玻耳兹曼常数	$k = 1.3806 \times 10^{-23}$ J·K^{-1}
理想气体的摩尔体积(标准状况下)	22.415 dm^3·mol^{-1}
摩尔气体常数	$R = 8.314$ J·K^{-1}·mol^{-1}
标准压力	$p^{\ominus} = 100$ kPa
绝对零度	-273.15 ℃

郑重声明

读者意见反馈

为收集对教材的意见建议,进一步完善教材编写并做好服务工作,读者可将对本教材的意见建议通过如下渠道反馈至我社。

咨询电话　400-810-0598

反馈邮箱　hepsci@pub.hep.cn

通信地址　北京市朝阳区惠新东街4号富盛大厦1座
　　　　　高等教育出版社理科事业部

邮政编码　100029

防伪查询说明

用户购书后刮开封底防伪涂层,使用手机微信等软件扫描二维码,会跳转至防伪查询网页,获得所购图书详细信息。

防伪客服电话　(010)58582300